공기업 최종 합격을 위한
추가 학습자료 3종

KB084848

NCS 온라인 모의고사 응시권

BA22 2A82 F84F DCFB

해커스잡 사이트(ejob.Hackers.com) 접속 후 로그인 ▶ 사이트 메인 우측 상단 [나의 정보] 클릭 ▶
[나의 쿠폰 - 쿠폰/수강권 등록]에 위 쿠폰번호 입력 ▶ [마이클래스 - 모의고사] 탭에서 응시

* 본 쿠폰은 한 ID당 1회에 한해 등록 및 사용 가능하며, 등록 후 30일간 응시 가능합니다.

본 교재 인강 20% 할인쿠폰

FF8B CD47 37AD FSYW

해커스잡 사이트(ejob.Hackers.com) 접속 후 로그인 ▶ 사이트 메인 우측 상단 [나의 정보] 클릭 ▶
[나의 쿠폰 - 쿠폰/수강권 등록]에 위 쿠폰번호 입력 ▶ 본 교재 강의 결제 시 쿠폰 적용

* 본 쿠폰은 한 ID당 1회에 한해 등록 및 사용 가능합니다.

* 이 외 쿠폰 관련 문의는 해커스 고객센터(02-537-5000)로 연락 바랍니다.

FREE
무료 바로 채점 및 성적 분석 서비스

해커스공기업 사이트(public.Hackers.com) 접속 후 로그인 ▶
사이트 메인 우측 퀵바 상단의 [교재 무료자료] 클릭 ▶
[취업교재 무료자료 다운로드 페이지] 접속 ▶ [바로 채점 서비스] 클릭

▲ 바로 이용

수많은 선배들이 선택한
─── 해커스공기업 ───
public.Hackers.com

1

실시간으로
확인하는
공기업 채용 속보

2

해커스공기업
스타강사의
취업 무료 특강

3

상식·인적성·한국사
무료 취업 자료

4

공기업 취업
선배들의 살아있는
합격 후기

해커스공기업

쉽게 끝내는

전기직

이론+기출동형문제

해커스공기업

소홍섭

경력
· (현) 해커스공기업 전기직 전공 대표 교수
· (현) 해커스자격증 전기공사기사 대표 교수
· (현) 전주이패스전기기술학원 원장
· (현) 우석대학교 전기전자공학과 겸임교수
· (현) 전북대학교 IT 응용시스템공학과 외래교수
· (현) 전주비전대학교 전기과 외래교수
· (현) 한국폴리텍대학 김제캠퍼스 전기과 외래교수
· 전북대/한동대/전주비전대/우석대 등 다수 대학 특강 진행

자격사항
· 전기기사
· 전기공사기사

공기업 전기직 전공 시험 합격 비법,
해커스가 알려드립니다.

"과목이 많은데 어떻게 학습해야 하나요?"

"난도 높은 문제에 어떻게 대비해야 하나요?"

많은 학습자들이 공기업 전기직 전공 시험의 학습방법을 몰라 위와 같은 질문을 합니다.
방대한 양과 어려운 내용 때문에 어떻게 학습해야 할지 갈피를 잡지 못하고,
난도 높은 전기직 전공 시험 수준에 대하여 두려움을 갖는
학습자들을 보며 해커스는 고민했습니다.
해커스는 공기업 전기직 전공 시험 합격자들의 학습방법과 최신 출제 경향을
면밀히 분석하여 단기 완성 비법을 이 책에 모두 담았습니다.

『해커스공기업 쉽게 끝내는 전기직 이론+기출동형문제』
전공 시험 합격 비법

1. 시험에 항상 출제되는 핵심 이론을 체계적으로 학습한다.

2. 다양한 기출동형문제를 통해 실전 감각을 키운다.

3. 최신 출제 경향과 난이도를 반영한 실전모의고사로 마무리한다.

4. 시험 직전까지 별책으로 핵심 내용을 최종 점검한다.

이 책을 통해 공기업 전기직 전공 시험을 준비하는 수험생들 모두
합격의 기쁨을 누리시기 바랍니다.

목차

PART 1 핵심이론&기출동형문제

PART 2 실전모의고사

[별책 부록]
**시험장까지 가져가는
전기직 핵심 이론 정리 노트**
핵심 이론 정리+빈칸 채우기+O/X 문제

공기업 전기직 전공 시험 합격 비법

1 시험에 항상 출제되는 핵심 이론을 체계적으로 학습한다!

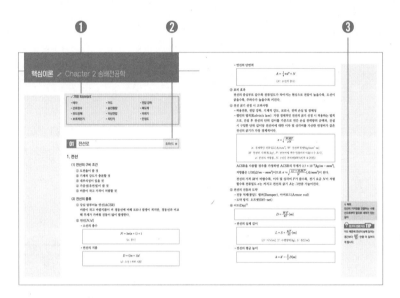

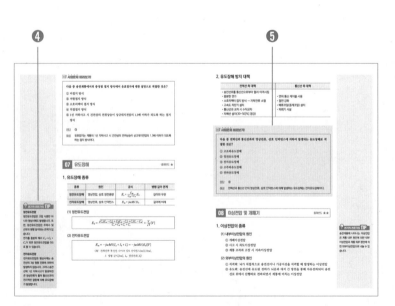

❶ 기출 Keyword

자주 출제되는 용어를 한눈에 파악할 수 있도록 정리하여 이론 학습 전후로 읽어 보며 기출 키워드를 짚고 넘어갈 수 있다.

❷ 출제빈도

출제빈도를 ★~★★★로 표시하여 이론의 중요도를 파악하며 학습할 수 있다.

❸ 용어 설명

생소한 용어는 보조단에서 가볍게 읽어 보고 넘어갈 수 있다.

❹ 전기직 전문가의 TIP

전기직 전문가인 저자 선생님이 제안하는 한 번 더 짚고 넘어가야 할 내용, 개념을 확장한 심화 내용, 추가로 알아두면 좋을 내용을 보조단에 수록하였다.

❺ 시험문제 미리보기!

핵심 이론에 대한 대표 문제로 이론이 문제에 어떻게 적용되는지 바로 확인하고 이론을 확실히 이해하였는지 점검할 수 있다.

2 다양한 기출동형문제를 통해 실전 감각을 키운다!

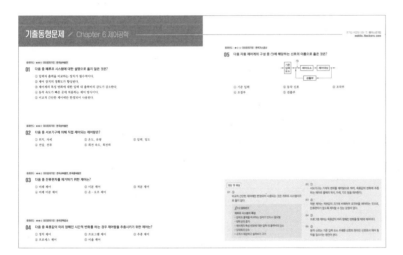

기출동형문제

공기업 전기직 전공 시험에 출제될 가능성이 높은 다양한 유형과 난이도의 문제를 풀어보며 실전감각을 키울 수 있다. 또한, 정답에 대한 상세한 해설뿐만 아니라 '오답노트', '더 알아보기', '빠른 문제 풀이 Tip'을 수록하여 오답에 대한 해설과 관련 개념을 한 번에 학습할 수 있고 문제를 빠르고 정확하게 푸는 방법까지 익힐 수 있다.

3 최신 출제 경향과 난이도를 반영한 **실전모의고사로 마무리**한다!

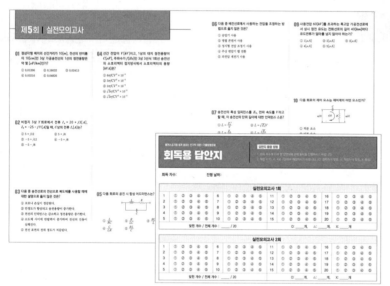

실전모의고사(총 5회분)

최신 출제 경향과 난이도를 반영한 실전모의고사 5회분을 통해 실전을 대비하며 자신의 실력을 점검해보고 실전 감각을 극대화할 수 있다.

3회독용 답안지

회독용 답안지를 활용하여 실전모의고사를 풀어볼 수 있으며, 정확하게 맞은 문제[O], 찍었는데 맞은 문제[△], 틀린 문제[X]의 개수도 체크하여 회독 회차가 늘어감에 따라 본인의 실력 향상 정도를 확인할 수 있다.

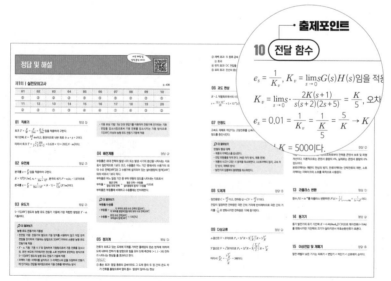

출제포인트

실전모의고사 5회분을 풀어보며 다시 봐야할 문제(틀린 문제, 풀지 못한 문제, 헷갈리는 문제 등)는 각 문제에 관련된 출제포인트를 각 챕터의 시작 페이지에서 찾아 보다 쉽게 관련 이론을 복습할 수 있다.

바로 채점 및 성적 분석 서비스

해설에 수록된 QR코드를 통해 실전모의고사의 정답을 입력하면 성적 분석 결과를 확인할 수 있으며, 본인의 성적 위치와 취약 영역을 파악할 수 있다.

4 시험 직전 별책으로 핵심 내용을 최종 점검한다!

핵심 이론 정리 + 빈칸 채우기 문제

교재의 핵심적인 이론만을 엄선하여 챕터별로 요약 노트에 정리하여 휴대하여 수시로 꺼내어 보며 학습할 수 있으며, 핵심 이론의 빈칸을 채워보면서 중요한 개념을 반복해서 학습할 수 있다.

O/X 문제

핵심 이론 정리를 통해 개념을 반복하여 학습한 후 O/X 문제를 풀어 보면서 시험 직전까지 최종 점검이 가능하다.

공기업 전기직 전공 시험 안내

공기업 전기직 전공 시험이란?

대다수의 공기업·공사공단은 취업 시 직무수행능력평가를 치르거나 직무수행능력평가를 전공 시험으로 대체하는 경우가 많으며, 전기직은 직무수행능력평가보다 전공 시험을 치르는 경우가 많습니다. 전기직 전공 시험은 관련 분야 자격증을 보유하고 있는 수험생이 많아 합격 커트라인이 높기 때문에 더욱 철저한 준비가 필요합니다. 보통 전기기기, 전력공학, 회로이론, 제어공학, 전자기학, 전기설비 등으로 구성되어 있으며, 기업마다 출제과목이 상이합니다.

공기업 전기직 전공 시험 특징 및 최신 출제 경향

각 과목마다 자주 출제되는 부분이 있으나 그렇다고 해서 매년 똑같은 문제가 출제되지는 않습니다. 출제 의도가 동일하더라도 문제 유형이 계속해서 바뀌므로 이론을 꼼꼼히 학습하는 것이 가장 중요합니다. 이론을 완벽하게 숙지하면 문제 유형이 바뀌더라도 문제를 푸는 데 큰 어려움이 없습니다. 최근에는 기본적인 전기이론뿐만 아니라 전력공학, 전기기기의 출제비중이 높아지고 있고, 새로 제정된 한국전기설비규정(KEC)에서 출제가 예상됩니다.

공기업 전기직 전공 시험 시행 기업

기업	출제과목	출제경향	시험 정보
한국철도공사	전기자기학, 회로이론 및 제어공학, 전력공학, 전기기기	· 새로운 유형의 문제 출제 · 제어공학 출제 비중 높음	총 50문항/60분 (NCS 25문항 포함)
한국전력공사	지원분야 기사 수준	· 복합 개념 문제 출제 · 최근 자격증 시험 유형	총 55문항/60분 (NCS 40문항 포함)
한국전기안전공사	전기설비기술기준 및 판단기준, 전력공학, 전기기기, 전기자기학, 회로이론, 전기응용, 전기사업법령 등	신재생, 설비 문제 다수 출제	총 50문항/60분
부산교통공사	전기일반	전자기학, 회로이론 출제 비중 높음	총 100문항/120분 (NCS 50문항 포함)
한국수력원자력	지원분야 전공지식	전자회로 문제 다수 출제	총 90문항/90분 (NCS 60문항, 회사상식·한국사 5문항 포함)
서울교통공사	전기일반	· 지엽적 문제 출제 · 회로이론 및 제어공학 출제 비중 높음	총 80문항/100분 (NCS 40문항 포함)
한국남동발전	전기이론, 전력공학, 전기기기, 전자·통신, 회로이론 및 제어공학 등 전기일반	· 1980~90년대 자격증 시험 유형 · 개념 문제 다수 출제	총 60문항/55분

한국남부발전	지원분야 기사 수준	· 계산 문제 다수 출제 · 전자 · 통신 문제도 출제됨	총 90문항/90분 (한국사 20문항, 영어 20문항 포함)
한국서부발전	지원분야 기사 수준	회로이론, 제어공학 출제 비중 높음	총 80문항/80분 (한국사 10문항 포함)
한국토지주택공사	전기자기학, 전력공학, 전기기기, 회로이론 및 제어공학, 전기응용 및 공사재료, 전기설비기술기준 및 판단기준	지엽적 문제 출제	총 80문항/80분 (NCS 50문항 포함)
한국가스공사	전기이론, 전력공학, 전기기기, 전기응용 및 공사재료, 전자 · 통신, 전기설비기술기준 및 판단기준, 회로이론 및 제어공학 등	· 1980~90년대 자격증 시험 유형 · 개념 문제 다수 출제	총 50문항/50분
한전KPS	전기기기, 회로이론 및 제어공학, 전력공학, 전기자기학	개념 문제 다수 출제	총 50문항/50분
한국동서발전	전기이론, 전기기기, 전기설비기술기준 및 판단기준 등	최근 자격증 시험 유형	총 50문항/50분 (한국사 10문항 포함)
한국중부발전	전력공학, 전기기기, 회로이론 및 제어공학 등 전기일반	· 전기기사 필기 · 실기 문제 유형 · 새로운 유형의 문제 출제	총 70문항/80분 (한국사 10문항, 직무수행능력평가 10문항 포함)
한국전력거래소	발전공학, 송전공학, 전력계통공학, 전기기기, 전력전자, 전자기학, 배전공학	· 1980~90년대 자격증 시험 유형 · 개념 문제 다수 출제	총 50문항/40분 (한국사 5문항 포함)
한국농어촌공사	전력공학, 회로이론 및 제어공학, 전기기기	새로운 유형의 문제 출제	총 90문항/100분 (NCS 50문항 포함)
한국환경공단	전기자기학, 전력공학, 전기설비기술기준 및 판단기준, 회로이론 및 제어공학, 전기기기 통합	· 제어공학 출제 비중 높음 · 회로 문제 다수 출제	총 40문항/50분
한국지역난방공사	전자기학, 회로이론 및 제어공학, 전기기기, 전력공학, 전기설비기술기준 및 판단기준 등	· 1980~90년대 자격증 시험 유형	총 100문항/100분 (NCS 50문항 포함)
한국도로공사	전력공학, 전기기기, 전기법규, 전기응용	· 1980~90년대 자격증 시험 유형 · 개념 문제 다수 출제	총 40문항/50분
한전KDN	전자기학, 전기기기, 전력공학 등	· 기사 수준보다 어려움	총 50문항/50분

* 한국전기안전공사, 한국남동발전, 한국가스공사, 한전KPS, 한국환경공단, 한국도로공사, 한전KDN의 전공 시험은 직업기초능력평가, 한국사 등 다른 시험 시간을 포함하지 않습니다.
* 기업의 2020년 채용정보 기준이며, 채용정보는 변경될 수 있으므로 상세한 내용은 기업별 채용공고를 반드시 확인하시기 바랍니다.

공기업 전기직 전공 시험을 대비하는 학습자의 질문 BEST 5

공기업 전기직 전공 시험을 준비하는 학습자들이 가장 궁금해하는 질문 BEST 5와 이에 대한 전기직 전문가의 답변입니다. 본격적인 학습에 들어가기 전 참고하여 공기업 전기직 전공 시험을 효율적으로 대비하세요.

공기업 전기직 전공 시험은 어떻게 공부해야 효율적일까요?

대부분의 수험생이 전기기사 과년도 문제를 분석하고, 이해보다는 암기 위주로 학습합니다. 하지만 그렇게 학습하다 보면 전공 시험이나 면접에서 어려움을 겪게 됩니다. 전공 시험은 과목 수가 많기 때문에 과목별 정리가 필요합니다. 과목별 목차에서 과목별 주요 키워드를 파악하여 키워드의 의미를 이해하기 위해 노력해야 합니다. 과목별로 이론을 정리한 후 많은 유형의 문제를 풀어보는 것이 중요합니다. 각 과목에서 중요하다고 판단되는 내용에 대한 문제를 풀어보고, 해당 이론을 다시 한번 정리하는 것이 효과적입니다.

출제 과목 수가 많아 부담스럽습니다. 어떻게 대비하는 것이 좋을까요?

전기 분야 전공 과목은 전기자기학, 전력공학, 회로이론, 전기기기 등 과목 수가 많습니다. 그렇다고 어느 한 과목을 소홀히 할 수도 없습니다. 따라서 과목별 이론을 학습하는 기간과 과목별 유형과 난이도를 파악하는 기간이 필요합니다. 과목별 유형과 난이도를 파악하였다면 많은 유형의 문제를 풀어보는 것이 중요합니다. 과목당 A4 한 장 분량으로 이론을 정리하고, 기출동형문제를 풀어보면서 학습하는 것이 효과적입니다. 문제를 풀다가 정리가 안 된 내용이나 새로운 내용을 추가로 정리한다면 모든 과목을 완벽하게 내 것으로 만들 수 있을 것입니다.

문제를 최대한 많이 풀어보는 것이 도움이 될까요?
새로운 문제를 풀어야 할지, 기출 문제를 풀어야 할지 고민됩니다.

새로운 문제보다는 기출 문제의 유형 및 난이도를 분석하여 기출동형문제를 풀어보는 것이 효과적입니다. 과목별 문제 풀이 후 관련 이론을 잘 정리한다면 학습 효과가 배가 될 것입니다.

전기기사 자격증이 없어도 서류 전형 합격이 가능할까요?

전기기사 자격증이 없어도 서류 전형 합격과 최종 합격이 가능한 회사들이 있습니다. 하지만 전기 분야에 지원하고자 한다면 서류 전형 합격 여부와 관계없이 전기 관련 자격증은 공기업 전기직 채용을 준비하는 데 꼭 필요하고, 전공 시험을 준비하는 데도 매우 중요합니다.

전기기사 자격증 시험 수준으로 준비해야 한다는 사람들이 있는데,
전공 시험의 난이도가 어떻게 되나요?

전공 시험 난도가 특히 높은 몇몇 기업의 경우 전기기사 자격증 시험 문제 중 가장 어려운 문제 수준이라고 할 수 있지만 대부분의 기업에서 시행하는 전공 시험은 전기기사 자격증 시험과 난이도가 유사합니다. 그러므로 전기기사 자격증 시험과 비슷한 수준으로 준비하되, 기업마다 다른 과목별 출제 비중을 면밀히 파악하여 학습하시기 바랍니다.

공기업 전기직 합격을 위한 맞춤 학습플랜

자신에게 맞는 학습플랜을 선택하여 본 교재를 학습하세요.
더 효과적인 학습을 원한다면 해커스공기업(public.Hackers.com)에서 제공하는 동영상강의를 함께 수강해보세요.

30일 완성 학습플랜

 전공 기본기가 부족한 분에게 추천해요.

이론을 정독하며 반복 학습 후 기출동형문제를 풀며 정리한다면 30일 안에 시험 준비를 마칠 수 있어요.

구분	1일 차 ☐	2일 차 ☐	3일 차 ☐	4일 차 ☐	5일 차 ☐
학습내용	· Chapter 1 학습 · [정리 노트] Chapter 1	· Chapter 1 학습 · [정리 노트] Chapter 1	· Chapter 2 학습 · [정리 노트] Chapter 2	· Chapter 2 학습 · [정리 노트] Chapter 2	· Chapter 3 학습 · [정리 노트] Chapter 3

구분	6일 차 ☐	7일 차 ☐	8일 차 ☐	9일 차 ☐	10일 차 ☐
학습내용	· Chapter 4 학습 · [정리 노트] Chapter 4	· Chapter 4 학습 · [정리 노트] Chapter 4	· Chapter 5 학습 · [정리 노트] Chapter 5	· Chapter 5 학습 · [정리 노트] Chapter 5	· Chapter 6 학습 · [정리 노트] Chapter 6

구분	11일 차 ☐	12일 차 ☐	13일 차 ☐	14일 차 ☐	15일 차 ☐
학습내용	· Chapter 6 학습 · [정리 노트] Chapter 6	· Chapter 7 학습 · [정리 노트] Chapter 7	· Chapter 7 학습 · [정리 노트] Chapter 7	· 실전모의고사 1회 풀이	· 실전모의고사 2회 풀이

구분	16일 차 ☐	17일 차 ☐	18일 차 ☐	19일 차 ☐	20일 차 ☐
학습내용	· 실전모의고사 3회 풀이	· 실전모의고사 4회 풀이	· 실전모의고사 5회 풀이	· Chapter 1 복습 · [정리 노트] Chapter 1	· Chapter 2 복습 · [정리 노트] Chapter 2

구분	21일 차 ☐	22일 차 ☐	23일 차 ☐	24일 차 ☐	25일 차 ☐
학습내용	· Chapter 3 복습 · [정리 노트] Chapter 3	· Chapter 4 복습 · [정리 노트] Chapter 4	· Chapter 5 복습 · [정리 노트] Chapter 5	· Chapter 6 복습 · [정리 노트] Chapter 6	· Chapter 7 복습 · [정리 노트] Chapter 7

구분	26일 차 ☐	27일 차 ☐	28일 차 ☐	29일 차 ☐	30일 차 ☐
학습내용	· 실전모의고사 1회 복습	· 실전모의고사 2회 복습	· 실전모의고사 3회 복습	· 실전모의고사 4회 복습	· 실전모의고사 5회 복습

20일 완성 학습플랜

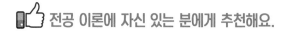 전공 기본기가 있는 분에게 추천해요.

문제 풀이 후 취약한 부분을 파악하여 관련 이론을 반복 학습한다면 20일 안에 시험 준비를 마칠 수 있어요.

구분	1일 차 ☐	2일 차 ☐	3일 차 ☐	4일 차 ☐	5일 차 ☐
학습내용	· Chapter 1 학습 · [정리 노트] Chapter 1	· Chapter 1 학습 · [정리 노트] Chapter 1	· Chapter 2 학습 · [정리 노트] Chapter 2	· Chapter 2 학습 · [정리 노트] Chapter 2	· Chapter 3 학습 · [정리 노트] Chapter 3

구분	6일 차 ☐	7일 차 ☐	8일 차 ☐	9일 차 ☐	10일 차 ☐
학습내용	· Chapter 4 학습 · [정리 노트] Chapter 4	· Chapter 4 학습 · [정리 노트] Chapter 4	· Chapter 5 학습 · [정리 노트] Chapter 5	· Chapter 5 학습 · [정리 노트] Chapter 5	· Chapter 6 학습 · [정리 노트] Chapter 6

구분	11일 차 ☐	12일 차 ☐	13일 차 ☐	14일 차 ☐	15일 차 ☐
학습내용	· Chapter 6 학습 · [정리 노트] Chapter 6	· Chapter 7 학습 · [정리 노트] Chapter 7	· Chapter 7 학습 · [정리 노트] Chapter 7	· 실전모의고사 1~2회 풀이	· 실전모의고사 3~4회 풀이

구분	16일 차 ☐	17일 차 ☐	18일 차 ☐	19일 차 ☐	20일 차 ☐
학습내용	· 실전모의고사 5회 풀이	· Chapter 1~2 복습 · [정리 노트] Chapter 1~2	· Chapter 3~4 복습 · [정리 노트] Chapter 3~4	· Chapter 5~6 복습 · [정리 노트] Chapter 5~6	· Chapter 7 복습 · [정리 노트] Chapter 7

10일 완성 학습플랜

전공 이론에 자신 있는 분에게 추천해요.

이론을 간단히 학습 후 문제 풀이에 집중한다면 10일 안에 시험 준비를 마칠 수 있어요.

구분	1일 차 ☐	2일 차 ☐	3일 차 ☐	4일 차 ☐	5일 차 ☐
학습내용	· Chapter 1 학습 · [정리 노트] Chapter 1	· Chapter 2 학습 · [정리 노트] Chapter 2	· Chapter 3 학습 · [정리 노트] Chapter 3	· Chapter 4 학습 · [정리 노트] Chapter 4	· Chapter 5 학습 · [정리 노트] Chapter 5

구분	6일 차 ☐	7일 차 ☐	8일 차 ☐	9일 차 ☐	10일 차 ☐
학습내용	· Chapter 6 학습 · [정리 노트] Chapter 6	· Chapter 7 학습 · [정리 노트] Chapter 7	· 실전모의고사 1~2회 풀이	· 실전모의고사 3~4회 풀이	· 실전모의고사 5회 풀이

해커스공기업 쉽게 끝내는 전기직 이론+기출동형문제

공기업 취업의 모든 것, **해커스공기업**
public.Hackers.com

PART 1

핵심이론&기출동형문제

Chapter 1 전기자기학

■ 학습목표

1. 벡터를 정확히 이해한다.
2. 정전계와 정자계를 구분한다.
3. 주요 공식을 확실하게 암기한 후 다양한 문제를 풀어보면서 응용력을 높인다.

■ 출제비중

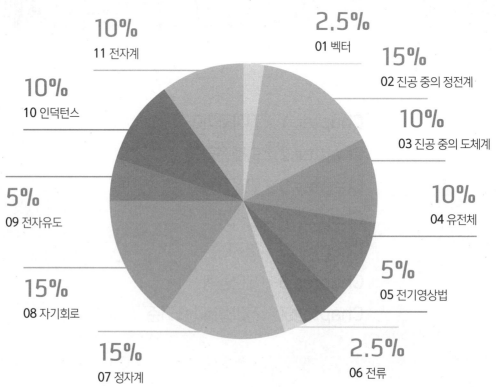

- 10% 11 전자계
- 2.5% 01 벡터
- 15% 02 진공 중의 정전계
- 10% 10 인덕턴스
- 10% 03 진공 중의 도체계
- 10% 04 유전체
- 5% 09 전자유도
- 5% 05 전기영상법
- 15% 08 자기회로
- 2.5% 06 전류
- 15% 07 정자계

🔲 출제포인트 & 출제기업

출제포인트	출제빈도	출제기업
01 벡터	★	
02 진공 중의 정전계	★★★	한국철도공사(코레일)
03 진공 중의 도체계	★★	한국전력공사 한국수력원자력
04 유전체	★★	서울교통공사
05 전기영상법	★	한국남동발전 한국남부발전
06 전류	★	한국서부발전
07 정자계	★★★	한국토지주택공사 한국가스공사
08 자기회로	★★★	한국동서발전
09 전자유도	★	한국수자원공사 한국중부발전
10 인덕턴스	★★	SH서울주택도시공사
11 전자계	★★	등

- 쿨롱의 법칙
- 전계의 세기
- 정전용량
- 유전체의 경계 조건
- 전기영상법
- 열전 현상
- 정전계
- 자성체
- 맥스웰의 전자방정식

01 벡터

출제빈도 ★

1. 벡터의 해석

(1) 벡터 곱

① 내적(스칼라적)

- $A \cdot B = AB\cos\theta = A_x B_x + A_y B_y + A_z B_z$
- $i \cdot i = j \cdot j = k \cdot k = 1$
- $i \cdot j = j \cdot k = k \cdot i = 0$

② 외적(벡터적)

- $A \times B = AB\sin\theta = \begin{vmatrix} i & j & k \\ A_x & A_y & A_z \\ B_x & B_y & B_z \end{vmatrix} = \begin{vmatrix} A_y & A_z \\ B_y & B_z \end{vmatrix} i + \begin{vmatrix} A_z & A_x \\ B_z & B_x \end{vmatrix} j + \begin{vmatrix} A_x & A_y \\ B_x & B_y \end{vmatrix} k$
- $i \times i = j \times j = k \times k = 0$
- $i \times j = k,\ j \times k = i,\ k \times i = j$

(2) 벡터의 미분 연산

① 미분연산자(나블라 또는 델)

$$\nabla = \frac{\partial}{\partial x} i + \frac{\partial}{\partial y} j + \frac{\partial}{\partial z} k$$

② 기울기(Gradient, 구배, 경도)

$$\text{grad } V = \nabla V = \left(\frac{\partial}{\partial x} i + \frac{\partial}{\partial y} j + \frac{\partial}{\partial z} k \right) V = \frac{\partial V}{\partial x} i + \frac{\partial V}{\partial y} j + \frac{\partial V}{\partial z} k$$

③ 발산(Divergence)

$$\text{div } E = \nabla \cdot E = \left(\frac{\partial}{\partial x} i + \frac{\partial}{\partial y} j + \frac{\partial}{\partial z} k \right) \cdot (E_x i + E_y j + E_z k)$$
$$= \frac{\partial E_x}{\partial x} + \frac{\partial E_y}{\partial y} + \frac{\partial E_z}{\partial z}$$

④ 회전(Rotation, Curl)

$$\text{rot } H = \text{curl } H = \nabla \times H = \left(\frac{\partial}{\partial x} i + \frac{\partial}{\partial y} j + \frac{\partial}{\partial z} k \right) \times (H_x i + H_y j + H_z k)$$
$$= \left(\frac{\partial H_z}{\partial y} - \frac{\partial H_y}{\partial z} \right) i + \left(\frac{\partial H_x}{\partial z} - \frac{\partial H_z}{\partial x} \right) j + \left(\frac{\partial H_y}{\partial x} - \frac{\partial H_x}{\partial y} \right) k$$

⑤ 라플라시안

$$\nabla \cdot \nabla = \nabla^2 = \frac{\partial^2}{\partial x^2} + \frac{\partial^2}{\partial y^2} + \frac{\partial^2}{\partial z^2} = \text{div grad}$$

📋 시험문제 미리보기!

다음 중 세 단위 벡터 간의 벡터 곱으로 적절하지 않은 것은?

① $i \times j = k$ 　　　　　　　　② $j \times i = -k$

③ $i \times i = 0$ 　　　　　　　　④ $j \times k = -k \times j$

⑤ $i \times i = 1$

정답 　⑤

해설 　벡터 곱 외적에 의해 $i \times i = j \times j = k \times k = 0$이므로 적절하지 않다.

02 　진공 중의 정전계 　　　　　　　　　　　　출제빈도 ★★★

1. 쿨롱의 법칙

두 전하 사이에 작용하는 힘

$$F = \frac{Q_1 Q_2}{4\pi \varepsilon_0 r^2} = 9 \times 10^9 \times \frac{Q_1 Q_2}{r_2} [N]$$

(Q: 전하량$[C]$, $\varepsilon_0 = 8.855 \times 10^{-12} [F/m]$: 진공의 유전율, r: 두 전하 사이의 거리$[m]$)

① 두 전하 사이의 힘은 거리의 제곱에 반비례한다.
② 두 전하 사이의 힘은 주위 매질에 관계한다.
③ 두 전하 사이의 힘은 두 전하의 곱에 비례한다.
④ 두 전하가 같은 부호이면 반발력이, 다른 부호이면 인력이 작용한다.

2. 전계의 세기

단위점전하$(+1[C])$와 전하 사이에 미치는 쿨롱의 힘

$$\bullet\ E = \frac{Q}{4\pi\varepsilon_0 r^2} = 9 \times 10^9 \times \frac{Q}{r^2}[V/m]$$

$$\bullet\ E = \frac{F}{Q}[V/m]$$

(1) 구도체, 점전하에 의한 전계

① 일반 조건(전하가 도체 표면에만 존재)

- 표면$(r \geq a)$: $E = \dfrac{Q}{4\pi\varepsilon_0 r^2}$
- 내부$(r < a)$: $E = 0$

② 내부에 전하가 균일하게 분포

- 표면$(r \geq a)$: $E = \dfrac{Q}{4\pi\varepsilon_0 r^2}$
- 내부$(r < a)$: $E = \dfrac{rQ}{4\pi\varepsilon_0 a^3}$

(2) 선전하에 의한 전계(원통도체)

① 일반 조건(전하가 도체 표면에만 존재)

- 표면$(r \geq a)$: $E = \dfrac{\lambda}{2\pi\varepsilon_0 r}$
- 내부$(r < a)$: $E = 0$

② 내부에 전하가 균일하게 분포

- 표면$(r \geq a)$: $E = \dfrac{\lambda}{2\pi\varepsilon_0 r}$
- 내부$(r < a)$: $E = \dfrac{r\lambda}{2\pi\varepsilon_0 a^2}$

(λ: 선전하밀도$[C/m]$)

(3) 면전하에 의한 전계

① 무한 평면

- $E = \dfrac{\sigma}{2\varepsilon_0}$

② 평행한 평면 사이

- $E = \dfrac{\sigma}{\varepsilon_0}$

(σ: 면전하밀도$[C/m^2]$)

3. 전기력선

(1) 전기력선의 성질

① 전기력선은 정전하$(+)$에서 시작하여 부전하$(-)$에서 끝난다.
② 전기력선의 접선 방향은 전계의 방향과 같다.
③ 전기력선의 밀도는 전계의 세기와 같다.
④ 전기력선 자신만으로 폐곡선을 이루지 않는다. (불연속성)

⑤ 전기력선은 전위가 높은 곳에서 낮은 곳으로 향한다.

⑥ 도체의 표면, 등전위면과 수직으로 교차한다.

⑦ 전하가 없는 곳에서 발생이나 소멸이 없다.

⑧ 전기력선은 서로 교차하지 않는다.

(2) 전기력선 수

$$N = \int E \cdot ds = \frac{Q}{\varepsilon_0}$$

(3) 전기력선 방정식

$$\frac{dx}{E_x} = \frac{dy}{E_y} = \frac{dz}{E_z}$$

(4) 전속

$$\Psi = \text{전하 } Q[C]$$

(5) 전속밀도

$$D = \frac{\Psi}{S} = \frac{Q}{S} = \varepsilon_0 E [C/m^2]$$

전기직 전문가의 TIP

- 전기력선 수는 매질에 따라 달라집니다.
- 전속은 매질에 관계없습니다.

4. 전위

$$V = -\int_{\infty}^{r} F \cdot dl = -\int_{\infty}^{r} E \cdot dl$$

(1) 점전하에 의한 전위

$$V = -\int E \cdot dl = -\int \frac{Q}{4\pi\varepsilon_0 r^2} dl = \frac{Q}{4\pi\varepsilon_0 r} [V]$$

(2) 선전하 분포에 의한 전위

$$V_l = \frac{1}{4\pi\varepsilon_0} \int_l \frac{\lambda dl}{r} [V]$$

(λ: 선전하밀도$[C/m]$)

(3) 면전하 분포에 의한 전위

$$V_s = \frac{1}{4\pi\varepsilon_0} \int_s \frac{\sigma ds}{r} [V]$$

$(\sigma$: 면전하밀도$[C/m^2])$

(4) 체적전하 분포에 의한 전위

$$V_v = \frac{1}{4\pi\varepsilon_0} \int_v \frac{\rho dv}{r} [V]$$

$(\rho$: 체적전하밀도$[C/m^3])$

(5) 전위차

$$V_{AB} = V_A - V_B = -\frac{Q}{4\pi\varepsilon_0} \int_{r_B}^{r_A} \frac{1}{r^2} dr$$

$$= \frac{Q}{4\pi\varepsilon_0} \left(\frac{1}{r_A} - \frac{1}{r_B} \right)[V]$$

(6) 전위 경도

① 전위가 단위 길이당 변화하는 정도
② 전위 경도는 전계의 세기와 크기는 같고, 방향은 반대이다.

$$E = -\operatorname{grad} V = -\nabla V$$

5. 전기력선의 발산

(1) 전계의 발산 정리

$$\oint_s E \cdot ds = \int_v \operatorname{div} E \cdot dv$$

(2) 가우스 법칙의 적분형

$$\cdot \oint_s E \cdot ds = \frac{Q}{\varepsilon_0}$$

$$\cdot \oint_s D \cdot ds = Q$$

(3) 가우스 법칙의 미분형

$$\cdot \operatorname{div} E = \frac{\rho}{\varepsilon_0}$$

$$\cdot \operatorname{div} D = \rho$$

(4) 푸아송 방정식

$$\text{div}\, E = \nabla \cdot E = \nabla \cdot (-\nabla V) = -\nabla^2 V$$

$$\therefore\ \nabla^2 V = -\frac{\rho}{\varepsilon_0}$$

(5) 라플라스 방정식(ρ = 0일 때)

$$\nabla^2 V = 0$$

6. 전기쌍극자

(1) 전기쌍극자의 모멘트

$$M = Q \cdot \delta\,[C \cdot m]$$

(2) 전기쌍극자의 전위

$$V = \frac{M}{4\pi\varepsilon_0 r^2}\cos\theta\,[V]$$

(3) 전기쌍극자의 전계

$$E = \frac{M}{4\pi\varepsilon_0 r^3}\sqrt{1 + 3\cos^2\theta}\,[V/m]$$

▤ 시험문제 미리보기!

다음 중 MKS 합리화 단위계에서 진공의 유전율의 값으로 적절한 것은?

① $9 \times 10^9\,[F/m]$　　　　② $1\,[F/m]$

③ $4\pi \times 10^{-7}\,[F/m]$　　　　④ $\dfrac{10^{-9}}{36\pi}\,[F/m]$

⑤ $0\,[F/m]$

정답　④

해설　진공의 유전율 $\varepsilon_0 = \dfrac{10^{-9}}{36\pi} \fallingdotseq 8.855 \times 10^{-12}\,[F/m]$이다.

1. 전위계수와 용량계수

(1) 전위계수

① P_{rr}, $P_{ss} > 0$

② $P_{rs} = P_{sr} \geq 0$

③ $P_{rr} \geq P_{rs}$

④ $P_{rr} = P_{rs}$: r 도체가 s 도체를 포위(정전차폐)

(2) 용량계수

q_{rr}, $q_{ss} > 0$

(3) 유도계수

① $q_{rs} = q_{sr} \leq 0$

② $q_{rr} \geq -q_{rs}$

③ $q_{rr} = -q_{rs}$: s 도체가 r 도체를 포위(정전차폐)

2. 정전용량

(1) 구도체

$$C = 4\pi\varepsilon_0 a [F]$$

(2) 동심구

$$C = \frac{4\pi\varepsilon_0}{\dfrac{1}{a} - \dfrac{1}{b}} = 4\pi\varepsilon_0 \frac{ab}{b-a} [F]$$

(3) 동축 케이블(원통)

$$C = \frac{2\pi\varepsilon_0}{\ln\dfrac{b}{a}} [F/m]$$

(4) 평행 왕복 도선

$$C = \frac{\pi\varepsilon_0}{\ln\dfrac{d}{a}} [F/m]$$

(5) 평행판 콘덴서

$$C = \frac{\varepsilon_0 S}{d}[F]$$

3. 콘덴서의 접속

(1) 직렬연결

① 총 전하량 $Q = Q_1 = Q_2 = C_1 V_1 = C_2 V_2$

② $V_1 = \frac{Q}{C_1}$, $V_2 = \frac{Q}{C_2}$

③ 총 전압 $V = V_1 + V_2 = \frac{Q}{C_1} + \frac{Q}{C_2} = \left(\frac{1}{C_1} + \frac{1}{C_2}\right)Q$

④ 합성 정전용량 $C_0 = \frac{Q}{V} = \frac{Q}{\left(\frac{1}{C_1} + \frac{1}{C_2}\right)Q} = \frac{1}{\frac{1}{C_1} + \frac{1}{C_2}} = \frac{C_1 C_2}{C_1 + C_2}$

(2) 병렬연결

① 총 전압 $V = V_1 = V_2$

② $Q_1 = C_1 V$, $Q_2 = C_2 V$

③ 총 전하량 $Q = Q_1 + Q_2 = C_1 V + C_2 V = (C_1 + C_2)V$

④ 합성 정전용량 $C_0 = \frac{Q}{V} = \frac{(C_1 + C_2)V}{V} = C_1 + C_2$

4. 도체계의 에너지

(1) 1개의 도체가 가진 에너지

$$W = \frac{1}{2}QV = \frac{1}{2}CV^2 = \frac{Q^2}{2C}[J]$$

(2) 단위 체적당 축적되는 정전에너지(정전에너지 밀도)

$$w = \frac{1}{2}ED = \frac{1}{2}\varepsilon_0 E^2 = \frac{D^2}{2\varepsilon_0}[J/m^3]$$

다음 중 Q와 $-Q$로 대전된 두 도체 r과 s 사이의 전위차를 전위계수로 표시한 것으로 적절한 것은?

① $Q(P_{rr} + P_{ss})$

② $Q(P_{rr} + 2P_{rs} + P_{ss})$

③ $Q(P_{rr} - P_{ss})$

④ $Q(P_{rr} - 2P_{rs} + P_{ss})$

⑤ 0

정답 ④

해설 전위 $V_n = P_{n1}Q_1 + P_{n2}Q_2$임을 적용하여 구한다.
 r 도체의 전위 $V_1 = P_{rr}Q_1 + P_{rs}Q_2$에서 $V_1 = P_{rr}Q - P_{rs}Q$, s 도체의 전위 $V_2 = P_{ss}Q_2 + P_{sr}Q_1$
 에서 $V_2 = -P_{ss}Q + P_{sr}Q$이므로 전위차 $V_1 - V_2 = Q(P_{rr} - 2P_{rs} + P_{ss})$이다.

---

04 유전체   출제빈도 ★★

1. 유전체

(1) 유전체의 성질

① 콘덴서의 전극 간에 절연물을 넣었을 때의 정전용량을 C, 진공일 때의 정전용량을 C_0라고 하면 $C > C_0$이다.

② C와 C_0의 비 $\dfrac{C}{C_0} = \varepsilon_s$를 비유전율이라고 하고, 항상 1보다 크다.

③ 진공, 공기의 비유전율 $\varepsilon_s = 1$

④ ε_0: 진공 중의 유전율(8.855×10^{-12})

(2) 비유전율과의 관계

① 쿨롱의 법칙

$$F = \frac{1}{\varepsilon_s} F_0$$

② 전계의 세기

$$E = \frac{1}{\varepsilon_s} E_0$$

③ 전위

$$V = \frac{1}{\varepsilon_s} V_0$$

④ 전기력선 수

$$N = \frac{1}{\varepsilon_s} N_0$$

⑤ 전속밀도

$$D = \varepsilon_s D_0$$

⑥ 정전용량

$$C = \varepsilon_s C_0$$

2. 분극의 세기(분극도)

$$P = D - \varepsilon_0 E = \varepsilon_0 \varepsilon_s E - \varepsilon_0 E = \varepsilon_0 (\varepsilon_s - 1) E = \chi E [C/m^2]$$

(1) 분극률

$$\chi = \varepsilon_0 (\varepsilon_s - 1) [F/m]$$

(2) 비분극률

$$\frac{\chi}{\varepsilon_0} = \varepsilon_s - 1$$

3. 경계 조건(경계면에 진전하가 없는 경우)

(1) 전계는 서로 다르고, 전계의 수평(접선) 성분이 같다.

$$E_1 = E_2, \ E_1 \sin\theta_1 = E_2 \sin\theta_2$$

(2) 전속밀도는 서로 다르고, 전속밀도의 수직(법선) 성분이 같다.

$$D_1 = D_2, \ D_1 \cos\theta_1 = D_2 \cos\theta_2$$

(3) 경계 조건

$$\frac{\tan\theta_1}{\tan\theta_2} = \frac{\varepsilon_1}{\varepsilon_2}$$

(4) $\varepsilon_1 > \varepsilon_2$일 경우

   ① $E_1 < E_2$: 전계(전기력선)는 유전율에 반비례한다.

   ② $D_1 > D_2$: 전속밀도(전속)는 유전율에 비례한다.

   ③ $\theta_1 > \theta_2$: θ는 유전율에 비례한다.

(5) 수직으로 입사($\theta_1 = \theta_2 = 0$)

   ① $E_1 \neq E_2$

   ② $D_1 = D_2$

   ③ 경계면에 작용하는 힘 $f = f_2 - f_1 = \dfrac{D_2^2}{2\varepsilon_2} - \dfrac{D_1^2}{2\varepsilon_1} = \dfrac{1}{2}\left(\dfrac{1}{\varepsilon_2} - \dfrac{1}{\varepsilon_1} \right)D^2$

   ④ 힘의 방향은 유전율이 큰 쪽에서 작은 쪽으로 향한다.

(6) 평형으로 입사($\theta_1 = \theta_2 = 90$)

   ① $E_1 = E_2$

   ② $D_1 \neq D_2$

   ③ 경계면에 작용하는 힘 $f = f_1 - f_2 = \dfrac{1}{2}\varepsilon_1 E_1^2 - \dfrac{1}{2}\varepsilon_2 E_2^2 = \dfrac{1}{2}(\varepsilon_1 - \varepsilon_2)E^2$

   ④ 힘의 방향은 유전율이 큰 쪽에서 작은 쪽으로 향한다.

📋 시험문제 미리보기!

비유전율 $\varepsilon_s = 4$인 두 점전하의 전하량 $Q_1 = Q_2 = 4 \times 10^{-5}[C]$라고 한다. 이 두 점전하 사이에 작용하는 힘 $F = 0.4[N]$일 때, 두 전하 사이의 거리$[m]$는?

① 1   ② 2   ③ 3   ④ 4   ⑤ 5

정답   ③

해설   쿨롱의 법칙 $F = \dfrac{Q_1 Q_2}{4\pi\varepsilon_0\varepsilon_s r^2}$임을 적용하여 구한다.

        전하량 $Q_1 = Q_2 = 4 \times 10^{-5}[C]$, 비유전율 $\varepsilon_s = 4$, 두 점전하 사이의 힘 $F = 0.4[N]$이므로

        $9 \times 10^9 \times \dfrac{(4 \times 10^{-5})^2}{4 \times r^2} = 0.4$

        따라서 두 전하 사이의 거리는 $3[m]$이다.

05 전기영상법

1. 평면 도체와 점전하

평면 도체로부터 $a[m]$인 곳에 점전하 $Q[C]$이 있는 경우
① 영상전하

$$Q' = -Q[C]$$

② 평면 도체와 점전하 사이에 작용하는 힘

$$F = \frac{QQ'}{4\pi\varepsilon_0(2a)^2} = -\frac{Q^2}{16\pi\varepsilon_0 a^2}[N]$$

③ 평면 도체에 유도되는 최대 전하밀도

$$\sigma_{\max} = \frac{Q}{2\pi a^2}[C/m^2]$$

2. 평면 도체와 선전하

평면 도체로부터 $h[m]$인 곳에 선전하밀도 $\lambda[C/m]$를 갖는 평행한 무한장 직선 도체가 있는 경우
① 직선 도체에서의 전계

$$E = \frac{\lambda}{2\pi\varepsilon_0(2h)} = \frac{\lambda}{4\pi\varepsilon_0 h}[V/m]$$

② 직선 도체가 단위 길이당 받는 힘

$$F = \lambda E = \frac{\lambda^2}{4\pi\varepsilon_0 h}[N/m]$$

3. 접지 도체구와 점전하

① 영상전하

$$Q' = -\frac{a}{d}Q[C]$$

② 영상전하의 위치: 중심으로부터 $\frac{a^2}{d}$인 지점
③ 도체구와 점전하 사이에 작용하는 힘

$$F = \frac{QQ'}{4\pi\varepsilon_0 r^2} = -\frac{adQ^2}{4\pi\varepsilon_0(d^2-a^2)^2}[N]$$

다음 중 전기 영상법에 대한 설명으로 적절하지 않은 것은?

① 평면 도체에 관한 점전하와 영상전하는 전하량은 같고 부호는 반대이다.

② 접지 도체구에 관한 점전하와 영상전하는 전하량은 같고 부호는 반대이다.

③ 평면 도체와 점전하가 대립되어 있을 때의 문제를 점전하와 영상전하가 대립되어 있는 문제로 풀 수 있다.

④ 평면 도체와 선전하 사이의 전계의 세기는 거리에 반비례한다.

⑤ 평면 도체와 선전하 사이에 작용하는 힘의 세기는 거리에 반비례한다.

정답 ②

해설 접지 도체구와 점전하가 대립되어 있을 때의 영상전하의 전하량은 $Q' = -\dfrac{a}{d}Q$이므로 적절하지 않다.

06 전류

출제빈도 ★

1. 전류밀도

- 전류 $I = \dfrac{dQ}{dt} = nqSv = \rho Sv[A]$
- 전류밀도 $J = \dfrac{I}{S} = nqv = \rho v[A/m^2]$
- 체적전하밀도 $\rho = nq[C/m^3]$
- 전하의 이동 속도 $v = \mu E[m/s]$
- 전자의 속도 $v = \dfrac{J}{Q}[m/s]$
- 도전율 $\sigma = nq\mu = \rho\mu[\Omega \cdot m]^{-1}$

(n: 단위 체적당 전하의 수, q: 한 개 입자의 전하량[C], v: 전하의 이동 속도[m/s], S: 단면적[m^2], ρ: 체적전하밀도[C/m^3], μ: 하전입자의 이동도, J: 전류밀도[A/m^2], Q: 단위 체적당 이동전하[C/m^3])

2. 전기저항

(1) 전류

$$I = \dfrac{dQ}{dt}[A]$$

(2) 옴의 법칙

$$I = \frac{V}{R}$$

(V: 전압[V], R: 저항[Ω])

(3) 전기저항

- 전기저항 $R = \rho \dfrac{l}{A}$ [Ω]

(ρ: 고유저항 또는 저항률[$\Omega \cdot m$], l: 도선의 길이[m], A: 단면적[m^2])

- 온도와 저항 $R_T = R_t \{1 + \alpha(T - t)\}$[$\Omega$]

(R_T: T[℃]일 때의 저항[Ω], R_t: t[℃]일 때의 저항[Ω], α: t[℃]일 때의 온도 계수)

(4) 전기저항과 정전용량

$$RC = \rho \varepsilon, \quad \frac{C}{G} = \frac{\varepsilon}{k}$$

(k: 도전율[℧/m], ε: 유전율[F/m], G: 컨덕턴스[℧], C: 정전용량[F])

3. 열전 현상

효과	특성
제벡 효과 (Seebeck effect)	다른 두 종류의 금속선으로 된 폐회로의 두 접합점의 온도를 달리하였을 때 열 기전력이 발생하는 현상
펠티에 효과 (Peltier effect)	두 종류의 금속선으로 폐회로를 만들어 전류를 흘리면 금속선의 접속점에서 열이 흡수(온도 강하)되거나 발생(온도 상승)하는 현상
톰슨 효과 (Thomson effect)	같은 도선에 온도 차가 있을 때 전류를 흘리면 열이 흡수·발산되는 현상

📋 시험문제 미리보기!

전류밀도 $J = 10^8$[A/m^2]이고 단위 체적의 이동전하가 $Q = 5 \times 10^{11}$[C/m^3]일 때, 도체 내 전자의 이동 속도 v[m/s]는?

① 4×10^{-4}　　② 3×10^{-2}　　③ 4×10^{-2}　　④ 2×10^{-4}　　⑤ 2×10^{-3}

정답　④

해설　전자의 속도 $v = \dfrac{J}{Q}$임을 적용하여 구한다.

전류밀도 $J = 10^8$[A/m^2], 단위 체적당 이동전하 $Q = 5 \times 10^{11}$[C/m^3]이므로

전자의 이동 속도 $v = \dfrac{J}{Q} = \dfrac{10^8}{5 \times 10^{11}} = 2 \times 10^{-4}$[$m/s$]이다.

1. 자극에 의한 자계

(1) 쿨롱의 법칙

두 자하 사이에 작용하는 힘

$$F = \frac{m_1 m_2}{4\pi\mu_0\mu_s r^2} = 6.33 \times 10^4 \times \frac{m_1 m_2}{\mu_s r^2}[N]$$

(m: 자하량, 점자극의 세기$[Wb]$, $\mu_0 = 4\pi \times 10^{-7}[H/m]$: 진공의 투자율,

r: 두 전하 사이의 거리$[m]$, μ_s: 비투자율)

① 두 자극 사이의 힘은 거리의 제곱에 반비례한다.
② 두 자극 사이의 힘은 주위 매질에 관계한다.
③ 두 자극 사이의 힘은 두 자극의 세기의 곱에 비례한다.
④ 두 자극이 같은 극성이면 반발력이 작용하고, 다른 극성이면 인력이 작용한다.

(2) 자계의 세기

$$\cdot\ H = \frac{F}{m} = \frac{m}{4\pi\mu r^2}[AT/m]$$

$$\cdot\ F = m \cdot H[N]$$

(3) 자기력선

① 자기력선의 성질
- N극에서 나와서 S극에서 끝난다.
- 자신만의 폐곡면을 만든다. (비발산성)

$$\text{div } H = \nabla \cdot H = 0$$

- 모든 재질(금속, 자성체 포함)을 관통한다.

② 자기력선 수

$$N = \frac{m}{\mu} = \frac{m}{\mu_0\mu_s}$$

③ 자속

$$\Phi = \text{자하 } m[Wb]$$

④ 자속밀도

$$B = \frac{\Phi}{S} = \frac{m}{S} = \mu H[Wb/m^2]$$

(4) 자위

$$\bullet\, U = -\int_{\infty}^{r} H \cdot d\gamma = \frac{m}{4\pi\mu r}[AT]$$

$$\bullet\, U = H \cdot r$$

(5) 자기쌍극자

① 자계의 세기

$$H = \frac{M}{4\pi\mu r^3}\sqrt{1 + 3\cos^2\theta}\,[AT/m]$$

② 자위

$$U = \frac{M}{4\pi\mu r^2}\cos\theta\,[AT]$$

③ 쌍극자 모멘트

$$M = m \cdot l\,[Wb \cdot m]$$

(6) 판자석

① 판자석의 세기

$$M = \sigma \cdot l\,[Wb/m]$$

② 자위

$$U = \pm\frac{m}{4\pi\mu}\omega\,[AT]$$

2. 전류에 의한 자계

(1) 암페어의 주회적분 법칙

임의의 폐곡선에 대한 자계의 선적분은 이 폐곡선을 관통하는 전류와 같다.

$$\oint_{c} H \cdot dl = I$$

(2) 비오 – 사바르 법칙

임의의 형상의 도선에서 전류와 자계의 세기

$$dH = \frac{Idl\sin\theta}{4\pi r^2}$$

(3) 자계의 세기

① 유한장 직선 전류

$$H = \frac{I}{4\pi r}(\cos\theta_1 + \cos\theta_2)[AT/m]$$

$$= \frac{I}{4\pi r}(\sin\phi_1 + \sin\phi_2)[AT/m]$$

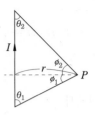

② 무한장 직선 전류

$$H = \frac{I}{2\pi r}[AT/m]$$

③ 무한장 원주형 전류에 의한 자계(전류가 균일하게 흐를 때)

• 원주 외부($r \geq a$): $H = \dfrac{I}{2\pi r}[AT/m]$

• 원주 내부($r < a$): $H = \dfrac{Ir}{2\pi a^2}[AT/m]$

(a: 원의 반지름$[m]$)

④ 원형 전류

• 중심축상의 자계 $H = \dfrac{Ia^2}{2(a^2 + x^2)^{\frac{3}{2}}}[AT/m]$

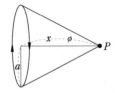

• 중심에서의 자계 $H = \dfrac{I}{2a}[AT/m]$

⑤ 무한장 솔레노이드

내부는 평등 자계이고 외부의 자계는 0이다.

$$H_{내부} = nI = \frac{N}{l}I[AT/m]$$

(n: 단위 길이당 권수)

⑥ 환상 솔레노이드

$$H = \frac{NI}{l} = \frac{NI}{2\pi r}[AT/m]$$

(r: 평균 반지름$[m]$)

3. 작용력

(1) 자장 내의 전류가 흐르고 있는 도체가 받는 힘(플레밍의 왼손 법칙)

$$F = IBl\sin\theta[N]$$

(I: 도체에 흐르는 전류$[A]$, B: 자속밀도$[Wb/m^2]$,

l: 도체의 길이$[m]$, θ: 도체와 자속밀도가 이루는 각)

(2) 자장 내의 회전하는 도체가 만드는 유기 기전력(플레밍의 오른손 법칙)

$$e = vBl\sin\theta[V]$$

(v: 도체의 회전 속도$[m/s]$)

(3) 회전력(토크)

① 자성체에 의한 토크

$$T = MH\sin\theta = mlH\sin\theta[N\cdot m]$$

(M: 자기 모멘트, m: 자극의 세기$[Wb]$, l: 자극의 길이$[m]$)

② 도체의 회전에 의한 토크

$$T = NIBS\cos\theta = NIBl_1l_2\cos\theta[N\cdot m]$$

(N: 도체의 권수, l_1: 도체의 길이$[m]$, l_2: 도체 간 거리$[m]$)

(4) 평행 도선 사이의 힘

$$F = \frac{\mu I_1 I_2}{2\pi r}[N/m]$$

(r: 두 도선의 거리$[m]$, I: 도선에 흐르는 전류$[A]$)

(5) 로렌츠의 힘

$$F = F_e + F_m = eE + e(v \times B)$$

$10^{-4}[Wb]$와 $2.6 \times 10^{-4}[Wb]$의 점자극을 공기 중에 $2[cm]$ 거리에 놓았을 때, 극 간에 작용하는 힘은 약 몇 $[N]$인가?

① 1   ② 2   ③ 4   ④ 8   ⑤ 16

정답 ③

해설 쿨롱의 법칙 $F = \dfrac{m_1 m_2}{4\pi\mu_0\mu_s r^2} = 6.33 \times 10^4 \times \dfrac{m_1 m_2}{r^2}$ 임을 적용하여 구한다.

자극의 세기 $m_1 = 10^{-4}[Wb]$, $m_2 = 2.6 \times 10^{-4}[Wb]$이고, 거리 $r = 2[cm]$이므로

두 자극 간에 작용하는 힘 $F = \dfrac{m_1 m_2}{4\pi\mu_0\mu_s r^2} = 6.33 \times 10^4 \times \dfrac{10^{-4} \times 2.6 \times 10^{-4}}{0.02^2} \fallingdotseq 4[N]$이다.

---

08 자기회로   출제빈도 ★★★

1. 자성체

(1) 자화의 세기

$$J = \frac{dM}{dv} = B - \mu_0 H = \mu_0(\mu_s - 1)H[Wb/m^2]$$

(2) 자화율

$$J = \chi H[Wb/m^2]$$

(χ: 자화율)

① 자화율

$$\chi = \mu_0(\mu_s - 1)$$

② 비자화율

$$\frac{\chi}{\mu_0} = \mu_s - 1$$

(3) 자성체 경계면에서 경계 조건

① 자계의 수평(접선) 성분이 일치한다.

$$H_1\sin\theta_1 = H_2\sin\theta_2$$

② 자속밀도의 수직(법선) 성분이 일치한다.

$$B_1\cos\theta_1 = B_2\cos\theta_2$$

③ 경계 조건

$$\frac{\tan\theta_1}{\tan\theta_2} = \frac{\mu_1}{\mu_2}$$

④ $\mu_1 > \mu_2$일 경우: $H_1 < H_2$, $B_1 > B_2$, $\theta_1 > \theta_2$

2. 자기회로

(1) 자기회로

① 자계의 세기

$$H = \frac{NI}{l}[AT/m]$$

② 자속밀도

$$B = \mu H = \frac{\mu NI}{l}[Wb/m^2]$$

③ 자기저항

$$R_m = \frac{l}{\mu S}[AT/Wb]$$

④ 자속

$$\Phi = BS = \frac{\mu SNI}{l} = \frac{NI}{\frac{l}{\mu S}} = \frac{NI}{R_m}[Wb]$$

(2) 공극(Air gap)이 있는 경우

- 합성 자기저항 $R_m = \dfrac{l}{\mu S} + \dfrac{l_0}{\mu_0 S}$

- 자속 $\Phi = \dfrac{NI}{\dfrac{l}{\mu S} + \dfrac{l_0}{\mu_0 S}}[Wb]$

(l: 철심의 길이$[m]$, l_0: 공극부의 길이$[m]$)

3. 흡인력

(1) 자계의 에너지

$$w = \frac{1}{2}BH = \frac{1}{2}\mu H^2 = \frac{B^2}{2\mu}\,[J/m^3]$$

(2) 전자석의 흡인력

$$F = \frac{B^2}{2\mu} \cdot S = \frac{1}{2}\mu H^2 \cdot S = \frac{\Phi^2}{2\mu S}\,[N]$$

▤▏시험문제 미리보기!

다음 자성체에 대한 식 중 적절하지 않은 것은?

① $J = B - \mu_0 H$

② $B = \mu H$

③ $\mu = \mu_0 + \chi$

④ $\mu_s = 1 - \dfrac{\chi}{\mu_0}$

⑤ $J = B\left(1 - \dfrac{1}{\mu_s}\right)$

정답   ④

해설 $1 - \dfrac{\chi}{\mu_0} = 1 - \dfrac{\mu_0(\mu_s - 1)}{\mu_0} = 2 - \mu_s$이다.

09 전자유도   출제빈도 ★

1. 렌츠의 법칙

기전력의 방향을 결정하고, 그 기전력은 자속의 변화를 방해하는 방향으로 흐른다.

2. 패러데이의 법칙

기전력의 크기를 결정한다.

$$e = -\frac{d\Phi}{dt} = -N\frac{d\phi}{dt}\,[V]$$

($\Phi = N\phi$: 쇄교 자속 수, N: 권선 수)

3. 전자유도법칙의 미분형과 적분형

(1) 미분형

$$\text{rot } F_r = -\frac{\partial B}{\partial l}$$

(2) 적분형

$$e = \oint E \cdot dl = -\frac{d}{dt} \int_s B \cdot dS = -\frac{d\phi}{dt}$$

4. 도체운동에 의한 기전력(플레밍의 오른손 법칙)

$$e = vBl\sin\theta [V]$$

(v: 속도$[m/s]$, B: 자속밀도$[Wb/m^2]$, l: 도체의 길이$[m]$, θ: 속도와 자속밀도의 사잇각)

5. 표피 효과의 침투 깊이

$$\delta = \sqrt{\frac{2}{\omega\sigma\mu}} = \sqrt{\frac{1}{\pi f \sigma \mu}}$$

(f: 주파수, σ: 도전율, μ: 투자율)

📋 시험문제 미리보기!

전자유도에 의하여 회로에 발생되는 기전력은 자속 쇄교 수의 시간에 대한 감쇠 비율에 비례한다는 ㉠법칙에 따르고, 유도된 기전력의 방향은 ㉡법칙에 따를 때, ㉠, ㉡에 들어갈 용어로 적절한 것은?

	㉠	㉡
①	플레밍의 왼손	렌츠
②	플레밍의 오른손	플레밍의 왼손
③	렌츠	패러데이
④	패러데이	렌츠
⑤	패러데이	암페어의 오른나사

정답   ④

해설   ㉠ 기전력이 자속 쇄교 수의 시간에 대한 감쇠 비율에 비례하는 것은 패러데이의 법칙이다.
㉡ 기전력이 자속의 변화를 방해하는 방향으로 유도되는 것은 렌츠의 법칙이다.
따라서 ㉠은 패러데이, ㉡은 렌츠인 ④가 정답이다.

1. 자기 인덕턴스

$$e = -N\frac{d\phi}{dt} = -L\frac{di}{dt}[V]$$

$$LI = N\phi$$

(L: 자기 인덕턴스$[H]$)

2. 상호 인덕턴스

$$e = -M\frac{di}{dt}[V]$$

$$M = k\sqrt{L_1 L_2}$$

(M: 상호 인덕턴스$[H]$, k: 결합계수$(0 \le k \le 1)$)

- $k = 0$: 자기적인 결합이 전혀 되지 않음$(M = 0)$
- $k = 1$: 완전한 자기 결합$(M = \sqrt{L_1 L_2})$

3. 인덕턴스의 연결

(1) 전류의 방향이 동일할 때

$$L = L_1 + L_2 + 2M$$

(2) 전류의 방향이 반대일 때

$$L = L_1 + L_2 - 2M$$

4. 인덕턴스 계산

(1) 동축 케이블

$$L = \frac{\mu}{2\pi}\ln\frac{b}{a}[H/m]$$

(2) 무한장 솔레노이드

$$L = \mu S n_0^{\,2}[H/m]$$

(n_0: 단위 길이당 권선 수)

(3) 환상 솔레노이드

$$L = \frac{\mu SN^2}{l}$$

(4) 원주 도체의 내부 자기 인덕턴스

$$L = \frac{\mu}{8\pi}[H/m]$$

5. 자기 에너지

$$W - \frac{1}{2}NI\phi = \frac{1}{2}LI^2[J]$$

🗒 시험문제 미리보기!

어느 코일에 흐르는 전류가 0.01[s] 동안 3[A] 변화하여 120[V]의 기전력이 유기되었을 때, 이 코일의 자기 인덕턴스[H]는?

① 0.4　　　　② 0.6　　　　③ 0.8　　　　④ 1.0　　　　⑤ 1.2

정답　①

해설　자기 인덕턴스 $L = \frac{dt}{di} \times e$임을 적용하여 구한다.

　　　시간의 변화 dt = 0.01[s], 전류의 변화 di = 3[A], 기전력 e = 120[V]이므로

　　　자기 인덕턴스 $L = \frac{dt}{di} \times e = \frac{0.01}{3} \times 120 = 0.4[H]$이다.

1. 변위전류

$$I_D = \frac{\partial D}{\partial t}S = \frac{\partial \varepsilon E}{\partial t}S = \varepsilon\frac{\partial V}{\partial t}\frac{S}{d}$$

$$= \frac{\varepsilon S}{d}\frac{\partial}{\partial t}V_m \sin\omega t = \omega\frac{\varepsilon S}{d}V_m \cos\omega t$$

$$= \omega C V_m \cos\omega t[A]$$

(I_D: 변위전류$[A]$, E: 전계의 세기$[V/m]$, D: 전속밀도$[C/m^2]$, S: 면적$[m^2]$)

2. 맥스웰 방정식

- rot $H = \dfrac{\partial D}{\partial t} + i_c$

$\left(\dfrac{\partial D}{\partial t}$: 변위전류밀도$[A/m^2]$, i_c: 전도전류밀도$[A/m^2]\right)$

- rot $E = -\dfrac{\partial B}{\partial t}$
- div $B = 0$(연속)
- div $D = \rho$(불연속)

3. 평면 전자파 방정식

(1) 파동(고유) 임피던스

$$Z_0 = \frac{E}{H} = \sqrt{\frac{\mu}{\varepsilon}} = 120\pi\sqrt{\frac{\mu_s}{\varepsilon_s}} \fallingdotseq 377\sqrt{\frac{\mu_s}{\varepsilon_s}}[\Omega]$$

(2) 전자파 특징

① 전계와 자계는 공존하면서 상호 직각 방향으로 진동한다.
② 진공 또는 완전 유전체에서 전계와 자계의 파동의 위상차는 없다.
③ 전자파 전달 방향은 $E \times H$ 방향이다.
④ 전자파 전달 방향의 E, H 성분은 없다.
⑤ 전계와 자계의 비 $\dfrac{E}{H} = \sqrt{\dfrac{\mu}{\varepsilon}}$이다.
⑥ 자유 공간인 경우 동일 전원에서 나오는 전파는 자파보다 377배($E = 377H$)로 매우 커 전자파를 간단히 전파라고 한다.

(3) 전파 속도

$$v = f\lambda = \frac{1}{\sqrt{\mu\varepsilon}}\,[m/s]$$

$$(f: \text{주파수}[Hz], \ \lambda: \text{전파의 파장}[m])$$

(4) 포인팅 벡터

$$P = E \times H\,[W/m^2]$$

4. 특성 임피던스

(1) 전송 회로 특성 임피던스

$$Z_0 = \frac{V}{I} = \sqrt{\frac{Z}{Y}} = \sqrt{\frac{R+j\omega L}{G+j\omega C}}\,[\Omega]$$

(2) 동축 케이블의 특성 임피던스

$$Z = \sqrt{\frac{\mu}{\varepsilon}} \cdot \frac{1}{2\pi}\ln\frac{b}{a} = 138\sqrt{\frac{\mu_s}{\varepsilon_s}}\log\frac{b}{a}\,[\Omega]$$

▤ㅣ 시험문제 미리보기!

간격 $d[m]$인 두 개의 평행판 전극 사이에 유전율 ε인 유전체가 있다. 이 유전체의 전극 사이에 전압 $V = V_m\sin\omega t$를 가했을 때, 변위전류밀도$[A/m^2]$는?

① $\dfrac{\omega\varepsilon}{d}V_m\sin\omega t$ ② $-\dfrac{\omega\varepsilon}{d}V_m\sin\omega t$

③ $\dfrac{\omega\varepsilon}{d}V_m\cos\omega t$ ④ $\dfrac{\omega^2\varepsilon}{d}V_m\cos\omega t$

⑤ $-\dfrac{\omega\varepsilon}{d}V_m\cos\omega t$

정답   ③

해설   변위전류밀도 $i_d = \dfrac{\partial D}{\partial t} = \dfrac{\partial \varepsilon E}{\partial t} = \varepsilon\dfrac{\partial}{\partial t}\dfrac{V}{d} = \dfrac{\varepsilon}{d}\dfrac{\partial}{\partial t}V_m\sin\omega t = \dfrac{\omega\varepsilon}{d}V_m\cos\omega t\,[A/m^2]$이다.

출제빈도: ★☆☆ 대표출제기업: 한국철도공사, 한국수력원자력

01 벡터 $A = 2i + j - 6k$, 벡터 $B = 2i + ak$이고, 벡터 A와 벡터 B가 수직일 때, a의 값은? (단, i, j, k는 x, y, z 방향의 기본 벡터이다.)

① -1 ② $-\dfrac{2}{3}$ ③ 0 ④ $\dfrac{2}{3}$ ⑤ 1

출제빈도: ★☆☆ 대표출제기업: 한국남동발전, 한국가스공사, 한전KPS

02 $s = 2xyz$, $A = xi + yj + zk$일 때 점 $\left(2, \dfrac{1}{2}, \dfrac{1}{3}\right)$에서의 $\text{div} \, (sA)$는?

① 1 ② 2 ③ 3 ④ 4 ⑤ 6

출제빈도: ★☆☆ 대표출제기업: 한국지역난방공사

03 다음 중 전계 $E = i2x^3 + j6x^2y + kxy^2z^2$의 $\text{div} \, E$의 값으로 적절한 것은?

① $12x^2 + 2xy^2z$ ② $-(12x^2 + 2xy^2z)$ ③ $12x^2i + 2xy^2zj$

④ $-(12x^2i + 2xy^2zj)$ ⑤ 0

출제빈도: ★★☆ 대표출제기업: 서울교통공사, 한국지역난방공사

04 전계의 세기가 $E = E_x i + E_y j + E_z k$일 때, x, y, z 평면 내의 전기력선을 표시하는 미분방정식은?

① $\dfrac{dz}{dx} = \dfrac{E_x}{E_z}$ ② $E_x dx + E_y dy = 0$ ③ $\dfrac{dy}{dz} = \dfrac{E_y}{E_z}$

④ $E_y dx + E_x dy = 0$ ⑤ $E_z dz + E_x dx = 0$

출제빈도: ★★☆ 대표출제기업: 한국전력공사, 한국수력원자력, 한전KPS

05 +100[nC]의 점전하로부터 10[mm] 떨어진 거리에 +200[μC]의 점전가 놓여 있을 때, 이 전하에 작용하는 힘의 크기[N]는?

① 1,400   ② 1,600   ③ 1,800   ④ 2,000   ⑤ 2,200

정답 및 해설

01 ④

벡터 A와 벡터 B가 수직일 때, $A \cdot B = AB\cos\theta = 0$임을 적용하여 구한다.

$A \cdot B = 2 \times 2 + 1 \times 0 + (-6) \times a = 0 \rightarrow 6a = 4 \rightarrow a = \dfrac{2}{3}$

따라서 $a = \dfrac{2}{3}$이다.

02 ④

$\mathrm{div}\,E = \nabla \cdot E = \left(\dfrac{\partial}{\partial x}i + \dfrac{\partial}{\partial y}j + \dfrac{\partial}{\partial z}k\right) \cdot (E_x i + E_y j + E_z k)$임을 적용하여 구한다.

$sA = 2xyz \cdot (xi + yj + kz) = 2x^2yzi + 2xy^2zj + 2xyz^2k$이므로

$\mathrm{div}\,(sA) = \left(\dfrac{\partial}{\partial x}i + \dfrac{\partial}{\partial y}j + \dfrac{\partial}{\partial z}k\right) \cdot (2x^2yzi + 2xy^2zj + 2xyz^2k)$

$= \dfrac{\partial}{\partial x}2x^2yz + \dfrac{\partial}{\partial y}2xy^2z + \dfrac{\partial}{\partial z}2xyz^2 = 4xyz + 4xyz + 4xyz$

$= 12xyz$

$12xyz|_{x=2, y=\frac{1}{2}, z=\frac{1}{3}} = 4$

따라서 점 $\left(2, \dfrac{1}{2}, \dfrac{1}{3}\right)$에서의 $\mathrm{div}\,(sA)$는 4이다.

03 ①

$\mathrm{div}\,E = \nabla \cdot E$임을 적용하여 구한다.

전계 $E = i2x^3 + j6x^2y + kxy^2z^2$이므로

$\mathrm{div}\,E = \nabla \cdot E = \left(\dfrac{\partial}{\partial x}i + \dfrac{\partial}{\partial y}j + \dfrac{\partial}{\partial z}k\right) \cdot (2x^3 i + 6x^2yj + xy^2z^2k)$

$= \dfrac{\partial}{\partial x}2x^3 + \dfrac{\partial}{\partial y}6x^2y + \dfrac{\partial}{\partial z}xy^2z^2 = 6x^2 + 6x^2 + 2xy^2z$

$= 12x^2 + 2xy^2z$

따라서 $\mathrm{div}\,E = 12x^2 + 2xy^2z$이다.

04 ③

전기력선 방정식 $\dfrac{dx}{E_x} = \dfrac{dy}{E_y} = \dfrac{dz}{E_z}$임을 적용하여 구한다.

$\dfrac{dy}{dz} = \dfrac{E_y}{E_z}$에서 $E_z dy = E_y dz \rightarrow \dfrac{dy}{E_y} = \dfrac{dz}{E_z}$

따라서 평면 내의 전기력선을 표시하는 미분방정식은 $\dfrac{dy}{dz} = \dfrac{E_y}{E_z}$이다.

05 ③

두 전하 사이에 작용하는 힘 $F = \dfrac{Q_1 Q_2}{4\pi\varepsilon_0 r^2} = 9 \times 10^9 \times \dfrac{Q_1 Q_2}{r^2}$임을 적용하여 구한다.

$Q_1 = 100[nC] = 100 \times 10^{-9}[C]$, $Q_2 = 200[\mu C] = 200 \times 10^{-6}[C]$,

두 전하 사이의 거리 $r = 10[mm] = 10 \times 10^{-3}[m]$이므로

두 전하 사이에 작용하는 힘 $F = \dfrac{Q_1 Q_2}{4\pi\varepsilon_0 r^2} = 9 \times 10^9 \times$

$\dfrac{100 \times 10^{-9} \times 200 \times 10^{-6}}{(10 \times 10^{-3})^2} = 1,800[N]$이다.

출제빈도: ★★☆ 대표출제기업: 한국남부발전, 한국서부발전

06 진공 중에 놓인 $2[\mu C]$의 점전하에서 $2[m]$가 되는 점의 전계$[V/m]$는 얼마인가?

① 4,000　　　　② 4,200　　　　③ 4,500　　　　④ 4,800　　　　⑤ 5,000

출제빈도: ★★★ 대표출제기업: 한국가스공사, 한전KPS, 한국중부발전

07 다음 중 전기력선에 대한 설명으로 적절하지 않은 것은?

① 단위 전하에서는 $\dfrac{1}{\varepsilon_0}$개의 전기력선이 출입한다.

② 전기력선은 전위가 높은 곳에서 낮은 곳으로 향한다.

③ 전기력선은 연속적이다.

④ 전기력선은 정전하에서 시작하여 부전하에서 그친다.

⑤ 전기력선의 접선 방향은 전계의 방향이다.

출제빈도: ★★★ 대표출제기업: 한국철도공사, 한국수력원자력, 한국서부발전

08 어느 점전하에 의하여 생기는 전위를 처음 전위의 $\dfrac{1}{4}$이 되게 하려면 전하로부터의 거리를 몇 배 해야 하는가?

① $\dfrac{1}{4}$　　　　② $\dfrac{1}{2}$　　　　③ 1　　　　④ 2　　　　⑤ 4

출제빈도: ★☆☆ 대표출제기업: 한국동서발전, 한국지역난방공사

09 전위 함수 $V = 3x^2y + xy^2z[V]$일 때, 점 $(0, 1, 1)$의 체적전하밀도$[C/m^3]$는?

① $-6\varepsilon_0$ ② $6\varepsilon_0$ ③ 0 ④ $4\varepsilon_0$ ⑤ $-4\varepsilon_0$

출제빈도: ★★★ 대표출제기업: 한국철도공사, 한국서부발전

10 다음 중 전기쌍극자로부터 $r[m]$만큼 떨어진 점의 전위의 크기 V와 r의 관계로 적절한 것은?

① $V \propto r$ ② $V \propto r^3$ ③ 무관하다.   ④ $V \propto \dfrac{1}{r^2}$ ⑤ $V \propto \dfrac{1}{r^3}$

정답 및 해설

06 ③

전계의 세기 $E = \dfrac{Q}{4\pi\varepsilon_0 r^2} = 9 \times 10^9 \times \dfrac{Q}{r^2}$임을 적용하여 구한다.

거리 $r = 2[m]$, 전하 $Q = 2[\mu C]$이므로

전계의 세기 $E = \dfrac{Q}{4\pi\varepsilon_0 r^2} = 9 \times 10^9 \times \dfrac{2 \times 10^{-6}}{2^2} = 4,500[V/m]$

이다.

07 ③

전기력선은 스스로 폐곡선을 이루지 않으며, 정전하에서 시작하여 부전하에서 끝나 연속적이지 않으므로 적절하지 않다.

08 ⑤

전위 $V = \dfrac{Q}{4\pi\varepsilon_0 r}$에 의해 전위와 거리는 반비례하므로 처음 전위의

$\dfrac{1}{4}$이 되게 하려면 전하로부터의 거리를 4배로 해야 한다.

09 ①

푸아송 방정식 $\nabla^2 V = -\dfrac{\rho}{\varepsilon_0}$임을 적용하여 구한다.

전위 함수 $V = 3x^2y + xy^2z$이므로

$\nabla^2 V = \left(\dfrac{\partial^2}{\partial x^2} + \dfrac{\partial^2}{\partial y^2} + \dfrac{\partial^2}{\partial z^2}\right)(3x^2y + xy^2z) = 6y + 2xz$

이때 점 $(0, 1, 1)$이므로 $6y + 2xz \mid_{x=0, y=1, z=1} = 6$이다.

$\nabla^2 V = -\dfrac{\rho}{\varepsilon_0} = 6$이므로 $\rho = -6\varepsilon_0[C/m^3]$이다.

10 ④

전기쌍극자의 전위 $V = \dfrac{M}{4\pi\varepsilon_0 r^2}\cos\theta$이므로 $V \propto \dfrac{1}{r^2}$

전기쌍극자의 전위는 거리의 제곱에 반비례한다.

출제빈도: ★★☆ 대표출제기업: 한국수력원자력, 한국남동발전

11 z축상에 있는 무한히 긴 균일 선전하로부터 2.5$[m]$ 거리에 있는 점의 전계의 세기가 $2.6 \times 10^4[V/m]$일 때 선전하 밀도는 약 몇 $[\mu C/m]$인가?

① 3.6×10^{-6}　　　② 3.6×10^{-4}　　　③ 3.6×10^{-2}　　　④ 3.6×10^{0}　　　⑤ 3.6×10^{2}

출제빈도: ★★★ 대표출제기업: 한국가스공사, 한전KPS

12 쌍극자 모멘트가 $M[C \cdot m]$인 전기쌍극자에서 $\theta = \frac{\pi}{2}$일 때 점 P의 전계로 적절한 것은? (단, θ는 전기쌍극자의 중심에서 축 방향과 점 P를 잇는 선분의 사잇각이다.)

① 항상 0이다.　　② 항상 1이다.　　③ 최소　　④ 최대　　⑤ 일정하다.

출제빈도: ★★★ 대표출제기업: 한국철도공사, 한국전력공사, 한국수력원자력

13 한 변의 길이가 $2a[m]$인 정사각형의 각 꼭짓점에 각각 $Q[C]$의 전하를 놓을 때, 정사각형 중심의 전위$[V]$는?

① $\dfrac{Q}{2\sqrt{2}\pi\varepsilon_0 a}$　　　　② $\dfrac{\sqrt{2}Q}{3\pi\varepsilon_0 a}$　　　　③ $\dfrac{\sqrt{2}Q}{\pi\varepsilon_0 a}$

④ $\dfrac{3Q}{2\sqrt{2}\pi\varepsilon_0 a}$　　　　⑤ $\dfrac{Q}{\sqrt{2}\pi\varepsilon_0 a}$

출제빈도: ★★☆ 대표출제기업: 서울교통공사, 한국가스공사

14 다음 전계의 식 중 옳은 것은?

① $\displaystyle\int E \cdot ds = Q$　　　　　　　　② $E = \mathrm{grad}\, V$

③ $\mathrm{grad}\, V = \dfrac{\partial V}{\partial x} + \dfrac{\partial V}{\partial y} + \dfrac{\partial V}{\partial z}$　　　④ $V = \displaystyle\int_r^\infty E \cdot dl$

⑤ $\mathrm{div}\, E = \rho$

출제빈도: ★★☆ 대표출제기업: 한국남동발전, 한국지역난방공사

15 $1[C]$의 정전하를 도체 1, 2에 각각 대전시켰을 때 도체 1의 전위는 $7[V]$, 도체 2의 전위는 $15[V]$이고, 도체 2에만 $2[C]$의 정전하를 대전시켰을 때 도체 1의 전위가 $2[V]$라면 두 도체 간의 정전용량은 약 몇 $[F]$인가?

① 0.02　　　　　② 0.04　　　　　③ 0.06　　　　　④ 0.08　　　　　⑤ 0.1

정답 및 해설

11 ④

선전하밀도 $\lambda = 2\pi\varepsilon_0 aE$임을 적용하여 구한다.
전계의 세기 $E = 2.6 \times 10^4[V/m]$이고, 거리 $a = 2.5[m]$이므로
선전하밀도 $\lambda = 2\pi\varepsilon_0 \times 2.5 \times 2.6 \times 10^4 ≒ 3.6[\mu C/m]$이다.

12 ③

전기쌍극자의 전계 $E = \dfrac{M}{4\pi\varepsilon_0 r^3}\sqrt{1 + 3\cos^2\theta}$임을 적용하여 구한다.
$\theta = \dfrac{\pi}{2}$일 때 $\cos^2\theta = 0$이므로 전기쌍극자의 전계가 최솟값을 가진다.

13 ⑤

점전하에 의한 전위 $V = \dfrac{Q}{4\pi\varepsilon_0 r}$임을 적용하여 구한다.
각 꼭짓점에서 정사각형 중심까지의 거리 $r = \sqrt{2}a[m]$이므로
꼭짓점 1개의 전위 $V_1 = \dfrac{Q}{4\pi\varepsilon_0 r} = \dfrac{Q}{4\pi\varepsilon_0 \times \sqrt{2}a}[V]$이다.
따라서 정사각형 중심의 전위 $V = 4V_1 = \dfrac{Q}{\sqrt{2}\pi\varepsilon_0 a}[V]$이다.

14 ④

전위 $V = -\displaystyle\int_\infty^r F \cdot dl = -\displaystyle\int_\infty^r E \cdot dl = \displaystyle\int_r^\infty E \cdot dl = \dfrac{Q}{4\pi\varepsilon_0 r}$이다.

오답노트
① 전기력선 수 $N = \displaystyle\int E \cdot ds = \dfrac{Q}{\varepsilon_0}$이다.
② 전위경도 $E = -\text{grad}\ V = -\nabla V$이다.
⑤ 가우스 법칙에 의해 $\text{div}\ E = \dfrac{\rho}{\varepsilon_0}$이다.

15 ③

두 도체 간의 정전용량 $C = \dfrac{Q}{V_1 - V_2}$임을 적용하여 구한다.
$1[C]$의 정전하를 도체 1, 2에 각각 대전시켰을 때 도체 1의 전위는 $7[V]$, 도체 2의 전위는 $15[V]$이므로 $V_1 = P_{11}Q_1 + P_{12}Q_2$, $V_2 = P_{22}Q_2 + P_{21}Q_1$에서 $V_1 = P_{11} + P_{12} = 7[V]$, $V_2 = P_{22} + P_{21} = 15[V]$이다.
$2[C]$의 정전하를 도체 2에 대전시켰을 때 도체 1의 전위는 $2[V]$이므로 $P_{12} = P_{21} = 1$이다.
$P_{12} = P_{21} = 1$을 대입하면 $V_1 = P_{11} + 1 = 7$이므로 $P_{11} = 6$, $V_2 = P_{22} + 1 = 15$이므로 $P_{22} = 14$이다.
두 도체 간의 전위차 $V_1 - V_2 = Q(P_{11} - 2P_{12} + P_{22}) = Q(6 - 2 + 14)$ $= 18Q$이므로 두 도체 간 정전용량 $C = \dfrac{Q}{V_1 - V_2} = \dfrac{Q}{18Q} ≒ 0.06[F]$이다.

출제빈도: ★★★ 대표출제기업: 한국전력공사, 한국수력원자력, 한국가스공사

16 다음 중 도선의 반지름이 a이고, 두 도선 중심 간의 간격이 d인 평행 2선 선로의 정전용량에 대한 설명으로 적절한 것은?

① 정전용량 C는 $\ln\dfrac{d}{a}$에 비례한다.

② 정전용량 C는 $\ln\dfrac{a}{d}$에 비례한다.

③ 정전용량 C는 $\ln\dfrac{d}{a}$에 반비례한다.

④ 정전용량 C는 $\ln\dfrac{a}{d}$에 반비례한다.

⑤ 정전용량 C는 반지름과 간격에 무관하다.

출제빈도: ★★★ 대표출제기업: 한국가스공사, 한전KPS, 한국중부발전

17 동심구형 콘덴서의 내외 반지름을 각각 8배로 했을 때 정전용량은?

① 1배   ② 2배   ③ 8배   ④ 16배   ⑤ 64배

출제빈도: ★★★ 대표출제기업: 한국전력공사, 한국동서발전

18 전압 V로 충전된 용량 C의 콘덴서에 동일 용량 $3C$의 콘덴서를 병렬연결한 후의 단자전압은?

① V ② $2V$ ③ $\dfrac{V}{2}$ ④ $4V$ ⑤ $\dfrac{V}{4}$

출제빈도: ★★☆ 대표출제기업: 한국중부발전, 한국지역난방공사

19 정전용량 $2[\mu F]$, $3[\mu F]$의 콘덴서에 각각 $3 \times 10^{-3}[C]$ 및 $5 \times 10^{-3}[C]$의 전하를 주고 극성을 같게 하여 병렬로 접속할 때 콘덴서에 축적된 에너지$[J]$는?

① 3.2   ② 4.8   ③ 6.4   ④ 8.0   ⑤ 9.6

출제빈도: ★★★ 대표출제기업: 한국남부발전, 한국동서발전

20 Q_2로 대전된 용량 C_2의 콘덴서에 용량 C_1을 병렬연결했을 때, C_1이 분배받는 전기량 Q_1은? (단, V_2는 콘덴서 C_2에 Q_2만큼 충전되었을 때 C_2 양단에 걸리는 전압이다.)

① $\dfrac{C_1}{C_1 + C_2} V_2$

② $\dfrac{C_1 + C_2}{C_1 C_2} V_2$

③ $\dfrac{C_1 C_2}{C_1 - C_2} V_2$

④ $\dfrac{C_1 + C_2}{C_1} V_2$

⑤ $\dfrac{C_1 C_2}{C_1 + C_2} V_2$

정답 및 해설

16 ③

평행 왕복 도선의 정전용량 $C = \dfrac{\pi \varepsilon_0}{\ln \dfrac{d}{a}} [F/m]$이므로 $\ln \dfrac{d}{a}$에 반비례한다.

17 ③

동심구의 정전용량 $C = \dfrac{4\pi\varepsilon_0}{\dfrac{1}{a} - \dfrac{1}{b}} = 4\pi\varepsilon_0 \dfrac{ab}{b - a}$임을 적용하여 구한다.

동심구의 내외 반지름 a, b가 각각 8배가 되면 $C = 4\pi\varepsilon_0 \dfrac{8a \times 8b}{8b - 8a} = 4\pi\varepsilon_0 \dfrac{8ab}{b - a}$가 되므로 정전용량은 8배가 된다.

18 ⑤

충전전하 $Q = CV$임을 적용하여 구한다.
용량 C의 콘덴서와 동일 용량 $3C$의 콘덴서를 병렬연결했을 때, 합성 정전용량 $C_0 = C + 3C = 4C$이다.
따라서 단자전압 $V_0 = \dfrac{Q}{C_0} = \dfrac{CV}{4C} = \dfrac{V}{4}$이다.

19 ③

병렬로 접속한 콘덴서의 합성 정전용량 $C_0 = C_1 + C_2$, 도체 내에 축적되는 정전에너지 $W = \dfrac{1}{2}QV = \dfrac{1}{2}CV^2 = \dfrac{Q^2}{2C}$임을 적용하여 구한다.

합성 정전용량 $C_0 = C_1 + C_2 = 5[\mu F]$, 총 전하량 $Q = Q_1 + Q_2 = 8 \times 10^{-3}[C]$이다.

따라서 콘덴서에 축적된 에너지 $W = \dfrac{Q^2}{2C_0} = \dfrac{(8 \times 10^{-3})^2}{2 \times 5 \times 10^{-6}} = 6.4[J]$이다.

20 ⑤

병렬연결한 콘덴서의 합성 정전용량 $C_0 = C_1 + C_2$임을 적용하여 구한다.

병렬연결 후 전위차 $V_0 = \dfrac{Q_2}{C_0} = \dfrac{C_2 V_2}{C_1 + C_2}$이므로 C_1이 분배받는 전기량 $Q_1 = C_1 V_0 = \dfrac{C_1 C_2}{C_1 + C_2} V_2$이다.

출제빈도: ★★☆ 대표출제기업: 한국가스공사, 한국지역난방공사

21 정전용량 $40[\mu F]$과 $60[\mu F]$인 두 개의 콘덴서를 직렬로 연결하여 총 $500[J]$만큼 충전했을 때, $60[\mu F]$의 콘덴서에 축적되는 에너지는 몇 $[J]$인가?

① 100   ② 140   ③ 180   ④ 200   ⑤ 240

출제빈도: ★☆☆ 대표출제기업: 한국전력공사

22 동심구의 양 도체 사이에 절연내력이 $40[kV/mm]$이고, 비유전율이 8인 절연 액체를 넣었을 때 축적되는 전기량은 공기를 넣었을 때의 몇 배인가? (단, 공기의 절연내력은 $4[kV/mm]$이다.)

① 1   ② 8   ③ 10   ④ 40   ⑤ 80

출제빈도: ★★☆ 대표출제기업: 한국서부발전

23 다음 중 유전체 내의 전계의 세기 E와 분극의 세기 P의 관계식으로 적절한 것은?

① $P = \varepsilon\left(1 - \dfrac{1}{\varepsilon_s}\right)E$ ② $P = \varepsilon(1 - \varepsilon_s)E$ ③ $P = \varepsilon_0\varepsilon_s E$

④ $P = \varepsilon_0(1 - \varepsilon_s)D$ ⑤ $P = \varepsilon\left(1 - \dfrac{1}{\varepsilon_s}\right)D$

출제빈도: ★★★ 대표출제기업: 한국전력공사, 한국남부발전

24 유전율이 각각 ε_1, ε_2인 두 유전체가 접해 있다. 각 유전체의 전계 및 전속밀도가 각각 E_1, D_1 및 E_2, D_2이고 경계면에 대한 입사각 및 굴절각이 θ_1, θ_2일 때, 경계 조건으로 적절한 것은?

① $\dfrac{\cos\theta_1}{\cos\theta_2} = \dfrac{E_1}{E_2}$ 　　② $\dfrac{\sin\theta_1}{\sin\theta_2} = \dfrac{D_1}{D_2}$ 　　③ $\dfrac{\tan\theta_1}{\tan\theta_2} = \dfrac{\varepsilon_2}{\varepsilon_1}$

④ $\dfrac{\tan\theta_1}{\tan\theta_2} = \dfrac{\varepsilon_1}{\varepsilon_2}$ 　　⑤ $\tan\theta_1 + \tan\theta_2 = 0$

정답 및 해설

21 ④

정전용량에 축적되는 에너지 $W = \dfrac{Q^2}{2C}$ 임을 적용하여 구한다.

직렬연결한 콘덴서의 합성 정전용량 $C = \dfrac{40 \times 10^{-6} \times 60 \times 10^{-6}}{40 \times 10^{-6} + 60 \times 10^{-6}}$
$= 24 \times 10^{-6}[F]$이고,

$Q^2 = 2CW$이므로 전하량 $Q = \sqrt{2CW} = \sqrt{2 \times 24 \times 10^{-6} \times 500}$
$= \sqrt{24 \times 10^{-3}}$이다.

따라서 $60[\mu F]$의 콘덴서에 축적되는 에너지 $W = \dfrac{24 \times 10^{-3}}{2 \times 60 \times 10^{-6}} = 200[J]$이다.

> ⏱ **빠른 문제풀이 Tip**
>
> 직렬연결한 콘덴서에 흐르는 전하량은 동일하므로, 콘덴서에 축적되는 에너지 $W = \dfrac{Q^2}{2C}$ 는 정전용량에 반비례한다.
>
> 따라서 정전용량의 크기는 $40[\mu F]$과 $60[\mu F]$이므로 $60[\mu F]$의 콘덴서에 축적되는 에너지는 $500 \times \dfrac{40}{40+60} = 200[J]$이다.

22 ⑤

전기량 $Q = CV$임을 적용하여 구한다.

공기를 넣었을 때 전기량 $Q_0 = C_0 V = C_0 E_0 d = 4C_0 d$이고, 비유전율이 8인 절연 액체를 넣었을 때 전기량 $Q = CV = \varepsilon_s C_0 Ed = 8 \times 40 C_0 d$이므로

절연 액체를 넣었을 때 축적되는 전기량은 공기를 넣었을 때의 $\dfrac{Q}{Q_0}$

$= \dfrac{320 C_0 d}{4 C_0 d} = 80$배이다.

23 ①

분극의 세기 $P = D - \varepsilon_0 E = \varepsilon E - \varepsilon_0 E = \varepsilon\left(1 - \dfrac{1}{\varepsilon_s}\right)E$이다.

24 ④

경계 조건에 의해 전계는 $E_1 \sin\theta_1 = E_2 \sin\theta_2$, 전속밀도는 $D_1 \cos\theta_1 = D_2 \cos\theta_2$이다.

전계를 전속밀도로 나누면 $\dfrac{E_1 \sin\theta_1}{D_1 \cos\theta_1} = \dfrac{E_2 \sin\theta_2}{D_2 \cos\theta_2}$, $\dfrac{1}{\varepsilon_1} \tan\theta_1 = \dfrac{1}{\varepsilon_2} \tan\theta_2$가 된다.

따라서 경계 조건은 $\dfrac{\tan\theta_1}{\tan\theta_2} = \dfrac{\varepsilon_1}{\varepsilon_2}$이다.

출제빈도: ★★☆ 대표출제기업: 한국남동발전, 한국중부발전

25 원통 콘덴서의 내부 반지름과 외부 반지름이 각각 a, b인 동축 원통 콘덴서의 단위 길이당 정전용량$[F/m]$은? (단, 원통 사이의 유전체의 비유전율은 ε_s이다.)

① $\dfrac{\pi\varepsilon}{\ln\dfrac{b}{a}}$ ② $\dfrac{2\pi\varepsilon}{\ln\dfrac{b}{a}}$ ③ $\dfrac{2\pi\varepsilon_0}{\ln\dfrac{b}{a}}$ ④ $\dfrac{2\pi\varepsilon_s}{\ln\dfrac{b}{a}}$ ⑤ $\dfrac{\pi\varepsilon_0}{\ln\dfrac{b}{a}}$

출제빈도: ★★★ 대표출제기업: 한국전력공사, 한국수력원자력, 한국가스공사

26 다음 중 유전율이 다른 두 유전체의 전계 강도와 전속밀도에 대한 경계 조건으로 적절하지 않은 것은? (단, 경계면의 진전하 분포는 없다.)

① 전기력선은 유전율이 작은 쪽으로 집속하려는 성질이 있다.
② 전계의 수직 성분이 일치한다.
③ 전속밀도의 법선 성분이 일치한다.
④ 전속은 유전율이 큰 쪽으로 집속하려는 성질이 있다.
⑤ 경계면 사이의 정전력은 유전율이 큰 쪽에서 작은 쪽으로 향한다.

출제빈도: ★★☆ 대표출제기업: 한국전력공사, 한국서부발전

27 비유전율 ε_s = 4인 유전체 내의 한 점에서 전계의 세기가 $10^6[V/m]$일 때, 이 점의 분극의 세기 $P[C/m^2]$는?

① $\dfrac{10^{-3}}{12\pi}$ ② $\dfrac{10^{-6}}{12\pi}$ ③ $\dfrac{10^{-3}}{9\pi}$ ④ $\dfrac{10^{-6}}{9\pi}$ ⑤ $\dfrac{10^{-9}}{12\pi}$

출제빈도: ★★☆ 대표출제기업: 서울교통공사, 한국지역난방공사

28 비유전율 ε_s = 6이고, 전계의 세기가 $10[kV/m]$인 유전체 내의 전속밀도$[\mu C/m^2]$는?

① 0.5   ② 0.6   ③ 0.7   ④ 0.8   ⑤ 0.9

출제빈도: ★★★ 대표출제기업: 한국철도공사, 한국수력원자력

29 비유전율 ε_s = 3인 유전체의 한 점에서 전계의 세기가 $10^6[V/m]$일 때, 이 점의 분극률$[F/m]$은?

① $\dfrac{10^{-8}}{18\pi}$ ② $\dfrac{10^{-9}}{18\pi}$ ③ $\dfrac{10^{-10}}{18\pi}$ ④ $\dfrac{10^{-11}}{18\pi}$ ⑤ $\dfrac{10^{-12}}{18\pi}$

정답 및 해설

25 ②

$V = -\int_a^b E \cdot dr$, $Q = \lambda l$임을 적용하여 구한다.

내부 반지름 a, 외부 반지름 b이므로 콘덴서의 양단에 걸리는 전압

$V = -\int_a^b E \cdot dr = \int_b^a \dfrac{\lambda}{2\pi \varepsilon r} dr = \dfrac{\lambda}{2\pi \varepsilon}[\ln r]_a^b = \dfrac{\lambda}{2\pi \varepsilon}\ln\dfrac{b}{a}$이다.

이때 정전용량 $C = \dfrac{Q}{V} = \dfrac{\lambda l}{\dfrac{\lambda}{2\pi \varepsilon}\ln\dfrac{b}{a}} = \dfrac{2\pi \varepsilon l}{\ln\dfrac{b}{a}}[F]$이므로 단위 길

이당 정전용량 $\dfrac{C}{l} = \dfrac{2\pi \varepsilon}{\ln\dfrac{b}{a}}[F/m]$이다.

26 ②

유전율이 다른 두 유전체의 경계 조건에서 전계의 수평(접선) 성분이 일치하므로 적절하지 않다.

27 ①

분극의 세기 $P = \varepsilon_0(\varepsilon_s - 1)E$임을 적용하여 구한다.

비유전율 ε_s = 4, 전계의 세기 $E = 10^6[V/m]$인 한 점에서 분극의

세기 $P = \varepsilon_0(\varepsilon_s - 1)E = \dfrac{1}{36\pi \times 10^9}(4 - 1) \times 10^6 = \dfrac{10^{-3}}{12\pi}[C/m^2]$

이다.

28 ①

전속밀도 $D = \varepsilon E$임을 적용하여 구한다.

비유전율 ε_s = 6, 전계의 세기 $E = 10[kV/m] = 10 \times 10^3[V/m]$

이므로 전속밀도 $D = \varepsilon E = \varepsilon_0 \varepsilon_s E = 8.855 \times 10^{-12} \times 6 \times 10^3$

$= 5.313 \times 10^{-7}[C/m^2] \fallingdotseq 0.5[\mu C/m^2]$이다.

29 ②

분극률 $\chi = \varepsilon_0(\varepsilon_s - 1)$임을 적용하여 구한다.

비유전율 ε_s = 3이므로 분극률 $\chi = \varepsilon_0(\varepsilon_s - 1) = \dfrac{1}{36\pi \times 10^9} \times (3 - 1)$

$= \dfrac{10^{-9}}{18\pi}[F/m]$이다.

출제빈도: ★★☆ 대표출제기업: 한국전력공사, 한국서부발전

30 $\varepsilon_1 > \varepsilon_2$의 두 유전체의 경계면에서 전계가 수직으로 입사할 때 경계면에 작용하는 힘의 크기와 방향은?

① $f = \dfrac{1}{2}\left(\dfrac{1}{\varepsilon_1} - \dfrac{1}{\varepsilon_2}\right)D^2$의 힘이 ε_1에서 ε_2로 작용한다.

② $f = \dfrac{1}{2}\left(\dfrac{1}{\varepsilon_2} - \dfrac{1}{\varepsilon_1}\right)D^2$의 힘이 ε_2에서 ε_1로 작용한다.

③ $f = \dfrac{1}{2}\left(\dfrac{1}{\varepsilon_1} - \dfrac{1}{\varepsilon_2}\right)D^2$의 힘이 ε_2에서 ε_1로 작용한다.

④ $f = \dfrac{1}{2}\left(\dfrac{1}{\varepsilon_2} - \dfrac{1}{\varepsilon_1}\right)D^2$의 힘이 ε_1에서 ε_2로 작용한다.

⑤ 아무 일도 일어나지 않는다.

출제빈도: ★★☆ 대표출제기업: 한국철도공사, 한국가스공사

31 면적 $S = 12[cm^2]$, 간격 $d = 2[mm]$인 평행한 콘덴서에 비유전율 4인 유전체를 채워 전압 $120[V]$를 인가했을 때, 축적되는 에너지는 약 몇 $[J]$인가?

① 0.9×10^{-7} ② 1.2×10^{-7} ③ 1.5×10^{-7} ④ 1.8×10^{-7} ⑤ 2.4×10^{-7}

출제빈도: ★★☆ 대표출제기업: 한국전력공사, 한국수력원자력

32 공기 중에서 무한 평면 도체와 $3[m]$ 떨어진 곳에 $2[C]$의 점전하가 있다. 이때 점전하가 받는 힘의 크기$[N]$는?

① 10^9 ② 2×10^9 ③ 4×10^9 ④ $\dfrac{1}{2} \times 10^9$ ⑤ $\dfrac{1}{3} \times 10^9$

출제빈도: ★★★ 대표출제기업: 한국전력공사, 한국수력원자력

33 대지면에 높이 $h[m]$로 평행 가설된 매우 긴 선전하(선전하밀도 $\lambda[C/m]$)가 지면으로부터 받는 힘$[N/m]$은?

① h에 비례 ② h에 반비례 ③ h^2에 비례 ④ h^2에 반비례 ⑤ 무관하다.

출제빈도: ★★★ 대표출제기업: 한국철도공사, 한국서부발전

34 반지름 a인 접지 도체구의 중심에서 $d(>a)$만큼 떨어진 곳에 점전하 Q가 있다. 도체구에 유기되는 영상전하 및 그 위치(중심으로부터의 거리)는 각각 얼마인가?

① $\frac{a}{d}$이며 $\frac{a^2}{d}$이다. 　　　② $\frac{a^2}{d}$이며 $\frac{a}{d}$이다.

③ $-\frac{a}{d}$이며 $-\frac{a^2}{d}$이다. 　　④ $-\frac{a}{d}$이며 $\frac{a^2}{d}$이다.

⑤ $\frac{a}{d}$이며 $-\frac{a^2}{d}$이다.

정답 및 해설

30 ④

두 유전체의 경계면에 작용하는 힘은 유전율이 큰 쪽에서 작은 쪽으로 향한다.

$f_1 = \frac{D^2}{2\varepsilon_1}$, $f_2 = \frac{D^2}{2\varepsilon_2}$이고, $\varepsilon_1 > \varepsilon_2$이므로 $f_2 > f_1$이다.

따라서 경계면에 작용하는 힘의 크기 $f = f_2 - f_1 = \frac{1}{2}\left(\frac{1}{\varepsilon_2} - \frac{1}{\varepsilon_1}\right)D^2$ 이고, 방향은 ε_1에서 ε_2로 작용한다.

31 ③

콘덴서 정전용량 $C = \frac{\varepsilon S}{d}$, 콘덴서에 축적되는 에너지 $W = \frac{1}{2}CV^2$ 임을 적용하여 구한다.

비유전율 $\varepsilon_s = 4$, 면적 $S = 12[cm^2]$, 간격 $d = 2[mm]$이므로

정전용량 $C = \frac{\varepsilon S}{d} = \frac{8.855 \times 10^{-12} \times 4 \times 12 \times 10^{-4}}{2 \times 10^{-3}} = 2.1252 \times 10^{-11}$ 이다.

따라서 축적되는 에너지 $W = \frac{1}{2}CV^2 = \frac{1}{2} \times 2.1252 \times 10^{-11} \times 120^2$ $≒ 1.5 \times 10^{-7}[J]$이다.

32 ①

평면 도체와 점전하 사이에 작용하는 힘 $F = \frac{Q^2}{16\pi\varepsilon_0 a^2}$임을 적용하여 구한다.

거리 $a = 3[m]$, $Q = 2[C]$이므로 점전하가 받는 힘 $F = \frac{2^2}{16\pi\varepsilon_0 \times 3^2}$ $= 10^9[N]$이다.

33 ②

평면 도체와 선전하 사이에 작용하는 힘 $F = \lambda E = \frac{\lambda^2}{4\pi\varepsilon_0 h}[N/m]$ 이다.

따라서 F는 높이 h에 반비례한다.

34 ④

접지 도체구와 점전하 사이의 영상전하 $Q' = -\frac{a}{d}Q[C]$이고, 영상 전하의 위치는 도체구의 중심으로부터 $\frac{a^2}{d}$인 지점이다.

출제빈도: ★★☆ 대표출제기업: 한국철도공사, 한전KPS

35 무한 도체 평면에서 $4 \times 10^{-4}[m]$ 떨어진 곳에 질량이 $10^{-4}[kg]$인 작은 물체가 $Q[C]$의 전하를 가지고 있다. 전기 영상법을 이용하여 정전력이 중력과 같게 되는 데 필요한 $Q[C]$의 값은 약 얼마인가?

① 2.6×10^{-11} ② 2.6×10^{-10} ③ 3.1×10^{-11}

④ 3.1×10^{-10} ⑤ 2.1×10^{-11}

출제빈도: ★★☆ 대표출제기업: 한국전력공사, 서울교통공사, 한국가스공사

36 $20[℃]$에서 저항 온도 계수 α_{20} = 0.006인 저항선의 저항이 $120[\Omega]$이다. 이 저항선의 온도가 $60[℃]$로 상승했을 때, 저항$[\Omega]$은?

① 118.2   ② 124.8   ③ 148.8   ④ 154.6   ⑤ 160.0

출제빈도: ★★★ 대표출제기업: 한국철도공사, 한국수력원자력

37 액체 유전체를 넣은 콘덴서의 용량이 $30[\mu F]$일 때, $600[kV]$의 전압을 가하면 누설전류는 약 몇 $[A]$인가? (단, 비 유전율 ε_s = 1.6, 고유저항 $\rho = 10^{11}[\Omega \cdot m]$이다.)

① 9.4   ② 10.5   ③ 11.6   ④ 12.7   ⑤ 13.8

출제빈도: ★★★ 대표출제기업: 한국전력공사, 한국남부발전, 한국가스공사

38 액체 유전체를 포함한 콘덴서 용량이 $C[F]$인 것에 $V[V]$ 전압을 가했을 때 흐르는 누설전류$[A]$는? (단, 유전체의 비유전율은 ε_s이고, 고유저항은 $\rho[\Omega \cdot m]$라고 한다.)

① $\dfrac{V}{\rho\varepsilon}$ ② $\dfrac{\rho\varepsilon}{VC}$ ③ $\dfrac{VC^2}{\rho\varepsilon}$ ④ $\dfrac{VC}{\rho\varepsilon}$ ⑤ $\dfrac{VC^2}{\rho}$

정답 및 해설

35 ②

평면 도체와 점전하 사이에 작용하는 힘 $F = \dfrac{Q^2}{16\pi\varepsilon_0 a^2}$임을 적용하여 구한다.

질량 $10^{-4}[kg]$인 물체가 받는 중력 $F = mg$와 정전력은 동일하므로

$F = \dfrac{Q^2}{16\pi\varepsilon_0 a^2} = mg \rightarrow Q^2 = 16\pi\varepsilon_0 a^2 mg$이다.

따라서 필요한 전하 $Q = \sqrt{16\pi\varepsilon_0 (4 \times 10^{-4})^2 \times 10^{-4} \times 9.8} \fallingdotseq 2.6$ $\times 10^{-10}[C]$이다.

36 ③

온도에 따른 저항 $R_T = R_t\{1 + \alpha(T - t)\}$임을 적용하여 구한다.

저항 온도 계수 $\alpha_{20} = 0.006$이고, 온도의 변화 $T - t = 60 - 20 = 40[℃]$이므로 저항선의 온도가 $60[℃]$일 때 저항 $R_{60} = R_{20}(1 + \alpha_{20} \times 40) = 120(1 + 0.006 \times 40) = 148.8[\Omega]$이다.

37 ④

저항 $R = \dfrac{\rho\varepsilon}{C}$, 전류 $I = \dfrac{V}{R}$임을 적용하여 구한다.

콘덴서의 용량 $C = 30[\mu F]$, 비유전율 $\varepsilon_s = 1.6$, 고유저항 $\rho = 10^{11}$ $[\Omega \cdot m]$, 전압 $V = 600[kV]$이므로

전류 $I = \dfrac{V}{R} = \dfrac{VC}{\rho\varepsilon} = \dfrac{VC}{\rho\varepsilon_0\varepsilon_s} = \dfrac{600 \times 10^3 \times 30 \times 10^{-6}}{10^{11} \times 8.855 \times 10^{-12} \times 1.6} \fallingdotseq 12.7[A]$ 이다.

38 ④

저항과 정전용량 $RC = \rho\varepsilon$에 의해 $R = \dfrac{\rho\varepsilon}{C}$, 전류 $I = \dfrac{V}{R}$이므로 흐르는 누설전류 $I = \dfrac{V}{R} = \dfrac{V}{\frac{\rho\varepsilon}{C}} = \dfrac{VC}{\rho\varepsilon}$이다.

기출동형문제

출제빈도: ★☆☆ 대표출제기업: 한국중부발전

39 내경 4[cm], 외경 5[cm]인 동심 구도체 간에 고유저항이 $1.57 \times 10^3 [\Omega \cdot m]$인 저항 물질로 채워져 있는 경우 내외 구간의 합성저항은 약 몇 $[\Omega]$인가?

① 625   ② 450   ③ 62.5   ④ 45   ⑤ 735

출제빈도: ★★★ 대표출제기업: 한국서부발전, 한국가스공사

40 동일한 금속의 두 점 사이에 온도 차가 있는 경우, 전류가 통과할 때 열의 발생 또는 흡수가 일어나는 현상은?

① 톰슨 효과   ② 펠티에 효과   ③ 핀치 효과
④ 홀 효과   ⑤ 제백 효과

출제빈도: ★☆☆ 대표출제기업: 한국가스공사, 한국지역난방공사

41 $4 \times 10^6 [cal]$의 열량과 동일한 전력량은 약 몇 $[kWh]$인가?

① 1.85   ② 2.16   ③ 3.74   ④ 4.65   ⑤ 5.46

출제빈도: ★★☆ 대표출제기업: 한국수력원자력

42 자극의 크기 $m = 5[Wb]$인 점자극으로부터 $r = 6[m]$ 떨어진 점의 자계의 세기는 약 몇 $[AT/m]$인가?

① 1.76×10^4 ② 0.4×10^4 ③ 2.56×10^4
④ 0.88×10^4 ⑤ 1.6×10^4

출제빈도: ★★☆ 「대표출제기업」 한국전력공사, 한국수력원자력

43 반지름 5[m]인 원형 코일에 2[A]의 전류가 흐를 때 중심점의 자계의 세기[AT/m]는?

① 5   ② 2   ③ $\frac{1}{2}$ ④ 1   ⑤ $\frac{1}{5}$

정답 및 해설

39 ①

동심 구도체 정전용량 $C = \dfrac{4\pi\varepsilon}{\dfrac{1}{a} - \dfrac{1}{b}}$, 저항 $R = \dfrac{\rho\varepsilon}{C}$ 임을 적용하여 구한다.

내경 $a = 4[cm] = 0.04[m]$, 외경 $b = 5[cm] = 0.05[m]$, 고유저항 $\rho = 1.57 \times 10^3[\Omega \cdot m]$이므로

저항 $R = \dfrac{\rho\varepsilon}{C} = \dfrac{\rho\varepsilon}{\dfrac{4\pi\varepsilon}{\dfrac{1}{a} - \dfrac{1}{b}}} = \dfrac{\rho}{4\pi}\left(\dfrac{1}{a} - \dfrac{1}{b}\right) = \dfrac{1.57 \times 10^3}{4\pi}\left(\dfrac{1}{0.04} - \dfrac{1}{0.05}\right) ≒ 625[\Omega]$이다.

40 ①

동일한 금속의 두 점 사이에 온도 차가 있는 경우 전위차에 의해 열의 발생·흡수가 일어나는 현상은 톰슨 효과이다.

41 ④

$1[kWh] = 860[kcal]$임을 적용하여 구한다.

$4 \times 10^6[cal] = 4 \times 10^3[kcal]$이므로 $4 \times 10^6[cal]$와 동일한 전력량은 $\dfrac{4 \times 10^3}{860} ≒ 4.65[kWh]$이다.

42 ④

자계의 세기 $H = \dfrac{m}{4\pi\mu_0 r^2}$임을 적용하여 구한다.

자극의 크기 $m = 5[Wb]$, 거리 $r = 6[m]$이므로

자계의 세기 $H = \dfrac{m}{4\pi\mu_0 r^2} = 6.33 \times 10^4 \times \dfrac{5}{6^2} ≒ 0.88 \times 10^4[AT/m]$이다.

43 ⑤

원형 코일 중심점에서의 자계 $H = \dfrac{I}{2a}$임을 적용하여 구한다.

반지름 $a = 5[m]$, 전류 $I = 2[A]$이므로

중심점에서의 자계 $H = \dfrac{I}{2a} = \dfrac{2}{2 \times 5} = \dfrac{1}{5}[AT/m]$이다.

> 🔍 **더 알아보기**
>
> 원형 코일 중심축상의 자계 $H = \dfrac{Ia^2}{2(a^2 + x^2)^{\frac{3}{2}}}[AT/m]$이다.

출제빈도: ★★★ 대표출제기업: 한국전력공사, 한국수력원자력

44 다음 중 자위의 단위 $[J/Wb]$와 같은 것은?

① $[A/m^2]$ ② $[AT]$ ③ $[A/m]$ ④ $[A \cdot m]$ ⑤ $[N]$

출제빈도: ★★☆ 대표출제기업: 한국남부발전, 한국서부발전

45 크기는 같고 부호가 반대인 두 점자하 $+m[Wb]$와 $-m[Wb]$가 극히 미소한 거리 $l[m]$만큼 떨어져 있을 때, 자기 쌍극자 모멘트$[Wb \cdot m]$는?

① $2ml$ ② $\frac{1}{2}ml$ ③ ml ④ $3ml$ ⑤ $m^2 l$

출제빈도: ★☆☆ 대표출제기업: 한국동서발전, 한전KPS

46 판자석의 표면밀도가 $\pm\sigma[Wb/m^2]$, 두께가 $l[m]$일 때, 이 판자석의 세기$[Wb/m]$는?

① $\frac{1}{2}\sigma l$ ② σl ③ $\frac{1}{2}\sigma l^2$ ④ $3\sigma l$ ⑤ σl^2

출제빈도: ★★★ 대표출제기업: 한국철도공사, 서울교통공사

47 반지름이 a인 무한장 원주형 도체에 전류 I가 표면에만 흐를 때, 원주 내부의 자계의 세기$[AT/m]$는?

① $\frac{Ir}{2\pi a^2}$ ② $\frac{I}{2\pi r}$ ③ $\frac{I}{2\pi}$ ④ 0 ⑤ I

출제빈도: ★★☆ 「대표출제기업: 한국전력공사, 한국수력원자력

48 $1.4[Wb/m^2]$의 자속밀도에 수직으로 놓인 $30[cm]$의 도선에 $5[A]$의 전류가 흐를 때, 도선이 받는 힘$[N]$은?

① 1.4   ② 1.8   ③ 2.1   ④ 2.4   ⑤ 2.8

정답 및 해설

44 ②

자위 $U = -\int_\infty^r H \cdot dr$임을 적용하여 구한다.

자계 H의 단위는 $[AT/m]$이므로 자위 $U = -\int_\infty^r H \cdot dr$에서

$[AT/m] \times [m] = [AT]$

따라서 자위의 단위 $[J/Wb]$와 같은 것은 $[AT]$이다.

45 ③

자기쌍극자의 모멘트는 $M = m \cdot l [Wb \cdot m]$이다.

46 ②

판자석의 세기 $M = \sigma \cdot l [Wb/m]$이다.

47 ④

도체의 표면에만 전류가 흐르므로 내부 자계는 0이다.

48 ③

플레밍의 왼손 법칙에 의해 도선이 받는 힘 $F = BIl\sin\theta$임을 적용하여 구한다.

전류 $I = 5[A]$, 자속밀도 $B = 1.4[Wb/m^2]$, 길이 $l = 30[cm]$ $= 0.3[m]$이므로

도선이 받는 힘 $F = BIl\sin\theta = 5 \times 1.4 \times 0.3 \times \sin90 = 2.1[N]$이다.

출제빈도: ★★★ 대표출제기업: 한국철도공사, 한국서부발전, 한국가스공사

49 철선으로 한 변의 길이가 10[cm]인 정사각형을 만들고 직류 4[A]를 흘렸을 때, 그 중심점의 자계의 세기[AT/m]는?

① 18   ② 26   ③ 36   ④ 42   ⑤ 60

출제빈도: ★★☆ 대표출제기업: 한국전력공사, 한국수력원자력

50 철심이 있는 반지름 20[cm]인 환상 솔레노이드의 코일에 10[A]의 전류가 흐를 때, 내부 자계의 세기가 2,000[AT/m]가 되기 위한 코일의 권수는 약 몇 회인가?

① 100   ② 200   ③ 250   ④ 350   ⑤ 400

출제빈도: ★★☆ 대표출제기업: 한국전력공사

51 1[cm]마다 권수가 80인 무한장 솔레노이드에 40[mA]의 전류가 흐를 때, 솔레노이드 내부의 자계의 세기 [AT/m]는?

① 100   ② 220   ③ 260   ④ 320   ⑤ 410

출제빈도: ★★☆ 대표출제기업: 한국수력원자력

52 1×10^{-5}[$Wb \cdot m$]의 자기 모멘트를 가진 막대자석을 자계의 수평 성분이 14[AT/m]인 곳에서 자기 자오면으로부터 90° 회전하는 데 필요한 일[J]은?

① 14×10^{-5} ② 7×10^{-4} ③ 7×10^{-5} ④ 14×10^{-4} ⑤ 0

출제빈도: ★☆☆ 대표출제기업: 한국가스공사

53 동일한 전류 15[A]가 흐르는 3[m] 간격의 두 평행 도선에 작용하는 힘[N]은?

① 150×10^{-9} ② 150×10^{-8} ③ 150×10^{-7} ④ 150×10^{-6} ⑤ 150×10^{-5}

정답 및 해설

49 ③

한 변에서 중심점까지의 자계는 유한장 직선전류에 대한 자계의 세기와 같다.

한 변에서 중심점까지의 거리 $r = \frac{10}{2} = 5[cm]$이고, $\theta = 45°$이므로

$H = \frac{4}{4\pi \times 0.05}(\cos45 + \cos45) \fallingdotseq 9[AT/m]$이다.

정사각형의 변의 개수는 4개이므로 총 자계의 세기 $H = 9 \times 4 = 36[AT/m]$이다.

50 ③

환상 솔레노이드의 코일의 권수 $N = \frac{2\pi r H}{I}$임을 적용하여 구한다.

반지름 $r = 20[cm] = 0.2[m]$, 전류 $I = 10[A]$, 자계의 세기 $H = 2,000[AT/m]$이므로

코일의 권수 $N = \frac{2\pi r H}{I} = \frac{2\pi \times 0.2 \times 2,000}{10} = 80\pi \fallingdotseq 250$회이다.

51 ④

무한장 솔레노이드 내부의 자계 $H = \frac{N}{l}I = nI$임을 적용하여 구한다.

1[cm]마다 권수가 80이므로 단위 길이당 권수 $N = 80 \times 100 = 8,000$이고, 전류 $I = 40[mA] = 40 \times 10^{-3}[A]$이므로

무한장 솔레노이드 내부의 자계 $H = \frac{N}{l}I = nI = 8,000 \times 40 \times 10^{-3}$
$= 320[AT/m]$이다.

🔍 더 알아보기

무한장 솔레노이드 외부의 자계는 0이다.

52 ①

자석이 θ만큼 회전하는 데 필요한 일 $W = \int_0^\theta T \cdot d\theta = MH(1 - \cos\theta)$임을 적용하여 구한다.

자기 모멘트 $M = 1 \times 10^{-5}[Wb \cdot m]$, 자계 $H = 14[AT/m]$, 회전 각도 $\theta = 90°$이므로

$W = \int_0^\theta T \cdot d\theta = MH(1 - \cos\theta) = 10^{-5} \times 14 \times (1 - \cos90) =$
$14 \times 10^{-5}[J]$이다.

53 ③

평행 도선 사이의 힘 $F = \frac{\mu I_1 I_2}{2\pi r}$임을 적용하여 구한다.

두 도선의 거리 $r = 3[m]$, 도선에 흐르는 전류 $I_1 = I_2 = 15[A]$이므로

두 평행 도선에 작용하는 힘 $F = \frac{\mu I_1 I_2}{2\pi r} = \frac{\mu_0 I^2}{2\pi r} = \frac{4\pi \times 10^{-7} \times 15^2}{2\pi \times 3}$
$= 150 \times 10^{-7}[N]$이다.

출제빈도: ★★☆ 대표출제기업: 한국남부발전, 한국지역난방공사

54 반지름 5[cm]인 원형 단면을 가진 환상 연철심에 코일을 감고 전류를 흘렸을 때, 철심 중의 자계가 360[AT/m]라고 한다. 자화의 세기는 약 몇 [Wb/m²]인가? (단, 비투자율은 300이다.)

① 0.135　　　　② 0.867　　　　③ 1.135　　　　④ 1.467　　　　⑤ 2.867

출제빈도: ★★☆ 대표출제기업: 한국철도공사

55 길이 $l[m]$, 단면적의 지름 $d[m]$인 원통이 길이 방향으로 균일하게 자화되어 자화의 세기가 $J[Wb/m^2]$일 때, 원통 양단에서의 전자극의 세기[Wb]는?

① $4\pi d^2 J$　　　② $\dfrac{\pi d^2}{2} J$　　　③ $\dfrac{4}{\pi d^2} J$　　　④ $\pi d^2 J$　　　⑤ $\dfrac{\pi d^2}{4} J$

출제빈도: ★★★ 대표출제기업: 한국전력공사, 한국수력원자력

56 한 막대 철심의 단면적이 0.8[m²]이고, 길이가 1.2[m], 비투자율이 30일 때 이 철심의 자기저항은 약 몇 [AT/Wb]인가?

① 8×10^4　　　② 4×10^4　　　③ 12×10^3　　　④ 4×10^3　　　⑤ 8×10^5

출제빈도: ★★☆ 대표출제기업: 한국가스공사, 한전KPS

57 비투자율 2,500인 철심의 자속밀도가 5[Wb/m²]일 때, 이 철심에 축적되는 에너지 밀도는 약 몇 [J/m³]인가?

① 4,000　　　② 5,000　　　③ 6,000　　　④ 7,000　　　⑤ 8,000

출제빈도: ★★★ 대표출제기업: 한국철도공사, 서울교통공사

58 무한히 긴 직선 도체에 전류 20[A]를 흘릴 때 이 도체로부터 4[m] 떨어진 점의 자속밀도[Wb/m^2]는?

① 4×10^{-7}　　　　② 6×10^{-7}　　　　③ 1×10^{-6}　　　　④ 2×10^{-6}　　　　⑤ 4×10^{-6}

정답 및 해설

54 ①

자화의 세기 $J = \dfrac{dM}{dv} = B - \mu_0 H = \mu_0(\mu_s - 1)H$임을 적용하여 구한다.

비투자율 $\mu_s = 300$, 자계 $H = 360[AT/m]$이므로

자화의 세기 $J = \mu_0(\mu_s - 1)H = 4\pi \times 10^{-7} \times (300 - 1) \times 360 ≒ 0.135[Wb/m^2]$이다.

55 ⑤

전자극의 세기 $m = J \cdot s$임을 적용하여 구한다.

자화의 세기 $J[Wb/m^2]$, 단면적 $s = \pi r^2 = \pi \times \left(\dfrac{d}{2}\right)^2 = \dfrac{\pi d^2}{4}[m^2]$이다.

따라서 전자극의 세기 $m = J \cdot s = J \cdot \dfrac{\pi d^2}{4}[Wb]$이다.

56 ②

자기저항 $R_m = \dfrac{l}{\mu S}$임을 적용하여 구한다.

막대 철심의 단면적 $S = 0.8[m^2]$, 길이 $l = 1.2[m]$, 비투자율 $\mu_s = 300$이므로

자기저항 $R_m = \dfrac{l}{\mu S} = \dfrac{1.2}{4\pi \times 10^{-7} \times 30 \times 0.8} ≒ 4 \times 10^4[AT/Wb]$이다.

57 ①

철심에 축적되는 에너지 밀도 $w = \dfrac{1}{2}BH = \dfrac{1}{2}\mu H^2 = \dfrac{B^2}{2\mu}$임을 적용하여 구한다.

비투자율 $\mu_s = 2,500$, 자속밀도 $B = 5[Wb/m^2]$이므로

철심에 축적되는 에너지 밀도 $w = \dfrac{B^2}{2\mu} = \dfrac{5^2}{2 \times 4\pi \times 10^{-7} \times 2,500} ≒ 4,000[J/m^3]$이다.

58 ③

무한장 직선 도체에 의한 자계 $H = \dfrac{I}{2\pi r}$, 자속밀도 $B = \mu H$임을 적용하여 구한다.

전류 $I = 20[A]$, 도체로부터 거리 $r = 4[m]$이므로

자속밀도 $B = \mu H = \dfrac{\mu_0 I}{2\pi r} = \dfrac{4\pi \times 10^{-7} \times 20}{2\pi \times 4} = 1 \times 10^{-6}[Wb/m^2]$이다.

출제빈도: ★★★ 대표출제기업: 한국전력공사, 한국수력원자력

59 환상 철심에 감은 코일에 15[A]의 전류를 흘렸을 때 3,000[AT]의 기자력이 생겼다면 코일의 권수는 몇 회인가?

① 100　　　　② 150　　　　③ 200　　　　④ 300　　　　⑤ 500

출제빈도: ★★★ 대표출제기업: 한국철도공사, 서울교통공사, 한국가스공사

60 단면적이 같은 자기회로가 있다. 철심의 투자율을 μ라고 하고 철심회로의 길이를 l이라고 한다. 이 철심의 일부에 미소 공극 l_0가 만들어졌을 때 자기회로의 자기저항은 공극이 없을 때 자기저항의 몇 배인가?

① $1 + \dfrac{\mu_0 l_0}{\mu l}$　　　　② $1 + \dfrac{\mu_0 l}{\mu l_0}$　　　　③ $\dfrac{\mu_0 l_0}{\mu l}$　　　　④ $1 - \dfrac{\mu l_0}{\mu_0 l}$　　　　⑤ $1 + \dfrac{\mu l_0}{\mu_0 l}$

출제빈도: ★★☆ 대표출제기업: 한국철도공사, 한국서부발전

61 지름 0.02[m]의 원형 단면적을 가진 평균 반지름 0.4[m]인 환상 솔레노이드의 권수가 600회이고, 코일에 4[A]의 전류가 흐를 때 전체 자속은 약 몇 [Wb]인가? (단, 환상 철심의 비투자율은 1,000이고, 누설 자속은 없다.)

① 0　　　　② 4.8×10^{-6}　　　　③ 1.8×10^{-5}　　　　④ 3.8×10^{-4}　　　　⑤ 4.2×10^{-3}

출제빈도: ★★☆ 대표출제기업: 한국가스공사, 한전KPS

62 투자율이 다른 두 자성체가 평면으로 접하고 있고, 경계면에서 전류밀도가 0일 때 성립하는 경계 조건으로 적절한 것은?

① $\mu_1 \cos\theta_1 = \mu_2 \cos\theta_2$　　　　② $\mu_1 \sin\theta_1 = \mu_2 \cos\theta_2$　　　　③ $\mu_2 \tan\theta_1 = \mu_1 \tan\theta_2$

④ $\mu_1 \tan\theta_1 = \mu_2 \tan\theta_2$　　　　⑤ $\mu_2 \tan\theta_1 = \mu_1 \cos\theta_2$

출제빈도: ★★★ 대표출제기업: 한국전력공사, 한국가스공사

63 자속 $\phi = \phi_m \sin\omega t [Wb]$, 권수 N인 코일과 쇄교할 때, 유기 기전력의 자속 대비 위상으로 적절한 것은?

① $\frac{\pi}{2}$만큼 앞선다.　　　　② π만큼 앞선다.　　　　③ $\frac{\pi}{2}$만큼 뒤진다.

④ π만큼 뒤진다.　　　　⑤ 위상이 동일하다.

정답 및 해설

59 ③

코일의 권수 $N = \frac{F}{I}$임을 적용하여 구한다.

전류 $I = 15[A]$, 기자력 $F = 3,000[AT]$이므로

코일의 권수 $N = \frac{3,000}{15} = 200$회이다.

60 ⑤

자기회로의 공극이 없을 때의 자기저항 $R_m = \frac{l}{\mu S}$임을 적용하여 구한다.

공극이 생긴 후 철심의 자기저항 $R_m{}' = \frac{l - l_0}{\mu S}$에서 $l \gg l_0$이므로

$R_m{}' = \frac{l}{\mu S}$이고, 공극의 자기저항 $R_0 = \frac{l_0}{\mu_0 S}$이므로 합성 자기저항

$R_m{}' + R_0 = \frac{l}{\mu S} + \frac{l_0}{\mu_0 S}$이다.

따라서 공극 l_0가 만들어졌을 때 자기회로의 자기저항은 공극이 없

을 때 자기저항의 $\frac{R_m{}' + R_0}{R_m} = \frac{\frac{l}{\mu S} + \frac{l_0}{\mu_0 S}}{\frac{l}{\mu S}} = 1 + \frac{\mu l_0}{\mu_0 l}$배이다.

61 ④

자기회로의 자속 $\Phi = BS = \frac{\mu SNI}{l}$임을 적용하여 구한다.

$l = 2\pi \times 0.4[m]$, 단면적 $S = \pi r^2 = \pi \times 0.01^2[m^2]$, 코일의 권수 $N = 600$, 전류 $I = 4[A]$이므로

자기회로의 자속 $\Phi = \frac{\mu SNI}{l} =$

$\frac{4\pi \times 10^{-7} \times 1,000 \times \pi \times 0.01^2 \times 600 \times 4}{2\pi \times 0.4} ≒ 3.8 \times 10^{-4}[Wb]$이다.

62 ③

자성체 경계면에서 경계 조건은 $\frac{\tan\theta_1}{\tan\theta_2} = \frac{\mu_1}{\mu_2}$이다.

> **🔍 더 알아보기**
>
> **자성체 경계면에서 경계 조건**
> - 자계의 수평 성분이 일치한다.
> - 자속밀도의 수직 성분이 일치한다.

63 ③

유기 기전력 $e = -N\frac{d\phi}{dt} = -N\frac{d}{dt}\phi_m \sin\omega t = -N\phi_m\omega\cos\omega t =$

$N\phi_m\omega\sin\left(\omega t - \frac{\pi}{2}\right)$이므로 유기 기전력은 자속에 비해 위상이 $\frac{\pi}{2}$만

큼 뒤진다.

출제빈도: ★★☆ 대표출제기업: 한국남동발전, 한국중부발전

64 자계 중에 있는 코일에 전류 3[A]가 흐르면 6[N]의 힘이 작용하고, 이 코일을 10[m/s]로 운동시키면 e[V]의 기전력이 발생할 때, 최대 기전력[V]은?

① 10   ② 15   ③ 20   ④ 25   ⑤ 30

출제빈도: ★★☆ 대표출제기업: 한국전력공사, 한국서부발전

65 자속밀도 12[Wb/m^2]인 자계 중에 10[cm]의 도체가 자계와 30°의 각도로 30[m/s]로 움직일 때, 도체에 유기되는 기전력[V]은?

① 12   ② 15   ③ 18   ④ 21   ⑤ 24

출제빈도: ★★★ 대표출제기업: 한국철도공사, 한국전력공사, 서울교통공사

66 다음 중 주파수 f, 도전율 σ, 투자율 μ인 도체에 교류전류가 흐를 때 표피 효과의 관계로 적절한 것은?

① f가 높을수록 작아진다.   ② σ가 클수록 커진다.
③ μ_s가 클수록 작아진다.   ④ σ가 작을수록 커진다.
⑤ f에 관계없다.

출제빈도: ★★☆ 대표출제기업: 한국수력원자력

67 저항 28[Ω]인 코일에 흐르는 전류에 의한 자속이 $0.7\cos800t$[Wb]일 때, 코일에 흐르는 전류의 최댓값[A]은?

① 5   ② 10   ③ 20   ④ 25   ⑤ 30

출제빈도: ★☆☆ 대표출제기업: 한국지역난방공사

68 다음 중 인덕턴스의 단위 [H]와 같은 단위는?

① [F] ② [AT/m] ③ [$\Omega \cdot m$] ④ [$\Omega \cdot sec$] ⑤ [Wb/m]

정답 및 해설

64 ③

도체 운동에 의한 기전력 $e = vBl\sin\theta$, 전류가 흐르는 도체에 작용하는 힘 $F = IBl\sin\theta$임을 적용하여 구한다.

전류 $I = 3[A]$가 흐를 때, 힘 $F = 6[N]$이 작용하므로 $6 = 3 \times Bl\sin\theta \rightarrow Bl\sin\theta = 2$

도체의 속도 $v = 10[m/s]$이고, 도체 운동에 의한 기전력 $e = vBl\sin\theta$이므로 $\theta = 90°$에서 최대 기전력을 갖는다.

따라서 최대 기전력 $e = 10 \times 2 = 20[V]$이다.

65 ③

도체에 유기되는 기전력 $e = vBl\sin\theta$임을 적용하여 구한다.

자속밀도 $B = 12[Wb/m^2]$, 길이 $l = 10[cm] = 0.1[m]$, 각도 $\theta = 30°$, 속도 $v = 30[m/s]$이므로

도체에 유기되는 기전력 $e = vBl\sin\theta = 30 \times 12 \times 0.1 \times \sin30 = 18[V]$이다.

66 ②

침투 깊이 $\delta = \sqrt{\dfrac{2}{\omega\sigma\mu}} = \sqrt{\dfrac{1}{\pi f\sigma\mu}}$에 의해 주파수, 도전율, 투자율이

클수록 침투 깊이는 작아져 도체 중심의 전류밀도는 낮아지므로 표피 효과는 커진다.

따라서 도전율 σ가 클수록 표피 효과는 커지므로 적절하다.

67 ③

코일에 흐르는 전류 $I = \dfrac{e}{R}$, 기전력 $e = -\dfrac{d\phi}{dt} = -N\dfrac{d\phi}{dt}$임을 적용하여 구한다.

자속 $\phi = 0.7\cos800t[Wb]$, 저항 $R = 28[\Omega]$이므로

기전력 $e = -\dfrac{d\phi}{dt} = -\dfrac{d}{dt}0.7\cos800t = 0.7 \times 800\sin800t = 560\sin800t$

따라서 코일에 흐르는 전류 $I = \dfrac{e}{R} = \dfrac{560\sin800t}{28} = 20\sin800t[A]$이므로 최댓값은 $20[A]$이다.

68 ④

기전력 $e = L\dfrac{di}{dt}$임을 적용하여 구한다.

기전력 $e = L\dfrac{di}{dt}$이므로 인덕턴스 $L = e\dfrac{dt}{di}$, $[V \cdot \dfrac{sec}{A} = \Omega \cdot sec]$이다.

따라서 인덕턴스 단위 [H]와 같은 것은 [$\Omega \cdot sec$]이다.

출제빈도: ★★☆ 대표출제기업: 한국전력공사, 한국남부발전

69 길이 20[cm], 반지름 2[cm]인 원형 단면을 갖는 공심 솔레노이드의 자기 인덕턴스가 5[mH]일 때, 솔레노이드의 권선 수는 약 몇 회인가? (단, 비투자율은 1이다.)

① 200 ② 400 ③ 600 ④ 800 ⑤ 1,000

출제빈도: ★★☆ 대표출제기업: 한국철도공사, 한국전력공사, 서울교통공사

70 두 코일이 있다. 한 코일의 전류가 매초 100[A]씩 변화할 때 다른 코일에는 20[V]의 기전력이 발생하였다면 두 코일의 상호 인덕턴스[H]는?

① 0.10 ② 0.15 ③ 0.20 ④ 0.25 ⑤ 0.30

출제빈도: ★★★ 대표출제기업: 한국철도공사, 한국남동발전, 한전KPS

71 두 자기 인덕턴스를 직렬로 연결했을 때 합성 인덕턴스가 85[mH]이고, 한쪽 인덕턴스를 반대로 접속했을 때 합성 인덕턴스가 25[mH]라고 한다. 두 코일의 상호 인덕턴스[mH]는?

① 15 ② 20 ③ 25 ④ 30 ⑤ 35

출제빈도: ★★☆ 대표출제기업: 한국전력공사, 한국가스공사

72 코일을 1,200회 감은 환상 철심의 단면적이 4[cm^2], 평균 길이가 4π[cm], 철심의 비투자율이 600일 때, 자기 인덕턴스는 약 몇 [H]인가?

① 2.8 ② 3.5 ③ 4.2 ④ 4.9 ⑤ 5.6

출제빈도: ★★☆ 대표출제기업: 한국서부발전, 한전KPS

73 자기 인덕턴스 15[mH]인 코일에 전류를 흘렸을 때 코일과의 쇄교 자속 수가 0.4[Wb]였다면 코일에 축적되는 자기 에너지는 약 몇 [J]인가?

① 0.05   ② 0.1   ③ 0.5   ④ 1   ⑤ 5

정답 및 해설

69 ④

솔레노이드의 자기 인덕턴스 $L = \dfrac{\mu S N^2}{l}$임을 적용하여 구한다.

길이 $l = 20[cm] = 0.2[m]$, 단면적 $S = \pi r^2 = \pi \times 0.02^2[m^2]$, 자기 인덕턴스 $L = 5[mH] = 5 \times 10^{-3}[H]$이고, 솔레노이드의 자기 인덕턴스 $L = \dfrac{\mu S N^2}{l}$이므로 솔레노이드의 권선 수 $N = \sqrt{\dfrac{Ll}{\mu S}}$이다.

따라서 솔레노이드의 권선 수 $N = \sqrt{\dfrac{Ll}{\mu S}} = \sqrt{\dfrac{5 \times 10^{-3} \times 0.2}{4\pi \times 10^{-7} \times \pi \times 0.02^2}}$ ≒ 800회이다.

70 ③

상호 인덕턴스에 의한 기전력 $e = M \dfrac{di}{dt}$임을 적용하여 구한다.

기전력 $e = 20[V]$, 단위 시간당 전류의 변화 $\dfrac{di}{dt} = \dfrac{100}{1}[A/s]$이므로 상호 인덕턴스 $M = 0.20[H]$이다.

71 ①

합성 인덕턴스 $L = L_1 + L_2 \pm 2M$임을 적용하여 구한다.
직렬로 연결했을 때 합성 인덕턴스 $L = L_1 + L_2 + 2M = 85[mH]$
반대로 접속했을 때 합성 인덕턴스 $L_0 = L_1 + L_2 - 2M = 25[mH]$

이므로
$L - L_0 = 4M = 60 \rightarrow M = 15[mH]$
따라서 두 코일의 상호 인덕턴스는 15[mH]이다.

72 ②

환상 솔레노이드의 인덕턴스 $L = \dfrac{\mu S N^2}{l}$임을 적용하여 구한다.

단면적 $S = 4[cm^2]$, 평균 길이 $l = 4\pi[cm]$ $N = 1,200$, 비투자율 $\mu_s = 6000$이므로
환상 솔레노이드의 인덕턴스
$L = \dfrac{\mu S N^2}{l} = \dfrac{4\pi \times 10^{-7} \times 600 \times 4 \times 10^{-4} \times 1200^2}{4\pi \times 10^{-2}}$ ≒ 3.5[H]이다.

73 ⑤

자기 에너지 $W = \dfrac{1}{2} N I \phi = \dfrac{1}{2} L I^2$, 전류 $I = \dfrac{N\phi}{L}$임을 적용하여 구한다.
쇄교 자속 수 $N\phi = 0.4[Wb]$, 인덕턴스 $L = 15[mH] = 15 \times 10^{-3}[H]$이므로

전류 $I = \dfrac{N\phi}{L} = \dfrac{0.4}{15 \times 10^{-3}}$ ≒ 26.7[A]이다.

따라서 지기 에너지 $W = \dfrac{1}{2} L I^2 = \dfrac{1}{2} \times 15 \times 10^{-3} \times 26.7^2$ ≒ 5[J]이다.

출제빈도: ★★★ 대표출제기업: 한국전력공사, 한국가스공사

74 반지름 $a[m]$이고 단위 길이당 권수가 n_0인 무한장 솔레노이드의 단위 길이당 자기 인덕턴스$[H/m]$는?

① $\dfrac{\mu\pi a^2 {n_0}^2}{l}$ 　　　　　　② $\mu\pi a n_0$ 　　　　　　③ $\mu\pi a^2 n_0$

④ $\mu\pi a^2 {n_0}^2$ 　　　　　　⑤ $\mu 4\pi a^2 {n_0}^2$

출제빈도: ★★★ 대표출제기업: 한국철도공사, 한국수력원자력

75 환상 철심에 권수 N_A인 A 코일과 권수 N_B인 B 코일이 있다. A 코일의 자기 인덕턴스가 $L_A[H]$일 때, 두 코일 간의 상호 인덕턴스$[H]$는? (단, A 코일과 B 코일 간의 누설 자속은 없다.)

① $\dfrac{N_A N_B}{L_A}$ 　　② $\dfrac{N_B L_A}{N_A}$ 　　③ $\dfrac{N_A L_A}{N_B}$ 　　④ $\dfrac{{N_A}^2 L_A}{N_B}$ 　　⑤ $\dfrac{N_A N_B}{{L_A}^2}$

출제빈도: ★★☆ 대표출제기업: 한국전력공사, 한국지역난방공사

76 자기 인덕턴스가 L_1, L_2이고, 상호 인덕턴스가 M인 두 회로의 결합계수가 1일 때 성립하는 식으로 적절한 것은?

① $M = 1$ 　　② $M = 0$ 　　③ $M = L_1 L_2$ 　　④ $M = {L_1}^2 {L_2}^2$ 　　⑤ $M^2 = L_1 L_2$

출제빈도: ★★☆ 대표출제기업: 한국서부발전, 한국중부발전

77 비투자율 800, 단면적 $5[cm^2]$, 자로의 길이 $200[cm]$, 권수 1,000회인 환상 솔레노이드에 $8[A]$의 전류가 흐를 때 축적되는 자기 에너지는 약 몇 $[J]$인가?

① 2 　　　　② 4 　　　　③ 6 　　　　④ 8 　　　　⑤ 10

출제빈도: ★★★ 대표출제기업: 한국철도공사, 한국남부발전

78 맥스웰은 전극 간의 유도체를 통하여 흐르는 전류를 ㉠전류라 하고 이 전류도 ㉡를 발생시킨다고 가정하였다. ㉠, ㉡에 들어갈 단어로 적절한 것은?

	㉠	㉡
①	전도	전계
②	변위	자계
③	전도	자계
④	변위	전계
⑤	대류	전지계

정답 및 해설

74 ④

무한장 솔레노이드의 인덕턴스 $L = \mu S n_0^2$임을 적용하여 구한다.
반지름 $a[m]$이므로 단면적 $S = \pi a^2[m^2]$이다.
따라서 무한장 솔레노이드의 인덕턴스 $L = \mu \pi a^2 n_0^2[H/m]$이다.

75 ②

인덕턴스 $L = \dfrac{\mu S N^2}{l} = \dfrac{N^2}{R_m}$, 두 코일 간의 상호 인덕턴스 $M = \dfrac{N_A N_B}{R_m}$임을 적용하여 구한다.

A 코일의 인덕턴스 $L_A = \dfrac{N_A^2}{R_m}$이므로 $\dfrac{N_A}{R_m} = \dfrac{L_A}{N_A}$이다.

따라서 A 코일과 B 코일의 상호 인덕턴스 $M = \dfrac{N_A N_B}{R_m} = \dfrac{L_A N_B}{N_A}$이다.

76 ⑤

상호 인덕턴스가 $M = k\sqrt{L_1 L_2}$임을 적용하여 구한다.
자기 인덕턴스가 L_1, L_2, 결합계수 $k = 1$이므로 상호 인덕턴스
$M = k\sqrt{L_1 L_2} = \sqrt{L_1 L_2}$
따라서 $M^2 = L_1 L_2$이다.

🔍 더 알아보기

결합계수에 따른 상호 인덕턴스

결합계수 $k = 0$은 자기 결합이 전혀 되지 않음을 의미하며, 상호 인덕턴스 값은 0이다.
결합계수 $k = 1$은 완전한 자기 결합을 의미하며, 상호 인덕턴스 값이 최대이다.

77 ④

환상 솔레노이드의 자기 에너지 $W = \dfrac{1}{2}LI^2$임을 적용하여 구한다.
비투자율 $\mu_s = 800$, 단면적 $S = 5[cm^2] = 5 \times 10^{-4}[m^2]$, 길이 $l = 200[cm] = 2[m]$, 권수 $N = 1,000$이므로 환상 솔레노이드 인덕턴스 $L = \dfrac{\mu S N^2}{l} = \dfrac{4\pi \times 10^{-7} \times 800 \times 5 \times 10^{-4} \times 1,000^2}{200 \times 10^{-2}} \approx 0.25[H]$이다.
흐르는 전류 $I = 8[A]$이므로 환상 솔레노이드에 축적되는 자기 에너지 $W = \dfrac{1}{2}LI^2 = \dfrac{1}{2} \times 0.25 \times 8^2 \approx 8[J]$이다.

78 ②

맥스웰 방정식 $\operatorname{rot} H = \dfrac{\partial D}{\partial t} + i_c$에서 $\dfrac{\partial D}{\partial t}$는 변위전류밀도로 유도체를 통해 흐르는 전류를 의미하며, i_c는 전도전류로 도체에 기전력을 가할 때 흐르는 전류를 의미한다.

🔍 더 알아보기

전도전류는 금속 도체 내에 흐르는 전류이고, 변위전류는 진공 또는 유전체 내에서 전속밀도의 시간적 변화에 의하여 발생하는 전류이다.

출제빈도: ★★☆ 대표출제기업: 한국가스공사, 한국동서발전

79 다음 중 전계와 자계의 관계로 적절한 것은?

① $E\sqrt{\mu} = H\sqrt{\varepsilon}$

② $H\sqrt{\mu} = E\sqrt{\varepsilon}$

③ $\sqrt{EH} = \mu\varepsilon$

④ $\mu^2 = EH$

⑤ $\varepsilon^2 = EH$

출제빈도: ★★★ 대표출제기업: 한국전력공사, 한국남부발전, 한국서부발전

80 자속밀도의 변화에 의해 도체 내에 유기 기전력이 발생했을 때 관련 있는 식으로 적절한 것은? (단, E는 전계, B는 자속밀도, v는 도체 속도, k는 도전율, i는 전류밀도이다.)

① $\mathrm{rot}\ H = \dfrac{\partial D}{\partial t} + i_c$

② $\mathrm{rot}\ E = -\dfrac{\partial B}{\partial t}$

③ $\mathrm{div}\ B = 0$

④ $F = I \times B \cdot l$

⑤ $E = v \times B \cdot l$

출제빈도: ★★☆ 대표출제기업: 한국수력원자력, 한국지역난방공사

81 자유 공간의 고유 임피던스는 약 몇 $[\Omega]$인가?

① 189

② 256

③ 288

④ 329

⑤ 377

출제빈도: ★★★ 대표출제기업: 한국전력공사, 한국수력원자력, 한전KPS

82 다음 중 무손실 전송회로의 특성 임피던스로 적절한 것은?

① $\dfrac{1}{LC}$　　　② $\sqrt{\dfrac{L}{C}}$　　　③ $\dfrac{L}{C}$　　　④ $\sqrt{LC}$　　　⑤ $\sqrt{\dfrac{C}{L}}$

출제빈도: ★★☆ 대표출제기업: 한국서부발전, 한국동서발전

83 비투자율 $\mu_s = 4$, 비유전율 $\varepsilon_s = 80$인 매질 내의 고유 임피던스는 약 몇 $[\Omega]$인가?

① 27.5　　　② 39.7　　　③ 59.4　　　④ 63.7　　　⑤ 84.3

정답 및 해설

79 ②

고유 임피던스 $Z_0 = \dfrac{E}{H} = \sqrt{\dfrac{\mu}{\varepsilon}}$이므로 $E\sqrt{\varepsilon} = H\sqrt{\mu}$ 이다.

80 ②

자속의 변화를 방해하는 방향으로 기전력이 발생하는 전자 유도 현상과 관련 있는 식은 $\text{rot } E = -\dfrac{\partial B}{\partial t}$이다.

81 ⑤

자유 공간의 고유 임피던스 $Z_0 = \sqrt{\dfrac{\mu_0}{\varepsilon_0}} = \sqrt{\dfrac{4\pi \times 10^{-7}}{8.855 \times 10^{-12}}} ≒ 377[\Omega]$ 이다.

82 ②

전송회로 특성 임피던스 $Z_0 = \dfrac{V}{I} = \sqrt{\dfrac{Z}{Y}} = \sqrt{\dfrac{R + j\omega L}{G + j\omega C}}$임을 적용하여 구한다.

무손실 전송회로는 $R = 0$, $G = 0$이므로

무손실 전송회로의 특성 임피던스 $Z_0 = \sqrt{\dfrac{L}{C}}[\Omega]$이다.

83 ⑤

고유 임피던스 $Z_0 = \dfrac{E}{H} = \sqrt{\dfrac{\mu}{\varepsilon}}$임을 적용하여 구한다.

비투자율 $\mu_s = 4$, 비유전율 $\varepsilon_s = 80$이므로

고유 임피던스 $Z_0 = \dfrac{E}{H} = \sqrt{\dfrac{\mu}{\varepsilon}} = 377\sqrt{\dfrac{\mu_s}{\varepsilon_s}} = 377\sqrt{\dfrac{4}{80}} ≒ 84.3[\Omega]$ 이다.

출제빈도: ★★☆ 대표출제기업: 한국전력공사, 한국가스공사

84 전계 $E[V/m]$, 자계 $H[AT/m]$인 전자계가 평면파를 이루고, 자유 공간으로 전파될 때 단위 면적당 에너지$[W/m^2]$는?

① EH^2 ② EH ③ $\frac{1}{2}EH^2$ ④ $\frac{E}{H}$ ⑤ $E^2 H$

출제빈도: ★★★ 대표출제기업: 한국철도공사, 한국수력원자력

85 다음 중 맥스웰의 전자 방정식으로 적절하지 않은 것은?

① $\nabla \times H = i_c + \dfrac{\partial D}{\partial t}$ ② $\nabla \times E = -\dfrac{\partial B}{\partial t}$ ③ $\nabla \cdot B = 0$

④ $\nabla \cdot D = \rho$ ⑤ $\nabla \cdot i = -\dfrac{\partial \rho}{\partial t}$

출제빈도: ★★★ 대표출제기업: 서울교통공사, 한국지역난방공사

86 다음 중 맥스웰의 전자기파 방정식으로 적절하지 않은 것은?

① $\oint_c H \cdot dl = nI$ ② $\oint_c E \cdot dl = -\int_s \dfrac{\partial B}{\partial t} ds$ ③ $\oint_s B \cdot ds = 0$

④ $\oint_s D \cdot ds = \int_v \rho dv$ ⑤ $\nabla \cdot B = 0$

출제빈도; ★★☆ 「대표출제기업; 한국남부발전, 한전KPS

87 어떤 공간의 비투자율이 0.77, 비유전율이 90.4일 때 이 공간에서 전자파의 진행 속도는 약 몇 $[m/s]$인가?

① 1.6×10^5　　　② 1.6×10^7　　　③ 3.6×10^7　　　④ 2.7×10^8　　　⑤ 3.6×10^9

정답 및 해설

84 ②

전계와 자계가 함께 존재하는 경우 에너지 밀도 $w = \frac{1}{2}(\varepsilon E^2 + \mu H^2)$ $[J/m^3]$이다.

고유 임피던스 $\frac{E}{H} = \sqrt{\frac{\mu}{\varepsilon}}$이므로 $H = \sqrt{\frac{\varepsilon}{\mu}}E$, $E = \sqrt{\frac{\mu}{\varepsilon}}H$이고

에너지 밀도 $w = \frac{1}{2}(\varepsilon\sqrt{\frac{\mu}{\varepsilon}}HE + \mu\sqrt{\frac{\varepsilon}{\mu}}EH) = \sqrt{\mu\varepsilon}EH\,[J/m^3]$이다.

전자파는 전계와 자계의 진동 방향에 대한 수직 방향으로 진행하게 되며, 그 진행 속도 $v = \frac{1}{\sqrt{\mu\varepsilon}}[m/s]$이다.

따라서 단위 면적당 에너지 $P = w \cdot v = \sqrt{\mu\varepsilon}EH \times \frac{1}{\sqrt{\mu\varepsilon}} = EH$ $[W/m^2]$이다.

85 ⑤

$\nabla \cdot i = -\frac{\partial\rho}{\partial t}$은 전류의 연속 방정식이므로 적절하지 않다.

86 ①

$\oint_c H \cdot dl = I + \int_s \frac{\partial D}{\partial t} ds$이므로 적절하지 않다.

🔍 더 알아보기

맥스웰의 전자기파 방정식

미분형	적분형
$\text{rot } E = -\frac{\partial B}{\partial t}$	$\oint_c E \cdot dl = -\int_s \frac{\partial B}{\partial t} ds$
$\text{rot } H = \frac{\partial D}{\partial t} + i_c$	$\oint_c H \cdot dl = I + \int_s \frac{\partial D}{\partial t} ds$
$\text{div } B = 0$	$\oint_s B \cdot ds = 0$
$\text{div } D = \rho$	$\oint_s D \cdot ds = \int_v \rho dv$

87 ③

전자파의 속도 $v = \frac{1}{\sqrt{\mu\varepsilon}} = \frac{1}{\sqrt{\mu_0\mu_s\varepsilon_0\varepsilon_s}}$임을 적용하여 구한다.

공간에서의 비투자율 $\mu_s = 0.77$, 비유전율 $\varepsilon_s = 90.4$이므로

전자파의 속도

$v = \frac{1}{\sqrt{\mu\varepsilon}} = \frac{1}{\sqrt{\mu_0\mu_s\varepsilon_0\varepsilon_s}} = \frac{1}{\sqrt{4\pi \times 10^{-7} \times 0.77 \times 8.855 \times 10^{-12} \times 90.4}}$ 늑

$3.6 \times 10^7[m/s]$이다.

Chapter 2 송배전공학

🔲 학습목표

1. 전선을 실제 가설해서 수용가까지의 전기적 특성을 이해한다.
2. 송배전선로에서 발생하는 여러 가지 현상을 파악한다.
3. 공식과 공식 변환 관계를 정확히 이해한다.

🔲 출제비중

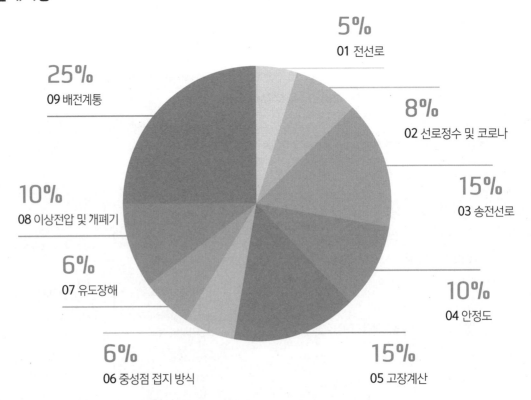

5%
01 전선로

8%
02 선로정수 및 코로나

15%
03 송전선로

10%
04 안정도

15%
05 고장계산

6%
06 중성점 접지 방식

6%
07 유도장해

10%
08 이상전압 및 개폐기

25%
09 배전계통

◼ 출제포인트 & 출제기업

출제포인트	출제빈도	출제기업
01 전선로	★	한국철도공사(코레일)
02 선로정수 및 코로나	★★	한국전력공사
		한국수력원자력
03 송전선로	★★★	서울교통공사
		한국남동발전
04 안정도	★★	한국남부발전
05 고장계산	★★★	한국서부발전
		한국토지주택공사
06 중성점 접지 방식	★★	한국가스공사
		한국동서발전
07 유도장해	★	한국수자원공사
08 이상전압 및 개폐기	★★	한국중부발전
		SH서울주택도시공사
09 배전계통	★★★	등

01 전선로 출제빈도 ★

1. 전선

(1) 전선의 구비 조건

① 도전율이 클 것

② 기계적 강도가 충분할 것

③ 내부식성이 있을 것

④ 가공성(유연성)이 클 것

⑤ 비중이 작고 가격이 저렴할 것

(2) 전선의 종류

① 강심 알루미늄 연선(ACSR)

비중이 작고 바깥지름이 커 경동선에 비해 코로나 발생이 적지만, 경동선과 비교해 무게가 가벼워 진동이 많이 발생한다.

② 연선[N/d]

• 소선의 총수

$$N = 3n(n+1) + 1$$

(n: 층수)

• 연선의 지름

$$D = (2n+1)d$$

(d: 소선 1개의 지름)

• 연선의 단면적

$$A = \frac{1}{4}\pi d^2 \times N$$

(N: 소선의 총수)

③ 표피 효과

전선의 중심부로 갈수록 전류밀도가 작아지는 현상으로 전압이 높을수록, 도선이 굵을수록, 주파수가 높을수록 커진다.

④ 전선 굵기 선정 시 고려사항

• 허용전류, 전압 강하, 기계적 강도, 코로나, 전력 손실 및 경제성
• 켈빈의 법칙(Kelvin's law): 가장 경제적인 전선의 굵기 선정 시 적용하는 법칙으로, 건설 후 전선의 단위 길이를 기준으로 연간 손실 전력량의 금액과, 건설 시 구입한 단위 길이당 전선비에 대한 이자 및 상각비를 가산한 연경비가 같은 전선의 굵기가 가장 경제적이다.

$$\sigma = \sqrt{\frac{WMP}{\rho N}}$$

(σ: 경제적인 전류밀도[A/mm^2], W: 전선의 중량[$kg/mm^2 \cdot m$],
M: 전선의 가격[원/kg], P: 전선비에 대한 연경비의 비율(소수 표시),
ρ: 전선의 저항률, N: 1년간 전력량[kW/년]의 요금(원))

ACSR을 사용할 경우를 가정하면 ACSR의 무게가 $2.7 \times 10^{-3}[kg/m - mm^2]$, 저항률은 $1/35[\Omega/m - mm^2]$이므로 $\sigma \fallingdotseq \sqrt{\frac{2.7 \times 35MP}{N}}[A/mm^2]$이 된다.

전선의 가격 M이 비쌀수록, 이자 및 상각비 P가 클수록, 전기 요금 N이 저렴할수록 전류밀도 σ는 커지고 전선의 굵기 A는 그만큼 가늘어진다.

⑤ 전선의 진동과 도약

• 진동 억제(풍압): 댐퍼(Damper), 아머로드(Armor rod)
• 도약 방지: 오프셋(Off-set)

⑥ 이도(Dip)[1]

$$D = \frac{WS^2}{8T}[m]$$

• 전선의 실제 길이

$$L = S + \frac{8D^2}{3S}[m]$$

(D: 이도[m], T: 수평장력[kg], S: 경간[m])

• 전선의 평균 높이

$$h = h' - \frac{2}{3}D[m]$$

1) 이도
전선의 지지점을 연결하는 수평선으로부터 밑으로 내려가 있는 길이

전기직 전문가의 TIP

이도 때문에 전선의 실제 길이는 경간보다 $\frac{8D^2}{3S}$ 만큼 더 길어지게 됩니다.

해커스공기업 쉽게 끝내는 전기직 이론 + 기출동형문제

송배전공학

- 온도 변화 시 이도 계산

$$D_2 \fallingdotseq \sqrt{D_1^2 \pm \frac{3}{8}atS^2}$$

(D_1: 온도 변화 전의 딥, α: 전선의 온도계수)

⑦ 전선로의 합성하중

$$W = \sqrt{(W_c + W_i)^2 + W_w^2}\,[kg/m]$$

(W_c: 전선의 하중, W_i: 빙설하중, W_w: 풍압하중)

2) 애자
전선을 기계적으로 고정시키고 전기적으로 절연하기 위해 사용되는 절연체

2. 애자[2]

(1) 애자의 구비 조건

① 절연내력이 클 것
② 절연저항이 클 것(누설전류가 작을 것)
③ 기계적 강도가 높을 것
④ 전기적·기계적 특성의 열화가 적을 것
⑤ 정전용량이 작을 것
⑥ 온도의 급변에 잘 견디고 습기를 흡수하지 않을 것
⑦ 가격이 저렴할 것

(2) 전압분담

철탑 —⑧—⑨—⑩—⑦—⑥—⑤—④—③—②—①— 전선

- 최대: 전선에 가장 가까운 애자
- 최소: 철탑에서 $\frac{1}{3}$ 또는 전선에서 $\frac{2}{3}$ 지점의 애자

(3) 애자의 연능률

$$\eta = \frac{V_n}{nV_1} \times 100[\%]$$

(n: 애자의 개수, V_1: 애자 1개의 섬락전압, V_n: 애자련의 섬락전압)

(4) 전압에 따른 현수애자의 연결 개수

전압[kV]	22.9	66	154	345	765
애자 수(개)	2~3	4~6	9~11	18~23	40~45

(5) 250[mm] 현수애자 1개의 절연내력 시험

① 주수섬락시험: 50[kV]
② 건조섬락시험: 80[kV]

③ 충격섬락시험: 125[kV]

④ 유중파괴시험: 140[kV]

(6) 애자 보호 대책[3]

① 초호환(소호환, 아킹링)

② 초호각(소호각, 아킹혼)

3) 애자 보호 대책
초호환, 초호각을 설치하면 애자
련의 전압 분포가 개선되고 선로
의 섬락으로부터 애자련을 보호
할 수 있음

3. 지지물[4]

지지물 중 철탑의 종류는 다음과 같다.

① 직선형: 전선로의 직선 부분(수평각도 3° 이하)에 사용하는 것

② 각도형: 전선로 중 수평각도가 3°를 넘는 곳에 사용하는 것

③ 인류형: 전가섭선을 인류하는 곳에 사용하는 것

④ 내장형: 전선로 지지물 양측의 경간의 차가 큰 곳에 사용하는 섯

4) 지지물
목주, 철주, 철근 콘크리트 주(배
전용), 철탑(송전용)

🔳 시험문제 미리보기!

다음 중 가공전선로에 사용되는 전선의 구비 조건으로 적절하지 않은 것은?

① 고유저항이 작을 것　　　　② 도전율이 클 것

③ 비중이 작을 것　　　　　　④ 허용전류가 작을 것

⑤ 기계적 강도가 클 것

정답　④

해설　가공전선로에 사용되는 전선은 허용전류가 커야 하므로 적절하지 않다.

02　선로정수 및 코로나　　　　　출제빈도 ★★

1. 선로정수(R, L, C, G)[5]

(1) 저항(R)

$$R = \rho \frac{l}{A} = \frac{1}{58} \times \frac{100}{C} \times \frac{l}{A} [\Omega]$$

(C: 도전율[%], A: 단면적[mm^2], l: 선로의 길이[m])

※ 온도와 저항과의 관계: 온도가 상승하면 전선의 저항값은 상승함

$$R_t = R_0[1 + \alpha(t - t_0)][\Omega]$$

5) 선로정수
전압, 전류, 주파수, 역률 및 기
상 등에는 영향을 받지 않고 전
선의 종류, 굵기, 배치에 따라 정
해짐

🔧 전기직 전문가의 **TIP**

전선의 직경 개념에서 보면 단면
적에는 반비례관계를 가지고 있
지만 직경에는 제곱에 반비례관
계를 갖는다는 것도 중요합니다.

(단면적 $A = \pi r^2 = \pi \left(\frac{d}{2}\right)^2$

$= \frac{\pi d^2}{4}[mm^2]$)

(2) 인덕턴스(L)

① 단도체의 인덕턴스

$$L = 0.05 + 0.4605\log_{10}\frac{D}{r}\,[mH/km]$$

② 다도체의 인덕턴스

$$L_n = \frac{0.05}{n} + 0.4605\log_{10}\frac{D}{\sqrt[n]{rs^{n-1}}}\,[mH/km]$$

③ 등가선간거리

종류	수평배열	정삼각배열 ($D_1 = D_2 = D_3$)	4도체
그림			
등가선간거리	$D_e = \sqrt[3]{2}\cdot D$	$D_e = \sqrt[3]{D_1 \cdot D_2 \cdot D_3}$	$D_e = \sqrt[6]{2}S$

④ 등가반지름

$$r_e = \sqrt[n]{rs^{n-1}}$$

(n: 소도체 수, r: 소도체 반지름, s: 소도체 간 거리)

(3) 정전용량(C)

① 정전용량

• 단도체의 정전용량

$$C = \frac{0.02413}{\log_{10}\dfrac{D}{r}}\,[\mu F/km]$$

• 복도체의 정전용량

$$C = \frac{0.02413}{\log_{10}\dfrac{D}{\sqrt[n]{rs^{n-1}}}}\,[\mu F/km]$$

② 선로의 작용 정전용량

• 단상 1회선의 경우 $C = C_s + 2C_m$

• 3상 1회선의 경우 $C = C_s + 3C_m$

(C: 작용 정전용량, C_s: 대지 정전용량, C_m: 선간 정전용량)

③ 충전용량
- 전선의 충전전류

$$I_c = \frac{E}{X_c} = 2\pi f CE = 2\pi f C \times \frac{V}{\sqrt{3}}[A]$$

- 전선의 충전용량

$$P_c = \sqrt{3}VI_c \times 10^{-3}$$
$$= \sqrt{3}V \cdot 2\pi f C \frac{V}{\sqrt{3}} \times 10^{-3}[kVA]$$
$$= 2\pi f CV^2 \times 10^{-3}[kVA]$$

(C: 1선의 정전용량[F], V: 선간전압[V], f: 주파수 [Hz])

(4) 누설 컨덕턴스(G)

누설 컨덕턴스는 절연저항의 역수로 나타낸다. 선로의 애자는 전선 상호 간 또는 대지 사이를 절연하지만 완전한 절연은 아니므로 약간의 누설전류가 흐른다. 누설전류로 인해 유전체 손실이나 히스테리시스 손실이 발생하기 때문에 손실을 표현하기 위해 절연저항을 등가적으로 나타낼 수 있다.

$G = \dfrac{1}{\text{절연저항}[M\Omega]}$ 이므로 누설 컨덕턴스 자체값이 작기 때문에 선로에서 무시할 수 있다.

2. 연가

(1) 연가

3상 3선식에서 전체 선로 길이를 3의 정수 배로 나누어 각 상의 전선 위치 및 등가선 간거리를 동일하게 조정하여 선로정수를 평형하게 한다.

(2) 연가의 효과

① 선로정수 평형(각 상의 전압 강히 동일)
② 통신선 유도장해 경감
③ 소호리액터 접지 시 직렬공진에 의한 이상전압 상승 방지
④ 임피던스 평형

3. 코로나

(1) 코로나

전선 주위의 공기 절연이 국부적으로 파괴되어 낮은 소리와 엷은 빛을 내면서 방전하게 되는 현상을 코로나 또는 코로나 방전이라고 한다.

(2) 파열극한 전위경도

> • DC: 30$[kV/cm]$,
> • AC: 21$[kV/cm]$ (실횻값 $= \dfrac{V_m}{\sqrt{2}} = \dfrac{30}{\sqrt{2}} = 21.2[kV]$)

(3) 코로나 영향

① 전력 손실: peek식으로 계산

$$P = \frac{241}{\delta}(f + 25)\sqrt{\frac{d}{2D}}(E - E_0)^2 \times 10^{-5}[kW/km/선]$$

② 코로나 잡음
③ 전선 부식(원인: 오존 O_3)
④ 통신선의 유도장해
⑤ 진행파의 파고값 감쇠(코로나의 장점)
⑥ 소호리액터의 소호 능력 저하

(4) 코로나의 방지 대책

① 기본적으로 코로나 임계전압 E_0를 크게 한다.

$$E_0 = 24.3 \; m_0 m_1 \delta d \log_{10} \frac{D}{r}[kV]$$

$$(\delta: 상대공기밀도\left(\delta = \frac{0.386b}{273 + t}\right), \; m_0: 전선\ 표면계수, \; m_1: 기후에\ 관한\ 계수,$$
$$r: 전선의\ 반지름[m], \; D: 선간거리[m])$$

② 전선의 지름을 크게 한다.
③ 중공연선을 사용한다.
④ 가선금구를 개량한다.
⑤ 복도체(= 다도체)를 사용한다.

4. 복도체(= 다도체)의 장단점

(1) 장점

① 코로나를 방지한다. (코로나 임계전압 상승)
② 인덕턴스는 감소하고 정전용량은 증가한다.
③ 송전용량이 증가한다.

(2) 단점

① 페란티 현상[6]이 증가한다.
   • 방지 대책: 수전단에 분로리액터(= 병렬리액터) 설치
② 단락 시 대전류가 흘러 소도체 사이에 흡인력이 발생한다. (소도체 충돌 현상 발생)
   • 방지 대책: 스페이서 설치

6) 페란티 현상
부하의 경우 선로의 정전용량 때문에 전압보다 위상이 90° 앞선 충전전류의 영향이 커져서 선로에 흐르는 전류가 진상되어 수전단 전압이 송전단 전압보다 높아지는 현상

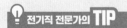
전기직 전문가의 TIP

가공전선로와 지중전선로 중 지중전선로의 정전용량이 크기 때문에 페란티 현상이 훨씬 많이 생깁니다.

복도체 선로에서 소도체의 지름 10[mm], 소도체 사이의 간격 50[cm]일 때, 등가반지름 [cm]은?

① 1   ② 2   ③ 3   ④ 4   ⑤ 5

정답   ⑤

해설   등가반지름은 $r_e = \sqrt[n]{rs^{n-1}}$임을 적용하여 구한다.

복도체 $n = 2$, 소도체 반지름 $r = 5[mm] = 0.5[cm]$, 소도체 간 거리 $s = 50[cm]$이므로 등가반지름 $r_e = \sqrt{rs} = \sqrt{0.5 \times 50} = 5[cm]$

따라서 복도체 등가반지름은 5[cm]이다.

03   송전선로   출제빈도 ★★★

1. 송전선로

(1) 단거리 송전선로(수[km])

R, L만 고려하고(C, G 무시), 집중정수회로 취급한다.

① 전압 강하

- $e_{단상} = V_s - V_r = I(R\cos\theta + X\sin\theta)[V]$

  (R 및 X: 왕복선로(2가닥)에 대해 주어진 값)

- $e_{3상} = \sqrt{3}I(R\cos\theta + X\sin\theta) = \dfrac{P}{V_r}(R + X\tan\theta)[V]$

  (V_s: 송전단 전압, V_r: 수전단 전압)

> **전기직 전문가의 TIP**
>
> 전선 1줄에 대해 R 및 X값이 주어졌다면 계산 과정에서 R 및 X값은 2배가 되어야 합니다.

② 전압 강하율

$$\varepsilon = \frac{V_s - V_r}{V_r} \times 100 = \frac{e}{V_r} \times 100$$

$$= \frac{P}{V_r^2}(R + X\tan\theta) \times 100[\%]$$

③ 전압 변동률

$$\delta = \frac{V_{ro} - V_r}{V_r} \times 100[\%]$$

(V_{ro}: 무부하 시 수전단 전압)

④ 전력 손실

$$P_l = 3I^2R = 3\left(\frac{P}{\sqrt{3}V\cos\theta}\right)^2 R = \frac{P^2R}{V^2\cos^2\theta}$$

⑤ 전력 손실률

$$K = \frac{P_l}{P} \times 100 = \frac{PR}{V^2\cos^2\theta} \times 100[\%]$$

(2) 중거리 송전선로(수십$[km]$)

R, L, C만 고려하고(G 무시), R, L, C로 구성된 T회로 또는 π회로로 해석한다.

- $E_s = AE_r + BI_r$
- $I_s = CE_r + DI_r$

송전선로의 4단자 정수는 $AD - BC = 1$이 성립되어야 하고, 송전선로의 4단자 정수는 $A = D$ 대칭회로이다.

4단자 정수		T형	π형
A (전압비)	$\left.\frac{V_S}{V_R}\right\|_{I_R=0}$	$A = 1 + \frac{ZY}{2}$	$A = 1 + \frac{ZY}{2}$
B (임피던스)	$\left.\frac{V_S}{I_R}\right\|_{V_R=0}$	$B = Z\left(1 + \frac{ZY}{4}\right)$	$B = Z$
C (어드미턴스)	$\left.\frac{I_S}{V_R}\right\|_{I_R=0}$	$C = Y$	$C = Y\left(1 + \frac{ZY}{4}\right)$
D (전류비)	$\left.\frac{I_S}{I_R}\right\|_{V_R=0}$	$D = 1 + \frac{ZY}{2}$	$D = 1 + \frac{ZY}{2}$

일반 회로 정수가 같은 평행 2회선에서의 4단자 정수는 1회선인 경우에 비해 임피던스는 $\frac{1}{2}$배, 어드미턴스는 2배가 된다.

(3) 장거리 송전선로(수백$[km]$)

R, L, C, G가 선로에 균일하게 분포되어 있고, 분포 정수 회로 취급한다.

① 특성 임피던스

$$Z_0 = \sqrt{\frac{Z}{Y}} = \sqrt{\frac{R + jwL}{G + jwC}} \fallingdotseq \sqrt{\frac{L}{C}}[\Omega] \ (\because R = 0, \ G = 0)$$

$$※ \ L = 0.05 + 0.4605\log_{10}\frac{D}{r}[mH/km],$$

$$C = \frac{0.02413}{\log_{10}\frac{D}{r}}[\mu F/km]\text{이므로} \ Z_0 = 138\log_{10}\frac{D}{r}[\Omega]$$

$$\therefore \text{특성 임피던스는 선로 길이에 무관}$$

② 전파정수 γ

$$\gamma = \sqrt{ZY} = \sqrt{(R + jwL)(G + jwC)}\,[rad] = \alpha + j\beta$$

(α: 감쇠정수, β: 위상정수)

전기직 전문가의 TIP

감쇠정수 α는 송전단으로부터 오면서 전압 강하에 의한 전압, 전류의 진폭이 감소하는 정도이고, 위상정수 β는 송전단으로부터 오면서 전압, 전류의 위상이 늦은 정도입니다.

- 무손실 조건

$$R = G = 0$$

- 무왜형 조건

$$RC = LG$$

- 전파 속도

$$v = \frac{1}{\sqrt{LC}} = 3 \times 10^5 [km/sec]$$

2. 송전용량[7]

7) 송전용량
송전선로로 보낼 수 있는 최대 전력

(1) 송전전력

$$P = \frac{V_s V_r}{X}\sin\delta\,[MW]$$

(V_s, V_r: 송수전단 전압[kV], X: 선로의 리액턴스[Ω], δ: 송수전단 전압의 위상차)

(2) 송전전력의 계산

① 고유부하법: 수전단 전압만 고려한다.

$$P = \frac{V_r^{\,2}}{Z_0} = \frac{V_r^{\,2}}{\sqrt{\dfrac{L}{C}}}\,[MW/회선]$$

(V_r: 수전단 선간전압[kV], Z_0: 특성 임피던스(약 400[Ω]))

② 송전용량 계수법: 수전단 전압 및 송전 거리를 고려한다.

$$P = k\frac{V_r^{\,2}}{l}$$

(k: 용량계수, V_r: 수전단 선간전압[kV], l: 송전 거리[km])

(3) 경제적인 송전전압의 결정(Still의 식)

$$V[kV] = 5.5\sqrt{0.6l\,[km] + \frac{P[kW]}{100}}$$

3. 전력원선도

(1) 원선도
  ① 가로축: 유효전력
  ② 세로축: 무효전력

(2) 원선도 반지름

$$\rho = \frac{V_s V_r}{X}$$

(3) 전력원선도 작업 시 필요한 것
  ① 송전단 전압
  ② 수전단 전압
  ③ 4단자 정수(A, B, C, D)

(4) 전력원선도에서 구할 수 없는 것
  ① 과도 안정 극한 전력
  ② 코로나 손실

📋 **시험문제 미리보기!**

전선 1줄의 저항은 $0.2[\Omega]$, 리액턴스는 $0.35[\Omega]$인 단상 2선식의 교류 배전선이 있다. 부하는 무유도성으로 전압 $200[V]$, $6[kW]$일 때, 급전점의 전압$[V]$은?

① $200[V]$ ② $212[V]$ ③ $270[V]$

④ $272[V]$ ⑤ $322[V]$

정답 ②

해설 급전점의 전압 $V_s = V_r + 2I(R\cos\theta + X\sin\theta)$임을 적용하여 구한다.
전선 1줄의 저항은 $0.2[\Omega]$, 리액턴스는 $0.35[\Omega]$이고, 무유도성 부하는 순저항부하이므로 $\cos\theta = 1$, $\sin\theta = 0$이다.
따라서 급전점의 전압 $V_s = 200 + 2 \times \frac{6,000}{200 \times 1}(0.2 \times 1 + 0.35 \times 0) = 212[V]$이다.

04 안정도

출제빈도 ★★

1. 안정도[8]의 정의

전력계통에서 상호 협조하에 동기이탈 하지 않고 안정하게 운전할 수 있는 정도이다.

(1) 정태 안정도

불변부하 또는 정상적인 운전 상태에서 서서히 조금씩 증가하는 부하에 대해 계속적으로 안정운전을 지속할 수 있는 정도이다.

(2) 과도 안정도

부하가 급변하거나 사고가 발생해서 계통에 급격한 충격이 발생하였을 때 계통에 연결된 동기기가 탈조하지 않고 동기를 유지하면서 안정적으로 운전할 수 있는 능력이다.

(3) 동태 안정도

정태 또는 과도 시에 자동전압조정기 또는 조속기 등이 갖는 제어 효과를 고려한 안정도이다.

2. 송전전력

- $P = \dfrac{V_s V_r}{X} \sin\delta \, [MW]$
- 최대 송전전력 $P_m = \dfrac{V_s V_r}{X} \, [MW]$ ($\delta = 90°$일 때 $P =$ 최대)

3. 안정도의 향상 대책

(1) 직렬 리액턴스를 작게 한다.

① 발전기나 변압기의 리액턴스를 작게 한다.
② 선로의 병행 회선 수를 늘리거나 복도체 또는 다도체 방식을 사용한다.
③ 직렬콘덴서를 삽입하여 선로의 리액턴스를 보상한다.

(2) 전압 변동을 작게 한다.

① 속응 여자 방식을 채용한다.
② 계통을 연계한다.
③ 중간조상 방식을 채용한다.

(3) 사고 또는 고장 시 고장전류를 줄이고 고장 구간을 신속하게 차단한다.

① 적당한 중성점 접지 방식을 채용하여 지락전류를 줄인다.
② 고속도 계전기, 고속도 차단기를 채용한다.

---

8) 안정도
계통이 주어진 운전 조건하에서 안정하게 운전을 계속할 수 있는 능력을 말하는 것으로 정태 안정도, 과도 안정도, 동태 안정도 3가지로 나뉨

전기직 전문가의 TIP
정태 안정 상태에서는 정태 안정 극한 전력, 과도 안정 상태에서는 과도 안정 극한 전력이라고 합니다.

(4) 고장 시 발전기 입·출력의 불평형을 작게 한다.

　　① 조속기의 동작을 빠르게 한다.

　　② 고장 발생과 동시에 발전기 회로의 저항을 직렬 또는 병렬로 삽입하여 발전기 입·출력의 불평형을 작게 한다.

4. 조상설비

조상설비는 송전선로의 무효전력을 조정하여 송·수전단의 전압을 일정하게 유지하고 전력시스템의 안정도 향상과 송전 손실을 경감시키는 설비이다.

(1) 조상설비의 종류

　　① 전력용 콘덴서

　　② 분로리액터

　　③ 동기조상기

(2) 조상설비의 비교

항목	전력용 콘덴서	분로리액터	동기조상기
무효전력	진상	지상	지상과 진상
조정 방법	계단적	계단적	연속적
가격	저가	저가	고가
전력 손실	적음	적음	큼
시송전	불가능	불가능	가능

(3) 콘덴서 및 리액터의 종류 및 목적

종류		목적
콘덴서	• 직렬콘덴서 • 병렬콘덴서	• 전압 강하 보상 • 역률 개선
리액터	• 한류리액터 • 직렬리액터 • 분로리액터 • 소호리액터	• 단락전류 제한 → 차단기 용량 경감 • 제5고조파 제거(이론적: 콘덴서 용량의 4[%], 실제: 6[%]) • 페란티 현상 방지 • 지락아크의 소호

(4) 방전코일의 설치 목적

　　① 콘덴서에 축적된 잔류 전하를 방전하여 감전 사고 방지

　　② 선로에 재투입 시 콘덴서에 걸리는 과전압 방지

(5) 페란티 현상

수전단 전압이 송전단 전압보다 높아지는 현상으로, 수전단에 분로리액터를 설치하거나 동기조상기를 부족 여자로 운전하여 방지한다.

다음 중 송전선로에서 안정도를 향상시키는 방법으로 적절하지 않은 것은?

① 전압 변동을 작게 한다.

② 고속도 차단기를 설치한다.

③ 고장 시 발전기 입·출력의 불평형을 작게 한다.

④ 직렬 리액턴스를 크게 한다.

⑤ 계통을 연계한다.

정답 ④

해설 송전선로의 안정도를 향상시키기 위해서는 계통의 직렬 리액턴스를 작게 해야 하므로 적절하지 않다.

---

05 고장 계산[9]

출제빈도 ★★★

1. 3상 단락고장

(1) 옴법

① 단락전류

$$I_s = \frac{E}{Z} = \frac{E}{\sqrt{R^2 + X^2}}[A]$$

② 단락용량

$$P_s = 3EI_s = \sqrt{3}VI_s[kVA]$$

$(I_s: 단락전류)$

(2) %법

① %임피던스

$$\%Z = \frac{I_n[A] \cdot Z[\Omega]}{E[V]} \times 100[\%] = \frac{Z[\Omega] \cdot P[kVA]}{10V^2[kV]}[\%]$$

② 단락전류

$$I_s = \frac{100}{\%Z} \times I_n$$

③ 단락용량

$$P_s = \frac{100}{\%Z} \times P_n$$

9) 고장 계산

송전선에 지락 또는 단락사고가 발생하면 지락전류 또는 단락전류가 얼마만한 크기로 흐를 것인가를 미리 조사하여 고장 상황에 대처할 수 있게 하는 것이 목적

💡 **전기직 전문가의 TIP**

전력계통에서 가장 큰 사고·고장은 3상 단락사고입니다. 따라서 3상 단락전류를 계산하여 그에 적합한 차단기의 용량을 결정하고, 보호계전기의 정정 등을 해야 합니다.

💡 **전기직 전문가의 TIP**

%법
· 임피던스의 크기를 옴값 대신 %값으로 나타내어 계산하는 방법으로, 옴법과 달리 전압 환산을 할 필요가 없어 계산이 용이하여 가장 많이 사용되고 있습니다.
· 용량 $P[kVA]$, 선간전압 $V[kV]$ 단위에 주의하세요.

(3) 단위법

임피던스로 표시하는 방법으로 백분율법에서 $100[\%]$를 없앤 것

$$Z[p.u] = \frac{ZI}{E}$$

2. 대칭 좌표법

비대칭 3상 교류 = 영상분 + 정상분 + 역상분

	대칭분	각 상 전압
영상분	$V_0 = \frac{1}{3}(V_a + V_b + V_c)$	$V_a = (V_0 + V_1 + V_2)$
정상분	$V_1 = \frac{1}{3}(V_a + aV_b + a^2 V_c)$	$V_b = (V_0 + a^2 V_1 + aV_2)$
역상분	$V_2 = \frac{1}{3}(V_a + a^2 V_b + aV_c)$	$V_c = (V_0 + aV_1 + a^2 V_2)$

※ 백터 연산자 $a = 1\angle 120° = -\frac{1}{2} + j\frac{\sqrt{3}}{2}$, $a + a^2 + 1 = 0$

3. 교류 발전기 기본식

$$V_0 = -Z_0 I_0 \qquad V_1 = E_a - Z_1 I_1 \qquad V_2 = -Z_2 I_2$$

4. 1선 지락전류

$$I_g = 3I_0 = \frac{3E_a}{Z_0 + Z_1 + Z_2}$$

5. 사고별로 존재하는 대칭 성분

사고 종류	정상분	역상분	영상분
1선 지락	○	○	○
선간단락	○	○	
3선 단락	○		

6. 기기별 임피던스 관계

① 변압기: $Z_1 = Z_2 = Z_0$
② 송전선로: $Z_1 = Z_2 < Z_0$

🔔 전기직 전문가의 **TIP**

송전선로는 정지회로이므로 정상 임피던스와 역상 임피던스가 같습니다. 송전선로의 영상 임피던스는 정상분의 약 4배 정도입니다.

📋 시험문제 미리보기!

송전선로의 선간전압이 $25[kV]$, 3상 용량이 $1,000[kVA]$, 1선의 임피던스가 $10[\Omega]$일 때 %임피던스는?

① $1.6[\%]$　　　　② $2.6[\%]$　　　　③ $3.2[\%]$

④ $4[\%]$　　　　⑤ $4.8[\%]$

정답　①

해설　$\%Z = \dfrac{I_n[A] \cdot Z[\Omega]}{E[V]} \times 100[\%] = \dfrac{Z[\Omega] \cdot P[kVA]}{10V^2[kV]}[\%]$임을 적용하여 구한다.

$V = 25[kV]$, $Z = 10[\Omega]$, $P = 1,000[kVA]$이므로 $\%Z = \dfrac{10 \times 1,000}{10 \times 25^2} = 1.6[\%]$

따라서 %임피던스는 $1.6[\%]$이다.

06 중성점 접지 방식　　　　출제빈도 ★★

1. 접지 목적

① 1선 지락사고 시 건전상의 대지전위상승 억제, 전선로 및 기기의 절연 레벨 경감
② 지락사고 시 보호계전기의 확실한 동작
③ 뇌, 아크지락, 기타에 의한 이상전압 경감 및 억제

2. 유효접지 및 비유효접지

(1) 유효접지

1선 지락사고 시 건전상의 전위상승이 상규대지전압의 1.3배 이하가 되도록 하는 접지 방식으로, $\dfrac{R_0}{X_1} \leq 1$, $0 \leq \dfrac{X_0}{X_1} \leq 3$의 조건을 만족해야 한다.

(2) 비유효접지

1선 지락사고 시 건전상의 전위상승이 상규대지전압의 1.3배를 넘는 접지 방식으로, 비접지 방식, 저항접지 방식, 소호리액터 접지 방식이 있다.

송배전공학

해커스공기업 쉽게 끝내는 전기직 이론 +기출동형문제

3. 중성점 접지 방식 비교

방식	다중 고장 발생 확률	보호계전기 동작	지락 전류	고장 중 운전	전위 상승	과도 안정도	유도 장해	특징
직접접지 (22.9, 154, 345[kV])	최소	확실	최대	X	1.3	최소	최대	중성점 영전위, 단절연 가능
저항접지	보통	↑	↑	X	$\sqrt{3}$	↓	↑	
비접지 (3.3, 6.6[kV])	최대	X	↑	가능	$\sqrt{3}$	↓	↑	저전압 단거리에 적용
소호리액터 접지 (66[kV])	보통	불확실	최소	가능	$\sqrt{3}$ 이상	최대	최소	병렬공진, 고장전류 최소

4. 중성점 접지 방식의 종류

(1) 비접지 방식($Z_n = \infty$)

$$I_g = jw3C_sE[A]$$

① 지락전류는 대지 정전용량에 의해 전압보다 90° 앞선 전류가 흐른다.
② 1선 지락 시 건전상의 전위는 상전압에서 선간전압으로 되기 때문에 대지전압은 $\sqrt{3}$배 올라간다.
③ 변압기 결선을 $\Delta - \Delta$로 할 수 있어 변압기 1대 고장 시 $V - V$결선으로 송전이 가능하다.
④ 33[kV] 이하 계통에 적용되므로 저전압 단거리 계통에 채택된다.

(2) 직접접지 방식($Z_n = 0$)

$$I_g = \frac{E}{Z_n}[A]$$

① 지락전류가 매우 크기 때문에 건전상의 대지전압상승은 거의 없다.
② 선로 및 기기의 절연 레벨을 낮출 수 있다. (저감절연, 단절연 가능)
③ 보호계전기의 동작이 확실하다.
④ 지락전류가 매우 크기 때문에 통신선에 유도장해를 크게 미친다.
⑤ 지락전류가 매우 크기 때문에 과도 안정도가 나쁘다.
⑥ 154[kV], 345[kV], 765[kV] 계통에 적용된다.

(3) 저항접지 방식($Z_n = R$)

$$I_g = \left(\frac{1}{R} + jw3C_s\right)E[A]$$

① 고저항 접지: $R = 100 \sim 1,000[\Omega]$ 정도
② 저저항 접지: $R = 30[\Omega]$ 정도

(4) 소호리액터 접지 방식($Z_n = jX_L$)

$$지락전류\ I_g = \left(\frac{1}{jwL} + jw3C_s\right)E$$

① 서로의 대지 정전용량과 병렬공진하는 리액터 이용
② 변압기의 임피던스 x_t를 고려하지 않는 경우

$$소호리액터\ wL = \frac{1}{3wC_s}[\Omega]$$

$$\therefore L = \frac{1}{3w^2C_s} = \frac{1}{3(2\pi f)^2 C_s}$$

③ 변압기의 임피던스 x_t를 고려하는 경우

$$소호리액터\ wL - \frac{1}{3wC_s} - \frac{x_t}{3}[\Omega]$$

$$\therefore L = \frac{1}{3w^2C_s} - \frac{x_t}{3w} = \frac{1}{3(2\pi f)^2 C_s} - \frac{x_t}{3w}$$

※ 합조도: 공진에서 벗어난 정도

$$P = \frac{I_L - I_C}{I_C} \times 100[\%]$$

I_L: 소호리액터 사용 탭 전류$\left(I_L = \frac{E}{wL}\right)$, I_C: 대지 정전용량$\left(I_C = \frac{E}{\frac{1}{3wC_s}}\right)$

- $wL < \dfrac{1}{3wC_s}$: 과보상, 합조도($=P+$)

  ($I_L > I_C$가 되어 과보상됨)
- $wL > \dfrac{1}{3wC_s}$: 부족보상, 합조도($=P-$)

  ($I_L < I_C$가 되어 부족보상됨)
- 계통이 진상운전되는 것을 방지하기 위해 10[%] 정도 과보상함($I_L = 1.1I_C$)

(5) 중성점의 잔류전압(E_n)

중성점을 접지하지 않았을 경우 중성점에 나타나는 전압을 말한다.

$$E_n = \frac{\sqrt{C_a(C_a - C_b) + C_b(C_b - C_c) + C_c(C_c - C_a)}}{C_a + C_b + C_c} \times \frac{V}{\sqrt{3}}[V]$$

연가를 완벽하게 해서 $C_a = C_b = C_c$의 조건이 되면 잔류전압은 0이 된다.

> **전기직 전문가의 TIP**
>
> 소호리액터 접지 방식은 선로의 대지 정전용량과 병렬공진하는 리액터를 이용하여 중성점을 접지하는 방식으로, 지락전류가 극히 작은 손실전류만이 흐르고 지락아크가 자연 소멸되므로 정전 없이 송전을 계속할 수 있는 접지 방식입니다.

다음 중 송전계통에서의 중성점 접지 방식에서 유효접지에 대한 설명으로 적절한 것은?

① 비접지 방식

② 저항접지 방식

③ 소호리액터 접지 방식

④ 직접접지 방식

⑤ 1선 지락사고 시 건전상의 전위상승이 상규대지전압의 1.3배 이하가 되도록 하는 접지 방식

정답　⑤

해설　유효접지는 계통의 1선 지락사고 시 건전상의 전위상승이 상규대지전압의 1.3배 이하가 되도록 하는 접지 방식이다.

07　유도장해

출제빈도 ★

1. 유도장해 종류

종류	원인	공식	병행 길이 관계
정전유도장해	영상전압, 상호 정전용량	$E_s = \dfrac{C_{ab}}{C_{ab} + C_0} E_0$	길이와 무관
전자유도장해	영상전류, 상호 인덕턴스	$E_m = jwMl3I_0$	길이에 비례

(1) 정전유도전압

$$E_S = \frac{\sqrt{C_a(C_a - C_b) + C_b(C_b - C_c) + C_c(C_c - C_a)}}{C_a + C_b + C_c + C_s} \times \frac{V}{\sqrt{3}} [V]$$

(2) 전자유도전압

$$E_m = -jwMl(I_a + I_b + I_c) = -jwMl(3I_0)[V]$$

(M: 전력선과 통신선 사이의 상호 인덕턴스$[mH/km]$,

l: 병행 길이$[km]$, I_0: 영상전류$[A]$)

💡 **전기직 전문가의 TIP**

정전유도전압
정전유도전압은 고장 시뿐만 아니라 평상시에도 발생합니다. 또한, 정전유도전압은 주파수 및 선로의 병행 길이와는 관계가 없습니다.
연가를 충분히 해서 $C_a = C_b = C_c$가 되면 정전유도전압을 0으로 할 수 있습니다.

전자유도전압
전자유도전압은 평상시에는 송전선의 3상 평형 전류에 의하여 발생하지 않습니다. 그러나 송전선에 1선 지락사고가 발생하면 큰 영상전류가 흘러 통신선과의 전자적인 결합에 의해 유도장해가 발생합니다.

2. 유도장해 방지 대책

전력선 측 대책	통신선 측 대책
• 송전선로를 통신선으로부터 멀리 이격시킴 • 충분한 연가 • 소호리액터 접지 방식 → 지락전류 소멸 • 고속도 차단기 설치 • 통신선과 교차 시 수직교차 • 차폐선 설치(30~50[%] 경감)	• 연피 통신 케이블 사용 • 절연 강화 • 배류코일(중계코일) 설치 • 피뢰기 시설

🖹 시험문제 미리보기!

다음 중 전력선과 통신선과의 영상전류, 상호 인덕턴스에 의히여 발생되는 유도장해로 적절한 것은?

① 고조파유도장해

② 정전유도장해

③ 전자유도장해

④ 고주파유도장해

⑤ 전파유도장해

정답 ③

해설 전력선과 통신선 간의 영상전류, 상호 인덕턴스에 의해 발생하는 유도장해는 전자유도장해이다.

08 이상전압 및 개폐기 출제빈도 ★★

1. 이상전압의 종류

(1) 내부이상전압의 원인

① 개폐이상전압

② 사고 시 과도이상전압

③ 계통 조작과 고장 시 지속이상전압

(2) 외부이상전압의 원인

① 직격뢰: 뇌가 직접적으로 송전선이나 가공지선을 직격할 때 발생하는 이상전압

② 유도뢰: 송전선에 유도된 전하가 뇌운과 대지 간 방전을 통해 자유전하되어 송전선로 위에서 진행파로 전파되면서 계통에 미치는 이상전압

> **💡 전기직 전문가의 TIP**
>
> 송전계통에 나타나는 이상전압은 계통 내부 원인에 의한 내부이상전압과 계통 외부 원인에 의한 외부이상전압으로 나눌 수 있습니다.

2. 내부이상전압에 대한 방호 대책

① 개폐 저항기(서지 억제 저항기)
② 중성점 접지(직접접지)
③ 분로리액터

3. 외부이상전압에 대한 방호 대책

① 가공지선
  - 직격뢰 차폐(차폐각이 작을수록 차폐 효과 우수)
  - 보호각 35~40° 정도
  - ACSR 전선 사용
② 매설지선
  - 탑각 접지저항값의 감소 → 역섬락 방지
③ 아킹혼, 아킹링: 애자련 보호
④ 피뢰기: 기계 기구 보호

4. 뇌서지

(1) 충격전압 시험 시의 표준충격전압 파형

$$\text{파두장} \times \text{파미장} = 1.2 \times 50[\mu sec]$$

(2) 이동 속도

$$v = \frac{1}{\sqrt{LC}}[m/sec]$$

(3) 진행파

① 반사계수

$$\beta = \frac{Z_2 - Z_1}{Z_2 + Z_1}$$

② 투과계수

$$\gamma = \frac{2Z_2}{Z_1 + Z_2}$$

③ 무반사 조건

$$Z_1 = Z_2$$

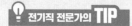

전기직 전문가의 TIP

역섬락이란 철탑의 접지저항이 높아 철탑 전위의 파고값이 상승하여 애자를 통해 송전선로로 방전하는 것으로, 매설지선을 설치해서 탑각 접지저항을 감소시켜 역섬락을 방지할 수 있습니다.

전기직 전문가의 TIP

뇌서지와 개폐서지는 파두장과 파미장이 모두 다릅니다.

5. 피뢰기(LA)[10]

(1) 특징

특성	① 뇌전류 방전 ② 속류 차단 ③ 선로 및 기기 보호
정격	2,500$[A]$, 5,000$[A]$, 10,000$[A]$
제한전압	충격파 전류가 흐르고 있을 때 단자전압
정격전압	속류[11]가 차단되는 교류 최고 전압
구성	특성 요소, 직렬갭, 쉴드링
구비 조건	① 상용 주파 방전 개시 전압이 높을 것 ② 충격파 방전 개시 전압이 낮을 것 ③ 제한전압이 낮을 것 ④ 속류 차단 능력이 클 것 ⑤ 방전내량이 클 것

(2) 피뢰기의 정격전압

① 속류의 차단이 되는 최고의 교류전압
② 피뢰기의 정격전압은 선로의 공칭전압의 직접지 0.8~1.0배
③ 저항 또는 소호리액터 접지 1.4~1.6배 선정

(3) 피뢰기의 제한전압

충격파 전류가 흐르고 있을 때의 피뢰기 단자전압

> • 제한전압 = 투과전압 − 피뢰기가 처리한 전압
> • $e_a = \left(\dfrac{2Z_2}{Z_1 + Z_2}\right)e_1 - \left(\dfrac{Z_1 Z_2}{Z_1 + Z_2}\right)i_a[kV]$

※ 피뢰기의 제한전압은 절연협조의 기본이 됨

(4) 피뢰기의 제1보호대상

제1보호대상: 변압기(절연협조의 기본)

6. 절연협조

(1) 절연협조의 개념

계통 내의 각 기기, 기구 및 애자 등의 상호 간에 적정한 절연강도를 지니게 함으로써 계통 설계를 합리적·경제적으로 할 수 있게 한 것

(2) 절연협조의 방법

피뢰기의 제한전압을 절연협조의 기준으로 한다.
※ 기기별 기준충격 강도의 크기 순서
　: 선로애자 > 차단기, CT, PT > 변압기 > 피뢰기의 제한전압

10) 피뢰기
평상시에는 누설전류를 차단하고 이상전압 내습 시 뇌전류 방전 및 전압의 상승을 방지하고, 방전 종료 후에는 속류를 차단하는 역할을 함

11) 속류
방전전류에 이어서 전원으로부터 공급되는 상용 주파수의 전류가 직렬갭을 통해 대지로 흐르는 전류

12) 차단기
부하전류, 고장 시 발생하는 대전류를 빠르게 차단하여 고장 구간을 신속하게 분리시키는 개폐기

(1) 차단기의 종류

약호	명칭	소호 매질
ABB	공기 차단기	압축공기
GCB	가스 차단기	SF_6(육불화유황)
OCB	유입 차단기	절연유
MBB	자기 차단기	전자력
VCB	진공 차단기	진공

※ SF_6가스의 특성
   1) 무색, 무취, 무독, 불연성 가스
   2) 공기에 비해 소호 능력이 약 100배
   3) 불활성 가스
   4) 1기압하에서 절연내력이 공기의 2~3배

(2) 차단기의 정격차단용량

$$정격차단용량[MVA] = \sqrt{3} \times 정격전압[kV] \times 정격차단전류[kV]$$

$$\left(정격전압 = 공칭전압 \times \frac{1.2}{1.1} \right)$$

(3) 차단기의 정격차단시간

트립 코일 여자로부터 아크소호까지의 시간
(개극시간 + 아크소호시간)(3~8$[Hz]$)

(4) 차단기의 표준 동작 책무[13]

13) 차단기의 표준 동작 책무
어느 시간 간격을 두고 행해지는 일련의 동작을 규정한 것

① 일반용 $\begin{cases} 갑호\ O - 1분 - CO - 3분 - CO \\ 을호\ CO - 15초 - CO \end{cases}$
② 고속도 재투입용 $O - 임의 - CO - 1분 - CO$

8. 차단기 및 단로기 조작 순서(인터록)[14]

14) 인터록(안전장치)
단로기는 부하전류를 개폐할 수 없고, 차단기가 열려 있어야 열고 닫을 수 있음. 부하통전 시 단로기를 열 수 없도록 하는 것을 인터록이라고 함

① 투입 시: 단로기(DS) → 차단기(CB)
② 차단 시: 차단기(CB) → 단로기(DS)
※ 단로기(DS): 소호 능력 없음

구분	부하전류	사고전류	무부하전류
차단기(CB)	○	○	○
단로기(DS)	×	×	○

9. 보호계전기

(1) 보호계전기의 종류(동작상 분류)

① 순한시 계전기: 정정된 최소 동작전류 이상의 전류가 흐르면 즉시 동작

② 정한시 계전기: 정정된 값 이상의 전류가 흐르면 항상 정해진 일정 시간에 동작

③ 반한시 계전기: 정정된 값 이상의 전류가 흘러서 동작할 때 계전기 동작 시간과 전류는 서로 반비례

④ 반한시성 정한시 계전기: 어느 전류값까지는 반한시성이지만 그 이상이 되면 정한시 특성을 가짐

전기직 전문가의 TIP

보호계전기의 종류는 보호계전기에 대한 내용 중 중요한 부분입니다.

(2) 보호계전기의 선정

대상			보호계전기
선로	방사상 선로	전원이 1단에만 존재	• 과전류 계전기 • 계전기의 한시 차(0.4~0.5초)
		전원이 양단에 존재	방향 단락 계전기 + 과전류 계전기
	환상 선로	전원이 1단에만 존재	방향 단락 계전기
		전원이 양단에 존재	방향 거리 계전기
발전기, 변압기 보호			• 부흐홀츠 계전기: 변압기 보호 • 차동 계전기: 양단의 전류 차에 의해 동작 • 비율 차동 계전기: 변류기의 결선은 변압기 결선과 반대

변압기 결선	변류기 결선
$Y - \Delta$	$\Delta - Y$
$\Delta - Y$	$Y - \Delta$

(3) PT 및 CT 점검

① PT 점검 시: 2차 측 개방

② CT 점검 시: 2차 측 단락(2차 측 절연 보호)

(4) 모선 보호 계전 방식

① 전압 차동 계전 방식

② 전류 차동 계전 방식

③ 위상 비교 계전 방식

④ 방향 비교 계전 방식

(5) 표시선(Pilot wire) 계전 방식의 종류

① 전류 순환 방식

② 전압 반향 방식

③ 방향 비교 방식

10. 전력퓨즈

(1) 기능
① 부하전류를 안전하게 통전한다.
② 단락전류를 차단한다.

(2) 전력용 한류형 퓨즈의 장점
① 한류 특성을 가진다.
② 고속도 차단할 수 있다.
③ 소형으로 큰 차단 용량을 가진다.
④ 소형, 경량이다.

(3) 전력용 한류형 퓨즈의 단점
① 재투입이 불가능하다.
② 결상을 일으킬 우려가 있다.
③ 차단 시 과전압이 발생한다.
④ 용단되어도 차단되지 않는 전류의 범위가 있다.

(4) 퓨즈의 특성
① 용단 특성
② 단시간 허용 특성
③ 전차단 특성

▤ 시험문제 미리보기!

다음 중 이상전압에 대한 방호 대책으로 적절하지 않은 것은?

① 매설지선　　　　② 아머로드　　　　③ 개폐 저항기
④ 피뢰기　　　　　⑤ 가공지선

정답　②

해설　아머로드는 전선이 절단되는 것을 방지하기 위한 대책이므로 적절하지 않다.

오답노트
①, ③, ④, ⑤는 이상전압의 방호 장치이다.

1. 배전 방식

가지식(수지상식)	망상식(네트워크)	저압 뱅킹 방식

• 공사비가 저렴
• 농어촌에 적당함
• 감전 사고 감소
• 증설 용이
	• 전압 변동이 적음
	• 감전 사고의 증대
	• 신뢰도가 가장 우수(무정전 공급 가능)
	• 네트워크 프로텍터
	  – 저압용 차단기
	  – 방향성 계전기
	  – 퓨즈로 구성
		• 전압 변동이 적음
		• 부하 증가에 대한 융통성 향상
		• 플리커 경감
		• 캐스케이딩[15] 현상 발생

15) 캐스케이딩 현상
건전한 변압기 일부가 고장이 발생하면 부하가 다른 건전한 변압기에 걸려서 고장이 확대되는 현상. 인접 변압기와 연결되어 있는 저압선의 중간에 구분 퓨즈를 설치하여 사고가 확대되는 것을 방지할 수 있음

2. 전기 방식별 비교

종별	전력	손실	전선량	전선 중량비	1선당 공급 전력 비교
$1\phi 2W$	$P = VI\cos\theta$	$2I^2R$	$2W$	1	100[%]
$1\phi 3W$	$P = 2VI\cos\theta$	$2I^2R$	$3W$	3/8	133[%]
$3\phi 3W$	$P = \sqrt{3}VI\cos\theta$	$3I^2R$	$3W$	3/4	115[%]
$3\phi 4W$	$P = 3VI\cos\theta$	$3I^2R$	$4W$	4/12	150[%]

3. 부하 관계 용어

(1) 부하율

어느 일정 기간 중 부하의 변동 상태의 정도를 나타내는 것

$$부하율 = \frac{평균\ 전력}{최대\ 전력} \times 100[\%]$$

(2) 수용률

수용가의 최대 수용 전력과 그 수용가에 설치되어 있는 설비용량의 합계의 비

$$수용률 = \frac{최대\ 전력}{설비용량} \times 100[\%]$$

(3) 부등률

최대 전력의 발생 시각 또는 발생 시기의 분산을 나타내는 지표

$$부등률 = \frac{개별\ 최대\ 수용\ 전력의\ 합}{합성\ 최대\ 수용\ 전력} = \left(\frac{\sum(설비용량 \times 수용률)}{합성\ 최대\ 전력} \right)$$

$$※\ 부하율,\ 수용률 < 1,\ 부등률 > 1$$

4. 변압기 용량 산정

(1) 변압기 용량

$$변압기\ 용량\ P[kVA] \geq 합성\ 최대\ 전력$$
$$= \frac{개별\ 최대\ 수용\ 전력}{부등률}$$
$$= \frac{설비용량[kW] \times 수용률}{부등률 \times 역률}[kVA]$$

(2) $V-V$ 결선 변압기의 출력

① $P_v = \sqrt{3}P_1[kVA]$

② 이용률 $= \frac{\sqrt{3}P_1}{2P_1} \fallingdotseq 0.866$

③ 출력비 $= \frac{\sqrt{3}P_1}{3P_1} \fallingdotseq 0.577$

5. 손실계수와 부하율의 관계

(1) 손실계수 H

$$H = \frac{어느\ 기간\ 중의\ 평균\ 전력\ 손실}{같은\ 기간\ 중의\ 최대\ 전력\ 손실} \times 100[\%]$$

(2) 부하율 F와 손실계수 H와의 관계

• $1 \geq F \geq H \geq F^2 \geq 0$

• $H = \alpha F + (1-\alpha)F^2$

(F: 부하율, H: 손실계수, α: 정수 - 보통 $0.1 \sim 0.4$)

6. 집중부하와 분산부하

구분	전력 손실	전압 강하
말단에 집중 부하	P_l	e
균등 분포 부하	$\dfrac{1}{3}P_l$	$\dfrac{1}{2}e$

7. 역률 개선용 콘덴서의 용량

(1) 부하전력이 일정할 때

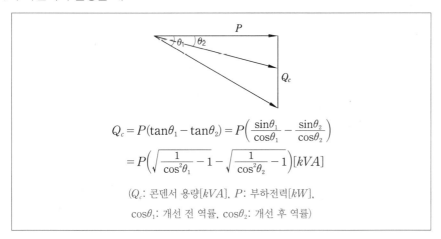

$$Q_c = P(\tan\theta_1 - \tan\theta_2) = P\left(\frac{\sin\theta_1}{\cos\theta_1} - \frac{\sin\theta_2}{\cos\theta_2}\right)$$
$$= P\left(\sqrt{\frac{1}{\cos^2\theta_1} - 1} - \sqrt{\frac{1}{\cos^2\theta_2} - 1}\right)[kVA]$$

(Q_c: 콘덴서 용량$[kVA]$, P: 부하전력$[kW]$,
$\cos\theta_1$: 개선 전 역률, $\cos\theta_2$: 개선 후 역률)

(2) 피상전력이 일정할 때

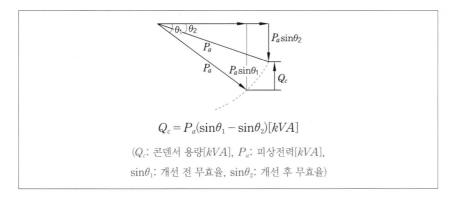

$$Q_c = P_a(\sin\theta_1 - \sin\theta_2)[kVA]$$

(Q_c: 콘덴서 용량$[kVA]$, P_a: 피상전력$[kVA]$,
$\sin\theta_1$: 개선 전 무효율, $\sin\theta_2$: 개선 후 무효율)

(3) 역률 개선의 효과

① 변압기와 배전선의 전력 손실 경감
② 전압 강하 감소
③ 설비용량의 여유 증가
④ 전기 요금 감소

8. 승압기

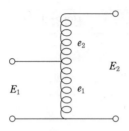

(1) 고압측 전압

$$E_2 = e_1 + e_2 = E_1 + E_1 \times \frac{e_2}{e_1}$$

$$= E_1\left(1 + \frac{e_2}{e_1}\right)$$

(2) 승압기 용량(자기용량)

$$\frac{자기용량}{부하용량} = \frac{고압 - 저압}{고압} = \frac{E_2 - E_1}{E_2}$$

9. 배전선로의 과전류 보호

① 배전 변압기 1차 측: 고압퓨즈(COS)
② 변압기 2차 측: 저압퓨즈(Catch holder)

10. 배선선로의 보호 협조

변전소 차단기 – 리클로저[16] – 섹셔널라이저[17] – 라인 퓨즈

11. 고장 구간 자동 개폐기(ASS)

수용가의 구내 고장이 배전선로에 파급되는 것을 방지하기 위해 사용한다.

12. 자동 부하 절체 개폐기(ALTS)

주전원이 정전되면 자동적으로 예비 전원으로 절체되어 계속해서 전력을 공급할 수 있는 장치이다.

---

16) 리클로저
배전선로에 고장이 발생하였을 때 고장전류를 검출하여 지정된 시간 내에 고속 차단하고 자동 재폐로 동작을 수행하여 고장 구간을 분리하거나 재송전하는 기능을 가진 장치

17) 섹셔널라이저
고장 발생 시 리클로저와 협조하여 고장 구간을 신속히 개방하여 사고를 국부적으로 분리시키는 장치로서, 부하전류의 차단 능력이 없고, 선로의 무전압 상태에서 동작함

다음 중 저압 뱅킹 방식으로 운전 중 건전한 변압기 일부의 고장으로 인해 부하가 다른 건전한 변압기에 걸려서 고장이 확대되는 현상으로 적절한 것은?

① 표피 현상 ② 플리커 현상
③ 캐스케이딩 현상 ④ 섬락 현상
⑤ 코로나 현상

정답 ③

해설 건전한 변압기 일부의 고장으로 인해 부하가 다른 건전한 변압기에 걸려서 고장이 확대되는 현상은 캐스케이딩 현상이다. 인접 변압기와 연결되어 있는 저압선의 중간에 구분 퓨즈를 설치해 캐스케이딩 현상의 사고 확대를 방지할 수 있다.

출제빈도: ★★☆ 대표출제기업: 한국전력공사, 한국수력원자력, 한국중부발전

01 다음 중 전선의 표피 효과에 관한 설명으로 적절한 것은?

① 전선이 굵을수록, 주파수가 낮을수록 커진다.
② 전선이 굵을수록, 주파수가 높을수록 커진다.
③ 전압이 높을수록, 주파수가 낮을수록 커진다.
④ 전압이 낮을수록, 주파수가 높을수록 커진다.
⑤ 전선이 가늘수록, 주파수가 높을수록 커진다.

출제빈도: ★★☆ 대표출제기업: 서울교통공사, 한국동서발전

02 다음 중 켈빈의 법칙이 적용되는 상황으로 적절한 것은?

① 경제적인 전선의 굵기를 결정하고자 할 때
② 일정한 부하에 대한 계통 손실을 최소화하고자 할 때
③ 경제적인 송전전압을 결정하고자 할 때
④ 송전선의 철탑 설계를 하고자 할 때
⑤ 전력 손실을 줄이고자 할 때

출제빈도: ★★☆ 대표출제기업: 한국전력공사, 한국남부발전

03 다음 중 아킹혼의 설치 목적으로 적절한 것은?

① 전선의 보호
② 이상 전압을 제한
③ 섬락으로부터 애자 보호
④ 누설 전류 제한
⑤ 코로나 방지

출제빈도: ★★★ 대표출제기업: 한국철도공사, 한국전력공사, 서울교통공사

04 단면적 330[mm^2]의 강심 알루미늄선을 경간이 400[m]이고 지지점의 높이가 같은 철탑 사이에 가설하였다. 전선의 이도가 10[m]일 때, 전선의 실제 길이[m]는? (단, 풍압, 온도 등의 영향은 무시한다.)

① 400.258   ② 400.366   ③ 400.666   ④ 400.867   ⑤ 400.978

출제빈도: ★★☆ 대표출제기업: 한국전기안전공사, 한국가스공사, 한국지역난방공사

05 고저차가 없는 가공 전선로에서 이도 및 전선 중량을 일정하게 하고, 경간을 3배로 했을 때 전선의 수평장력은 몇 배가 되는가?

① 3   ② 9   ③ $\frac{1}{3}$ ④ $\frac{1}{9}$ ⑤ 관계없다.

정답 및 해설

01 ②
표피 효과는 도체의 중심으로 갈수록 전류밀도가 작아지는 현상으로 전압이 높을수록, 도선이 굵을수록, 주파수가 높을수록 커진다.

02 ①
켈빈의 법칙은 경제적인 전선의 굵기를 선정하고자 할 때 적용되는 법칙이다.

03 ③
아킹혼은 섬락으로부터 애자련을 보호하고, 애자련의 전압 분포를 개선하므로 적절하다.

04 ③
전선의 실제 길이는 $L = S + \frac{8D^2}{3S}$임을 적용하여 구한다.

$S = 400[m]$, $D = 10[m]$이므로
$L = 400 + \frac{8 \times 10^2}{3 \times 400} = 400.666[m]$
따라서 전선의 실제 길이는 400.666[m]이다.

⏱ **빠른 문제풀이 Tip**
전선의 증가분은 경간의 0.01~0.02% 사이이므로 400.4~400.8 사이이다.

05 ②
이도 $D = \frac{WS^2}{8T}$임을 적용하여 구한다.
이도 $D = \frac{WS^2}{8T}$이므로 수평장력 $T = \frac{WS^2}{8D}$이다. 이에 따라 수평장력은 경간의 제곱에 비례하므로 $3^2 = 9$
따라서 9배 증가한다.

출제빈도: ★★☆ 대표출제기업: 한국철도공사, 한국서부발전, 한국동서발전

06 빙설이 많은 지방에서 특고압 가공전선의 이도를 계산할 때 전선 주위에 부착하는 빙설의 두께와 비중은 일반적인 경우 각각 얼마로 상정하는가?

① 두께: 1[mm], 비중: 0.9   ② 두께: 1[mm], 비중: 1.0

③ 두께: 6[mm], 비중: 0.9   ④ 두께: 6[mm], 비중: 1.0

⑤ 두께: 10[mm], 비중: 0.9

출제빈도: ★★★ 대표출제기업: 한국수력원자력, 서울교통공사, 한국가스공사

07 다음 중 애자가 갖추어야 할 구비 조건으로 적절한 것은?

① 온도의 급변에 잘 견디고 습기를 흡수하지 않아야 한다.
② 전기적 및 기계적 특성의 열화가 커야 한다.
③ 비, 눈, 안개 등에 대해서도 필요한 표면 저항을 가지며, 누설전류가 많아야 한다.
④ 이상전압에는 절연내력이 매우 적어야 한다.
⑤ 정전용량이 커야 한다.

출제빈도: ★★★ 대표출제기업: 한국수력원자력, 한국중부발전, 한국지역난방공사

08 가공송전선에 사용하는 애자련 중 전압 부담이 최대인 것은?

① 철탑에 가장 가까운 것   ② 철탑에서 $\frac{1}{3}$ 지점의 것

③ 전선에 가장 가까운 것   ④ 철탑에서 $\frac{2}{3}$ 지점의 것

⑤ 전선에서 $\frac{2}{3}$ 지점의 것

출제빈도: ★★☆ 대표출제기업: 한국전기안전공사, 한국동서발전

09 다음 중 전선로의 지지물 양쪽 경간의 차가 큰 곳에 쓰이며 E 철탑이라고도 하는 철탑은?

① 인류형 철탑   ② 보강형 철탑
③ 각도형 철탑   ④ 내장형 철탑
⑤ 직선형 철탑

출제빈도: ★☆☆ 대표출제기업: 한국철도공사, 한국전력공사, 서울교통공사

10 다음 중 지중 케이블에 있어서 고장점을 찾는 방법으로 적절하지 않은 것은?

① 머레이 루프 시험기에 의한 방법
② 메거에 의한 측정 방법
③ 수색코일에 의한 방법
④ 펄스에 의한 측정법
⑤ 음향으로 고장점을 측정하는 방법

정답 및 해설

06 ③
빙설이 많은 지방의 전선의 빙설하중은 두께 6[mm], 비중 0.9가 적용된다.

07 ①
애자는 온도의 급변에 잘 견디고 습기를 흡수하지 않아야 하므로 적절하다.

> 🔍 **더 알아보기**
> **애자의 구비조건**
> • 절연내력이 클 것
> • 절연저항이 클 것(누설전류가 작을 것)
> • 기계적 강도가 클 것
> • 전기적 및 기계적 특성의 열화가 적을 것
> • 정전용량이 작을 것
> • 온도의 급변에 잘 견디고 습기를 흡수하지 않을 것
> • 가격이 저렴할 것

08 ③
전선과 철탑을 이어주는 애자는 대지 정전용량과 애자의 정전용량이 있기 때문에 애자의 전압 부담이 같지 않으며 전압 부담이 최대인 것은 전선에서 가장 가까운 애자이다.

> 🔍 **더 알아보기**
> 전압 부담이 최소인 것은 철탑에서 $\frac{1}{3}$ 지점의 애자이다.

09 ④
전선로의 지지물 양쪽 경간의 차가 큰 곳에 쓰이며 E 철탑이라고도 하는 철탑은 내장형 철탑이다.

10 ②
메거의 의한 측정 방법은 절연저항을 측정하기 위한 방법이므로 적절하지 않다.

> 🔍 **더 알아보기**
> **지중 케이블의 고장점 탐지법**
> • 머레이 루프법
> • 정전용량의 측정으로 발견하는 방법
> • 수색코일로 하는 방법
> • 펄스로 하는 방법
> • 음향으로 고장점을 측정하는 방법

출제빈도: ★★☆ 대표출제기업: 한국전기안전공사, 한국서부발전

11 정사각형 배치의 4도체에서 도체의 간격이 S일 때, 소선 상호 간의 기하학적 평균 거리는?

① $\sqrt[6]{2}S$ ② $\sqrt[3]{S}$ ③ $\sqrt{S}$ ④ S ⑤ S^2

출제빈도: ★★☆ 대표출제기업: 한국철도공사, 한국가스공사

12 3상 송전선로의 선간거리가 수평으로 $D[m]$ 간격으로 연가된 경우 인덕턴스$[mH/km]$는? (단, 전선은 단도체이고, 전선의 직경은 $d[m]$이다.)

① $L = 0.05 + 0.4605\log_{10}\frac{\sqrt{D}}{d}[mH/km]$ ② $L = 0.05 + 0.4605\log_{10}\frac{2\sqrt{D}}{d}[mH/km]$

③ $L = 0.05 + 0.4605\log_{10}\frac{2D}{d}[mH/km]$ ④ $L = 0.05 + 0.4605\log_{10}\frac{2\sqrt[3]{2}D}{d}[mH/km]$

⑤ $L = 0.05 + 0.4605\log_{10}\frac{\sqrt[3]{2}D}{d}[mH/km]$

출제빈도: ★★☆ 대표출제기업: 한국서부발전

13 3상 3선식 1회선의 가공 송전선로에서 D를 선간거리, r을 전선의 반지름이라고 할 때 1선당 단도체의 정전용량 C는?

① $\log_{10}\frac{r}{D}$에 비례한다.   ② $\log_{10}\frac{2r}{D}$에 비례한다.

③ $\log_{10}\frac{r}{D}$에 반비례한다.   ④ $\log_{10}\frac{D}{r}$에 반비례한다.

⑤ $\frac{r}{D}$에 반비례한다.

출제빈도: ★★★ 대표출제기업: 한국전력공사, 한국지역난방공사

14 다음 중 코로나 방지 대책으로 적절한 것은?

① 가선금구를 뾰족하게 한다.   ② 전선의 지름을 작게 한다.
③ 선간거리를 줄인다.   ④ 복도체 방식을 채용한다.
⑤ 임계전압을 최대한 낮게 한다.

출제빈도: ★★★ 대표출제기업: 한국전기안전공사, 한국가스공사

15 다음 중 연가의 효과로 적절한 것은?

① 병렬공진의 방지   ② 선로정수 평형

③ 각 상의 임피던스 증가   ④ 통신선의 유도장해 증가

⑤ 직격뢰 방지

정답 및 해설

11 ①

4도체 전선의 등가선간거리는 기하학적 평균 거리이므로 $\sqrt[6]{S \cdot S \cdot S \cdot S \cdot \sqrt{2}S \cdot \sqrt{2}S} = \sqrt[6]{2}S$이다.

> **🔍 더 알아보기**
>
> 도체와의 상호 간격이 S일 때, 전선의 등가선간거리
> - 수평배열: $\sqrt[3]{2}S$
> - 정삼각배열: S
> - 4도체: $\sqrt[6]{2}S$

12 ④

단도체의 인덕턴스 $L = 0.05 + 0.4605\log_{10}\frac{D}{r}[mH/km]$임을 적용하여 구한다.

단도체의 선간거리가 $D[m]$ 간격으로 배치되어 있으므로 등가선간거리는 $\sqrt[3]{D \cdot D \cdot 2D} = \sqrt[3]{2} \cdot D$이고 전선의 직경은 $d[m]$이므로 반지름 $r = \frac{d}{2}[m]$이다.

따라서 단도체의 인덕턴스 $L = 0.05 + 0.4605\log_{10}\frac{2\sqrt[3]{2}D}{d}[mH/km]$이다.

13 ④

단도체의 정전용량 $C = \frac{0.02413}{\log_{10}\frac{D}{r}}[\mu F/km]$이므로 $\log_{10}\frac{D}{r}$에 반비례한다.

14 ④

복도체 방식을 사용하면 코로나를 방지할 수 있으므로 적절하다.

15 ②

일반적으로 3상 3선식 선로에는 정삼각형 배치가 아니고, 지표상의 높이 또한 서로 다르기 때문에 전선의 인덕턴스 및 정전용량이 달라 송전선로의 길이를 3의 배수로 구간을 등분하고 지상의 전선을 적당한 구간마다 바꾸어 전체 선로의 길이를 같게 하는 연가는 선로의 정수를 평형시킨다.

> **🔍 더 알아보기**
>
> 연가의 효과
> - 선로정수 평형(각 상의 전압강하 동일)
> - 통신선의 유도장해 경감
> - 소호리액터 접지 시 직렬공진에 의한 이상전압 상승 방지
> - 임피던스 평형

출제빈도: ★★★ 대표출제기업: 한국철도공사, 한국전력공사, 한국가스공사

16 다음 중 복도체에 대한 설명으로 적절한 것은?

① 송전용량이 줄어들기 때문에 안정도가 나빠진다.
② 코로나 개시 전압이 낮고, 코로나 손실이 크다.
③ 인덕턴스가 감소하고 정전용량이 증가해서 선로의 리액턴스가 감소한다.
④ 전선 표면의 전위경도가 증가한다.
⑤ 코로나의 임계전압이 낮아진다.

출제빈도: ★☆☆ 대표출제기업: 한국전력공사, 한국서부발전

17 정전용량 0.01[$\mu F/km$], 길이 250[km], 선간전압 154[kV], 주파수 60[Hz]인 송전선로의 충전전류는 약 몇 [A]인가?

① 22.5 ② 53.0 ③ 59.2 ④ 62.4 ⑤ 83.9

출제빈도: ★☆☆ 대표출제기업: 한국지역난방공사

18 다음 중 송전선로에서 코로나 임계전압이 높아지는 경우로 적절한 것은?

① 애자의 강도를 크게 한 경우
② 비가 내리는 경우
③ 기압이 낮은 경우
④ 기온이 높은 경우
⑤ 전선의 지름을 크게 한 경우

출제빈도: ★★☆ 대표출제기업: 한국전력공사

19 현수애자 4개를 1련으로 한 66[kV] 송전선로가 있다. 현수애자 1개의 절연저항이 1,000[$M\Omega$]이고, 표준 경간이 250[m]일 때, 1[km]당 누설 컨덕턴스[$\mho$]는?

① 0.3×10^{-9}

② 0.5×10^{-9}

③ 0.8×10^{-9}

④ 1.0×10^{-9}

⑤ 2.0×10^{-9}

정답 및 해설

16 ③

선로에 복도체를 사용함으로써 전선의 등가반지름이 증가하면서 인덕턴스는 감소하고 정전용량은 증가하여 전선로의 리액턴스가 감소하므로 적절하다.

> 🔍 **더 알아보기**
>
> • **복도체**
> 선로에 복도체를 사용함으로써 전선의 등가반지름이 증가하면서 인덕턴스는 감소하고 정전용량은 증가하여 전선로의 리액턴스가 감소해 송전용량을 증가시킬 수 있어 안정도가 증가하고, 코로나 발생을 억제시킨다. 하지만 정전용량이 증가하므로 페란티 현상이 발생할 우려가 있고, 전선 상호 간의 흡인력이 발생하여 충돌 현상이 발생하므로 분로리액터나 스페이서를 사용해야 한다.
>
> • **분로리액터**
> 송전계통에 병렬로 설치해 지상전류를 공급하는 리액터

17 ⑤

전선의 충전전류 $I_c = \frac{E}{X_c} = 2\pi f C E = 2\pi f C \times \frac{V}{\sqrt{3}}$[$A$]임을 적용하여 구한다.

정전용량 $C = 0.01[\mu F/km]$, 선간전압 $V = 154[kV]$, 주파수 $f = 60[Hz]$, 길이 $L = 250[km]$이므로

$I_c = 2 \times 3.14 \times 60 \times 0.01 \times 10^{-6} \times 250 \times \frac{154 \times 10^3}{1.73}[A] \approx 83.9[A]$

따라서 송전선로의 충전전류는 약 $83.9[A]$이다.

18 ⑤

코로나 임계전압 $E_0 = 24.3 m_0 m_1 \delta d \log_{10} \frac{D}{r}$[$kV$]임을 적용하여 구한다.

이때 δ: 상대공기밀도$\left(\delta = \frac{0.386b}{2/3 + t}\right)$, m_0: 전선 표면계수, m_1: 기후에 관한 계수, r: 전선의 반지름[m], D: 선간 거리[m]이다.

따라서 코로나 임계전압을 높게 하기 위해서는 전선의 직경을 늘리거나, 기압이 높고 온도가 낮아야 한다.

19 ④

누설 컨덕턴스 $G = \frac{1}{R}$임을 적용하여 구한다.

현수애자 1개의 절연저항은 1,000[$M\Omega$], 현수애자 1련의 절연저항은 1,000[$M\Omega$] × 4 = 4,000[$M\Omega$] = 4×10^9[Ω]이므로 누설 컨덕턴스 $G = \frac{1}{R} = \frac{1}{4 \times 10^9} = \frac{1}{4} \times 10^{-9}$[$\mho$]이다.

이때, 표준 경간이 250[m]이고 1[km]당 현수애자는 4련이 설치되어 1[km]당 절연저항 $R = \frac{4 \times 10^9}{4}$[$\Omega$]이므로 누설 컨덕턴스 $G = \frac{1}{R} = 1.0 \times 10^{-9}$[$\mho$]이다.

출제빈도: ★★★ 대표출제기업: 한국서부발전, 한국중부발전

20 다음 중 수전단 전압이 송전단 전압보다 높아지는 현상으로 적절한 것은?

① 펠티에 효과   ② 압전 효과   ③ 페란티 효과

④ 표피 효과   ⑤ 제벡 효과

출제빈도: ★★☆ 대표출제기업: 서울교통공사, 한국지역난방공사

21 다음 중 단거리 송전선로의 전압 강하의 근사식으로 적절한 것은? (단, P는 3상 부하전력$[kW]$, E는 선간전압$[kV]$, R는 선로저항$[\Omega]$, X는 리액턴스$[\Omega]$, θ는 부하의 늦은 역률각이다.)

① $\dfrac{P}{E}(R + X\tan\theta)$ ② $\dfrac{P}{(\sqrt{3E})^{2}}(R + X\tan\theta)$

③ $\dfrac{P}{E^{2}}(R + X\tan\theta)$ ④ $\dfrac{P}{\sqrt{3E}}(R\cos\theta + X\sin\theta)$

⑤ $\dfrac{E}{P}(R + X\tan\theta)$

출제빈도: ★★★ 대표출제기업: 한국전기안전공사, 한국중부발전.

22 송전단 전압이 3,300$[V]$, 수전단 전압은 3,100$[V]$였다. 수전단의 무부하 시의 수전단 전압이 3,200$[V]$일 때, 이 회로의 전압 강하율과 전압 변동률은 각각 몇 $[\%]$인가?

	전압 강하율	전압 변동률		전압 강하율	전압 변동률
①	5.43	3.22	②	7.56	3.64
③	2.79	4.01	④	6.45	3.22
⑤	6.35	4.01			

출제빈도: ★☆☆ 대표출제기업: 한국철도공사

23 다음 중 π형 회로에서 4단자 정수 C는?

① $1 + \dfrac{ZY}{2}$

② $Y\left(1 + \dfrac{ZY}{4}\right)$

③ Z

④ $Z\left(1 + \dfrac{ZY}{4}\right)$

⑤ Y

정답 및 해설

20 ③

수전단 전압이 송전단 전압보다 높아지는 현상은 페란티 효과이다.

오답노트

① 펠티에 효과: 다른 이종의 두 금속을 접속시켜 폐회로를 만들고 온도를 일정하게 유지하면서 전류를 흘려주면 접합부에서 줄열 이외의 열의 발생 또는 흡수가 일어나는 현상

② 압전 효과: 어떤 특수한 결정을 가진 물질은 기계적 응력을 주면 그 물질 속에 전기분극이 일어나는 현상

④ 표피 효과: 전선 중심부로 갈수록 전선의 밀도가 작아지는 현상

⑤ 제백 효과: 다른 이종의 두 금속을 접속시켜 폐회로를 만든 후 접합점의 온도를 다르게 하였을 때, 이 폐회로에 열기전력이 발생하여 열전류가 흐르게 되는 현상

🔍 더 알아보기

페란티 효과

무부하의 경우 선로의 정전용량 때문에 전압보다 위상이 90° 앞선 충전전류의 영향이 커져서 선로의 흐르는 전류가 진상이 되어 수전단 전압이 송전단 전압보다 높아지는 현상이다. 가공전선로와 지중전선로 중 지중전선로의 정전용량이 크기 때문에 페란티 효과가 훨씬 많이 생긴다.

21 ①

단거리 송전선로에서의 전압 강하 $e = V_s - V_r = \sqrt{3}I(R\cos\theta + X\sin\theta)$임을 적용하여 구한다.

3상 부하전력 $P = \sqrt{3}EI\cos\theta \rightarrow I = \dfrac{P}{\sqrt{3}E\cos\theta}$, $\tan\theta = \dfrac{\sin\theta}{\cos\theta}$이다.

따라서 전압 강하 $e = \sqrt{3}\dfrac{P}{\sqrt{3}E\cos\theta}(R\cos\theta + X\sin\theta) = \dfrac{P}{E\cos\theta}$

$(R\cos\theta + X\sin\theta) = \dfrac{P}{E}\left(R + X\dfrac{\sin\theta}{\cos\theta}\right) = \dfrac{P}{E}(R + X\tan\theta)$이다.

22 ④

전압 강하율 $\varepsilon = \dfrac{V_s - V_r}{V_r} \times 100$, 전압 변동률 $\delta = \dfrac{V_{r0} - V_r}{V_r} \times 100$ 임을 적용하여 구한다.

$V_s = 3,300[V]$, $V_r = 3,100[V]$, $V_{r0} = 3,200[V]$이므로

전압 강하율 $\varepsilon = \dfrac{V_s - V_r}{V_r} \times 100 = \dfrac{3,300 - 3,100}{3,100} \times 100 = 6.45[\%]$

전압 변동률 $\delta = \dfrac{V_{r0} - V_r}{V_r} \times 100[\%] = \dfrac{3,200 - 3,100}{3,100} \times 100[\%] = 3.22[\%]$이다.

⏱ 빠른 문제풀이 Tip

전압 강하는 송전단에서 수전단의 차전압이므로 수전단 전압에서 전압 강하를 나눠주고, 전압 변동은 무부하 시 전압이 큰 수치이므로 큰 수에서 작은 수치를 빼서 작은 수치로 나눠준다.

23 ②

π형 회로의 4단자 정수 $C = Y\left(1 + \dfrac{ZY}{4}\right)$이다.

출제빈도: ★☆☆ 대표출제기업: 한국지역난방공사

24 다음 중 송전선로의 특성 임피던스와 전파 정수를 구할 수 있는 시험은?

① 무부하시험과 부하시험   ② 단락시험과 저항측정시험

③ 무부하시험과 단락시험   ④ 무부하시험과 저항측정시험

⑤ 무부하시험과 절연내력시험

출제빈도: ★★★ 대표출제기업: 한국서부발전, 한국가스공사

25 전압을 110[V]에서 220[V]로 승압했을 때, 전압 강하율과 전력 손실은?

	전압 강하율	전력 손실		전압 강하율	전력 손실
①	$\frac{1}{2}$	$\frac{1}{4}$	②	$\frac{1}{2}$	$\frac{1}{2}$
③	$\frac{1}{4}$	$\frac{1}{2}$	④	$\frac{1}{4}$	$\frac{1}{4}$
⑤	1	$\frac{1}{4}$			

출제빈도: ★★☆ 대표출제기업: 한국전력공사, 한국중부발전

26 일반 회로의 선로정수가 같은 병행 2회선에서 4단자 정수 A, B, C, D는 1회선일 경우의 몇 배가 되는가?

	A	B	C	D
①	1	2	2	1
②	1	$\frac{1}{2}$	2	1
②	1	$\frac{1}{2}$	$\frac{1}{2}$	1
④	1	2	$\frac{1}{2}$	1
⑤	1	$\frac{1}{2}$	1	1

출제빈도: ★★☆ 대표출제기업: 한국전기안전공사

27 중거리 송전선로의 4단자 정수가 $A=1$, $B=j150$, $D=1$일 때, C의 값은?

① 0   ② $-j0.01$ ③ $j0.01$ ④ $-j0.0012$ ⑤ $j0.0012$

출제빈도: ★★★ 대표출제기업: 한국가스공사, 한국지역난방공사

28 일반 회로 정수가 A, B, C, D이고 송전단 상전압이 E_s인 경우 무부하 시의 충전전류(송전단전류)는?

① AE_s 　　　　② CE_s 　　　　③ ACE_s 　　　　④ $\dfrac{1}{A}E_s$ 　　　　⑤ $\dfrac{C}{A}E_s$

정답 및 해설

24 ③

특성 임피던스 $Z_0 = \sqrt{\dfrac{Z}{Y}} = \sqrt{\dfrac{R+jwL}{G+jwC}} \fallingdotseq \sqrt{\dfrac{L}{C}}[\Omega] (\because R=0, G=0)$

전파 정수 $\gamma = \sqrt{ZY} = \sqrt{(R+jwL)(G+jwC)}[rad] = \alpha + j\beta$이므

로 4단자 정수 $B = \dfrac{V_S}{I_R}\Big|_{V_R=0}$, 임피던스는 단락시험을 통해서 구하고,

$C = \dfrac{I_S}{V_R}\Big|_{I_R=0}$, 어드미턴스는 무부하시험을 통해서 구할 수 있으므로

특성 임피던스와 전파 정수를 구할 수 있는 시험은 무부하시험과 단

락시험이다.

25 ①

전압 강하율 $\varepsilon = \dfrac{P}{V_r^2}(R + X\tan\theta)$, 전력 손실 $P_l = 3I^2R = $

$3\left(\dfrac{P}{\sqrt{3}V\cos\theta}\right)^2 R = \dfrac{P^2R}{V^2\cos^2\theta}$임을 적용하여 구한다.

$110[kV]$에서 $220[kV]$로 2배 승압하면 $e = \dfrac{1}{V}$, $\varepsilon = \dfrac{1}{V^2}$, $P_l = $

$\dfrac{1}{V^2}$ 관계이므로 $e = \dfrac{1}{2}$, $\varepsilon = \dfrac{1}{4}$, $P_l = \dfrac{1}{4}$

따라서 $\varepsilon = \dfrac{1}{4}$배, $P_l = \dfrac{1}{4}$배만큼 줄어든다.

26 ②

4단자 정수 A, B, C, D인 두 선로가 병렬로 접속할 경우 A, D는

전압비와 전류비는 변함이 없고, 직렬 요소의 임피던스 값인 B는 병

렬접속이므로 $\dfrac{1}{2}$배로 감소하며 병렬 요소의 어드미턴스 값인 C는

병렬접속이므로 2배로 증가한다.

따라서 A는 1배, B는 $\dfrac{1}{2}$배, C는 2배, D는 1배가 된다.

27 ①

중거리 송전선로의 4단자 정수 A, B, C, D는 $AD - BC$ = 1의 관

계임을 적용하여 구한다.

$AD - BC = 1 \rightarrow C = \dfrac{AD-1}{B} = \dfrac{1 \times 1 - 1}{j150} = 0$

따라서 C의 값은 0이다.

🔍 **더 알아보기**

중거리 송전선로의 4단자 정수 A, B, C, D 파라미터의 물리적 의미

4단자 정수	
A (전압비)	$\dfrac{V_S}{V_R}\Big\|_{I_R=0}$
B (임피던스)	$\dfrac{V_S}{I_R}\Big\|_{V_R=0}$
C (어드미턴스)	$\dfrac{I_S}{V_R}\Big\|_{I_R=0}$
D (전류비)	$\dfrac{I_S}{I_R}\Big\|_{V_R=0}$

28 ⑤

$E_s = AE_r + BI_r$, $I_s = CE_r + DI_r$임을 적용하여 구한다.

무부하 시의 전류 I_r = 0이므로 $E_s = AE_r$, $I_s = CE_r$이다.

따라서 무부하 시의 충전전류 $I_s = CE_r = \dfrac{C}{A}E_s$이다.

출제빈도: ★☆☆ 대표출제기업: 한국중부발전

29 송전선로의 수전단을 단락한 경우 송전단에서 본 임피던스는 25[Ω]이고, 수전단을 개방한 경우에는 100[Ω]일 때, 이 선로의 특성 임피던스[Ω]는?

① 25 　　　　　 ② 50 　　　　　 ③ 100 　　　　　 ④ 150 　　　　　 ⑤ 200

출제빈도: ★★☆ 대표출제기업: 한국전력공사, 한국중부발전

30 다음 중 선로의 특성 임피던스에 대한 설명으로 적절한 것은?

① 선로의 길이가 길어질수록 값은 작아진다.
② 선로의 길이가 길어질수록 값이 커진다.
③ 선로의 길이보다는 선간거리에 따라 값이 변한다.
④ 선로의 길이에 관계없이 일정하다.
⑤ 선로의 길이가 짧아질수록 값은 커진다.

출제빈도: ★☆☆ 대표출제기업: 한국동서발전

31 다음 중 전력원선도에서 구할 수 있는 것으로 적절한 것은?

① 정태 안정 극한 전력 　　　　　　　　② 코로나 손실
③ 절연내력 　　　　　　　　　　　　　　④ 과도 안정 극한 전력
⑤ 페란티 현상

출제빈도: ★★☆ 대표출제기업: 한국가스공사

32 송전 거리 10[km], 송전 전력 10,000[kW]일 때, 적절한 송전 전압은 약 몇 [kV]인가?

① 50 　　　　　 ② $50\sqrt{6}$ 　　　　　 ③ 55 　　　　　 ④ $5.5\sqrt{106}$ 　　　　　 ⑤ 60

출제빈도: ★☆☆ 대표출제기업: 한국철도공사

33 다음 중 송·수전단의 전압을 일정하게 유지하고, 전력시스템의 안정도를 향상시키며 송전 손실을 경감시키는 설비인 조상설비가 있는 1차 변전소에서 주로 사용되는 변압기는?

① 단상 변압기
② 체승 변압기
③ 체강 변압기
④ 단권 변압기
⑤ 3권선 변압기

정답 및 해설

29 ②

특성 임피던스 $Z_0 = \sqrt{\dfrac{Z}{Y}} = \sqrt{\dfrac{R+jwL}{G+jwC}} ≒ \sqrt{\dfrac{L}{C}}[\Omega](\because R=0, G=0)$임을 적용하여 구한다.

$L = 25$, $C = \dfrac{1}{100}$이므로 특성 임피던스 $Z_0 = \sqrt{\dfrac{25}{\frac{1}{100}}} = \sqrt{2,500}$

$= 50[\Omega]$이다.

30 ④

특성 임피던스 $Z_0 = \sqrt{\dfrac{Z}{Y}} = \sqrt{\dfrac{R+jwL}{G+jwC}} ≒ \sqrt{\dfrac{L}{C}}[\Omega](\because R=0, G=0)$임을 적용하여 구한다.

$L = 0.05 + 0.4605\log_{10}\dfrac{D}{r}[mH/km]$, $C = \dfrac{0.02413}{\log_{10}\dfrac{D}{r}}[\mu F/km]$

이므로 $Z_0 = 138\log_{10}\dfrac{D}{r}[\Omega]$이다.

따라서 특성 임피던스는 선로 길이에 무관하다.

31 ①

전력원선도에서 구할 수 있는 것에는 필요한 전력을 보내기 위한 송·수전단 전압 간의 상차각, 송·수전할 수 있는 최대 전력(정태 안

정 극한 전력), 선로 손실과 송전 효율, 수전단의 역률, 조상용량 등이 있으므로 적절한 것은 정태 안정 극한 전력이다.

오답노트
전력원선도에서 구할 수 없는 것에는 과도 안정 극한 전력, 코로나 손실 등이 있다.

32 ④

경제적인 송전 전압의 결정(Still의 식)

$V[kV] = 5.5\sqrt{0.6l[km] + \dfrac{P[kW]}{100}}$임을 적용하여 구한다.

$P = 10,000[kW]$, $l = 10[km]$이므로

$V[kV] = 5.5\sqrt{0.6 \times 10 + \dfrac{10,000}{100}} = 5.5\sqrt{106}[kV]$

따라서 송전 전압은 $5.5\sqrt{106}[kV]$가 적절하다.

33 ⑤

1차 변전소에서 주로 사용되는 변압기는 3권선 변압기이다.

🔍 더 알아보기
1차 변전소의 변압기 결선은 $Y - Y - \Delta$결선으로 3권선 변압기이며, 3차 권선(Δ결선, 안정권선)의 용도는 제3고조파 제거, 조상설비의 설치, 소내용 전원의 공급이다.

출제빈도: ★★☆ 대표출제기업: 한국전기안전공사, 한국지역난방공사

34 다음 중 송전선의 안정도를 증진시키는 방법으로 적절한 것은?

① 단도체 방식을 채용한다.   ② 직렬리액터를 설치한다.

③ 전압 변동을 작게 한다.   ④ 선로의 회선 수를 감소한다.

⑤ 발전기의 단락비를 작게 한다.

출제빈도: ★★☆ 대표출제기업: 한국전력공사, 한국가스공사

35 다음 중 $345[kV]$, $765[kV]$ 송전계통선로에 접속되는 변전소에 분로리액터를 설치하는 목적으로 적절한 것은?

① 송전용량 증가   ② 송전선로의 손실 경감

③ 전압 강하 경감   ④ 잔류전하를 방전

⑤ 페란티 현상 방지

출제빈도: ★★☆ 대표출제기업: 한국서부발전, 한국지역난방공사

36 다음 중 고속도 재폐로 방식을 채용하는 목적으로 적절한 것은?

① 선로 손실 경감   ② 차단기, 피뢰기 등 기기 보호

③ 안정도 향상   ④ 페란티 현상 방지

⑤ 역률 개선

출제빈도: ★★☆ 대표출제기업: 한국철도공사, 서울교통공사

37 다음 중 중간조상 방식을 위해 선로의 중간에 설치하는 것으로 적절한 것은?

① 송전선로의 중간에 병렬콘덴서 연결

② 송전선로의 중간에 동기조상기 연결

③ 송전선로의 중간에 직렬리액터 연결

④ 송전선로의 중간에 리액터와 전력콘덴서 병렬연결

⑤ 송전선로의 중간에 리액터와 전력콘덴서 직렬연결

출제빈도: ★★☆ 「대표출제기업: 한국서부발전」

38 다음 중 송전선로에 무효전력을 조정하는 조상설비를 비교할 때 적절한 것은?

① 조상설비에는 직렬리액터, 직렬콘덴서, 동기조상기가 있다.
② 동기조상기는 전압 조정을 계단적으로 한다.
③ 전력용 콘덴서는 시송전을 할 수 있다.
④ 동기조상기는 진·지상무효전력을 공급할 수 있다.
⑤ 분로리액터는 진상무효전력을 공급한다.

정답 및 해설

34 ③
전압 변동을 작게 하면 송전선의 안정도가 증진되므로 가장 적절하다.

🔍 **더 알아보기**

안정도 향상 방법
• 선로의 병행 회선 수를 늘리거나 복도체 또는 다도체 방식을 사용한다.
• 발전기의 단락비를 크게 함으로써 계통의 직렬 리액턴스를 작게한다.
• 속응 여자 방식을 채용하고, 계통을 연계함으로써 전압 변동을 작게 한다.
• 사고 및 고장 시 고장전류를 줄이고 고장 구간을 신속하게 차단한다.

35 ⑤
변전소에 분로리액터를 설치하여 지상무효전력을 공급함으로써 충전전류에 의한 진상무효전력을 방지하는 목적은 무부하 시, 경부하 시에 선로의 충전전류에 의해 수전단 전압이 송전단 전압보다 높아지는 현상인 페란티 현상 방지이다.

36 ③
재폐로 방식은 사고 발생 시 차단기를 즉시 차단하고 투입하는 동작을 자동적으로 함으로써 정전 시간을 최소화하여 계통의 안정도를 향상시키는 효과가 있다.

37 ②
무효전력을 이용해 전압을 조정하기 위해 송전선로 중간에 동기조상기를 연결하는 중간조상 방식을 채용함으로써 전압 변동을 줄일 수있어 안정도를 향상시킨다.

38 ④
동기조상기는 진·지상무효전력을 모두 공급할 수 있으므로 적절하다.

🔍 **더 알아보기**

조상설비
조상설비에는 분로리액터, 전력용 콘덴서, 동기조상기가 있다.
동기조상기는 진·지상무효전력을 모두 공급할 수 있으며, 무효전력 조정 방법이 연속적이고 선로의 시송전이 가능하지만, 분로리액터, 전력용 콘덴서에 비해 전력 손실이 크고, 가격이 비싸다.
반면에 분로리액터, 전력용 콘덴서는 동기조상기에 비해 전력 손실이 작고, 가격이 저렴하며 시송전이 불가능하다. 분로리액터는 지상무효전력을, 전력용 콘덴서는 진상무효전력을 공급하며 무효전력 조정 방법이 계단적이다.

출제빈도: ★★★ 대표출제기업: 한국전력공사, 한국지역난방공사

39 다음 중 페란티 현상에 대한 설명으로 적절하지 않은 것은?

① 수전단 전압이 송전단 전압보다 높다.

② 충전전류에 의해 발생한다.

③ 수전단에 분로리액터를 설치한다.

④ 부하를 차단하여 무부하가 되도록 한다.

⑤ 선로 중간에 동기조상기를 부족 여자로 운전한다.

출제빈도: ★★☆ 대표출제기업: 한국철도공사

40 154[kV], 3상 1회선 송전선로의 1선 리액턴스가 10[Ω], 전류가 250[A] 흐를 때 %리액턴스는 약 몇 [%]인가?

① 1.6　　　　　② 2.6　　　　　③ 2.8　　　　　④ 4.5　　　　　⑤ 5.2

출제빈도: ★★★ 대표출제기업: 한국전력공사, 한국중부발전

41 66[kV] 송전선로에서 3상 단락사고가 발생하였을 경우 고장점에서 본 등가 임피던스가 5[%]이었을 때, 고장전류는 정격전류의 몇 배인가?

① 2　　　　　② 5　　　　　③ 10　　　　　④ 20　　　　　⑤ 25

출제빈도: ★★☆ 대표출제기업: 한국전기안전공사

42 다음 중 3상 송전선로에서 선간단락 사고가 발생하였을 때 일어나는 현상으로 적절한 것은?

① 정상전류가 흐른다.

② 정상전류와 영상전류가 흐른다.

③ 정상전류와 역상전류가 흐른다.

④ 영상전류와 역상전류가 흐른다.

⑤ 정상전류, 영상전류, 역상전류가 흐른다.

출제빈도: ★★★ 대표출제기업: 한국전력공사, 한국지역난방공사

43 10,000$[kVA]$, %임피던스 4[%]인 3상 변압기가 2차 측에서 3상 단락사고가 발생하였을 때 단락용량$[kVA]$은?

① 100,000　　　　② 120,000　　　　③ 200,000　　　　④ 250,000　　　　⑤ 280,000

출제빈도: ★☆☆ 대표출제기업: 한국중부발전

44 전압 $V_1[kV]$에 대한 %임피던스 값이 z_{p1}이고, 전압 $V_2[kV]$에 대한 %임피던스 값이 z_{p2}일 때, 이들 사이의 관계식은?

① $z_{p1} = \dfrac{V_2^{\,2}}{V_1^{\,2}} z_{p2}$　　　　　　　② $z_{p1} = \dfrac{V_2}{V_1^{\,2}} z_{p2}$　　　　　　　③ $z_{p1} = \dfrac{V_2^{\,2}}{V_1} z_{p2}$

④ $z_{p1} = \dfrac{V_2}{V_1} z_{p2}$　　　　　　　⑤ $z_{p1} = \dfrac{V_1^{\,2}}{V_2^{\,2}} z_{p2}$

송배전공학
해커스공기업 쉽게 끝내는 전기직 이론 + 기출동형문제

정답 및 해설

39 ④

페란티 현상은 무부하 시, 경부하 시에 선로의 충전전류에 의해 수전단 전압이 송전단 전압보다 높아지는 현상으로 변전소에 분로리액터를 설치하여 충전전류에 의한 진상무효전력을 지상무효전력을 공급함으로써 방지한다. 무부하가 되면 충전전류가 흐르기 때문에 페란티 현상이 일어난다.

40 ③

%리액턴스 $= \dfrac{I_n \cdot X}{E} \times 100 = \dfrac{I_n \cdot X}{\frac{V}{\sqrt{3}}}$임을 적용하여 구한다.

전류 $I_n = 250[A]$, 1선 리액턴스 $X = 10[\Omega]$, 정격전압 $V = 154[kV]$이므로

%리액턴스 $= \dfrac{I_n \cdot X}{E} \times 100 = \dfrac{I_n \cdot X}{\frac{V}{\sqrt{3}}} = \dfrac{250 \times 10}{\frac{154 \times 10^3}{\sqrt{3}}} \times 100 ≒ 2.8\%$

따라서 %리액턴스는 2.8[%]이다.

41 ④

단락사고 시 단락전류 $I_s = \dfrac{100}{\%Z} I_n[A]$임을 적용하여 구한다.

등가 임피던스 $\%Z = 5[\%]$이므로 $I_s = \dfrac{100}{5} I_n = 20 I_n[A]$

따라서 고장전류는 정격전류의 20배이다.

42 ③

선간단락 사고가 발생하였을 때 정상전류와 역상전류가 흐른다.

43 ④

단락용량 $P_s = \dfrac{100}{\%Z} P_n[kVA]$임을 적용하여 구한다.

$\%Z = 4$, $P_n = 10,000[kVA]$이므로 단락용량 $P_s = \dfrac{100}{\%Z} P_n = \dfrac{100}{4} \times 10,000 = 250,000[kVA]$

따라서 단락용량은 250,000$[kVA]$이다.

44 ①

%임피던스 $= \dfrac{P[kVA] \cdot Z}{10 V^2[kV]}$임을 적용하여 구한다.

%임피던스는 전압의 제곱에 반비례 관계이므로 $\%Z \propto \dfrac{1}{V^2}$, $z_{p1} = \dfrac{V_2^{\,2}}{V_1^{\,2}} z_{p2}$이다.

출제빈도: ★★☆ 대표출제기업: 한국동서발전, 한국지역난방공사

45 다음 그림에서 A 점의 차단기 용량으로 가장 적절한 것은?

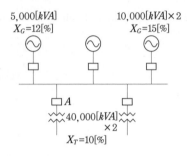

① 120[MVA]　　　　② 150[MVA]　　　　③ 200[MVA]

④ 250[MVA]　　　　⑤ 300[MVA]

출제빈도: ★★★ 대표출제기업: 한국전력공사, 한국중부발전

46 다음 중 송전선로의 사고, 고장전류의 계산에 있어서 영상분이 필요한 경우로 적절한 것은?

① 1선 지락사고　　　　② 3상 단락사고　　　　③ 2선 단선사고

④ 선간 단락사고　　　　⑤ 1선 단선사고

출제빈도: ★★★ 대표출제기업: 한국지역난방공사, 서울교통공사

47 송전선로의 a상, b상, c상 전류를 각각 I_a, I_b, I_c라고 할 때 $I_x = \frac{1}{3}(I_a + aI_b + a^2I_c)$, $a = -\frac{1}{2} + j\frac{\sqrt{3}}{2}$으로 표시되는 I_x는?

① 영상전류　　　　② 정상전류　　　　③ 역상전류

④ 지락전류　　　　⑤ 단락전류

출제빈도: ★★☆ 대표출제기업: 한국전기안전공사, 한국중부발전

48 3상 송전선로에 사용되는 정상, 역상, 영상 임피던스를 각각 Z_1, Z_2, Z_0라고 할 때 임피던스의 관계로 적절한 것은?

① $Z_1 = Z_2 < Z_0$　　　　② $Z_1 > Z_2 = Z_0$　　　　③ $Z_1 > Z_2 > Z_0$

④ $Z_1 = Z_2 = Z_0$　　　　⑤ $Z_1 < Z_2 < Z_0$

출제빈도: ★★★ 대표출제기업: 한국전기안전공사

49 3상 발전기의 a상에서 지락사고가 발생하였을 때, 지락전류는? (단, 정상 임피던스를 Z_1, 역상 임피던스를 Z_2, 영상 임피던스를 Z_0로 한다.)

① $\dfrac{E_a}{Z_0}$

② $\dfrac{E_a}{Z_0 + Z_1 + Z_2}$

③ $\dfrac{2E_a}{Z_0 + Z_1 + Z_2}$

④ $\dfrac{3E_a}{Z_0 + Z_1 + Z_2}$

⑤ $\dfrac{3Z_0 E_a}{Z_0 + Z_1 + Z_2}$

송배전공학

해커스공기업 쉽게 끝내는 전기직 이론 + 기출동형문제

정답 및 해설

45 ③

용량이 다를 경우 기준용량을 선정해 %임피던스를 환산하여 구한다.

그림에서 기준용량을 10,000[kVA]로 선정하고, 5,000[kVA]를 10,000[kVA]로 환산하면 %$Z \propto P$이므로 %$Z = 24$[%]가 된다.

합성 %$Z = \dfrac{1}{\dfrac{1}{24} + \dfrac{1}{15} + \dfrac{1}{15}} = 5.71$%이므로 차단기 용량 $P_s =$

$\dfrac{100}{\%Z}P_n = \dfrac{100}{5.71} \times 10[MVA] = 175[MVA]$이다.

따라서 차단기 용량은 단락용량보다 커야 하므로 200[MVA]이 가장 적절하다.

46 ①

영상분은 중성점 접지식 선로에만 존재하고, 1선 지락사고가 발생하면 중성점 접지를 하므로 영상분이 필요한 경우로 적절한 것은 1선 지락사고이다.

47 ②

대칭분 전류에서 정상전류 $I_1 = \dfrac{1}{3}(I_a + aI_b + a^2 I_c)$이므로 I_x는 정상전류이다.

Ｏ 더 알아보기

대칭분 전류

영상전류	$I_0 = \dfrac{1}{3}(I_a + I_b + I_c)$
정상전류	$I_1 = \dfrac{1}{3}(I_a + aI_b + a^2 I_c)$
역상전류	$I_2 = \dfrac{1}{3}(I_a + a^2 I_b + aI_c)$

48 ①

송전선로에 사용되는 임피던스는 $Z_1 = Z_2 < Z_0$이다.

Ｏ 더 알아보기

변압기에 사용되는 임피던스는 $Z_1 = Z_2 = Z_0$이다.

49 ④

대칭 좌표법과 발전기의 기본식을 적용하여 구한다.

1선 지락사고 시(접지 시) $I_b = I_c = 0$, $V_a = 0$이므로 $I_0 = I_1 = I_2 = \dfrac{1}{3}I_a = \dfrac{1}{3}I_g = \dfrac{E_a}{Z_0 + Z_1 + Z_2}[A]$가 흐른다.

따라서 1선 지락사고 시 지락전류 $I_a = I_0 + I_1 + I_2 = 3I_0$

$= \dfrac{3E_a}{Z_0 + Z_1 + Z_2}[A]$이다.

기출동형문제

출제빈도: ★★★ 대표출제기업: 한국철도공사, 한국가스공사

50 다음 중 송전계통의 중성점을 접지하는 이유로 적절한 것은?

① 코로나 현상을 방지하기 위해
② 이상전압을 줄이기 위해
③ 계전기의 실험을 하기 위해
④ 전압 강하를 줄이기 위해
⑤ 고장전류를 줄이기 위해

출제빈도: ★★☆ 대표출제기업: 한국가스공사

51 다음 중 중성점 비접지 방식을 이용하는 것이 가장 적절한 것은?

① 저전압 단거리   ② 저전압 중거리
③ 저전압 장거리   ④ 고전압 장거리
⑤ 고전압 단거리

출제빈도: ★★☆ 대표출제기업: 한국중부발전

52 다음 중 비접지 방식에 대한 설명으로 적절한 것은?

① 보호계전기 동작이 확실하다.
② 지락전류가 가장 크다.
③ $V - V$ 결선이 가능하다.
④ 단절연이 가능하다.
⑤ 통신선에 유도장해가 크다.

출제빈도: ★★☆ 대표출제기업: 한국수력원자력, 한국서부발전

53 다음 중 중성점 직접접지 방식에 대한 설명으로 적절하지 않은 것은?

① 1선 지락사고 시 지락전류가 커서 보호계전기 동작이 확실하다.
② 변압기의 저감절연이 가능하다.
③ 계통의 안정도가 가장 좋다.
④ 통신선에 전자유도장해가 크다
⑤ 피뢰기의 효과를 증진시킬 수 있다.

출제빈도: ★★★ 대표출제기업: 한국전력공사, 한국수력원자력

54 다음 중 송전선로에 있어서 지락보호계전기의 동작이 가장 확실한 방식은?

① 저저항 접지 방식
② 고저항 접지 방식
③ 비접지 방식
④ 소호리액터 접지 방식
⑤ 직접접지 방식

정답 및 해설

50 ②
송전계통의 중성점을 접지하는 이유는 이상전압을 줄이기 위해서이다.

🔍 **더 알아보기**
송전선로의 중성점을 접지하는 이유
• 1선 지락사고 시 건전상의 대지전위상승 억제
• 전선로 및 기기의 절연 레벨 경감
• 지락사고 시 보호계전기의 확실한 동작
• 뇌, 아크지락, 기타에 의한 이상전압 경감 및 억제

51 ①
비접지 방식은 1선 고장사고 시 지락전류가 대지 정전용량을 통해 흐르므로 지락전류가 작게 흐르는 방식으로, 장거리 송전선로에서는 거의 사용하지 않고 저전압 단거리 계통에서 한정되어 사용된다.

52 ③
비접지 방식은 변압기 결선을 $\Delta - \Delta$로 할 수 있어 변압기 1대 고장 시 $V-V$결선으로 송전이 가능하므로 적절하다.

오답노트
①, ②, ④, ⑤는 직접접지 방식에 대한 설명이다.

🔍 **더 알아보기**
비접지 방식의 특징
• 지락전류는 대지 정전용량에 의해 전압보다 90° 앞선 전류가 흐르기 때문에 지락전류가 작아 통신선에 유도장해가 감소된다.

• 1선 지락 시 건전상의 전위는 상전압에서 선간전압으로 되기 때문에 대지전압은 $\sqrt{3}$배 올라간다.
• 변압기 결선을 $\Delta - \Delta$로 할 수 있어 변압기 1대 고장 시 $V-V$결선으로 송전이 가능하다.
• 33[kV] 이하 계통에 적용되므로 저전압 단거리 계통에 채택된다.

53 ③
중성점 직접접지 방식은 1선 지락고장 시 지락전류가 매우 크고, 계통의 안정도가 매우 나쁘므로 적절하지 않다.

🔍 **더 알아보기**
중성점 직접접지 방식 특징
• 건전상의 대지전압 상승은 거의 없다.
• 선로 및 기기의 절연 레벨을 낮출 수 있다. (저감절연, 단절연 가능)
• 보호계전기의 동작이 확실하다.
• 지락전류가 매우 크기 때문에 통신선에 유도장해를 크게 미친다.
• 지락전류가 매우 크기 때문에 과도 안정도가 나쁘다.
• 154[kV], 345[kV], 765[kV] 계통에 적용된다.

54 ⑤
지락보호계전기의 동작이 가장 확실한 방식은 직접접지 방식이다.

🔍 **더 알아보기**
직접접지 방식은 1선 지락사고 시 지락전류가 가장 크고, 지락전류가 가장 크기 때문에 보호계전기가 확실하게 동작하고, 건전상의 전위 상승이 억제된다.

출제빈도: ★★☆ 대표출제기업: 서울교통공사, 한국중부발전

55 ㉠ 직접접지 3상 3선 방식, ㉡ 저항접지 3상 3선 방식, ㉢ 리액터접지 3상 3선 방식, ㉣ 다중접지 3상 4선식 중 1선 지락전류가 큰 순서대로 배열한 것은?

① ㉠, ㉣, ㉡, ㉢   ② ㉣, ㉠, ㉡, ㉢

③ ㉣, ㉡, ㉠, ㉢   ④ ㉡, ㉠, ㉢, ㉣

⑤ ㉣, ㉡, ㉢, ㉠

출제빈도: ★☆☆ 대표출제기업: 한국전력공사

56 다음 중 소호리액터 접지계통에서 리액터의 탭을 완전 공진 상태에서 약간 벗어나게 하는 이유로 적절한 것은?

① 지락전류를 감소시키기 위해

② 기기의 절연 레벨을 높이기 위해

③ 전력 손실을 줄이기 위해

④ 직렬공진에 의한 이상전압의 발생을 방지하기 위해

⑤ 보호계전기의 동작을 확실하게 하기 위해

출제빈도: ★★☆ 대표출제기업: 한국전기안전공사, 한국지역난방공사

57 다음 중 소호리액터를 송전계통에 사용하면 리액터의 인덕턴스와 선로의 정전용량의 지락전류가 소멸되는 원리는?

① 직렬공진   ② 병렬공진

③ 저임피던스   ④ 고임피던스

⑤ 선로정수 평행

출제빈도: ★★★ 대표출제기업: 한국수력원자력, 서울교통공사

58 다음 중성점 접지 방식 중 소호리액터 접지 방식에 대한 설명으로 적절한 것은?

① 보호계전기의 동작이 확실하다.

② 1선 지락사고 시 지락전류가 작다.

③ 통신선의 전자유도가 크다.

④ 직렬공진에 의한 지락전류가 크다.

⑤ 과도 안정도가 나쁘다.

출제빈도: ★★★ 대표출제기업: 한국전기안전공사, 한국서부발전

59 다음 중 송전선로와 통신선이 병행되어 있는 경우에 유도장해로서 통신선에 유도되는 정전유도전압의 병행 길이와의 관계로 적절한 것은?

① 통신선의 길이와 무관하다.
② 통신선의 길이에 비례한다.
③ 통신선의 길이에 반비례한다.
④ 통신선의 길이에 자승에 비례한다.
⑤ 통신선의 길이에 3승에 비례한다.

정답 및 해설

55 ②
지락전류는 다중접지, 직접접지, 저항접지, 리액터접지 순으로 크다.

56 ④
계통이 직렬공진으로 인한 이상전압의 발생을 방지하기 위해 리액터의 탭을 완전 공진 상태에서 10[%] 정도 과보상($I_L = 1.1I_c$)하므로 가장 적절하다.

🔍 **더 알아보기**

리액터의 탭이 완전 공진 상태에서 벗어난 정도를 합조도라고 한다.

57 ②
소호리액터 접지는 선로의 대지 정전용량과 병렬공진하는 리액터를 이용하여 중성점을 접지하는 방식이며 지락전류가 극히 작은 손실전류만이 흐르고 지락아크가 자연 소멸되므로 정전 없이 송전을 계속할 수 있는 접지 방식이다.

58 ②
소호리액터 접지 방식은 1선 지락전류가 매우 작으므로 적절하다.

🔍 **더 알아보기**

소호리액터 접지 방식
• 1선 지락전류가 매우 작고, 계속 송전이 가능하여 안정도가 가장 좋다.
• 1선 지락전류가 매우 작아 통신선에 대한 유도장해가 작아 보호 계전기 동작이 불확실하다.

59 ①
정전유도전압 $E_s = \dfrac{\sqrt{C_a(C_a - C_b) + C_b(C_b - C_c) + C_c(C_c - C_a)}}{C_a + C_b + C_c + C_s} \times \dfrac{V}{\sqrt{3}}$
[V]이므로 정전유도전압은 통신선의 길이와 무관하다.

🔍 **더 알아보기**

전자유도전압
전자유도전압 $E_m = -jwMl(I_a + I_b + I_c) = -jwMl(3I_0)[V]$
에서 M: 전력선과 통신선 사이의 상호 인덕턴스[mH/km], l: 병행 길이[km], I_0: 영상전류[A]이므로 전자유도전압은 통신선과의 병행 길이에 비례한다.

출제빈도: ★★☆ 대표출제기업: 한국서부발전, 한국중부발전

60 송전선로에 근접한 통신선에 전자유도장해가 발생하였을 때, 그 원인으로 적절한 것은?

① 정상전압   ② 정상전류   ③ 영상전압

④ 영상전류   ⑤ 역상전류

출제빈도: ★☆☆ 대표출제기업: 한국중부발전

61 66[kV], 60[Hz] 3상 3선식 1회 송전선이 통신선과 병행하고 있다. 1선 지락사고로 영상전류가 50[A] 흐를 때, 통신선에 유기하는 전자유도전압은 약 몇 [V]인가? (단, 병행 거리 L = 20[km], 상호 인덕턴스 M = 0.1[mH/km] 이다.)

① 96   ② 102   ③ 113   ④ 120   ⑤ 146

출제빈도: ★☆☆ 대표출제기업: 한국가스공사

62 다음 중 전력선에 의한 통신선로의 정전유도장해의 발생 요인으로 적절한 것은?

① 영상전압이 발생하였기 때문에
② 전력선의 전압이 통신선로보다 높기 때문에
③ 영상전류가 발생되기 때문에
④ 전력선과 통신선로 사이의 차폐 효과가 충분할 때
⑤ 통신선에 중계코일을 설치하였기 때문에

출제빈도: ★★☆ 대표출제기업: 서울교통공사, 한국중부발전

63 전자유도장해의 방지책으로 차폐선을 이용할 때, 줄일 수 있는 유도전압은 약 몇 [%]인가?

① 10   ② 10~30   ③ 30~50

④ 50~70   ⑤ 80~100

출제빈도: ★★★ 대표출제기업: 한국수력원자력, 한국서부발전

64 다음 중 송전선의 통신선에 대한 유도장해 방지 대책으로 적절하지 않은 것은?

① 소호리액터 접지 방식을 채용한다.

② 전력선의 연가를 충분히 한다.

③ 전력선과 통신선과의 상호 거리를 크게 하여 상호 인덕턴스를 크게 한다.

④ 차폐선을 설치한다.

⑤ 통신선과의 교차를 수직으로 한다.

정답 및 해설

60 ④

전자유도장해는 전력선과 통신선 간의 상호 인덕턴스, 영상전류에 의해 발생한다.

🔍 **더 알아보기**

정전유도장해

정전유노상해는 전력선과 통신선 간의 상호 정전용량, 영상전압에 의해 발생한다.

61 ③

전자유도전압 $E_m = -jwMl(I_a + I_b + I_c) = -jwMl(3I_0)[V]$임을 적용하여 구한다.

상호 인덕턴스 $M = 0.1[mH/km]$, 병행 거리 $L = 20[km]$, 영상전류 $I_0 = 50[A]$이므로 전자유도전압 $E_m = -j377 \times 0.1 \times 10^{-3} \times 20 \times 3 \times 50 \fallingdotseq 113.1[V]$

따라서 통신선에 유기하는 전자유도전압은 약 $113[V]$이다.

62 ①

전력선과 통신선 간의 상호 정전용량과 영상전압이 발생하면 정전유도장해가 발생한다.

오답노트

③ 상호 인덕턴스와 영상전류가 흐르면 전자유도장해가 발생한다.

63 ③

차폐선은 전력선과 같은 도체를 사용하면 차폐 효과가 더 커지며, 일반적으로 차폐선은 30~50[%] 정도 유도전압을 경감시킨다.

64 ③

전력선과 통신선과의 상호 거리를 크게 하여 상호 인덕턴스를 줄여야 유도장해를 방지할 수 있으므로 적절하지 않다.

🔍 **더 알아보기**

유도장해 방지 대책

전력선 측	통신선 측
• 송전선로 전력선과 통신선과의 상호 이격 거리를 크게 하여 상호 인덕턴스를 줄인다. • 연가를 충분히 한다. • 소호리액터 접지 방식을 통해 지락전류를 줄인다. • 고속도 차단기 설치 • 통신선과 교차 시 수직교차 • 차폐선 설치(30~50[%] 경감)	• 연피 통신 케이블 사용 • 절연 강화 • 배류코일(중계코일) 설치 • 피뢰기 시설

출제빈도: ★☆☆ 대표출제기업: 서울교통공사

65 다음 중 개폐 서지 이상전압 발생을 억제할 목적으로 사용되는 방호 대책으로 적절한 것은?

① 서지 억제 저항기 ② 매선지선
③ 피뢰기 ④ 가공지선
⑤ 방전 코일

출제빈도: ★★☆ 대표출제기업: 한국가스공사, 한국중부발전

66 다음 중 가공지선에 대한 설명으로 적절하지 않은 것은?

① 차폐각은 보통 45° 이내 정도로 하고 있다.
② 차폐각이 작을수록 벼락에 대한 차폐 효과가 크다.
③ 가공지선을 2조로 하면 차폐각이 작아진다.
④ 가공지선으로 연동선을 주로 사용한다.
⑤ 가공지선은 직격뢰로부터 송전선을 보호하기 위해 시설한다.

출제빈도: ★☆☆ 대표출제기업: 한국지역난방공사

67 다음 중 뇌서지와 개폐서지의 파두장과 파미장에 대한 설명으로 적절한 것은?

① 파두장은 다르고 파미장은 같다.
② 파두장과 파미장이 모두 같다.
③ 파두장은 같고 파미장은 다르다.
④ 파두장과 파미장이 모두 다르다.
⑤ 파두장과 파미장은 발생하지 않는다.

출제빈도: ★★★ 대표출제기업: 한국철도공사, 한국수력원자력

68 다음 중 피뢰기가 구비해야 할 조건으로 적절하지 않은 것은?

① 상용 주파 방전 개시 전압이 높을 것
② 충격파 방전 개시 전압이 낮을 것
③ 제한 전압이 높을 것
④ 속류 차단 능력이 우수할 것
⑤ 방전 내량이 클 것

출제빈도: ★★☆ 대표출제기업: 한국동서발전, 한국중부발전

69 다음 중 차단기의 종류가 나머지와 다른 것은?

① 진공 차단기(VCB) ② 공기 차단기(ABB)

③ 가스 차단기(GCB) ④ 기중 차단기(ACB)

⑤ 유입 차단기(OCB)

출제빈도: ★★☆ 대표출제기업: 한국가스공사

70 다음 중 부하 시 소호 능력이 없는 개폐기는?

① OCB ② MBB ③ DS

④ NFB ⑤ VCB

정답 및 해설

65 ①

개폐 서지 이상전압 발생을 억제할 목적으로 사용되는 방호 대책은 서지 억제 저항기이다.

🔍 **더 알아보기**

내·외부이상전압에 대한 방호 대책

내부이상전압에 대한 방호 대책	외부이상전압에 대한 방호 대책
• 개폐 저항기(서지 억제 저항기) • 중성점접지(직접접지) • 분로리액터	• 가공지선 • 매설지선 • 아킹혼, 아킹링 • 피뢰기

66 ④

가공지선으로 주로 사용하는 것은 ACSR 전선 또는 강연선이므로 적절하지 않다.

🔍 **더 알아보기**

가공지선을 설치하는 목적

가공지선은 직격뢰를 차폐하여 송전선을 보호하기 위해 설치한다.

67 ④

뇌서지는 외부이상전압의 직격뢰이고, 개폐 서지는 내부이상전압으로 파두장과 파미장이 모두 다르다.

68 ③

피뢰기의 제한 전압은 낮아야 하므로 적절하지 않다.

69 ④

진공 차단기(VCB), 가스 차단기(GCB), 유입 차단기(OCB), 공기 차단기(ABB)는 고압용 차단기이지만, 기중 차단기(ACB)는 대기 상태에서 자연 소호를 하기 때문에 소호 능력이 작아 저압용으로 사용되는 차단기이다.

따라서 차단기의 종류가 나머지와 다른 것은 기중 차단기(ACB)이다.

70 ③

소호 장치가 없으므로 부하전류나 사고전류를 차단할 수 없으며 무부하 상태에서만 개폐가 가능한 장치는 단로기(DS)이다.

출제빈도: ★★☆ 대표출제기업: 한국전기안전공사

71 다음 동작 시간에 따른 보호계전기의 종류 중 사고 즉시 동작하는 특성을 갖는 보호계전기는?

① 순한시 계전기
② 정한시 계전기
③ 반한시 계전기
④ 반한시 정한시 계전기
⑤ 과전류 계전기

출제빈도: ★★☆ 대표출제기업: 한국동서발전, 한국중부발전

72 다음 보호계전기의 보호 방식 중 표시선 계전 방식의 종류로 적절한 것은?

① 전압 차동 계전 방식
② 위상 비교 계전 방식
③ 전류 차동 계전 방식
④ 고속도 거리 계전 방식
⑤ 방향 비교 방식

출제빈도: ★★★ 대표출제기업: 한국전력공사, 한국수력원자력

73 다음 중 전력용 퓨즈의 장점으로 적절하지 않은 것은?

① 단락전류를 제한한다.
② 소형으로 큰 차단용량을 갖는다.
③ 고속도 차단할 수 있다.
④ 재투입이 불가능하다.
⑤ 차단 시 무소음, 무방출이다.

출제빈도: ★★☆ 대표출제기업: 한국동서발전, 한국지역난방공사

74 파동 임피던스 Z_1 = 100[Ω]인 선로종단에 파동 임피던스 Z_2 = 200[Ω]의 변압기가 접속되어 있다. 지금 선로에서 파고 e_1 = 1,200[kV]의 전압이 입사되었을 때, 접속점에서의 전압 반사파는 몇 [kV]인가?

① 100   ② 200   ③ 300   ④ 400   ⑤ 500

정답 및 해설

71 ①
순한시 계전기는 정정된 최소 동작전류 이상이 전류가 흐르면 즉시 동작한다.

[오답노트]
② 정한시 계전기: 정정된 값 이상의 전류가 흐르면 항상 정해진 일정 시간에 동작
③ 반한시 계전기: 정정된 값 이상의 전류가 흘러서 동작할 때 계전기 동작 시간과 전류는 서로 반비례
④ 반한시 정한시 계전기: 어느 전류값까지는 반한시성이지만 그 이상이 되면 정한시 특성을 가짐
⑤ 과전류 계전기: 정정된 값 이상의 전류가 흘렀을 때 동작

72 ⑤
표시선 계전 방식의 종류에는 전류 순환 방식, 전압 반향 방식, 방향 비교 방식이 있다.

73 ④
전력용 퓨즈는 재투입이 불가능한 단점이 있으므로 적절하지 않다.

🔍 더 알아보기
전력용 한류형 퓨즈의 장단점

장점	단점
• 한류 특성 • 고속도 차단할 수 있다. • 소형으로 큰 차단 용량을 가진다. • 소형, 경량이다.	• 재투입이 불가능하다. • 결상을 일으킬 우려가 있다. • 차단 시 과전압이 발생한다. • 한류형 퓨즈는 용단되어도 차단되지 않는 전류의 범위가 있다.

74 ④
접속점에서의 전압 반사파 $e_2 = \dfrac{Z_2 - Z_1}{Z_2 + Z_1} e_1$임을 적용하여 구한다.
파동 임피던스 Z_1 = 100[Ω], 파동 임피던스 Z_2 = 200[Ω], 전압 e_1 = 1,200[kV]이므로
전압 반사파 $e_2 = \dfrac{Z_2 - Z_1}{Z_2 + Z_1} = \dfrac{200 - 100}{100 + 200} \times 1,200 = 400[kV]$
따라서 접속점에서의 전압 반사파는 400[kV]이다.

출제빈도: ★★☆ 대표출제기업: 한국서부발전, 한국가스공사

75 다음 중 송전선로에서 역섬락을 방지하기 위한 대책으로 적절한 것은?

① 가공지선 설치
② 아킹혼 설치
③ 탑각 접지저항 감소
④ 매설지선 설치
⑤ 피뢰기 설치

출제빈도: ★★☆ 대표출제기업: 서울교통공사, 한국동서발전

76 다음 중 외부이상전압으로부터 보호하기 위한 피뢰기의 구성으로 적절한 것은?

① 방전코일과 직렬리액터
② 특성 요소와 콘덴서
③ 소호리액터와 콘덴서
④ 특성 요소와 방전코일
⑤ 특성 요소와 직렬갭

출제빈도: ★★★ 대표출제기업: 한국전력공사, 한국수력원자력

77 다음 중 피뢰기의 제한 전압에 대한 설명으로 적절한 것은?

① 충격파 전류가 흐르고 있을 때 피뢰기의 단자 전압
② 충격파 침입 시 피뢰기의 충격 방전 개시 전압
③ 속류를 차단할 수 있는 상용 주파 허용 단자 전압
④ 상용 주파 전압에 대한 피뢰기의 충격 방전 개시 전압
⑤ 상규 대지 전압

출제빈도: ★★☆ 대표출제기업: 한국전기안전공사

78 다음 중 피뢰기의 충격 방전 개시 전압을 나타내는 것으로 적절한 것은?

① 충격파의 최댓값
② 충격파의 평균값
③ 충격파의 파고값
④ 충격파의 실횻값
⑤ 충격파의 순시값

출제빈도: ★★☆ 대표출제기업: 한국동서발전

79 다음 중 3상용 차단기의 정격 차단 용량에 대한 식으로 적절한 것은?

① $\sqrt{3}$ × 정격 전압 × 정격 전류

② $\sqrt{3}$ × 정격 전압 × 정격 차단 전류

③ 3 × 정격 전압 × 정격 차단 전류

④ $\dfrac{1}{\sqrt{3}}$ × 정격 전압 × 정격 전류

⑤ $\dfrac{1}{\sqrt{3}}$ × 정격 전압 × 정격 차단 전류

정답 및 해설

75 ④

역섬락을 방지하기 위해서는 매설지선을 설치해야 한다.

> **🔍 더 알아보기**
>
> **역섬락**
> 역섬락은 철탑의 접지 저항이 높아 철탑 전위의 파고값이 상승하여 애자를 통해 송전선로로 방전하는 것으로, 역섬락을 방지하기 위해서는 매설지선을 설치해서 탑각 접지저항을 감소시키면 된다.

76 ⑤

피뢰기는 직렬갭, 특성 요소, 쉴드링으로 구성되어 있다.

> **🔍 더 알아보기**
>
> **피뢰기의 기능**
> 평상시에는 누설전류를 방지하고, 이상전압이 내습하면 대지로 방전하며 방전 후 속류를 차단하는 역할을 한다.

77 ①

피뢰기의 제한 전압은 충격파 전류가 흐르고 있을 때의 피뢰기 단자 전압이다.

오답노트

③ 속류를 차단할 수 있는 상용 주파 허용 단자 전압은 공칭 전압에 대한 설명이다.

> **🔍 더 알아보기**
>
> **피뢰기의 제한 전압**
> '제한 전압 = 투과 전압 − 피뢰기가 처리한 전압'으로 $e_a = \left(\dfrac{2Z_2}{Z_1 + Z_2}\right)e_1 - \left(\dfrac{Z_1 Z_2}{Z_1 + Z_2}\right)i_a[kV]$ 식으로 계산되며 절연협조의 기본이 되는 전압이다.

78 ①

피뢰기의 충격 방전 개시 전압이란 피뢰기에 충격 전압이 가해져 방전전류가 흐르기 시작할 때 도달할 수 있는 최고 전압값이다.

79 ②

3상용 차단기의 정격 차단 용량은 '$\sqrt{3}$ × 정격 전압 × 정격 차단 전류'이다.

> **🔍 더 알아보기**
>
> **정격 전압과 공칭 전압**
> 정격 전압 = 공칭 전압 × $\dfrac{1.2}{1.1}$

출제빈도: ★★☆ 대표출제기업: 한국수력원자력

80 다음 중 고압·특고압용의 전력용 퓨즈가 차단하는 전류는?

① 지락전류   ② 과부하전류   ③ 단락전류

④ 기동전류   ⑤ 충전전류

출제빈도: ★★☆ 대표출제기업: 한국철도공사

81 다음 중 차단기의 정격차단시간으로 적절한 것은?

① 고장 발생부터 소호까지의 시간
② 트립코일 여자부터 소호까지의 시간
③ 가동접촉자 시동부터 소호까지의 시간
④ 가동접촉자 개극부터 소호까지의 시간
⑤ 보호계전기 동작부터 소호까지의 시간

출제빈도: ★★★ 대표출제기업: 한국가스공사, 한국동서발전

82 다음 중 육불화유황(SF_6) 가스 차단기에 대한 설명으로 적절하지 않은 것은?

① SF_6가스는 절연내력이 공기의 2~3배이다.
② 아크에 의해 SF_6가스가 분해되어 유독가스를 발생시킨다.
③ 밀폐 구조이므로 소음이 작다.
④ 근거리 고장 등 가혹한 재기전압에 대해서도 우수하다.
⑤ 소호 능력이 공기의 100~200배이다.

출제빈도: ★★☆ 대표출제기업: 한국지역난방공사

83 다음 중 고압용 차단기와 차단기의 소호 매질이 올바르게 연결된 것은?

① 공기 차단기 – 대기   ② 가스 차단기 – SF_6가스
③ 자기 차단기 – 진공   ④ 유입 차단기 – 자기
⑤ 진공 차단기 – 자기

출제빈도: ★★☆ 대표출제기업: 한국중부발전

84 다음 중 전력계통에서의 인터록에 대한 설명으로 적절한 것은?

① 차단기가 닫혀 있어야만 단로기를 투입할 수 있다.

② 차단기가 닫혀 있어야만 단로기를 닫을 수 있다.

③ 차단기와 단로기는 각각 열리고 닫힌다.

④ 차단기와 단로기는 동시에 투입될 수 있다.

⑤ 차단기가 열려 있어야만 단로기를 닫을 수 있다.

정답 및 해설

80 ③

고압·특고압용의 전력용 퓨즈는 용단될 수 있는 특징이 있기 때문에 계통의 단락사고 시 퓨즈가 녹아서 끊어지면서 단락전류를 차단하는 장치이다. 한류형 퓨즈의 경우 차단 시간이 $0.4[Hz]$ 정도 된다.

81 ②

차단기의 정격차단시간은 트립코일 여자부터 아크소호까지의 시간이다.

82 ②

SF_6가스는 무독가스이므로 적절하지 않다.

🔍 더 알아보기

SF_6가스

- 무색, 무취, 무독, 불연성가스
- 공기에 비해 소호 능력이 약 100배
- 불활성 가스
- 1기압 하에서 절연 내력이 공기의 2~3배
- 근거리 고장 등 가혹한 재기전압에 대해서도 우수

83 ②

가스 차단기의 소호 매질은 SF_6이다.

🔍 더 알아보기

차단기별 소호 매질

약호	명칭	소호 매질
ABB	공기 차단기	압축공기
GCB	가스 차단기	SF_6(육불화유황)
OCB	유입 차단기	절연유
MBB	자기 차단기	전자력
VCB	진공 차단기	진공

84 ⑤

차단기는 내부에 소호 장치가 있어 부하전류, 사고전류, 무부하전류를 차단할 수 있지만, 단로기는 소호 장치가 없으므로 부하전류나 사고전류를 차단할 수 없으며 무부하 상태에서만 개폐가 가능한 장치이다. 인터록은 차단기가 열려 있어야만 단로기를 조작할 수 있고, 동시 투입을 방지할 수 있는 안전장치이므로 적절하다.

출제빈도: ★★★ 대표출제기업: 한국전기안전공사, 한국서부발전

85 다음 중 변류기 점검 시 2차 측을 단락하는 이유로 적절한 것은?

① 1차 측 절연보호　　　　　　　② 2차 측 과전류 방지
③ 2차 측 과전압 방지　　　　　　④ 1차 측 과전류 방지
⑤ 1차 측 과전압 방지

출제빈도: ★★☆ 대표출제기업: 한국가스공사

86 다음 중 동작전류의 크기에 관계없이 일정한 시간에 동작하는 한시 특성을 갖는 계전기는?

① 정한시 계전기　　　　　　　　② 반한시 계전기
③ 순한시 계전기　　　　　　　　④ 접지 계전기
⑤ 반한시성 정한시 계전기

출제빈도: ★★★ 대표출제기업: 한국수력원자력, 한국서부발전

87 다음 중 영상 변류기를 사용하는 계전기는?

① 차동 계전기　　　　　　　　　② 과전압 계전기
③ 과전류 계전기　　　　　　　　④ 방향 계전기
⑤ 접지 계전기

출제빈도: ★★☆ 대표출제기업: 한국전력공사

88 다음 중 전원이 두 군데 이상 있는 환상선로의 단락 보호에 사용되는 계전기는?

① 방향 거리 계전기(DZ)
② 방향 단락 계전기(DS)와 과전류 계전기(OCR)의 조합
③ 방향 단락 계전기(DS)와 선택 접지 계전기(SGR)의 조합
④ 방향 단락 계전기(DS)
⑤ 방향 거리 계전기(DZ)와 과전류 계전기(OCR)의 조합

출제빈도: ★★★ **대표출제기업:** 한국수력원자력, 한국서부발전, 한국중부발전

89 다음 중 계통 내의 각 기기, 기구 및 애자 등의 상호 간에 적정한 절연강도를 지니게 함으로써 계통설계를 합리적·경제적으로 할 수 있게 하는 것은?

① 보호계전기　　　　　　　　　　② 절연협조

③ 절연계급　　　　　　　　　　　④ 절연보호

⑤ 기준 충격 절연강도

정답 및 해설

85 ③
변류기 점검 시 2차 측을 개방하면 1차 전류가 모두 여자되어 2차 측에 과전압이 발생해 절연이 파괴되어 소손될 우려가 있으므로 2차 측 과전압을 방지하기 위해 2차 측을 단락한다.

86 ①
동작전류의 크기에 관계없이 일정한 시간에 동작하는 계전기는 정한시 계전기이다.

> **🔍 더 알아보기**
> **보호계전기의 종류(동작상 분류)**
> • 순한시 계전기: 정정된 최소 동작전류 이상의 전류가 흐르면 즉시 동작
> • 정한시 계전기: 정정된 값 이상의 전류가 흐르면 항상 정해진 일정 시간에 동작
> • 반한시 계전기: 정정된 값 이상의 전류가 흘러서 동작할 때 계전기 동작 시간과 전류는 서로 반비례
> • 반한시성 정한시 계전기: 어느 전류값까지는 반한시성이지만 그 이상이 되면 정한시 특성을 가짐

87 ⑤
선로 중에 흐르는 정상 및 역상전류에는 자속을 만들지 않고 영상전류에 의해서만 자속을 만드는 접지 계전기나 지락 계전기에 영상 변류기가 쓰인다.

88 ①
전원이 양단에만 존재하는 환상선로의 단락 보호에 사용되는 계전기는 방향 거리 계전기이다.

> **🔍 더 알아보기**
> **보호계전기**
>
> | 대상 | | 보호계전기 |
> |---|---|---|
> | 선로 | 방사상 선로 | 전원이 1단에만 존재 |
> | | | 전원이 양단에 존재 |
> | | 환상 선로 | 전원이 1단에만 존재 |
> | | | 전원이 양단에 존재 |

> **🔍 더 알아보기**
> **보호계전기**
>
> | 대상 | | 보호계전기 |
> |---|---|---|
> | 선로 | 방사상 선로 | 전원이 1단에만 존재 | • 과전류 계전기
• 계전기의 한시 차(0.4~0.5초) |
> | | | 전원이 양단에 존재 | 방향 단락 계전기 + 과전류 계전기 |
> | | 환상 선로 | 전원이 1단에만 존재 | 방향 단락 계전기 |
> | | | 전원이 양단에 존재 | 방향 거리 계전기 |

89 ②
계통 내의 각 기기, 기구 및 애자 등의 상호 간에 적정한 절연강도를 지니게 함으로써 계통 설계를 합리적·경제적으로 할 수 있게 하는 것은 절연협조이다.

출제빈도: ★★☆ 대표출제기업: 한국전기안전공사

90 다음 중 배전선의 전력 손실 경감 대책으로 적절하지 않은 것은?

① 배전 전압을 높인다.　　　　　　　　　② 역률을 개선한다.
③ 피더(Feeder) 수를 늘린다.　　　　　　④ 네트워크 배전 방식을 채택한다.
⑤ 부하의 불평형을 방지한다.

출제빈도: ★☆☆ 대표출제기업: 한국가스공사

91 다음 중 저압 네트워크 배전 방식의 장점으로 적절하지 않은 것은?

① 무정전 공급이 가능해서 신뢰도가 높다.　　② 전력 손실이 감소한다.
③ 인축의 접촉 사고 위험이 낮다.　　　　　　④ 부하 증가에 대한 적응성이 크다.
⑤ 플리커, 전압 변동률이 적다.

출제빈도: ★★☆ 대표출제기업: 한국서부발전, 한국중부발전

92 동일한 조건하에서 3상 4선식 배전선로의 전선 중량비는 3상 3선식의 약 몇 배인가? (단, 중성선의 굵기는 전력선의 굵기와 같다고 한다.)

① $\frac{1}{2}$　　　　② $\frac{2}{3}$　　　　③ $\frac{3}{4}$　　　　④ $\frac{3}{8}$　　　　⑤ $\frac{4}{9}$

출제빈도: ★★★ 대표출제기업: 서울교통공사, 한국지역난방공사

93 다음 중 수용률에 대한 설명으로 적절한 것은?

① 수용률 $= \dfrac{\text{평균 전력}[kW]}{\text{최대 수용 전력}[kW]} \times 100[\%]$

② 수용률 $= \dfrac{\text{개개의 최대 수용 전력의 합}[kW]}{\text{합성 최대 수용 전력}[kW]} \times 100[\%]$

③ 수용률 $= \dfrac{\text{최대 수용 전력}[kW]}{\text{수용 설비용량}[kW]} \times 100[\%]$

④ 수용률 $= \dfrac{\text{설비 전력}[kW]}{\text{합성 최대 수용 전력}[kW]} \times 100[\%]$

⑤ 수용률 $= \dfrac{\text{사용 전력량}[kW]}{\text{합성 최대 수용 전력}[kW]} \times 100$

출제빈도: ★★★ 대표출제기업: 한국가스공사, 한국수력원자력

94 단상 변압기 3대를 △결선으로 운전하던 중 변압기 1대의 고장으로 V결선했을 때, 출력비는 약 몇 [%]인가?

① 42.7 ② 57.7 ③ 62.7 ④ 63.5 ⑤ 86.6

출제빈도: ★★☆ 대표출제기업: 한국전기안전공사

95 배전선로의 부하가 균일하게 분포되어 있을 때 배전선로의 전력 손실은 전부하가 선로의 말단에 집중되어 있을 때의 몇 배인가?

① $\frac{1}{2}$ ② $\frac{1}{3}$ ③ $\frac{2}{3}$ ④ $\frac{3}{4}$ ⑤ 1

정답 및 해설

90 ③
배전선로의 전력 손실을 줄이기 위해서는 피더 수를 줄여야 하므로 적절하지 않다.

🔍 더 알아보기

배전선로의 전력 손실 경감 대책
• 역률을 개선한다.
• 부하의 불평형을 방지한다.
• 네트워크 배전 방식을 채택한다.
• 배전 전압을 높인다.

91 ③
저압 네트워크 배전 방식은 인축의 접촉 사고가 자주 발생하므로 적절하지 않다.

🔍 더 알아보기

저압 네트워크 배전 방식의 장점
• 무정전 공급이 가능해서 공급 신뢰도가 높다.
• 플리커, 전압 변동률이 적다.
• 전력 손실이 감소한다.
• 부하 증가에 대한 적응성이 좋다.
• 변전소의 수를 줄일 수 있다.

92 ⑤
3상 4선식 배전선로의 전선 중량비는 3상 3선식의 $\frac{3\phi\,4W}{3\phi\,3W} = \frac{\frac{1}{3}}{\frac{3}{4}}$

$= \frac{4}{9}$배이다.

93 ③
수용률은 수용가의 최대 수용 전력과 그 수용가에 설치되어 있는 설비용량의 합계의 비로 $\frac{\text{최대 전력}[kW]}{\text{설비용량}[kW]} \times 100[\%]$이다.

94 ②
$\frac{\text{고장 후 출력}}{\text{고장 전 출력}} = \frac{\sqrt{3}P}{3P} \times 100[\%] ≒ 57.7[\%]$이다.

95 ②
배전선로의 부하가 균일하게 분포되어 있을 때 배전선로의 전력 손실은 전부하가 선로의 말단에 집중되어 있을 때의 $\frac{1}{3}$배이다.

출제빈도: ★★★ 대표출제기업: 한국전력공사, 한국가스공사

96 1,000[kW], 역률 80[%](지상)의 부하에 전력을 공급하고 있는 변전소에 콘덴서를 설치하여 변전소의 역률을 100[%]로 향상시키는 데 필요한 콘덴서 용량[kVA]은?

① 530　　　　② 620　　　　③ 700　　　　④ 750　　　　⑤ 800

출제빈도: ★★☆ 대표출제기업: 한국동서발전

97 정격 전압 1차 3,300[V], 2차 220[V]의 단상 변압기 두 대를 승압기로 V결선하여 3,000[V]의 3상 전원에 접속했을 때, 승압된 전압[V]은?

① 3,150　　　　② 3,200　　　　③ 3,300　　　　④ 3,450　　　　⑤ 3,500

출제빈도: ★★☆ 대표출제기업: 한국수력원자력

98 송전 전력, 송전 거리, 전선로의 전력 손실이 일정하고 같은 재료의 전선을 사용한 경우 단상 2선식에서 전선 한 가닥마다의 전력을 100[%]라고 하면, 단상 3선식에서는 133[%]일 때, 3상 4선식에서는 몇 [%]인가?

① 85　　　　② 105　　　　③ 120　　　　④ 135　　　　⑤ 150

출제빈도: ★★☆ 대표출제기업: 한국중부발전, 한국지역난방공사

99 동일한 조건하에서 3상 3선식 배전선로의 전선 중량비는 단상 2선식 대비 약 몇 배인가? (단, 중성선의 굵기는 전력선의 굵기와 같다고 한다.)

① $\frac{1}{3}$　　　　② $\frac{3}{4}$　　　　③ $\frac{3}{8}$　　　　④ $\frac{4}{9}$　　　　⑤ $\frac{1}{\sqrt{3}}$

출제빈도: ★★☆ 대표출제기업: 한국철도공사

100 단상 변압기 500[kVA] 3대로 ⊿결선하여 급전하고 있는데 변압기 1대가 고장으로 제거되었다. 이때 부하가 1,000[kVA]라면 나머지 2대의 변압기는 약 몇 [%]로 과부하되는가?

① 105   ② 115   ③ 120   ④ 130   ⑤ 135

정답 및 해설

96 ④

콘덴서 용량 $Q_c = P(\tan\theta_1 - \tan\theta_2) = P\left(\dfrac{\sin\theta_1}{\cos\theta_1} - \dfrac{\sin\theta_2}{\cos\theta_2}\right)[kVA]$ 임을 적용하여 구한다.

개선 후 역률이 100%이므로 콘덴서 용량 $Q_c = 1,000\left(\dfrac{0.6}{0.8} \times \dfrac{0}{1}\right) =$ 750[kVA]

따라서 콘덴서를 설치하여 변전소의 역률을 100[%]로 향상시키는 데 필요한 콘덴서 용량은 750[kVA]이다.

97 ②

고압측 전압 $E_2 = e_1 + e_2 = E_1 + E_1 \times \dfrac{e_2}{e_1}$ 임을 적용하여 구한다.

$e_1 = 3,300[V]$, $e_2 = 220[V]$, $E_1 = 3,000[V]$이므로

$E_2 = E_1\left(1 + \dfrac{e_2}{e_1}\right) = 3,000 \times \left(1 + \dfrac{220}{3,300}\right) = 3,200[V]$

따라서 승압된 전압은 3,200[V]이다.

98 ⑤

$\dfrac{3상\ 4선식}{단상\ 2선식} = \dfrac{\frac{3}{4}}{\frac{1}{2}} = \dfrac{6}{4} \rightarrow 150[\%]$이다.

99 ②

3상 3선식의 전선 중량비는 $\dfrac{3}{4}$, 단상 2선식의 전선 중량비는 1이므로 3상 3선식의 전선 중량비는 단상 2선식의 $\dfrac{\frac{3}{4}}{1} = \dfrac{3}{4}$배이다.

> 🔍 **더 알아보기**
>
> **전기 방식별 전선 중량비**
>
> | 구분 | 단상 2선식 | 단상 3선식 | 3상 3선식 | 3상 4선식 |
> |---|---|---|---|---|
> | 전선
중량비 | 1 | $\dfrac{3}{8}$ | $\dfrac{3}{4}$ | $\dfrac{4}{12}$ |

100 ②

변압기 2대의 V결선 출력 $P_V = \sqrt{3}P_1 = \sqrt{3} \times 500[kVA]$이므로 과부하율 $= \dfrac{1,000}{\sqrt{3} \times 500} \times 100 ≒ 115[\%]$이다.

출제빈도: ★★☆ 대표출제기업: 한국서부발전

101 다음 중 22.9[kV] 3상 4선식 다중접지 방식 배전선로에서 고압 측(1차 측) 중성선과 저압 측(2차 측) 중성선을 전기적으로 연결하는 목적으로 적절한 것은?

① 고압 측의 역률을 개선하기 위해

② 저압 측의 접지사고를 검출하기 위해

③ 고압, 저압으로부터 기계, 기구를 보호하기 위해

④ 고저압 혼촉 시 수용가에 침입하는 상승전압을 억제하기 위해

⑤ 주상 변압기의 중성선 측 부싱을 생략하기 위해

출제빈도: ★★☆ 대표출제기업: 한국전기안전공사, 한국동서발전

102 다음 중 배전선로의 전압을 조정하는 장치로 적절하지 않은 것은?

① 정지형 전압 조정기

② 주상 변압기 탭 조정

③ 단권 변압기

④ 유도 전압 조정기

⑤ 동기 조상기

출제빈도: ★★☆ 대표출제기업: 한국수력원자력

103 다음 중 선로 전압 강하 보상기(LDC)에 대한 설명으로 적절한 것은?

① 직렬콘덴서로 선로 리액턴스를 보상하는 것

② 선로의 전압 강하를 고려하여 모선전압을 조정하는 것

③ 변압기의 부하 분배를 균일하게 하는 것

④ 지락고장회선을 선택하여 차단하는 것

⑤ 승압기로 저하된 전압을 보상하는 것

출제빈도: ★★☆ 대표출제기업: 한국전력공사

104 단상 2선식의 교류 배전선이 있다. 전선 1줄의 저항은 0.1[Ω], 리액턴스는 0.35[Ω]이다. 부하는 무유도성으로서 200[V], 5[kW]일 때, 급전점의 전압은 몇 [V]인가?

① 170　　　　② 195　　　　③ 200　　　　④ 205　　　　⑤ 210

출제빈도: ★★☆ 대표출제기업: 서울교통공사, 한국서부발전

105 그림과 같은 단상 2선식 배선에서 인입구 A 점의 전압이 $80[V]$라면 C 점의 전압$[V]$은? (단, 저항값은 1선의 값으로 AB 간 0.1$[\Omega]$, BC 간 0.2$[\Omega]$이다.)

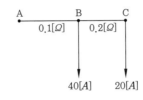

① 60　　　　　② 63　　　　　③ 66　　　　　④ 69　　　　　⑤ 72

정답 및 해설

101 ④
다중접지 방식에서 고압 측(1차 측) 중성선과 저압 측(2차 측) 중성선을 전기적으로 연결하는 목적은 변압기의 고저압 혼촉 시 저압 측 수용가의 전위 상승을 억제하는 것이다.

102 ⑤
동기 조상기는 전력계통의 전압 조정 및 역률 개선에 사용하므로 적절하지 않다.

> 🔍 **더 알아보기**
> 배전선로의 전압 조정 장치로는 주상 변압기의 탭 변환 장치, 정지형 진압 조정기, 유도 전압 조정기, 난권 변압기 등이 있다.

103 ②
선로 전압 강하 보상기(LDC)는 배전선로에서 전압 강하를 고려하여 모선전압을 제어하는 것이다.

104 ④
$V_s = V_r + 2I(R\cos\theta + X\sin\theta)$이고, 부하가 무유도성이므로 $\cos\theta = 1$이다.
따라서 급전점의 전압 $V_s = 200 + 2 \times \dfrac{5,000}{200} \times 0.1 = 205[V]$이다.

105 ①
$V_B = V_1 - 2IR = 80 - 2 \times 60 \times 0.1 = 68[V]$이므로
$V_C = V_B - 2IR = 68 - 2 \times 20 \times 0.2 = 60[V]$이다.

출제빈도: ★★★ 대표출제기업: 한국전력공사, 한국가스공사, 한국중부발전

106 3,000[V] 배전선로의 전압을 6,000[V]로 승압하고 같은 손실률로 송전하는 경우 송전전력은 몇 배인가?

① 1　　　　　② 2　　　　　③ 3　　　　　④ 4　　　　　⑤ 5

출제빈도: ★★☆ 대표출제기업: 한국철도공사

107 연간 전력량 $E[kWh]$, 연간 최대 전력 $W[kW]$인 연부하율은 몇 [%]인가?

① $\dfrac{8,760W}{E} \times 100$　　　　　② $\dfrac{E}{8,760W} \times 100$

③ $\dfrac{E}{W} \times 100$　　　　　④ $\dfrac{W}{E} \times 100$

⑤ $\dfrac{W}{8,760E} \times 100$

출제빈도: ★★★ 대표출제기업: 한국수력원자력, 한국전기안전공사

108 수용률 90[%], 부하율 70[%]일 때, 설비용량이 400[kW]인 최대 수용 전력[kW]은?

① 200　　　　　② 250　　　　　③ 320　　　　　④ 350　　　　　⑤ 360

출제빈도: ★★★ 대표출제기업: 한국서부발전, 한국중부발전

109 다음 중 배전선의 손실계수 H와 부하율 F와의 관계로 적절한 것은?

① $0 \leq F \leq H^2 \leq H \leq 1$

② $0 \leq H^2 \leq F \leq H \leq 1$

③ $0 \leq F^2 \leq H \leq F \leq 1$

④ $0 \leq H^2 \leq F^2 \leq H \leq 1$

⑤ $0 \leq H \leq F^2 \leq F \leq 1$

정답 및 해설

106 ④

전력 손실률 $k = \dfrac{P_l}{P} = \dfrac{\frac{P^2 R}{V^2 \cos^2\theta}}{P} = \dfrac{PR}{V^2 \cos^2\theta} \times 100$임을 적용하여 구한다.

$P \propto kV^2$이므로 $P = \left(\dfrac{6,000}{3,000}\right)^2 = 2^2 = 4$배가 된다.

107 ②

연부하율 $= \dfrac{\frac{\text{연간 사용 전력량}[kWh]}{\text{시간}[h]}}{\text{최대 전력}[kW]} \times 100[\%]$임을 적용하여 구한다.

따라서 연부하율 $= \dfrac{\frac{E}{365 \times 24}}{W} \times 100[\%] = \dfrac{E}{8,760W} \times 100[\%]$이다.

108 ⑤

수용률 $= \dfrac{\text{최대 수용 전력}[kW]}{\text{부하 설비 합계}[kW]} \times 100[\%]$임을 적용하여 구한다.

최대 수용 전력 $=$ 수용률 $\times$ 설비용량 $= 0.9 \times 400 = 360[kW]$이다.

109 ③

손실계수와 부하율의 관계는 다음과 같다.

손실계수 H	$H = \dfrac{\text{어느 기간 중의 평균 전력 손실}}{\text{같은 기간 중의 최대 전력 손실}} \times 100[\%]$
부하율 F와 손실계수 H 와의 관계	① $1 \geq F \geq H \geq F^2 \geq 0$ ② $H = \alpha F + (1 - \alpha)F^2$ (F: 부하율, H: 손실계수, α: 정수 - 보통 0.1~0.4)

Chapter 3 발전공학

🔲 학습목표

1. 수력학의 간단한 이론과 수차에 대한 내용을 이해한다.
2. 열효율과 열 사이클에 대한 내용 및 계산 방법을 이해한다.
3. 원자로로 대한 내용을 이해한다.

🔲 출제비중

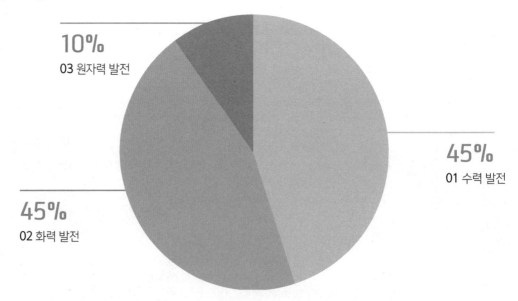

10%
03 원자력 발전

45%
01 수력 발전

45%
02 화력 발전

■ 출제포인트 & 출제기업

출제포인트	출제빈도	출제기업
01 수력 발전	★★★	한국수력원자력 한국남동발전 한국남부발전
02 화력 발전	★★★	한국서부발전 한국동서발전 한국수자원공사
03 원자력 발전	★	한국중부발전 등

✓ 기출 Keyword

- 수차의 특유 속도
- 랭킨사이클
- 유황 곡선

- 발전기 출력
- 캐비테이션
- 유량

- 조속기
- 엔트로피
- 원자로

1) 수력 발전
높은 곳에 있는 물의 위치에너지를 운동에너지로 변환하고 다시 전기에너지로 변환시키는 방식

01 수력 발전[1]   출제빈도 ★★★

1. 수력 발전

(1) 수두

단위 무게[kg]당 물이 갖는 에너지

- 위치 수두: $H[m]$
- 압력 수두: $H = P/w[m] = P/1,000[m]$
- 속도 수두: $H = v^2/2g[m]$

(H: 어느 기준면에 대한 높이[m], P: 압력의 세기(수압)[kg/m^2], w: 물의 단위 부피의 무게[kg/m^3], v: 유속[m/s], g: 중력의 가속도($\fallingdotseq 9.8[m/s^2]$))

(2) 연속의 정리

$$A_1 v_1 = A_2 v_2 = Q(일정)$$

(A_1, A_2: a, b 점의 단면적[m^2], v_1, v_2: a, b 점의 유속[m/s])

(3) 베르누이의 정리

$$h + \frac{p}{w} + \frac{v^2}{2g} = k(일정)$$

(h: 위치에너지, $\frac{p}{w}$: 압력에너지, $\frac{v^2}{2g}$: 속도에너지)

전기직 전문가의 TIP

연속의 정리
질량보존의 법칙이 성립하여 밀폐된 수관의 어느 임의의 두 지점을 통과한 물의 유량은 서로 같다는 정리입니다.

베르누이의 정리
유체에 대한 에너지 보존 법칙으로 위치에너지, 압력에너지, 속도에너지의 합은 일정하다는 정리입니다.

(4) 물의 이론 분출 속도

$$v = \sqrt{2gH}[m/s]$$

(g: 중력 가속도($9.8[m/s^2]$), H: 유효낙차$[m]$)

전기직 전문가의 TIP

토리첼리의 정리는 수력발전에서 분출되는 물의 속도를 구할 때 사용하는 법칙입니다.

(5) 출력

- 수차 출력: $P_t = 9.8QH\eta_t[kW]$
- 발전기 출력(발전소 출력): $P_g = 9.8QH\eta_t\eta_g[kWh]$
- 발생 전력량: $W = P_g \times t = 9.8QH\eta_t\eta_g t[kWh]$

(η_t: 수차 효율, η_g: 발전기 효율, $\eta = \eta_t\eta_g$: 종합 효율, t: 시간$[h]$)

2. 유량

(1) 유황 곡선

하천 유량의 종류(갈수량, 저수량, 평수량, 풍수량)을 알 수 있으며 발전 계획을 수립할 경우 유용하게 이용된다.

(2) 적산 유량 곡선

저수지 계획에 유용하게 사용된다.

(3) 하천 유량의 크기

① 갈수량: 1년 365일 중 355일은 이보다 내려가지 않는 유량
② 저수량: 1년 365일 중 275일은 이보다 내려가지 않는 유량
③ 평수량: 1년 365일 중 185일은 이보다 내려가지 않는 유량
④ 풍수량: 1년 365일 중 95일은 이보다 내려가지 않는 유량

3. 수차

(1) 낙차에 따른 수차의 종류

고낙차(350[m] 이상)	중낙차(30~400[m])	저낙차(45[m] 이하)
펠톤 수차 (충동 수차) 위치 E → 운동 E	프란시스 수차 (반동 수차) 위치 E → 압력 E	프로펠러 수차 카플란 수차 (반동 수차)

(2) 수차의 특유 속도

$$N_s = N\frac{\sqrt{P}}{H^{\frac{5}{4}}}$$

(N: 성격 회전 수$[rpm]$, H: 유효낙차$[m]$, P: 낙차 $H[m]$에서의 최대 출력$[kW]$)

전기직 전문가의 TIP

특유 속도란 실제 수차와 기하학적으로 닮은 모형 수차를 1[m] 낙차에서 1[kW] 출력을 발생시키는 데 필요한 1분의 회전 수를 의미하는 가상 회전 속도입니다.

① 수차 종류별 특유 속도: 펠톤 수차 < 프란시스 수차 < 카플란 수차 < 프로펠러 수차
② 특유 속도가 크면 경부하 시의 효율 저하가 더욱 심해진다. 특유 속도가 크다는 것은 수차의 실용 속도가 높다는 의미가 아니라 유수에 대한 수차 러너의 상대 속도가 빠르다는 의미이다.

4. 양수 발전소의 특징

① 심야 잉여 전력을 유효하게 소비할 수 있다.
② 첨두부하 발전소로 운전한다.
③ 계통사고 시 운전 예비력을 확보할 수 있다.
④ 무효전력 공급원의 역할을 담당할 수 있으므로 조상설비용량이 경감된다.

5. 조속기

부하가 변하더라도 수차의 회전 수를 일정하게 유지하기 위해 수차의 유량 조정을 자동적으로 하면서 출력을 가감하기 위해 유량을 조절하는 장치이다.

① 주요 부분: 검출부, 복원기구, 배압밸브, 서보모터, 압유장치 등
② 동작 순서: 평속기 → 배압밸브 → 서보전동기 → 복원기구

6. 흡출관

반동 수차의 출구에서부터 방수로 수면까지 연결하는 관으로, 낙차를 늘리기 위해 사용한다. 충동 수차는 흡출관이 필요 없으나 반동 수차는 흡출관이 필요하다.

7. 캐비테이션 현상

수차에 유입하는 물이 수차와 각 부분을 흐르면서 어떤 원으로 기포가 발생하는데, 이 기포가 압력이 높은 곳에 도달하면 기포 상태를 유지하지 못하고 터져서 수차에 큰 충격을 주는 현상이다.

(1) 영향

① 수명 단축
② 진동과 난조 발생
③ 발전기의 효율 저하

(2) 방지 대책

① 수차의 특유 속도를 너무 크게 하지 않는다.
② 흡출관의 높이를 너무 높게 취하지 않는다.
③ 침식에 강한 재료로 러너를 제작한다.
④ 러너 표면을 매끄럽게 가공한다.

수압관 안의 한 점에서 흐르는 물의 압력을 측정한 결과 $7[kg/cm^2]$이고, 유속을 측정한 결과 $58[m/s]$이었다. 그 점에서의 압력 수두는 몇 $[m]$인가?

① 30　　　　② 40　　　　③ 50　　　　④ 60　　　　⑤ 70

정답　⑤

해설　압력 수두 $H = \dfrac{P}{w}[m]$임을 적용하여 구한다.

　　　물의 압력 $P = 7[kg/cm^2] = 70,000[kg/m^2]$이므로

　　　압력 수두 $H = \dfrac{P}{w} = \dfrac{P}{1,000} = \dfrac{70,000}{1,000} = 70[m]$이다.

---

02 화력 발전[2]　　　　출제빈도 ★★★

1. 열역학

(1) 열량의 단위

$$1[kWh] = 860[kcal], \quad 1[kcal] ≒ 4.2[kJ]$$

(2) 엔탈피

증기 또는 물이 보유하고 있는 전열량$[kcal/kg]$

(3) 엔트로피

기준 온도에서 어떤 온도 상태까지 이르는 사이에 물체에 일어난 열량의 변화를 그 때의 절대 온도로 나눈 것

2. 열 사이클의 종류

① 카르노 사이클: 가장 효율이 좋은 이상적인 사이클
② 랭킨 사이클: 증기를 작동 유체로 사용하는 가장 간단한 이론 사이클
③ 재생 사이클: 증기의 일부를 추기하여 보일러 급수를 가열함으로써 열손실을 회수하는 사이클
④ 재열 사이클: 증기를 다시 과열시켜, 과열 증기를 단열 팽창시킴으로써 열효율을 향상시킨 사이클
⑤ 재생 재열 사이클: 재생 사이클과 재열 사이클을 겸용하여 전 사이클의 효율을 향상시킨 것으로, 화력 발전소에서 실현할 수 있는 가장 효율이 좋은 사이클

2) 화력 발전

열에너지를 전기에너지로 변환해서 에너지를 얻는 방식. 연료를 연소시켜서 발생한 열에너지로 물을 끓여 고압의 증기로 바꾸고, 증기가 갖는 에너지로 증기터빈 발전기를 회전시켜서 전기를 발생시킴. 기력 발전이라고도 함

💡 전기직 전문가의 **TIP**

카르노 사이클
가로축 이동은 등온팽창, 등온압축 과정이고, 세로축 이동은 단연압축, 단열팽창 과정입니다.

랭킨 사이클
카르노 사이클을 실제로 실현한 가장 기본적인 기력 발전소의 사이클입니다.

3. 화력 발전소의 열효율

$$\eta = \frac{860W}{mH} \times 100 = 보일러\ 효율 \times 터빈\ 효율$$

(W: 발생 전력량$[kWh]$, m: 연료 소비량$[kg]$, H: 연료 발열량$[kcal/kg]$)

▤ 시험문제 미리보기!

다음 중 증기의 엔탈피에 대한 설명으로 적절한 것은?

① 증기 1$[kg]$의 보유 열량

② 증기 1$[kg]$의 증발열을 절대 온도로 나눈 것

③ 증기 1$[kg]$의 잠열

④ 증기 1$[kg]$의 기화 열량

⑤ 증기 1$[kg]$의 현열

정답　①

해설　증기의 엔탈피는 물 또는 증기 1$[kg]$의 보유 열량$[kcal/kg]$을 의미한다.

　　　오답노트
　　　② 증기 1$[kg]$의 증발열을 절대 온도로 나눈 것은 엔트로피이다.

03 　원자력 발전　　　　　　　　　　　　　　　　　　출제빈도 ★

1. 원자력 발전의 원리

원자력 발전은 급수를 가열하여 증기를 만든 후, 그 증기를 이용하여 터빈을 돌려서 발전하는 방식이다.

증기를 이용하여 발전하는 방식은 화력 발전과 같으나 화력 발전의 보일러를 원자로로 사용하며 원자로 내의 핵분열로 발생하는 열을 냉각재를 이용해 노 밖으로 빼내어 그 열로 증기를 만들어 터빈을 돌린다. 석탄이나 기름 대신 우라늄, 플루토늄 등의 분열성 물질을 연료로 사용한다.

2. 열중성자 원자로

원자로는 핵연료, 감속재, 냉각재, 반사체, 제어봉, 차폐재로 구성된다.

① 감속재: 고속중성자를 열중성자까지 속도를 낮추는 작용을 하며 중수, 경수, 산화 베릴륨, 흑연 등이 사용된다.

② 냉각재: 원자로 내에서 발생한 열에너지를 외부로 끄집어내는 역할을 한다.

③ 제어봉: 원자로 내에서 핵분열의 연쇄 반응을 제어하며, 붕소(B), 카드뮴(Cd), 하프늄(Hf)과 같이 중성자 흡수 단면적이 큰 재료로 만들어진다.
④ 반사체: 중성자를 외부에 누설되지 않도록 반사시키며 물, 베릴륨, 혹은 흑연 등이 사용됨
⑤ 차폐재: 원자로 내부의 방사선이 외부에 누출되는 것을 방지하기 위한 벽의 역할을 하며 콘크리트, 물, 납 등으로 만들어진다.

3. 원자로의 종류

(1) 비등수형 원자로[3](BWR형)의 특징
① 열교환기가 필요 없다. (직접 열 전달 방식)
② 증기는 기수 분리, 급수는 양질의 것이어야 한다.
③ 출력 변동에 대한 출력 특성은 가압수형보다 못하다.
④ 펌프 동력이 적어도 된다.
⑤ 방사능 누출에 대한 문제가 있어 우리나라에서는 채용되지 않는다.

[3] 비등수형 원자로
원자로에서 발생한 열로 증기를 만들어 직접 터빈에 보내는 방식

(2) 가압수형 경수로[4](PWR형)의 특징
① 방사능 누출에 대한 문제가 없어 우리나라에서 대부분 채용된다.
② 가압기와 증기 발생기가 필수이다.

[4] 가압수형 경수로
원자로에서 발생한 열을 열교환기에 보내 증기를 만든 후 터빈에 보내는 방식

▤ 시험문제 미리보기!

다음 중 원자력 발전소에서 비등수형 원자로에 해당하는 것은?

① HTGR   ② PWR   ③ BWR   ④ FBR   ⑤ CANDU

정답   ③

해설   BWR은 비등수형 경수로이다.

> 오답노트
> ① HTGR: 고온가스 냉각로
> ② PWR: 가압수형 경수로
> ④ FBR: 고속 증식로
> ⑤ CANDU: 중수로

출제빈도: ★★☆ 대표출제기업: 한국수력원자력, 한국중부발전

01 다음 중 수차 발전기의 회전 속도의 변화에 따라서 자동적으로 유량을 가감하는 장치는?

① 흡출관   ② 공기예열기   ③ 과열기

④ 조속기   ⑤ 여자기

출제빈도: ★★★ 대표출제기업: 한국남부발전, 한국중부발전

02 부하 변동이 있을 경우 수차 입구의 밸브를 조작하는 기계식 조속기의 동작 순서로 적절한 것은?

① 평속기 → 배압밸브 → 서보전동기 → 복원기구

② 복원기구 → 서보전동기 → 배압밸브 → 평속기

③ 평속기 → 배압밸브 → 복원기구 → 서보전동기

④ 평속기 → 복원기구 → 서보전동기 → 배압밸브

⑤ 배압밸브 → 평속기 → 서보전동기 → 복원기구

출제빈도: ★☆☆ 대표출제기업: 한국수력원자력, 한전KPS

03 어느 수압 철관의 안지름이 5[m]인 곳에서의 유속이 3.2[m/s]이다. 안지름이 4[m]인 곳에서의 유속은 약 몇 [m/s]인가?

① 3   ② 4.2   ③ 5   ④ 6.32   ⑤ 8

출제빈도: ★☆☆ 대표출제기업: 한국동서발전

04 유효낙차가 250[m]인 충동 수차의 노즐에서 분출되는 물의 이론 분출 속도는 약 몇 [m/s]인가?

① 50.25   ② 70   ③ 88.3   ④ 100   ⑤ 110.23

출제빈도: ★☆☆ 대표출제기업: 한국수력원자력

05 다음 중 1년 365일 중에서 275일은 이 양 이하로 내려가지 않는 유량은?

① 갈수량　　　　　② 저수량　　　　　③ 평수량　　　　　④ 풍수량　　　　　⑤ 홍수량

정답 및 해설

01 ④

부하가 변하더라도 수차의 회전 수를 일정하게 유지하기 위해 수차의 유량 조정을 자동적으로 하면서 출력을 가감하기 위해 유량을 조절하는 장치는 조속기이다.

오답노트
① 흡출관: 반동 수차의 출구에서부터 방수로 수면까지 연결하는 관으로, 물의 낙차를 늘리기 위해 사용하는 장치
② 공기예열기: 화로의 온도를 높이기 위한 장치
③ 과열기: 보일러에서 발생한 포화증기를 과열증기로 만드는 장치

02 ①

조속기의 동작 순서는 '평속기 → 배압밸브 → 서보전동기 → 복원기구'이다.

🔍 더 알아보기

조속기
부하가 변하더라도 수차의 회전 수를 일정하게 유지하기 위해 수차의 유량 조정을 자동적으로 하면서 출력을 가감하기 위해 유량을 조절하는 장치를 조속기라고 한다.

03 ③

$A_1 v_1 = A_2 v_2 = Q$(일정)임을 적용하여 구한다.

유속 $v_2 = \dfrac{A_1}{A_2} v_1$, 단면적 $A = \dfrac{\pi d^2}{4} [m^2]$, 안지름 $d_1 = 5[m]$, $d_2 = 4[m]$

이므로 유속 $v_2 = \dfrac{\frac{\pi d_1^2}{4}}{\frac{\pi d_2^2}{4}} \times v_1 = \dfrac{3.2 \times 5^2}{4^2} = 5[m/s]$이다.

04 ②

물의 이론 분출 속도 $v = \sqrt{2gH}[m/s]$임을 적용하여 구한다.
중력 가속도 $g = 9.8[m/s^2]$, 유효낙차 $H = 250[m]$이므로 물의 이론 분출 속도 $v = \sqrt{2 \times 9.8 \times 250} = 70[m/s]$이다.

05 ②

1년 365일 중 275일은 이보다 내려가지 않는 유량은 저수량이다.

오답노트
① 갈수량: 1년 365일 중 355일은 이보다 내려가지 않는 유량
③ 평수량: 1년 365일 중 185일은 이보다 내려가지 않는 유량
④ 풍수량: 1년 365일 중 95일은 이보다 내려가지 않는 유량

출제빈도: ★★★ 대표출제기업: 한국남부발전, 한국서부발전

06 다음 중 심야 경부하 시 잉여 전력을 이용하여 상부 저수지에 양수하였다가 한낮의 최대 전력이 필요한 시간에 발전하는 첨두부하용 발전소는?

① 조력 발전소   ② 양수식 발전소   ③ 수로식 발전소

④ 유입식 발전소   ⑤ 조정지식 발전소

출제빈도: ★☆☆ 대표출제기업: 한국서부발전

07 다음 중 흡출관이 필요하지 않은 수차는?

① 카플란 수차   ② 프로펠러 수차   ③ 사류 수차

④ 프란시스 수차   ⑤ 펠톤 수차

출제빈도: ★★☆ 대표출제기업: 한국수력원자력

08 다음 중 수차의 특유 속도가 큰 수차일수록 발생하는 현상으로 적절한 것은?

① 경부하 시의 효율 저하가 심해진다.
② 수차의 실용속도가 높다.
③ 수차의 러너의 각도가 쉽게 변한다.
④ 경부하 시의 효율이 좋다.
⑤ 회전수가 커진다.

출제빈도: ★★★ 대표출제기업: 한국수력원자력, 한국남부발전

09 유효낙차 200[m], 최대 사용 수량 15[m^3/s], 수차 효율 80[%]인 수력 발전소의 연간 발전 전력량은 약 몇 [kWh]인가? (단, 발전기의 효율은 90[%]라고 한다.)

① 15×10^7 ② 17×10^7 ③ 19×10^7

④ 21×10^7 ⑤ 23×10^7

출제빈도: ★★★ 대표출제기업: 한국남부발전, 한국동서발전

10 유효낙차 90[m], 출력 1,000[kW], 특유 속도 150[rpm]인 수차의 회전 속도는 약 몇 [rpm]인가?

① 985.4　　　　　② 1002.3　　　　　③ 1280.4　　　　　④ 1314.9　　　　　⑤ 1500.3

정답 및 해설

06 ②

양수 발전은 전력 수요가 적은 심야 또는 경부하 시에 발전 원가가 저렴한 원자력 발전소 등의 잉여 전력을 이용하여 펌프로 하부 저수지의 물을 상부 저수지에 양수해서 저장해 두었다가 첨두부하 시에 발전하는 방식이다.

07 ⑤

흡출관은 반동 수차의 출구에서부터 방수로 수면까지 연결하는 관으로 충동 수차인 펠톤 수차에는 흡출관이 필요하지 않다.

🔎 더 알아보기

반동 수차

반동 수차의 종류에는 프란시스 수차, 프로펠러 수차, 카플란 수차, 사류 수차가 있다.

08 ①

수차의 특유 속도가 클수록 경부하 시의 효율 저하가 더욱 심해진다.

🔎 더 알아보기

수차의 특유 속도

수차의 특유 속도 $N_s = N\dfrac{\sqrt{P}}{H^{\frac{5}{4}}}[rpm]$이고, 수차 종류별 특유 속도는 펠톤 수차 < 프란시스 수차 < 카플란 수차 < 프로펠러 수차 순이다. 특유 속도가 크면 경부하 시의 효율 저하가 더욱 심해진다. 특유 속도가 크다는 것은 수차의 실용 속도가 높다는 의미가 아니라 유수에 대한 수차 러너의 상대 속도가 빠르다는 의미이다.

09 ③

발생 전력량 $W = P_g \times t = 9.8QH\eta_t\eta_g t[kWh]$임을 적용하여 구한다.

유효낙차 $H = 200[m]$, 최대 사용 수량 $Q = 15[m^3/s]$, 수차 효율 $\eta_t = 0.8$, 발전기의 효율 $\eta_g = 0.9$, 시간 $t = 365 \times 24[h]$이므로 발생 전력량 $W = 9.8 \times 15 \times 200 \times 0.8 \times 0.9 \times 365 \times 24 ≒ 19 \times 10^7 [kWh]$이다.

10 ④

회전 속도 $N = N_s\dfrac{H^{\frac{5}{4}}}{P^{\frac{1}{2}}}[rpm]$임을 적용하여 구한다.

유효낙차 $H = 90[m]$, 수차의 정격출력 $P = 1,000[kW]$, 특유 속도 $N_s = 150[rpm]$ 이므로 회전 속도 $N = N_s\dfrac{H^{\frac{5}{4}}}{P^{\frac{1}{2}}} = \dfrac{150 \times 90^{\frac{5}{4}}}{1,000^{\frac{1}{2}}}$

≒ 1314.9[rpm]이다.

출제빈도: ★★★ 대표출제기업: 한국수력원자력, 한국서부발전

11 다음 중 수력 발전소의 저수지 용량 등을 결정하는 데 사용되는 곡선은?

① 유황 곡선   ② 유량도   ③ 적산 유량 곡선
④ 홍수 유량   ⑤ 수위 유량 곡선

출제빈도: ★★☆ 대표출제기업: 한국중부발전

12 다음 중 수차 발전기에 제동 권선을 설치하는 이유로 적절한 것은?

① 회전력 증가   ② 과부하 내량의 증대   ③ 낙차 증가
④ 유량 조절   ⑤ 발전기의 안정도 향상

출제빈도: ★☆☆ 대표출제기업: 한국남부발전, 한국동서발전

13 다음 중 캐비테이션 현상에 대한 장해로 적절하지 않은 것은?

① 수차의 낙차가 저하한다.
② 수차의 출력이 저하한다.
③ 유수에 접한 러너에 침식 작용이 일어난다.
④ 수차의 효율이 증가한다.
⑤ 수차의 진동으로 소음이 발생한다.

출제빈도: ★★☆ 대표출제기업: 한국서부발전

14 다음 중 수력 발전소에서 흡출관을 사용하는 목적으로 적절한 것은?

① 회전 속도를 일정하게 하기 위해
② 물의 압력을 줄이기 위해
③ 낙차를 늘리기 위해
④ 물의 유선을 일정하게 하기 위해
⑤ 수차의 진동을 방지하기 위해

출제빈도: ★★☆ 대표출제기업: 한국수력원자력

15 다음 중 화력 발전소의 열 사이클 중 가장 기본적인 것으로 두 등압 과정과 두 단열 과정으로 진행되는 열 사이클은?

① 카르노 사이클　　　　　② 랭킨 사이클　　　　　③ 재생 사이클

④ 재열 사이클　　　　　　⑤ 재생 재열 사이클

정답 및 해설

11 ③

저수지 용량을 결정하는 데 유용하게 사용되는 적산 유량 곡선은 매일의 수량을 차례로 적산해서 가로축에는 일수를, 세로축에는 적산 수량을 그린 곡선이다.

오답노트
① 유황 곡선: 가로축에는 일수를, 세로축에는 유량을 그린 곡선으로 발전소 사용 유량을 결정하는 데 사용되는 곡선
② 유량도: 가로축에는 일수를, 세로축에는 하천 유량을 그린 곡선으로 수력 발전 계획에 사용되는 곡선
⑤ 수위 유량 곡선: 가로축에는 유량을, 세로축에는 수위를 그린 곡선

12 ⑤

제동 권선을 설치함으로써 난조를 방지할 수 있어 발전기의 안정도를 향상시킨다.

13 ④

캐비테이션 현상은 수차의 효율이 저하되므로 적절하지 않다.

🔎 더 알아보기

캐비테이션 현상

수차에 유입하는 물이 수차와 각 부분을 흐르면서 어떤 원으로 기포가 발생하는데, 이 기포가 압력이 높은 곳에 도달하면 기포 상태를 유지하지 못하고 터져서 수차에 큰 충격을 주는 현상을 말한다. 캐비테이션 현상에 대한 장해로는 수차의 효율·출력·낙차의 저하, 수차 러너의 부식, 진동으로 인한 소음 발생 등이 있다.

14 ③

흡출관은 반동 수차의 출구에서부터 방수로 수면까지 연결하는 관으로, 낙차를 늘리기 위해 사용한다. 충동 수차는 흡출관이 필요 없지만 반동 수차는 흡출관이 필요하다.

오답노트
① 회전 속도를 일정하게 하기 위해서 사용하는 것은 조속기이다.

15 ②

화력 발전소의 열 사이클 중 가장 기본적인 것으로 '등압가열 → 단열팽창 → 등압냉각 → 단열압축'의 두 등압 과정과 두 단열 과정으로 진행되는 열 사이클은 랭킨 사이클이다.

출제빈도: ★★☆ 대표출제기업: 한국수력원자력

16 다음 중 화력 발전소의 가장 간단한 이론 사이클인 랭킨 사이클에서 등압냉각 과정에 행해지는 기기는?

① 급수 펌프　　　　　　② 터빈　　　　　　③ 보일러
④ 재열기　　　　　　　⑤ 복수기

출제빈도: ★★☆ 대표출제기업: 한국서부발전, 한국중부발전

17 화력 발전소에서 재열 사이클을 채용하면 재열기를 이용한다. 다음 중 재열기의 사용 목적으로 적절한 것은?

① 공기를 가열한다.　　　　　　　② 증기량을 조절한다.
③ 증기를 분리한다.　　　　　　　④ 급수를 가열한다.
⑤ 증기를 가열한다.

출제빈도: ★★☆ 대표출제기업: 한국서부발전, 한국중부발전

18 화력 발전소에서 1,000[kg]의 석탄으로 발생시킬 수 있는 전력량은 약 몇 [kWh]인가? (단, 석탄의 발열량은 2,000[$kcal/kg$], 효율은 25[%]이다.)

① 458　　　② 581　　　③ 640　　　④ 750　　　⑤ 800

출제빈도: ★☆☆ 대표출제기업: 한국수력원자력, 한국동서발전

19 다음 중 화력 발전소의 열 사이클 중에서 가장 열효율이 좋은 사이클은?

① 카르노 사이클　　　　② 랭킨 사이클　　　　③ 재생 사이클
④ 재열 사이클　　　　　⑤ 재생 재열 사이클

출제빈도: ★★☆ 대표출제기업: 한국서부발전

20 용량 5[kW]의 전열기를 사용해서 8,600[$kcal/kg$]의 석탄 8[kg]에서 나오는 열량을 얻기 위해 소요되는 시간은?

① 7시간　　　② 10시간　　　③ 13시간　　　④ 16시간　　　⑤ 20시간

출제빈도: ★☆☆ 대표출제기업: 한국동서발전

21 화력 발전소의 열 사이클 과정 중 열 사이클 경로가 잘못 짝지어진 것은?

① 보일러에서 물 → 습증기

② 과열기에서 습증기 → 과열증기

③ 터빈에서 과열증기 → 습증기

④ 복수기에 습증기 → 급수

⑤ 절탄기에서 급수 → 과열증기

정답 및 해설

16 ⑤

랭킨 사이클에서 등압냉각 과정에 행해지는 기기는 복수기이다.

> 🔎 더 알아보기
>
> **랭킨 사이클**
> 랭킨 사이클은 '보일러(등압가열) → 터빈(단열팽창) → 복수기(등압냉각) → 급수 펌프(단열압축)'로 행해진다.

17 ⑤

재열기는 터빈에서 팽창한 증기를 다시 가열하는 장치이며, 과열기의 다음에 있는 것이 많고, 터빈에서 팽창하여 포화 온도에 가깝게 된 증기를 빼내어 다시 보일러에서 과열증기의 온도 근처까지 온도를 올리기 위한 장치이다.

18 ②

화력 발전기의 열효율 $\eta = \frac{860W}{mH}$ 임을 적용하여 구한다.

연료 소비량 $m = 1,000[kg]$, 연료 발열량 $H = 2,000[kcal/kg]$, 열효율 $\eta = 0.25$이므로 발생 전력량

$W = \frac{mH\eta}{860} = \frac{1,000 \times 2,000 \times 0.25}{860} ≒ 581[kWh]$이다.

19 ①

고온과 저온의 온도 차에 의해 발생되는 열 이동에 의해 열을 일로 바꾸는 이상적인 사이클로서 열 사이클 중에서 가장 효율이 좋은 사이클은 카르노 사이클이다.

20 ④

$t = \frac{mH\eta}{860W}$ 임을 적용하여 구한다.

석탄의 질량 $m = 8[kg]$, 석탄의 열량 $H = 8,600[kcal/kg]$, 열용량 $W = 5[kW]$이므로 소요되는 시간 $t = \frac{mH\eta}{860W} = \frac{8 \times 8,600 \times 1}{860 \times 5} = 16$ 이다.

따라서 16시간이 소요된다.

21 ⑤

절탄기에서 급수가 포화증기로 변환되므로 적절하지 않다.

> 🔎 더 알아보기
>
> **열 사이클 경로**
> 화력 발전소에서 물과 증기의 흐름은 급수 펌프에 의해 급수를 보일러로 공급하고 보일러에서 물이 습증기로 변환 후 습증기가 과열기를 통해 과열증기로 변환된다. 과열증기는 터빈을 통해 다시 습증기로 변환되고 복수기에 의해 습증기는 물, 즉 급수로 다시 변환된다.

출제빈도: ★★☆ 대표출제기업: 한국수력원자력

22 다음 중 화력 발전소의 위치 선정 시 고려해야 할 사항으로 적절하지 않은 것은?

① 지반이 견고해야 한다.
② 풍부한 용수와 냉각수를 얻을 수 있어야 한다.
③ 연료의 운반과 저장이 편리해야 한다.
④ 환경 공해 문제가 없어야 한다.
⑤ 바람이 불지 않도록 산으로 둘러싸여 있어야 한다.

출제빈도: ★☆☆ 대표출제기업: 한국중부발전

23 다음 중 화력 발전소의 보일러 설비 중 절탄기의 용도로 적절한 것은?

① 포화증기를 과열증기로 만드는 장치
② 과열증기의 온도 근처까지 온도를 올리기 위한 장치
③ 보일러 급수를 가열하는 장치
④ 공기를 예열하는 장치
⑤ 석탄을 건조하는 장치

출제빈도: ★☆☆ 대표출제기업: 한국수력원자력

24 다음 중 원자력 발전의 원자로 구성 요소로 적절하지 않은 것은?

① 감속재　　　② 냉각재　　　③ 과열기　　　④ 제어봉　　　⑤ 차폐재

출제빈도: ★☆☆ 대표출제기업: 한국수력원자력

25 다음 중 원자력 발전의 특징으로 적절하지 않은 것은?

① 설비는 국내 관련 산업을 발전시킨다.
② 수송 및 저장이 용이하여 비용이 절감된다.
③ 방사선 측정기, 폐기물 처리 장치가 필요하다.
④ 방사능 누출에 대한 안전 대책이 중요해진다.
⑤ 건설비와 연료비가 낮다.

26 다음 중 비등수형 원자로의 특징으로 적절하지 않은 것은?

① 열교환기가 필요하다.

② 증기는 기수 분리, 급수는 양질의 것이어야 한다.

③ 출력 변동에 대한 출력 특성은 가압수형보다 못하다.

④ 펌프 동력이 적어도 된다.

⑤ 방사능 누출에 대한 문제가 있어 우리나라에서는 채용되지 않는 원자로이다.

정답 및 해설

22 ⑤
화력 발전소의 위치 선정 시 다음 사항을 고려해야 한다.
• 전력 수요지에 가까울 것
• 값이 싸고 풍부한 용수와 냉각수를 얻을 수 있을 것
• 연료의 운반과 저장이 편리할 것
• 지반이 견고할 것

23 ③
절탄기는 연도(굴뚝) 내에 설치되어, 연소 가스가 갖는 열량을 회수하여 보일러 급수를 가열하는 장치이다.

오답노트
① 포화증기를 과열증기로 만들어 증기 터빈에 공급하는 장치는 과열기이다.
② 터빈에서 팽창한 증기를 다시 가열하여 온도를 올리기 위한 장치는 재열기이다.

24 ③
과열기는 화력 발전의 증기발생설비인 보일러 장치의 일종이므로 적절하지 않다.

더 알아보기

원자로 구성 요소
원자로는 핵연료, 감속재, 냉각재, 반사체, 제어봉, 차폐재로 구성된다.

25 ⑤
원자력 발전은 건설비가 높으므로 적절하지 않다.

더 알아보기

원자력 발전의 특징
• 연료비가 적게 들기 때문에 발전 원가 면에서 유리함
• 분진, 유황 등으로 인한 대기나 수질, 토양 오염이 없는 깨끗한 에너지원
• 원자력 발전소의 설계, 건설, 운전으로 국내 관련 산업 발달
• 방사능 피해가 커서 방사능 누출에 대한 안전 대책이 중요함

26 ①
비등수형 원자로는 원자로에서 발생한 열로 증기를 만들어 직접 터빈에 보내는 방식이므로 열교환기가 필요하지 않다.

Chapter 4 전기기기

🔲 학습목표

1. 발전기의 원리, 구조, 종류, 특성, 병렬운전을 이해한다.
2. 전동기의 원리, 회전력, 기동, 속도제어, 제동, 특성을 이해한다.
3. 변압기의 부분별 특성을 이해한다.
4. 직류와 교류의 변환기기, 사이리스터의 정류 방식을 이해한다.
5. 출력 공식을 암기한다.

🔲 출제비중

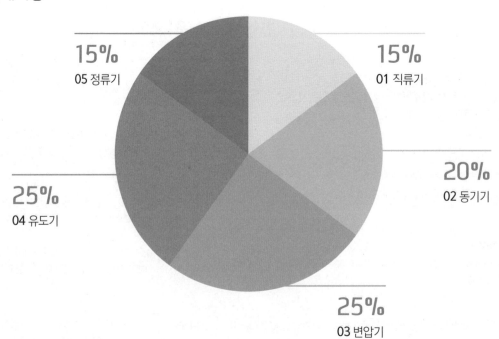

15%
05 정류기

15%
01 직류기

20%
02 동기기

25%
04 유도기

25%
03 변압기

■ 출제포인트 & 출제기업

출제포인트	출제빈도	출제기업
01 직류기	★	한국철도공사(코레일)
02 동기기	★★	한국전력공사 한국전기안전공사 한국수력원자력 서울교통공사
03 변압기	★★★	한국남동발전 한국남부발전 한국서부발전
04 유도기	★★★	한국동서발전 한국수자원공사
05 정류기	★	한국중부발전 등

✓ **기출 Keyword**

- 유기 기전력
- 전기자 반작용
- 전압 변동률
- 병렬운전
- 회전력(토크)
- 기동법
- 속도 제어
- 제동법
- 전기자 권선법
- 슬립
- 단락비
- 사이리스터

01 직류기   출제빈도 ★

1. 직류 발전기

(1) 직류 발전기의 구조

① 계자(Field): 전기자를 통과하는 자속을 만드는 부분

② 전기자(Armature): 계자에서 만든 자속을 끊어서 기전력을 유도하는 부분
- 권선(코일): 유기 기전력 발생
- 철심
  - 규소강판(1~1.4[%]): 히스테리시스손 감소
  - 성층철심(0.35~0.5[mm]): 와류손 감소

③ 정류자(Commutator): 전기자 권선에서 유도된 교류를 직류로 바꾸는 부분

> - 정류자 편수 $K = \dfrac{ns}{2}$
> - 정류자 편 간 위상차 $\theta = \dfrac{2\pi}{K}$
> - 정류자 편 평균 전압 $e = \dfrac{pE}{K}$
>
> (n: 슬롯 내부 코일 변수, s: 슬롯 수, p: 극수)

④ 브러시(Brush): 외부 회로와 내부 회로를 연결하며 접촉저항이 큰 탄소 브러시 사용

(2) 직류기 전기자 권선법

고상권, 폐로권, 이층권(중권, 파권)을 사용한다.

비교 항목	단중 중권	단중 파권
전기자 병렬 회로 수	• 극수와 같음	• 항상 2
브러시 수	• 극수와 같음	• 2개로 되지만 극수만큼 브러시를 둘 수도 있음
용도	• 저전압, 대전류에 적합	• 고전압, 소전류에 적합
균압 접속	• 4극 이상이면 균압 접속을 해야 함	• 균압 접속이 필요하지 않음
슬롯 수와의 관계	• 슬롯 수에 관계없이 권선 가능 • 짝수 슬롯이 좋음	• 슬롯 수는 홀수 • 짝수가 되면 놀림코일이 생김

(3) 유기 기전력

$$E = \frac{pZ}{60a}\phi N[V]$$

(p: 극수, ϕ: 극당 자속 수$[Wb]$, N: 회전 속도$[rpm]$, a: 병렬 회로 수, Z: 총 도체 수)

(4) 전기자 반작용

전기자 권선에 흐르는 전류에 의한 자속이 계자의 주자속에 영향을 미치는 현상
① 전기자 반작용의 영향
  • 주자속의 감소 → 감자 작용
   (발전기: 유기 기전력 감소, 전동기: 토크 감소, 속도 증가)
   – 감자 기자력: $AT_d = \frac{Z}{2p} \cdot \frac{4a}{2\pi} \cdot \frac{I_a}{a}[AT/극]$
   – 교차 기자력: $AT_c = \frac{Z}{2p} \cdot \frac{2\beta}{2\pi} \cdot \frac{I_a}{a}[AT/극]$
  • 전기적 중성축 이동 → 편자 작용
   (발전기: 회전 방향, 전동기: 회전 방향과 반대)
  • 정류자 편과 브러시 사이에 불꽃(섬락) 발생 → 정류 불량
② 방지책
  • 보극 설치: 중성축 부근의 전기자 반작용 상쇄
  • 보상 권선 설치: 대부분의 전기자 반작용을 상쇄시키며 가장 유효한 방법
  • 브러시를 중성점으로 이동(발전기: 회전 방향, 전동기: 회전 방향과 반대)

(5) 정류

교류를 직류로 변환하는 것
① 정류 주기

$$T_c = \frac{b - \delta}{v_s}[s]$$

(b: 브러시의 폭$[m]$, δ: 마이카 편의 두께$[m]$, v_c: 정류자의 주변 속도$[m/s]$)

② 정류 곡선(Commutating curve)
  직선 정류, 정현파 정류, 부족 정류, 과정류 등이 있으며 불꽃 없는 정류는 직선 또는 정현파 정류 곡선이다.

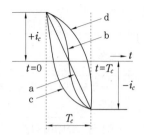

a: 직선 정류
b: 정현 정류
c: 과정류(브러시 앞쪽에서 불꽃 발생)
d: 부족정류(브러시 뒤쪽에서 불꽃 발생)

③ 양호한 정류를 얻는 조건
- 평균 리액턴스 전압을 작게 한다. $\left(e = L\dfrac{2I_c}{T_c} \right)$
- 정류 주기를 길게 한다.
- 코일의 자기 인덕턴스를 줄인다. (단절권 채용)
- 전압정류: 보극 설치
- 저항정류: 접촉저항이 큰 탄소 브러시 설치

(6) 직류 발전기의 종류 및 특성

여자 방식에 따라 ┬ 타여자
　　　　　　　　└ 자여자 ┬ 분권
　　　　　　　　　　　　　├ 직권
　　　　　　　　　　　　　└ 복권 ┬ 차동복권
　　　　　　　　　　　　　　　　　└ 가동복권 ┬ 평복권
　　　　　　　　　　　　　　　　　　　　　　├ 과복권
　　　　　　　　　　　　　　　　　　　　　　└ 부족복권

① 타여자 발전기
- 잔류 자기가 없어도 발전 가능
- 운전 중 회전 방향 반대: 극성이 반대로 되어 발전 가능
- $E = V + I_a R_a + e_a + e_b[V]$, $I_a = I[A]$

② 분권 발전기
- 계자 권선과 전기자 권선이 병렬연결
- 잔류 자기가 없으면 발전 불가능
- 운전 중 회전 방향 반대: 발전 불가능
- 운전 중 서서히 단락: 소전류 발생
- $E = V + I_a R_a + e_a + e_b[V]$, $I_a = I + I_f[A]$

③ 직권 발전기
- 계자 권선과 전기자 권선이 직렬연결
- 운전 중 회전 방향 반대: 발전 불가능
- 무부하 시 자기 여자로 전압을 확립할 수 없음
- $E = V + I_a(R_a + R_f) + e_a + e_b[V]$, $I = I_a = I_f[A]$

④ 복권 발전기
- 분권 발전기 사용: 직권 계자 권선 단락
- 직권 발전기 사용: 분권 계자 권선 단선

⑤ 특성 곡선

유기 기전력 $E[V]$, 단자전압 $V[V]$, 전기자 전류 $I_a[A]$, 부하전류 $I[A]$, 계자전류 $I_f[A]$의 상호 관계를 표시하는 곡선이다.

구분	횡축	종축	조건
무부하 포화 곡선	I_f	$V(=E)$	$I=0$
외부 특성 곡선	I	V	R_f = 일정
내부 특성 곡선	I	E	R_f = 일정
부하 특성 곡선	I_f	V	I = 일정
계자 조정 곡선	I	I_f	V = 일정

(7) 전압 변동률

$$\varepsilon = \frac{V_o - V_n}{V_n} \times 100[\%]$$

(V_o: 무부하 전압, V_n: 정격전압)

• $\varepsilon > 0$ $(V_0 > V_n)$: 타여자, 분권, 부족복권, 차동복권
• $\varepsilon = 0$: 평복권
• $\varepsilon < 0$ $(V_0 < V_n)$: 직권, 과복권

(8) 직류 발전기의 병렬운전

병렬운전을 안정하게 하기 위하여 직권, 복권 발전기는 균압 모선을 설치한다.
① 병렬운전 조건
  • 정격전압과 극성이 같을 것
  • 외부 특성 곡선이 어느 정도 수하 특성일 것
  • 용량이 다른 경우 [%]부하전류로 나타낸 외부 특성 곡선이 일치할 것
  • 용량이 같으면 각 발전기의 외부 특성 곡선이 같을 것
② 부하 분담
  • 저항이 같으면 유기 기진력이 큰 쪽이 부하 분담을 많이 갖는다.
  • 부하전류는 전기자 저항에 반비례한다. (용량이 같은 경우)
  • 부하전류는 용량에 비례한다. (전기자 저항이 같은 경우)

2. 직류 전동기

(1) 역기전력

$$E = \frac{pZ}{60a}\phi N[V]$$

① 타여자 전동기
  • 극성을 반대로 하면 회전 방향이 반대가 됨
  • 정속도 전동기

② 분권 전동기
- 정속도 전동기
- 위험 상태: 정격전압, 무여자 상태
- 극성을 반대로 하면 회전 방향이 불변함
- $E = V - I_a R_a$

③ 직권 전동기
- 변속도 전동기
- 부하에 따라 속도가 심하게 변함
- 극성을 반대로 하면 회전 방향이 불변함
- 위험 상태: 정격전압, 무부하 상태
- $E = V - I_a(R_a + R_f)$

(2) 토크

$$\cdot T = \frac{P}{\omega} = \frac{EI_a}{2\pi n} = \frac{pZ}{2\pi a}\phi I_a [N \cdot m]$$
$$\cdot T = \frac{1}{9.8} \times \frac{P}{\omega} = 0.975 \frac{P}{N} [kg \cdot m]$$

(3) 속도 제어

$$N = k\frac{E}{\phi} = k\frac{V - R_a I_a}{\phi} [rpm]$$

① 전압 제어
- 광범위한 속도 제어
- 일그너 방식(부하가 급변하는 곳에 적합)
- 워드레어너드 방식
- 정토크 제어
- 직병렬 제어

② 계자 제어
- 세밀하고 안정된 속도 제어
- 속도 조정 범위가 좁음
- 정출력 구동 방식

③ 저항 제어
- 속도 조정 범위가 좁음
- 기동용 저항과 제어용 저항을 겸할 수 있음

④ 속도 변동률

$$\varepsilon = \frac{N_0 - N_n}{N_n} \times 100[\%]$$

$(N_0$: 무부하 속도, N_n: 정격 속도)

(4) 직류 전동기 제동

① 발전 제동
: 운전 중의 전동기를 전원에서 분리하여 단자에 적당한 저항을 접속하고, 이것을 발전기로 동작시켜 부하전류로 역토크에 의해 제동하는 방법

② 회생 제동
: 전동기를 발전기로 동작시켜 그 유도기전력을 전원전압보다 크게 함으로써 전력을 전원에 되돌려 보내면서 제동시키는 경제적인 방법

③ 역전 제동
: 전동기를 전원에 접속한 채로 전기자의 접속을 반대로 바꾸어 회전 방향과 반대의 토크를 발생시켜 급정지하는 방법

(5) 손실과 효율

① 손실의 종류

총 손실 ┬ 무부하손 ┬ 철손 ┬ 히스테리시스손 $P_h = \sigma_h f B_a^{1.6}[W/m^3]$
　　　　│　　　　│　　　└ 와류손 $P_e = \sigma_e (tkfB_a)^2[W/m^3]$
　　　　│　　　　└ 기계손 ─ 풍손, 베어링 마찰손, 브러시 마찰손
　　　　└ 부하손 ┬ 전기자 저항손 $P_c = I_a^2 R[W]$
　　　　　　　　　├ 브러시손
　　　　　　　　　└ 표류 부하손, …, 철손, 기계손, 동손 이외의 손실

② 최대 효율 조건: 무부하손 = 부하손

③ 실측 효율: $\eta = \dfrac{출력}{입력} \times 100[\%]$

④ 규약 효율
- 발전기: $\eta = \dfrac{출력}{출력 + 손실} \times 100[\%]$
- 전동기: $\eta = \dfrac{입력 - 손실}{입력} \times 100[\%]$

(6) 시험법

① 직류기의 온도 시험
- 실부하법
  : 발전기 또는 전동기에 실제로 부하를 인가하여 온도 상승을 시험하는 방법
- 반환 부하법
  : 같은 정격 기기 2대를 기계적·전기적으로 연결해 동력을 주고받으며 발생하는 손실에 상당하는 전력을 전원으로부터 공급하는 방법으로 카프법, 블론델법, 홉킨스법이 있음

② 토크 측정법
- 소형의 전동기
  - 와전류 제동기, 프로니 브레이크법
- 대형의 전동기
  - 전기 동력계법

$$T = 0.975 \frac{P}{N} = W \cdot L[kg \cdot m]$$

$$(W: 저울추의 지시값[kg], L: 암의 길이[m])$$

📑 시험문제 미리보기!

다음 중 전기 기계에 있어서 히스테리시스손을 감소시키기 위한 방법으로 적절한 것은?

① 보극 설치   ② 브러시 이동
③ 규소강판 사용   ④ 성층철심 사용
⑤ 탄소 브러시 사용

정답   ③

해설   1~1.4[%] 정도로 규소를 함유시켜 히스테리시스손을 감소시키므로 적절하다.

오답노트
① 보극을 설치하여 평균 리액턴스 전압을 없애므로 적절하지 않다.
② 브러시를 이동시키면 전기자 반작용을 방지할 수 있으므로 적절하지 않다.
④ 성층철심을 사용하면 와류손이 줄어들므로 적절하지 않다.

02 동기기   출제빈도 ★★

1. 동기 발전기

(1) 동기 발전기의 구조 및 원리

① 동기 속도

$$N_s = \frac{120f}{p}[rpm]$$

$$(f: 주파수[Hz], p: 극수)$$

② 유도 기전력

$$E = 4.44 f\phi\omega K_\omega[V]$$

$$(K_\omega: 권선 계수, \omega: 1상의 권수, \phi: 극당 자속 수[Wb])$$

③ 회전 계자
  • 회전자는 계자, 고정자는 전기자로 구성된 형태
  • 계자는 기계적으로 튼튼함
  • 계자의 소요 전력이 적음
  • 절연이 용이함

- 전기자는 Y결선으로 복잡함

④ 수소 냉각 방식의 특징
- 풍손이 공기의 1/10로 경감됨
- 열전도도가 좋고 비열이 커서 냉각 효과가 큼
- 절연물의 산화가 없으므로 절연물의 수명이 길어짐
- 소음이 적고 코로나 발생이 적음
- 수소는 공기와의 혼입으로 폭발할 우려가 있음

(2) 전기자 권선법

고조파를 제거, 감소하여 파형을 개선하기 위함이다.

① 분포권
- 분포권 계수

$$\cdot\ K_d(\text{기본파}) = \frac{\sin\dfrac{\pi}{2m}}{q\sin\dfrac{\pi}{2mq}}$$

$$\cdot\ K_{dn}(n\text{차 고조파}) = \frac{\sin\dfrac{n\pi}{2m}}{q\sin\dfrac{n\pi}{2mq}}$$

(q: 매극 매상당 슬롯 수, m: 상수)

- 고조파를 감소하여 파형을 좋게 함
- 권선의 누설 리액턴스가 감소함
- 전기자 권선의 열을 고르게 분포시켜 과열을 방지함

② 단절권
- 단절권 계수

$$\cdot\ K_P(\text{기본파}) = \sin\frac{\beta\pi}{2}$$

$$\cdot\ K_{Pn}(n\text{차 고조파}) = \sin\frac{n\beta\pi}{2}$$

$$\left(\beta = \frac{\text{권선피치}}{\text{자극피치}}\right)$$

- 고조파가 제거되어 파형을 좋게 함
- 코일 끝 부분의 길이가 단축되어 기계 전체의 길이가 감소함
- 동량이 감소함

(3) 전기자 반작용

부하의 역률에 따라 작용이 다르게 된다.

전압 전류 관계	발전기	전동기
I와 E가 동상	교차자화 작용	교차자화 작용
I가 E보다 $\pi/2$ 뒤짐	감자 작용	증자 작용
I가 E보다 $\pi/2$ 앞섬	증자 작용	감자 작용

(4) 동기 임피던스

① 철심이 포화 상태이고 정격전압일 때 동기 임피던스

$$Z_s = r_a + j(x_a + x_l) = r_a + jx_s \fallingdotseq x_s$$

$(r_a$: 전기자 저항$[\Omega]$, x_a: 전기자 반작용 리액턴스$[\Omega]$,

x_l: 전기자 누설 리액턴스$[\Omega]$, x_s: 동기 리액턴스$[\Omega]$)

② %동기 임피던스

$$\%Z = \frac{I_n Z_s}{E} \times 100 = \frac{P_n Z_s}{V^2} \times 100 = \frac{I_n}{I_s} \times 100[\%]$$

$(V = \sqrt{3}E$: 선간전압$[V]$, P_n: 기준용량$[VA]$,

Z_s: 동기 임피던스$[\Omega]$, I_n: 정격전류$[A]$, I_s: 단락전류$[A]$)

(5) 단락 현상

정상 운전 중인 3상 동기 발전기를 갑자기 단락하면 이때의 단락전류는 처음에는 큰 전류(돌발단락전류)이나 점차 감소하며, 이러한 돌발단락전류는 누설 리액턴스에 의해 제한된다.

① 단락전류

- 돌발단락전류 $I_s = \dfrac{E}{r_a + jx_l}$
- 영구단락전류 $I_s \fallingdotseq \dfrac{E}{r_a + jx_s} = \dfrac{E}{r_a + j(x_a + x_l)} \fallingdotseq \dfrac{E}{jx_s}$

② 단락비

$$K_s = \frac{\text{무부하에서 정격전압을 유지하는 데 필요한 계자전류}}{\text{정격전류와 같은 단락전류를 흘리는 데 필요한 계자전류}}$$

$$= \frac{1}{\%Z_s} \times 100$$

$$= \frac{I_s}{I_n}$$

③ 단락비가 큰 기계
- 철 기계, 수차 발전기
- 동기 임피던스가 작음
- 반작용 리액턴스 x_a가 적음
- 계자 기자력이 큼
- 기계의 중량이 큼
- 과부하 내량이 증대되고, 송전선의 충전 용량이 큰 여유가 있는 기계인 반면에 기계의 가격이 상승함

(6) 특성 및 출력

① 자기 여자 현상
발전기 단자에 장거리 선로가 연결되어 있을 때 무부하 시 선로의 충전전류에 의해 단자전압이 상승하여 절연이 파괴되는 현상

② 자기 여자 현상 방지 대책
- 수전단에 리액턴스가 큰 변압기 사용
- 발전기를 2대 이상 병렬운전
- 동기 조상기를 부족여자로 사용
- 단락비가 큰 기계 사용

③ 출력

$$P = \frac{EV}{x_s}\sin\theta[W]$$

(E: 유기 기전력$[V]$, V: 단자전압$[V]$, θ: E와 V의 상차각)

(7) 동기 발전기의 병렬운전

조건	다를 경우
기전력의 크기가 같을 것	$I_c = \dfrac{E_1 - E_2}{2Z_s}[A]$의 무효순환전류가 흐름
기전력의 위상이 같을 것	위상이 앞선 G_1은 위상이 뒤진 G_2에 $P = \dfrac{E^2}{2Z_s}\cos\delta$에 해당하는 동기화 전류가 흐름
기전력의 주파수가 같을 것	동기화 전류가 주기적으로 흘러 난조의 원인이 됨
기전력의 파형이 같을 것	고조파 무효순환전류가 흐름
상회전이 같을 것	–

2. 동기 전동기

(1) 특징

① 정속도 전동기
② 난조가 발생하여 기동이 어려움
③ 역률을 조정할 수 있으며 진상·지상전류의 연속 공급 가능(동기 조상기)
④ 저속도 대용량의 전동기: 송풍기, 압축기, 압연기, 분쇄기

(2) 동기 전동기 기동법

① 자기동법: 난조를 방지하기 위해 제동권선을 사용하여 기동
② 기동전동기법: 유도 전동기를 기동 전동기로 사용

(3) 위상특성곡선(V곡선)

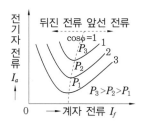

해커스공기업 쉽게 끝내는 전기직 이론 + 기출동형문제

① 역률이 1인 경우 전기자 전류가 최소로 됨
② 여자 전류를 증가시키면 역률은 앞서고 전기자 전류는 증가
③ 여자 전류를 감소시키면 역률은 뒤지고 전기자 전류는 증가

(4) 안정도 향상 대책

① 정상 과도 리액턴스를 작게 하고, 단락비를 크게 한다.
② 영상 임피던스와 역상 임피던스를 크게 한다.
③ 회전자 관성을 크게 한다. (플라이휠 효과)
④ 속응 여자 방식을 채용한다.
⑤ 조속기 동작을 신속히 한다.

▤ 시험문제 미리보기!

극수 8, 회전 수 900[rpm]의 교류 발전기와 병행운전하는 극수 12의 교류 발전기의 회전 수[rpm]는?

① 400　　　② 500　　　③ 600　　　④ 700　　　⑤ 800

정답　③

해설　$N_s = \dfrac{120f}{p}$ 임을 적용하여 구한다.

극수 $p = 8$, 회전 수 $N_s = 900[rpm]$인 교류 발전기의 주파수 $f = 900 \times \dfrac{8}{120} = 60[Hz]$이다.

따라서 극수 $p = 12$의 교류 발전기의 회전 수 $N_s = \dfrac{120 \times 60}{12} = 600[rpm]$이다.

03　변압기　　　출제빈도 ★★★

1. 변압기의 유기 기전력과 권수비

(1) 유기 기전력

- 1차 기전력 $E_1 = 4.44fN_1\phi[V]$
- 2차 기전력 $E_2 = 4.44fN_2\phi[V]$

(f: 주파수[Hz], N_1: 1차 측 권선 수, N_2: 2차 측 권선 수, ϕ: 자속[Wb])

(2) 권수비

$$a = \frac{N_1}{N_2} = \frac{E_1}{E_2} = \frac{I_2}{I_1} = \sqrt{\frac{Z_1}{Z_2}}$$

(N: 권선 수, E: 유기 기전력, I: 정격전류, Z: 권선의 임피던스)

2. 변압기유

(1) 변압기유의 구비 조건

① 절연내력이 클 것

② 점도가 적고 비열이 커서 냉각 효과가 클 것

③ 인화점은 높고, 응고점은 낮을 것

④ 고온에서 산화하지 않고, 침전물이 생기지 않을 것

(2) 변압기의 호흡 작용

외부의 온도 변화, 부하의 변화에 따라 내부 기름의 온도가 변화하고 기압 차에 의해 공기가 출입하는 작용이다.

① 열화 작용: 호흡 작용으로 인해 절연내력이 저하하고 냉각 효과가 감소하는 작용

② 열화 작용 방지 대책

- 질소 봉입
- 흡착제 방식
- 콘서베이터 설치

3. 변압기의 등가회로

2차 회로를 1차 회로로 환산한 등가회로

- 2차 등가전압 $V_2' = V_1 = aV_2$
- 2차 등가전류 $I_2' = I_1 = \dfrac{1}{a}I_2$
- 2차 등가 임피던스 $Z_2' = \dfrac{V_2'}{I_2'} = \dfrac{aV_2}{\dfrac{1}{a}I_2} = a^2 Z_2$
- 2차 등가저항 $r_2' = a^2 r_2$, 2차 등가 리액턴스 $x_2' = a^2 x_2$
- 총 등가 임피던스 $Z_{21} = r_{21} + jx_{21} = (r_1 + a^2 r_2) + j(x_1 + a^2 x_2)$
- 단락전류 $I_s = \dfrac{E_n}{Z_{21}} = \dfrac{V_1}{Z_{21}}$

4. %전압 강하

(1) %저항 강하

$$\%R = p = \frac{I_{1n} r_{21}}{V_{1n}} \times 100 = \frac{I_{1n} r_{21}}{V_{1n}} \times \frac{I_{1n}}{I_{1n}} \times 100 = \frac{I_{1n}^2 r_{21}}{V_{1n} I_{1n}} \times 100 = \frac{P_c}{P_n} \times 100[\%]$$

(2) %리액턴스 강하

$$\%X = q = \frac{I_{1n} x_{21}}{V_{1n}} \times 100[\%]$$

(3) %임피던스 강하

$$\%Z = \frac{I_{1n}Z_{21}}{V_{1n}} \times 100 = \frac{V_s}{V_{1n}} \times 100 = \frac{P_n Z_{21}}{V_{1n}^2} \times 100 = \frac{I_n}{I_s} \times 100[\%]$$

(P_n: 변압기 용량, I_s: 단락전류, I_n: 정격전류, V_s: 임피던스 전압)

① 임피던스 전압: 정격전류가 흐를 때 변압기 내 전압 강하
② 임피던스 와트: 임피던스 전압일 때 입력

5. 전압 변동률

- $\varepsilon = \dfrac{V_{20} - V_{2n}}{V_{2n}} \times 100[\%]$
- $\varepsilon = p\cos\theta \pm q\sin\theta$

※ 지상: $\varepsilon = p\cos\theta + q\sin\theta$, 진상: $\varepsilon = p\cos\theta - q\sin\theta$

6. 변압기의 결선법

결선법	V_l	I_l	출력		비고
Y결선	$\sqrt{3}V_p$	I_p	$\sqrt{3}V_l I_l$	$3V_p I_p$	중성점 접지 가능
$\varDelta$결선	V_p	$\sqrt{3}I_p$	$\sqrt{3}V_l I_l$	$3V_p I_p$	제3고조파 제거
V결선	V_p	I_p	$\sqrt{3}V_l I_l$	$\sqrt{3}V_p I_p$	• 출력비: 57.7[%] • 이용률: 86.6[%]

※ V_l: 선간전압, I_l: 선전류, V_p: 상전압, I_p: 상전류

① $\varDelta - \varDelta$결선
- 1대 고장 시 $V - V$결선으로 변경
- 이상전압 상승이 큼, 제3고조파에 의한 순환전류가 흘러 정현파 기전력을 유기하고 유도장해가 없음
- $V_l = V_p$

② $Y - Y$결선
- 중성점 접지 가능: 이상전압 방지, 제3고조파에 의한 유도장해 발생
- 보호계전기 동작이 신속함
- 절연이 $\dfrac{1}{\sqrt{3}}$배 용이
- $V_l = \sqrt{3}V_p$

③ $\varDelta - Y$, $Y - \varDelta$결선
- Y결선으로 중성점 접지 가능
- $\varDelta$결선으로 제3고조파가 생기지 않음
- $\varDelta - Y$는 송전단에, $Y - \varDelta$는 수전단에 설치
- 1차와 2차 전압 사이에 30°의 위상차가 생김

④ $V-V$결선

　• 출력 $P_V = \sqrt{3}P_1$

　• 4대의 경우 출력 $P_V = 2\sqrt{3}P_1$

　• 이용률: $\dfrac{\sqrt{3}P_1}{2P_1} = 0.866$

　• 출력비: $\dfrac{\sqrt{3}P_1}{3P_1} = 0.577$

7. 상수의 변환

(1) 3상 → 2상 변환

① 스코트 결선(T결선): T좌 변압기의 $\dfrac{\sqrt{3}}{2} = 0.866$ 되는 점에서 전원 공급

② 메이어 결선

③ 우드 브리지 결선

(2) 3상 → 6상 변환

① 포크 결선

② 2중 성형 결선

③ 대각 결선

④ 2중 3각 결선

⑤ 환상 결선

8. 변압기의 병렬운전

(1) 병렬운전 조건

① 변압기의 극성이 같을 것

② 변압기의 권수가 같고 정격전압이 같을 것

③ %임피던스 강하가 같을 것

④ 내부저항과 누설 리액턴스의 비가 같을 것

(2) 결선 조합

병렬운전 가능	병렬운전 불가능
$\Delta - \Delta$와 $\Delta - \Delta$	
$Y - \Delta$와 $Y - \Delta$	$\Delta - \Delta$와 $\Delta - Y$
$Y - Y$와 $Y - Y$	$\Delta - Y$와 $Y - Y$
$\Delta - Y$와 $\Delta - Y$	$Y - \Delta$와 $\Delta - \Delta$
$\Delta - \Delta$와 $Y - Y$	$\Delta - \Delta$와 $\Delta - Y$
$\Delta - Y$와 $Y - \Delta$	

(3) 부하 분담

분담전류는 정격전류에 비례하고 누설 임피던스에 반비례

$$\frac{I_a}{I_b} = \frac{I_A}{I_B} \times \frac{\%Z_b}{\%Z_a}$$

(I_a: A기 분담전류, I_A: A기 정격전류, $\%Z_a$: A기 %임피던스,
I_b: B기 분담전류, I_B: B기 정격전류, $\%Z_b$: B기 %임피던스)

9. 변압기 손실 및 효율

(1) 손실

① 무부하손(고정손): 철손 = 히스테리시스손 + 와류손

② 부하손(가변손): 동손

(2) 전부하 시

① 효율

$$\eta = \frac{출력}{출력 + 손실} \times 100 = \frac{V_2 I_2 \cos\theta}{V_2 I_2 \cos\theta + P_i + P_c} \times 100[\%]$$

② 최대 효율 조건

$$P_i = P_c$$

(3) $\frac{1}{m}$ 부하 시 효율

① 효율

$$\eta = \frac{\frac{1}{m} V_2 I_2 \cos\theta}{\frac{1}{m} V_2 I_2 \cos\theta + P_i + \left(\frac{1}{m}\right)^2 P_c} \times 100[\%]$$

② 최대 효율 조건

$$P_i = \left(\frac{1}{m}\right)^2 P_c$$

(4) 전일 효율(T시간)

① 효율

$$\eta = \frac{T \frac{1}{m} V_2 I_2 \cos\theta}{T \frac{1}{m} V_2 I_2 \cos\theta + 24 P_i + T\left(\frac{1}{m}\right)^2 P_c} \times 100[\%]$$

② 최대 효율 조건

$$24 P_i = T\left(\frac{1}{m}\right)^2 P_c$$

10. 단권 변압기

1개의 권선을 이용해 전압을 변성시키는 변압기

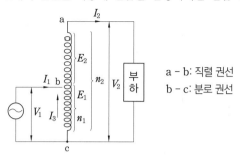

a – b: 직렬 권선
b – c: 분로 권선

(1) 전압비

$$\frac{V_1}{V_2} = \frac{E_1}{E_1 + E_2} = \frac{n_1}{n_2} = a$$

(2) 전류비

$$\frac{I_1}{I_2} = \frac{n_2}{n_1} = \frac{1}{a}$$

(3) 자기용량과 부하용량

- $$\frac{\text{자기용량}}{\text{부하용량}} = \frac{\text{직렬 권선 부분의 전류} \times \text{승압(강압)전압}}{\text{출력}}$$

$$= \frac{(V_2 - V_1)I_2}{V_2 I_2} = 1 - \frac{V_1}{V_2} = 1 - a$$

- 단권 변압기 용량(자기용량) = 부하용량 $\times \dfrac{V_2 - V_1}{V_2}$ = 부하용량 $\times \dfrac{\text{고압} - \text{저압}}{\text{고압}}$

(4) 단권 변압기의 3상 결선

결선 방식	Y결선	Δ결선	V결선	변연장 Δ결선
자기용량 부하용량	$1 - \dfrac{V_l}{V_h}$	$\dfrac{V_h^2 - V_l^2}{\sqrt{3}V_h V_l}$	$\dfrac{2}{\sqrt{3}}\left(1 - \dfrac{V_l}{V_h}\right)$	$-\dfrac{\sqrt{3}}{2}\left(\dfrac{V_l}{V_h}\right) + \sqrt{1 - \dfrac{1}{4}\left(\dfrac{V_l}{V_h}\right)^2}$

11. 변압기의 시험 및 보호 계전기

(1) 개방 회로 시험으로 측정할 수 있는 항목

① 무부하 전류
② 히스테리시스손
③ 와류손
④ 여자 어드미턴스
⑤ 철손

(2) 단락 시험으로 측정할 수 있는 항목

    ① 동손

    ② 임피던스 와트

    ③ 임피던스 전압

(3) 변압기 내부 고장 검출용 보호계전기

    ① 부흐홀츠 계전기

    ② 차동 계전기

    ③ 비율 차동 계전기

    ④ 압력 계전기

📄 시험문제 미리보기!

1차 측 권수가 1,200인 변압기의 2차 측 40[Ω]의 저항을 1차 측으로 환산했을 때 4[$k\Omega$]으로 되었다면 2차 측 권수는?

① 80   ② 100   ③ 120   ④ 140   ⑤ 160

정답   ③

해설   권수비 $a = \dfrac{N_1}{N_2} = \sqrt{\dfrac{R_1}{R_2}}$ 임을 적용하여 구한다.

        1차 측 권수 $N_1 = 1,200$, 저항 $R_1 = 4[k\Omega] = 4,000[\Omega]$, $R_2 = 40\Omega$이므로

        $\dfrac{1,200}{N_2} = \sqrt{\dfrac{4,000}{40}} \to N_2 = 120$

        따라서 2차 측 권수 $N_2 = 1200$이다.

04 유도기　　　　　　　　　　　　　　　　　　출제빈도 ★★★

1. 3상 유도 전동기

(1) 유도 전동기의 특징

    ① 유도 전동기의 사용 이유

       • 전원을 얻기 쉽다.

       • 구조가 간단하고, 저렴하며 튼튼하다.

       • 취급이 용이하다.

       • 부하 변화에 대하여 거의 정속도 특성이다.

② 유도 전동기 종류

농형	• 구조가 간단하고, 보수가 용이함 • 효율이 좋음 • 속도 조정이 곤란함 • 기동 토크가 작아 대형이 되면 기동이 곤란함
권선형	• 중형과 대형에 많이 사용함 • 기동이 쉽고 속도 조정이 용이함

(2) 슬립

전부하 시 전동기 속도 감소의 동기 속도에 대한 비율

$$\text{슬립 } s = \frac{N_s - N}{N_s} \times 100[\%], \quad N = (1-s)N_s$$

(N_s: 동기 속도[rpm], N: 전동기 회전 속도[rpm])

• 유도 전동기: $0 < s < 1$
• 유도 발전기: $s < 0$
• 유도 제동기: $1 < s < 2$

(3) 슬립 s로 운전 시 특징

① 정지 시
  • 2차 주파수 $f_2 = f_1[Hz]$
  • 2차 유기 기전력 $E_2 = 4.44K_{w2}w_2f_2\phi = 4.44K_{w2}w_2f_1\phi[V]$
② 운전 시
  • 2차 주파수 $f_{2s} = sf_1[Hz]$
  • 2차 유기 기전력 $E_{2s} = 4.44K_{w2}w_2f_{2s}\phi = 4.44K_{w2}w_2sf_1\phi = sE_2[V]$

(4) 유도 전동기 전력 변환

① 전력 변환 관계식

$$P_2 : P_{c2} : P_0 = 1 : s : (1-s)$$
$$\bullet \ P_{c2} = sP_2$$
$$\bullet \ P_0 = (1-s)P_2$$

② 2차 효율

$$\eta = \frac{P_0}{P_2} = 1 - s = \frac{N}{N_s}$$

(P_2: 2차 입력, P_{c2}: 2차 저항손, P_0: 기계적 출력)

(5) 유도 전동기 토크

① 토크 $T = \dfrac{P_0}{\omega} = 0.975\dfrac{P_0}{N} = 0.975\dfrac{(1-s)P_2}{(1-s)N_s} = 0.975\dfrac{P_2}{N_s}[kg \cdot m]$

② 토크 $T = KE_2I_2\cos\theta_2 = K\dfrac{sE_2^2r_2}{r_2^2 + (sx_2)^2}$

  • $T \propto V^2$

- $s \propto \dfrac{1}{V^2}$

③ 최대 토크
- 최대 토크가 발생하는 슬립 $s_m = \dfrac{r_2}{x_2}$
- 최대 토크 $T_m = K \dfrac{E_2^2}{2x_2}$

(6) 비례 추이

① 비례 추이의 특징
- 최대 토크는 불변하고, 최대 토크가 발생하는 슬립만 변한다.
- r_2를 크게 하면, s_m도 커진다.
- r_2를 크게 하면 기동 전류는 감소하고, 기동 토크는 증가한다.

② 비례 추이를 할 수 없는 것
- 출력
- 2차 효율
- 2차 동손

③ 2차 외부 저항

$$\frac{r_2}{s_m} = \frac{r_2 + R}{s_t}$$

(r_2: 2차 권선의 저항, R: 2차 외부회로 저항,

s_m: 최대 토크 시 슬립, s_t: 기동 시 슬립)

(7) 원선도

① 원선도 작성에 필요한 시험
- 저항 측정 시험
- 무부하(개방) 시험: 철손, 여자전류
- 구속(단락) 시험: 동손, 임피던스 전압, 단락전류

② 원선도에서 구할 수 없는 것
- 기계손
- 기계적 출력

(8) 기동법 및 속도 제어

① 기동법

농형	• 전전압기동(직입기동): 5$[HP]$ 이하(3.7$[kW]$) • Y – Δ 기동법: 5~15$[kW]$, 기동전류 $\dfrac{1}{3}$배, 기동전압 $\dfrac{1}{\sqrt{3}}$배 • 기동 보상기법: 단권 변압기를 사용한 감전압기동, 15$[kW]$ 초과 • 리액터 기동법 • 콘도르파법
권선형	• 2차 저항 기동법: 비례 추이 이용 • 게르게스법

② 속도 제어

농형	• 주파수 변환법
	  – 인견공업, 선박의 전기 추진기에 사용
	  – $N_s = \dfrac{120f}{p}$
	• 극수 변환법: 비교적 효율이 좋고 단계적인 속도 제어 방법
	• 전압 제어법

권선형	• 2차 저항법
	  – 비례 추이 이용
	  – 2차 회로에 저항을 삽입하여 토크에 대한 슬립 s를 바꾸어 속도 제어
	• 2차 여자법
	  – 회전자 기전력과 같은 주파수 전압을 인가하여 속도 제어
	• 종속 접속법
	  – 직렬 종속법: $N = \dfrac{120f}{p_1 + p_2}[rpm]$
	  – 차동 종속법: $N = \dfrac{120f}{p_1 - p_2}[rpm]$
	  – 병렬 종속법: $N = \dfrac{2 \times 120f}{p_1 + p_2}[rpm]$

2. 단상 유도 전동기

(1) 특징

① 교번자계 발생

② 기동 토크가 0

③ 2차 저항의 크기가 변화하면 최대 토크를 발생하는 슬립뿐만 아니라 최대 토크까지 변화함

(2) 종류(기동 토크가 큰 순서)

① 반발 기동형

② 반발 유도형

③ 콘덴서 기동형

④ 분상 기동형

⑤ 셰이딩 코일형

3. 유도전압 조정기

단상 유도 전압 조정기	• 단권 변압기의 원리 이용 • 단상 유도전압 조정기 용량 $P = E_2 I_2 \times 10^{-3}[kVA]$ • $E = E_1 + E_2 \cos\theta$ (E_1: 입력전압, E_2: 조정전압, θ: 분로 권선과 직렬 권선의 축이 이루는 각)
3상 유도 전압 조정기	• 3상 유도 전동기 원리 이용 • 3상 유도전압 조정기 용량 $P = \sqrt{3} E_2 I_2 \times 10^{-3}[kVA]$

50[Hz], 슬립 0.4, 회전자 속도가 900[rpm]일 때 유도 전동기의 극수는?

① 4   ② 6   ③ 8   ④ 10   ⑤ 12

정답   ①

해설   회전 속도 $N_s = \dfrac{N}{1-s}$, 극수 $p = \dfrac{120f}{N_s}$임을 적용하여 구한다.

        슬립 s = 0.4, 회전자 속도 N = 900[rpm]이므로 회전 속도 $N_s = \dfrac{900}{1-0.4}$ = 1,500[rpm]이다.

        이때 주파수 f = 50[Hz]이므로 극수 $p = \dfrac{120 \times 50}{1,500}$ = 4

        따라서 유도 전공기의 극수는 4이다.

05 정류기　　　　　　　　　　　　　　　　　　　　　출제빈도 ★

1. 회전 변류기

(1) 전압비

$$\frac{E_a}{E_d} = \frac{1}{\sqrt{2}}\sin\frac{\pi}{m}$$

(E_a: 슬립링 사이의 전압[V], E_d: 직류전압[V], m: 상수)

(2) 전류비

$$\frac{I_a}{I_d} = \frac{2\sqrt{2}}{m\cos\theta}$$

(I_a: 교류 측 선전류[A], I_d: 직류 측 전류[A])

(3) 직류전압 조정

① 직렬 리액턴스에 의한 방법
② 유도전압 조정기에 의한 방법
③ 부하 시 전압 조정 변압기에 의한 방법
④ 동기 승압기에 의한 방법

(4) 회전 변류기의 난조 원인 및 대책

원인	대책
• 중성점보다 늦은 브러시의 위치 • 부하의 급변 • 주기적인 주파수 변동 • 매우 나쁜 역률 • 리액턴스에 비해 큰 저항	• 제동 권선을 설치한다. • 전기자 저항에 비해 리액턴스를 크게 한다. • 전기각도와 기하각도의 차를 작게 한다.

2. 수은 변류기

(1) 전압비

$$E_d = \frac{\sqrt{2}E_a \sin\frac{\pi}{m}}{\frac{\pi}{m}}$$

(2) 전류비

$$\frac{I_a}{I_d} = \frac{1}{\sqrt{m}}$$

(3) 이상 현상

① 역호

: 음극에 대하여 부전위로 있는 양극에 어떠한 원인으로 인해 음극점이 형성되어 정류기의 밸브 작용이 상실되는 현상

원인	방지책
• 과전압 과전류 • 증기 밀도 과대 • 양극 재료의 불량 및 불순물 부착	• 과열, 과냉을 피할 것 • 과부하를 피할 것 • 진공도를 높일 것

② 실호

: 격자전압이 임계전압보다 정(正)의 값이 되었을 때는 완전하게 아크를 점호하며, 이 기능이 상실되어 양극의 점호에 실패하는 현상

③ 통호

: 양극에 음극점이 형성되어도 완전히 저지하여 전류를 통과시키지 않는 작용(제어격자)의 고장 현상

3. 반도체 정류기

(1) 다이오드와 SCR의 비교

구분	단상 반파	단상 전파	3상 반파	3상 전파
다이오드	$E_d = 0.45E$	$E_d = 0.9E$	$E_d = 1.17E$	$E_d = 1.35E$
SCR	$0.225E(1 + \cos\alpha)$	$0.45E(1 + \cos\alpha)$	$1.17E\cos\alpha$	$1.35E\cos\alpha$
효율	40.6[%]	81.2[%]	96.5[%]	99.8[%]
맥동률	121[%]	48[%]	17[%]	4[%]
맥동주파수	f	$2f$	$3f$	$6f$

(2) SCR

① SCR의 특징
- 아크가 생기지 않으므로 열의 발생이 적다.
- 과전압에 약하다.
- 게이트 신호를 인가할 때부터 도통할 때까지의 시간이 짧다.
- 정류 기능을 갖는 단방향성 3단자 소자이다.
- 브레이크오버 전압이 되면 애노우드 전류가 갑자기 커진다.
- 전류가 흐르고 있을 때 양극의 전압 강하가 작다.
- 역률각 이하에서는 제어가 되지 않는다.
- 사이리스터에서는 게이트 전류가 흐르면 순방향 저지 상태에서 ON 상태가 된다. 게이트 전류를 가하여 도통 완료까지의 시간을 턴온 시간이라고 한다. 시간이 길면 스위칭 시 전력 손실이 많고 사이리스터 소자가 파괴될 수 있다.

② SCR: 2방향성 3단자
③ SCS: 역저지 4단자
④ TRIAC: 2방향성 3단자

(3) PIV(첨두 역전압)

> - 단상 반파 정류 회로: $PIV = \sqrt{2}E = \pi E_d$
> - 단상 전파 정류 회로: $PIV = 2\sqrt{2}E = \pi E_d$
>
> (E: 교류전압(실횻값), E_d: 직류전압)

전기직 전문가의 TIP

유지전류
게이트를 개방한 상태에서 사이리스터 도통 상태를 유지하기 위한 최소의 순전류를 말합니다.

래칭전류
사이리스터가 턴온하기 시작하는 순전류를 말합니다.

정격전압 $220[V]$, $1,200[kW]$인 6상 회전 변류기의 교류 측에 $220[V]$의 전압을 가할 때, 직류 측의 유도 기전력은 약 몇 $[V]$인가? (단, 교류 측 역률은 $100[\%]$이고, 손실은 무시한다.)

① 622   ② 687   ③ 706   ④ 785   ⑤ 943

정답   ①

해설 $E_d = \dfrac{E_a}{\dfrac{1}{\sqrt{2}}\sin\dfrac{\pi}{m}}$ 임을 적용하여 구한다.

상수 $m = 6$, 교류 전압 $E_a = 220[V]$이므로

직류 측 전압 $E_d = \dfrac{E_a}{\dfrac{1}{\sqrt{2}}\sin\dfrac{\pi}{m}} = \dfrac{220}{\dfrac{1}{\sqrt{2}}\sin\dfrac{\pi}{6}} \fallingdotseq 622[V]$이다.

출제빈도: ★☆☆ 대표출제기업: 한전KPS

01 다음 중 전기 기계의 철심을 성층하는 이유로 가장 적절한 것은?

① 와류손을 줄이기 위해　　　　　② 히스테리시스손을 줄이기 위해

③ 표류 부하손을 줄이기 위해　　　④ 동손을 줄이기 위해

⑤ 기계손을 줄이기 위해

출제빈도: ★★★ 대표출제기업: 한국전력공사, 한국수력원자력

02 다음 중 직류기의 권선법에 대한 설명으로 적절한 것은?

① 중권으로 하면 균압환이 필요하다.
② 단중 중권의 병렬 회로 수는 2이다.
③ 개로권을 주로 사용한다.
④ 환상권을 주로 사용한다.
⑤ 단중 파권으로 하면 단중 중권의 2배의 유기전압이 발생한다.

출제빈도: ★★☆ 대표출제기업: 한국철도공사, 한국동서발전

03 다음 중 직류 분권 발전기의 전기자 권선이 단중 중권일 경우 적절하지 않은 것은?

① 병렬 회로 수는 항상 2이다.　　　② 저전압에 적합하다.
③ 균압선이 필요하다.　　　　　　④ 대전류에 적합하다.
⑤ 브러시 수는 극수와 같아야 한다.

출제빈도: ★★☆ 대표출제기업: 한국전기안전공사, 한국가스공사

04 직류 발전기의 극수가 8이고, 전기자 도체 수가 500이며, 단중 파권일 때 매극의 자속 수가 0.01[Wb]이면 800[rpm]일 때의 기전력은 약 몇 [V]인가?

① 270.67　　　　　　② 276.67　　　　　　③ 266.67

④ 260.67　　　　　　⑤ 256.77

출제빈도: ★☆☆ 대표출제기업: 한국수력원자력, 서울교통공사

05 다음 중 직류 발전기의 전기자 반작용을 방지하는 데 가장 유효한 것으로 적절한 것은?

① 보극   ② 보상 권선   ③ 탄소 브러시

④ 성층 철심   ⑤ 균압환

출제빈도: ★★☆ 대표출제기업: 한국전기안전공사, 한국지역난방공사

06 다음 중 직류기의 정류가 불량이 되는 원인으로 적절한 것은?

① 코일의 자기 인덕턴스를 감소한다.

② 정류 주기를 짧게 한다.

③ 보극을 설치한다.

④ 탄소 브러시를 설치한다.

⑤ 보극 권선과 전기자 권선을 직렬로 한다.

정답 및 해설

01 ①
와류손을 감소시키기 위해 전기 기계의 전기자 철심을 성층하므로 적절하다.

오답노트
② 히스테리시스손을 줄이기 위해 규소강판을 사용하므로 적절하지 않다.

02 ①
중권 권선법에는 균압환이 반드시 필요하다.

오답노트
② 단중 중권의 병렬 회로 수는 극수와 같으므로 적절하지 않다.

03 ①
단중 중권의 병렬 회로 수와 브러시 수는 극수와 같으므로 적절하지 않다.

04 ③
기전력 $E = \dfrac{pZ}{60a}\phi N[V]$임을 적용하여 구한다.

극수 $p = 8$, 도체 수 $Z = 500$, 병렬 회로 수 $a = 2$, 자속 수 $\phi = 0.01$ $[Wb]$, 회전 속도 $N = 800[rpm]$이므로

기전력 $E = \dfrac{pZ}{60a}\phi N = \dfrac{8 \times 500}{60 \times 2} \times 0.01 \times 800 \fallingdotseq 266.67[V]$이다.

05 ②
전기자 전면에 분포되어 있는 보상 권선이 전기자 반작용을 상쇄하므로 가장 유효하다.

06 ②
정류 주기가 길어야 양호한 정류를 얻을 수 있으므로 적절하다.

출제빈도: ★★☆ 대표출제기업: 한국가스공사, 한국중부발전

07 100[kW], 220[V] 분권 발전기에서 전기자 저항이 0.04[Ω]이고 계자 저항이 44[Ω]이다. 이 발전기가 정격 전압 전부하에서 운전할 때, 유기 기전력은 약 몇 [V]인가?

① 230   ② 235   ③ 238   ④ 243   ⑤ 248

출제빈도: ★☆☆ 대표출제기업: 한국수력원자력, 한전KPS

08 무부하에서 124[V]가 되는 분권 발전기의 전압 변동률이 4[%]이다. 정격 전부하 전압은 약 몇 [V]인가?

① 114   ② 117   ③ 119   ④ 127   ⑤ 129

출제빈도: ★★☆ 대표출제기업: 한국전력공사, 한국중부발전

09 분권 발전기를 병렬운전하기 위해 발전기 용량 P와 정격전압 V는?

① P는 같고, V는 임의여야 한다.

② P와 V가 모두 같아야 한다.

③ P는 임의여야 하고, V는 같아야 한다.

④ P와 V가 모두 임의여야 한다.

⑤ 알 수 없다.

출제빈도: ★★★ 대표출제기업: 한국철도공사, 한국전력공사, 한전KPS

10 다음 중 직권 전동기에서 위험 속도가 되는 조건으로 적절한 것은?

① 전기자에 저저항 접속   ② 정격전압, 과부하

③ 과전압, 과여자   ④ 정격전압, 무부하

⑤ 저전압, 과여자

출제빈도: ★★★ 대표출제기업: 한국수력원자력, 한국동서발전, 한국중부발전

11 전체 도체 수는 100, 단중 파권이며 자극 수는 6, 자속 수는 극당 0.314[Wb]인 분권 전동기가 있다. 분권 전동기에 부하를 걸어 전기자에 5[A]가 흐를 때, 토크[$N \cdot m$]는?

① 70   ② 75   ③ 80   ④ 85   ⑤ 90

정답 및 해설

07 ③

분권 발전기의 유기 기전력 $E = V + I_a R_a + e_a + e_b$, $I_a = I + I_f$임을 적용하여 구한다.

$I = \frac{100 \times 10^3}{220} ≒ 454.55[A]$, $I_f = \frac{220}{44} = 5[\Omega]$, $I_a = 454.55 + 5 ≒ 459.55[A]$

따라서 유기 기전력 $E = 220 + 459.55 \times 0.04 ≒ 238[V]$이다.

08 ③

전압 변동률 $\varepsilon = \frac{V_o - V_n}{V_n} \times 100[\%]$임을 적용하여 구한다.

전압 변동률 $\varepsilon = 4[\%]$, 무부하 전압 $V_o = 124[V]$이므로

$4[\%] = \frac{124 - V_n}{V_n} \times 100 \rightarrow 0.04 V_n = 124 - V_n \rightarrow 1.04 V_n = 124$,

$V_n ≒ 119[V]$

따라서 정격 전부하 전압은 약 119[V]이다.

09 ③

병렬운전 조건에 의해 정격전압은 같아야 한다.

10 ④

직권 전동기에서 위험 속도가 되는 조건은 정격전압과 무부하 상태이다.

부하가 변화하면 속도가 급격하게 변하는 특성을 가지므로 무부하에 가까워지면 속도가 급히 상승, 변화하여 기기가 파손될 우려가 있다.

11 ②

$T = \frac{pZ}{2\pi a}\phi I_a$임을 적용하여 구한다.

전체 도체 수 $Z = 100$, 자극 수 $p = 6$, 자속 수 $\phi = 0.314[Wb]$, 전류 $I_a = 5[A]$이므로 토크 $T = \frac{100 \times 6}{2\pi \times 2} \times 0.314 \times 5 = 75[N \cdot m]$이다.

출제빈도: ★☆☆ 대표출제기업: 한국수력원자력

12 다음 직류기의 손실 중에서 부하의 변화에 따라서 변하는 손실은?

① 부하손　　　　　　　② 히스테리시스손　　　　　　　③ 와류손
④ 풍손　　　　　　　　⑤ 기계손

출제빈도: ★★☆ 대표출제기업: 한국철도공사, 한전KPS

13 다음 중 직류기의 온도 시험 방법으로 적절한 것은?

① 워드레오너드 방식　　　② 일그너 방식　　　　　　③ 직병렬 제어
④ 전기동력계법　　　　　⑤ 반환 부하법

출제빈도: ★☆☆ 대표출제기업: 한국전기안전공사, 한국지역난방공사

14 직류 분권 발전기의 극수 8, 전기자 총 도체 수 500, 매분 900[rpm]으로 회전할 때 유기 기전력이 115[V]라고 한다. 전기자 권선이 파권일 때, 매극의 자속[Wb]은?

① 3.8　　　　　　　　　② 0.38　　　　　　　　　③ 0.038
④ 0.0038　　　　　　　　⑤ 0.00038

출제빈도: ★★★ 대표출제기업: 한국전력공사, 한국수력원자력

15 다음 중 전기자 반작용이 직류 발전기에 주는 영향으로 적절하지 않은 것은?

① 정류자 편간 전압이 불균형하여 불꽃이 발생한다.

② 기전력을 증가시킨다.

③ 전기자 중성축을 회전 방향으로 이동시킨다.

④ 전류의 파형이 찌그러진다.

⑤ 자속을 감소시켜 전압이 강하된다.

정답 및 해설

12 ①

부하의 변화에 따라 변하는 손실을 부하손이라고 하며, 그 종류로는 동손과 표유 부하손이 있다.

13 ⑤

직류기의 온도 시험 측정 방법에는 반환 부하법과 실 부하법이 있다.

14 ④

자속 $\phi = \frac{60a}{pZ} \cdot \frac{1}{N} \cdot E$임을 적용하여 구한다.

극수 $p = 8$, 병렬 회로 수 $a = 2$, 전기자 총 도체 수 $Z = 500$, 회전 수 $N = 900[rpm]$, 유기 기전력 $E = 115[V]$이므로 자속 $\phi = \frac{60a}{pZ} \cdot$

$\frac{1}{N} \cdot E = \frac{60 \times 2}{8 \times 500} \times \frac{1}{900} \times 115 = 0.0038[Wb]$이다.

15 ②

전기자 반작용은 직류 발전기의 주자속을 감소시켜 기전력을 감소시키므로 적절하지 않다.

> 🔎 **더 알아보기**
>
> **전기자 반작용의 영향**
> 전기자 반작용은 주자속을 감소시키는 감자 작용으로 직류 발전기의 기전력과 출력을 감소시키고, 직류 전동기의 토크를 감소시킨다. 또한, 편자 작용으로 직류 발전기의 중성축은 회전 방향으로, 직류 전동기의 중성축은 회전 반대 방향으로 이동한다.

출제빈도: ★★☆ 대표출제기업: 한국철도공사, 서울교통공사

16 무부하 전압 215[V], 정격전압 200[V], 정격출력 100[kW]의 분권 발전기가 있다. 계자저항 25[Ω], 전기자 반작용에 의한 전압강하가 4.6[V]일 때, 전기자 저항은 약 몇 [Ω]인가?

① 0.01   ② 0.02   ③ 0.03   ④ 0.04   ⑤ 0.05

출제빈도: ★☆☆ 대표출제기업: 한국동서발전

17 다음 중 직류기에서 전압 변동률이 0으로 표시되는 발전기는?

① 과복권 발전기   ② 직권 발전기
③ 평복권 발전기   ④ 타여자 발전기
⑤ 분권 발전기

출제빈도: ★★☆ 대표출제기업: 한국전력공사

18 종축에 단자전압, 횡축에 정격전류의 [%]로 눈금을 적은 외부 특성 곡선이 일치하는 두 대의 분권 발전기가 있다. 각각의 정격이 200[kW], 100[kW]이고, 부하전류가 180[A]일 때 각 발전기의 분담전류[A]는?

① $I_1 = 80$, $I_2 = 100$ ② $I_1 = 100$, $I_2 = 80$
③ $I_1 = 150$, $I_2 = 30$ ④ $I_1 = 40$, $I_2 = 140$
⑤ $I_1 = 120$, $I_2 = 60$

출제빈도: ★☆☆ 대표출제기업: 한국중부발전

19 120[V], 12[A], 전기자 저항 2[Ω], 회전 수 1,800[rpm]인 전동기의 역기전력[V]은?

① 90   ② 93   ③ 96   ④ 99   ⑤ 102

출제빈도: ★★☆ 대표출제기업: 한국수력원자력, 한국서부발전

20 직류 분권 전동기가 단자전압 225[V], 전기자 전류 100[A], 1,600[rpm]일 때 발생 토크는 약 몇 [$N \cdot m$]인가?
(단, 전기자 저항 R_a = 0.2[Ω]이다.)

① 122.4   ② 126.4   ③ 130.4   ④ 134.4   ⑤ 138.4

출제빈도: ★☆☆ 대표출제기업: 한국수력원자력, 한국서부발전

21 전기자 저항 0.4[Ω], 직권 계자 권선의 저항 0.6[Ω]의 직권 전동기에 114[V]를 가하였더니 부하전류가 8[A]이었다. 전동기의 속도[rpm]는? (단, 기계정수는 2이다.)

① 1,800   ② 1,720   ③ 1,640   ④ 1,590   ⑤ 1,510

정답 및 해설

16 ②
전기자 저항 $R_a = \dfrac{E - V - (e_a + e_b)}{I_a}$임을 적용하여 구한다.
분권 발전기의 부하전류 $I = \dfrac{P}{V} = \dfrac{100 \times 10^3}{200} = 500[A]$, 분권계자
전류 $I_f = \dfrac{V_f}{R_f} = \dfrac{200}{25} = 8[A]$이므로 전기자 전류 $I_a = I_f + I = 508$
[A]이다.
따라서 전기자 저항 $R_a = \dfrac{E - V - (e_a + e_b)}{I_a} = \dfrac{215 - 200 - 4.6}{508} ≒$
0.02[Ω]이다.

17 ③
평복권 발전기는 무부하 전압(V_0)과 정격전압(V_n)의 변화가 없어 전압 변동률이 0으로 표시된다.

오답노트
과복권 및 직권 발전기는 (−)이고 타여자, 분권, 차동복권 발전기는 (+)이다.

18 ⑤
두 대의 발전기는 외부 특성 곡선이 같으므로 전류는 용량에 비례하여 분담한다. 200[kW]의 전류를 I_1, 100[kW]의 전류를 I_2라고 하면 200 : 100 = I_1 : I_2로 2 : 1로 분담하므로 $I_1 = 180 \times \dfrac{2}{3} = 120[A]$,

$I_2 = 180 \times \dfrac{1}{3} = 60[A]$이다.

19 ③
전동기의 역기전력 $E' = V - I_aR_a$ 임을 적용하여 구한다.
단자전압 V = 120[V], 전기자 전류 I_a = 12[A], 전기자 저항 R_a = 2[Ω]이므로 역기전력 $E' = V - I_aR_a$ = 120 − 12 × 2 = 96[V]이다.

20 ①
직류 전동기의 토크 $T = 0.975\dfrac{P}{N} \times 9.8$, 직류 전동기의 출력 $P = E' \times I_a$임을 적용하여 구한다.
직류 전동기의 역기전력 $E' = V - I_aR_a$ = 225 − 100 × 0.2 = 205
[V], 전기자 전류 I_a = 100[A]이므로 직류 전동기의 토크 T = 9.55
$\dfrac{P}{N}$ = $9.55\dfrac{E' \times I_a}{N}$ = $9.55\dfrac{205 \times 100}{1,600}$ ≒ 122.4[$N \cdot m$]이다.

21 ④
직류 전동기의 속도 $N = k\dfrac{V - I_a(R_a + R_f)}{I}$[$rpm$]임을 적용하여 구한다.
기계정수 k = 2, 전압 V = 114[V], 부하전류 I_a = 8[A], 전기자 저항 R_a = 0.4[Ω], 직권 계자 권선의 저항 R_f = 0.6[Ω]이므로
직류 전동기의 속도 $N = k\dfrac{V - I_a(R_a + R_f)}{I} \times 60$
$= 2\dfrac{114 - 8(0.4 + 0.6)}{8} \times 60 = 1,590[rpm]$이다.

전기기기

해커스공기업 쉽게 끝내는 전기직 이론 + 기출동형문제

출제빈도: ★☆☆ 대표출제기업: 한국지역난방공사

22 200[V], 15[kW]의 분권 발전기가 있다. 전부하에서 전손실이 0.8[kW]라면 규약 효율은 약 몇 [%]인가?

① 92.8   ② 94.9   ③ 95.1   ④ 95.6   ⑤ 96.7

출제빈도: ★★☆ 대표출제기업: 한국동서발전, 한국서부발전

23 다음 중 동기 발전기에 회전 계자형을 사용하는 이유로 적절하지 않은 것은?

① 계자극을 회전자로 하면 기계적으로 튼튼하다.
② 계자회로의 소요 전력이 적다.
③ 전기자 권선은 결선이 복잡하다.
④ 기전력의 파형이 개선된다.
⑤ 절연이 용이하다.

출제빈도: ★★★ 대표출제기업: 한국서부발전, 한국가스공사

24 3상 동기 발전기의 매극 매상의 슬롯 수를 2라고 할 때 분포권 계수는?

① 0.1282   ② 0.1709   ③ 0.9659   ④ 0.5128   ⑤ 0.8462

출제빈도: ★☆☆ 대표출제기업: 한국철도공사

25 다음 중 동기 발전기의 권선이 분포권일 때 일어나는 현상으로 적절한 것은?

① 3고조파가 나타난다.
② 리액턴스가 커진다.
③ 난조를 방지한다.
④ 파형이 좋아진다.
⑤ 동량이 감소한다.

출제빈도: ★★★ 대표출제기업: 한국철도공사, 한국전기안전공사

26 다음 중 동기 발전기에서 기전력과 전기자 전류가 동상인 전기자 반작용은?

① 직축 반작용   ② 교차 자화 작용

③ 감자 작용   ④ 증자 작용

⑤ 아무 일도 일어나지 않는다.

출제빈도: ★★☆ 대표출제기업: 한국수력원자력, 한국서부발전

27 다음 중 동기기에서 동기 임피던스 값과 같은 것은?

① 전기자 저항   ② 누설 리액턴스

③ 전기자 반작용 리액턴스   ④ 동기 리액턴스

⑤ 등가 리액턴스

정답 및 해설

22 ②

발전기 규약 효율 $\eta = \dfrac{출력}{출력 + 손실} \times 100$임을 적용하여 구한다.

출력 $15[kW]$, 손실 $0.8[kW]$이므로

발전기 규약 효율 $\eta = \dfrac{출력}{출력 + 손실} \times 100 = \dfrac{15}{15 + 0.8} \times 100 \fallingdotseq 94.9$ [%]이다.

23 ④

기전력의 파형을 개선시키기 위해 전기자 권선법에 단절권, 분포권을 사용하므로 적절하지 않다.

24 ③

분포권 계수 $K_d = \dfrac{\sin\dfrac{\pi}{2m}}{q\sin\dfrac{\pi}{2mq}}$ 임을 적용하여 구한다.

매극 매상당 슬롯 수 $q = 2$, 상수 $m = 3$이므로

$K_d = \dfrac{\sin\dfrac{\pi}{2m}}{q\sin\dfrac{\pi}{2mq}} = \dfrac{\sin\dfrac{\pi}{6}}{2\sin\dfrac{\pi}{12}} = 0.9659$이다.

25 ④

분포권은 고조파를 감소하여 파형을 좋아지게 하므로 적절하다.

26 ②

기전력과 전기자 전류가 동상인 전기자 반작용은 교차 자화 작용이다.

27 ④

동기 임피던스 $Z_s = r_a + j(x_a + x_l) = r_a + jx_s$에서 $r_a \ll x_s$이므로 $Z_s = r_a + j(x_a + x_l) = r_a + jx_s \fallingdotseq x_s$로 동기 리액턴스와 동일하다.

출제빈도: ★★★ 대표출제기업: 한국전력공사, 서울교통공사

28 다음 중 단락비가 큰 동기 발전기에 대한 설명으로 적절하지 않은 것은?

① 수차 발전기라고 한다.   ② 기계의 중량이 크다.

③ 반작용 리액턴스가 작다.   ④ 전압 변동률이 크다.

⑤ 과부하 용량이 크다.

출제빈도: ★★☆ 대표출제기업: 한국동서발전, 한국중부발전

29 비돌극형 동기 발전기의 1상 단자 전압 V, 1상 유도 기전력 E, 동기 리액턴스 x_s, 부하각 θ일 때, 3상의 출력은?

① $\dfrac{E^2 V}{x_s}\sin\theta$ ② $\dfrac{EV^2}{x_s}\sin\theta$ ③ $\dfrac{EV}{x_s}\sin\theta$

④ $3\dfrac{EV}{x_s}\sin\theta$ ⑤ $3\dfrac{EV}{x_s}\cos\theta$

출제빈도: ★★☆ 대표출제기업: 한국철도공사

30 다음 중 3상 동기 발전기의 병렬운전 시 고려하지 않아도 되는 것은?

① 상회전이 같을 것   ② 기전력의 파형이 같을 것

③ 용량이 같을 것   ④ 기전력의 위상이 같을 것

⑤ 기전력의 크기가 같을 것

출제빈도: ★★☆ 대표출제기업: 한국전력공사

31 동기 전동기의 전기자 전류가 최소일 때 역률은 얼마인가?

① 0   ② 0.429   ③ 0.577   ④ 0.866   ⑤ 1

출제빈도: ★★★ 대표출제기업: 한국철도공사, 한국수력원자력, 한국서부발전

32 다음 중 동기기의 안정도를 증가시키는 방법으로 적절하지 않은 것은?

① 동기화 리액턴스를 크게 한다.

② 플라이휠 효과를 크게 한다.

③ 속응 여자 방식을 채용한다.

④ 조속기 동작을 신속히 한다.

⑤ 단락비를 크게 한다.

정답 및 해설

28 ④

단락비가 큰 동기 발전기는 전압 변동률이 작으므로 적절하지 않다. 단락비가 큰 기계를 철 기계 또는 수차 발전기라 하며, 부피가 커서 값이 비싸고, 손실이 커서 효율은 나쁘나 전압 변동률이 작아 안정도가 크다는 장점이 있다.

29 ④

비돌극형 동기 발전기의 1상 출력은 $\frac{EV}{x_s}\sin\theta$, 3상 출력은 $3\frac{EV}{x_s}\sin\theta$이다.

30 ③

3상 동기 발전기의 병렬운전 시 용량은 고려하지 않아도 되므로 적절하다.

🔍 더 알아보기

동기 발전기의 병렬운전 조건

• 기전력의 크기가 같을 것

• 기전력의 위상이 같을 것

• 기전력의 주파수가 같을 것

• 기전력의 파형이 같을 것

• 상회전이 같을 것

31 ⑤

전기자 전류가 최소일 때 역률은 1이다.

32 ①

안정도 향상을 위해 동기화 리액턴스는 작게 해야 하므로 적절하지 않다.

출제빈도: ★★☆ 대표출제기업: 한국전력공사, 한국수력원자력

33 6,000[kVA], 5,000[V]인 3상 교류 발전기의 %동기 임피던스가 80[%]이다. 이 발전기의 동기 임피던스[Ω]는?

① 3.0   ② 3.3   ③ 3.6   ④ 4.0   ⑤ 4.2

출제빈도: ★★☆ 대표출제기업: 한국철도공사, 서울교통공사

34 정격전압 4,000[V], 용량 6,000[kVA]의 Y결선 3상 동기 발전기가 있다. 여자전류 200[A]에서 무부하 단자전압 6,000[V], 단락전류 900[A]일 때, 이 발전기의 단락비는 약 얼마인가?

① 1.04   ② 1.08   ③ 1.12   ④ 1.16   ⑤ 1.2

출제빈도: ★★☆ 대표출제기업: 한국동서발전, 한국중부발전

35 두 동기 발전기의 유도 기전력이 2,400[V], 위상차 30°, 동기 리액턴스 120[Ω]이다. 유효 순환 전류는 약 몇 [A]인가?

① 5   ② 10   ③ 15   ④ 20   ⑤ 25

출제빈도: ★★★ 대표출제기업: 한국전력공사, 한국중부발전

36 다음 중 발전기의 단자 부근에서 단락이 발생했을 때 단락전류의 변화로 적절한 것은?

① 계속 큰 전류가 흐른다.
② 변함없다.
③ 발전기가 바로 정지한다.
④ 과전류에 의해 발전기가 바로 소손된다.
⑤ 처음에는 큰 전류가 흐르나 점차 감소한다.

출제빈도: ★☆☆ 대표출제기업: 한국수력원자력

37 여자 전류 5[A]에 대한 1상의 유기 기전력이 800[V]이고 3상 단락 전류가 20[A]인 3상 동기 발전기가 있다. 이 발전기의 동기 임피던스[Ω]는?

① 30   ② 40   ③ 50   ④ 60   ⑤ 70

출제빈도: ★★☆ 대표출제기업: 한국중부발전

38 다음 중 동기 전동기의 여자전류를 감소시켰을 때 발생하는 현상으로 적절한 것은?

① 난조가 발생한다.
② 전동기가 정지한다.
③ 전동기에 과전류가 흘러 소손된다.
④ 전기자 전류의 위상이 뒤진다.
⑤ 전기자 전류의 위상이 앞선다.

정답 및 해설

33 ②

동기 임피던스 $Z_s = \%Z \dfrac{E}{I_n} \times \dfrac{1}{100} = \%Z \dfrac{V^2}{P_n} \times \dfrac{1}{100}$ 임을 적용하여 구한다.

단자전압 $V = 5,000[V]$, 정격용량 $P_n = 6,000[kVA]$, %동기 임피던스 $\%Z = 80[\%]$이므로 동기 임피던스 $Z_s = \%Z \dfrac{V^2}{P_n} \times \dfrac{1}{100} = 80 \times \dfrac{5,000^2}{6,000 \times 10^3} \times \dfrac{1}{100} = 3.3[\Omega]$이다.

34 ①

단락비 $K_s = \dfrac{I_s}{I_n}$, 정격전류 $I_n = \dfrac{P}{\sqrt{3}V}$ 임을 적용하여 구한다.

정격전압 $V = 4,000[V]$, 정격용량 $P = 6,000[kVA]$이므로 정격 전류 $I_n = \dfrac{P}{\sqrt{3}V} = \dfrac{6,000 \times 10^3}{\sqrt{3} \times 4,000} \fallingdotseq 866[A]$이다.

따라서 단락전류 $I_s = 900[A]$이므로 단락비 $K_s = \dfrac{I_s}{I_n} = \dfrac{900}{866} \fallingdotseq 1.04$이다.

35 ①

유효 순환 전류 $I_c = \dfrac{E}{Z_s}\sin\dfrac{\delta}{2}$ 임을 적용하여 구한다.

유도 기전력 $E = 2,400[V]$, 위상차 $\delta = 30°$, 동기 리액턴스 $Z_s = 120[\Omega]$이므로 유효 순환 전류 $I_c = \dfrac{E}{Z_s}\sin\dfrac{\delta}{2} = \dfrac{2,400}{120}\sin\dfrac{30}{2} \fallingdotseq 5[A]$이다.

36 ⑤

단락 현상이 발생하면 처음에는 임피던스가 감소해서 큰 전류(돌발 단락전류)가 흐르나 누설 리액턴스에 의해 점차 감소하므로 적절하다.

37 ②

동기 임피던스 $Z_s = \dfrac{E}{I_s}$ 임을 적용하여 구한다.

유기 기전력 $E = 800[V]$, 단락 전류 $I_s = 20[A]$이므로 동기 임피던스 $Z_s = \dfrac{E}{I_s} = \dfrac{800}{20} = 40[\Omega]$이다.

38 ④

발전기는 위상이 앞서며, 전동기는 위상이 뒤진다.

출제빈도: ★★☆ 대표출제기업: 한국동서발전

39 다음 중 3상 동기기의 제동 권선의 역할로 적절한 것은?

① 역률 개선 　　　② 제동 　　　③ 효율 감소 　　　④ 출력 감소 　　　⑤ 난조 방지

출제빈도: ★★★ 대표출제기업: 한국철도공사, 한국지역난방공사

40 다음 중 동기 조상기를 과여자로 사용했을 때 일어나는 현상으로 적절한 것은?

① 리액터로 작용한다.
② 전기자 전류의 위상이 뒤진다.
③ 콘덴서로 작용한다.
④ 전기자 전류가 감소한다.
⑤ 난조가 발생한다.

출제빈도: ★★☆ 대표출제기업: 한국전기안전공사, 한국수력원자력

41 권수비 a = 2,200/220, 60[Hz] 변압기의 철심의 단면적이 0.04[m^2]이고, 최대 자속밀도가 1.4[Wb/m^2]일 때 1차 유기 기전력[V]은 약 얼마인가?

① 28,561 　　　② 32,820 　　　③ 36,512 　　　④ 42,641 　　　⑤ 46,854

출제빈도: ★☆☆ 대표출제기업: 서울교통공사, 한국동서발전

42 변압기에서 2차를 1차로 환산한 등가회로의 부하 소비전력 $P_2[W]$는 실제의 부하 소비전력 $P_2[W]$에 대하여 어떠한가? (단, a는 변압비이다.)

① 변함없다. 　　　② a배 　　　③ a^2배 　　　④ $\frac{1}{a}$배 　　　⑤ $\frac{1}{a^2}$배

출제빈도: ★★☆ 대표출제기업: 한국철도공사, 한국전기안전공사

43 다음 중 변압기의 절연유에 요구되는 특성으로 적절하지 않은 것은?

① 점도가 작을 것 　　　　　　　　② 절연 내력이 클 것

③ 인화점이 낮을 것 　　　　　　　④ 응고점이 낮을 것

⑤ 냉각 효과가 클 것

출제빈도: ★☆☆ 대표출제기업: 한국가스공사, 한국지역난방공사

44 다음 중 변압기의 등가회로를 이용하여 단락전류를 구하는 식으로 적절한 것은?

① $I_s = \dfrac{V_1}{Z_1 + a^2 Z_2}$ 　　　　② $I_s = \dfrac{V_1}{Z_1 \times Z_2}$

③ $I_s = \dfrac{V_1}{Z_1 + Z_2}$ 　　　　④ $I_s = \dfrac{V_1}{Z_1 \times a^2 Z_2}$

⑤ $I_s = \dfrac{V_1}{a^2 Z_1 + Z_2}$

전기기기

해커스공기업 쉽게 끝내는 전기직 이론 + 기출동형문제

정답 및 해설

39 ⑤

제동 권선의 효과로 난조를 방지할 수 있으므로 적절하다.

🔍 **더 알아보기**

동기 전동기 기동법
- 자기동법: 제동 권선을 이용해 난조를 방지하여 기동
- 기동전동기법: 유도 전동기를 기동용 전동기로 사용하여 기동

40 ③

동기 조상기를 과여자로 사용하면 선로에 앞선 전류가 흘러 콘덴서로 작용해서 부하의 뒤진 전류를 보상하여 송전선로의 역률을 양호하게 하므로 적절하다.

41 ②

1차 유기 기전력 $E_1 = 4.44 f \phi N_1 = 4.44 f B_m S N_1$임을 적용하여 구한다.

주파수 $f = 60[Hz]$, 최대 자속밀도 $B_m = 1.4[Wb/m^2]$, 단면적 $S = 0.04[m^2]$, $N = 2,000$이므로 1차 유기 기전력 $E_1 = 4.44 \times 60 \times 1.4 \times 0.04 \times 2,200 ≒ 32,820[V]$이다.

42 ①

실제의 부하 소비전력 $P_2 = V_2 I_2 [W]$이고, 등가회로의 부하 소비전력 $P_2 = V_2' I_2' = a V_2 \dfrac{1}{a} I_2 = V_2 I_2$이다.

따라서 실제의 부하 소비전력은 등가회로의 부하 소비전력과 같다.

43 ③

절연유는 인화점이 높아야 하므로 적절하지 않다.

44 ①

단락전류 $I_s = \dfrac{E_n}{Z_{21}} = \dfrac{V_1}{Z_{21}} = \dfrac{V_1}{Z_1 + a^2 Z_2}$이다.

출제빈도: ★★★ 대표출제기업: 한국전기안전공사, 한국지역난방공사

45 임피던스 강하가 4[%]일 때 변압기가 단락되었다면 단락전류는 정격전류의 몇 배인가?

① 5　　　　　② 20　　　　　③ 25　　　　　④ 30　　　　　⑤ 50

출제빈도: ★★☆ 대표출제기업: 한국수력원자력

46 어느 변압기의 백분율 저항 강하가 3[%], 백분율 리액턴스 강하가 2[%]일 때 역률(지역률) 60[%]인 경우 전압 변동률[%]은?

① 3.4　　　　　② 3.6　　　　　③ 3.8　　　　　④ 4.0　　　　　⑤ 4.6

출제빈도: ★★☆ 대표출제기업: 한국전기안전공사, 서울교통공사

47 전압비 40:1인 단상 변압기 3대를 $\Delta - Y$결선으로 하고 1차에 선간전압 2,200[V]를 가했을 때, 무부하 2차 선간전압[V]은 약 얼마인가?

① 85　　　　　② 95　　　　　③ 105　　　　　④ 115　　　　　⑤ 125

출제빈도: ★☆☆ 대표출제기업: 한국동서발전

48 변압기의 3상 전압을 2상으로 변압하기 위해 스코트 결선을 할 때, T좌 변압기의 권수는 전 권수의 어느 점에서 택해야 하는가?

① $\frac{1}{2}$　　　　　② $\frac{2}{\sqrt{3}}$　　　　　③ $\sqrt{3}$　　　　　④ $\frac{\sqrt{2}}{3}$　　　　　⑤ $\frac{\sqrt{3}}{2}$

출제빈도: ★★☆ 대표출제기업: 한국동서발전, 한국지역난방공사

49 다음 중 단상 변압기를 병렬운전하는 경우 부하전류의 분담으로 적절한 것은?

① 용량에 반비례하고 누설 임피던스에 반비례한다.

② 용량에 반비례하고 누설 임피던스에 비례한다.

③ 용량에 비례하고 누설 임피던스에 비례한다.

④ 용량에 비례하고 누설 임피던스에 반비례한다.

⑤ 용량에 무관하고 누설 임피던스에 반비례한다.

출제빈도: ★★★ 대표출제기업: 한국전력공사, 한국중부발전

50 다음 중 일정 전압 및 일정 파형에서 주파수 상승 시 변압기 철손의 변화로 적절한 것은?

① 감소한다.   ② 증가한다.

③ 변하지 않는다.   ④ 증가하다 감소한다.

⑤ 감소하다 증가한다.

정답 및 해설

45 ③

$\%Z = \dfrac{I_n}{I_s} \times 100$임을 적용하여 구한다.

단락전류 $I_s = \dfrac{100}{\%Z} I_n = \dfrac{100}{4} I_n = 25 I_n$이므로 정격전류의 25배이다.

46 ①

전압 변동률 $\varepsilon = p\cos\theta + q\sin\theta$임을 적용하여 구한다.

저항 강하 $p = 3[\%]$, 리액턴스 강하 $q = 2[\%]$, $\cos\theta = 0.6$, $\sin\theta = \sqrt{1 - \cos^2\theta} = 0.8$이므로 전압 변동률 $\varepsilon = p\cos\theta + q\sin\theta = 3 \times 0.6 + 2 \times 0.8 = 3.4[\%]$이다.

47 ②

$V_2 = \sqrt{3} \dfrac{V_1}{a} [V]$임을 적용하여 구한다.

$V_2 = \sqrt{3} \dfrac{V_1}{a} = \sqrt{3} \times \dfrac{2,200}{40} \fallingdotseq 95[V]$이다.

48 ⑤

T좌 변압기의 $\dfrac{\sqrt{3}}{2}$ 되는 점에서 전원을 공급해야 한다.

49 ④

$\dfrac{I_a}{I_b} = \dfrac{I_A}{I_B} \times \dfrac{\%Z_b}{\%Z_a}$에 의해 용량에 비례하고, 누설 임피던스에 반비례한다.

50 ①

전압이 일정하므로 히스테리시스손은 주파수에 반비례하여 감소하고, 와류손은 주파수와 무관하여 일정하므로 철손은 히스테리시스손을 따라 감소한다.

기출동형문제

출제빈도: ★★☆ 대표출제기업: 한국전기안전공사, 한국가스공사

51 1차 전압 120[V], 2차 전압 200[V], 선로 출력 60[kVA]인 단권 변압기의 자기용량[kVA]은?

① 12   ② 16   ③ 24   ④ 36   ⑤ 48

출제빈도: ★★☆ 대표출제기업: 한국수력원자력

52 다음 중 변압기의 보호에 사용되는 계전기로 적절하지 않은 것은?

① 부흐홀츠 계전기   ② 차동 계전기
③ 비율 차동 계전기   ④ 부족전압 계전기
⑤ 압력 계전기

출제빈도: ★★★ 대표출제기업: 한국철도공사, 한국중부발전

53 40[kVA], 3,300/220[V], 60[Hz]의 3상 변압기 2차 측에 3상 단락이 생겼을 때, 단락전류는 약 몇 [A]인가? (단, %임피던스 전압은 3[%]이다.)

① 2,900   ② 3,100   ③ 3,300   ④ 3,500   ⑤ 3,700

출제빈도: ★☆☆ 대표출제기업: 서울교통공사

54 3,500/250[V], 10[kVA]의 단상 변압기가 %저항 강하 3[%], %리액턴스 강하 4[%]일 때, 임피던스 전압[V]은?

① 160   ② 170   ③ 175   ④ 185   ⑤ 190

공기업 취업의 모든 것, 해커스공기업

출제빈도: ★☆☆ 대표출제기업: 한국전력공사

55 어느 변압기의 전압비가 무부하 시에는 27.5:1이고, 정격부하에서는 29:1이다. 이 변압기의 동일 역률에서의 전압 변동률은?

① 4.8   ② 5.2   ③ 5.45   ④ 5.84   ⑤ 6

정답 및 해설

51 ③

단권 변압기 용량(자기용량) = 부하용량 $\times \dfrac{V_2 - V_1}{V_2}$ 임을 적용하여 구한다.

부하용량 $60[kVA]$, 1차 전압 $V_1 = 120[V]$, 2차 전압 $V_2 = 200[V]$이므로 자기용량 $= 60 \times \dfrac{200 - 120}{200} = 24[kVA]$

따라서 자기용량은 $24[kVA]$이다.

52 ④

변압기 내부 고장 검출용 보호계전기로는 부흐홀츠 계전기, 차동 계전기, 비율 차동 계전기, 압력 계전기 등이 사용된다.

53 ④

단락전류 $I_s = \dfrac{100}{\%Z} \times I_n$임을 적용하여 구한다.

정격전압 $V = 220[V]$, 정격출력 $P = 40[kVA]$이므로 정격전류 $I_n = \dfrac{40 \times 10^3}{\sqrt{3} \times 220} \fallingdotseq 105[A]$이다.

따라서 %임피던스 전압 $\%Z = 3[\%]$이므로 단락전류 $I_s = \dfrac{100}{\%Z} \times I_n$

$= \dfrac{100}{3} \times 105 \fallingdotseq 3,500[A]$이다.

54 ③

임피던스 전압 $V_s = \dfrac{z}{100} V_{1n}$임을 적용하여 구한다.

%저항 강하 $p = 3[\%]$, %리액턴스 강하 $q = 4[\%]$이므로 %임피던스 강하 $z = \sqrt{p^2 + q^2} = \sqrt{3^2 + 4^2} = 5[\%]$이다.

따라서 $V_{1n} = 3,500[V]$이므로 임피던스 전압 $V_s = \dfrac{z}{100} V_{1n} = \dfrac{5}{100} \times 3,500 = 175[V]$이다.

55 ③

전압 변동률 $\varepsilon = \dfrac{V_{20} - V_{2n}}{V_{2n}} \times 100$임을 적용하여 구한다.

무부하 시 전압비는 $V_{10} : V_{20} = 27.5 : 1$, $V_{20} = \dfrac{1}{27.5} V_{10} = \dfrac{1}{27.5} V_1$

정격부하 시 전압비는 $V_{1n} : V_{2n} = 29 : 1$, $V_{2n} = \dfrac{1}{29} V_{1n} = \dfrac{1}{29} V_1$

따라서 전압 변동률 $\varepsilon = \dfrac{V_{20} - V_{2n}}{V_{2n}} \times 100 = \dfrac{\dfrac{1}{27.5} - \dfrac{1}{29}}{\dfrac{1}{29}} \times 100 \fallingdotseq$

5.45[%]이다.

Chapter 4 전기기기 **221**

출제빈도: ★★☆ 대표출제기업: 한국가스공사, 한국동서발전

56 어떤 변압기의 부하 역률이 80[%]일 때 전압 변동률이 최대라고 한다. 이 변압기의 부하 역률이 100[%]일 때 전압 변동률이 4[%]라면 부하 역률 60[%]에서의 전압 변동률[%]은 얼마인가?

① 2.8   ② 3.6   ③ 4.2   ④ 4.8   ⑤ 5

출제빈도: ★☆☆ 대표출제기업: 한국중부발전, 한국지역난방공사

57 용량 80[kVA]인 단상 변압기 4대로 낼 수 있는 3상 최대 출력 용량[kVA]은 약 얼마인가?

① 250   ② 280   ③ 300   ④ 320   ⑤ 340

출제빈도: ★★☆ 대표출제기업: 한국지역난방공사

58 3,300/220[V]인 변압기의 용량이 각각 300[kVA], 270[kVA]이고, %임피던스 강하가 각각 2.75[%], 3.15[%]일 때 그 병렬 합성용량은 약 몇 [kVA]인가?

① 522   ② 528   ③ 536   ④ 548   ⑤ 555

출제빈도: ★★☆ 대표출제기업: 한국수력원자력

59 3,300/220[V], 10[kVA]의 단상 변압기를 승압용 단권변압기로 접속하고, 1차에 3,000[V]를 가할 때 출력[kVA]은 약 얼마인가?

① 120   ② 145   ③ 170   ④ 195   ⑤ 200

출제빈도: ★★☆ 대표출제기업: 한국수력원자력

60 정격 180[kVA], 철손 1.2[kW], 전부하 동손이 4.8[kW]인 단상 변압기의 최대 효율[%]은 약 얼마인가?

① 94.7   ② 95.6   ③ 96.6   ④ 97.4   ⑤ 98.2

출제빈도: ★★☆ 대표출제기업: 한국전기안전공사, 한국가스공사

61 다음 중 단락 시험과 관계없는 것은?

① 임피던스 전압   ② 동손   ③ 임피던스 와트
④ 임피던스   ⑤ 철손

정답 및 해설

56 ④

전압 변동률 $\varepsilon = p\cos\theta + q\sin\theta$ 임을 적용하여 구한다.
부하 역률 100[%]일 때, 전압 변동률 $\varepsilon = 4$[%]이므로 $\varepsilon = p\cos\theta + q\sin\theta = p \times 1 + q \times 0 = p = 4$[%], %저항 강하 $p = 4$ [%]이다.
부하 역률 80[%]일 때, 최대 전압 변동률이므로
부하 역률 $\cos\theta = \dfrac{p}{\sqrt{p^2 + q^2}} = \dfrac{4}{\sqrt{4^2 + q^2}} = 0.8$, %리액턴스 강하 $q = 3$[%]이다.
따라서 부하 역률 60[%]일 때, 전압 변동률 $\varepsilon = p\cos\theta + q\sin\theta = 4 \times 0.6 + 3 \times 0.8 = 4.8$[%]이다.

57 ②

변압기 4대를 이용한 결선 방법은 $V - V$결선으로 3상 최대 출력 용량은 $2\sqrt{3}P_1$임을 적용하여 구한다.
따라서 용량 $P_1 = 80$[kVA]이므로 3상 최대 출력 용량 $2\sqrt{3}P_1 = 2\sqrt{3} \times 80 \fallingdotseq 280$[$kVA$]이다.

58 ③

$\dfrac{P_a}{P_b} = \dfrac{P_A}{P_B} \times \dfrac{\%Z_b}{\%Z_a}$ 임을 적용하여 구한다.
$P_A = 300$[kVA], $P_B = 270$[kVA], $\%Z_a = 2.75$[%], $\%Z_b = 3.15$[%]이므로 $P_a = P_A = 300$[kVA], $P_b = P_B \times \dfrac{\%Z_a}{\%Z_b} = 270 \times \dfrac{2.75}{3.15} \fallingdotseq 236$[$kVA$]이다.
따라서 병렬 합성용량 $P_a + P_b = 300 + 236 \fallingdotseq 536$[$kVA$]이다.

59 ②

출력 $P = V_2I_2 \times 10^{-3}$[$kVA$]임을 적용하여 구한다.
$V_2 = V_1\left(1 + \dfrac{1}{a}\right) = 3,000\left(1 + \dfrac{220}{3,300}\right) = 3,200$[$V$], $I_2 = \dfrac{10 \times 10^3}{220} \fallingdotseq 45.45$[$A$]이므로
출력 $V_2I_2 = 3,200 \times 45.45 \times 10^{-3} \fallingdotseq 145.44$[$kVA$]이다.

60 ④

변압기의 효율 $\eta = \dfrac{\frac{1}{m}P}{\frac{1}{m}P + P_i + \left(\frac{1}{m}\right)^2 P_c} \times 100$임을 적용하여 구한다.
철손 $P_i = 1.2$[kW], 동손 $P_c = 4.8$[kW]이므로 변압기의 최대 효율 조건 $P_i = \left(\dfrac{1}{m}\right)^2 P_c$에 따라 $\left(\dfrac{1}{m}\right)^2 = \dfrac{P_i}{P_c} = \dfrac{1.2}{4.8} = \dfrac{1}{4}$, $\dfrac{1}{m} = \dfrac{1}{2}$이다.
따라서 변압기의 최대 효율 $\eta = \dfrac{\frac{1}{m}P}{\frac{1}{m}P + P_i + \left(\frac{1}{m}\right)^2 P_c} \times 100 = $

$\dfrac{\frac{1}{2} \times 180}{\frac{1}{2} \times 180 + 1.2 + \left(\frac{1}{2}\right)^2 \times 4.8} \times 100 \fallingdotseq 97.4$[%]이다.

61 ⑤

변압기의 무부하 시험으로 여자 전류, 여자 어드미턴스, 철손, 철손 전류 등을 계산하므로 적절하지 않다.

출제빈도: ★★★ 대표출제기업: 한국동서발전

62 12극, 60[Hz], 500[kW] 3상 유도 전동기의 전부하 슬립이 3[%]일 때 회전 수[rpm]는 얼마인가?

① 574　　　　② 582　　　　③ 600　　　　④ 631　　　　⑤ 694

출제빈도: ★★☆ 대표출제기업: 한국가스공사

63 8극 3상 유도 전동기가 있다. 회전자 정지 시 1상의 전압이 220[V]이며, 전부하 시의 속도가 855[rpm]일 때 2차 1상의 전압은 몇 [V]인가? (단, 1차 주파수는 60[Hz]이다.)

① 4.4　　　　② 11　　　　③ 24　　　　④ 60　　　　⑤ 110

출제빈도: ★★☆ 대표출제기업: 한국전기안전공사

64 8극, 60[Hz], 200[V], 8[kW]의 3상 유도 전동기가 720[rpm]으로 회전하고 있을 때, 회전자 전류의 주파수 [Hz]는?

① 4　　　　② 6　　　　③ 12　　　　④ 40　　　　⑤ 50

출제빈도: ★★★ 대표출제기업: 한국동서발전, 한국중부발전

65 18[kW], 60[Hz], 6극의 3상 유도 전동기가 있다. 전부하가 걸렸을 때의 슬립이 4[%]라면 이때의 2차 동손[kW] 과 2차 입력[kW]은?

① 0.54, 17.65　　　　　　　　② 0.6, 19

③ 0.65, 18.75　　　　　　　　④ 0.75, 18.75

⑤ 0.75, 20

출제빈도: ★☆☆ 대표출제기업: 한국철도공사

66 3상 유도 전동기의 전압이 25[%] 낮아졌을 때 기동 토크는 몇 [%] 감소하는가?

① 12.25   ② 25.00   ③ 37.50   ④ 43.75   ⑤ 52.25

출제빈도: ★★☆ 대표출제기업: 한국수력원자력, 한국지역난방공사

67 다음 중 3상 권선형 유도 전동기의 2차 회로에 저항을 삽입하는 목적으로 적절하지 않은 것은?

① 기동 전류를 억제하기 위해
② 기동 토크를 크게 하기 위해
③ 속도를 제어하기 위해
④ 슬립을 제어하기 위해
⑤ 최대 토크를 작게 하기 위해

정답 및 해설

62 ②

회전자 속도 $N = (1 - s)N_s$임을 적용하여 구한다.

극수 $p = 12$, 주파수 $f = 60[Hz]$이므로 동기 속도 $N_s = \frac{120f}{p} = \frac{120 \times 60}{12} = 600[rpm]$이다.

따라서 전동기 회전 속도 $N = (1 - s)N_s = (1 - 0.03) \times 600 = 582[rpm]$이다.

63 ②

슬립 유도 기전력 $E_{2s} = sE_2$임을 적용하여 구한다.

극수 $p = 8$, 주파수 $f = 60[Hz]$이므로 동기 속도 $N_s = \frac{120 \times 60}{8} = 900[rpm]$이고, 슬립 $s = \frac{N_s - N}{N_s} = \frac{900 - 855}{900} = 0.05$이다.

따라서 2차 1상의 전압 $E_{2s} = sE_2 = 0.05 \times 220 = 11[V]$이다.

64 ③

회전 속도 $N_s = \frac{120f}{p}$, 슬립 $s = \frac{N_s - N}{N_s} \times 100$, 슬립 s로 운전 시 2차 주파수 $f2s = sf_1$임을 적용하여 구한다.

극수 $p = 8$, 주파수 $f = 60[Hz]$이므로 회전 속도 $N_s = \frac{120 \times 60}{8} = 900[rpm]$이다. 이때 전동기 회전 속도 $N = 720[rpm]$이므로 슬립 $s = \frac{900 - 720}{900} = 0.2$

따라서 2차 주파수 $f_{2s} = sf_1 = 0.2 \times 60 = 12[Hz]$이다.

65 ④

2차 입력 $P_2 = \frac{P_0}{1 - s}$, 2차 동손 $P_{c2} = sP_2$임을 적용하여 구한다.

기계적 출력 $P_0 = 18[kW]$, 슬립 $s = 0.04$이므로

2차 입력 $P_2 = \frac{18}{1 - 0.04} = 18.75[kW]$, 2차 동손 $P_{c2} = sP_2 = 0.04 \times 18.75 = 0.75[kW]$이다.

66 ④

토크는 전압의 제곱에 비례함을 적용하여 구한다.

$T : V^2 = T' : (0.75V)^2$

$T' = \frac{(0.75V)^2}{V^2}T = 0.5625T$

따라서 기동 토크는 $1 - 0.5625 = 0.4375 \to 43.75[\%]$ 감소한다.

67 ⑤

최대 토크는 2차 리액턴스, 전압과 관계있으나 2차 저항과는 무관하므로 적절하지 않다.

출제빈도: ★☆☆ 대표출제기업: 한국전력공사

68 다음 중 3상 유도 전동기의 원선도를 그리는 데 필요한 시험으로 적절하지 않은 것은?

① 슬립 측정   ② 무부하 시험   ③ 구속 시험

④ 개방 시험   ⑤ 저항 측정 시험

출제빈도: ★★☆ 대표출제기업: 한국전기안전공사

69 다음 중 3상 유도 전동기의 속도 제어법으로 적절하지 않은 것은?

① 주파수 제어법   ② 2차 여자법   ③ 2차 저항법

④ 극수 변환법   ⑤ 워드레오너드법

출제빈도: ★★★ 대표출제기업: 한국철도공사, 한국전력공사

70 다음 단상 유도 전동기의 기동 방법 중 기동 토크가 가장 큰 것은?

① 콘덴서 기동형   ② 반발 유도형   ③ 반발 기동형

④ 셰이딩 코일형   ⑤ 분상 기동형

출제빈도: ★★☆ 대표출제기업: 한국전력공사, 한국중부발전

71 다음 중 3상 유도 전압 조정기의 동작 원리로 적절한 것은?

① 충전된 두 물체 사이에 작용하는 힘

② 평형왕복 전선 사이에 작용하는 힘

③ 교번자계의 전자 유도 작용

④ 회전자계에 의한 유도 작용

⑤ 두 전하 사이에 작용하는 힘

출제빈도: ★★☆ 대표출제기업: 한국전기안전공사, 한국가스공사

72 200[V], 60[Hz], 6극, 60[kW]의 3상 유도 전동기가 있다. 전부하에서 2차 동손이 2[kW], 기계손이 3[kW]라고 할 때 전부하 회전 수[rpm]는 약 얼마인가?

① 1,089　　　　② 1,138　　　　③ 1,164　　　　④ 1,174　　　　⑤ 1,234

출제빈도: ★★☆ 대표출제기업: 한국수력원자력

73 16[HP], 6극 60[Hz]인 3상 유도 전동기가 있다. 전부하 슬립 5[%]이면 토크[$kg \cdot m$]는 약 얼마인가?

① 6.74　　　　② 8.4　　　　③ 10.2　　　　④ 16.74　　　　⑤ 17.3

정답 및 해설

68 ①
슬립은 원선도상에서 구할 수 있으므로 적절하지 않다.

69 ⑤
직류 전동기 속도 제어법에는 계자 제어법, 저항 제어법, 전압 제어법이 있으며 전압 제어법에는 워드레오너드법, 일그너 방식, 직병렬 방식이 있다.
따라서 워드레오너드법은 직류 전동기의 전압 제어법이므로 적절하지 않다.

70 ③
단상 유도 전동기의 기동 토크가 큰 순서는 '반발 기동형 - 반발 유도형 - 콘덴서 기동형 - 분상 기동형 - 셰이딩 코일형' 순이므로 반발 기동형이 가장 크다.

71 ④
분로권선에 3상 전압을 가하면 여자전류가 흐르고 3상 유도 전동기

와 같이 회전자속(회전자계)이 발생한다. 이 회전자속에 의한 조정전압을 이용하여 전압을 조정하므로 회전자계에 의한 유도 작용이 적절하다.

72 ③
전부하 회전 수 $N = (1 - s)N_2$임을 적용하여 구한다.
2차 입력 = 출력 + 손실이므로 $P_2 = P_0 + P_{c2}$ + 기계손 = 60 + 2 + 3 = 65[kW]이고, 슬립 $s = \frac{P_{c2}}{P_2} = \frac{2}{65} = 0.03$이다.
따라서 전부하 회전 수 $N = (1 - s)N_2 = (1 - 0.03)\frac{120 \times 60}{6} = 1,164[rpm]$이다.

73 ③
토크 $T = 0.975\frac{P_0}{N}$임을 적용하여 구한다.
회전자 속도 $N = (1 - s)N_s = (1 - 0.05)\frac{120 \times 60}{6} = 1,140[rpm]$이고, 1[$HP$] = 746[$W$]이다.
따라서 토크 $T = 0.975\frac{P_0}{N} = 0.975 \times \frac{16 \times 746}{1,140} = 10.2[kg \cdot m]$이다.

출제빈도: ★★★ 대표출제기업: 한국철도공사, 한국수력원자력, 한국가스공사

74 권선형 유도 전동기에 2차 저항을 변화시켜 속도를 제어하는 경우 최대 토크는 어떠한가?

① 2차 저항에 반비례한다.

② 2차 저항에 비례한다.

③ 항상 일정하다.

④ 슬립에 반비례한다.

⑤ 슬립에 비례한다.

출제빈도: ★★☆ 대표출제기업: 한국철도공사

75 6극 60[Hz], 3상 직권 유도 전동기에서 전부하 회전 수는 960[rpm]이다. 동일 토크에서 800[rpm]으로 회전하려면 2차 회로에 삽입해야 하는 외부저항[Ω]은? (단, 2차는 Y결선이고 각 상의 저항은 r_2이다.)

① $0.5r_2$ ② r_2 ③ $1.5r_2$ ④ $2r_2$ ⑤ $2.5r_2$

출제빈도: ★★☆ 대표출제기업: 한국전력공사, 한국동서발전

76 극수 4극, 8극의 두 3상 유도 전동기를 직렬 종속 접속했을 때 동기 속도는 어떻게 되는가? (단, 전원 주파수는 60[Hz]이다.)

① 600   ② 900   ③ 1,200   ④ 1,500   ⑤ 1,800

출제빈도: ★☆☆ 대표출제기업: 한국전기안전공사

77 분로 권선 및 직렬 권선 1상에 유도되는 기전력을 각각 E_1, E_2[V]라고 할 때, 회전자를 0°에서 180°까지 회전시킬 경우 3상 유도 전압 조정기 출력 측 선간전압의 조정 범위는?

① $\sqrt{3}(E_1 \pm E_2)$ ② $\dfrac{E_1 \pm E_2}{\sqrt{3}}$ ③ $\sqrt{3}(E_1 + E_2)$

④ $\sqrt{3}(E_1 - E_2)$ ⑤ $E_1 \pm E_2$

출제빈도: ★☆☆ 「대프출제기업」 서울교통공사

78 다음 중 회전 변류기의 난조의 원인으로 적절하지 않은 것은?

① 부하의 급변
② 매우 나쁜 역률
③ 주파수의 주기적인 변동
④ 리액턴스보다 큰 저항
⑤ 보극의 부적당

전기기기

정답 및 해설

74 ③

$T = KE_2I_2\cos\theta_2 = K\dfrac{sE_2^2 r_2}{r_2^2 + (sx_2)^2}$, 최대 토크를 발생하는 슬립 $s_m = \dfrac{r_2}{x_2}$, 최대 토크 $T_m = K\dfrac{sE_2^2}{2x_2}$ 에 의해 최대 토크는 2차 저항과 무관하다.

75 ①

$R = r_2\left(\dfrac{s'}{s} - 1\right)$임을 적용하여 구한다.

극수 $p = 6$, 주파수 $f = 60[Hz]$이므로 동기 속도 $N_s = \dfrac{120 \times 60}{6} = 1,200[rpm]$이다.

이때 전부하 회전 수 $N_1 = 960[rpm]$이므로 $s = \dfrac{1,200 - 960}{1,200} = 0.2$, 회전 수 $N_2 = 800[rpm]$이므로 $s' = \dfrac{1,200 - 800}{1,200} = 0.3$이다.

따라서 삽입해야 하는 외부저항 $R = r_2\left(\dfrac{0.3}{0.2} - 1\right) = 0.5r_2$이다.

76 ①

동기 속도 $N_s = \dfrac{120f}{p_1 + p_2}$임을 적용하여 구한다.

극수 $p_1 = 4$, $p_2 = 8$, 주파수 $f = 60[Hz]$이므로 $N_s = \dfrac{120f}{p_1 + p_2} = \dfrac{120 \times 60}{4 + 8} = 600[rpm]$

따라서 동기 속도는 $600[rpm]$이다.

77 ①

3상 유도 전압 조정기 출력 전압 $E = \sqrt{3}(E_1 + E_2\cos\theta)$임을 적용하여 구한다.

$0° < \theta < 180°$에 의해 $-1 < \cos\theta < 1$이므로 선간전압의 조정 범위는 $E = \sqrt{3}(E_1 \pm E_2)$이다.

78 ⑤

보극이 부적당할 경우 직류 발전기의 정류 작용이 저하되므로 적절하지 않다.

🔍 **더 알아보기**

회전 변류기의 난조 원인
• 중성점보다 늦은 브러시의 위치
• 부하의 급변
• 주파수의 주기적인 변동
• 메우 나쁜 역률
• 리액턴스에 비해 큰 저항

출제빈도: ★☆☆ 대표출제기업: 한국전기안전공사, 한국가스공사

79 3상 수은 변류기의 직류 측 전압 E_d와 교류 측 전압 E의 비 $\dfrac{E_d}{E}$는?

① 0.45　　　　② 0.9　　　　③ 1　　　　④ 1.17　　　　⑤ 1.35

출제빈도: ★★☆ 대표출제기업: 한국동서발전, 한국중부발전

80 다음 중 수은 정류기에 있어서 정류기의 밸브 작용이 상실되는 현상으로 적절한 것은?

① 역호　　　　② 실호　　　　③ 점호　　　　④ 통호　　　　⑤ 제동

출제빈도: ★★★ 대표출제기업: 한국수력원자력, 한국중부발전

81 전원 220[V], 부하 33[Ω]인 단상 반파 정류 회로의 부하전류[A]는?

① 1　　　　② 2　　　　③ 3　　　　④ 4　　　　⑤ 5

출제빈도: ★★★ 대표출제기업: 한국철도공사, 한국중부발전

82 다음 중 SCR의 특징으로 적절하지 않은 것은?

① 아크가 생기지 않으므로 열의 발생이 적다.
② 전류가 흐르고 있을 때의 양극 전압 강하가 크다.
③ 단방향성 3단자이다.
④ 과전압에 약하다.
⑤ 역률각 이하에서는 제어가 되지 않는다.

출제빈도: ★★☆ 대표출제기업: 한국수력원자력

83 입력 110[V]의 단상교류를 SCR 4개를 사용하여 브리지 제어 정류하려고 한다. 이때 사용할 SCR 1개의 최대 역전압은 약 몇 [V] 이상이어야 하는가?

① 124　　　　② 144　　　　③ 155　　　　④ 173　　　　⑤ 190

출제빈도: ★★☆ 대표출제기업: 한국전기안전공사, 한국수력원자력

84 다음 중 2방향성 3단자 사이리스터로 적절한 것은?

① GTO　　　　② Diode　　　　③ SCS　　　　④ TRIAC　　　　⑤ SCR

정답 및 해설

79 ④

수은 변류기의 직류 측 전압 $E_d = \frac{\sqrt{2}E_a\sin\frac{\pi}{m}}{\frac{\pi}{m}}$임을 적용하여 구한다.

상수 m = 3이므로 직류 측 전압 $E_d = \frac{\sqrt{2}E\sin\frac{\pi}{3}}{\frac{\pi}{3}}$ = 1.17E이다.

따라서 직류 측 전압 E_d와 교류 측 전압 E의 비 $\frac{E_d}{E} = \frac{1.17E}{E}$ = 1.17이다.

80 ①

음극에 대하여 부전위로 있는 양극에 어떠한 원인으로 인해 음극점이 형성되어 정류기의 밸브 작용이 상실되는 현상은 역호이다.

81 ③

단상 반파의 직류전압 E_d = 0.45E[V]임을 적용하여 구한다.
단상 반파의 직류전압 E_d = 0.45E = 0.45 × 220 = 99[V]이므로

따라서 부하전류 $I_d = \frac{99}{33}$ = 3[A]이다.

82 ②

SCR은 전류가 흐르고 있을 때의 양극 전압 강하가 보통 1.5[V]로 작으므로 적절하지 않다.

83 ③

단상 반파 정류 회로 PIV = $\sqrt{2}E$[V]임을 적용하여 구한다.
교류전압 E = 110[V]이므로 PIV = $\sqrt{2}E$ = $\sqrt{2}$ × 110 ≒ 155[V]
따라서 SCR의 최대 역전압은 155[V] 이상이어야 한다.

84 ④

TRIAC은 2방향성 3단자 사이리스터이다.

오답노트
① GTO: 단방향성 3단자
② Diode: 단방향성 2단자
③ SCS: 단방향성 4단자
⑤ SCR: 단방향성 3단자

출제빈도: ★★☆ 대표출제기업: 한국서부발전

85 반파 정류 회로에서 직류전압 210[V]를 얻는 데 필요한 변압기 2차 상전압[V]은? (단, 정류기 내의 전압 강하는 60[V]로 한다.)

① 400 ② 500 ③ 550 ④ 600 ⑤ 650

출제빈도: ★★☆ 대표출제기업: 한국철도공사, 서울교통공사

86 전원전압 200[V]인 단상 전파 제어 정류에서 점호각이 45°일 때 직류 평균 전압은 약 몇 [V]인가?

① 100 ② 200 ③ 308 ④ 153 ⑤ 135

출제빈도: ★★★ 대표출제기업: 한국가스공사, 한국지역난방공사

87 반파 정류 회로에서 직류 전압 130[V]를 얻는 데 필요한 변압기의 첨두 역전압은 약 몇 [V]인가? (단, 전압 강하는 20[V]로 한다.)

① 440 ② 465 ③ 471 ④ 478 ⑤ 484

출제빈도: ★★☆ 대표출제기업: 한국서부발전, 한국중부발전

88 상전압 180[V]의 3상 반파 정류 회로의 각 상에 SCR을 사용하여 위상 제어할 때 제어각이 30°이면 직류전압은 약 몇 [V]인가?

① 162　　　　② 167　　　　③ 182　　　　④ 188　　　　⑤ 203

출제빈도: ★★★ 대표출제기업: 한국동서발전, 한국중부발전

89 어떤 정류회로의 부하전압이 220[V]이고 맥동률이 3[%]이면 교류분은 몇 [V] 포함되어 있는가?

① 5　　　　② 5.8　　　　③ 6.6　　　　④ 7.8　　　　⑤ 9

정답 및 해설

85 ④
단상 반파 정류 시 직류전압 $E_d = 0.45E - e$임을 적용하여 구한다.
직류전압 $E_d = 210[V]$, 전압 강하 $e = 60[V]$이므로 $210 = 0.45E - 60$
따라서 필요한 변압기 2차 상전압 $E = 600[V]$이다.

86 ④
SCR 단상 전파 정류 시 직류 평균 전압 $E_d = 0.45E(1 + \cos\alpha)$임을 적용하여 구한다.
점호각 $\alpha = 45$°이므로 직류 평균 전압 $E_d = 0.45 \times 200 \times (1 + \cos45°)$ ≒ $153[V]$이다.

87 ③
첨두 역전압 PIV = $\sqrt{2}E$임을 적용하여 구한다.
단상 반파 정류 직류 전압 $E_d = 0.45E - e = 130[V]$, 전압 강하 $e = 20[V]$이므로 E ≒ $333[V]$이다.
따라서 첨두 역전압 PIV = $\sqrt{2}E = \sqrt{2} \times 333$ ≒ $471[V]$이다.

88 ③
SCR 3상 반파 정류 시 직류전압 $E_d = 1.17E\cos\alpha$임을 적용하여 구한다.
상전압 $E = 180[V]$, 제어각 $\alpha = 30$°이므로
직류전압 $E_d = 1.17E\cos\alpha = 1.17 \times 180 \times \cos30°$ ≒ $182[V]$이다.

89 ③
교류분 $E = \frac{맥동률}{100} \times E_d$임을 적용하여 구한다.
맥동률 3[%], 직류분 $E_d - 220[V]$이므로 교류분 $E = \frac{3}{100} \times 220 = 6.6[V]$이다.

Chapter 5 회로이론

📗 학습목표

1. 전하, 전류, 전압, 저항, 전력 등 기호 및 단위의 의미를 이해한다.
2. 수동소자를 정확하게 이해한다.
3. 회로를 해석하는 데 필요한 공식이 어떻게 적용되는지, 단위가 어떻게 바뀌는지, 회로를 실제로 어떻게 계산하는지 등을 파악한다.
4. 여러 가지 공식을 정리하고 암기한다.

📗 출제비중

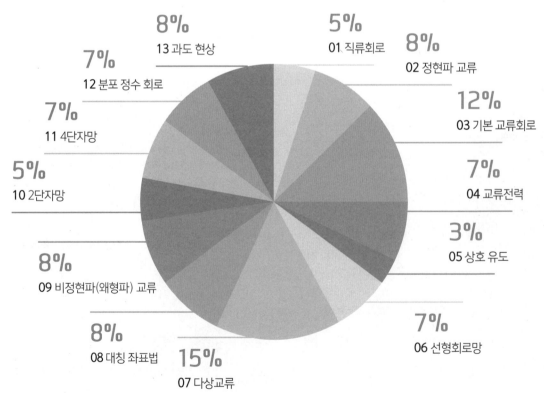

8% 13 과도 현상
5% 01 직류회로
8% 02 정현파 교류
7% 12 분포 정수 회로
12% 03 기본 교류회로
7% 11 4단자망
7% 04 교류전력
5% 10 2단자망
3% 05 상호 유도
8% 09 비정현파(왜형파) 교류
7% 06 선형회로망
8% 08 대칭 좌표법
15% 07 다상교류

출제포인트 & 출제기업

출제포인트	출제빈도	출제기업
01 직류회로	★	
02 정현파 교류	★★	
03 기본 교류회로	★★★	한국철도공사(코레일)
04 교류 전력	★★	한국전력공사
05 상호 유도	★	한국전기안전공사
06 선형회로망	★★	한국수력원자력
07 다상교류	★★★	서울교통공사
08 대칭 좌표법	★★	한국남동발전
09 비정형파(왜형파) 교류	★★	한국남부발전
10 2단자망	★	한국서부발전
11 4단자망	★★	한국토지주택공사
12 분포 정수 회로	★★	한국가스공사
13 과도 현상	★★	한국동서발전

한국수자원공사
한국중부발전
한국지역난방공사
SH서울주택도시공사
등

01 직류회로   출제빈도 ★

1. 직류회로

(1) 전하

$$Q = [A \cdot \sec] = [C], \; q = \int i(t)dt[C]$$

(2) 전류

$$I = \frac{Q}{t}[A]$$

(3) 전압

$$V = \frac{W}{Q}[V]$$

(4) 저항

$$R = \rho\frac{l}{A}[\Omega]$$

2. 옴의 법칙(Ohm's law)

- $I = \dfrac{V}{R}[A]$
- $R = \dfrac{V}{I}[\Omega]$
- $V = IR[V]$

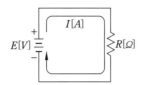

3. 저항의 접속

(1) 직렬접속

$$R_0 = R_1 + R_2 + \cdots + R_n[\Omega]$$

(2) 병렬접속

$$R_0 = \dfrac{1}{\dfrac{1}{R_1} + \dfrac{1}{R_2} + \cdots + \dfrac{1}{R_n}}$$

$$= \dfrac{1}{\displaystyle\sum_{K=1}^{\infty} \dfrac{1}{R_k}}[\Omega]$$

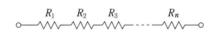

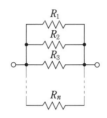

4. 전류분배법칙

- $I_1 = \dfrac{R_2}{R_1 + R_2} \cdot I[A]$
- $I_2 = \dfrac{R_1}{R_1 + R_2} \cdot I[A]$

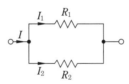

5. 전압분배법칙

- $E_1 = \dfrac{R_1}{R_1 + R_2} \cdot E[V]$
- $E_2 = \dfrac{R_2}{R_1 + R_2} \cdot E[V]$

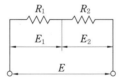

6. 전력

$$P = \dfrac{W}{t} = \dfrac{QE}{t} = EI = I^2 R = \dfrac{E^2}{R}[W] \ ([J/sec])$$

$$※ \ 1[HP] = 746[W]$$

7. 전력량

$$W = P \cdot t = VI \cdot t = I^2 R \cdot t = \frac{V^2}{R} \cdot t [W \cdot sec]$$

$$1[J] = 0.24[cal], \quad 1[kWh] = 860[kcal]$$

8. 분류기와 배율기

(1) 분류기

배율 $m = \dfrac{I}{I_a} = 1 + \dfrac{r_a}{R_s}$

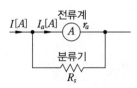

(2) 배율기

배율 $m = \dfrac{V}{V_v} = 1 + \dfrac{R_m}{r_v}$

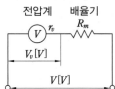

📘 시험문제 미리보기!

다음 중 측정하고자 하는 전압이 전압계의 최대 눈금보다 클 때 전압계에 직렬로 저항을 접속하여 측정 범위를 넓히는 것은?

① 분류기   ② 배율기   ③ 조광기

④ 분광기   ⑤ 감쇠기

정답   ②

해설   전압계의 측정 범위를 확대하기 위해 내부저항 r_a인 전압계에 직렬로 접속하는 저항 R_m을 배율기 라고 한다.

---

02 정현파 교류   출제빈도 ★★

1. 각주파수, 각속도

$$w = \frac{2\pi}{T} = 2\pi f [rad/s]$$

2. 주기 및 주파수

$$T = \frac{1}{f} = \frac{2\pi}{w} [s]$$

3. 실횻값

$$I_s = \sqrt{\frac{1}{T}\int_0^T i^2(t)dt}$$

4. 평균값

$$I_{av} = \frac{1}{T}\int_0^T i(t)dt$$

(단, 1주기 적분값이 0인 경우 반주기의 평균값 $I_{av} = \frac{2}{T}\int_0^{T/2} i(t)dt$)

5. 파고율과 파형률

(1) 파고율

$$파고율 = \frac{최댓값}{실횻값}$$

(2) 파형률

$$파형률 = \frac{실횻값}{평균값}$$

6. 파형의 종류에 따른 특성값

파형의 종류 \ 구분	실횻값	평균값	파형률	파고율
정현파	$\frac{V_m}{\sqrt{2}}$	$\frac{2V_m}{\pi}$	1.11	1.41
삼각파	$\frac{V_m}{\sqrt{3}}$	$\frac{V_m}{2}$	1.15	1.73
반파정현파	$\frac{V_m}{2}$	$\frac{V_m}{\pi}$	1.57	2
반파구형파	$\frac{V_m}{\sqrt{2}}$	$\frac{V_m}{2}$	1.41	1.41
구형파	V_m	V_m	1	1

다음 중 실횻값을 얻기 위해 정현파 교류의 평균값에 곱하는 수로 적절한 것은?

① $\frac{\sqrt{3}}{2}$ 　　　　② $\frac{2}{\sqrt{3}}$ 　　　　③ $\frac{2\sqrt{2}}{\pi}$ 　　　　④ $\frac{\pi}{2\sqrt{2}}$ 　　　　⑤ $\frac{\sqrt{2}}{\pi}$

정답　④

해설　정현파의 실횻값 $V = \frac{V_m}{\sqrt{2}}$, 최댓값 $V_m = \frac{\pi}{2}V_{av}$, 평균값 $V_{av} = \frac{2}{\pi}V_m$이므로

실횻값 $V = \frac{V_m}{\sqrt{2}} = \frac{1}{\sqrt{2}} \times \frac{\pi}{2}V_{av} = \frac{\pi}{2\sqrt{2}}V_{av}$이다.

따라서 정현파 교류의 평균값에 곱하는 수는 $\frac{\pi}{2\sqrt{2}}$이다.

03 기본 교류회로　　　　출제빈도 ★★★

1. R, L, C 단일 소자(인가 전압 $v = V_m\sin wt$인 경우)

회로 종류	전류	위상차	전압과 전류의 관계	역률
R (저항)	$i = I_m\sin wt$	$\theta = 0$ (전압, 전류 동위상)	$I = \frac{V}{R}$	$\cos\theta = 1$ $\sin\theta = 0$
L (인덕턴스)	$i = I_m\sin\left(wt - \frac{\pi}{2}\right)$	$\theta = \frac{\pi}{2}$ (전류가 전압보다 위상이 90° 뒤짐)	$I = \frac{V}{wL} = \frac{V}{X_L}$ $X_L = jwL$ (유도성 리액턴스)	$\cos\theta = 0$ $\sin\theta = 1$
C (커패시턴스)	$i = I_m\sin\left(wt + \frac{\pi}{2}\right)$	$\theta = \frac{\pi}{2}$ (전류가 전압보다 위상이 90° 앞섬)	$I = wCV = \frac{V}{X_C}$ $X_C = \frac{1}{jwC}$ (용량성 리액턴스)	$\cos\theta = 0$ $\sin\theta = 1$

2. $R - L - C$ 직렬회로

구분	직렬			
	임피던스	위상각	실효전류	위상
$R - L$	$\sqrt{R^2 + (\omega L)^2}$	$\tan^{-1}\frac{\omega L}{R}$	$\frac{V}{\sqrt{R^2 + (\omega L)^2}}$	전류가 뒤짐
$R - C$	$\sqrt{R^2 + \left(\frac{1}{\omega C}\right)^2}$	$\tan^{-1}\frac{1}{\omega CR}$	$\frac{V}{\sqrt{R^2 + \left(\frac{1}{\omega C}\right)^2}}$	전류가 앞섬
$R - L - C$	$\sqrt{R^2 + \left(\omega L - \frac{1}{\omega C}\right)^2}$	$\tan^{-1}\frac{\omega L - \frac{1}{\omega C}}{R}$	$\frac{V}{\sqrt{R^2 + \left(\omega L - \frac{1}{\omega C}\right)^2}}$	L이 크면 전류는 뒤지고, C가 크면 전류는 앞섬

3. $R-L-C$ 병렬회로

구분	병렬			
	어드미턴스	위상각	실효전류	위상
$R-L$	$\sqrt{\left(\dfrac{1}{R}\right)^2 + \left(\dfrac{1}{\omega L}\right)^2}$	$\tan^{-1}\dfrac{R}{\omega L}$	$\sqrt{\left(\dfrac{1}{R}\right)^2 + \left(\dfrac{1}{\omega L}\right)^2}V$	전류가 뒤짐
$R-C$	$\sqrt{\left(\dfrac{1}{R}\right)^2 + (\omega C)^2}$	$\tan^{-1}\omega CR$	$\sqrt{\left(\dfrac{1}{R}\right)^2 + (\omega C)^2}V$	전류가 앞섬
$R-L-C$	$\sqrt{\left(\dfrac{1}{R}\right)^2 + \left(\dfrac{1}{\omega L} - \omega C\right)^2}$	$\tan^{-1}\dfrac{\dfrac{1}{\omega L} - \omega C}{\dfrac{1}{R}}$	$\sqrt{\left(\dfrac{1}{R}\right)^2 + \left(\dfrac{1}{\omega L} - \omega C\right)^2}V$	L이 크면 전류는 뒤지고, C가 크면 전류는 앞섬

4. $R-L-C$ 공진회로

구분 \ 공진의 종류	직렬 공진	병렬 공진
회로		
회로의 Z, Y	$Z = R + j\left(wL - \dfrac{1}{wC}\right)$	$Y = \dfrac{1}{R} + j\left(wC - \dfrac{1}{wL}\right)$
공진 조건	$w_\gamma L = \dfrac{1}{w_\gamma C}$	$w_\gamma C = \dfrac{1}{w_\gamma L}$
공진 각주파수	$w_\gamma = \dfrac{1}{\sqrt{LC}}$	$w_\gamma = \dfrac{1}{\sqrt{LC}}$
공진 주파수	$f_\gamma = \dfrac{1}{2\pi\sqrt{LC}}$	$f_\gamma = \dfrac{1}{2\pi\sqrt{LC}}$
공진 시 Z_γ, Y_γ	$Z_\gamma = R(최소)$	$Y_\gamma = \dfrac{1}{R}(최소)$
공진전류	$I_\gamma = \dfrac{E}{Z_\gamma} = \dfrac{E}{R}(최대)$	$I_\gamma = Y_\gamma E = \dfrac{E}{R}(최소)$
선택도	$Q = \dfrac{1}{R}\sqrt{\dfrac{L}{C}}$	$Q = R\sqrt{\dfrac{C}{L}}$

회로의 어느 수동소자에 전압 $v(t) = 200\sqrt{2}\sin 377t[V]$를 인가해 전류 $i(t) = 10\sqrt{2}\cos 377t[A]$가 흘렀을 때, 이 수동소자는?

① 순저항

② 컨덕턴스

③ 유도성 리액턴스

④ 용량성 리액턴스

⑤ 저항과 유도성 리액턴스

정답   ④

해설 $\cos\theta = \sin(\theta + 90°)$임을 적용하여 구한다.
전류 $i(t) = 10\sqrt{2}\cos 377t[A]$이고 파형을 전압과 같은 sin파형으로 하면 $i(t) = 10\sqrt{2}\sin(377t + 90°)[A]$가 된다.
전류의 위상이 전압보다 90° 앞서므로 이 수동소자는 용량성 리액턴스이다.

04 교류전력   출제빈도 ★★

1. 교류전력

종류	직렬회로	병렬회로	복소전력
피상전력	$P_a = VI = I^2 Z$ $= \dfrac{V^2 Z}{R^2 + X^2}$	$P_a = VI = YV^2$ $= \dfrac{I^2 Y}{G^2 + B^2}$	• 유도성 $P_a = \dot{V}\bar{I} = P + jP_r$ • 용량성 $P_a = \dot{V}\bar{I} = P - jP_r$
유효전력	$P = VI\cos\theta$ $= I^2 R = \dfrac{V^2 R}{R^2 + X^2}$	$P = VI\cos\theta$ $= GV^2 = \dfrac{I^2 G}{G^2 + B^2}$	
무효전력	$P_r = VI\sin\theta$ $= I^2 X = \dfrac{V^2 X}{R^2 + X^2}$	$P_r = VI\sin\theta$ $= BV^2 = \dfrac{I^2 B}{G^2 + B^2}$	-

2. 최대 전력 전송 조건

임피던스 정합(내부 임피던스 = 외부 임피던스)

어떤 회로의 전압 v와 전류 i가 각각 $v = 10\sqrt{2}\sin(377t + 60°)[V]$, $i = 2\sqrt{2}\sin(377t + 30°)$ $[A]$일 때, 소비전력$[W]$은?

① 10   ② $10\sqrt{3}$ ③ 20   ④ $20\sqrt{3}$ ⑤ 30

정답   ②

해설   소비전력 $P = VI\cos\theta$임을 적용하여 구한다.
        $V = 10[V]$, $I = 2[A]$이므로
        $P = VI\cos\theta = 10 \times 2 \times \cos(60 - 30) = 10\sqrt{3}[W]$이다.

05 상호 유도

출제빈도 ★

1. 결합계수

$$k = \frac{M}{\sqrt{L_1 L_2}} \ (0 \le k \le 1)$$

2. 인덕턴스의 접속

(1) 직렬접속

① 가동결합
$$L_0 = L_1 + L_2 + 2M$$

② 차동결합
$$L_0 = L_1 + L_2 - 2M$$

(2) 병렬접속

① 가동결합
$$L_0 = \frac{L_1 L_2 - M^2}{L_1 + L_2 - 2M}$$

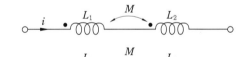

② 차동결합
$$L_0 = \frac{L_1 L_2 - M^2}{L_1 + L_2 + 2M}$$

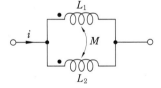

3. 브리지 평형 조건

$Z_1 I_1 = Z_3 I_2$, $Z_2 I_1 = Z_4 I_2$

$\therefore \dfrac{I_1}{I_2} = \dfrac{Z_3}{Z_1} = \dfrac{Z_4}{Z_2}$

따라서 $Z_1 Z_4 = Z_2 Z_3$이다.

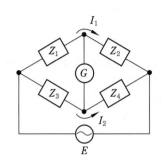

📋 **시험문제 미리보기!**

인덕턴스 L_1, L_2가 각각 4[mH], 9[mH]인 두 코일 간의 상호 인덕턴스 M이 4[mH]일 때, 결합계수 k는 약 얼마인가?

① 0.97　　　　② 0.95　　　　③ 0.75　　　　④ 0.67　　　　⑤ 0.5

정답　④

해설　$k = \dfrac{M}{\sqrt{L_1 L_2}}(0 \leq k \leq 1)$임을 적용하여 구한다.

　　　$L_1 = 4[mH]$, $L_2 = 9[mH]$이므로

　　　결합계수 $k = \dfrac{M}{\sqrt{L_1 L_2}} = \dfrac{4}{\sqrt{4 \times 9}} = \dfrac{4}{\sqrt{36}} = \dfrac{4}{6} \fallingdotseq 0.67$이다.

06　선형회로망　　　　　　　　　　　　　출제빈도 ★★

1. 키르히호프의 법칙

(1) 제1법칙(전류 법칙)

$$\sum_{k=1}^{n} I_k = 0$$

(2) 제2법칙(전압 법칙)

$$\sum_{k=1}^{n} V_k = \sum_{k=1}^{n} I_k Z_k$$

2. 중첩의 원리

회로망 내에 다수의 기전력이 동시에 존재할 때 회로전류는 각 기전력이 각각 단독으로 그 위치에 존재할 때 흐르는 전류의 합이다. 이때 제거하는 전압원은 단락하고, 전류원은 개방한다.

3. 테브난의 정리

$$I = \frac{V_{ab}}{Z_{ab} + Z_L}[A]$$

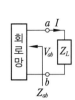

4. 노튼의 정리

$$I = \frac{Y_{ab}}{Y_{ab} + Y_L}I_S[A]$$

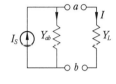

5. 밀만의 정리

$$V_{ab} = \frac{\sum\limits_{k=1}^{n} I_k}{\sum\limits_{k=1}^{n} Y_k} = \frac{\sum\limits_{k=1}^{n} \dfrac{V_k}{Z_k}}{\sum\limits_{k=1}^{n} \dfrac{1}{Z_k}}$$

$$= \frac{\dfrac{V_1}{Z_1} + \dfrac{V_2}{Z_2} + \cdots + \dfrac{V_n}{Z_n}}{\dfrac{1}{Z_1} + \dfrac{1}{Z_2} + \cdots + \dfrac{1}{Z_n}}$$

$$= \frac{Y_1 V_1 + Y_2 V_2 + \cdots + Y_n V_n}{Y_1 + Y_2 + \cdots + Y_n}$$

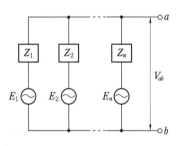

6. 가역의 정리

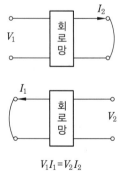

$$V_1 I_1 = V_2 I_2$$

다음 테브난 등가회로에서 전류 $I[A]$는?

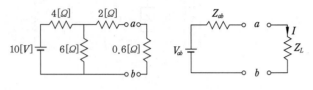

① 2.2   ② 2.0   ③ 1.5   ④ 1.2   ⑤ 1.0

정답   ④

해설   테브난의 정리와 $V = IR$임을 적용하여 구한다.

전압 V_{ab}는 a, b 단자를 개방했을 때 $6[\varOmega]$에 걸리는 전압이므로

$$V_{ab} = \frac{6}{4+6} \times 10 = 6[V], \ Z_{ab} = 2 + \frac{4 \times 6}{4+6} = 4.4[\varOmega]$$

따라서 전류 $I = \dfrac{V_{ab}}{Z_{ab} + Z_L} = \dfrac{6}{4.4 + 0.6} = 1.2[A]$이다.

07 다상교류

출제빈도 ★★★

1. 임피던스의 $\varDelta - Y$ 등가변환

(1) $\varDelta \rightarrow Y$로 변환

$$Z_a = \frac{Z_{ca} \cdot Z_{ab}}{Z_{ab} + Z_{bc} + Z_{ca}}$$

$$Z_b = \frac{Z_{ab} \cdot Z_{bc}}{Z_{ab} + Z_{bc} + Z_{ca}}$$

$$Z_c = \frac{Z_{bc} \cdot Z_{ca}}{Z_{ab} + Z_{bc} + Z_{ca}}$$

(2) $Y \rightarrow \varDelta$로 변환

$$Z_{ab} = \frac{Z_a Z_b + Z_b Z_c + Z_c Z_a}{Z_c}$$

$$Z_{bc} = \frac{Z_a Z_b + Z_b Z_c + Z_c Z_a}{Z_a}$$

$$Z_{ca} = \frac{Z_a Z_b + Z_b Z_c + Z_c Z_a}{Z_b}$$

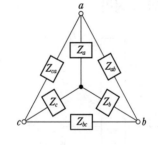

2. 선과 상의 전압전류

결선 종류	3상	n상	6상
Y 결선	$I_l = I_p$		
	$V_l = \sqrt{3} V_p \angle 30$	$V_l = 2\sin\frac{\pi}{n} V_p \angle \left(\frac{\pi}{2} - \frac{\pi}{n}\right)$	$V_l = V_p \angle 60$
Δ결선	$I_l = \sqrt{3} I_p \angle -30$	$I_l = 2\sin\frac{\pi}{n} I_p \angle -\left(\frac{\pi}{2} - \frac{\pi}{n}\right)$	$I_l = I_p \angle -60$
	$V_l = V_p$		

※ V_p, I_p: 상전압, 상전류, V_l, I_l: 선간전압, 선전류

3. 다상회로의 전력

(1) 3상 회로

① 유효전력

$$P = 3V_p I_p \cos\theta = \sqrt{3} V_l I_l \cos\theta = 3I_p^2 R = 3\frac{V_p^2}{R}[W]$$

② 무효전력

$$P_r = 3V_p I_p \sin\theta = \sqrt{3} V_l I_l \sin\theta = 3I_p^2 X = 3\frac{V_p^2}{X}[Var]$$

③ 피상전력

$$P_a = 3V_p I_p = \sqrt{3} V_l I_l = \sqrt{P^2 + P_r^2} = 3I_p^2 Z = 3\frac{V_p^2}{Z}[VA]$$

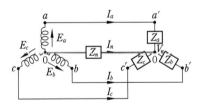

(2) n상 회로의 유효전력

$$P = nV_p I_p \cos\theta = \frac{n}{2\sin\frac{\pi}{n}} V_l I_l \cos\theta[W]$$

4. V결선

(1) 출력

$$P = \sqrt{3}VI[kVA]$$

(2) 변압기 이용률

$$\frac{\sqrt{3}VI}{2VI} = \frac{\sqrt{3}}{2} \fallingdotseq 0.866$$

(3) 출력비

$$\frac{P_V}{P_\varDelta} = \frac{\sqrt{3}VI}{3VI} = \frac{1}{\sqrt{3}} \fallingdotseq 0.577$$

📋 **시험문제 미리보기!**

다음 중 6상 성형 결선의 상전압이 $200[V]$일 때, 선간전압$[V]$은?

① $200\sqrt{3}$　　　② 200　　　③ $100\sqrt{3}$　　　④ $\dfrac{200}{\sqrt{3}}$　　　⑤ 100

정답　②

해설　6상이면 상전압과 선간전압이 같으므로 선간전압은 $200[V]$이다.

08 | 대칭 좌표법

출제빈도 ★★

1. 비대칭분 전압과 대칭분 전압

대칭분	비대칭분
영상분 $V_0 = \dfrac{1}{3}(V_a + V_b + V_c)$	$V_a = (V_0 + V_1 + V_2)$
정상분 $V_1 = \dfrac{1}{3}(V_a + aV_b + a^2V_c)$	$V_b = (V_0 + a^2V_1 + aV_2)$
역상분 $V_2 = \dfrac{1}{3}(V_a + a^2V_b + aV_c)$	$V_c = (V_0 + aV_1 + a^2V_2)$

2. 교류 발전기 기본식

$$V_0 = -Z_0 I_0, \ V_1 = E_a - Z_1 I_1, \ V_2 = -Z_2 I_2$$

3. 발전기 1선 지락고장 시 흐르는 전류

$$I_g = \frac{3E_a}{Z_0 + Z_1 + Z_2}[A]$$

4. 불평형률

$$불평형률 = \frac{역상분}{정상분} \times 100[\%]$$

5. 고장의 종류에 따른 대칭분의 종류

고장의 종류	대칭분
1선 지락	정상분 + 역상분 + 영상분
선간 단락	정상분 + 역상분
3상 단락	정상분

📋 시험문제 미리보기!

다음 불평형 3상 전압으로 표시한 것 중 옳은 것은?

① $E_0 = \frac{1}{3}(E_a + E_b + E_c)$ ② $E_0 = \frac{1}{3}(E_a + aE_b + a^2 E_c)$

③ $E_1 = \frac{1}{3}(E_a + aE_b + aE_c)$ ④ $E_2 = \frac{1}{3}(E_a + E_b + E_c)$

⑤ $E_0 = \frac{1}{3}(E_a + a^2 E_b + aE_c)$

정답   ①

해설   불평형 전압은 영상분, 정상분, 역상분으로 구성된다.

$$\begin{cases} E_0 = \frac{1}{3}(E_a + E_b + E_c) : 영상 \ 전압 \\ E_1 = \frac{1}{3}(E_a + aE_b + a^2 E_c) : 정상 \ 전압 \\ E_2 = \frac{1}{3}(E_a + a^2 E_b + aE_c) : 역상 \ 전압 \end{cases}$$

1. 비정현파의 푸리에 급수에 의한 전개

$$f(t) = a_0 + \sum_{n=1}^{\infty} a_n \cos nwt + \sum_{n=1}^{\infty} b_n \sin nwt$$

2. 대칭성

1) 기함수
원점에 대칭인 함수($y = \sin wt$), 즉 정현대칭인 파

2) 우함수
y축에 대칭인 함수($y = \cos wt$ 또는 직류), 즉 여현대칭인 파

대칭 항목	정현대칭	여현대칭	반파대칭
예	기함수[1] 예 $\sin wt$	우함수[2] 예 $\cos wt$	sin, cos 구형파, 삼각파
특성식	$f(t) = -f(-t)$	$f(t) = f(-t)$	$f(t) = -f(t + \pi)$
특징	원점 대칭	y축 대칭	반주기마다 파형이 교대로 +, − 값을 가짐
존재하는 항	sin항	cos항, 상수항	기수항(홀수항)
존재하지 않는 항	상수항, cos항	sin항	짝수항, 상수항

3. 실횻값

$$I = \sqrt{I_0^2 + \left(\frac{I_{m1}}{\sqrt{2}}\right)^2 + \left(\frac{I_{m2}}{\sqrt{2}}\right)^2 + \cdots + \left(\frac{I_{mn}}{\sqrt{2}}\right)^2}$$
$$= \sqrt{I_0^2 + I_1^2 + I_2^2 + \cdots + I_n^2}$$

4. 왜형률

$$D = \frac{\text{전고조파의 실횻값}}{\text{기본파의 실횻값}} = \frac{\sqrt{I_2^2 + I_3^2 + \cdots + I_n^2}}{I_1}$$
$$= \sqrt{\left(\frac{I_2}{I_1}\right)^2 + \left(\frac{I_3}{I_1}\right)^2 + \cdots + \left(\frac{I_n}{I_1}\right)^2}$$

5. 전력

같은 주파수의 전압, 전류 사이에서만 전력이 소비된다.

(1) 유효전력

$$P = V_0 I_0 + \sum_{n=1}^{\infty} V_n I_n \cos\theta_n [W]$$

(2) 무효전력

$$P_{\gamma} = \sum_{n=1}^{\infty} V_n I_n \sin\theta_n [Var]$$

(3) 피상전력

$$P_a = VI$$
$$= \sqrt{V_0^2 + V_1^2 + V_2^2 + \cdots + V_n^2} \times \sqrt{I_0^2 + I_1^2 + I_2^2 + \cdots + I_n^2} [VA]$$

(4) 등가역률

$$\cos\theta = \frac{P}{P_a} = \frac{P}{VI}$$
$$= \frac{V_0 I_0 + V_1 I_1 \cos\theta_1 + V_2 I_2 \cos\theta_2 + \cdots + V_n I_n \cos\theta_n}{\sqrt{V_0^2 + V_1^2 + V_2^2 + \cdots + V_n^2} \times \sqrt{I_0^2 + I_1^2 + I_2^2 + \cdots + I_n^2}}$$

▤▎ 시험문제 미리보기!

비정현파의 전압 $v = 10\sqrt{2}\sin\omega t + 5\sqrt{2}\sin2\omega t + 3\sqrt{2}\sin3\omega t [V]$일 때, 실효전압은 약 몇 $[V]$
인가?

① $10 + 5 + 3 = 18$ ② $\sqrt{10 + 5 + 3} \fallingdotseq 4.24$

③ $\sqrt{10^2 + 5^2 + 3^2} \fallingdotseq 11.57$ ④ $\dfrac{\sqrt{10 + 5 + 3}}{3} \fallingdotseq 1.41$

⑤ $\dfrac{\sqrt{10^2 + 5^2 + 3^2}}{3} \fallingdotseq 3.85$

정답   ③

해설   비정현파의 실횻값은 각 파 실횻값의 제곱의 합의 제곱근임을 적용하여 구한다.

실횻값 $V = \sqrt{\left(\dfrac{V_{m1}}{\sqrt{2}}\right)^2 + \left(\dfrac{V_{m2}}{\sqrt{2}}\right)^2 + \left(\dfrac{V_{m3}}{\sqrt{2}}\right)^2}$이므로

실효전압 $V = \sqrt{10^2 + 5^2 + 3^2} \fallingdotseq 11.57 [V]$이다.

1. 구동점 임피던스

$$Z(s) = \frac{\text{분자}}{\text{분모}}$$

임피던스 함수	임피던스를 구할 때 $jw = s$로 치환하여 계산	• $R \rightarrow R$ • $L \rightarrow X_L = jwL = sL$ • $C \rightarrow X_C = \frac{1}{jwC} = \frac{1}{sC}$
영점	$Z(s) = 0$이 되는 s의 근	회로의 단락 상태
극점	$Z(s) = \infty$가 되는 s의 근	회로의 개방 상태

2. 정저항 회로

$$\cdot\ R^2 = Z_1 Z_2 = \frac{L}{C}$$
$$\cdot\ R = \sqrt{Z_1 Z_2} = \sqrt{\frac{L}{C}}\,[\Omega]$$
$$\left(Z_1 = jwL,\ Z_2 = \frac{1}{jwC}\right)$$

3. 역회로

$$\frac{L_1}{C_1} = \frac{L_2}{C_2} = K^2$$

📋 시험문제 미리보기!

다음 중 2단자 임피던스의 허수부가 어떤 주파수에 대해서도 항상 0이 되고, 실수부도 주파수와 무관하게 항상 일정한 회로는?

① 정리액턴스 회로　　② 정저항 회로　　③ 정인덕턴스 회로

④ 정임피던스 회로　　⑤ 정정전용량 회로

정답　②

해설　주파수와 무관하게 항상 일정한 회로는 정저항 회로이다.

1. 4단자망 회로

(1) 임피던스 파라미터

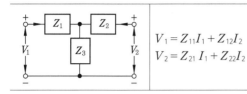

$$V_1 = Z_{11}I_1 + Z_{12}I_2$$
$$V_2 = Z_{21}I_1 + Z_{22}I_2$$

$$Z_{11} = Z_1 + Z_3$$
$$Z_{12} = Z_3$$
$$Z_{21} = Z_3$$
$$Z_{22} = Z_2 + Z_3$$

(2) 어드미턴스 파라미터

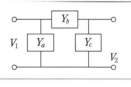

$$I_1 = Y_{11}V_1 + Y_{12}V_2$$
$$I_2 = Y_{21}V_1 + Y_{22}V_2$$

$$Y_{11} = Y_a + Y_b$$
$$Y_{12} = -Y_b$$
$$Y_{21} = -Y_b$$
$$Y_{22} = Y_b + Y_c$$

(3) $ABCD$ 파라미터

$$V_1 = AV_2 + BI_2$$
$$I_1 = CV_2 + DI_2$$
$$\begin{bmatrix} V_1 \\ I_1 \end{bmatrix} = \begin{bmatrix} A & B \\ C & D \end{bmatrix}\begin{bmatrix} V_2 \\ I_2 \end{bmatrix}$$

$$\left(A = \frac{V_1}{V_2}\bigg|_{I_2=0} : \text{전압비}, \ B = \frac{V_1}{I_2}\bigg|_{V_2=0} : \text{임피던스}[\Omega] \right.$$
$$C = \frac{I_1}{V_2}\bigg|_{I_2=0} : \text{어드미턴스}[\mho], \ D = \frac{I_1}{I_2}\bigg|_{V_2=0} : \text{전류비}$$
$$AD - BC = 1, \ A = D \ \text{대칭회로})$$

2. 영상 파라미터

(1) 입력단에서 본 영상 임피던스(1차 영상 임피던스)

$$Z_{01} = \sqrt{\frac{AB}{DC}}$$

(2) 출력단에서 본 영상 임피던스(2차 영상 임피던스)

$$Z_{02} = \sqrt{\frac{BD}{AC}}$$

(3) 영상전달정수

$$\theta = \log_e(\sqrt{AD} + \sqrt{BC})$$
$$= \cosh^{-1}\sqrt{AD}$$
$$= \sinh^{-1}\sqrt{BC}$$

(4) 좌우 대칭인 경우 $A = D$이므로

$$Z_{01} = Z_{02} = Z_0 = \sqrt{\frac{L}{C}}$$

▤ 시험문제 미리보기!

4단자 정수 A, B, C, D 중에서 임피던스의 차원을 가진 정수는?

① A　　　　　　　② B　　　　　　　③ C

④ D　　　　　　　⑤ 존재하지 않음

정답　②

해설　4단자 정수 $B = \left(\dfrac{V_1}{I_2}\right)_{V_2 = 0}$ 이므로, B는 출력측을 단락했을 때 임피던스이다.

오답노트

① $A = \left(\dfrac{V_1}{V_2}\right)_{I_2 = 0}$: 출력측을 개방했을 때 전압비

③ $C = \left(\dfrac{I_1}{V_2}\right)_{I_2 = 0}$: 출력측을 개방했을 때 어드미턴스

④ $D = \left(\dfrac{I_1}{I_2}\right)_{V_2 = 0}$: 출력측을 단락했을 때 전류비

1. 특성 임피던스와 전파정수

(1) 특성 임피던스

$$Z_0 = \sqrt{\frac{Z}{Y}} = \sqrt{\frac{R + jwL}{G + jwC}} = \sqrt{\frac{L}{C}}\,[\Omega]$$

(2) 전파정수

$$\gamma = \sqrt{ZY} = \sqrt{(R + jwL)(G + jwC)} = \alpha + j\beta$$

(α: 감쇠정수, β: 위상정수)

2. 무손실 선로 및 무왜형 선로

구분	무손실 선로	무왜형 선로
조건	$R = 0,\ G = 0$	$RC = LG$
특성 임피던스	$Z_0 = \sqrt{\dfrac{L}{C}}$	$Z_0 = \sqrt{\dfrac{L}{C}}$
전파정수	$\gamma = jw\sqrt{LC}\ (\alpha = 0)$	$\gamma = \sqrt{RG} + jw\sqrt{LC}$
파장	$\lambda = \dfrac{2\pi}{\beta} = \dfrac{2\pi}{w\sqrt{LC}} = \dfrac{1}{f\sqrt{LC}}$	
전파 속도	$v = f\lambda = \dfrac{2\pi f}{\beta} = \dfrac{w}{\beta} = \dfrac{1}{\sqrt{LC}} = 3 \times 10^8\,[m/s]$	

📋 시험문제 미리보기!

선로의 단위 길이당 임피던스 및 어드미턴스가 각각 Z, Y인 전송선로의 특성 임피던스 Z_0는?

① $\dfrac{Y}{Z}$ ② $\sqrt{ZY}$ ③ $\dfrac{Z}{Y}$ ④ $\sqrt{\dfrac{Z}{Y}}$ ⑤ $\sqrt{\dfrac{Y}{Z}}$

정답   ④

해설   특성 임피던스 $Z_0 = \sqrt{\dfrac{Z}{Y}} = \sqrt{\dfrac{R + jwL}{G + jwC}} = \sqrt{\dfrac{L}{C}}\,[\Omega]$이다.

전기직 전문가의 TIP

과도 현상은 시정수가 클수록 오래 지속됩니다. 시정수는 특성근의 절댓값의 역과 같은데, 즉 e^{-1}로 되는 데 t의 값입니다.

1. R-L 직렬회로

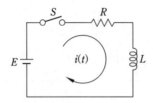

2. R-C 직렬회로

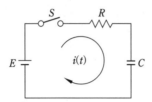

3. 직류전압 인가 시 회로별 특성

항목		R-L 직렬회로	R-C 직렬회로
$t=0$ 초기 상태		개방 상태	단락 상태
$t=\infty$ 정상 상태		단락 상태	개방 상태
전원 투입 시 흐르는 전류		$i = \dfrac{E}{R}\left(1 - e^{-\frac{R}{L}t}\right)$	$i = \dfrac{dq}{dt} = \dfrac{E}{R}e^{-\frac{1}{RC}t}$
전원 개방 시 흐르는 전류		$i = \dfrac{E}{R}e^{-\frac{R}{L}t}$	$i = -\dfrac{E}{R}e^{-\frac{1}{RC}t}$
전원 투입 시 충전되는 전하		–	$q = CE\left(1 - e^{-\frac{1}{RC}t}\right)[C]$
전원 투입 시 L 및 C 양단의 전압		$V_L = L\dfrac{di}{dt} = Ee^{-\frac{R}{L}}$	$V_c = \dfrac{q}{C} = E\left(1 - e^{-\frac{1}{RC}t}\right)$
시정수		$\tau = \dfrac{L}{R}$	$\tau = RC$
특성근		$-\dfrac{R}{L}$	$-\dfrac{1}{RC}$
RLC 과도 현상	진동 (부족제동)	$R^2 < 4\dfrac{L}{C}$	
	비진동 (과제동)	$R^2 > 4\dfrac{L}{C}$	
	임계진동	$R^2 = 4\dfrac{L}{C}$	

과도 상태가 나타나지 않는 위상각	$\theta = \tan^{-1}\dfrac{X}{R}$	
과도 상태가 나타나지 않는 R값	$R = \sqrt{\dfrac{L}{C}}$	
$L\text{-}C$ 과도 현상	전류	$i(t) = \sqrt{\dfrac{C}{L}}E\sin\dfrac{1}{\sqrt{LC}}t[A]$ → 불변의 진동 전류
	전압	e_c의 최대치가 $2E$까지 될 수 있음

📋 시험문제 미리보기!

$R - L$ 직렬회로에서 $L = 3[mH]$, $R = 10[\Omega]$일 때 회로의 시정수$[s]$는?

① 3   ② 30   ③ 3×10^{-3}

④ 3×10^{-4} ⑤ $\dfrac{1}{3} \times 10^{-3}$

정답   ④

해설 $R - L$ 직렬회로의 시정수 $T = \dfrac{L}{R}[s]$임을 적용하여 구한다.

$R = 10[\Omega]$, $L = 3[mH]$이므로

시정수 $T = \dfrac{L}{R} = \dfrac{3 \times 10^{-3}}{10} = 3 \times 10^{-4}[s]$이다.

출제빈도: ★★☆ 대표출제기업: 한국동서발전

01 다음 회로에서 저항 r_1, r_2에 흐르는 전류의 비가 1:2일 때, r_1, r_2는 각각 몇 [Ω]인가?

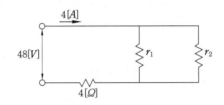

① $r_1 = 6$, $r_2 = 3$

② $r_1 = 8$, $r_2 = 4$

③ $r_1 = 10$, $r_2 = 5$

④ $r_1 = 16$, $r_2 = 8$

⑤ $r_1 = 24$, $r_2 = 12$

출제빈도: ★★☆ 대표출제기업: 한국수력원자력

02 한 저항의 양단에 일정한 전압을 접속했을 때 흐르는 전류값을 25[%] 증가시키기 위해서 저항값을 몇 배 해야 하는가?

① 1.50　　　　② 1.25　　　　③ 1.20　　　　④ 0.83　　　　⑤ 0.80

출제빈도: ★★☆ 대표출제기업: 한전KPS

03 분류기를 사용하여 전류를 측정했을 때 전류계의 내부저항 0.16[Ω], 분류기의 저항 0.08[Ω]이었다. 이때 분류기의 배율은?

① 5　　　　② 3　　　　③ 2　　　　④ 1.5　　　　⑤ 1

출제빈도: ★★★ 대표출제기업: 한국전력공사, 한국수력원자력

04 100[V], 500[W]의 전구에 50[V]를 가했을 때 전류[A]는?

① 1.5　　　　② 2.5　　　　③ 3.2　　　　④ 4.0　　　　⑤ 4.5

출제빈도: ★★☆ 대표출제기업: 한국가스공사

05 $R = 2[\Omega]$의 저항을 그림과 같이 무한히 연결할 때, a, b 간의 합성저항$[\Omega]$은?

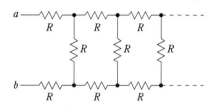

① 1

② $2 + \sqrt{3}$

③ $2 + 2\sqrt{3}$

④ ∞

⑤ 0

정답 및 해설

01 ⑤

옴의 법칙 $R = \dfrac{V}{I}[\Omega]$임을 적용하여 구한다.

전류가 4[A]이므로 4[Ω], r_1, r_2의 합성저항은 $\dfrac{48}{4} = 12[\Omega]$이다.

병렬접속한 저항 r_1과 r_2의 양단에 걸리는 전압은 동일하고, 흐르는 전류의 비가 1:2이므로 r_1과 r_2의 비는 2:1이다.

따라서 합성저항 $4 + \dfrac{r_1 r_2}{r_1 + r_2} = 12$, $r_1 = 2r_2$이므로 $r_1 = 24[\Omega]$, $r_2 = 12[\Omega]$이다.

02 ⑤

전류 $I = \dfrac{V}{R}[A]$임을 적용하여 구한다.

전류값이 25[%] 증가하면 $I_1 = \dfrac{V}{R_1} = 1.25I$이고, 전압은 일정하므로 $V = IR = 1.25IR_1$

따라서 $R_1 = \dfrac{IR}{1.25I} = 0.80R$이므로 저항값을 0.8배 해야 한다.

03 ②

분류기의 배율 $m = \dfrac{I}{I_a} = 1 + \dfrac{r_a}{R_s}$임을 적용하여 구한다.

내부저항 $r_a = 0.16[\Omega]$, 분류기의 저항 $R_s = 0.08[\Omega]$이므로

분류기의 배율 $m = 1 + \dfrac{r_a}{R_s}$에서 $m = 1 + \dfrac{0.16}{0.08} = 3$이다.

04 ②

전류 $I = \dfrac{V}{R}[A]$, 정격 $P = \dfrac{V^2}{R}[W]$임을 적용하여 구한다.

정격전압 $V = 100[V]$, 정격 $P = 500[W]$이므로 $R = \dfrac{V^2}{P} = \dfrac{100^2}{500} = 20[\Omega]$이다.

따라서 전구에 50[V]를 가했을 때 전류 $I = \dfrac{V}{R} = \dfrac{50}{20} = 2.5[A]$이다.

05 ③

무한대 회로에서 무한영역의 회로를 하나 빼서 무한영역의 저항값을 R_∞라고 하면 등가회로에서의 합성저항 $R_{ab} = 2R + \dfrac{R \cdot R_\infty}{R + R_\infty}$이다.

$R_\infty = R_{ab}$이므로 $RR_{ab} + R_{ab}^2 = 2R^2 + 2R \cdot R_{ab} + R \cdot R_{ab}$

$\rightarrow R_{ab}^2 - 2RR_{ab} - 2R^2 = 0$이다.

$R = 2$이므로 $R_{ab}^2 - 4R_{ab} - 8 = 0$, $R > 0$이므로 $R_{ab} = 2 + 2\sqrt{3}[\Omega]$이다.

출제빈도: ★☆☆ 대표출제기업: 한국지역난방공사

06 기전력 5[V], 내부저항 0.5[Ω]의 전지 9개가 있다. 이 전지를 3개씩 직렬연결하여 3조 병렬접속 후, 부하저항 2.5[Ω]을 접속했을 때 흐르는 부하전류[A]는?

① 2　　　　　② 3　　　　　③ 5　　　　　④ 7　　　　　⑤ 9

출제빈도: ★★★ 대표출제기업: 한국철도공사, 서울교통공사

07 다음 회로에서 I = 100[A], G = 6[℧], G_L = 4[℧]일 때 G의 소비전력[W]은?

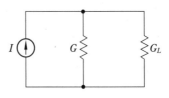

① 1,000　　　　② 800　　　　③ 700　　　　④ 600　　　　⑤ 500

출제빈도: ★☆☆ 대표출제기업: 한국남동발전

08 교류 전압 $v_1(t)$ = $100\sqrt{2}\sin(120\pi t + 30°)$와 $v_2(t)$ = $10\sqrt{2}\cos(120\pi t - 30°)$의 위상차를 시간으로 나타내면 몇 [sec]인가?

① $\frac{1}{720}$　　　② $\frac{1}{360}$　　　③ $\frac{1}{240}$　　　④ $\frac{1}{120}$　　　⑤ $\frac{1}{60}$

출제빈도: ★☆☆ 대표출제기업: 한국중부발전

09 어떤 구형반파 전압의 평균값이 200[V]일 때, 최댓값[V]은?

① 400　　　　② 300　　　　③ 200　　　　④ 100　　　　⑤ 50

출제빈도: ★★☆ 대표출제기업: 한국가스공사, 한전KPS

10 다음 그림과 같은 파형의 실횻값은 약 몇 [A]인가?

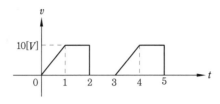

① 8.02   ② 6.67   ③ 5.24   ④ 3.42   ⑤ 2.57

정답 및 해설

06 ③

기전력 5[V], 내부저항 0.5[Ω]인 전지를 3개씩 직렬연결 시 전지의 내부저항 $r = 0.5 \times 3 = 1.5[Ω]$이고, 전지의 기전력은 $5 \times 3 = 15[V]$이다.

이때 3조 병렬접속 후, 부하저항 2.5[Ω]을 접속했을 때 합성저항 $R_0 = \frac{1.5}{3} + 2.5 = 3[Ω]$이다.

따라서 흐르는 부하전류 $I_0 = \frac{V}{R_0} = \frac{15}{3} = 5[A]$이다.

07 ④

컨덕턴스는 전류와 비례관계이고, 컨덕턴스 $G = 6[℧]$, $G_L = 4[℧]$이므로

컨덕턴스 G에 흐르는 전류 $I_G = I \times \frac{G}{G + G_L} = 100 \times \frac{6}{6+4} = 60[A]$이다.

따라서 G의 소비전력 $P_L = I_G^2 \cdot \frac{1}{G} = 60^2 \times \frac{1}{6} = 600[W]$이다.

08 ①

$t = \frac{\theta}{\omega}$임을 적용하여 구한다.

$v_1(t) = 100\sqrt{2}\sin(120\pi t + 30°)$, $v_2(t) = 10\sqrt{2}\cos(120\pi t - 30°)$이므로

$v_2(t) = 10\sqrt{2}\sin(120\pi t - 30° + 90°)$이다.

$v_1(t)$과 $v_2(t)$의 위상차 $\theta = |30° - 60°| = \frac{\pi}{6}$이고 $\theta = \omega t$에서 $t = \frac{\theta}{\omega}$이므로

$t = \frac{\theta}{\omega} = \frac{\pi}{6} \times \frac{1}{120\pi} = \frac{1}{720}[\text{sec}]$이다.

09 ①

구형반파 전압의 평균값 $V_{av} = \frac{V_m}{2}$임을 적용하여 구한다.

구형반파 전압의 평균값이 200[V]이므로

최댓값 $V_m = 2V_{av} = 2 \times 200 = 400[V]$이다.

10 ②

실횻값 $V = \sqrt{\frac{1}{T}\int_0^T v^2 dt}[V]$임을 적용하여 구한다.

주기 $T = 3$, $v = 10t[V]$ (0~1), $v = 10[V]$ (1~2), $v = 0[V]$ (2~3)이므로

실횻값 $V = \sqrt{\frac{1}{T}\int_0^T v^2 dt}[V] = \sqrt{\frac{1}{3}\left\{\int_0^1 (10t)^2 dt + \int_1^2 10^2 dt\right\}} = \frac{20}{3} ≒ 6.67[A]$이다.

출제빈도: ★☆☆ 대표출제기업: 한국가스공사

11 다음 중 파고율이 2가 되는 파는?

① 정현파   ② 정현전파   ③ 구형파

④ 정현반파   ⑤ 삼각파

출제빈도: ★☆☆ 대표출제기업: 한국남부발전

12 다음 정류회로에서 부하 R에 흐르는 직류전류의 크기는 약 몇 $[A]$인가? (단, $V = 314[V]$, $R = 10\sqrt{2}[\Omega]$이다.)

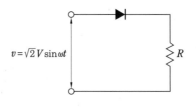

① 31.4   ② 25.6   ③ 12.5   ④ 10.0   ⑤ 8.5

출제빈도: ★★☆ 대표출제기업: 한국가스공사, 한국중부발전

13 그림과 같은 파형을 가진 맥류전류의 평균값이 5$[A]$일 때, 전류의 실횻값$[A]$은?

① $\dfrac{\sqrt{2}}{2}$ ② $\dfrac{\sqrt{3}}{2}$ ③ $\dfrac{10}{\sqrt{2}}$ ④ $\dfrac{1}{5\sqrt{2}}$ ⑤ $\dfrac{\sqrt{2}}{5}$

출제빈도: ★★☆ 대표출제기업: 서울교통공사

14 전류의 크기가 $i_1 = 40\sqrt{2}\sin\omega t[A]$, $i_2 = 30\sqrt{2}\sin\left(\omega t + \dfrac{\pi}{2}\right)$일 때 $i_1 + i_2$의 실횻값$[A]$은?

① 30   ② $30\sqrt{2}$ ③ 40   ④ $40\sqrt{2}$ ⑤ 50

출제빈도: ★★★ 대표출제기업: 한국전력공사, 한국수력원자력, 한전KPS

15 어떤 회로의 전압 및 전류의 순시값이 $v = 200\sqrt{2}\sin314t[V]$, $i = 10\sqrt{2}\sin\left(314t - \dfrac{\pi}{6}\right)[A]$일 때, 이 회로의 임피던스$[\Omega]$는?

① $17.32 + j17.32$ ② $17.32 + j10$ ③ $17.32 + j12$
④ $10 + j17.32$ ⑤ $12 + j17.32$

정답 및 해설

11 ④

정현반파의 파고율 $= \dfrac{\text{평균값}}{\text{실횻값}} = \dfrac{V_m}{\frac{V_m}{2}} = 2$이다.

12 ④

반파 정류파의 평균값 $I_{av} = \dfrac{I_m}{\pi}[A]$, 최댓값 $I_m = \dfrac{V_m}{R}[A]$임을 적용

하여 구한다.

저항 R에 흐르는 전류는 반파 정류파이며 반파 정류파의 최댓값

$I_m = \dfrac{V_m}{R} = \dfrac{314\sqrt{2}}{10\sqrt{2}} = 31.4[A]$이다.

따라서 $I_m = 31.4[A]$인 반파 정류파의 평균값 $I_{av} = \dfrac{I_m}{\pi} = \dfrac{31.4}{\pi} \fallingdotseq$

$10[A]$이다.

13 ③

구형파의 평균값 $I_{av} = \dfrac{1}{T}\displaystyle\int_0^T i(t)dt = \dfrac{1}{2t}\displaystyle\int_0^{2t} i(t)dt$임을 적용하여

구한다.

$t = 0 \sim t$ 사이의 전류는 0이므로 평균값 $I_{av} = \dfrac{1}{2t}\displaystyle\int_t^{2t} I_m dt = \dfrac{I_m}{2t}[t]_t^{2t}$

$= \dfrac{I_m}{2} = 5[A]$

이때 전류의 최댓값 $I_m = 2I_{av} = 2 \times 5 = 10[A]$이므로

실횻값 $I = \dfrac{I_m}{\sqrt{2}} = \dfrac{10}{\sqrt{2}} = 5\sqrt{2}[A]$이다.

14 ⑤

$I_1 = 40\angle0° = 40(\cos0° + j\sin0°) = 40$

$I_2 = 30\angle90° = 30(\cos90° + j\sin90°) = j30$

$I_1 + I_2 = 40 + j30[A]$이므로 실횻값 $|I_1 + I_2| = \sqrt{40^2 + 30^2} =$

$50[A]$이다.

15 ②

전압과 전류의 순시값을 극좌표로 표시하면 $V = 200\angle0°$, $I = 10$

$\angle-30°$이다.

따라서 이 회로의 임피던스 $Z = \dfrac{V}{I} = \dfrac{200\angle0°}{10\angle-30°} = 20\angle30° =$

$20(\cos30° + j\sin30°) = 10\sqrt{3} + j10 \fallingdotseq 17.32 + j10[\Omega]$이다.

출제빈도: ★★★ **대표출제기업:** 한국철도공사, 한국전력공사

16 다음 중 콘덴서와 코일에서 급격하게 변화시키면 안 되는 것에 대한 설명으로 옳은 것은?

① 코일, 콘덴서 둘 다 전류를 급격히 변화시키면 안 된다.
② 코일, 콘덴서 둘 다 전압을 급격히 변화시키면 안 된다.
③ 코일에서 전류, 콘덴서에서 전압을 급격히 변화시키면 안 된다.
④ 코일에서 전압, 콘덴서에서 전류를 급격히 변화시키면 안 된다.
⑤ 코일에서 전압, 전류 변화는 무관하다.

출제빈도: ★★☆ **대표출제기업:** 한국지역난방공사

17 저항 $10\sqrt{3}[\Omega]$, 유도 리액턴스 $10[\Omega]$인 직렬회로에 교류전압을 가했을 때, 이 회로에 흐르는 전류와의 위상차는?

① $60°$　　　② $45°$　　　③ $30°$　　　④ $15°$　　　⑤ $0°$

출제빈도: ★★☆ **대표출제기업:** 한국수력원자력, 한국서부발전

18 저항 $5[\Omega]$, 인덕턴스 $5[mH]$인 인덕턴스에 실횻값 $100[V]$인 정현파 전압을 인가했을 때 흐르는 전류의 실횻값은 약 몇 $[A]$인가? (단, 정현파의 각주파수는 $1,000[rad/s]$이다.)

① 12.24　　　② 14.14　　　③ 21.56　　　④ 24.21　　　⑤ 27.54

출제빈도: ★★★ **대표출제기업:** 한국철도공사, 한국가스공사

19 저항 $40[\Omega]$, 인덕턴스 $80[mH]$의 직렬회로에 $60[Hz]$, 실횻값 $150[V]$의 전압을 가할 때 이 회로전류의 순시값은? (단, $\tan^{-1}\dfrac{3}{4} \fallingdotseq 36.87°$로 계산한다.)

① $3\sqrt{2}\sin(377t + 36.87°)$　　　② $3\sqrt{2}\sin(377t - 36.87°)$
③ $3\sqrt{2}\sin(377t + 53.13°)$　　　④ $3\sqrt{2}\sin(377t - 53.13°)$
⑤ $5\sqrt{2}\sin(377t + 36.87°)$

출제빈도: ★★★ 「대표출제기업: 한국철도공사, 서울교통공사

20 저항 $16[\Omega]$과 용량 리액턴스 $X_c[\Omega]$이 직렬로 접속된 회로에 $200[V]$, $60[Hz]$의 교류를 가했을 때 $10[A]$의 전류가 흘렀다. 이때 $X_c[\Omega]$의 값은?

① 2   ② 4   ③ 8   ④ 10   ⑤ 12

정답 및 해설

16 ③

코일에서의 단자전압 $v_L = L\frac{di(t)}{dt}$에서 전류 i가 급격히($t = 0$인 순간) 변화하면 단자전압이 과전압이 되어 위험하고, 콘덴서의 전류 $i_c = C\frac{dv(t)}{dt}$에서 전압 v가 급격히 변화하면 전류가 과전압이 되어 위험하다.

17 ③

$R - L$ 회로의 위상차 $\theta = \tan^{-1}\frac{X_L}{R}$임을 적용하여 구한다.

유도 리액턴스 $X_L = 10[\Omega]$, 저항 $R = 10\sqrt{3}[\Omega]$이므로

위상차 $\theta = \tan^{-1}\frac{X_L}{R} = \tan^{-1}\frac{10}{10\sqrt{3}} = \tan^{-1}\frac{1}{\sqrt{3}} = 30°$이다.

18 ②

실효전류 $I = \frac{V}{Z}[A]$임을 적용하여 구한다.

실효전압 $V = 100[V]$이고 $R - L$ 직렬회로의 임피던스 $Z = R + jX_L$이므로 $X_L = \omega L = 1,000 \times 5 \times 10^{-3} = 5[\Omega]$이다.

따라서 전류의 실횻값 $I = \frac{V}{Z} = \frac{100}{\sqrt{5^2 + 5^2}} = \frac{100}{5\sqrt{2}} = \frac{20}{\sqrt{2}} = 10\sqrt{2} ≒ 14.14[A]$이다.

19 ②

유도 리액턴스 $X_L = 2\pi fL = 2\pi \times 60 \times 80 \times 10^{-3} ≒ 30[\Omega]$, 위상각 $\theta = \tan^{-1}\frac{X_L}{R} = \tan^{-1}\frac{30}{40} = 36.87°$이므로

$Z = \sqrt{R^2 + X_L^2} = \sqrt{40^2 + 30^2} = 50[\Omega]$이다.

$v = V_m \sin\omega t[V]$이므로

$i = \frac{V_m}{Z}\sin(\omega t - \theta) = \frac{150\sqrt{2}}{50}\sin(377t - 36.87°) = 3\sqrt{2}\sin(377t - 36.87°)[A]$이다.

20 ⑤

전류 $I = \frac{E}{Z} = \frac{E}{\sqrt{R^2 + X_C^2}}$임을 적용하여 구한다.

전류 $I = 10[A]$, 저항 $R = 16[\Omega]$, $E = 200[V]$이므로

$I = \frac{E}{Z} = \frac{E}{\sqrt{R^2 + X_C^2}} = \frac{200}{\sqrt{16^2 + X_C^2}} = 10$

따라서 용량 리액턴스 $X_C = 12[\Omega]$이다.

출제빈도: ★★☆ 대표출제기업: 한국서부발전, 한국남부발전

21 저항 R과 리액턴스 X의 직렬회로에서 $\dfrac{X}{R} = \dfrac{2}{\sqrt{3}}$일 때, 회로의 역률은?

① $\dfrac{\sqrt{7}}{\sqrt{3}}$ 　　② $\dfrac{\sqrt{3}}{7}$ 　　③ $\dfrac{\sqrt{2}}{\sqrt{3}}$ 　　④ $\dfrac{\sqrt{3}}{\sqrt{7}}$ 　　⑤ $\dfrac{\sqrt{3}}{\sqrt{2}}$

출제빈도: ★★☆ 대표출제기업: 한국지역난방공사

22 $R = 100[\Omega]$, $X_C = 100[\Omega]$이고, L만을 가변할 수 있는 R, L, C 직렬회로가 있다. 이 회로에 $f = 500[Hz]$, $E = 100[V]$를 인가하여 L을 변화시킬 때 L의 단자전압 E_L의 최댓값$[V]$은?

① 300 　　② 200 　　③ 100 　　④ 50 　　⑤ 10

출제빈도: ★★☆ 대표출제기업: 한국전력공사

23 저항 $12[\Omega]$과 X_L의 유도 리액턴스가 병렬로 접속된 회로에 $36[V]$의 교류전압을 가하니 $5[A]$의 전류가 흘렀다. 이 회로의 리액턴스 X_L는 몇 $[\Omega]$인가?

① 9 　　② 7 　　③ 5 　　④ 3 　　⑤ 1

출제빈도: ★★★ 대표출제기업: 한국전력공사, 한국수력원자력

24 $R-L-C$ 직렬회로에서 전압과 전류의 위상차가 동위상이 되기 위한 조건으로 적절한 것은?

① $\omega LC = 1$ ② $\omega = LC$ ③ $\omega^2 LC = 1$
④ $\omega L^2 C^2 = 1$ ⑤ $\omega^2 L^2 C^2 = 1$

출제빈도: ★★☆ 대표출제기업: 한국서부발전, 한국가스공사

25 $R-L-C$ 직렬 공진회로 $R = 100[\Omega]$, $L = 800[H]$, $C = \dfrac{1}{450}[F]$일 때 양호도 Q는 얼마인가?

① 15 ② 12 ③ 10 ④ 8 ⑤ 6

정답 및 해설

21 ④

역률 $\cos\theta = \dfrac{R}{Z} = \dfrac{R}{\sqrt{R^2 + X^2}} = \dfrac{1}{\sqrt{1 + \left(\dfrac{X}{R}\right)^2}}$임을 적용하여 구한다.

$\dfrac{X}{R} = \dfrac{2}{\sqrt{3}}$이므로

역률 $\cos\theta = \dfrac{1}{\sqrt{1 + \left(\dfrac{2}{\sqrt{3}}\right)^2}} = \dfrac{\sqrt{3}}{\sqrt{7}}$이 된다.

22 ③

$E_L = \dfrac{X_C}{R}\cdot E$임을 적용하여 구한다.

저항 $R = 100[\Omega]$, $X_C = 100[\Omega]$, $E = 100[V]$이므로
단자전압 E_L의 최댓값은 $100[V]$이다.

23 ①

지항 $12[\Omega]$에 흐르는 전류 $I_R = \dfrac{36}{12} = 3[A]$이고, 회로 전체 전류는
$5[A]$이므로 유도성 리액턴스의 전류 $I_L = \sqrt{I^2 - I_R^2} = \sqrt{5^2 - 3^2} =$

$4[A]$이다.
이때 전압 $V = X_L \cdot I_L = 36[V]$이므로
회로의 리액턴스 $X_L = \dfrac{36}{I_L} = \dfrac{36}{4} = 9[\Omega]$이다.

24 ③

$R-L-C$ 직렬회로 $Z = R + j\left(wL - \dfrac{1}{wC}\right)$, 회로에서의 공진 조건
$wL = \dfrac{1}{wC}$임을 적용하여 구한다.

공진 조건이 만족되면 $Z = R$이므로 $wL = \dfrac{1}{wC}$

따라서 $\omega^2 LC = 1$이 만족되면 저항만의 회로로 만들 수 있다.

25 ⑤

$R-L-C$ 직렬 공진회로 양호도 $Q = \dfrac{1}{R}\sqrt{\dfrac{L}{C}}$임을 적용하여 구한다.

$R = 100[\Omega]$, $L = 800[H]$, $C = \dfrac{1}{450}[F]$이므로

$Q = \dfrac{1}{R}\sqrt{\dfrac{L}{C}} = \dfrac{1}{100}\sqrt{\dfrac{800}{\dfrac{1}{450}}} = \dfrac{600}{100} = 6$이다.

출제빈도: ★★☆ 대표출제기업: 한국중부발전, 한국지역난방공사

26 $R = 40[\Omega]$, $L = 80[mH]$인 코일이 있다. 이 코일에 10$[V]$, 60$[Hz]$의 전압을 가할 때 소비되는 전력$[W]$은?

① 1   ② 1.2   ③ 1.5   ④ 1.6   ⑤ 2

출제빈도: ★★★ 대표출제기업: 한국전력공사, 한국수력원자력

27 저항 $R = 3[\Omega]$과 유도 리액턴스 $X_L = 4[\Omega]$이 직렬로 연결된 회로에 $v = 10\sqrt{2}\sin\omega t[V]$인 전압을 가했을 때, 이 회로에서 소비되는 전력$[W]$은?

① 12   ② 15   ③ 18   ④ 20   ⑤ 24

출제빈도: ★★★ 대표출제기업: 한국전력공사, 한국수력원자력

28 최댓값 V_m, 내부 임피던스 $Z_r = R_r + jX_r(R_r > 0)$인 전원에서 공급할 수 있는 최대 전력은?

① $\dfrac{V^2}{2Rr}$ ② $\dfrac{V_m^2}{4R_r}$ ③ $\dfrac{V_m^2}{8R_r}$ ④ $\dfrac{V^2}{8R_r}$ ⑤ $\dfrac{V_m^2}{16R_r}$

출제빈도: ★★☆ 대표출제기업: 한국철도공사

29 전압 250$[V]$, 전류 40$[A]$로 8$[kW]$의 전력을 소비하는 회로의 리액턴스$[\Omega]$는?

① 2.5   ② 3.2   ③ 3.75   ④ 4.25   ⑤ 4.85

출제빈도: ★★☆ 대표출제기업: 한국서부발전, 한국가스공사

30 $R-L$ 병렬회로의 양단에 $v(t) = V_m\sin(\omega t + \theta)[V]$의 전압을 가했을 때, 소비되는 유효전력$[W]$은?

① $\dfrac{V_m^2}{\sqrt{2R}}$　　　　② $\dfrac{V^2}{\sqrt{2R}}$　　　　③ $\dfrac{V_m^2}{2R}$　　　　④ $\dfrac{V^2}{2R}$　　　　⑤ $\dfrac{V^2}{4R}$

정답 및 해설

26 ④

$X_L = \omega L = 2\pi f L = 2\pi \times 60 \times 80 \times 10^{-3} = 30[\Omega]$이므로

소비전력 $P = \dfrac{V^2 R}{R^2 + X^2} = \dfrac{10^2 \times 40}{40^2 + 30^2} = 1.6[W]$이다.

또는 임피던스 $Z = \sqrt{40^2 + 30^2} = 50[\Omega]$이고, 역률 $\cos\theta = \dfrac{40}{50} =$

0.8이므로

$P = VI\cos\theta = 10 \times \dfrac{10}{50} \times 0.8 = 1.6[W]$이다.

27 ①

임피던스 $Z = 3 + j4[\Omega]$이므로 $|Z| = 5[\Omega]$이다.

역률 $\cos\theta = \dfrac{R}{Z} = \dfrac{3}{5} = 0.60$이다.

전압 $V = 10[V]$, $I = \dfrac{V}{Z} = \dfrac{10}{5} = 2[A]$이므로

소비전력 $P = VI\cos\theta = 10 \times 2 \times 0.6 = 12[W]$이다.

🔍 **더 알아보기**

유효전력을 구하는 식을 주어진 조건에 맞게 선택해서 푸는 것도 하나의 방법이다.

$P = \dfrac{V^2 R}{R^2 + X^2} = \dfrac{10^2 \times 3}{3^2 + 4^2} = 12[W]$

$P = I^2 R = 2^2 \times 3 = 12[W]$

28 ③

최대 전력 전송 조건은 내부 임피던스와 외부 임피던스가 같을 경우임을 적용하여 구한다.

최대 전력 $P_{\max} = \dfrac{V^2}{4R_r} = \dfrac{\left(\dfrac{V_m}{\sqrt{2}}\right)^2}{4R_r} = \dfrac{V_m^2}{8R_r}$이다.

29 ③

리액턴스 $X = \dfrac{\sqrt{P_a^2 - P^2}}{I^2}$임을 적용하여 구한다.

유효전력 $P = 8[kW] = 8,000[W]$, 피상전력 $P_a = VI = 250 \times 40$
$= 10,000[VA]$이므로

무효전력 $P_r = I^2 X = \sqrt{P_a^2 - P^2}[Var]$이다.

따라서 리액턴스 $X = \dfrac{\sqrt{P_a^2 - P^2}}{I^2} = \dfrac{\sqrt{10,000^2 - 8,000^2}}{40^2} = 3.75[\Omega]$

이다.

30 ③

유효전력 $P = I^2 R = \dfrac{V^2}{R}$임을 적용하여 구한다.

$P = \dfrac{V^2}{R} = \dfrac{\left(\dfrac{V_m}{\sqrt{2}}\right)^2}{R} = \dfrac{V_m^2}{2R}$이 된다.

출제빈도: ★★☆ 대표출제기업: 한전KPS

31 $100[V]$, $600[W]$, 역률 $60[\%]$인 회로의 리액턴스$[\Omega]$는?

① 16   ② 14   ③ 10   ④ 8   ⑤ 5

출제빈도: ★★☆ 대표출제기업: 한국수력원자력, 한전KPS

32 전압 $200[V]$, 전류 $30[A]$로서 $3.6[kW]$의 전력을 소비하는 회로의 리액턴스는 약 몇 $[\Omega]$인가?

① 2.35   ② 3.53   ③ 4.2   ④ 4.54   ⑤ 5.33

출제빈도: ★★★ 대표출제기업: 한국철도공사, 한국수력원자력

33 $V = 200\angle60°[V]$, $I = 10\angle30°[A]$일 때 유효전력$[W]$과 무효전력$[Var]$은?

① 1,732, 1,000   ② 1,732, 800   ③ 1,000, 1,000

④ 833, 500   ⑤ 1,000, 833

출제빈도: ★★☆ 대표출제기업: 한국남동발전

34 부하저항 R_L이 전원의 내부저항 R_0의 4배가 되면 부하저항 R_L에서 소비되는 전력 P_L은 최대 전송 전력 $P_{\max}$의 몇 배인가?

① 0.75   ② 0.64   ③ 0.5   ④ 0.3   ⑤ 0.2

출제빈도· ★☆☆ 대표출제기업· 한국지역난방공사

35 다음 회로에서 $i_1 = I_m \sin\omega t$일 때, 개방된 2차 단자에 나타나는 유기 기전력 e_2는 몇 $[V]$인가?

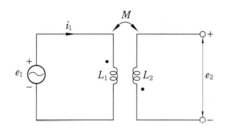

① $\omega M I_m \sin(\omega t - 90°)$

② $\omega M I_m \sin(\omega t + 90°)$

③ $\omega M I_m \cos(\omega t - 90°)$

④ $\omega M I_m \cos(\omega t + 90°)$

⑤ $\omega M \sin\omega t$

정답 및 해설

31 ④

$P_r = I^2 X$임을 적용하여 구한다.

유효전력 $P = 600[W]$이고 $P = P_a \cos\theta[W]$이므로

피상전력 $P_a = \dfrac{P}{\cos\theta} = \dfrac{600}{0.6} = 1,000[VA]$이다.

이때 전류 $I = \dfrac{600}{100 \times 0.6} = 10[A]$이므로

리액턴스 $X = \dfrac{P_r}{I^2} = \dfrac{\sqrt{P_a^2 - P^2}}{I^2} = \dfrac{\sqrt{1,000^2 - 600^2}}{10^2} = 8[\Omega]$이다.

32 ⑤

$P_r = I^2 X$임을 적용하여 구한다.

피상전력 $P_a = VI = 200 \times 30 = 6,000[VA]$이고,

유효전력 $P = 3.6[kW] = 3,600[W]$이므로

무효전력 $P_r = \sqrt{6,000^2 - 3,600^2} = 4,800[Var]$이다.

따라서 리액턴스 $X = \dfrac{P_r}{I^2} = \dfrac{4,800}{30^2} ≒ 5.33[\Omega]$이다.

33 ①

$P_a = \overline{V}I = 200\angle{-60°} \times 10\angle{30°} = 2,000\angle{-30°} = 2,000(\cos 30$
$- j\sin 30) = 1,000\sqrt{3} - j1,000 = 1,732 - j1,000[VA]$

따라서 유효전력 $P = 1,732[W]$, 무효전력 $P_r = 1,000[Var]$이다.

34 ②

부하저항 R_L에서 소비되는 전력

$P_L = I^2 R_L = \left(\dfrac{V}{R_0 + R_L}\right)^2 \cdot R_L = \left(\dfrac{V}{R_0 + 4R_0}\right)^2 \times 4R_0 = \dfrac{4}{25} \cdot \dfrac{V^2}{R_0}$

최대 전송 전력 $P_{max} = \dfrac{V^2}{4R_0}$이므로

부하저항 R_L에서 소비되는 전력 P_L은 최대 전송 전력 P_{max}의

$\dfrac{P_L}{P_{max}} = \dfrac{\dfrac{4}{25} \cdot \dfrac{V^2}{R_0}}{\dfrac{1}{4} \cdot \dfrac{V^2}{R_0}} = \dfrac{16}{25} = 0.64$배이다.

35 ①

$e_2 = -M\dfrac{di_1}{dt}$임을 적용하여 구한다.

$i_1 = I_m \sin\omega t$이므로

$e_2 = -M\dfrac{di_1}{dt} = -\omega M I_m \cos\omega t = \omega M I_m \sin(\omega t - 90°)$이다.

출제빈도: ★★★ 대표출제기업: 한국전력공사, 한국가스공사

36 10[mH]의 두 자기 인덕턴스의 결합계수를 0.1부터 0.9까지 변화시킬 수 있다면 이것을 직렬 접속시켜 얻을 수 있는 합성 인덕턴스의 최댓값과 최솟값의 비는 얼마인가?

① 9 : 1　　　　② 11 : 1　　　　③ 13 : 1　　　　④ 15 : 1　　　　⑤ 19 : 1

출제빈도: ★☆☆ 대표출제기업: 한국서부발전

37 다음 회로에서 a, b 간의 합성 인덕턴스 L_0는?

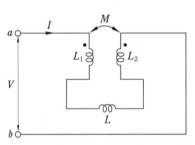

① $L_1 + L_2 - M + L$　　　　　　　　② $L_1 + L_2 + 2M + L$
③ $L_1 + L_2 + M + L$　　　　　　　　④ $L_1 + L_2 - 2M + L$
⑤ $L_1 + L_2 + L$

출제빈도: ★★☆ 대표출제기업: 한국가스공사

38 인덕턴스가 각각 7[H], 3[H]인 두 코일을 직렬로 연결하고 인덕턴스를 측정하였더니 16[H]이었다. 두 코일 간의 상호 인덕턴스[H]는? (단, 두 코일은 가동결합 상태이다.)

① 9　　　　　　② 7　　　　　　③ 5　　　　　　④ 3　　　　　　⑤ 1

출제빈도: ★★☆ 대표출제기업: 한국전력공사

39 두 개의 코일 L_1, L_2가 있다. 두 개의 코일을 직렬로 접속하였더니 합성 인덕턴스가 123[mH]이었다. 극성을 반대로 했을 때 합성 인덕턴스가 35[mH]이고, 자기 인덕턴스 L_1 = 25[mH]일 때 자기 인덕턴스 L_2는 몇 [mH]인가?

① 48　　　　② 50　　　　③ 52　　　　④ 54　　　　⑤ 55

출제빈도: ★★☆ 대표출제기업: 한국전력공사

40 두 코일의 자기 인덕턴스가 L_1, L_2이고, 상호 인덕턴스가 M일 때 결합계수 k는?

① $\dfrac{M}{\sqrt{L_1 L_2}}$　　　② $\dfrac{\sqrt{L_1 L_2}}{M}$　　　③ $\dfrac{M^2}{L_1 L_2}$　　　④ $\dfrac{L_1 L_2}{M^2}$　　　⑤ $\dfrac{L_2}{L_1} M^2$

정답 및 해설

36 ⑤
합성 인덕턴스 $L_0 = L_1 + L_2 + 2k\sqrt{L_1 L_2}$임을 적용하여 구한다.
최대 합성 인덕턴스 $L_1 = 10 + 10 + 2 \times 0.9\sqrt{10 \times 10} = 38$이고,
최소 합성 인덕턴스 $L_2 = 10 + 10 - 2 \times 0.9\sqrt{10 \times 10} = 2$이다.
따라서 최댓값과 최솟값의 비는 19:1이다.

37 ④
회로에서 인덕턴스 L_1과 L_2의 결합이 직렬접속의 차동결합 형태이므로 $L_0 = L_1 + L_2 - 2M + L$이다.

38 ④
직렬접속의 가동결합 상태에서 합성 인덕턴스 $L = L_1 + L_2 + 2M$

임을 적용하여 구한다.
상호 인덕턴스 $M = \dfrac{L - L_1 - L_2}{2} = \dfrac{16 - 7 - 3}{2} = 3[H]$이다.

39 ④
직렬접속의 가동결합 상태에서 합성 인덕턴스 $L = L_1 + L_2 + 2M$, 차동결합의 합성 인덕턴스 $L_1 + L_2 - 2M$임을 적용하여 구한다.
가동결합의 합성 인덕턴스 $L_1 + L_2 + 2M = 123$, 차동결합의 합성 인덕턴스 $L_1 + L_2 - 2M = 35$이므로 $M = \dfrac{123 - 35}{4} = \dfrac{88}{4} = 22$ [mH]이다.
따라서 $L_2 = 123 - 2M - L_1 = 123 - 22 \times 2 - 25 = 54[mH]$이다.

40 ①
상호 인덕턴스 $M = k\sqrt{L_1 \cdot L_2}$이므로 결합계수 $k = \dfrac{M}{\sqrt{L_1 \cdot L_2}}$이다.

출제빈도: ★☆☆ 대표출제기업: 한국동서발전

41 다음 회로에서 합성 인덕턴스는?

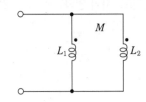

① $\dfrac{L_1L_2 + M^2}{L_1 + L_2 - 2M}$

② $\dfrac{L_1L_2 + M^2}{L_1 + L_2 + 2M}$

③ $\dfrac{L_1L_2 - M^2}{L_1 + L_2 - 2M}$

④ $\dfrac{L_1L_2 - M^2}{L_1 + L_2 + 2M}$

⑤ $\dfrac{L_1L_2 - M^2}{L_1 + L_2 + 2M^2}$

출제빈도: ★☆☆ 대표출제기업: 한국남부발전

42 그림과 같이 브리지가 평형되어 있을 때, 미지코일의 저항 R_4 및 인덕턴스 L_4의 값은 얼마인가?

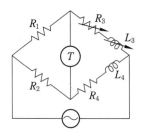

① $R_4 = \dfrac{R_2}{R_1}R_3,\ L_4 = \dfrac{R_2}{R_1}L_3$

② $R_4 = R_1R_2R_3,\ L_4 = R_1R_2L_3$

③ $R_4 = \dfrac{R_1}{R_2}R_3,\ L_4 = \dfrac{R_1R_2}{L_3}$

④ $R_4 = \dfrac{R_1}{R_2}R_3,\ L_4 = \dfrac{R_1}{R_2}L_3$

⑤ $R_4 = \dfrac{R_1}{R_2}R_3,\ L_4 = \dfrac{R_2}{R_1}L_3$

출제빈도: ★★★ 대표출제기업: 한국철도공사, 한국수력원자력

43 다음 중 이상적인 전압원과 이상적인 전류원에 대한 설명으로 옳은 것은?

① 전압원, 전류원의 내부저항은 흐르는 전류에 따라 변한다.

② 전압원의 내부저항은 일정하고, 전류원의 내부저항은 변한다.

③ 전압원의 내부저항은 ∞이고, 전류원의 내부저항은 0이다.

④ 전압원의 내부저항은 0이고, 전류원의 내부저항은 ∞이다.

⑤ 전압원과 전류원의 내부저항은 모두 0이다.

출제빈도: ★★★ 대표출제기업: 한국전력공사, 한국가스공사

44 테브난의 정리를 이용하여 그림 (a)의 회로를 그림 (b)와 같은 등가회로로 만들고자 한다. 테브난 전압 $E[V]$와 테브난 저항 $R[\Omega]$은 각각 얼마인가?

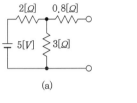

(a)　　　　　　　(b)

① 3, 2　　　　② 3, 5　　　　③ 5, 2　　　　④ 5, 5　　　　⑤ 5, 3

정답 및 해설

41 ③
병렬접속의 가동결합 상태의 등가회로를 그리면

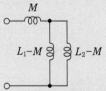

따라서 합성 인덕턴스 $L_0 = M + \dfrac{(L_1 - M)(L_2 - M)}{(L_1 - M) + (L_2 - M)} = \dfrac{L_1 L_2 - M^2}{L_1 + L_2 - 2M}$ 이다.

42 ①
브리지 평형 조건 $R_1(R_4 + j\omega L_4) = R_2(R_3 + j\omega L_3)$임을 적용하여 구한다.

$R_1(R_4 + j\omega L_4) = R_2(R_3 + j\omega L_3)$이므로

$R_1 R_4 + j\omega R_1 L_4 = R_2 R_3 + j\omega R_2 L_3$

$R_1 R_4 = R_2 R_3$이므로 $R_4 = \dfrac{R_2}{R_1} R_3$, $j\omega R_1 L_4 = j\omega R_2 L_3$이므로

$L_4 = \dfrac{R_2}{R_1} L_3$이다.

43 ④
이상적인 전압원은 내부저항이 $0[\Omega]$이므로 단락 상태이며 이상적인 전류원은 내부저항이 $\infty[\Omega]$이므로 개방 상태이다.

44 ①
두 단자를 개방한 상태에서 $3[\Omega]$에 걸리는 전압이 테브난 전압 E $[V]$이므로 전압 분배 법칙에 의거하여 $E = 5 \times \dfrac{3}{3+2} = 3[V]$이다.
테브난 저항은 전압원을 단락한 상태에서 두 단자에서 바라본 저항이므로 $R = 0.8 + \dfrac{2 \times 3}{2 + 3} = 2[\Omega]$이다.

출제빈도: ★★☆ 대표출제기업: 한국서부발전

45 다음 그림에서 저항 0.2[Ω]에 흐르는 전류[A]는?

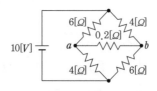

① 0.5   ② 0.4   ③ 0.3   ④ 0.2   ⑤ 0.1

출제빈도: ★★★ 대표출제기업: 한국남동발전, 한국지역난방공사

46 다음 그림에서 저항 20[Ω]에 흐르는 전류는 몇 [A]인가?

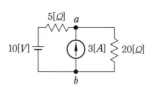

① 1.0   ② 0.6   ③ 0.4   ④ 0.2   ⑤ 0.1

출제빈도: ★★★ 대표출제기업: 한국전력공사

47 다음 회로에서 전압 v는 약 몇 [V]인가?

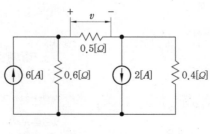

① 3.42   ② 2.47   ③ 1.47   ④ 1.35   ⑤ 1.25

출제빈도: ★★★ 대표출제기업· 한국철도공사

48 다음 회로에서 a, b 사이의 전위차$[V]$는?

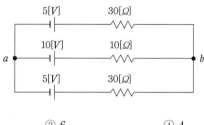

① 10 ② 8 ③ 6 ④ 4 ⑤ 2

정답 및 해설

45 ②

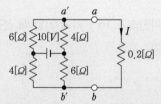

그림과 같은 등가회로로 그려보면 테브난의 정리를 이용할 수 있다. a, b를 개방했을 때 전압 V_T는 a'와 b' 간의 전위차이므로

$$V_T = V_b' - V_a' = 10 \times \frac{6}{4+6} - 10 \times \frac{4}{4+6} = 2[V]$$

전원을 단락하고 a, b에서 본 저항 R_T는 $R_T = \frac{6 \times 4}{6+4} + \frac{6 \times 4}{6+4} = 4.8$ $[\Omega]$이므로 $I = \frac{V_T}{R_T + R} = \frac{2}{4.8 + 0.2} = 0.4[A]$이다.

46 ①

중첩의 원리에 의하여 전류원을 개방하면 $10[V]$에 의한 전류

$$I_1 = \frac{10}{5+20} = 0.4[A]$$

전입원을 단락하면 $3[A]$에 의한 진류 $I_2 - \frac{5}{5+20} \times 3 = 0.6[A]$이므로 $I = I_1 + I_2 = 0.4 + 0.6 = 1.0[A]$가 흐른다.

47 ③

$2[A]$의 전류원을 개방해서 $0.5[\Omega]$의 전류를 구하면 $6 \times \frac{0.6}{0.6 + 0.9} = 2.4[A]$, $6[A]$의 전류원을 개방해서 $0.5[\Omega]$의 전류를 구하면 $2 \times \frac{0.4}{1.1 + 0.4} = 0.53[A]$이므로 $v = (2.4 + 0.53) \times 0.5 = 1.47[V]$이다.

48 ②

밀만의 정리에 의해 $V_{ab} = \frac{\sum I}{\sum Y}$이므로

$$V_{ab} = \frac{\frac{5}{30} + \frac{10}{10} + \frac{5}{30}}{\frac{1}{30} + \frac{1}{10} + \frac{1}{30}} = 8[V]$$이다.

출제빈도: ★★☆ 대표출제기업: 한국서부발전, 한국중부발전

49 대칭 3상 Y결선 부하에서 각 상의 임피던스가 $Z = 4 + j3[\Omega]$이고 부하전류가 20[A]일 때, 이 부하의 선간 전압은 약 몇 [V]인가?

① 100   ② 173   ③ 200   ④ 314   ⑤ 440

출제빈도: ★★★ 대표출제기업: 서울교통공사

50 다음 회로에 평형 3상 전압 $E[V]$를 가했을 때, 선전류 $I_1[A]$는?

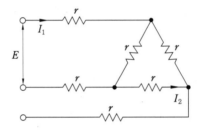

① $\dfrac{E}{3r}$ ② $\dfrac{2E}{3r}$ ③ $\dfrac{E}{4r}$ ④ $\dfrac{\sqrt{3}}{r}E$ ⑤ $\dfrac{\sqrt{3}}{4r}E$

출제빈도: ★★☆ 대표출제기업: 한국지역난방공사

51 전원과 부하가 다 같이 Δ결선된 3상 평형 회로의 전원 전압이 200[V], 부하 임피던스가 16 + j12[Ω]일 때 선전류[A]는?

① 10   ② $10\sqrt{3}$ ③ $\dfrac{10}{\sqrt{3}}$ ④ $20\sqrt{3}$ ⑤ $\dfrac{20}{\sqrt{3}}$

출제빈도: ★★☆ 대표출제기업: 한전KPS

52 3상 3선식에서 선간 전압이 200[V]인 송전선에 5∠−30°[Ω]의 부하를 Δ접속할 때의 선전류[A]는?

① 20   ② $20\sqrt{3}$ ③ 40   ④ $40\sqrt{3}$ ⑤ $\dfrac{20}{\sqrt{3}}$

출제빈도: ★★☆ 대표출제기업: 한국수력원자력

53 저항 $R[\Omega]$인 3개의 저항을 같은 전원에 Δ결선으로 접속시킬 때 선전류의 크기와 Y결선으로 접속시킬 때 선전류의 크기의 비 $\dfrac{I_\Delta}{I_Y}$는?

① 3　　　　　② $\sqrt{3}$　　　　　③ $\dfrac{1}{3}$　　　　　④ $\sqrt{6}$　　　　　⑤ $\dfrac{1}{6}$

출제빈도: ★★☆ 대표출제기업: 한국지역난방공사

54 대칭 3상 Δ결선의 상전압이 $220[V]$이다. a상의 전원이 단선되었을 때, 선간 전압$[V]$은?

① 0　　　　　② 110　　　　　③ 127　　　　　④ 220　　　　　⑤ 380

정답 및 해설

49 ②

Y결선 선간 전압 = $\sqrt{3}$ × 상전압, 상전압 = 부하전류 × 1상 임피던스임을 적용하여 구한다.
상전압 = 부하전류 × 1상 임피던스 = $20 \times \sqrt{4^2 + 3^2} = 100[V]$
따라서 $V_l = \sqrt{3}V_p = 100\sqrt{3} \fallingdotseq 173[V]$이다.

50 ⑤

선전류 I_1를 구하기 위해서는 한 상의 저항을 알아야 한다.
한 상의 등가저항을 구하기 위해 Δ를 Y로 환산했을 때, 등가저항
$R = \dfrac{r^2}{r+r+r} = \dfrac{r^2}{3r} = \dfrac{r}{3}$이다.
Y결선은 선간 전압 = $\sqrt{3}$ × 상전압이고, 선전류와 상전류가 같으므로
$I_1 = \dfrac{\frac{E}{\sqrt{3}}}{r + \frac{r}{3}} = \dfrac{\sqrt{3}}{4r}E$이다.

51 ②

Δ결선에서 선간 전압 = 상전압, 선전류 = $\sqrt{3}$상 전류임을 적용하여 구한다.

상전류 $I_p = \dfrac{V_P}{Z} = \dfrac{200}{\sqrt{16^2 + 12^2}} = \dfrac{200}{20} = 10[A]$이므로 선전류 $I_l = \sqrt{3}I_p = 10\sqrt{3}[A]$이다.

52 ④

Δ결선에서 $V_l = V_p$, $I_l = \sqrt{3}I_P\angle-30°$임을 적용하여 구한다.
상전류 $I_P = \dfrac{V_P}{Z} = \dfrac{200}{5\angle-30°} = 40\angle30°[A]$이므로
선전류 $I_l = \sqrt{3} \times 40\angle30° \times \angle-30° = 40\sqrt{3}\angle0°[A]$이다.

53 ①

Δ결선의 임피던스가 Y결선의 임피던스보다 3배 크다.
따라서 선전류의 크기의 비 $\dfrac{I_\Delta}{I_Y} = \dfrac{\frac{\sqrt{3}V}{R}}{\frac{V}{\sqrt{3}R}} = 3$이다.

54 ④

Δ결선 중 a상의 전원이 단선되면 V결선이 되며 전압의 크기는 변함 없다.
단, 이용률이 86.6%, 출력비가 57.7%가 된다.

출제빈도: ★★☆ 대표출제기업: 한국가스공사, 한전KPS

55 다음 다상 교류 회로의 설명 중 옳지 않은 것은? (단, n은 상수이다.)

① 평형 3상 교류에서 Y결선의 상전류는 선전류의 값과 같다.

② 평형 3상 교류에서 Δ결선의 상전류는 선전류의 $\frac{1}{\sqrt{3}}$과 같다.

③ 성형 결선에서 선간 전압과 상전압과의 위상차는 $\frac{\pi}{2}\left(1-\frac{2}{n}\right)[rad]$이다.

④ 비대칭 다상 교류가 만드는 회전 자계는 타원 회전 자계이다.

⑤ n상 전력 $P = \dfrac{1}{2\sin\dfrac{\pi}{n}}V_l I_l \cos\theta$이다.

출제빈도: ★★★ 대표출제기업: 한국전력공사, 한국수력원자력

56 Δ결선된 대칭 3상 부하의 지상 역률이 0.8이고, 소비전력이 2,400[W]이다. 선로의 저항 0.1[Ω]에서 발생하는 선로 손실이 10[W]일 때, 부하단자 전압[V]은?

① 225   ② 300   ③ 750   ④ 850   ⑤ 1,200

출제빈도: ★★☆ 대표출제기업: 한국철도공사, 한국전력공사

57 단상 변압기 3개를 Δ결선하여 부하에 전력을 공급하고 있다. 변압기 1개의 고장으로 V결선으로 한 경우 공급할 수 있는 전력과 고장 전 전력과의 고장비는 약 몇 [%]인가?

① 86.6   ② 75.0   ③ 63.2   ④ 57.7   ⑤ 48.0

출제빈도: ★★☆ 대표출제기업: 한국서부발전

58 출력이 100[kVA]인 단상 변압기 3대를 △결선으로 운전 중 한 대에 고장이 생겨 V결선으로 한 경우 변압기의 출력은 몇 [kVA]인가?

① $\dfrac{100}{\sqrt{3}}$ ② 100   ③ $100\sqrt{3}$ ④ 300   ⑤ $300\sqrt{3}$

출제빈도: ★★☆ 대표출제기업: 한국남부발전

59 대칭 3상 전압이 a상 $V_a[V]$, b상 $V_b = a^2V_a[V]$, c상 $V_c = aV_a[V]$일 때 a상을 기준으로 한 대칭분 전압 중 정상분 V_1은?

① V_a ② aV_a ③ a^2V_a ④ $\dfrac{1}{3}V_a$ ⑤ $3V_a$

정답 및 해설

55 ⑤

다상 교류 회로의 소비 전력은 $P = \dfrac{n}{2\sin\dfrac{\pi}{n}}V_lI_l\cos\theta[W]$이므로 옳지 않다.

56 ②

대칭 3상 전력의 선로 손실 $P_l = 3I^2R[W]$임을 적용하여 구한다.

$I^2 = \dfrac{P_l}{3R} = \dfrac{10}{3 \times 0.1} = \dfrac{100}{3}$이므로 전류 $I = \dfrac{10}{\sqrt{3}}[A]$이다.

$P = \sqrt{3}VI\cos\theta[W]$이므로 $V = \dfrac{P}{\sqrt{3}I\cos\theta} = \dfrac{2400}{\sqrt{3} \times \dfrac{10}{\sqrt{3}} \times 0.8} = 300$

$[V]$이다.

57 ④

고장비(출력비) = $\dfrac{\text{고장 후 출력}}{\text{고장 전 출력}} = \dfrac{P_V}{P_\Delta}$임을 적용하여 구한다.

변압기 1개의 출력을 P라고 하면

고장비(출력비) = $\dfrac{\text{고장 후 출력}}{\text{고장 전 출력}} = \dfrac{P_V}{P_\Delta} = \dfrac{\sqrt{3}P}{3P} = \dfrac{\sqrt{3}}{3} \fallingdotseq 0.577$이므로 약 57.7[%]이다.

58 ③

△결선을 V결선으로 바꿀 때 출력 감소는 $\dfrac{1}{\sqrt{3}}$배이므로 V결선 시 출력 $P_V = \dfrac{1}{\sqrt{3}} \times 100 \times 3 = 100\sqrt{3}[kVA]$이다.

59 ①

정상분 $V_1 = \dfrac{1}{3}(V_a + aV_b + a^2V_c)[V]$임을 적용하여 구한다.

$V_b = a^2V_a$, $V_c = aV_a$이므로

$V_1 = \dfrac{1}{3}(V_a + a^3V_a + a^3V_a) = \dfrac{V_a}{3}(1 + a^3 + a^3) = V_a$

대칭분 전압은 정상분만 존재한다.

출제빈도: ★★★ 대표출제기업: 한국철도공사, 한국수력원자력

60 V_a, V_b, V_c가 3상 불평형 전압이다. 영상분 V_0, 정상분 V_1, 역상분 V_2라고 할 때 옳지 않은 것은? (단, $a = -\frac{1}{2} + j\frac{\sqrt{3}}{2}$ 이다.)

① $V_0 = \frac{1}{3}(V_a + V_b + V_c)$

② $V_b = V_0 + aV_1 + a^2V_2$

③ $V_1 = \frac{1}{3}(V_a + aV_b + a^2V_c)$

④ $V_2 = \frac{1}{3}(V_a + a^2V_b + aV_c)$

⑤ $V_c = V_0 + aV_1 + a^2V_2$

출제빈도: ★★☆ 대표출제기업: 한국전력공사

61 다음 중 3상 불평형 회로에서 영상분이 존재하는 3상 회로 방식으로 옳은 것은?

① $Y-Y$결선의 3상 3선식

② $\varDelta-Y$결선의 3상 3선식

③ $\varDelta-\varDelta$결선의 3상 3선식

④ $Y-Y$결선의 3상 4선식

⑤ $Y-\varDelta$결선의 3상 3선식

출제빈도: ★★★ 대표출제기업: 한국전력공사, 한전KPS

62 불평형 3상 전류 $I_a = 15 + j4[A]$, $I_b = -8 - j3[A]$, $I_c = 2 - j10[A]$일 때 영상분 전류$[A]$는?

① $-1 + j2$

② $1 + j2$

③ $-3 + j$

④ $3 + j$

⑤ $3 - j3$

출제빈도: ★★★ 대표출제기업: 한국동서발전, 한국중부발전

63 다음 중 대칭 좌표법에 관한 설명으로 옳지 않은 것은?

① 대칭 3상 전압에서 역상분은 0이 된다.

② 대칭 3상 전압은 정상분만 존재한다.

③ 불평형 3상 회로의 비접지식 회로에서는 영상분이 존재한다.

④ 불평형 3상 회로의 접지식 회로에서는 영상분이 존재한다.

⑤ 1선 지락사고 시에는 영상분, 정상분, 역상분이 존재한다.

출제빈도: ★★☆ 대표출제기업: 한국지역난방공사

64 3상 교류의 선간 전압을 측정하였더니 120[V], 100[V], 100[V]이었을 때 선간 전압의 불평형률은 약 몇 [%]인가?

① 10   ② 13   ③ 15   ④ 18   ⑤ 21

정답 및 해설

60 ②

비대칭 전압이 V_a, V_b, V_c일 때 대칭분이 V_0, V_1, V_2라면

$$\begin{bmatrix} V_0 \\ V_1 \\ V_2 \end{bmatrix} = \frac{1}{3} \begin{bmatrix} 1 & 1 & 1 \\ 1 & a & a^2 \\ 1 & a^2 & a \end{bmatrix} \begin{bmatrix} V_a \\ V_b \\ V_c \end{bmatrix}, \begin{bmatrix} V_a \\ V_b \\ V_c \end{bmatrix} = \begin{bmatrix} 1 & 1 & 1 \\ 1 & a^2 & u \\ 1 & a & a^2 \end{bmatrix} \begin{bmatrix} V_0 \\ V_1 \\ V_2 \end{bmatrix}$$

61 ④

Y – Y결선의 3상 4선식은 중성점을 접지하므로 영상분이 존재한다. 영상분은 중성점 접지식 회로에만 존재하고, 비접지식은 존재하지 않는다.

62 ⑤

영상분 전류 $I_0 = \frac{1}{3}(I_a + I_b + I_c)$임을 적용하여 구한다.

$I_a = 15 + j4[A]$, $I_b = -8 - j3[A]$, $I_c = 2 - j10[A]$이므로

영상분 전류 $I_0 = \frac{1}{3}(15 + j4 - 8 - j3 + 2 - j10) = \frac{1}{3}(9 - j9) = 3 - j3[A]$이다.

63 ③

불평형 3상 회로에서 영상 전류는 접지선, 중성선에 존재하며, 비접지식인 경우는 존재하지 않는다.

64 ②

불평형률 = $\frac{\text{역상 전압}}{\text{정상 전압}}$임을 적용하여 구한다.

$V_1 = \frac{1}{3}(V_a + aV_b + a^2V_c)$

$= \frac{1}{3}\left\{120 + \left(-\frac{1}{2} + j\frac{\sqrt{3}}{2}\right)(-60 - j80)\right.$

$\left. + \left(-\frac{1}{2} + j\frac{\sqrt{3}}{2}\right)(-60 + j80)\right\}$

$= \frac{1}{3}(120 + 60 + 80\sqrt{3}) \fallingdotseq 106.2[V]$

$V_2 = \frac{1}{3}(V_a + a^2V_b + aV_c)$

$= \frac{1}{3}\left\{120 + \left(-\frac{1}{2} - j\frac{\sqrt{3}}{2}\right)(-60 - j80)\right.$

$\left. + \left(-\frac{1}{2} + j\frac{\sqrt{3}}{2}\right)(-60 + j80)\right\}$

$= \frac{1}{3}(120 + 60 - 80\sqrt{3}) \fallingdotseq 13.8[V]$

따라서 불평형률 = $\frac{|V_2|}{|V_1|} \times 100 = \frac{13.8}{106.2} \times 100 \fallingdotseq 13[\%]$이다.

출제빈도: ★★☆ 대표출제기업: 한국지역난방공사

65 3상 불평형 전압에서 역상 전압이 $60[V]$이고, 정상 전압이 $300[V]$, 영상 전압이 $15[V]$일 때 전압의 불평형률은?

① 0.1　　　　② 0.2　　　　③ 0.5　　　　④ 0.6　　　　⑤ 0.7

출제빈도: ★★☆ 대표출제기업: 한국수력원자력

66 각 상의 전류 $i_a = 90\sin\omega t[A]$, $i_b = 90\sin(\omega t - 90°)[A]$, $i_c = 90\sin(\omega t + 90°)[A]$일 때 영상분의 대칭분 전류 $[A]$는?

① $10\sin\omega t$　　　　② $10\sin\dfrac{\omega t}{3}$　　　　③ $30\sin\omega t$

④ $30\sin\dfrac{\omega t}{3}$　　　　⑤ $50\sin\omega t$

출제빈도: ★★★ 대표출제기업: 한국남동발전, 한전KPS

67 다음 중 비정현파 정현대칭의 조건으로 옳은 것은?

① $f(t) = -f(-t)$　　　　　　② $f(t) = f(-t)$

③ $f(t) = -f(t + \pi)$　　　　　④ $f(t) = -f(t)$

⑤ $f(t) = -f(-t + \pi)$

출제빈도: ★★★ 대표출제기업: 한국전력공사, 한국서부발전

68 $f_e(t)$는 우함수, $f_o(t)$는 기함수일 때, 주기 함수 $f(t) = f_e(t) + f_o(t)$에 대한 식 중 옳지 않은 것은?

① $f_e(t) = f_e(-t)$　　　　　　② $f_o(t) = -f_o(-t)$

③ $f_o(t) = \dfrac{1}{2}[f(t) + f(-t)]$　　　④ $f_o(t) = \dfrac{1}{2}[f(t) - f(-t)]$

⑤ $f_e(t) = \dfrac{1}{2}[f(t) + f(-t)]$

출제빈도: ★☆☆ 대표출제기업: 한국가스공사

69 다음 비정현 주기파 중 고조파의 감소율이 가장 작은 것은?

① 구형파   ② 정현파   ③ 삼각파

④ 정현반파   ⑤ 구형반파

정답 및 해설

65 ②

불평형률 = $\dfrac{\text{역상 전압}}{\text{정상 전압}}$임을 적용하여 구한다.

정상 전압 = 300[V], 역상 전압 60[V]이므로

불평형률 = $\dfrac{\text{역상 전압}}{\text{정상 전압}}$ = $\dfrac{60}{300}$ = 0.2이다.

66 ③

영상분 전류 $I_0 = \dfrac{1}{3}(I_a + I_b + I_c)$임을 적용하여 구한다.

각 상의 전류 $i_a = 90\sin\omega t[A]$, $i_b = 90\sin(\omega t - 90°)[A]$,

$i_c = 90\sin(\omega t + 90°)[A]$이므로

$I_0 = \dfrac{1}{3}(I_a + I_b + I_c)$

$= \dfrac{1}{3}\{90\sin\omega t + 90\sin(\omega t - 90°) + 90\sin(\omega t + 90°)\}$

$= \dfrac{90}{3}(\sin\omega t + \sin\omega t\cos 90° - \cos\omega t\sin 90°$

$+ \sin\omega t\cos 90° + \cos\omega t\sin 90°)$

$= 30\sin\omega t[A]$이다.

67 ①

비정현파 정현대칭의 특성식은 $f(t) = -f(-t)$이다.

> 🔍 **더 알아보기**
>
> **대칭성**
>
> | 대칭
항목 | 정현대칭 | 여현대칭 | 반파대칭 |
> |---|---|---|---|
> | 예 | 기함수
예 $\sin wt$ | 우함수
예 $\cos wt$ | sin, cos
구형파, 삼각파 |
> | 특성식 | $f(t) = -f(-t)$ | $f(t) = f(-t)$ | $f(t) = -f(t + \pi)$ |

68 ③

우함수는 y축 대칭, 기함수는 원점 대칭임을 적용하여 구한다.

$f_e(t)$는 우함수, $f_o(t)$는 기함수이므로 $f_e(t) = f_e(-t)$, $f_o(t) = -f_o(-t)$
이다.

이때 주기 함수 $f(t) = f_e(t) + f_o(t)$이므로

$\dfrac{1}{2}[f(t) + f(-t)] = \dfrac{1}{2}[f_e(t) + f_o(t) + f_e(-t) + f_o(-t)]$

$= \dfrac{1}{2}[f_e(t) + f_o(t) + f_e(t) - f_o(t)] = f_e(t)$이므로 우함수이고,

$\dfrac{1}{2}[f(t) - f(-t)] = \dfrac{1}{2}[f_e(t) + f_o(t) - f_e(-t) - f_o(-t)]$

$= \dfrac{1}{2}[f_e(t) + f_o(t) - f_e(t) + f_o(t)] = f_o(t)$이므로 기함수가 된다.

69 ①

고조파의 감소율은 파가 급격히 변화할수록 작고, 반대로 완만하게 변화할수록 크다. 구형파는 가장 급격히 변화하므로 고조파의 감소율이 다른 파형에 비해 가장 작다.

출제빈도: ★★☆ 대표출제기업: 한국가스공사

70 $i(t) = 10 + 30\sqrt{2}\sin\omega t + 20\sqrt{2}\sin\left(3\omega t + \dfrac{\pi}{6}\right)[A]$로 표시되는 비정현파 전류의 실횻값은 약 몇 $[A]$인가?

① 108   ② 102   ③ 58   ④ 37   ⑤ 22

출제빈도: ★★☆ 대표출제기업: 한국전력공사

71 $R-L$ 직렬회로에 $v = 2 + 10\sqrt{2}\sin\omega t + 100\sqrt{2}\sin(3\omega t - 60°) + 50\sqrt{2}\sin(5\omega t + 30°)[V]$인 전압을 가할 때, 제3고조파 전류의 실횻값$[A]$은? (단, $R = 4[\Omega]$, $\omega L = 1[\Omega]$이다.)

① 50   ② 30   ③ 20   ④ 15   ⑤ 10

출제빈도: ★★☆ 대표출제기업: 한국수력원자력

72 비정현파 전압 $v = 100\sqrt{2}\sin\omega t + 40\sqrt{2}\sin2\omega t + 30\sqrt{2}\sin(3\omega t + 30)$의 왜형률은?

① 1.0   ② 0.7   ③ 0.5   ④ 0.3   ⑤ 0.1

출제빈도: ★★★ 대표출제기업: 한국철도공사

73 어떤 회로의 단자 전압과 전류가 각각 $v(t) = 100\sin\omega t + 30\sin2\omega t + 50\sin(3\omega t + 60°)[V]$, $i(t) = 20\sin(\omega t - 60°) + 10\cos3\omega t$일 때, 회로에 공급되는 유효전력은 약 몇 $[W]$인가?

① 625   ② 717   ③ 500   ④ 380   ⑤ 275

출제빈도· ★★☆ 대표출제기업· 한국철도공사, 한국전력공사

74 전압 $e = 300\sqrt{2}\sin(\omega t + 60°)[V]$이고, 전류 $i = 100\sqrt{2}\sin(3\omega t + 30°)[A]$일 때, 소비전력은 몇 $[W]$인가?

① 0   ② 5,000   ③ 10,000   ④ 12,990   ⑤ 30,000

출제빈도· ★★☆ 대표출제기업· 한국수력원자력

75 다음 중 비정현파 교류의 제n차 고조파의 직렬공진을 일으킬 조건식으로 옳은 것은?

① $C = \dfrac{1}{n^2\omega L}$ ② $L = \dfrac{1}{n^2\omega C}$ ③ $C = \dfrac{1}{n^2\omega^2 L}$

④ $L = \dfrac{1}{n\omega C}$ ⑤ $C = \dfrac{1}{n\omega^2 L}$

정답 및 해설

70 ④

비정현파의 실효전류 $I = \sqrt{I_0{}^2 + \left(\dfrac{I_{m1}}{\sqrt{2}}\right)^2 + \left(\dfrac{I_{m2}}{\sqrt{2}}\right)^2 + \cdots + \left(\dfrac{I_{mn}}{\sqrt{2}}\right)^2}$

임을 적용하여 구한다.

비정현파의 실효전류 $I = \sqrt{10^2 + 30^2 + 20^2} ≒ 37.42[A]$이다.

71 ③

제3고조파 전류 $I_3 = \dfrac{V_3}{Z_3}[A]$, 임피던스 $Z_3 = R + j3wL[\Omega]$이므로

$I_3 = \dfrac{V_3}{Z_3} = \dfrac{V_3}{\sqrt{R^2 + (3\omega L)^2}} = \dfrac{100}{\sqrt{4^2 + 3^2}} = \dfrac{100}{5} = 20[A]$이다.

72 ③

비정현파의 왜형률 $= \dfrac{\text{전고조파의 실횻값}}{\text{기본파의 실횻값}}$ 임을 적용하여 구한다.

왜형률 $= \dfrac{\sqrt{40^2 + 30^2}}{100} = \dfrac{50}{100} = 0.5$이다.

73 ②

유효전력 $P = V_0 I_0 + \sum\limits_{n=1}^{\infty} V_n I_n \cos\theta_n [W]$임을 적용하여 구한다.

비정현파 전류에서 $\cos3wt = \sin(3wt + 90°)$이므로

$P = \dfrac{100}{\sqrt{2}} \cdot \dfrac{20}{\sqrt{2}}\cos60° + \dfrac{50}{\sqrt{2}} \cdot \dfrac{10}{\sqrt{2}}\cos30° ≒ 716.51[W]$이다.

74 ①

전압은 기본파, 전류는 제3고조파 성분이므로 같은 성분이 존재하지 않아 소비전력은 $0[W]$이다.

75 ③

R-L-C 직렬회로에서 제n조파 임피던스 $Z_n = R + j\left(n\omega L - \dfrac{1}{n\omega C}\right)$

의 허수부 $n\omega L = \dfrac{1}{n\omega C}$일 때 공진 상태이므로 $C = \dfrac{1}{n^2\omega^2 L}$이다.

출제빈도: ★★★ 대표출제기업: 한국남부발전, 한국서부발전

76 다음 설명 중 옳지 않은 것은?

① 파고율 = $\dfrac{\text{최댓값}}{\text{실횻값}}$

② 파형률 = $\dfrac{\text{실횻값}}{\text{평균값}}$

③ 역률($=\cos\theta$) = $\dfrac{\text{유효전력}}{\text{피상전력}}$

④ 왜형률 = $\dfrac{\text{전고조파의 실횻값}}{\text{기본파의 실횻값}}$

⑤ 불평형률 = $\dfrac{\text{정상분}}{\text{영상분}}$

출제빈도: ★★☆ 대표출제기업: 한국가스공사

77 다음 회로의 구동점 임피던스 $Z_{ab}(s)$는?

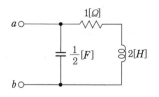

① $\dfrac{2(2s+1)}{2s^2-s-2}$

② $\dfrac{2(2s+1)}{2s^2+s+2}$

③ $\dfrac{2(2s-1)}{2s^2+s+2}$

④ $\dfrac{2s+1}{2s^2+s+2}$

⑤ $\dfrac{2s-1}{2s^2+s+2}$

출제빈도: ★★☆ 대표출제기업: 한국가스공사

78 다음 회로에서 구동점 임피던스 $Z(s)$는?

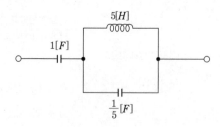

① $\dfrac{6s^2+1}{s(s^2+1)}$

② $\dfrac{6s^2+1}{s(s+1)}$

③ $\dfrac{6s+1}{s(s^2+1)}$

④ $\dfrac{6s^2+1}{s(s^2-1)}$

⑤ $\dfrac{6s^2-1}{s(s^2-1)}$

출제빈도: ★★☆ 대표출제기업: 한국전력공사

79 다음 회로에서 구동점 임피던스 $Z(s)$는?

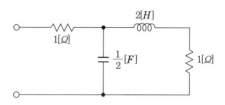

① $\dfrac{2s^2 + 5s + 2}{2s^2 + s + 2}$ 　　② $\dfrac{2s^2 + 5s + 3}{2s^2 + s + 2}$ 　　③ $\dfrac{2s^2 + 5s + 4}{s^2 + s + 2}$

④ $\dfrac{2s^2 + 5s + 4}{2s^2 + s + 2}$ 　　⑤ $\dfrac{2s^2 + 5s + 2}{s^2 + s + 2}$

정답 및 해설

76 ⑤

불평형률 = $\dfrac{\text{역상분}}{\text{정상분}}$ × 100[%]이므로 옳지 않다.

77 ②

저항 $R = 1[\Omega]$과 인덕턴스 $L = 2[H]$는 직렬연결이므로 $Z(s) = 1 + 2s$이고, 정전용량 $C = \dfrac{1}{2}[F]\left(Z(s) = \dfrac{2}{s}\right)$과는 병렬연결이므로

구동점 임피던스 $Z(s) = \dfrac{(1 + 2s) \cdot \dfrac{2}{s}}{1 + 2s + \dfrac{2}{s}} = \dfrac{2(2s + 1)}{2s^2 + s + 2}$ 이다.

78 ①

구동점 임피던스 $Z(s)$는 $L \to X_L = jwL = sL, C \to X_C = \dfrac{1}{jwC} =$

$\dfrac{1}{sC}$이므로 회로에서 $C_1 = 1[F], C_2 = \dfrac{1}{5}[F], L = 5[H]$이므로 회

로에서 구동점 임피던스를 계산하면

$Z(s) = \dfrac{1}{sC_1} + \dfrac{sL \cdot \dfrac{1}{sC_2}}{sL + \dfrac{1}{sC_2}} = \dfrac{1}{s} + \dfrac{5s \cdot \dfrac{5}{s}}{5s + \dfrac{5}{s}}$이므로

$= \dfrac{1}{s} + \dfrac{25}{\dfrac{5s^2 + 5}{s}} = \dfrac{1}{s} + \dfrac{25s}{5s^2 + 5} = \dfrac{1}{s} + \dfrac{5s}{s^2 + 1}$이다.

두 분수식을 통분하면

$= \dfrac{s^2 + 1 + 5s^2}{s(s^2 + 1)} = \dfrac{6s^2 + 1}{s(s^2 + 1)}$이다.

79 ④

$R = 1[\Omega], X_c = \dfrac{2}{s}[\Omega], X_L = 2s[\Omega]$이므로

$Z(s) = 1 + \dfrac{\dfrac{2(2s + 1)}{s}}{(2s + 1) + \dfrac{2}{s}} = 1 + \dfrac{2(2s + 1)}{s(2s + 1) + 2} = 1 + \dfrac{4s + 2}{2s^2 + s + 2}$

$= \dfrac{2s^2 + 5s + 4}{2s^2 + s + 2}[\Omega]$이다.

기출동형문제

출제빈도: ★★☆ 대표출제기업: 한국수력원자력

80 다음 중 구동점 임피던스에 있어서 영점(Zero)의 의미로 옳은 것은?

① 회로의 단락 상태이다.
② 회로의 개방 상태이다.
③ 전류가 가장 큰 상태이다.
④ 전압이 가장 큰 상태이다.
⑤ 아무런 상태도 아니다.

출제빈도: ★★☆ 대표출제기업: 한국철도공사

81 다음 중 구동점 임피던스 함수에 있어서 극점(Pole)의 의미로 옳은 것은?

① 회로의 단락 상태이다.
② 회로의 개방 상태이다.
③ 전류가 가장 큰 상태이다.
④ 전압이 가장 큰 상태이다.
⑤ 아무런 상태도 아니다.

출제빈도: ★★★ 대표출제기업: 한국철도공사

82 구동점 임피던스 $Z(s) = \dfrac{s + 25}{s^2 + 2s + 5}[\Omega]$의 2단자에 직류 100[V]의 전압을 가했을 때, 회로의 전류[A]는?

① 5 　　　　 ② 10 　　　　 ③ 15 　　　　 ④ 20 　　　　 ⑤ 25

출제빈도: ★★☆ 대표출제기업: 한국전력공사

83 그림과 같은 회로가 주파수와 무관한 회로가 되기 위한 저항 R은 약 몇 [Ω]인가?

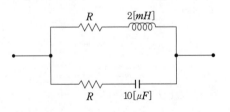

① 14 　　　　 ② 12 　　　　 ③ 10 　　　　 ④ 8 　　　　 ⑤ 5

출제빈도: ★☆☆ 대표출제기업: 한국중부발전

84 그림 (a)와 그림 (b)가 역회로 관계에 있기 위한 L의 값$[mH]$은? (단, $K^2 = 2{,}000$이다.)

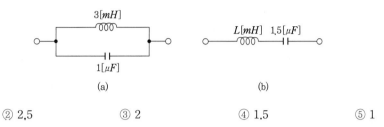

(a)   (b)

① 3   ② 2.5   ③ 2   ④ 1.5   ⑤ 1

---

80 ①

영점(Zero)은 $Z(s) = 0$인 경우로 임피던스가 0이며 회로를 단락한 상태이다.

81 ②

극점(Pole)은 $Z(s) = \infty$가 되는 경우로 회로를 개방한 상태가 되어 전류가 흐르지 못한다.

82 ④

직류 전압을 인가하면 주파수 $f = 0[Hz]$이므로 $jw = j2\pi f = s = 0$ 이다.

따라서 $I = \dfrac{V}{Z(s)} = \dfrac{100}{5} = 20[A]$이다.

83 ①

정저항 회로의 조건 $R = \sqrt{\dfrac{L}{C}}$임을 적용하여 구한다.

$L = 2[mH]$, $C = 10[\mu F]$이므로

저항 $R = \sqrt{\dfrac{L}{C}} = \sqrt{\dfrac{2 \times 10^{-3}}{10 \times 10^{-6}}} \fallingdotseq 14.1[\Omega]$이다.

84 ③

역회로의 관계식 $\dfrac{L_1}{C_1} = \dfrac{L_2}{C_2} = K^2$임을 적용하여 구한다.

$K^2 = 2{,}000$, $C_2 = 1 \times 10^{-6}[F]$이므로

$L_2 = K^2 C_2 = 2{,}000 \times 1 \times 10^{-6} = 2 \times 10^{-3} = 2[mH]$이다.

회로이론

해커스공기업 쉽게 풀리는 전기직 이론 + 기출동형문제

출제빈도: ★★☆ 대표출제기업: 한국가스공사

85 다음 T형 회로의 임피던스 파라미터 Z_{22}의 값은?

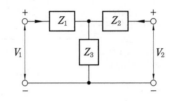

① $Z_1 + Z_3$　　　　② $Z_1 + Z_2$　　　　③ $Z_2 + Z_3$
④ Z_3　　　　　　　⑤ $-Z_3$

출제빈도: ★☆☆ 대표출제기업: 한국지역난방공사

86 다음 4단자 회로의 어드미턴스 파라미터 중 Y_{11}의 값은?

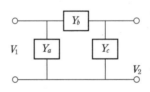

① $Y_a + Y_b$　　　　② $Y_b + Y_c$　　　　③ Y_a
④ $-Y_b$　　　　　　⑤ $Y_a + Y_c$

출제빈도: ★★★ 대표출제기업: 한국남부발전, 한전KPS

87 다음 중 A, B, C, D 4단자 정수들의 관계식으로 옳은 것은?

① $AD - BC = 0$　　　　　② $AD - BC = 1$
③ $AD + BD = 1$　　　　　④ $AB - CD = 0$
⑤ $AB - CD = 1$

출제빈도: ★★★ 대표출제기업: 한국전력공사, 한국수력원자력

88 어떤 회로망의 4단자 정수가 $A = 5$, $B = j4$, $D = 5 + j4$일 때, C는 얼마인가?

① $4 + j6$ ② $3 + j4$ ③ $3 - j4$

④ $5 + j4$ ⑤ $5 - j6$

정답 및 해설

85 ③

임피던스 파라미터 값은 I_1 또는 I_2를 개방하는 조건으로 구할 수 있다.

$Z_{22} = \dfrac{V_2}{I_2}\bigg|_{I_1 = 0} = Z_2 + Z_3$이다.

오답노트

① $Z_{11} = \dfrac{V_1}{I_1}\bigg|_{I_2 = 0} = Z_1 + Z_3$

④ $Z_{12} = \dfrac{V_1}{I_2}\bigg|_{I_1 = 0} = Z_3$, $Z_{21} = \dfrac{V_2}{I_1}\bigg|_{I_2 = 0} = Z_3$

86 ①

어드미턴스 파라미터 값은 V_1 또는 V_2를 단락하는 조건으로 구할 수 있다.

$Y_{11} = \dfrac{I_1}{V_1}\bigg|_{V_2 = 0} = Y_a + Y_b$이다.

오답노트

② $Y_{22} = \dfrac{I_2}{V_2}\bigg|_{V_1 = 0} = Y_b + Y_c$

④ $Y_{12} = \dfrac{I_1}{V_2}\bigg|_{V_1 = 0} = \dfrac{-Y_b V_2}{V_2} = -Y_b$, $Y_{21} = \dfrac{I_2}{V_1}\bigg|_{V_2 = 0} = \dfrac{-Y_b V_1}{V_1} = -Y_b$

87 ②

A, B, C, D 파라미터 사이에는 $AD - BC = 1$이 성립한다.

🔎 **더 알아보기**

4단자 정수 A, B, C, D

$V_1 = AV_2 + BI_2$, $I_1 = CV_2 + DI_2$에서 $\begin{bmatrix} V_1 \\ I_1 \end{bmatrix} = \begin{bmatrix} A & B \\ C & D \end{bmatrix}\begin{bmatrix} V_2 \\ I_2 \end{bmatrix}$이다.

여기서 4단자 정수 A, B, C, D는 각각

$A = \dfrac{V_1}{V_2}\bigg|_{I_2 = 0}$ 전압비, $B = \dfrac{V_1}{I_2}\bigg|_{V_2 = 0}$ 임피던스[Ω],

$C = \dfrac{I_1}{V_2}\bigg|_{I_2 = 0}$ 어드미턴스[℧], $D = \dfrac{I_1}{I_2}\bigg|_{V_2 = 0}$ 전류비

를 의미하며 A, B, C, D 파라미터 사이에는 $AD - BC = 1$의 관계가 항상 성립하고, 4단자망의 경우 $A = D$ 대칭회로 관계가 된다.

88 ⑤

$AD - BC = 1$임을 적용하여 구한다.

$C = \dfrac{AD - 1}{B} = \dfrac{5(5 + j4) - 1}{j4} = \dfrac{25 + j20 - 1}{j4} = \dfrac{24 + j20}{j4} = 5 - j6$

이다.

출제빈도: ★★☆ 대표출제기업: 한국수력원자력

89 L형 4단자 회로에서 4단자 정수가 $A = \dfrac{20}{3}$, $D = 1$이고, 영상 임피던스 $Z_{02} = \dfrac{9}{5}[\Omega]$일 때, 영상 임피던스 $Z_{01}[\Omega]$은?

① 15   ② 12   ③ 9   ④ 8   ⑤ 6

출제빈도: ★★★ 대표출제기업: 한국철도공사, 한국전력공사

90 T형 4단자 회로망에서 영상 임피던스 $Z_{01} = \dfrac{9}{5}[\Omega]$, $Z_{02} = \dfrac{1}{5}[\Omega]$이고, 전달 정수가 0일 때, 이 회로의 4단자 정수 A는?

① 15   ② 11   ③ 6   ④ 5   ⑤ 3

출제빈도: ★★☆ 대표출제기업: 한국서부발전

91 다음 회로에서 $\dfrac{V_1}{V_2}$과 $\dfrac{I_1}{I_2}$의 값은 각각 얼마인가? (단, 저항은 모두 1[Ω]이다.)

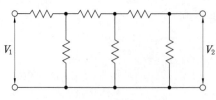

① $A = 10$, $D = 3$ ② $A = 13$, $D = 5$

③ $A = 13$, $D = 3$ ④ $A = 10$, $D = 5$

⑤ $A = 8$, $D = 8$

출제빈도: ★★☆ 대표출제기업: 한국서부발전

92 다음 T형 4단자망의 영상 전달 정수 θ는?

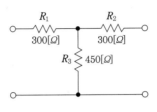

① $\log_e 2$ ② $\log_e \dfrac{1}{2}$ ③ $\log_e 3$ ④ $\log_e \dfrac{1}{3}$ ⑤ $\log_e \dfrac{1}{5}$

정답 및 해설

89 ②

영상 임피던스 $Z_{01} = \sqrt{\dfrac{AB}{DC}}$, $Z_{02} = \sqrt{\dfrac{BD}{AC}}$ 임을 적용하여 구한다.

$\dfrac{Z_{01}}{Z_{02}} = \dfrac{A}{D}$ 이므로 $Z_{01} = \dfrac{A}{D}Z_{02} = \dfrac{\frac{20}{3}}{1} \times \dfrac{9}{5} = \dfrac{180}{15} = 12[\Omega]$ 이다.

90 ⑤

$A = \sqrt{\dfrac{Z_{01}}{Z_{02}}}\cosh\theta$ 임을 적용하여 구한다.

영상 임피던스 $Z_{01} = \dfrac{9}{5}[\Omega]$, $Z_{02} = \dfrac{1}{5}[\Omega]$ 이므로

$A = \sqrt{\dfrac{Z_{01}}{Z_{02}}}\cosh\theta = \sqrt{\dfrac{\frac{9}{5}}{\frac{1}{5}}}\cosh\theta = 3$ 이다.

91 ②

4단자 정수 중 $A = \dfrac{V_1}{V_2}\Big|_{I_2=0}$ 이므로 2차가 개방되었을 때, 4단자 정수 중 $D = \dfrac{I_1}{I_2}\Big|_{V_2=0}$ 이므로 2차가 단락되었을 때이므로 회로의 4단자 정수는 $\begin{bmatrix} A & B \\ C & D \end{bmatrix} = \begin{bmatrix} 1 & 1 \\ 0 & 1 \end{bmatrix}\begin{bmatrix} 1 & 0 \\ 1 & 1 \end{bmatrix}\begin{bmatrix} 1 & 1 \\ 0 & 1 \end{bmatrix}\begin{bmatrix} 1 & 0 \\ 1 & 1 \end{bmatrix}\begin{bmatrix} 1 & 1 \\ 0 & 1 \end{bmatrix}\begin{bmatrix} 1 & 0 \\ 1 & 1 \end{bmatrix} = \begin{bmatrix} 13 & 8 \\ 8 & 5 \end{bmatrix}$

따라서 $A = 13$, $D = 5$이다.

92 ③

주어진 회로에서 4단자 정수를 구하면

$A = D = 1 + \dfrac{R_1}{R_3} = 1 + \dfrac{300}{450} = \dfrac{5}{3}$

$B = R_1 + R_2 + \dfrac{R_1 R_2}{R_3} = 300 + 300 + \dfrac{300 \times 300}{450} = 800$

$C = \dfrac{1}{R_3} = \dfrac{1}{450}$ 이다.

따라서 영상 전달 정수 $\theta = \log_e(\sqrt{AD} + \sqrt{BC}) = \left(\sqrt{\dfrac{5}{3} \times \dfrac{5}{3}} + \sqrt{\dfrac{800}{450}}\right)$

$= \log_e 3$ 이다.

출제빈도: ★★★ 대표출제기업: 한국전력공사, 한국가스공사

93 다음 회로망의 4단자 정수 A는 얼마인가? (단, $\omega = 10^4[rad/s]$다.)

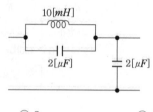

① 7   ② 5   ③ 3   ④ 1   ⑤ 0

출제빈도: ★★☆ 대표출제기업: 한국수력원자력, 한국중부발전

94 선로의 단위 길이당 인덕턴스 $L[mH]$, 커패시턴스 $C[uF]$인 가공선의 특성 임피던스$[\Omega]$는?

① $\sqrt{\dfrac{L}{C}} \times 10^3$ ② $\sqrt{\dfrac{C}{L}} \times 10^3$ ③ $\sqrt{\dfrac{L}{C} \times 10^3}$

④ $\sqrt{\dfrac{L}{C}} \times 10^{-3}$ ⑤ $\sqrt{\dfrac{1}{LC}} \times 10^2$

출제빈도: ★★☆ 대표출제기업: 한전KPS

95 선로의 1차 상수를 1$[m]$로 환산했을 때, $L = 6[mH/m]$, $C = 3[\mu F/m]$로 되는 무손실 선로가 있다. 주파수 100$[MHz]$의 전류를 가했을 때, 특성 임피던스$[\Omega]$는?

① $\sqrt{2}$ ② $\sqrt{20}$ ③ $\sqrt{200}$ ④ $\sqrt{2,000}$ ⑤ 2

출제빈도: ★★☆ 대표출제기업: 한국남동발전

96 통신선로의 종단을 개방했을 때의 입력 임피던스를 Z_p, 종단을 단락했을 때의 입력 임피던스를 Z_s라고 할 때 특성 임피던스 Z_0는?

① $Z_p Z_s$ ② $\dfrac{Z_p}{Z_s}$ ③ $\sqrt{Z_s Z_p}$ ④ $\sqrt{\dfrac{Z_s}{Z_p}}$ ⑤ $\sqrt{\dfrac{Z_p}{Z_s}}$

출제빈도: ★★★ 대표출제기업: 한국철도공사

97 분포 정수 회로에서 선로의 특성 임피던스를 Z_0, 전파정수를 γ라고 할 때 선로의 직렬 임피던스는?

① γZ_0 ② $\dfrac{Z_0}{\gamma}$ ③ $\dfrac{\gamma}{Z_0}$ ④ $\sqrt{\gamma Z_0}$ ⑤ $\dfrac{1}{\sqrt{\gamma Z_0}}$

정답 및 해설

93 ③

인덕턴스 $L = 10[mH]$이므로 $X_L = j\omega L = j10^4 \times 10 \times 10^{-3} = j100[\Omega]$이고, 정전용량 C의 값이 $2[\mu F]$이므로

$X_C = \dfrac{1}{j\omega C} = \dfrac{1}{j10^4 \times 2 \times 10^{-6}} = -j50[\Omega]$이다.

인덕턴스 $Z_1 = \dfrac{1}{\dfrac{1}{j100} + \dfrac{1}{-j50}} = -j100$, 정전용량의 병렬회로의

임피던스 $Z_2 = -j50$이므로 4단자 정수 $A = 1 + \dfrac{Z_1}{Z_2} = 1 + \dfrac{-j100}{-j50}$

$= 1 + 2 = 3$이다.

94 ③

특성 임피던스 $Z_0 = \sqrt{\dfrac{Z}{Y}}$임을 적용하여 구한다.

인덕턴스 $L[mH]$, 커패시턴스 $C[uF]$이므로

특성 임피던스 $Z_0 = \sqrt{\dfrac{Z}{Y}} = \sqrt{\dfrac{j\omega L \times 10^{-3}}{j\omega C \times 10^{-6}}} = \sqrt{\dfrac{L}{C} \times 10^3}[\Omega]$이다.

95 ④

특성 임피던스 $Z_0 = \sqrt{\dfrac{Z}{Y}}$임을 적용하여 구한다.

인덕턴스 $L = 6[mH/m]$, 커패시턴스 $C = 3[\mu F/m]$이므로

특성 임피던스 $Z_0 = \sqrt{\dfrac{Z}{Y}} = \sqrt{\dfrac{L}{C}} = \sqrt{\dfrac{6 \times 10^{-3}}{3 \times 10^{-6}}} = \sqrt{2 \times 10^3} = \sqrt{2,000}$

$[\Omega]$이다.

96 ③

특성 임피던스 $Z_0 = \sqrt{\dfrac{B}{C}}$를 4단자 정수로 표현할 수 있다.

B는 임피던스 2차 측을 단락한 상태에서의 값이고, C는 어드미턴스 2차 측을 개방한 상태에서의 값이다.

$Y = \dfrac{1}{Z_p}$이므로 특성 임피던스 $Z_0 = \sqrt{\dfrac{Z}{Y}} = \sqrt{\dfrac{Z_s}{\dfrac{1}{Z_p}}} = \sqrt{Z_s Z_p}[\Omega]$이다.

97 ①

선로의 특성 임피던스 $Z_0 = \sqrt{\dfrac{Z}{Y}}$이고, 전파정수 $\gamma = \sqrt{ZY}$이므로

직렬 임피던스 $Z = \sqrt{ZY}\sqrt{\dfrac{Z}{Y}} = \gamma Z_0$이다.

출제빈도: ★★★ 대표출제기업: 한국철도공사, 한국수력원자력

98 다음 중 분포 정수 전송 회로에 대한 설명으로 옳지 않은 것은?

① $R = G = 0$인 회로를 무손실 회로라고 한다.

② $\dfrac{R}{L} = \dfrac{G}{C}$인 회로를 무왜형 회로라고 한다.

③ 무손실 회로, 무왜형 회로의 감쇠정수는 $\sqrt{RG}$이다.

④ 무손실 회로, 무왜형 회로의 위상정수는 $w\sqrt{LC}$이다.

⑤ 무손실 회로, 무왜형 회로에서의 위상 속도는 $\dfrac{1}{\sqrt{LC}}[m/s]$이다.

출제빈도: ★★★ 대표출제기업: 한국전력공사

99 다음 중 무왜형 선로에 대한 설명으로 옳은 것은?

① 무왜형 선로는 $RG = LC$를 만족해야 한다.

② 감쇠정수는 0이다.

③ 위상정수는 $\sqrt{LC}$이다.

④ 위상 속도 v는 주파수에 관계가 있다.

⑤ 특성 임피던스는 $\sqrt{\dfrac{L}{C}}$이다.

출제빈도: ★★☆ 대표출제기업: 한국가스공사, 한국지역난방공사

100 송전선로에서 전압이 $3 \times 10^8[m/s]$인 광속으로 전파할 때, $400[MHz]$인 주파수에 대한 위상정수는 몇 $[rad/m]$인가?

① $\dfrac{8}{3}\pi$ ② $\dfrac{4}{3}\pi$ ③ $\dfrac{2}{3}\pi$ ④ $\dfrac{1}{3}\pi$ ⑤ π

출제빈도: ★★☆ 대표출제기업· 한국동서발전

101 다음 $R-L$ 직렬회로에서 스위치를 닫은 후 $t = 2[s]$일 때, 회로에 흐르는 전류는 약 몇 $[A]$인가?

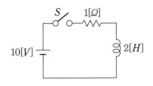

① 1.25   ② 3.68   ③ 5.77   ④ 6.32   ⑤ 8.66

정답 및 해설

98 ③

무손실 회로의 감쇠정수는 0이므로 옳지 않다.

🔍 **더 알아보기**

무왜형 회로의 감쇠정수는 $\sqrt{RG}$이다.

99 ⑤

무왜형 선로의 특성 임피던스 $Z_0 = \sqrt{\dfrac{L}{C}}$이므로 옳은 설명이다.

🔍 **더 알아보기**

무왜형 선로

무왜형 선로는 $RC = LG$를 만족해야 한다.

무왜형 선로의 특성 임피던스 $Z_0 = \sqrt{\dfrac{L}{C}}$, 전파정수 $\gamma = \sqrt{RG} + jw\sqrt{LC}$, 감쇠정수 $\alpha = \sqrt{RG}$, 위상정수 $\beta = w\sqrt{LC}$이며, 위상 속도 $v = f\lambda = f\dfrac{2\pi}{\beta} = \dfrac{\omega}{\beta} = \dfrac{\omega}{\omega\sqrt{LC}} = \dfrac{1}{\sqrt{LC}}[m/s]$이다.

100 ①

위상정수 $\beta = \dfrac{2\pi}{\lambda}$임을 적용하여 구한다.

파장 $\lambda = \dfrac{v}{f} = \dfrac{3 \times 10^8}{400 \times 10^6} = \dfrac{3}{4} = 0.75[m]$이므로

위상정수 $\beta = \dfrac{2\pi}{\lambda} = \dfrac{2\pi}{\dfrac{3}{4}} = \dfrac{8}{3}\pi[rad/m]$이다.

101 ④

$R-L$ 직렬회로에서의 전류 $i(t) = \dfrac{E}{R}(1 - e^{-\frac{R}{L}t})$임을 적용하여 구한다.

스위치를 닫은 후 $t = 2[s]$이므로

회로에 흐르는 전류 $i(t) = \dfrac{E}{R}(1 - e^{-\frac{R}{L}\cdot2}) = \dfrac{10}{1}(1 - e^{-\frac{1}{2}\cdot2}) = 10(1 - e^{-1}) = 6.32[A]$이다.

출제빈도: ★★★ 대표출제기업: 한국남동발전, 한국중부발전

102 $R-L$ 직렬회로에서 시정수의 값이 작을수록 과도 현상의 소멸되는 시간은 어떻게 되는가?

① 소멸되는 시간과 관계없다.

② 소멸되는 시간이 짧아진다.

③ 소멸되는 시간이 길어진다.

④ 정상 상태만 존재한다.

⑤ 과도 상태만 지속된다.

출제빈도: ★☆☆ 대표출제기업: 한국중부발전

103 R = 3[Ω], L = 1[H]인 $R-L$ 직렬회로에 직류 전원 15[V]를 가했을 때, 순시전류 $i(t)$는?

① $3e^{-5t}$

② $5e^{-3t}$

③ $5(1-e^{-3t})$

④ $5(1+e^{-3t})$

⑤ $3(1-e^{-5t})$

출제빈도: ★★★ 대표출제기업: 한국전력공사

104 $R-L$ 직렬회로에 직류 전압 10[V]를 t = 0에서 인가했을 때, $i(t)$ = $10(1 - e^{-20 \times 10^{-3}t})[mA](t \geq 0)$이었다. 이 회로의 저항을 처음 값의 $\frac{1}{2}$배로 했을 때, 시정수는 몇 [sec]인가?

① 100

② 50

③ 25

④ 20

⑤ 10

출제빈도: ★★☆ 대표출제기업: 한국전력공사

105 다음 R-C 직렬회로에 t = 0일 때, 스위치 S를 닫고 회로의 양단에 직류 전압 200[V]를 급격히 인가했을 때 충전 전하는? (단, R = 100[Ω], C = 0.01[F]이다.)

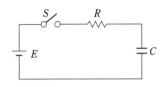

① $2e^{-l}$

② $-2e^{t}$

③ $-2(1-e^{t})$

④ $2(1-e^{t})$

⑤ $2(1-e^{-t})$

정답 및 해설

102 ②

시정수가 작을수록 과도 현상의 소멸되는 시간은 짧아진다.

103 ③

R-L 직렬회로의 전류 $i(t) = \frac{E}{R}(1 - e^{-\frac{R}{L}t})[A]$임을 적용하여 구한다.

R = 3[Ω], L = 1[H], 직류 전원 E = 15[V]이므로

순시전류 $i(t) = \frac{15}{3}(1 - e^{-\frac{3}{1}t}) = 5(1 - e^{-3t})[A]$이다.

104 ①

R-L 직렬회로의 전류 $i(t) = \frac{E}{R}(1 - e^{-\frac{R}{L}t})[A]$임을 적용하여 구한다.

특성근 $-\frac{R}{L}$ = -20×10^{-3}이고, 특성근의 절댓값의 역수가 시정수이므로 시정수 $\tau = \frac{L}{R} = \frac{1,000}{20}$ = 50[sec]이다.

시정수 τ는 R에 반비례하므로 저항이 $\frac{1}{2}$배이면 시정수 τ는 2배 증가한다.

따라서 시정수 τ는 50 × 2 = 100[sec]이다.

105 ⑤

R-C 직렬회로의 전압 $V_c = E(1 - e^{-\frac{1}{RC}t})$, 충전전하 $q = CV_c$임을 적용하여 구한다.

직류 전압 V_c = 200[V], 저항 R = 100[Ω], 커패시턴스 C = 0.01[F]

이므로 충전전하 $q = CE(1 - e^{-\frac{1}{RC}t}) = 0.01 \times 200(1 - e^{-\frac{1}{100 \times 0.01}t})$

= $2(1 - e^{-t})[C]$이다.

회로이론

해커스공기업 쉽게 끝내는 전기직 이론 + 기출동형문제

출제빈도: ★★★ 대표출제기업: 한국전력공사

106 R = 5[$M\Omega$], C = 1[μF]인 직렬회로에 직류 250[V]를 가했다. 시정수 τ[s], t = 0일 때 초기 전류 I의 값은 각각 얼마인가?

① 5[s], 5×10^{-5} ② 5[s], 5×10^{5}

③ 1[s], 5×10^{-5} ④ 1[s], 5×10^{5}

⑤ 5[s], 5×10^{-6}

출제빈도: ★☆☆ 대표출제기업: 한국지역난방공사

107 $R-L-C$ 직렬회로에 직류 전압을 갑자기 인가할 때, 회로에 흐르는 전류가 과제동이 될 조건은?

① $R^2 - 2\dfrac{L}{C} > 0$ ② $R^2 - 2\dfrac{L}{C} < 0$

③ $R^2 - 4\dfrac{L}{C} > 0$ ④ $R^2 - 4\dfrac{L}{C} < 0$

⑤ $R^2 - 4\dfrac{L}{C} = 0$

출제빈도: ★★☆ 대표출제기업: 한국가스공사

108 저항 R = 1[Ω], 인덕턴스 L = 2[mH]인 $R-L-C$ 직렬회로가 임계진동이기 위한 커패시턴스 C의 값은 얼마인가?

① 8[F]   ② 8[mF]   ③ 8[μF]   ④ 8[pF]   ⑤ 8[nF]

출제빈도· ★★☆ 대표출제기업: 한국수력원자력

109 다음 중 직류 $L-C$ 직렬회로에 대한 설명으로 옳은 것은?

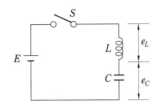

① 감쇠하는 전류가 흐른다.

② 감쇠하는 진동전류가 흐른다.

③ e_L의 최대치는 $2E$까지 될 수 있다

④ e_C의 최대치가 E까지 될 수 있다.

⑤ 크기, 주파수가 변함없는 불변의 진동전류가 흐른다.

정답 및 해설

106 ①

$R-C$ 직렬회로의 전류 $i(t) = \dfrac{E}{R}e^{-\frac{1}{RC}t}$임을 적용하여 구한다.

시정수 $\iota = RC[s]$이므로 $\tau = 5 \times 10^6 \times 10^{-6} = 5[s]$이다.

따라서 초기 전류 $I = \left.\dfrac{E}{R}\right|_{t=0} = \dfrac{250}{5 \times 10^6} = 50 \times 10^{-6}[A] = 5 \times 10^{-5}$ $[A]$이다.

107 ③

$R-L-C$ 직렬회로에 흐르는 전류가 과제동이 될 조건은 $R^2 - 4\dfrac{L}{C}$ > 0이다.

> 🔍 **더 알아보기**
>
> $R-L-C$ 과도 현상
>
> | 진동(부족제동) | $R^2 < 4\dfrac{L}{C}$ |
> |---|---|
> | 비진동(과제동) | $R^2 > 4\dfrac{L}{C}$ |
> | 임계진동 | $R^2 = 4\dfrac{L}{C}$ |

108 ②

진동 여부 판별식 $R^2 = 4\dfrac{L}{C}$을 적용하여 구한다.

저항 $R = 1[\Omega]$, 인덕턴스 $L = 2[mH]$이므로

커패시턴스 $C = 4\dfrac{L}{R^2} = \dfrac{4 \times 2 \times 10^{-3}}{1^2} = 8 \times 10^{-3}[F] = 8[mF]$이 되어야 한다.

109 ⑤

$L-C$ 직렬회로에서 직류 전압을 인가했을 때, 키르히호프의 전압 법칙에 의해 $L\dfrac{di(t)}{dt} + \dfrac{1}{C}\displaystyle\int i(t) \cdot dt = E$이므로

회로의 흐르는 전류 $i(t) = \dfrac{E}{\sqrt{\dfrac{L}{C}}} \sin \dfrac{1}{\sqrt{LC}} t [A]$이다.

저항 성분이 없기 때문에 전력 소모가 없고 L, C 내의 에너지가 불변하므로 크기, 주파수가 변함없는 무감쇠 진동전류가 흐른다.

Chapter 6 제어공학

🖼 학습목표

1. 자동 제어계의 전달 함수를 해석하는 방법을 이해한다.
2. 시간 응답, 정상 상태에 대한 편차 등 계산 방법, 주파수 응답 해석에 대한 수학적인 내용을 이해한다.
3. 시스템의 안정을 판단하기 위한 s 평면, 특성방정식, 나이퀴스트 선도, 보드선도, 루드 표를 이해한다.

🖼 출제비중

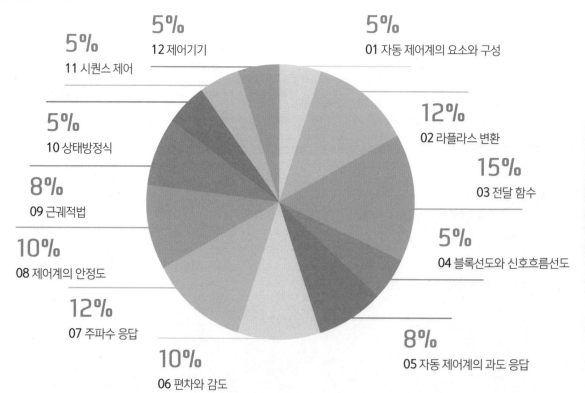

5%
12 제어기기

5%
11 시퀀스 제어

5%
01 자동 제어계의 요소와 구성

5%
10 상태방정식

8%
09 근궤적법

12%
02 라플라스 변환

15%
03 전달 함수

10%
08 제어계의 안정도

5%
04 블록선도와 신호흐름선도

12%
07 주파수 응답

10%
06 편차와 감도

8%
05 자동 제어계의 과도 응답

▦ 출제포인트 & 출제기업

출제포인트	출제빈도	출제기업
01 자동 제어계의 요소와 구성	★	한국철도공사(코레일) 한국전력공사 한국전기안전공사 한국수력원자력 서울교통공사 한국남동발전 한국남부발전 한국서부발전 한국동서발전 한국수자원공사 한국중부발전 등
02 라플라스 변환	★★★	
03 전달 함수	★★★	
04 블록선도와 신호흐름선도	★★	
05 자동 제어계의 과도 응답	★★	
06 편차와 감도	★★★	
07 주파수 응답	★★★	
08 제어계의 안정도	★★★	
09 근궤적법	★★	
10 상태방정식	★★	
11 시퀀스 제어	★	
12 제어기기	★	

─ ✓기출 Keyword ─

- 피드백 제어계
- 특성방정식
- 루드-후르비츠 판별법
- 전달 함수
- 정상 오차
- 보드선도
- 과도 응답
- 주파수 응답
- 상태 천이행렬

01 자동 제어계의 요소와 구성

출제빈도 ★

1. 제어계의 종류

① 개회로 제어계

제어 시스템이 가장 간단하나, 오차가 많이 생길 수 있다.

② 폐회로 제어계

- 입력과 출력을 비교하는 장치가 반드시 필요하다.
- 구조가 복잡하고, 정확성이 증가한다.

2. 자동 제어계의 분류

(1) 제어계의 분류

① 제어량의 종류에 의한 분류

종류	성질	제어의 예
프로세스 제어	플랜트, 생산 공정 중의 상태량 제어(외란 억제가 주 목적)	온도, 유량, 압력, 액위, 농도, 밀도
서보 제어	기계적 변위를 제어량으로 해서 목푯값의 변화에 추종하는 제어	위치, 방위, 자세
자동 조정 제어	전기적, 기계적 양을 제어하는 것으로 응답 속도가 매우 빠름	전압, 전류, 주파수, 회전 속도, 힘

② 조절부 동작에 의한 분류

종류		동작	특징
연속 제어	비례 제어	P 동작	• 구조가 간단 • 잔류 편차가 생기는 결점이 있음
	비례 적분 제어	PI 동작	• 잔류편차 소멸 • 진동적으로 될 수 있음
	비례 미분 제어	PD 동작	속응성 개선
	비례 적분 미분 제어	PID 동작	• 잔류편차 제거 • 속응성 향상 • 가장 안정한 제어
불연속 제어	온 - 오프 제어 (위치 제어)	On - off 동작	불연속 동작의 대표
	샘플링 제어	샘플링 주기	PID 제어에 비해 시간 낭비 감소

③ 목푯값의 종류에 따른 분류

종류	목푯값	제어의 예
정치 제어	목푯값이 시간에 관계없이 일정	• 프로세스 제어 • 자동 조정 제어 등
추종 제어	목푯값의 임의 시간적 변화	• 미사일 추적 장치 • 대공포 포신 제어
프로그램 제어	목푯값의 미리 정해진 시간적 변화	• 엘리베이터 자동 제어 • 자판기
비율 제어	입력이 변화해도 그것과 항상 일정한 비례 관계 유지	• 재료의 일정 혼합 • 비율 유지

(2) 제어계의 구성

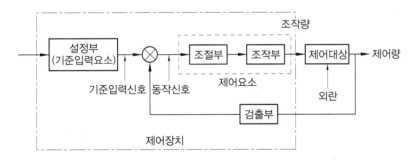

다음 제어량의 종류 중 위치, 방위, 자세 등 기계적 변위를 제어량으로 변환하는 제어는?

① 프로세스 제어   ② 서보 제어   ③ 자동 조정 제어

④ 정치 제어   ⑤ 프로그램 제어

정답   ②

해설   위치, 방위, 자세 등 기계적 변위를 제어량으로 해서 목푯값의 변화에 추종하는 제어는 서보 제어이다.

02 라플라스 변환   출제빈도 ★★★

1. 시간 함수 $f(t)$의 라플라스 변환

$$\mathcal{L}[f(t)] = F(s) = \int_0^{\infty} f(t)e^{-st}dt$$

종류	$f(t)$	$F(s)$
임펄스 함수	$\delta(t)$	1
단위 계단 함수	$u(t), 1$	$\dfrac{1}{s}$
단위 램프 함수	t	$\dfrac{1}{s^2}$
n차 램프 함수	t^n	$\dfrac{n!}{s^{n+1}}$
정현파 함수	$\sin wt$	$\dfrac{w}{s^2 + w^2}$
	$\cos wt$	$\dfrac{s}{s^2 + w^2}$
지수 감쇠 함수	e^{-at}	$\dfrac{1}{s + a}$
정현파 램프 함수	$t \cdot \sin wt$	$\dfrac{2ws}{(s^2 + w^2)^2}$
	$t \cdot \cos wt$	$\dfrac{s^2 - w^2}{(s^2 + w^2)^2}$
지수 감쇠 정현파 함수	$e^{-at} \cdot \sin wt$	$\dfrac{w}{(s + a)^2 + w^2}$
	$e^{-at} \cdot \cos wt$	$\dfrac{s + a}{(s + a)^2 + w^2}$
쌍곡선 함수	$\sin hwt$	$\dfrac{w}{s^2 - w^2}$
	$\cos hwt$	$\dfrac{s}{s^2 - w^2}$

💡 **전기직 전문가의 TIP**

라플라스 변환 공식은 구구단 처럼 공식을 암기하지 않으면 문제를 풀 수가 없습니다.

2. 라플라스 변환의 주요 공식 정리

선형성의 정리	$\mathcal{L}[af(t) \pm bg(t)] = a\mathcal{L}[f(t)] \pm b\mathcal{L}[g(t)]$
시간 추이 정리	$\mathcal{L}[f(t - a)] = e^{-as}F(s)$
복소 추이 정리	$\mathcal{L}[e^{\pm at}f(t)] = F(s \mp a)$
복소 미분 정리	$\mathcal{L}[t^n f(t)] = (-1)^n \dfrac{d^n}{ds^n}F(s)$
미분 정리	$\mathcal{L}\left[\dfrac{d}{dt}f(t)\right] = sF(s) - f(0)$
적분 정리	$\mathcal{L}\left[\displaystyle\int_0^t f(t)dt\right] = \dfrac{1}{s}F(s)$
초깃값 정리	$f(0^+) = \displaystyle\lim_{t \to 0} f(t) = \lim_{s \to \infty} sF(s)$
최종값 정리	$f(\infty) = \displaystyle\lim_{t \to \infty} f(t) = \lim_{s \to 0} sF(s)$

▤▎시험문제 미리보기!

단위 임펄스 함수 $\delta(t)$의 라플라스 변환은?

① $\dfrac{1}{s^2}$ 　　② $\dfrac{1}{s}$ 　　③ $\dfrac{1}{s-a}$ 　　④ 1 　　⑤ 0

정답　④

해설　단위 임펄스 함수 $\delta(t)$의 라플라스 변환 $\mathcal{L}[\delta(t)] = 1$이다.

1. 각종 요소의 전달 함수

전달 함수는 모든 초기 조건을 0으로 하였을 때 출력 신호의 라플라스 변환과 입력 신호의 라플라스 변환의 비이다.

$$G(s) = \frac{\mathcal{L}[y(t)]}{\mathcal{L}[x(t)]} = \frac{Y(s)}{X(s)}$$

요소의 종류	입력과 출력의 관계	전달 함수	비고
비례 요소	$y(t) = Kx(t)$	$G(s) = \dfrac{Y(s)}{X(s)} = K$	K: 비례감도 또는 이득정수
적분 요소	$y(t) = K\int x(t)dt$	$G(s) = \dfrac{Y(s)}{X(s)} = \dfrac{K}{s}$	–
미분 요소	$y(t) = K\dfrac{d}{dt}x(t)$	$G(s) = \dfrac{Y(s)}{X(s)} = Ks$	–
1차 지연 요소	$b_1\dfrac{d}{dt}y(t) + b_0 y(t) = a_0 x(t)$	$G(s) = \dfrac{Y(s)}{X(s)} = \dfrac{a_0}{b_1 s + b_0}$ $= \dfrac{\frac{a_0}{b_0}}{\frac{b_1}{b_0}s + 1} = \dfrac{K}{Ts + 1}$	$K = \dfrac{a_0}{b_0}$ $T = \dfrac{b_1}{b_0}$ ($T = \tau$: 시정수)
2차 지연 요소	$b_2\dfrac{d^2}{dt^2}y(t) + b_1\dfrac{d}{dt}y(t) + b_0 y(t)$ $= a_0 x(t)$	$G(s) = \dfrac{Y(s)}{X(s)}$ $= \dfrac{Kw_n^2}{s^2 + 2\delta w_n s + w_n^2}$	δ: 감쇠계수 또는 제동비 w_n: 고유 각주파수
부동작 시간 요소	$y(t) = Kx(t-L)$	$G(s) = \dfrac{Y(s)}{X(s)} = Ke^{-Ls}$	L: 부동작 시간

2. 보상기

① 진상 보상기

위상 특성이 빠른 요소, 제어계의 안정도, 속응성 및 과도 특성을 개선한다.

$$G(s) = \frac{s+b}{s+a}, \ a > b \text{이면 분자의 허수부가 } + \text{가 되어 진상 보상}$$

② 지상 보상기

위상 특성이 늦은 요소, 보상 요소를 삽입한 후 이득을 재조정하여 정상편차를 개선한다.

$$G(s) = \frac{s+b}{s+a}, \ a < b \text{이면 분자의 허수부가 } - \text{가 되어 지상 보상}$$

③ 진상·지상 보상기

　속응성과 안정도 및 정상편차를 동시에 개선한다.

3. 물리계와 전기계의 대응 관계

전기계	직선운동	회전운동
전위, 전압(v)	힘(f)	회전력(T)
전하(q)	거리(x)	각변위(θ)
전류$\left(i = \dfrac{dq}{dt}\right)$	속도$\left(v = \dfrac{dx}{dt}\right)$	각속도$\left(w = \dfrac{d\theta}{dt}\right)$
저항(R) $v = Ri$	마찰계수(B) $f = Bv$	회전마찰계수(B) $T = Bw$
인덕턴스(L) $v = L\dfrac{di}{dt}$	질량(M) $f = M\dfrac{dv}{dt} = M\dfrac{d^2x}{dt^2}$	관성 모멘트(J) $T = J\dfrac{dw}{dt} = J\dfrac{d^2\theta}{dt^2}$
정전용량(C) $v = \dfrac{q}{C} = \dfrac{1}{C}\int i\,dt$	스프링 후크 상수(K) $f = Kx = K\int v\,dt$	비틀림 상수(K) $T = K\theta = K\int w\,dt$

📋 시험문제 미리보기!

다음 중 제어 요소의 전달 함수에 대한 설명으로 옳지 않은 것은?

① 비례 요소의 전달 함수는 K이다.

② 미분 요소의 전달 함수는 Ks이다.

③ 적분 요소의 전달 함수는 Ts이다.

④ 1차 지연 요소의 전달 함수는 $\dfrac{K}{Ts+1}$이다.

⑤ 2차 지연 요소의 전달 함수는 $\dfrac{Kw_n^2}{s^2 + 2\delta w_n s + w_n^2}$이다.

정답　③

해설　적분 요소의 전달 함수 $G(s) = \dfrac{Y(s)}{X(s)} = \dfrac{K}{s}$이므로 옳지 않다.

1. 블록선도와 신호흐름선도의 등가 변환

항목	블록선도	신호흐름선도
종속접속 $c = G_1 \cdot G_2 \cdot a$	$a \rightarrow \boxed{G_1} \xrightarrow{b} \boxed{G_2} \rightarrow c$	$a \circ \xrightarrow{G_1} \circ \xrightarrow{G_2} \circ\, c$
병렬접속 $d = (G_1 \pm G_2)a$	$a \rightarrow b \rightarrow \boxed{G_1} \rightarrow c \pm \rightarrow d$, $\boxed{G_2}$	$a \circ \xrightarrow{1} \overset{G_1}{b} \circ \overset{c}{\underset{\pm G_2}{\frown}} \xrightarrow{1} \circ d$
피드백접속 $d = \dfrac{G}{1 \mp GH} \cdot a$	$a \rightarrow b \pm \rightarrow \boxed{G} \xrightarrow{c} d$, $\boxed{H}$	$a \circ \xrightarrow{1} \overset{G}{b} \circ \overset{c}{\underset{\pm H}{\frown}} \xrightarrow{1} \circ d$

2. 일반 이득 공식(메이슨의 정리)

$$\text{전달 함수 } G = \frac{\sum G_k \Delta_k}{\Delta}$$

- $\Delta = 1 - ($서로 다른 루프이득의 합$)$
  $+ ($서로 접촉하지 않은 두 개의 루프 이득의 곱$)$
  $- ($서로 접촉하지 않은 세 개의 루프 이득의 곱$) + \cdots$
- G_k: 입력 마디에서 출력 마디까지의 K번째의 전방 경로 이득
- Δ_k: K번째의 전방 경로 이득과 서로 접촉하지 않는 신호흐름선도에 대한 Δ의 값

3. 연산 증폭기의 종류

(1) 증폭회로(부호 변환기)

$$e_o = -\frac{R_2}{R_1}e_i$$

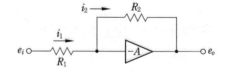

(2) 적분기

$$e_o = -\frac{1}{RC}\int e_i dt$$

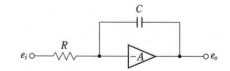

(3) 미분기

$$e_o = -RC\frac{de_i}{dt}$$

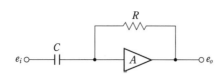

다음 시스템의 전달 함수$\left(\frac{C(s)}{R(s)}\right)$는?

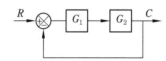

① $\dfrac{C(s)}{R(s)} = \dfrac{G_1 G_2}{1 - G_1 G_2}$

② $\dfrac{C(s)}{R(s)} = \dfrac{G_1 G_2}{1 + G_1 G_2}$

③ $\dfrac{C(s)}{R(s)} = \dfrac{1 - G_1 G_2}{G_1 G_2}$

④ $\dfrac{C(s)}{R(s)} = \dfrac{1 + G_1 G_2}{G_1 G_2}$

⑤ $\dfrac{C(s)}{R(s)} = \dfrac{G_2}{1 - G_1 G_2}$

정답 ②

해설 $\dfrac{C(s)}{R(s)} = \dfrac{\sum \text{전향경로이득}}{1 - \sum \text{피드백}}$ 이므로 $\dfrac{C(s)}{R(s)} = \dfrac{G_1 G_2}{1 + G_1 G_2}$ 이다.

1. 과도 해석에 사용되는 시험 기준 입력

(1) 기준 입력 종류

전기직 전문가의 TIP

입력에 단위 계단 함수를 가하면
인디셜 응답이라고 합니다.

계단 입력	등속 입력	등가속 입력
$r(t)$ R —— $r(t)=R \cdot u(t)$ 0 ——— t	$r(t)$ $r(t)=Rt$ $(R=$기울기$)$ 0 ——— t	$r(t)$ $r(t)=Rt^2$ 0 ——— t

(2) 시간 응답 특성

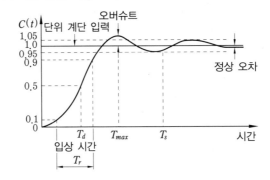

① 오버슈트(Over shoot): 과도 상태 중 응답이 목푯값을 넘어간 편차

$$백분율\ 오버슈트 = \frac{최대\ 오버슈트}{최종\ 목푯값} \times 100[\%]$$

② 지연 시간(Time delay): 응답이 최종값의 50[%]에 도달하는 시간
③ 상승 시간(Rising time): 응답이 최종값의 10[%]에서 90[%]에 도달하는 시간
④ 정정 시간(Setting time): 응답이 목푯값의 5[%] 이내 편차(95~105[%])로 안정되기까지 요하는 시간
⑤ 감쇠비: 과도 응답의 소멸되는 속도

$$감쇠비 = \frac{제2오버슈트}{최대\ 오버슈트}$$

2. 자동 제어계의 과도 응답

(1) 특성방정식

폐회로 전달 함수 $\dfrac{C(s)}{R(s)} = \dfrac{G(s)}{1+G(s)H(s)}$ 에서 분모를 0으로 놓은 식, 즉 $1+G(s)H(s)$ $= 0$을 자동 제어계의 특성방정식이라고 한다.

(2) 특성방정식의 근의 위치와 응답

① 정상 상태에 빨리 도달하려면 시정수 값이 작아야 한다.

② 근이 s 평면의 좌반부에서 j축과 많이 떨어져 있을수록 정상값에 빨리 도달한다.

③ 근이 s 평면의 우반부에 존재하면 시정수가 $-$가 되어 진동이 점점 커진다.

(3) 2차 제어계의 전달 함수

$$G(s) = \frac{w_n^2}{s^2 + 2\delta w_n s + w_n^2}$$

① 특성방정식

$$s^2 + 2\delta w_n s + w_n^2 = 0$$

(δ: 제동비, 감쇠계수, w_n: 고유 주파수)

② 근

$$s = -\delta w_n \pm j w_n \sqrt{1-\delta^2}$$

- $\delta < 1$일 경우: 부족제동(감쇠진동)
- $\delta = 1$일 경우: 임계제동
- $\delta > 1$일 경우: 과제동(비진동)
- $\delta = 0$일 경우: 무제동

📋 시험문제 미리보기!

전달 함수 $G(s) = \dfrac{2}{s+1}$ 제어계의 인디셜 응답은?

① $1 - 2e^{-2t}$

② $1 - 2e^{2t}$

③ $2 - 2e^{-t}$

④ $2 - 2e^{2t}$

⑤ $2 + 2e^{-2t}$

정답 ③

해설 전달 함수 $G(s) = \dfrac{C(s)}{R(s)} = \dfrac{2}{s+1} \rightarrow C(s) = \dfrac{2}{s+1}R(s)$

인디셜 응답은 입력에 단위 계단 함수 $R(s) = \dfrac{1}{s}$을 가했을 때의 응답이므로

$C(s) = \dfrac{2}{s+1}R(s) = \dfrac{2}{s+1} \cdot \dfrac{1}{s} = \dfrac{2}{s(s+1)} = \dfrac{A}{s} + \dfrac{B}{s+1} = \dfrac{2}{s} - \dfrac{2}{s+1} = 2 - 2e^{-t}$이다.

1. 형에 의한 피드백계의 분류

$$\text{루프 이득 } G(s)H(s) = \frac{ks^a(s+b_1)(s+b_2)(s+b_3)+\cdots}{s^b(s+a_1)(s+a_2)(s+a_3)+\cdots}$$

또한, $b \geq a$인 시스템만 다루며 $n = b - a$로 놓으면 분모의 s항만의 차수 n에 따라서 0형, 1형, 2형 제어 시스템으로 나뉜다.

2. 기준 입력 신호 편차에 따른 정상편차

기준 시험 입력은 계단, 램프, 포물선을 주로 사용한다.

항목	정상위치편차	정상속도편차	정상가속도편차
입력	단위 계단 입력	단위 램프 입력	단위 포물선 입력
편차상수	위치편차상수 $k_p = \lim\limits_{s \to 0}G(s)$	속도편차상수 $k_v = \lim\limits_{s \to 0}sG(s)$	가속도편차상수 $k_a = \lim\limits_{s \to 0}s^2G(s)$
형	0형	1형	2형

3. 감도

$$S_K^T = \frac{dT/T}{dK/K} = \frac{K}{T} \cdot \frac{dT}{dK}$$

📋 시험문제 미리보기!

다음 피드백 제어 시스템의 표준 궤환의 제어계는 무슨 형인가?

$$G(s)H(s) = \frac{36}{s(4s+1)(6s+1)}$$

① 4형   ② 3형   ③ 2형   ④ 1형   ⑤ 0형

정답   ④

해설 $G(s)H(s) = \dfrac{36}{s(4s+1)(6s+1)}$ 에서 분모 s항만의 차수가 1이므로 1형 제어계이다.

1. 주파수 전달 함수

각주파수 w인 정현파의 신호를 가할 때 입출력의 진폭비 전달 함수를 주파수 전달 함수 $G(s)$라고 한다.

$$[G(s)]_{s=jw} = G(jw) = |G(jw)| \angle G(jw)$$

2. 보드선도

(1) 이득선도

횡축에 주파수, 종축에 이득값(데시벨)으로 그린 그림이다.

(2) 위상선도

횡축에 주파수, 종축에 위상값(˚)으로 그린 그림이다.

$$이득\ g = 20\log_{10}|G(jw)|\,[dB]$$

$G(s) = s$의 보드선도	$+20[dB/dec]$의 경사를 가지며 위상각은 90˚임
$G(s) = s^2$의 보드선도	$+40[dB/dec]$의 경사를 가지며 위상각은 180˚임
$G(s) = s^3$의 보드선도	$+60[dB/dec]$의 경사를 가지며 위상각은 270˚임

(3) 절점 주파수

보드선도가 경사를 이루는 실수부와 허수부가 같아지는 주파수이다.

$$w = \frac{1}{T}$$

(4) 보드선도의 안정 판정

이득곡선이 $0[dB]$인 점을 지날 때의 주파수에서 위상여유가 양(+)이고, 위상곡선이 $-180˚$를 지날 때 이득여유가 양(+)이면 시스템은 안정하다.
보드선도는 극점과 영점이 우반평면에 존재하는 경우 판정이 불가능하다.

주파수 전달 함수 $G(s) = s$의 보드선도는?

① $+20[dB/dec]$의 경사를 가지며 위상각은 90°이다.
② $-20[dB/dec]$의 경사를 가지며 위상각은 -90°이다.
③ $+40[dB/dec]$의 경사를 가지며 위상각은 180°이다.
④ $-40[dB/dec]$의 경사를 가지며 위상각은 -180°이다.
⑤ $+60[dB/dec]$의 경사를 가지며 위상각은 270°이다.

정답   ①

해설 $G(s) = s$의 이득 $g = 20\log|G(j\omega)| = 20\log|j\omega| = 20\log\omega$이므로 $+20[dB/dec]$의 경사를 가지며 $\theta = \angle G(j\omega) = \angle(j\omega) = 90$°이다.

08 제어계의 안정도

출제빈도 ★★★

1. 루드 – 후르비츠의 안정 판별법

(1) 제어계의 안정 조건

특성방정식의 근이 모두 s 평면의 좌반부에 있어야 한다.

$s = a \pm jw$(불안정)	$s = \pm jw$(임계안정)
$s = -a \pm jw$(안정)	$s = a$(불안정)

(2) 조건

① 모든 계수의 부호가 같을 것
② 계수 중 어느 하나라도 0이 아닐 것
③ 루드 수열의 제1열의 부호가 같을 것

(3) 루드 – 후르비츠 표

루드－후르비츠 표에서 1열 요소의 부호 변환 횟수 = 불안정 근의 개수 = 우반면에 존재하는 근의 개수이다.

2. 나이퀴스트 판별법

① 계의 주파수 응답에 관한 정보를 준다.
② 계의 안정을 개선하는 방법에 대한 정보를 준다.
③ 안정성을 판별하는 동시에 안정도를 지시해준다.
④ 안정 조건: $(-1, j0)$인 점을 좌측에 두고 회전해야 한다.

⑤ 이득여유$(GM) = 20\log\dfrac{1}{|GH|}[dB]$

⑥ 제어계가 안정하기 위한 여유 범위: $GM = 4{\sim}12[dB]$, $PM = 30{\sim}60°$

3. 보드선도에서 안정계의 조건

① 위상여유 $\Phi_m > 0$

② 이득여유 $g_m > 0$

③ 위상교점 주파수 < 이득교점 주파수

4. 보상과 이득

① 보상의 목적: 정확도를 증가시키고 응답 시간을 단축하기 위함이나.

② 진상 보상: 응답의 속응성을 향상(과도 특성 향상)시킨다.

③ 지상 보상: 속응성에는 영향을 미치지 못하고 정상특성을 향상시킨다. (오프셋 감소)

📋 시험문제 미리보기!

다음 특성방정식 중 안정한 것은?

① $s^3 + 2s^2 + 3s + 5 = 0$

② $s^3 + 3s^2 + 4s - 5 = 0$

③ $4s^4 + 3s^3 - s^2 + s + 10 = 0$

④ $s^4 - 2s^3 - 3s^2 + 4s + 5 = 0$

⑤ $s^5 + s^3 + 2s^2 + 4s + 3 = 0$

정답　①

해설　루드 – 후르비츠의 안정도 판별법 조건에 의해 $s^3 + 2s^2 + 3s + 5 = 0$은 모든 계수의 부호가 같고,
모든 계수가 0이 이니며 루드 수열의 제1열의 부호가 같으므로 인징하다.

---

1. 근궤적

개루프 전달 함수의 이득정수 K를 0에서 ∞까지 변화시킬 때 폐루프 전달 함수의 특성 근의 변화를 복소 평면상에 그린 그림이다.

2. 용도

① 시간 영역 해석
① 주파수 응답에 관한 해석

3. 근궤적 작도법

① 근궤적의 출발점($K = 0$): $G(s)H(s)$의 극으로부터 출발
② 근궤적의 종착점($K = ∞$): $G(s)H(s)$의 영점에서 끝남
③ 근궤적 개수(N): $z > p$이면 $N = z$, $z < p$이면 $N = p$
- z: $G(s)H(s)$의 유한영점의 개수
- p: $G(s)H(s)$의 유한극점의 개수
④ 근궤적의 대칭성: 실수축(X축)에 대해 대칭
⑤ 근궤적의 점근선
- 점근선은 실수축에서만 교차
- 점근선 개수 = 극점 개수 − 영점 개수 = $p - z$
- 교차점

$$\sigma = \frac{\sum G(s)H(s)의\ 극 - \sum G(s)H(s)의\ 영점}{p - z}$$

- 점근선이 실수축과 이루는 각

$$\sigma = \frac{(2K + 1)\pi}{p - z}$$

$$(K = 0,\ 1,\ 2,\ \cdots\ 로서\ p - z - 1까지)$$

⑥ 근궤적과 허수축의 교차: 근궤적이 허수축(jw)과 교차할 때 특성근의 실수부 크기는 0이며 이때 임계 안정(임계 상태)이다.

$G(s)H(s) = \dfrac{K(s+2)}{s^2(s+4)(s+5)}$ 에서 근궤적 개수는?

① 0   ② 1   ③ 2   ④ 3   ⑤ 4

정답   ⑤

해설   근궤적 개수(N): $z > p$이면 $N = z$, $z < p$이면 $N = p$임을 적용하여 구한다.

       개루프 $G(s)H(s) = \dfrac{K(s+2)}{s^2(s+4)(s+5)}$의 $z = 1$, $p = 4$이므로 $z < p$이다.

       따라서 근궤적 개수 $N = p$이므로 $N = 4$이다.

10   상태방정식   출제빈도 ★★

1. 천이행렬

$$\Phi(t) = \mathcal{L}^{-1}[(sI - A)^{-1}]$$

- $\Phi(0) = I$ (I는 단위행렬)
- $\Phi^{-1}(t) = \Phi(-t) = e^{-At}$
- $\Phi(t_2 - t_1)\,\Phi(t_1 - t_0) = \Phi(t_2 - t_0)$ (모든 값에 대하여)
- $[\Phi(t)]^K = \Phi(Kt)$ (K는 정수)

2. n차 선형 시불변 시스템의 상태방정식

$$\frac{d}{dx}x(t) = Ax(t) + By(t) \text{일 때,}$$
$$\text{제어계의 특성방정식 } |sI - A| = 0$$

3. z 변환법

① 라플라스 변환 함수의 s 대신 $\dfrac{1}{T}\ln z$를 대입한다.

② s 평면의 허축은 z 평면상에서는 원점을 중심으로 하는 반경 1인 원에 사상한다.

③ s 평면의 우반평면은 z 평면상에서는 이 원의 외부에 사상한다.

④ s 평면의 좌반평면은 z 평면상에서는 이 원의 내부에 사상한다.

4. 라플라스 변환 및 z 변환

$f(t)$	$F(s)$	$F(z)$
$\delta(t)$	1	1
$u(t)$	$\dfrac{1}{s}$	$\dfrac{z}{z-1}$
t	$\dfrac{1}{s^2}$	$\dfrac{Tz}{(z-1)^2}$
e^{-at}	$\dfrac{1}{s+a}$	$\dfrac{z}{z-e^{-at}}$

5. z 변환의 초깃값 정리 및 최종값 정리

(1) 초깃값 정리

$$\lim_{t \to 0} f(t) = \lim_{s \to \infty} sF(s) = \lim_{z \to \infty} F(z)$$

(2) 최종값 정리

$$\lim_{t \to \infty} f(t) = \lim_{s \to 0} sF(s) = \lim_{z \to 1}(1 - z^{-1})F(z)$$

📑 시험문제 미리보기!

상태방정식 $\dot{x} = Ax(t) + Bu(t)$에서 $A = \begin{bmatrix} 0 & 1 \\ -3 & -4 \end{bmatrix}$일 때, 특성방정식의 근은?

① $-1, 3$ ② $1, 3$ ③ $-1, -3$

④ $1, -3$ ⑤ $-2, -3$

정답   ③

해설   상태방정식 $\dfrac{d}{dx}x(t) = Ax(t) + By(t)$일 때, 제어계의 특성방정식은 $|sI - A| = 0$임을 적용하여 구한다.
$|sI - A| = \begin{vmatrix} s & -1 \\ 3 & s+4 \end{vmatrix} = s(s+4) + 3 = (s+1)(s+3) = 0$이므로
특성방정식의 근 $s = -1, -3$이다.

1. 논리회로

회로	논리회로	회로	논리회로
AND 회로 (직렬)	A ○— B ○— ○ X $X = A \cdot B$	NAND 회로	A ○— B ○— ○ X $X = \overline{A \cdot B}$
OR 회로 (병렬)	A ○— B ○— ○ X $X = A + B$	NOR 회로	A ○— B ○— ○ X $X = \overline{A + B}$
NOT 회로	A ○— ▷ —○ X $X = \overline{A}$	Exclusive – OR 회로 (배타적 논리합)	A ○ B ○ ○ X $X = \overline{A} \cdot B + A \cdot \overline{B} = A \oplus B$

2. 드모르간의 법칙

① $\overline{A \cdot B \cdot C \cdot D} = \overline{A} + \overline{B} + \overline{C} + \overline{D}$

② $\overline{A + B + C + D} = \overline{A} \cdot \overline{B} \cdot \overline{C} \cdot \overline{D}$

3. 논리대수

$A \cdot A = A$	$A + A = A$
$A \cdot 1 = A$	$A + 1 = 1$
$A \cdot 0 = 0$	$A + 0 = A$
$1 \cdot 1 = 1$	$1 + 1 = 1$

다음 중 그림과 같은 논리회로는?

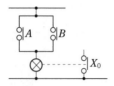

① AND 회로 　　　② OR 회로 　　　③ NOT 회로

④ NAND 회로 　　　⑤ NOR 회로

정답 　②

해설 　입력 신호 A, B 중 어느 한 값이 1이면 출력 신호 X_0의 값이 1이 되므로 OR 회로이다.

12 제어기기
출제빈도 ★

1. 변환 요소

변화량	변환 요소
압력 → 변위	벨로우즈, 다이어프램, 스프링
변위 → 압력	노즐 플래퍼, 유압 분사관, 스프링
변위 → 임피던스	가변 저항기, 용량형 변환기
변위 → 전압	퍼텐쇼미터, 차동 변압기, 전위차계
전압 → 변위	전자석, 전자코일
광 → 임피던스	광전관, 광전도 셀, 광전 트랜지스터
광 → 전압	광전지, 광전 다이오드
방사선 → 임피던스	GM 관, 전리함
온도 → 임피던스	측온 저항(열선, 서미스터, 백금, 니켈)
온도 → 전압	열전대

2. 반도체 회로

(1) SCR(Silicon Controlled Rectifier)

① 기능: 제어, 스위치, 정류
② 특징
 • Gate 전류에 의해 방전 개시 전압 조정 가능
 • 단방향성
 • SCR을 Off 시키는 방법: A, K 간 전압 극성 변경
 • PNPN 구조
 • 특성 곡선에 부저항 부분 존재

(2) 서미스터

① 온도 보상용으로 사용한다.
② 온도가 증가할 때 저항값은 감소한다.

(3) 바리스터

회로의 이상전압(서지전압)에 대한 회로 보호용으로 사용한다.

(4) 터널 다이오드

① 증폭 작용
② 발진 작용
③ 개폐 작용

(5) 제너 다이오드

정전압 소자(전원전압을 일정하게 유지)

📖 시험문제 미리보기!

다음 중 변위를 전압으로 변환시키는 장치는?

① 광전관   ② 차동 변압기   ③ 전자석
④ 다이어프램   ⑤ 벨로우즈

정답   ②

해설   변위를 전압으로 변환시키는 장치는 차동 변압기이다.

출제빈도: ★★☆ 대표출제기업: 한국남부발전

01 다음 중 폐루프 시스템에 대한 설명으로 옳지 않은 것은?

① 입력과 출력을 비교하는 장치가 필수적이다.
② 제어 장치의 정확도가 향상된다.
③ 제어계의 특성 변화에 대한 입력 대 출력비의 감도가 감소한다.
④ 동작 속도가 빠른 곳에 적용하는 제어 방식이다.
⑤ 비교적 간단한 제어에만 한정되어 사용된다.

출제빈도: ★★☆ 대표출제기업: 한국남부발전

02 다음 중 서보기구에 의해 직접 제어되는 제어량은?

① 위치, 자세   ② 온도, 유량   ③ 압력, 밀도
④ 전압, 전류   ⑤ 회전 속도, 회전력

출제빈도: ★★☆ 대표출제기업: 한국서부발전, 한국중부발전

03 다음 중 잔류편차를 제거하기 위한 제어는?

① 비례 제어   ② 미분 제어   ③ 적분 제어
④ 비례 미분 제어   ⑤ 온-오프 제어

출제빈도: ★★☆ 대표출제기업: 한국전력공사

04 다음 중 목푯값이 미리 정해진 시간적 변화를 하는 경우 제어량을 추종시키기 위한 제어는?

① 정치 제어   ② 프로그램 제어   ③ 추종 제어
④ 프로세스 제어   ⑤ 비율 제어

출제빈도: ★☆☆ 대표출제기업: 한국가스공사

05 다음 자동 제어계의 구성 중 ㉠에 해당하는 신호의 이름으로 옳은 것은?

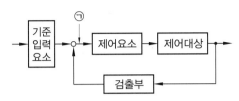

① 기준 입력   ② 동작 신호   ③ 조작부
④ 조절부   ⑤ 검출부

정답 및 해설

01 ⑤
비교적 간단한 제어에만 한정되어 사용되는 것은 개루프 시스템이므로 옳지 않다.

🔍 **더 알아보기**

페루프 시스템의 특징
• 입력과 출력을 비교하는 장치가 반드시 필요함
• 정확성의 증가
• 제어계의 특성 변화에 대한 입력 대 출력비의 감소
• 감대폭의 감소
• 구조가 복잡하고 설치비가 고가

02 ①
서보기구는 기계적 변위를 제어량으로 하여, 목푯값의 변화에 추종하는 제어로 물체의 위치, 자세, 각도 등을 제어한다.

03 ③
적분 제어는 적분값의 크기에 비례하여 조작부를 제어하는 것으로, 잔류편차가 없도록 제어할 수 있는 장점이 있다.

04 ②
프로그램 제어는 목푯값이 미리 정해진 변화를 할 때의 제어이다.

05 ②
동작 신호는 기준 입력 요소 주궤환 신호의 편차인 신호로서 제어 동작을 일으키는 원인이 된다.

기출동형문제

출제빈도: ★★★ 대표출제기업: 한국전력공사

06 다음 중 제어계의 구성에서 제어 요소의 구성으로 옳은 것은?

① 동작 신호와 검출부　　　② 검출부와 설정부　　　③ 동작 신호와 조절부

④ 검출부와 조작부　　　⑤ 조절부와 조작부

출제빈도: ★★☆ 대표출제기업: 한국전력공사

07 다음 중 잔류편차가 발생하는 제어계는?

① 비례 제어계　　　② 미분 제어계　　　③ 적분 제어계

④ 비례 미분 제어계　　　⑤ 비례 적분 제어계

출제빈도: ★★☆ 대표출제기업: 한국수력원자력

08 다음 중 제어 장치가 제어 대상에 가하는 제어 신호로 제어 장치의 출력인 동시에 제어 대상의 입력인 신호는?

① 검출부　　　② 조절부　　　③ 제어량

④ 동작 신호　　　⑤ 조작부

출제빈도: ★★★ 대표출제기업: 한국철도공사

09 다음 중 엘리베이터 자동 제어를 하는 제어법은?

① 정치 제어　　　② 프로그램 제어　　　③ 서보 제어

④ 프로세스 제어　　　⑤ 비율 제어

출제빈도: ★★☆ 대표출제기업: 한국전력공사

10 다음 중 정상 특성과 응답 속응성을 동시에 개선시키기 위해 사용해야 하는 제어계는?

① 비례 제어계(P 동작)

② 미분 제어계(D 동작)

③ 적분 제어계(I 동작)

④ 비례 미분 제어계(PD 동작)

⑤ 비례 적분 미분 제어계(PID 동작)

출제빈도: ★★☆ 대표출제기업: 한국남부발전, 한국서부발전

11 $\mathcal{L}[f(t)] = F(s)$일 때, $\displaystyle\lim_{t \to \infty} f(t)$는?

① $\displaystyle\lim_{s \to \infty} F(s)$

② $\displaystyle\lim_{s \to \infty} sF(s)$

③ $\displaystyle\lim_{s \to 0} sF(s)$

④ $\displaystyle\lim_{s \to 0} F(s)$

⑤ $\displaystyle\lim_{s \to 0} s^2 F(s)$

정답 및 해설

06 ⑤

제어 요소는 제어 동작 신호를 인가하면 조작량을 변화시키는 것으로 조절부와 조작부로 구성된다.

07 ①

비례 제어계는 구조가 간단하나 잔류편차(Off-set)가 생기는 결점이 있다.

08 ③

제어량은 제어를 받는 궤환계의 양이며 제어 대상이 속하는 양이다.

09 ②

프로그램 제어에는 엘리베이터, 열차 무인 운전 등이 있다.

10 ⑤

비례 적분 미분 제어계(PID 동작)는 오버슈트를 감소시키고, 정정 시간을 적게 하는 효과가 있으며 잔류편차를 없애는 작용도 하는 제어계이다.

11 ③

최종값 정리에 의해 $f(\infty) = \displaystyle\lim_{t \to \infty} f(t) = \lim_{s \to 0} sF(s)$이다.

출제빈도: ★★☆ 대표출제기업: 한국지역난방공사

12 그림과 같이 진폭이 1인 파형의 라플라스 변환은?

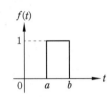

① $\dfrac{1}{a-b}(e^{-as}+e^{-bs})$

② $\dfrac{1}{a-b}\left(\dfrac{e^{-as}+e^{-bs}}{s}\right)$

③ $\dfrac{1}{a-b}\left(\dfrac{e^{-as}-e^{-bs}}{s}\right)$

④ $\dfrac{1}{s}(e^{-as}-e^{-bs})$

⑤ $\dfrac{1}{s}(e^{-as}+e^{-bs})$

출제빈도: ★★☆ 대표출제기업: 한국남동발전, 한국동서발전

13 $f(t) = 5u(t)$의 라플라스 변환은?

① $\dfrac{5}{s+a}$ ② $\dfrac{5}{s}$ ③ $\dfrac{5}{s^2}$ ④ 5   ⑤ 1

출제빈도: ★★☆ 대표출제기업: 한국수력원자력

14 주어진 시간 함수 $f(t) = 2u(t) + 5e^{-t}$일 때, 라플라스 변환한 함수 $F(s)$는?

① $\dfrac{s+5}{s(s+1)}$ ② $\dfrac{5s+3}{s(s+1)}$ ③ $\dfrac{7s+2}{s(s+1)}$

④ $\dfrac{7s+2}{s^2(s+1)}$ ⑤ $\dfrac{7s+2}{s+1}$

출제빈도: ★★★ 대표출제기업: 한국전력공사

15 제어계의 출력이 $F(s) = \dfrac{3}{s(s^2 + s + 2)}$ 으로 주어질 때, 출력의 시간 함수 $f(t)$의 최종값은?

① $\dfrac{2}{3}$ ② 1   ③ $\dfrac{3}{2}$ ④ $\dfrac{5}{3}$ ⑤ 3

출제빈도: ★★☆ 대표출제기업: 한국전력공사

16 $\dfrac{dx(t)}{dt} + 5x(t) = 3$의 라플라스 변환은? (단, $x(0) = 0$이다.)

① $s + 5$ ② $s(s + 5)$ ③ $\dfrac{3}{s(s + 5)}$

④ $\dfrac{5}{s(s + 3)}$ ⑤ $\dfrac{3}{s + 3}$

정답 및 해설

12 ④
$f(t) = [u(t - a) - u(t - b)]$이므로
$F(s) = \dfrac{e^{-as}}{s} - \dfrac{e^{-bs}}{s} = \dfrac{1}{s}(e^{-as} - e^{-bs})$이다.

13 ②
$f(t) = 5u(t)$의 라플라스 변환 $\mathcal{L}[5u(t)] = \displaystyle\int_0^\infty 5e^{-st}dt = \dfrac{5}{s}$이다.

> 🔍 더 알아보기
>
> 단위 계단 함수 $u(t)$의 라플라스 변환은 $\dfrac{1}{s}$이다.

14 ③
라플라스 변환의 신형싱의 정리를 활용하여 구한다.
$f(t) = 2u(t) + 5e^{-t}$를 라플라스 변환한 함수는 $2u(t)$와 $5e^{-t}$를 각각

라플라스 변환하여 합친 것과 같으므로
$f(t) = 2u(t) + 5e^{-t}$의 라플라스 변환 $\mathcal{L}[f(t)] = \dfrac{2}{s} + \dfrac{5}{s + 1} =$
$\dfrac{2(s + 1) + 5s}{s(s + 1)} = \dfrac{7s + 2}{s(s + 1)}$이다.

15 ③
최종값 정리 $f(\infty) = \lim\limits_{t \to \infty} f(t) = \lim\limits_{s \to 0} sF(s)$임을 적용하여 구한다.
$F(s) = \dfrac{3}{s(s^2 + s + 2)}$이므로
$f(\infty) = \lim\limits_{t \to \infty} f(t) = \lim\limits_{s \to 0} sF(s) = \lim\limits_{s \to 0} s\dfrac{3}{s(s^2 + s + 2)} = \dfrac{3}{2}$이다.

16 ③
$\dfrac{dx(t)}{dt} + 5x(t) = 3$을 라플라스 변환하면
$\dfrac{dx(t)}{dt} + 5x(t) = 3 \to sX(s) + 5X(s) = \dfrac{3}{s} \to X(s)(s + 5) = \dfrac{3}{s}$
$\to X(s) = \dfrac{3}{s(s + 5)}$이다.

출제빈도: ★★☆ 대표출제기업: 한국전력공사

17 $v_i(t) = Ri(t) + L\frac{di(t)}{dt} + \frac{1}{C}\int i(t)dt$의 라플라스 변환은? (단, 모든 초기 조건은 0이다.)

① $\dfrac{Cs}{LCs^2 + RCs + 1}V_i(s)$

② $\dfrac{1}{LCs^2 + RCs + 1}V_i(s)$

③ $\dfrac{LCs}{LCs^2 + RCs + 1}V_i(s)$

④ $\dfrac{C}{LCs^2 + RCs + 1}V_i(s)$

⑤ $\dfrac{L}{LCs^2 + RCs + 1}V_i(s)$

출제빈도: ★★☆ 대표출제기업: 한전KPS

18 $f(t) = e^{-at}\cos t$의 라플라스 변환은?

① $\dfrac{s+a}{(s+a)^2 + 1}$

② $\dfrac{1}{(s^2 + a^2)^2}$

③ $\dfrac{s}{(s+a)^2 + 1}$

④ $\dfrac{s+a}{(s^2 + a^2)^2}$

⑤ $\dfrac{1}{(s+a)^2 + 1}$

출제빈도: ★★★ 대표출제기업: 한국전력공사, 한국남동발전

19 $f(t) = \sin t\cos t$의 라플라스 변환은?

① $\dfrac{1}{(s^2 + 2^2)^2}$

② $\dfrac{1}{s^2 + 2}$

③ $\dfrac{1}{s + 2}$

④ $\dfrac{1}{s^2 + 4}$

⑤ $\dfrac{1}{s^2 + 4^2}$

출제빈도: ★★★ 대표출제기업: 한국수력원자력

20 다음 $I(s)$의 초깃값 $i(0^+)$을 바르게 구하면?

$$I(s) = \frac{3}{5s(s+12)}$$

① 12　　　　　② 8　　　　　③ 5　　　　　④ 3　　　　　⑤ 0

정답 및 해설

17 ①

$v_i(t) = Ri(t) + L\frac{di(t)}{dt} + \frac{1}{C}\int i(t)dt$를 라플라스 변환하면

$V_i(s) = RI(s) + LsI(s) + \frac{1}{Cs}I(s)$

$\rightarrow V_i(s) = I(s)\left(R + Ls + \frac{1}{Cs}\right)$이므로

$I(s) = \frac{1}{R+Ls+\frac{1}{Cs}}V_i(s) \rightarrow I(s) = \frac{Cs}{LCs^2+RCs+1}V_i(s)$이다.

18 ①

복소추이 정리에 의해 $f(t) = e^{-at}\cos wt = \left.\frac{s}{s^2+1}\right|_{s=s+a}$ 대입 =

$\frac{s+a}{(s+a)^2+1}$이다.

19 ④

삼각함수의 덧셈 정리 $\sin 2t = \sin(t+t) = \sin t\cos t + \cos t\sin t = 2\sin t\cos t$임을 적용하여 구한다.

$\sin t\cos t = \frac{1}{2}\sin 2t$이므로 $f(t) = \frac{1}{2}\sin 2t$를 라플라스 변환하면

$F(s) = \frac{1}{2} \times \frac{2}{s^2+2^2} = \frac{1}{s^2+4}$이다.

20 ⑤

초깃값 정리 $f(0^+) = \lim_{t\to 0}i(t) = \lim_{s\to\infty}sI(s)$임을 적용하여 구한다.

$I(s) = \frac{3}{5s(s+12)}$이므로 $\lim_{s\to\infty}sI(s) = \lim_{s\to\infty}s\frac{3}{5s(s+12)} = \lim_{s\to\infty}\frac{3}{5(s+12)} = 0$이다.

출제빈도: ★★☆ 대표출제기업: 한국철도공사

21 $f(t) = \mathcal{L}^{-1}\left[\dfrac{2s+3}{s^2+4s+3}\right]$의 값은 얼마인가?

① $e^{-t} + e^{-3t}$

② $e^{-t} - e^{-3t}$

③ $\dfrac{1}{2}e^{-t} + \dfrac{3}{2}e^{-3t}$

④ $\dfrac{1}{2}e^{-t} - \dfrac{3}{2}e^{-3t}$

⑤ $\dfrac{1}{2}e^{-t} + e^{-3t}$

출제빈도: ★★☆ 대표출제기업: 한국전력공사

22 $F(s) = \dfrac{5}{s+2}$의 라플라스 역변환은?

① $5e^{-2t}$

② $5e^{2t}$

③ e^{-2t}

④ e^{2t}

⑤ $\dfrac{1}{5}e^{-2t}$

출제빈도: ★★★ 대표출제기업: 한국전력공사

23 제어계의 미분방정식이 $\dfrac{d^3c(t)}{dt^3} + 2\dfrac{d^2c(t)}{dt^2} + 5\dfrac{dc(t)}{dt} + c(t) = 4\gamma(t)$일 때, 전달 함수는?

① $\dfrac{C(s)}{R(s)} = s^3 + 2s^2 + 5s + 1$

② $\dfrac{C(s)}{R(s)} = \dfrac{s^3 + 2s^2 + 5s + 1}{4s}$

③ $\dfrac{C(s)}{R(s)} = \dfrac{4s}{s^3 + 2s^2 + 5s + 1}$

④ $\dfrac{C(s)}{R(s)} = \dfrac{4}{s^3 + 2s^2 + 5s + 1}$

⑤ $\dfrac{C(s)}{R(s)} = \dfrac{1}{s^3 + 2s^2 + 5s + 1}$

출제빈도: ★★☆ 대표출제기업: 한국지역난방공사

24 그림과 같은 회로의 전달 함수는?

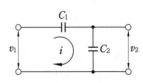

① $\dfrac{C_1}{C_2}$

② $C_1 + C_2$

③ $\dfrac{C_1 + C_2}{C_1}$

④ $\dfrac{C_2}{C_1 + C_2}$

⑤ $\dfrac{C_1}{C_1 + C_2}$

출제빈도: ★★★ 대표출제기업: 한국철도공사, 한국서부발전

25 다음 전달 함수를 갖는 회로가 진상보상회로의 특성을 가지기 위한 조건으로 옳은 것은?

$$G(s) = \frac{s+b}{s+a}$$

① $a > 1$ ② $b > 1$ ③ $a > b$ ④ $a < b$ ⑤ $a = b$

정답 및 해설

21 ③

$f(t) = \mathcal{L}^{-1}\left[\dfrac{2s+3}{s^2+4s+3}\right]$를 부분분수 전개하면

$F(s) = \dfrac{2s+3}{(s+1)(s+3)} = \dfrac{A}{s+1} + \dfrac{B}{s+3}$이고,

$A = \dfrac{2s+3}{s+3}\Big|_{s=-1\,\text{대입}} = \dfrac{1}{2}$, $B = \dfrac{2s+3}{s+1}\Big|_{s=-3\,\text{대입}} = \dfrac{3}{2}$이다.

이를 라플라스 역변환 하면

$F(s) = \dfrac{1}{2}\dfrac{1}{s+1} + \dfrac{3}{2}\dfrac{1}{s+3} = \dfrac{1}{2}e^{-t} + \dfrac{3}{2}e^{-3t}$이다.

22 ①

$\dfrac{1}{s \mp a}$의 라플라스 역변환은 $e^{\pm at}$임을 적용하여 구한다.

$F(s) = \dfrac{5}{s+2}$의 라플라스 역변환은 $F(s) = \dfrac{5}{s+2} \rightarrow f(t) = 5e^{-2t}$이다.

23 ④

미분방정식을 라플라스 변환하면

$s^3 C(s) + 2s^2 C(s) + 5sC(s) + C(s) = 4R(s)$

$\rightarrow C(s)(s^3 + 2s^2 + 5s + 1) = 4R(s)$이다.

따라서 전달 함수 $\dfrac{C(s)}{R(s)} = \dfrac{4}{s^3 + 2s^2 + 5s + 1}$이다.

24 ⑤

$\begin{cases} v_1(t) = \dfrac{1}{C_1}\displaystyle\int i(t)dt + \dfrac{1}{C_2}\displaystyle\int i(t)dt \\ v_2(t) = \dfrac{1}{C_2}\displaystyle\int i(t)dt \end{cases}$

이므로

$\begin{cases} V_1(s) = \left(\dfrac{1}{C_1 s} + \dfrac{1}{C_2 s}\right)I(s) = \dfrac{C_1 + C_2}{C_1 C_2 s} \cdot I(s) \\ V_2(s) = \dfrac{I(s)}{C_2 s} \end{cases}$

이다.

따라서 전달 함수 $G(s) = \dfrac{V_2(s)}{V_1(s)} = \dfrac{\dfrac{1}{C_2 s} \cdot I(s)}{\dfrac{C_1 + C_2}{C_1 C_2 s} \cdot I(s)} = \dfrac{C_1}{C_1 + C_2}$이다.

25 ③

$a > b$이면 분자의 허수부가 $+$가 되어 진상보상회로의 특성을 가지게 된다.

출제빈도: ★★☆ 대표출제기업: 한국남동발전

26 다음 중 회전 운동계의 각속도를 전기적 요소로 변환하면?

① 전류 　　　　② 인덕턴스 　　　　③ 전하 　　　　④ 전기저항 　　　　⑤ 정전용량

출제빈도: ★★☆ 대표출제기업: 한국중부발전

27 그림과 같은 회로에서 e_i를 입력, e_0를 출력으로 할 때, 전달 함수 $\dfrac{E_o(s)}{E_i(s)}$는?

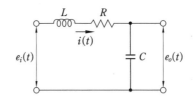

① $\dfrac{1}{LCs^2 + RCs + 1}$ 　　　　② $\dfrac{s}{LCs^2 + RCs + 1}$ 　　　　③ $\dfrac{Ls}{LCs^2 + RCs + 1}$

④ $\dfrac{Cs}{LCs^2 + RCs + 1}$ 　　　　⑤ $\dfrac{R}{LCs^2 + RCs + 1}$

출제빈도: ★★☆ 대표출제기업: 한국중부발전

28 다음 회로의 전달 함수 $G(s) = \dfrac{I(s)}{V_1(s)}$는?

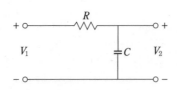

① $\dfrac{1}{RC_s + 1}$ 　　　　② $\dfrac{R}{RC_s + 1}$ 　　　　③ $\dfrac{s}{R\left(s + \dfrac{1}{RC}\right)}$

④ $\dfrac{1}{R\left(s + \dfrac{1}{RC}\right)}$ 　　　　⑤ $\dfrac{R}{R\left(s + \dfrac{1}{RC}\right)}$

출제빈도: ★☆☆ 대표출제기업: 한국지역난방공사

29 다음 중 제어계의 과도 특성 개선을 위해 흔히 사용되는 PD 제어기에 대응하는 보상기는?

① 진상 보상기   ② 지상 보상기   ③ 진·지상 보상기

④ 동상 보상기   ⑤ 사용하지 않음

정답 및 해설

26 ①
회전 운동계의 각속도를 전기적 요소로 변환하면 전류이다.

27 ①
$$\begin{cases} e_i(t) = L\dfrac{d}{dt}\,i(t) + Ri(t) + \dfrac{1}{C}\displaystyle\int i(t)dt \\ e_o(t) = \dfrac{1}{C}\displaystyle\int i(t)dt \end{cases}$$
초깃값을 0으로 하고 라플라스 변환하면
$$E_i(s) = LsI(s) + RI(s) + \frac{1}{Cs}I(s)$$
$$E_o(s) = \frac{1}{Cs}I(s)$$이므로
$$E_i(s) = LsI(s) + RI(s) + \frac{1}{Cs}I(s) = \left(Ls + R + \frac{1}{Cs}\right)I(s)$$이다.

따라서 전달 함수 $G(s) = \dfrac{E_o(s)}{E_i(s)} = \dfrac{\frac{1}{Cs}}{Ls + R + \frac{1}{Cs}} = \dfrac{1}{LCs^2 + RCs + 1}$
이다.

28 ③
$$v(t) = Ri(t) + \frac{1}{C}\int i(t)dt$$
초깃값을 0으로 하고 라플라스 변환하면

$$V(s) = RI(s) + \frac{1}{Cs}I(s) = \left(R + \frac{1}{Cs}\right)I(s)$$이다.

따라서 전달 함수 $G(s) = \dfrac{I(s)}{V(s)} = \dfrac{1}{R + \frac{1}{Cs}} = \dfrac{Cs}{RCs + 1} =$

$\dfrac{\frac{s}{R}}{\left(s + \frac{1}{RC}\right)}$이다.

29 ①
PD 제어기에 대응하는 보상기는 진상 보상기이다.

🔍 더 알아보기

보상기

진상 보상기	• 위상특성이 빠른 요소, 제어계의 안정도, 속응성 및 과도 특성을 개선 • $G(s) = \dfrac{s+b}{s+a}$, $a > b$이면 분자의 허수부가 +가 되어 진상보상
지상 보상기	• 위상특성이 늦은 요소, 보상 요소를 삽입한 후 이득을 재조정하여 정상편차를 개선 • $G(s) = \dfrac{s+b}{s+a}$, $a < b$이면 분자의 허수부가 −가 되어 지상보상
진·지상 보상기	• 속응성과 안정도 및 정상편차를 동시에 개선

출제빈도: ★★☆ 대표출제기업: 한전KPS

30 입력 신호가 $v_i(t)$, 출력 신호가 $v_o(t)$일 때, $a_1 v_o(t) + a_2 \dfrac{dv_o(t)}{dt} + a_3 \displaystyle\int v_o(t)dt = v_i(t)$의 전달 함수는?

① $\dfrac{1}{a_2 s^2 + a_2 s + a_1}$

② $\dfrac{1}{a_2 s^2 + a_1 s + a_3}$

③ $\dfrac{s}{a_3 s^2 + a_2 s + a_1}$

④ $\dfrac{s}{a_2 s^2 + a_1 s + a_3}$

⑤ $\dfrac{s}{a_1 s^2 + a_2 s + a_3}$

출제빈도: ★☆☆ 대표출제기업: 한국전력공사

31 일정한 질량 M을 가진 이동하는 물체의 위치 y는 이 물체에 가해지는 외력이 f일 때 운동계는 마찰 등의 반저항력을 무시하면 $f(t) = M \dfrac{d^2 y(t)}{dt^2}$의 미분방정식으로 표시될 때, 전달 함수는?

① $\dfrac{Y(s)}{F(s)} = Ms^2$

② $\dfrac{Y(s)}{F(s)} = \dfrac{1}{Ms^2}$

③ $\dfrac{Y(s)}{F(s)} = -\dfrac{1}{Ms^2}$

④ $\dfrac{F(s)}{Y(s)} = \dfrac{s}{M^2}$

⑤ $\dfrac{F(s)}{Y(s)} = \dfrac{s^2}{M}$

출제빈도: ★★☆ 대표출제기업: 한국남동발전

32 다음 중 질량, 속도, 힘을 전기계로 대응한 것으로 옳은 것은?

	질량	속도	힘
①	전기량	전류	전압
②	용량	전류	전압
③	인덕턴스	전류	전압
④	임피던스	전류	전압
⑤	저항	전류	전압

출제빈도: ★★☆ 대표출제기업: 한국전력공사

33 다음 블록선도의 전달 함수는?

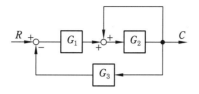

① $\dfrac{G_1 G_2}{1 - G_2 + G_1 G_2 G_3}$

② $\dfrac{G_1 G_2}{1 + G_2 + G_1 G_2 G_3}$

③ $\dfrac{G_1 G_3}{1 + G_2 + G_1 G_2 G_3}$

④ $\dfrac{G_2 G_3}{1 - G_2 + G_1 G_2 G_3}$

⑤ $\dfrac{G_1 G_3}{1 - G_2 + G_1 G_2 G_3}$

정답 및 해설

30 ④

초깃값을 0으로 하고 라플라스 변환하면

$a_1 V_o(s) = a_2 s V_o(s) + \dfrac{1}{s} a_3 V_o(s) = V_i(s)$

$V_o(s)\left(a_1 + a_2 s + \dfrac{a_3}{s}\right) = V_i(s)$이므로

전달 함수 $G(s) = \dfrac{V_o(s)}{V_i(s)} = \dfrac{1}{a_1 + a_2 s + \dfrac{a_3}{s}} = \dfrac{s}{a_2 s^2 + a_1 s + a_3}$이다.

31 ②

$f(t) = M \dfrac{d^2 y(t)}{dt^2}$를 라플라스 변환하면 $F(s) = M s^2 Y(s)$이다.

따라서 전달 함수는 $G(s) = \dfrac{Y(s)}{F(s)} = \dfrac{1}{M s^2}$이다.

32 ③

회전 운동계를 전기계로 대응하면 질량 = 인덕턴스, 속도 = 전류, 힘 = 전압이다.

33 ①

전달 함수 $G(s) = \dfrac{\sum 전향경로이득}{1 - \sum 피드백}$임을 적용하여 구한다.

전향경로이득 $G_1 G_2$, 피드백 G_2, $G_1 G_2 G_3$이므로

$G(s) = \dfrac{C(s)}{R(s)} = \dfrac{G_1 G_2}{1 - (G_2 - G_1 G_2 G_3)} = \dfrac{G_1 G_2}{1 - G_2 + G_1 G_2 G_3}$이다.

출제빈도: ★★☆ 대표출제기업: 한국전력공사

34 다음 피드백 회로의 전달 함수는?

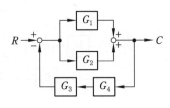

① $\dfrac{G_1G_2}{1-G_1G_3G_4+G_2G_3G_4}$

② $\dfrac{G_1G_2}{1-G_1G_3G_4-G_2G_3G_4}$

③ $\dfrac{G_1+G_2}{1+G_1G_3G_4+G_2G_3G_4}$

④ $\dfrac{G_1+G_2}{1-G_1G_3G_4-G_2G_3G_4}$

⑤ $\dfrac{G_1G_2}{1+G_1G_3G_4+G_2G_3G_4}$

출제빈도: ★★☆ 대표출제기업: 한국가스공사

35 다음 신호의 전달 함수는?

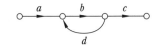

① $G=\dfrac{1-bd}{abc}$

② $G=\dfrac{bd}{1-abc}$

③ $G=\dfrac{abc}{1+bd}$

④ $G=\dfrac{abc}{1+abd}$

⑤ $G=\dfrac{abc}{1-bd}$

출제빈도: ★★☆ 대표출제기업: 한국수력원자력

36 다음 연산 증폭기를 사용한 회로의 출력식은?

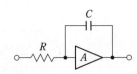

① $e_o=-\dfrac{1}{RC}\displaystyle\int e_i dt$

② $e_o=-RC\displaystyle\int e_i dt$

③ $e_o=-\dfrac{1}{RC}\dfrac{d}{dt}e_i$

④ $e_o=-RC\dfrac{d}{dt}e_i$

⑤ $e_o=-\dfrac{C}{R}\displaystyle\int e_i dt$

출제빈도: ★★★ 「대표출제기업; 한국지역난방공사, 한국가스공사

37 다음 블록선도의 전달 함수는?

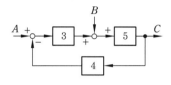

① $\dfrac{5}{61}$　　　② $\dfrac{10}{61}$　　　③ $\dfrac{15}{61}$　　　④ $\dfrac{20}{61}$　　　⑤ $\dfrac{25}{61}$

---

34 ③

전달 함수 $G(s) = \dfrac{\Sigma 전향경로이득}{1 - \Sigma 피드백}$ 임을 적용하여 구한다.

전향경로이득 $G_1 + G_2$, 피드백 $-G_1G_3G_4$, $-G_2G_3G_4$이므로

$G(s) = \dfrac{C(s)}{R(s)} = \dfrac{G_1 + G_2}{1 - (-G_1G_3G_4 - G_2G_3G_4)} = \dfrac{G_1 + G_2}{1 + G_1G_3G_4 + G_2G_3G_4}$

이다.

35 ⑤

메이슨의 정리에 의해 전달 함수 $G = \dfrac{\Sigma G_k \Delta_k}{\Delta}$ 임을 적용하여 구한다.

$G_k = abc$, $\Delta_k = 1 - 0 = 1$, $\Delta = 1 - bd$이므로

전달 함수 $G = \dfrac{G_k \Delta_k}{\Delta} = \dfrac{abc}{1 - bd}$이다.

36 ①

주어진 연산 증폭기는 적분기이며 출력식은 $e_o = -\dfrac{1}{RC}\int e_i dt$이다.

37 ④

전달 함수 $G(s) = \dfrac{\Sigma 전향경로이득}{1 - \Sigma 피드백}$ 임을 적용하여 구한다.

$\dfrac{C}{A} = \dfrac{3 \times 5}{1 + (3 \times 4 \times 5)} = \dfrac{15}{61}$, $\dfrac{C}{B} = \dfrac{5}{1 + (3 \times 4 \times 5)} = \dfrac{5}{61}$이므로

$G(s) = \dfrac{C}{A} + \dfrac{C}{B} = \dfrac{15}{61} + \dfrac{5}{61} = \dfrac{20}{61}$이다.

출제빈도: ★★☆ 대표출제기업: 한국동서발전, 한국중부발전

38 다음 신호흐름선도의 전달 함수는?

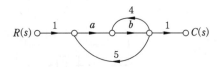

① $\dfrac{ab}{1-4a+5ab}$

② $\dfrac{ab}{1+4b+5ab}$

③ $\dfrac{ab}{1-4b+5ab}$

④ $\dfrac{ab}{1+4b-5ab}$

⑤ $\dfrac{ab}{1-4b-5ab}$

출제빈도: ★★★ 대표출제기업: 한전KPS

39 다음 신호흐름선도에서 $\dfrac{y_2}{y_1}$의 값은?

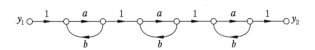

① $\dfrac{a^3}{(1-ab)^3}$

② $\dfrac{a^3}{(1+ab)^3}$

③ $\dfrac{a^3}{1-3ab}$

④ $\dfrac{a^3}{(1-3ab+a^2b^2)}$

⑤ $\dfrac{a^3}{1-3ab+2a^2b^2}$

출제빈도: ★★☆ 대표출제기업: 한국남부발전

40 다음 신호흐름선도의 전달 함수 $\dfrac{C}{R}$는?

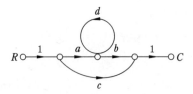

① $\dfrac{ab}{1-d}$

② $\dfrac{ab+c}{1-d}$

③ $\dfrac{ab+c(1-d)}{1-d}$

④ $\dfrac{ab+c(1+d)}{1-d}$

⑤ $\dfrac{ab+c(1-d)}{1+d}$

출제빈도: ★★☆ 대표출제기업: 한국남동발전

41 다음 신호흐름선도에서 $\frac{C}{R}$ 는?

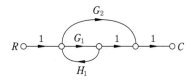

① $\dfrac{G_1 G_2}{1 \quad G_1 H_1}$

② $\dfrac{G_1 G_2}{1 + G_1 H_2}$

③ $\dfrac{G_1 + G_2}{1 - G_1 H_1}$

④ $\dfrac{G_1 + G_2}{1 + G_1 H_1}$

⑤ $\dfrac{G_1 + G_2}{1 + H_1}$

정답 및 해설

38 ⑤

메이슨의 정리에 의해 전달 함수 $G = \dfrac{\sum G_k \Delta_k}{\Delta}$ 임을 적용하여 구한다.

$G_k = ab$, $\Delta_k = 1 - 0 = 1$, $\Delta = 1 - 4b - 5ab$이므로

전달 함수 $G = \dfrac{G_k \Delta_k}{\Delta} = \dfrac{ab}{1 - 4b - 5ab}$이다.

39 ①

메이슨의 정리에 의해 전달 함수 $G = \dfrac{\sum G_k \Delta_k}{\Delta}$ 임을 적용하여 구한다.

신호흐름선도가 반복되므로 반복된 부분을 세 부분으로 나누면

$G_k = a$, $\Delta_k = 1 - 0 = 1$, $\Delta = 1 - ab$

$G = \dfrac{G_k \Delta_k}{\Delta} = \dfrac{a}{1 - ab}$이고, 각 부분의 종속(직렬)접속 관계이므로

전체 전달 함수 $G(s) = G_1 \times G_2 \times G_3 = G_1{}^3 = \left(\dfrac{a}{1 - ab}\right)^3$이다.

또는 $G(s) = \dfrac{\sum 전향경로이득}{1 - \sum 루프이득_1 + \sum 루프이득_2 - \sum 루프이득_3}$

$= \dfrac{a^3}{1 - 3(ab) + 3(ab)^2 - (ab)^3} = \dfrac{a^3}{(1 - ab)^3}$이다.

40 ③

메이슨의 정리에 의해 전달 함수 $G = \dfrac{\sum G_k \Delta_k}{\Delta}$ 임을 적용하여 구한다.

$G_1 = ab$, $\Delta_1 = 1$, $G_2 = c$, $\Delta_2 = 1 - d$, $\Delta = 1 - d$이므로

$G = \dfrac{C}{R} = \dfrac{G_1 \Delta_1 + G_2 \Delta_2}{\Delta} = \dfrac{ab + c(1 - d)}{1 - d}$이다.

41 ③

메이슨의 정리에 의해 전달 함수 $G = \dfrac{\sum G_k \Delta_k}{\Delta}$ 임을 적용하여 구한다.

$G_{k1} = G_1$, $\Delta_{k1} = 1 - 0 = 1$, $G_{k2} = G_2$, $\Delta_{k2} = 1 - 0 = 1$, $\Delta = 1 - G_1 H_1$

이므로 $G = \dfrac{G_k \Delta_k}{\Delta} = \dfrac{G_1 + G_2}{1 - G_1 H_1}$이나.

출제빈도: ★★★ 대표출제기업: 한국전력공사

42 다음 중 과도 응답에 관한 설명으로 옳지 않은 것은?

① 오버슈트(Over shoot)는 과도 상태 중 응답이 목푯값을 넘어간 편차이다.

② 지연 시간(Time delay)은 응답이 최초로 희망값의 10[%] 진행되는 데 요하는 시간이다.

③ 감쇠비는 과도 응답의 소멸되는 속도를 의미한다.

④ 상승 시간(Rise time)이란 응답이 희망값의 10[%]에서 90[%]까지 도달하는 데 요하는 시간이다.

⑤ 정정 시간(Setting time)은 응답이 목푯값의 5[%] 이내 편차로 안정되기까지 요하는 시간이다.

출제빈도: ★★☆ 대표출제기업: 한국전력공사

43 다음 중 제어계의 과도 응답이 소멸되는 정도를 나타내는 감쇠비는?

① 최대 오버슈트/제2오버슈트

② 제3오버슈트/제2오버슈트

③ 제3오버슈트/최대 오버슈트

④ 제2오버슈트/제3오버슈트

⑤ 제2오버슈트/최대 오버슈트

출제빈도: ★★★ 대표출제기업: 한국전력공사

44 다음 중 지연 시간에 대한 설명으로 옳은 것은?

① 응답이 최종값의 10[%]에서 90[%]에 도달하는 시간

② 자동 제어계에 안정도의 척도

③ 응답이 최종값의 10[%]에 도달하는 시간

④ 입력과 출력 사이의 최대 편차량

⑤ 응답이 최종값의 50[%]에 도달하는 시간

출제빈도: ★★☆ 대표출제기업: 한국수력원자력

45 전달 함수 $G(s) = \dfrac{C(s)}{R(s)} = \dfrac{s+2}{s^2+4s-5}$의 특성방정식 근의 값은?

① -2, 5 　　　② -1, 5 　　　③ 1, 5 　　　④ 1, -5 　　　⑤ -1, -5

출제빈도: ★★☆ 대표출제기업: 한국지역난방공사

46 다음 중 제어계의 단위 계단 입력에 대한 과도 응답은?

① 정현파 응답 　　　② 인디셜 응답 　　　③ 램프 응답

④ 임펄스 응답 　　　⑤ 선형 응답

제어공학

해커스공기업 쉽게 끝내는 전기직 이론＋기출동형문제

정답 및 해설

42 ②
지연 시간(Time delay)은 응답이 최종값의 50[%]에 도달하는 시간을 의미하므로 옳지 않다.

43 ⑤
감쇠비는 과도 응답의 소멸되는 속도로 제2오버슈트/최대 오버슈트이다.

44 ⑤
지연 시간은 응답이 최종값의 50[%]에 도달하는 시간이다.

45 ④
전달 함수 $G(s) = \dfrac{C(s)}{R(s)} = \dfrac{s+2}{s^2+4s-5}$에서 특성방정식은
$s^2+4s-5=0 \rightarrow (s-1)(s+5)=0$이므로 근 $s=1$, -5이다.

46 ②
제어 장치의 입력에 단위 계단 함수를 가했을 때의 출력은 인디셜 응답이다.

출제빈도: ★★☆ 대표출제기업: 한국서부발전, 한국지역난방공사

47 어떤 제어계의 입력으로 단위 임펄스가 가해졌을 때 출력이 e^{5t}이었을 때, 이 제어계의 전달 함수는?

① $\dfrac{1}{s+5}$ ② $\dfrac{1}{s-5}$ ③ $\dfrac{1}{(s+5)^2}$ ④ $\dfrac{1}{(s-5)^2}$ ⑤ $\dfrac{1}{s(s+5)}$

출제빈도: ★★☆ 대표출제기업: 한전KPS

48 s 평면(복소평면)에서의 극점 배치가 다음과 같을 때, 이 시스템의 시간 영역에서의 동작은?

① 진동이 점점 커진다.   ② 진동하지 않는다.

③ 일정한 값으로 진동한다.   ④ 과제동하므로 비진동한다.

⑤ 진동이 점점 작아진다.

출제빈도: ★★★ 대표출제기업: 한국전력공사

49 전달 함수 $G(s) = \dfrac{9}{s^2 + 6s + 9}$ 일 때, 고유 각주파수는?

① 9   ② 6   ③ 5   ④ 3   ⑤ 1

출제빈도: ★★☆ 대표출제기업: 한국철도공사

50 특성방정식 $s^2 + 2\delta w_n s + w_n^2 = 0$에서 과제동(비진동)할 때, 제동비 δ의 값은?

① $\delta < 1$ ② $\delta > 1$ ③ $0 < \delta < 1$ ④ $\delta = 0$ ⑤ $\delta = 1$

출제빈도· ★★☆ 대표출제기업· 한국가스공사

51 다음 미분방정식으로 표시되는 2차 계통에서 감쇠율 δ와 제동의 종류는?

$$\frac{d^2y(t)}{dt^2} + 3\frac{dy(t)}{dt} + 4y(t) = 4x(t)$$

① $\delta = 2$, 과제동
② $\delta = 1$, 임계제동
③ $\delta = 0.75$, 부족제동
④ $\delta = 0.5$, 부족제동
⑤ $\delta = 0$, 무제동

정답 및 해설

47 ②

전달 함수 $G(s) = \dfrac{C(s)}{R(s)} = \dfrac{1}{s-5} \rightarrow C(s) = \dfrac{1}{s-5}R(s)$

입력으로 단위 임펄스가 가해지면 $R(s) = 1$이므로

$C(s) = \dfrac{1}{s-5} \times 1 = \dfrac{1}{s-5}$이다.

따라서 전달 함수 $G(s) = \dfrac{C(s)}{R(s)} = \dfrac{\frac{1}{s-5}}{1} = \dfrac{1}{s-5}$이다.

48 ①

근이 우반면에 존재하면 특성근 값이 +가 되어 진동이 점점 커지고, 근이 좌반면에 존재하면 특성근 값이 −가 되어 진동이 점점 작아진다.

49 ④

2차 제어계의 전달 함수 $G(s) = \dfrac{w_n^2}{s^2 + 2\delta w_n s + w_n^2}$임을 적용하여 구한다.

$w_n^2 = 9$이므로 고유 각주파수 $w_n = 3$이다.

50 ②

특성방정식 $s^2 + 2\delta w_n s + w_n^2 = 0$에서 $\delta > 1$일 때, 과제동(비진동)이다.

💡 더 알아보기

2차 제어계의 전달 함수

$G(s) = \dfrac{w_n^2}{s^2 + 2\delta w_n s + w_n^2}$의 특성방정식 $s^2 + 2\delta w_n s + w_n^2 = 0$의 근

$s = -\delta w_n \pm jw_n\sqrt{1-\delta^2}$일 때

- $\delta < 1$일 경우: 부족제동(감쇠진동)
- $\delta = 1$일 경우: 임계제동
- $\delta > 1$일 경우: 과제동(비진동)
- $\delta = 0$일 경우: 무제동

51 ③

미분방정식을 라플라스 변환하면

$s^2Y(s) + 3sY(s) + 4Y(s) = 4X(s)$이므로 전달 함수 $G(s) = \dfrac{Y(s)}{X(s)}$

$= \dfrac{4}{s^2 + 3s + 4}$이다.

2차 제어계 전달 함수 $G(s) = \dfrac{w_n^2}{s^2 + 2\delta w_n s + w_n^2}$이고,

$w_n^2 = 4$, $w_n = 2$, 제동비 $\delta = \dfrac{3}{2w_n} = \dfrac{3}{2 \times 2} = \dfrac{3}{4} = 0.75$이므로 부족제동(감쇠진동)이다.

출제빈도: ★★☆ 대표출제기업: 한국가스공사

52 $G(s)H(s) = \dfrac{K}{Ts+1}$ 일 때, 이 계통은 어떤 형인가?

① 0형 ② 1형 ③ 2형 ④ 3형 ⑤ 4형

출제빈도: ★★☆ 대표출제기업: 한국수력원자력

53 제어 시스템의 정상 상태 오차에서 포물선 함수 입력에 의한 정상 상태 오차를 $K_v = \lim\limits_{s \to 0} sG(s)H(s)$라고 할 때, K_v는?

① 위치편차상수 ② 속도편차상수 ③ 가속도편차상수
④ 임펄스편차상수 ⑤ 각도편차상수

출제빈도: ★★☆ 대표출제기업: 한국전력공사

54 다음 제어 시스템의 전달 함수의 입력 함수가 램프 입력일 때, 정상 상태 오차는?

$$G(s)H(s) = \frac{20(s+1)}{s(s+2)(3s+5)}$$

① 0.1 ② 0.2 ③ 0.3 ④ 0.4 ⑤ 0.5

출제빈도: ★★☆ 대표출제기업: 한국전력공사

55 다음 계통에서 입력 변환기 K_1에 대한 계통의 전달 함수 T의 감도는 얼마인가?

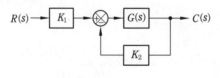

① −1 ② 0 ③ 0.2 ④ 0.5 ⑤ 1

출제빈도· ★★☆ 대표출제기업: 한국서부발전

56 다음 블록선도에서 H = 0.15일 때, 오차 $E[V]$는?

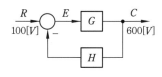

① 12 　　　　　 ② 10 　　　　　 ③ 8 　　　　　 ④ 5 　　　　　 ⑤ 2

정답 및 해설

52 ①

　　$G(s)H(s) = \dfrac{K}{Ts+1}$는 n이 0이므로 0형 시스템이다.

53 ③

　　K_v는 가속도편차상수이다.

> 🔍 **더 알아보기**
>
> **편차상수**
> - 위치편차상수 $k_p = \lim\limits_{s \to 0} G(s)$
> - 속도편차상수 $k_v = \lim\limits_{s \to 0} sG(s)$
> - 가속도편차상수 $k_a = \lim\limits_{s \to 0} s^2 G(s)$

54 ⑤

　　정상 상태 오차 $e_{ss} = \dfrac{1}{K_v}$임을 적용하여 구한다.

　　$K_v = \lim\limits_{s \to 0} sG(s)H(s) = \lim\limits_{s \to 0} s\dfrac{20(s+1)}{s(s+2)(3s+5)} = \dfrac{20}{10} = 2$이므로

　　정상 상태 오차 $e_{ss} = \dfrac{1}{K_v} = \dfrac{1}{2} = 0.5$이다.

55 ⑤

　　전달 함수 $T = \dfrac{GK_1}{1+GK_2}$이므로

　　감도 $S^T_{K_1} = \dfrac{K_1}{T} \cdot \dfrac{dT}{dK_1} = \dfrac{K_1}{\dfrac{GK_1}{1+GK_2}} \cdot \dfrac{d}{dK_1}\dfrac{GK_1}{1+GK_2}$

　　$= \dfrac{1+GK_2}{G} \cdot \dfrac{G(1+GK_2)}{(1+GK_2)^2} = 1$이다.

56 ②

　　E 부분의 오차 $E = R - CH$, $H = 0.15$, $C = 600[V]$이므로

　　오차 $E = 100 - 600 \times 0.15 = 10[V]$이다.

출제빈도: ★★☆ 대표출제기업: 한국서부발전

57 단위 피드백에서 개루프 전달 함수 $G(s)$의 단위 속도 입력에 대한 정상 오차는?

$$G(s) = \frac{20}{s(s+2)(s+5)}$$

① 0.1　　　　　② 0.2　　　　　③ 0.25　　　　　④ 0.5　　　　　⑤ 1

출제빈도: ★★☆ 대표출제기업: 한국동서발전, 한국중부발전

58 다음 정상편차상수 중 위치편차상수는? (단, 개루프 전달 함수는 $G(s)$이다.)

① $k_p = \lim_{s \to 0} s^2 G(s)$　　　　② $k_p = \lim_{s \to 0} s G(s)$　　　　③ $k_p = \lim_{s \to \infty} G(s)$

④ $k_p = \lim_{s \to 0} G(s)$　　　　⑤ $k_p = \lim_{s \to \infty} s G(s)$

출제빈도: ★★★ 대표출제기업: 한국중부발전

59 다음 중 주파수 응답에 필요한 입력은?

① 임펄스 입력　　　　② 계단 입력　　　　③ 램프 입력
④ 정현파 입력　　　　⑤ 포물선 입력

출제빈도: ★★☆ 대표출제기업: 한국가스공사

60 전달 함수 $G(j\omega) = \dfrac{1}{1 + j\omega T}$의 크기와 위상각은? (단, $T > 0$이다.)

① $G(j\omega) = \dfrac{1}{\sqrt{1 - \omega^2 T^2}} \angle \tan^{-1} \omega T$

② $G(j\omega) = \dfrac{1}{\sqrt{1 + \omega^2 T^2}} \angle \tan^{-1} \omega T$

③ $G(j\omega) = \dfrac{1}{\sqrt{1 - \omega^2 T^2}} \angle -\tan^{-1} \omega T$

④ $G(j\omega) = \dfrac{1}{\sqrt{1 + \omega^2 T^2}} \angle -\tan^{-1} \omega T$

⑤ $G(j\omega) = \dfrac{1}{\sqrt{1 + \omega T}} \angle -\tan \omega T$

출제빈도: ★★☆ 대표출제기업: 한국가스공사

61 전달 함수 $G(s) = \dfrac{100}{6 + 2s}$을 갖는 요소가 있다. 이 요소에 ω = 4인 정현파를 주었을 때, $|G(j\omega)|$는?

① 10   ② 8   ③ 6   ④ 4   ⑤ 2

정답 및 해설

57 ④

정상 오차 $e_{ss} = \dfrac{1}{K_v}$임을 적용하여 구한다.

속도편차상수 $K_v = \lim\limits_{s \to 0} sG(s) = \lim\limits_{s \to 0} s\dfrac{20}{s(s+2)(s+5)} = 2$이므로

정상 오차 $e_{ss} = \dfrac{1}{2} = 0.5$이다.

58 ④

제어 시스템의 정상 상태 오차에서 위치편차상수 $k_p = \lim\limits_{s \to 0} G(s)$
이다.

59 ④

주파수 응답법은 임의의 제어계 $G(S)$에 정현파 입력을 가했을 때 정상 상태에서 출력에 관심을 두고 입력 정현파 진폭을 일정하게 유지하면서 주파수에 대한 진폭비와 위상차를 나타내는 방법을 말한다.

60 ④

크기 $|G(j\omega)| = \left| \dfrac{1}{1 + j\omega T} \right| = \dfrac{1}{\sqrt{1 + (\omega T)^2}}$, 위상각 $\theta = -\tan^{-1} \dfrac{\omega T}{1}$
$= -\tan^{-1} \omega T$이다.

61 ①

$G(j\omega) = \dfrac{100}{6 + 2j\omega}$, ω = 4이므로

$|G(j\omega)| = \left| \dfrac{100}{6 + 2j\omega} \right|_{\omega = 4} = \dfrac{100}{\sqrt{6^2 + 8^2}} = \dfrac{100}{10} = 10$이다.

출제빈도: ★★★ 대표출제기업: 한국전력공사

62 $G(s) = \dfrac{1}{s}$ 에서 $\omega = 10[rad/sec]$일 때, 이득[dB]은?

① -20　　　　② -10　　　　③ 10　　　　④ 20　　　　⑤ 30

출제빈도: ★★☆ 대표출제기업: 한국전력공사

63 $G(j\omega) = \dfrac{1}{3 + j2T}$ 이고, $T = 2[sec]$일 때 크기 $|G(j\omega)|$와 위상 $G(j\omega)$는 각각 약 얼마인가? (단, $\tan^{-1}\dfrac{4}{3} \fallingdotseq 53.13°$ 로 계산한다.)

① $0.2,\ 53.13°$　　　　　② $0.2,\ 36.13°$　　　　　③ $0.2,\ -36.87°$

④ $0.2,\ -53.13°$　　　　⑤ $0.5,\ 36.87°$

출제빈도: ★★★ 대표출제기업: 한국전력공사

64 $G(s) = \dfrac{1}{s(s + 10)}$ 인 선형 제어계에서 $\omega = 0.1$일 때 주파수 전달 함수의 이득은 약 몇 $[dB]$인가?

① $-40[dB]$　　　② $-20[dB]$　　　③ $0[dB]$　　　④ $20[dB]$　　　⑤ $40[dB]$

출제빈도: ★★★ 대표출제기업: 한국남부발전

65 벡터 궤적의 임계점$(-1, j0)$에 대응하는 보드선도상의 점은 이득이 $A[dB]$, 위상이 B가 되는 점일 때 A, B에 들어갈 수치로 알맞은 것은?

① $A = 0$, $B = 0°$ 　　　 ② $A = 0$, $B = -180°$ 　　　 ③ $A = 1$, $B = 0°$

④ $A = 1$, $B = 180°$ 　　　 ⑤ $A = 0$, $B = 90°$

출제빈도: ★★☆ 대표출제기업: 한국지역난방공사

66 전달 함수 $G(s) = \dfrac{50}{(s + 1)(s + 2)}$으로 표시되는 제어 계통에서 직류 이득은?

① 5 　　　 ② 10 　　　 ③ 15 　　　 ④ 20 　　　 ⑤ 25

정답 및 해설

62 ①

이득 $g = 20\log_{10}|G(jw)|[dB]$임을 적용하여 구한다.

$G(s) = \dfrac{1}{s}$, $\omega = 10[rad/sec]$이므로

$g = 20\log \left| \dfrac{1}{10} \right| = -20[dB]$이다.

63 ④

$G(j\omega) = \dfrac{1}{3 + j2T}$, $T = 2[sec]$이므로 $G(j\omega) = \dfrac{1}{3 + j2 \times 2}$이다.

따라서 크기 $|G(j\omega)| = \left| \dfrac{1}{3 + j4} \right| = \left| \dfrac{1}{\sqrt{25}} \right| = 0.2$, 위상 $\theta = \angle G(j\omega)$

$= -\tan^{-1}\dfrac{4}{3} = -53.13°$이다.

64 ③

주파수 전달 함수의 이득 $20\log|G(j\omega)|$임을 적용하여 구한다.

이득 $= 20\log|G(j\omega)| = 20\log \left| \dfrac{1}{j\omega(j\omega + 10)} \right|$

$= 20\log \dfrac{1}{\omega\sqrt{\omega^2 + 10^2}} = 20\log \dfrac{1}{0.1\sqrt{0.1^2 + 10^2}}$

$\fallingdotseq 20\log 1 = 0[dB]$이다.

65 ②

이득은 $20\log|G| = 20\log 1 = 0[dB]$, 위상은 $-180°$ 또는 $180°$이다.

🔍 **더 알아보기**

보드선도의 안정 판정

이득곡선이 $0[dB]$인 점을 지날 때의 주파수에서 위상여유가 양(+)이고, 위상곡선이 $-180°$를 지날 때 이득여유가 양(+)이면 시스템은 안정하다. 보드선도는 극점과 영점이 우반평면에 존재하는 경우 판정이 불가능하다.

66 ⑤

직류에서는 $j\omega = 0$, $s = 0$이므로 $G = \dfrac{50}{2} = 25$이다.

출제빈도: ★★☆ 대표출제기업: 한전KPS

67 보드선도의 횡축에 대하여 옳은 것은?

① 이득 → 대수 눈금　　　　② 주파수 → 대수 눈금　　　　③ 이득 → 균등 눈금

④ 주파수 → 균등 눈금　　　　⑤ 이득 → 주파수

출제빈도: ★★★ 대표출제기업: 한국철도공사

68 $G(s) = \dfrac{K}{S}$인 적분 요소의 보드선도에서 이득곡선의 1[dec]당 기울기와 위상은?

① $-40[dB]$, $-180°$　　　　② $40[dB]$, $180°$　　　　③ $-20[dB]$, $-90°$

④ $20[dB]$, $90°$　　　　⑤ $0[dB]$, $-180°$

출제빈도: ★★★ 대표출제기업: 한국전력공사

69 루드-후르비츠 표를 작성할 때 제1열 요소의 부호 변환은?

① s 평면의 원점에 존재하는 근의 수

② s 평면의 좌반면에 존재하는 근의 수

③ s 평면의 우반면에 존재하는 근의 수

④ s 평면의 실수축에 존재하는 근의 수

⑤ s 평면의 허수축에 존재하는 근의 수

출제빈도: ★★★ 대표출제기업: 한국가스공사

70 특성방정식의 근이 모두 복소 s 평면의 좌반면에 있을 때, 이 계의 안정 여부는?

① 안정   ② 불안정   ③ 조건부 안정

④ 임계안정   ⑤ 알 수 없음

출제빈도: ★★☆ 대표출제기업: 한국남동발전

71 다음 중 나이퀴스트 판별법에 대한 설명으로 옳지 않은 것은?

① 안정성을 판별하는 동시에 안정도를 지시해준다.

② 계의 안정을 개선하는 방법에 대한 정보를 준다.

③ 계의 오차 응답에 대한 정보를 준다.

④ $(-1, j0)$인 점을 좌측에 두고 회전해야 안정하다.

⑤ 루드–후르비츠 판별법과 같이 계의 안정 여부를 직접 판정해준다.

정답 및 해설

67 ②

횡축에 주파수 ω를 대수 눈금으로 취하고, 종축에 이득의 데시벨값 $20\log|G(j\omega)|[dB]$을 취한 것을 이득곡선이라고 하며, 위상 $\angle G(j\omega)°$를 취한 것을 위상곡선이라고 한다.

68 ③

$g = 20\log|G(j\omega)| = 20\log\left|\dfrac{K}{j\omega}\right| = 20\log\dfrac{K}{\omega} = 20\log K - 20\log \omega$

이므로 기울기는 $-20[dB]$, 위상각 $\theta = G(j\omega) = \angle\dfrac{K}{j\omega} = -90°$이다.

69 ③

루드–후르비츠의 제1열 요소의 부호 변환은 s 평면의 우반면에 존재하는 근의 수를 의미하고, 부호 변환 횟수만큼 근의 수가 존재한다.

70 ①

특성방정식의 근이 s 평면의 좌반면에 있으면 제어계가 안정하다.

71 ③

나이퀴스트 판별법은 제어 시스템의 주파수 영역 응답에 대한 정보를 제공하므로 옳지 않다.

출제빈도: ★★☆ 대표출제기업: 한국서부발전, 한국중부발전

72 어떤 제어계의 특성방정식이 $s^2 + as + b = 0$일 때, 안정 조건은?

① $a < 0,\ b < 0$　　　　② $a > 0,\ b < 0$　　　　③ $a > 0,\ b = 0$
④ $a > 0,\ b > 0$　　　　⑤ $a = 0,\ b < 0$

출제빈도: ★★★ 대표출제기업: 한국남부발전, 한전KPS

73 특성방정식 $s^3 + 2s^2 + (k + 4)s + 10 = 0$이 안정하기 위한 k의 범위는?

① $k = 0$　　　　② $k = 1$　　　　③ $k < 1$
④ $k > 1$　　　　⑤ $k < 2$

출제빈도: ★★☆ 대표출제기업: 한국전력공사

74 근궤적은 무엇에 대하여 대칭인가?

① 교차점　　　　② 대칭성 없음　　　　③ 원점
④ 실수축　　　　⑤ 허수축

출제빈도: ★★★ 대표출제기업: 한국전력공사

75 다음 중 근궤적에 대한 설명으로 옳지 않은 것은?

① 근궤적의 개수는 극점 수와 영점 수 중 큰 것과 일치한다.
② 근궤적은 허수축에 대하여 대칭이다.
③ 근궤적은 개루프 전달 함수의 극점에서 출발한다.
④ 근궤적의 수는 특성방정식의 차수와 같다.
⑤ 점근선은 실수축상에서만 교차한다.

춘제빈드· ★★★ 대프출제기업· 한국납부발전

76 개루프 전달 함수 $G(s)H(s) = \dfrac{k(s-3)}{s(s-2)^2(s+5)}$ 일 때, 주어지는 계에서 점근선의 교차점은?

① $-\dfrac{4}{3}$ ② $-\dfrac{2}{3}$ ③ $\dfrac{2}{3}$ ④ $\dfrac{4}{3}$ ⑤ $\dfrac{5}{3}$

정답 및 해설

72 ④

루드 – 후르비츠의 안정도 판별법에 의해 안정 조건은 모든 계수의 부호가 같아야 하고, 계수 중 어느 하나라도 0이 아니며 루드 수열의 제1열의 부호가 같아야 한다.

s^2	1	b
s^1	a	0
s^0	b	

따라서 루드 표의 제1열의 부호 변화가 없어야 안정하므로 안정 조건은 $a > 0$, $b > 0$이다.

73 ④

특성방정식 $s^3 + 2s^2 + (k+4)s + 10 = 0$의 루드 표는 다음과 같다.

s^3	1	$k+4$
s^2	2	10
s^1	$\dfrac{2(k+4) - 1 \times 10}{2}$	0
s^0	10	

안정하기 위한 k의 범위는 $\dfrac{2(k+4) - 10}{2} > 0 \rightarrow 2k - 2 > 0$이므로 안정하기 위한 범위는 $k > 1$이다.

74 ④

근궤적은 특성방정식의 근이 실근 또는 공액복소근이므로 실수축에 대하여 대칭이다.

75 ②

근궤적은 실수축에 대하여 대칭이므로 옳지 않다.

> 🔍 **더 알아보기**
>
> **근궤적의 성질**
> - 근궤적의 출발점($K = 0$): $G(s)H(s)$의 극으로부터 출발
> - 근궤적의 종착점($K = \infty$): $G(s)H(s)$의 영점에서 끝남
> - 근궤적 개수(N): $z > p$이면 $N = z$, $z < p$이면 $N = p$
> - 근궤적의 대칭성: 실수축(X축)에 대하여 대칭
> - 근궤적의 점근선
>   - 점근선은 실수축에서만 교차
>   - 점근선 개수 = 극점 개수 - 영점 개수 = $p - z$
>   - 교차점: $\sigma = \dfrac{\sum G(s)H(s)\text{의 극} - \sum G(s)H(s)\text{의 영점}}{p - z}$
>   - 점근선이 실수축과 이루는 각: $\sigma = \dfrac{(2K+1)\pi}{p - z}$ ($K = 0, 1, 2 \cdots$ 로서 $p - z - 1$)
> - 근궤적과 허수축의 교차: 근궤적이 허수축(jw)과 교차할 때 특성 근의 실수부 크기는 0이며 이때 임계 안정(임계 상태)

76 ①

점근선의 교차점 $\sigma = \dfrac{\sum G(s)H(s)\text{의 극} - \sum G(s)H(s)\text{의 영점}}{p - z}$ 임을 적용하여 구한다.

$p = 4$, $z = 1$이므로 점근선의 교차점 $\sigma = \dfrac{1(0 + 2 + 2 - 5) - 3}{4 - 1} = -\dfrac{4}{3}$이다.

출제빈도: ★★☆ 대표출제기업: 한국가스공사

77 특성방적식 $s(s + 1)(s^2 + 3s + 2) + K(s + 2) = 0(-\infty < K < 0)$의 근궤적의 점근선이 실수축과 이루는 각은 각각 몇 도인가?

① $0°$, $120°$, $240°$

② $30°$, $150°$, $270°$

③ $45°$, $180°$, $300°$

④ $60°$, $180°$, $300°$

⑤ $90°$, $180°$, $320°$

출제빈도: ★★☆ 대표출제기업: 한국남부발전

78 개루프 전달 함수 $G(s)H(s) = \dfrac{k}{s(s + 3)(s + 5)}$일 때, 주어지는 계에서 실수축상의 근궤적 범위는?

① 0과 -3 사이의 실수축상

② 0과 -5 사이의 실수축상

③ -3과 -5 사이의 실수축상

④ 0과 ∞ 사이의 실수축상

⑤ 0과 -3, -5와 $-\infty$ 사이의 실수축상

출제빈도: ★★☆ 대표출제기업: 한국서부발전, 한국동서발전

79 근궤적이 s 평면의 jw축과 교차할 때, 폐루프의 제어계는?

① 임계 상태

② 무제동 상태

③ 안정 상태

④ 불안정 상태

⑤ 알 수 없음

출제빈도: ★★★ 대표출제기업: 한국전력공사

80 n차 선형 시불변 시스템의 상태 방정식이 $\dfrac{d}{dt}X(t) = AX(t) + Br(t)$일 때, 상태 천이행렬 $\Phi(t)(n \times n$ 행렬)에 대한 식으로 옳지 않은 것은?

① $\Phi(0) = I$

② $\Phi(t) = e^{-At}$

③ $[\Phi(t)]^K = \Phi(Kt)$

④ $\dfrac{d\Phi(t)}{dt} = A\Phi(t)$

⑤ $\Phi(t) = \mathcal{L}^{-1}\{(sI - A)^{-1}\}$

출제빈도: ★★★ 대표출제기업: 한국전력공사

81 다음 상태방정식의 고윳값은?

$$\begin{bmatrix} 2 & 9 \\ 1 & 2 \end{bmatrix}$$

① 1, 3 ② 2, −5 ③ 1, −5

④ −1, 5 ⑤ 1, −3

정답 및 해설

77 ④

점근선이 실수축과 이루는 각 $\sigma = \dfrac{(2K+1)\pi}{p-z}$ $(K=0, 1, 2)$임을 적용하여 구한다.

$K=0$일 때 $\sigma = \dfrac{\pi}{4-1} = 60°$, $K=1$일 때 $\sigma = \dfrac{3\pi}{4-1} = 180°$, $K=2$일 때 $\sigma = \dfrac{5\pi}{4-1} = 300°$이다.

78 ⑤

개루프 전달 함수 $G(s)H(s) = \dfrac{k}{s(s+3)(s+5)}$의 극점은 0, −3, −5이고, 극점의 개수는 3, 영점의 개수는 0이므로 0과 −3, −5와 −∞ 사이의 실수축상에 근궤적이 존재한다.

🔍 더 알아보기

실수축상의 근궤적
실수축상의 근궤적은 개루프 전달 함수의 실수축과 실영점으로부터 실수축이 분할될 때 만일 총수가 홀수이면 그 구간에 근궤적이 존재하고 짝수이면 존재하지 않는다.

79 ①

근궤적이 허수축(jw)과 교차할 때 특성근의 실수부 크기가 0이며 임계 안정(임계 상태)이다.

80 ②

$\Phi^{-1}(t) = \Phi(-t) = e^{-At}$이므로 옳지 않다.

🔍 더 알아보기

상태 천이행렬
$\Phi(t) = \mathcal{L}^{-1}[(sI-A)^{-1}]$이며 다음과 같은 성질을 가진다.
• $\Phi(0) = I$ (I는 단위행렬)
• $\Phi^{-1}(t) = \Phi(-t) = e^{-At}$
• $\Phi(t_2 - t_1)\Phi(t_1 - t_0) = \Phi(t_2 - t_0)$ (모든 값에 대하여)
• $[\Phi(t)]^K = \Phi(Kt)$ (K는 정수)

81 ④

특성방정식 $|sI - A| = 0$이므로
$$\begin{bmatrix} s & 0 \\ 0 & s \end{bmatrix} - \begin{bmatrix} 2 & 9 \\ 1 & 2 \end{bmatrix} = \begin{bmatrix} s-2 & -9 \\ -1 & s-2 \end{bmatrix} = (s-2)^2 - 9 = s^2 - 4s - 5$$
$= (s+1)(s-5) = 0$이다.
따라서 상태방정식의 고윳값 $s = -1$, 5이다.

출제빈도: ★★☆ 대표출제기업: 한국수력원자력

82 s 평면의 우반평면은 z 평면의 어느 부분으로 사상(Mapping)되는가?

① z 평면의 원점에 중심을 둔 단위원 내부
② z 평면의 원점에 중심을 둔 단위원 외부
③ z 평면의 좌반면에 존재
④ z 평면의 우반면에 존재
⑤ z 평면의 단위원상에 존재

출제빈도: ★★☆ 대표출제기업: 한국지역난방공사

83 $A = \begin{bmatrix} 0 & 1 \\ -5 & -2 \end{bmatrix}, B = \begin{bmatrix} 1 \\ 2 \end{bmatrix}$인 상태방정식 $\dfrac{dx}{dt} = Ax + Br$에서 제어계의 특성방정식은?

① $s^2 + 5s + 2$
② $s^2 + 2s + 5$
③ $s^2 + 5s + 3$
④ $s^2 + 3s + 5$
⑤ $s^2 + 2s + 3$

출제빈도: ★★★ 대표출제기업: 한국서부발전

84 다음 방정식으로 표시되는 제어계를 상태방정식 $\dot{x} = Ax + Bu$로 나타냈을 때, 계수행렬 A는?

$$\frac{d^3c(t)}{dt^3} + 3\frac{d^2c(t)}{dt^2} + 5\frac{dc(t)}{dt} + 2c(t) = r(t)$$

① $\begin{bmatrix} 0 & 0 & 1 \\ -1 & 0 & 0 \\ 2 & -5 & -3 \end{bmatrix}$
② $\begin{bmatrix} 0 & 0 & 1 \\ 1 & 0 & 0 \\ -3 & -5 & -2 \end{bmatrix}$
③ $\begin{bmatrix} 0 & 1 & 0 \\ 0 & 0 & 1 \\ -2 & -5 & -3 \end{bmatrix}$

④ $\begin{bmatrix} 0 & 1 & 1 \\ 1 & 0 & 0 \\ -2 & -5 & -3 \end{bmatrix}$
⑤ $\begin{bmatrix} 0 & 1 & 1 \\ 1 & 0 & 0 \\ -3 & -5 & -2 \end{bmatrix}$

출제빈도: ★★☆ 「대표출제기업: 한국남동발전」

85 다음 단위 계단 함수 $u(t)$의 z 변환을 나타낸 것 중 옳은 것은?

① $\mathcal{L}[u(t)] = 1$

② $z[u(t)] = \dfrac{1}{z}$

③ $z[u(t)] = \dfrac{z}{z-1}$

④ $z[u(t)] = \dfrac{Tz}{(z-1)^2}$

⑤ $z[u(t)] = \dfrac{z}{z - e^{-aT}}$

정답 및 해설

82 ②

s 평면의 우반평면은 z 평면상에서는 단위원의 외부에 사상된다.

83 ②

특성방정식 $|sI - A| = 0$임을 적용하여 구한다.

$|sI - A| = \begin{bmatrix} s & 0 \\ 0 & s \end{bmatrix} - \begin{bmatrix} 0 & 1 \\ -5 & -2 \end{bmatrix} = \begin{bmatrix} s & -1 \\ 5 & s+2 \end{bmatrix} = s^2 + 2s + 5 = 0$이다.

84 ③

$x_1(t) = \dot{c}(t)$, $x_2(t) = \ddot{c}(t) = \dot{x}_1(t)$, $x_3(t) = \dddot{c}(t) = \dot{x}_2(t)$라고 하면
$\dot{x}_3(t) = -2x_1(t) - 5x_2(t) - 3x_3(t) + r(t)$이므로

$\begin{bmatrix} \dot{x}_1(t) \\ \dot{x}_2(t) \\ \dot{x}_3(t) \end{bmatrix} = \begin{bmatrix} 0 & 1 & 0 \\ 0 & 0 & 1 \\ -2 & -5 & -3 \end{bmatrix} \begin{bmatrix} x_1(t) \\ x_2(t) \\ x_3(t) \end{bmatrix} + \begin{bmatrix} 0 \\ 0 \\ 1 \end{bmatrix} r(t)$이다.

따라서 계수행렬 $A = \begin{bmatrix} 0 & 1 & 0 \\ 0 & 0 & 1 \\ -2 & -5 & -3 \end{bmatrix}$이다.

85 ③

단위 계단 함수 $u(t)$의 z 변환은 $\dfrac{z}{z-1}$이다.

🔍 더 알아보기

라플라스 변환 및 z 변환

$\lim\limits_{t \to 0} e(t) = \lim\limits_{s \to \infty} E(z)$		
$f(t)$	$F(s)$	$F(z)$
$\delta(t)$	1	1
$u(t)$	$\dfrac{1}{s}$	$\dfrac{z}{z-1}$
t	$\dfrac{1}{s^2}$	$\dfrac{Tz}{(z-1)^2}$
e^{-at}	$\dfrac{1}{s+a}$	$\dfrac{z}{z - e^{-at}}$

출제빈도: ★★☆ 대표출제기업: 한국전력공사

86 z 변환법을 사용한 샘플값 제어계가 안정하기 위한 $1 + GH(z) = 0$의 근의 위치는?

① $|z| = 1$인 단위원 내부에 존재해야 한다.

② $|z| = 1$인 단위원 외부에 존재해야 한다.

③ $|z| = 1$인 단위원상에 존재해야 한다.

④ z 평면의 우반면에 존재해야 한다.

⑤ z 평면의 좌반면에 존재해야 한다.

출제빈도: ★★☆ 대표출제기업: 한국전력공사

87 $f(t)$의 z 변환을 $F(z)$라고 했을 때, $f(t)$의 최종값을 얻는 식은?

① $\lim\limits_{z \to 0} zE(z)$

② $\lim\limits_{z \to 0} E(z)$

③ $\lim\limits_{z \to \infty} E(z)$

④ $\lim\limits_{z \to \infty} (1 - z^{-1})F(z)$

⑤ $\lim\limits_{z \to 1} (1 - z^{-1})F(z)$

출제빈도: ★★☆ 대표출제기업: 한전KPS

88 다음 논리식 중 옳지 않은 것은?

① $A \cdot \overline{A} = 0$

② $A + 0 = 0$

③ $A + A = A$

④ $A \cdot 1 = A$

⑤ $A + \overline{A} = 1$

출제빈도: ★★☆ 대표출제기업: 한국남부발전

89 다음 논리식을 간단히 한 것으로 옳은 것은?

$$X = \overline{A}\,\overline{B}C + A\overline{B}\,\overline{C} + A\overline{B}C$$

① $\overline{A}(B + C)$

② $C(\overline{A} + \overline{B})$

③ $\overline{B}(A + B)$

④ $\overline{B}(A + C)$

⑤ $\overline{C}(A + B)$

출제빈도: ★☆☆ 대표출제기업·한국가스공사

90 다음 중 논리회로의 종류에 대한 설명으로 옳지 않은 것은?

① AND 회로: 입력 신호 A, B의 값이 모두 1일 때만 출력 신호 X의 값이 1이 되는 회로로, 논리식은 $X = A \cdot B$로 표시한다.

② OR 회로: 입력 신호 A, B 중 어느 한 값이 1이면 출력 신호 X의 값이 1이 되는 회로로, 논리식은 $X = A + B$로 표시한다.

③ NOT 회로: 입력 신호 A와 출력 신호 X가 서로 반대되는 회로로, 논리식은 $X = \overline{A}$로 표시한다.

④ NAND 회로: AND 회로의 부정회로로, 논리식은 $X = \overline{A \cdot B}$로 표시한다.

⑤ NOR 회로: OR 회로의 부정회로로, 논리식은 $X = A + B$로 표시한다.

정답 및 해설

86 ①
z 변환법을 사용한 샘플값 제어계의 안정 조건은 $|z| = 1$인 단위원 내부에 위치해야 한다.

87 ⑤
최종값 정리 $\lim_{t \to \infty} f(t) = \lim_{s \to 0} sF(s) = \lim_{z \to 1}(1 - z^{-1})F(z)$이다.

88 ②
$A + 0 = A$이므로 옳지 않다.

> 🔍 **더 알아보기**
>
> **논리대수**
>
> | | |
> |---|---|
> | $A \cdot A = A$ | $A + A = A$ |
> | $A \cdot 1 = A$ | $A + 1 = 1$ |
> | $A \cdot 0 = 0$ | $A + 0 = A$ |
> | $A + \overline{A} = 1$ | $A \cdot \overline{A} = 0$ |
> | $1 \cdot 1 = 1$ | $1 + 1 = 1$ |

89 ④
$$X = \overline{A}BC + A\overline{B}\overline{C} + AB\overline{C} = \overline{B}(\overline{A}C + A\overline{C} + AC)$$
$$= \overline{B}(\overline{A}C + A(\overline{C} + C)) = \overline{B}(\overline{A}C + A)$$
$$= \overline{B}(\overline{A} + A)(A + C) = \overline{B}(A + C)$$

90 ⑤
NOR 회로는 OR 회로의 부정회로로, 논리식은 $X = \overline{A + B}$로 표시한다.

출제빈도: ★★☆ 대표출제기업: 한국전력공사

91 다음 중 논리식 $x \cdot (x + y)$를 간단히 한 것은?

① $1 + y$ ② $1 + x$ ③ x ④ y ⑤ 1

출제빈도: ★★☆ 대표출제기업: 한국전력공사

92 다음 중 논리식 $X = \overline{A}\,\overline{B} + \overline{A}B + AB$를 간단히 한 것은?

① $\overline{A} + B$ ② $A + B$ ③ $\overline{A} + \overline{B}$ ④ $A + \overline{B}$ ⑤ $\overline{A}$

출제빈도: ★★☆ 대표출제기업: 한국중부발전

93 다음 중 논리식 $\overline{A} + \overline{B} \cdot \overline{C}$와 동일한 것은?

① $\overline{A \cdot B + C}$ ② $\overline{A + B + C}$ ③ $\overline{A \cdot B} + C$

④ $\overline{A(B + C)}$ ⑤ $\overline{A + BC}$

출제빈도: ★☆☆ 대표출제기업: 한국중부발전

94 다음 논리식 중 나머지와 다른 것은?

① $AB + A\overline{B}$ ② $(A + B)(A + \overline{B})$ ③ $A(A + B)$

④ $A(\overline{A} + B)$ ⑤ $A + A\overline{B}$

출제빈도: ★★★ 대표출제기업: 한국전력공사, 한국지역난방공사

95 다음 중 압력을 변위로 변환시키는 장치는?

① 벨로우즈   ② 차동 변압기   ③ 노즐 플래퍼

④ 가변 저항기   ⑤ 전자석

출제빈도: ★★★ 대표출제기업: 한국전력공사

96 다음 중 온도를 전압으로 변환시키는 장치는?

① 전자석   ② 차동 변압기   ③ 측온 저항

④ 열전대   ⑤ 전자석

정답 및 해설

91 ③
$x \cdot (x + y) = x \cdot x + x \cdot y = x + x \cdot y = x(1 + y) = x$이다.

92 ①
$X = \overline{AB} + \overline{A}B + AB = \overline{A}(\overline{B} + B) + AB = \overline{A} + AB$
$= (\overline{A} + A)(\overline{A} + B) = \overline{A} + B$이다.

93 ④
드모르간의 법칙에 의해 $\overline{A} + \overline{B} \cdot \overline{C} = \overline{A} + \overline{(B + C)} = \overline{A(B + C)}$이다.

94 ④
① $AB + A\overline{B} = A(B + \overline{B}) = A \cdot 1 = A$
② $(A + B)(A + \overline{B}) = AA + A(B + \overline{B}) + B\overline{B} = A + A \cdot 1 + 0 = A$

③ $A(A + B) = AA + AB = A + AB = A(1 + B) = A$
④ $A(\overline{A} + B) = A\overline{A} + AB = 0 + AB = AB$
⑤ $A + A\overline{B} = A(1 + \overline{B}) = A$
따라서 나머지와 다른 논리식은 $A(\overline{A} + B)$이다.

95 ①
압력을 변위로 변환시키는 장치는 벨로우즈이다.

오답노트
② 차동 변압기는 변위를 전압으로 변환시키는 장치이다.
③ 노즐 플래퍼는 변위를 압력으로 변환시키는 장치이다.
④ 가변 저항기는 변위를 임피던스로 변환시키는 장치이다.
⑤ 전자석은 전압을 변위로 변환시키는 장치이다.

96 ④
온도를 전압으로 변환시키는 장치는 열전대이다.

출제빈도: ★☆☆ 대표출제기업: 한전KPS

97 다음 반도체 소자 중 온도 보상용으로 사용하는 것은?

① 제너 다이오드   ② 배리스터   ③ 서미스터

④ 터널 다이오드   ⑤ 사이러트론

출제빈도: ★★☆ 대표출제기업: 한국중부발전

98 다음 중 차동 변압기, 포텐셔미터가 변환시키는 신호는?

① 변위를 압력으로 변환   ② 전압을 변위로 변환

③ 온도를 전압으로 변환   ④ 변위를 전압으로 변환

⑤ 변위를 임피던스로 변환

출제빈도: ★☆☆ 대표출제기업: 한국가스공사

99 다음 반도체 소자 중 전원 전압을 안정하게 유지하기 위해 사용하는 다이오드는?

① 서미스터   ② 버랙터 다이오드   ③ 사이리스터

④ 터널 다이오드   ⑤ 제너 다이오드

출제빈도: ★★☆ 대표출제기업: 한국전력공사

100 반도체 소자인 서미스터의 온도가 증가했을 때, 저항값의 변화는?

① 증가한다.   ② 감소한다.
③ 천천히 감소하다 증가한다.   ④ 급속히 가열된다.
⑤ 변화하지 않는다.

출제빈도: ★★★ 대표출제기업: 한국전력공사

101 다음 중 온도에서 전압으로 변환하는 열전대의 조합이 잘못 짝지어진 것은?

① 구리 – 콘스탄탄   ② 철 – 콘스탄탄   ③ 백금 – 백금로듐
④ 크로멜 – 알루멜   ⑤ 구리 – 주석

정답 및 해설

97 ③
온도 보상용으로 사용하는 것은 서미스터이다.

98 ④
변위를 전압으로 변환시키는 기기에는 포텐셔미터, 차동 변압기, 전위차계 등이 있다.

99 ⑤
정전압 소자로서 전원 전압을 일정하게 유지하기 위해 사용하는 다이오드는 제너 다이오드이다.

100 ②
서미스터는 온도가 증가할 때 저항값은 감소한다.

101 ⑤
열전대는 온도에서 전압으로 변환하는 장치로 구리 – 콘스탄탄, 철 – 콘스탄탄, 백금 – 백금로듐, 크로멜 – 알루멜의 조합을 접속한다.

📖 학습목표

1. 한국전기설비규정(KEC)의 내용을 파악한다.
2. 전압의 종별, 전로의 절연, 접지시스템, 저압 전기설비의 계통접지 등 변경된 규정을 파악한다.

📖 출제비중

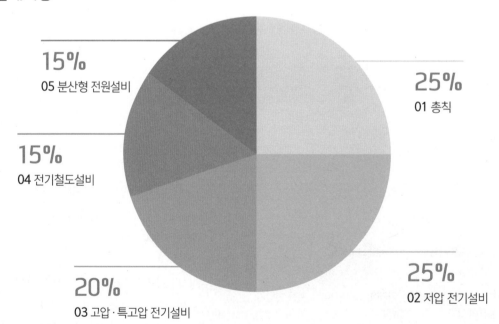

15%
05 분산형 전원설비

15%
04 전기철도설비

20%
03 고압·특고압 전기설비

25%
01 총칙

25%
02 저압 전기설비

출제포인트 & 출제기업

출제포인트	출제빈도	출제기업
01 총칙	★★★	한국철도공사(코레일) 한국전력공사 한국전기안전공사 한국수력원자력 서울교통공사 등
02 저압 전기설비	★★★	
03 고압·특고압 전기설비	★★	
04 전기철도설비	★★	
05 분산형 전원설비	★★	

✓기출 Keyword

- 절연저항
- 접지시스템
- 지선
- 절연내력 시험
- 지중전선로
- 과전류 차단기
- 가공전선로
- 안전율
- 저압배선설비

---

01 총칙
출제빈도 ★★★

1. 용어 정리

① 전압의 구분
- 저압: 교류 1[kV] 이하, 직류 1.5[kV] 이하
- 고압: 교류 1[kV], 직류 1.5[kV] 초과, 7[kV] 이하
- 특고압: 7[kV] 초과

② 가공인입선: 가공전선로의 지지물로부터 다른 지지물을 거치지 않고 수용장소의 붙임점에 이르는 가공전선

③ 계통연계(= 계통연락): 둘 이상의 전력계통 사이를 전력이 상호 융통될 수 있도록 선로를 통해 연결하는 것으로 전력계통 상호 간을 송전선, 변압기 또는 직류-교류 변환설비 등에 연결하는 것

④ 관등회로: 방전등용 안정기 또는 방전등용 변압기로부터 방전관까지의 전로

⑤ 리플프리(Ripple-free) 직류: 교류를 직류로 변환할 때 리플 성분의 실횻값이 10[%] 이하로 포함된 직류

⑥ 서지 보호 장치(SPD, Surge Protective Device): 과도 과진입을 제한하고 서지 전류를 분류하기 위한 장치

⑦ 스트레스 전압(Stress Voltage): 지락고장 중에 접지 부분 또는 기기나 장치의 외함과 기기나 장치의 다른 부분 사이에 나타나는 전압

⑧ 2차 접근 상태: 가공전선이 다른 시설물과 접근하는 경우에 그 가공전선이 다른 시설물의 위쪽 또는 옆쪽에서 수평 거리로 3[m] 미만인 곳에 시설되는 상태

⑨ 특별저압(ELV, Extra Low Voltage): 인체에 위험을 초래하지 않을 정도의 저압. SELV(Safety Extra Low Voltage)는 비접지회로에, PELV(Protective Extra Low Voltage)는 접지회로에 해당

⑩ PEN 도체: 교류회로에서 중성선 겸용 보호도체

⑪ PEM 도체: 직류회로에서 중간선 겸용 보호도체

⑫ PEL 도체: 직류회로에서 선도체 겸용 보호도체

2. 전선

(1) 전선의 식별

① 전선의 색상

상(문자)	L1	L2	L3	N	보호도체
색상	갈색	흑색	회색	청색	녹색-노란색

② 색상 식별이 종단 및 연결 지점에서만 이루어지는 나도체 등은 전선 종단부에 색상이 반영구적으로 유지될 수 있는 도색, 밴드, 색 테이프 등의 방법으로 표시해야 한다.

(2) 전로의 절연저항 및 절연내력

① 저압전로의 절연저항

정전이 어려운 경우 등 절연저항 측정이 곤란한 경우에는 저항 성분의 누설전류가 1[mA] 이하이면 그 전로의 절연 성능은 적합한 것으로 본다.

② 절연 성능

특별저압(2차 전압이 AC 50[V], DC 120[V] 이하)으로 SELV(비접지회로 구성) 및 PELV(접지회로 구성)는 1차와 2차가 전기적으로 절연된 회로, FELV는 1차와 2차가 전기적으로 절연되지 않은 회로

전로의 사용전압[V]	DC 시험 전압[V]	절연저항[MΩ]
SELV 및 PELV	250	0.5
FELV, 500[V] 이하	500	1.0
500[V] 초과	1,000	1.0

③ 절연내력

• 고압 및 특고압의 전로는 다음의 전압으로 전로와 대지 사이에 연속 10분간의 절연내력 시험에 견뎌야 한다.

최대 사용전압	시험전압	최저 시험전압
7[kV] 이하	1.5배	500[V]*
7[kV] 초과 25[kV] 이하 중성점 다중접지 방식	0.92배	–
7[kV] 초과 비접지식 모든 전압	1.25배	10,500[V]
60[kV] 초과 중성점 접지식	1.1배	75[kV]
60[kV] 초과 중성점 직접접지식	0.72배	–
170[kV] 초과 중성점 직접접지식 구내에만 적용	0.64배	–

※ 전로에 케이블을 사용하는 경우 직류로 시험할 수 있으며, 시험전압은 교류의 경우 2배가 됨
* 전로의 절연저항 및 절연내력에는 적용하지 않음

• 회전기 및 정류기는 다음의 전압으로 10분간의 절연내력 시험에 견뎌야 한다.

종류			시험 전압	시험 방법
회전기	• 발전기 • 전동기 • 조상기 • 기타 회전기	최대 사용전압 7[kV] 이하	1.5배(최저 500[V])	권선과 대지 사이에 연속하여 10분간
		최대 사용전압 7[kV] 초과	1.25배(최저 10,500[V])	
	회전 변류기		직류 측의 최대 사용전압 1배의 교류전압 (최저 500[V])	
정류기	최대 사용전압 60[kV] 이하		직류 측의 최대 사용전압 1배의 교류전압 (최저 500[V])	충전 부분과 외함 간에 연속하여 10분간
	최대 사용전압 60[kV] 초과		교류 측의 최대 사용전압 1.1배의 교류전압 또는 직류 측의 최대 사용전압 1.1배의 직류전압	교류 측 및 직류 고전압 측 단자와 대지 사이에 연속 하여 10분간

3. 접지시스템

(1) 접지시스템의 구분 및 종류

① 구분: 계통접지, 보호접지, 피뢰시스템접지 등
② 시설 종류: 단독접지, 공통접지, 통합접지

(2) 접지극의 시설 및 접지저항

① 접지극은 지하 0.75[m] 이상 깊이 매설한다.
② 지중에서 그 금속체로부터 1[m] 이상 떼어 매설한다.

(3) 접지도체 · 보호도체

① 접지도체
• 단면적: 구리 6[mm^2] 이상, 철제 50[mm^2] 이상
(단, 접지도체에 피뢰시스템이 접속되는 경우 구리 16[mm^2] 또는 철 50[mm^2] 이상)
• 지하 0.75[m]부터 지표상 2[m]까지의 부분은 합성수지관 또는 이와 동등 이상의 절연효과와 강도를 가지는 몰드로 덮어야 함

② 보호도체

선도체의 단면적 S ([mm^2], 구리)	보호도체의 최소 단면적([mm^2], 구리)	
	보호도체의 재질	
	선도체와 같은 경우	선도체와 다른 경우
$S \leq 16$	S	$(k_1/k_2) \times S$
$16 < S \leq 35$	$16(a)$	$(k_1/k_2) \times 16$
$S > 35$	$S(a)/2$	$(k_1/k_2) \times (S/2)$

※ 차단 시간이 5초 이하인 경우 $S = \frac{\sqrt{I^2 t}}{k}$ 적용

4. 저압수용가 인입구 접지

① 수용장소 인입구에 추가로 접지공사를 할 수 있다.
- 지중에 매설되어 있고 대지와의 전기저항값이 3[Ω] 이하의 값을 유지하고 있는 금속제 수도관로
- 대지 사이의 전기저항값이 3[Ω] 이하인 값을 유지하는 건물의 철골
② 접지도체는 공칭 단면적 6[mm^2] 이상의 연동선

5. 변압기 중성점 접지

변압기의 중성점 접지저항값은 다음에 의한다.
① 일반적으로 변압기의 고압·특고압측 전로 1선 지락전류로 150을 나눈 값과 같은 저항값 이하
② 변압기의 고압·특고압측 전로 또는 사용전압이 35[kV] 이하의 특고압전로가 저압측 전로와 혼촉하고 저압전로의 대지전압이 150[V]를 초과하는 경우 저항값은 다음에 의한다.
- 1초 초과 2초 이내에 고압·특고압 전로를 자동으로 차단하는 장치 설치 시 300을 나눈 값 이하
- 1초 이내에 고압·특고압 전로를 자동으로 차단하는 장치 설치 시 600을 나눈 값 이하

6. 등전위본딩 도체

주접지단자에 접속하기 위한 등전위본딩 도체는 설비 내에 있는 가장 큰 보호접지도체 단면적의 1/2 이상의 단면적을 가져야 하고 다음의 단면적 이상이어야 한다.
① 구리도체: 6[mm^2]
② 알루미늄 도체: 16[mm^2]
③ 강철 도체: 50[mm^2]

7. 피뢰시스템

(1) 피뢰시스템의 적용 범위

① 전기전자설비가 설치된 건축물·구조물로서 낙뢰로부터 보호가 필요한 것 또는는 지상으로부터 높이가 20[m] 이상인 것
② 전기설비 및 전자설비 중 낙뢰로부터 보호가 필요한 설비

(2) 외부피뢰시스템

① 수뢰부시스템: 돌침, 수평도체, 메시도체의 요소 중 한 가지 또는 이를 조합한 형식으로 시설
② 인하도선시스템: 수뢰부시스템과 접지시스템을 전기적으로 연결하는 것
③ 접지극시스템: 뇌전류를 대지로 방류시키기 위한 접지극시스템

(3) 내부피뢰시스템

- 피뢰 구역 경계 부분에서는 접지 또는 본딩을 해야 한다. (단, 직접본딩이 불가능한 경우 서지 보호 장치 설치)
- 전기전자설비를 보호하기 위한 접지와 피뢰등전위본딩은 다음에 따른다.
  - 뇌서지 전류를 대지로 방류시키기 위한 접지 시설
  - 전위차를 해소하고 자계를 감소시키기 위한 본딩 구성

🖹 시험문제 미리보기!

다음 중 관등회로에 대한 설명으로 옳은 것은?

① 분기점으로부터 안정기까지의 전로
② 스위치로부터 방전등까지의 전로
③ 스위치로부터 안정기까지의 전로
④ 방전등용 안정기로부터 방전관까지의 전로
⑤ 분지점으로부터 방전관까지의 전로

정답   ④

해설   관등회로는 방전등용 안정기 또는 방전등용 변압기로부터 방전관까지의 전로이다.

1. 적용 범위

교류 1[kV] 또는 직류 1.5[kV] 이하인 저압의 전기를 공급하거나 사용하는 전기설비에 적용한다.

2. 배전 방식

(1) 교류회로

① 3상 4선식의 중성선 또는 PEN 도체는 충전도체는 아니지만 운전전류를 흘리는 도체이다.

② 3상 4선식에서 파생되는 단상 2선식 배전 방식의 경우 두 도체 모두 선도체이거나 하나의 선도체와 중성선 또는 하나의 선도체와 PEN 도체이다.

③ 모든 부하가 선간에 접속된 전기설비에서는 중성선의 설치가 필요하지 않을 수 있다.

(2) 직류회로

PEL과 PEM 도체는 충전도체는 아니지만 운전전류를 흘리는 도체이다. 2선식 배전 방식이나 3선식 배전 방식을 적용한다.

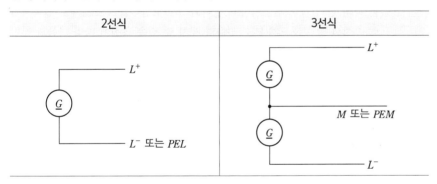

2선식	3선식

3. 계통접지의 방식

(1) 계통접지 구성

① 저압전로의 보호도체 및 중성선의 접속 방식에 따른 접지계통 분류
- TN 계통
- TT 계통
- IT 계통

② 계통접지에서 사용되는 문자의 정의
- 제1문자는 전원계통과 대지의 관계
  - T: 한 점을 대지에 직접접속
  - I: 모든 충전부를 대지와 절연시키거나 높은 임피던스를 통해 한 점을 대지에 직접접속
- 제2문자는 전기설비의 노출도전부와 대지의 관계
  - T: 노출도전부를 대지로 직접접속. 전원계통의 접지와는 무관
  - N: 노출도전부를 전원계통의 접지점(교류계통에서는 통상적으로 중성점, 중성점이 없을 경우에는 선도체)에 직접접속
- 그다음 문자는 중성선과 보호도체의 배치(문자가 있을 경우)
  - S: 중성선 또는 접지된 선도체 외에 별도의 도체에 의해 제공되는 보호 기능
  - C: 중성선과 보호 기능을 한 개의 도체로 겸용(PEN 도체)

③ 각 계통에서 나타내는 그림의 기호

——/•——	중성선(N), 중간도체(M)
——/——	보호도체(PE)
——/•——	중성선과 보호도체 겸용(PEN)

(2) TN 계통

전원 측의 한 점을 직접접지하고 설비의 노출도전부를 보호도체로 접속시키는 방식으로 중성선 및 보호도체(PE 도체)의 배치 및 접속 방식에 따라 다음과 같이 분류한다.

① TN-S 계통은 계통 전체에 대해 별도의 중성선 또는 PE 도체를 사용한다. 배전계통에서 PE 도체를 추가로 접지할 수 있다.
- 계통 내에서 별도의 중성선과 보호도체가 있는 TN-S 계통

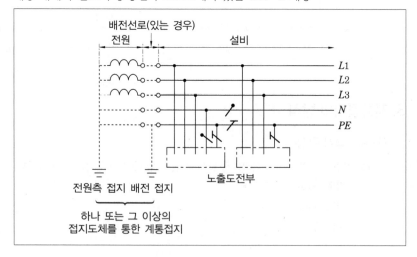

• 계통 내에서 별도의 접지된 선도체와 보호도체가 있는 TN-S 계통

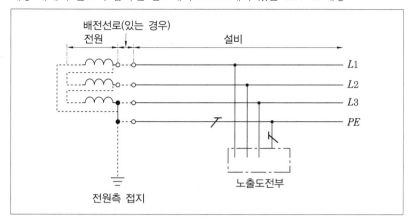

• 계통 내에시 접지된 보호도체는 있으나 중성선의 배선이 없는 TN-S 계통

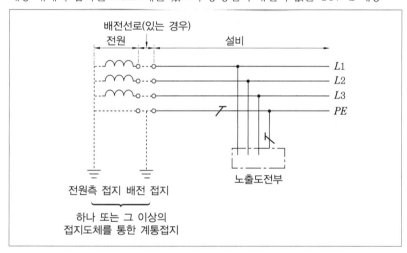

② TN-C 계통은 그 계통 전체에 대해 중성선과 보호도체의 기능을 동일 도체로 겸용한 PEN 도체를 사용한다. 배전계통에서 PEN 도체를 추가로 접지할 수 있다.

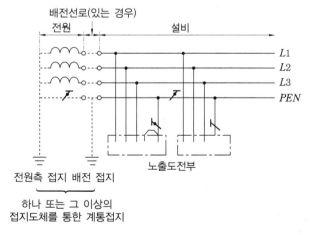

③ TN-C-S 계통은 계통의 일부분에서 PEN 도체를 사용하거나 중성선과 별도의 PE 도체를 사용하는 방식이 있다. 배전계통에서 PEN 도체와 PE 도체를 추가로 접지할 수 있다.

• 설비의 어느 곳에서 PEN이 PE와 N으로 분리된 3상 4선식 TN-C-S 계통

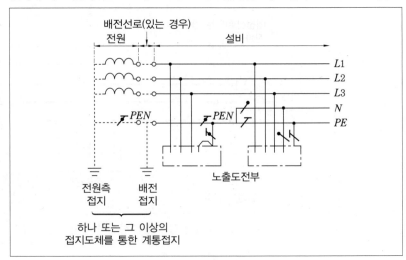

(3) TT 계통

전원의 한 점을 직접접지하고 설비의 노출도전부는 전원의 접지전극과 전기적으로 독립적인 접지극에 접속시킨다. 배전계통에서 PE 도체를 추가로 접지할 수 있다.

• 설비 전체에서 별도의 중성선과 보호도체가 있는 TT 계통

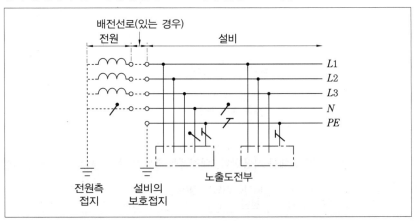

• 설비 전체에서 접지된 보호도체가 있으나 배전용 중성선이 없는 TT 계통

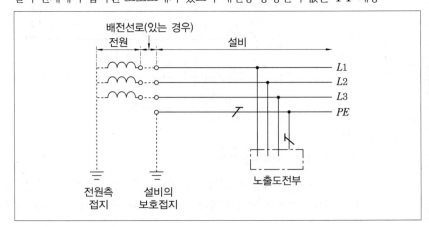

① 충전부 전체를 대지로부터 절연시키거나 한 점을 임피던스를 통해 대지에 접속시킨다. 전기설비의 노출도전부를 단독 또는 일괄적으로 계통의 PE 도체에 접속시킨다. 배전계통에서 추가 접지가 가능하다.

② 계통은 충분히 높은 임피던스를 통해 접지할 수 있다. 이 접속은 중성점, 인위적 중성점, 선도체 등에서 할 수 있다. 중성선은 배선할 수도 있고, 배선하지 않을 수도 있다.

• 계통 내의 모든 노출도전부가 보호도체에 의해 접속되어 일괄 접지된 IT 계통

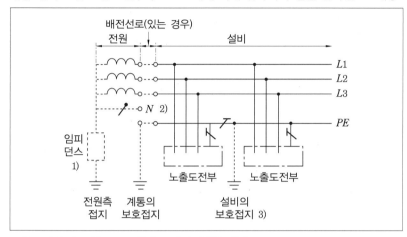

• 노출도전부가 조합 또는 개별로 접지된 IT 계통

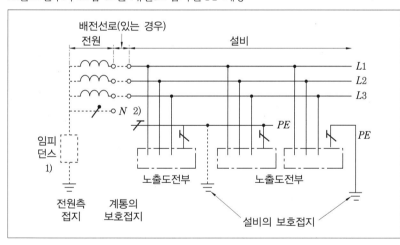

4. 감전에 대한 보호

(1) 누전차단기의 시설

전원의 자동차단에 의한 저압전로의 보호대책으로 누전차단기를 시설해야 할 대상은 다음과 같다. 누전차단기의 정격 동작전류, 정격 동작시간 등 적용 대상의 전로, 기기 등에서 요구하는 조건에 따라야 한다.

• 금속제 외함을 가지는 사용전압이 $50[V]$를 초과하는 저압의 기계기구로서 사람이 쉽게 접촉할 우려가 있는 곳에 시설하는 것에 전기를 공급하는 전로. 단, 다음의 어느 하나에 해당하는 경우에는 적용하지 않는다.

- 기계기구를 발전소·변전소·개폐소 또는 이에 준하는 곳에 시설하는 경우
- 기계기구를 건조한 곳에 시설하는 경우
- 대지전압이 150[V] 이하인 기계기구를 물기가 있는 곳 이외의 곳에 시설하는 경우
- 「전기용품 및 생활용품 안전관리법」의 적용을 받는 이중절연구조의 기계기구를 시설하는 경우
- 그 전로의 전원 측에 절연 변압기(2차 전압이 300[V] 이하인 경우에 한함)를 시설하고 또한 그 절연 변압기의 부하 측의 전로에 접지하지 않는 경우
- 기계기구가 고무·합성수지, 기타 절연물로 피복된 경우
- 기계기구가 유도 전동기의 2차 측 전로에 접속되는 경우

(2) SELV와 PELV를 적용한 특별저압에 의한 보호

① 특별저압에 의한 보호는 다음의 특별저압 계통에 의한 보호 대책이다.
- SELV(Safety Extra-Low Voltage)
- PELV(Protective Extra-Low Voltage)

② 보호 대책의 요구사항
- 특별저압 계통의 전압 한계는 교류 50[V] 이하, 직류 120[V] 이하여야 한다.
- 특별저압 회로를 제외한 모든 회로로부터 특별저압 계통을 보호 분리하고, 특별저압 계통과 다른 특별저압 계통 간에는 기본절연을 해야 한다.
- SELV 계통과 대지 간의 기본절연을 해야 한다.

5. 과전류에 대한 보호

<표> 퓨즈의 용단 특성

정격전류의 구분	시 간	정격전류의 배수	
		불용단전류	용단전류
4[A] 이하	60분	1.5배	2.1배
4[A] 초과 16[A] 미만	60분	1.5배	1.9배
16[A] 이상 63[A] 이하	60분	1.25배	1.6배
63[A] 초과 160[A] 이하	120분	1.25배	1.6배
160[A] 초과 400[A] 이하	180분	1.25배	1.6배
400[A] 초과	240분	1.25배	1.6배

6. 전선로

(1) 구내인입선

① 저압 가공인입선의 시설

- 전선은 절연전선 또는 케이블일 것
- 전선이 케이블인 경우 이외에는 인장강도 2.30[kN] 이상의 것 또는 지름 2.6[mm] 이상의 인입용 비닐절연전선일 것. 단, 경간이 15[m] 이하인 경우는 인장강도 1.25[kN] 이상의 것 또는 지름 2[mm] 이상의 인입용 비닐절연전선일 것
- 전선이 옥외용 비닐절연전선 또는 그 이외의 절연전선인 경우에는 사람이 쉽게 접촉할 우려가 없도록 시설할 것
- 전선의 높이는 다음에 의할 것
  - 도로(차도와 보도의 구별이 있는 도로인 경우 차도)를 횡단하는 경우: 노면상 5[m](기술상 부득이한 경우에 교통에 지장이 없을 때는 3[m]) 이상
  - 철도 또는 궤도를 횡단하는 경우: 레일면상 6.5[m] 이상
  - 횡단보도교의 위에 시설하는 경우: 노면상 3[m] 이상
  - 이외의 경우: 지표상 4[m](기술상 부득이한 경우에 교통에 지장이 없을 때는 2.5[m]) 이상

<표> 가공인입선 조영물의 구분에 따른 이격거리

시설물의 구분		이격거리
조영물의 상부 조영재	위쪽	2[m] (전선이 옥외용 비닐절연전선 이외의 저압 절연전선인 경우 1.0[m], 고압·특고압 절연전선 또는 케이블인 경우 0.5[m])
	옆쪽 또는 아래쪽	0.3[m] (전선이 고압·특고압 절연전선 또는 케이블인 경우 0.15[m])
조영물의 상부 조영재 이외의 부분 또는 조영물 이외의 시설물		0.3[m] (전선이 고압·특고압 절연전선 또는 케이블인 경우 0.15[m])

② 저압 연접인입선의 시설

- 인입선에서 분기하는 점으로부터 100[m]를 초과하는 지역에 미치지 않을 것
- 폭 5[m]를 초과하는 도로를 횡단하지 않을 것
- 옥내를 통과하지 않을 것

(2) 저압 가공전선의 굵기 및 종류

① 저압 가공전선은 나전선, 절연전선, 다심형 전선 또는 케이블을 사용해야 한다.
② 사용전압 $400[V]$ 이하인 저압 가공전선(케이블인 경우 제외)
  - 인장강도 $3.43[kN]$ 이상의 것 또는 지름 $3.2[mm]$(절연전선인 경우 인장강도 $2.3[kN]$ 이상의 것 또는 지름 $2.6[mm]$ 이상의 경동선) 이상의 것
③ 사용전압 $400[V]$ 초과인 저압 가공전선(케이블인 경우 제외)
  - 시가지에 시설: 인장강도 $8.01[kN]$ 이상의 것 또는 지름 $5[mm]$ 이상의 경동선
  - 시가지 외에 시설: 인장강도 $5.26[kN]$ 이상의 것 또는 지름 $4[mm]$ 이상의 경동선

(3) 저압 가공전선의 높이

① 도로(농로 기타 교통이 번잡하지 않은 도로 및 횡단보도교)를 횡단하는 경우: 지표상 $6[m]$ 이상
② 철도 또는 궤도를 횡단하는 경우: 레일면상 $6.5[m]$ 이상
③ 횡단보도교의 위에 시설하는 경우: 노면상 $3.5[m]$
④ 이외의 경우: 지표상 $5[m]$ 이상(단, 교통에 지장이 없도록 시설하는 경우 지표상 $4[m]$까지로 감할 수 있음)

(4) 저압 가공전선과 다른 시설물의 접근 또는 교차

다른 시설물의 구분		이격거리
조영물의 상부 조영재	위쪽	$2[m]$ (전선이 고압·특고압 절연전선 또는 케이블인 경우 $1.0[m]$)
	옆쪽 또는 아래쪽	$0.6[m]$ (전선이 고압·특고압 절연전선 또는 케이블인 경우 $0.3[m]$)
조영물의 상부 조영재 이외의 부분 또는 조영물 이외의 시설물		$0.6[m]$ (전선이 고압·특고압 절연전선 또는 케이블인 경우 $0.3[m]$)

(5) 저압 옥내 배선의 사용 전선

① 저압 옥내 배선의 전선은 단면적 $2.5[mm^2]$ 이상의 연동선 또는 이와 동등 이상의 강도 및 굵기의 것
② 옥내 배선의 사용전압이 $400[V]$ 이하인 경우로 다음 중 어느 하나에 해당하는 경우에는 ①을 적용하지 않는다.
  - 전광표시장치, 기타 이와 유사한 장치 또는 제어회로 등에 사용하는 배선에 단면적 $1.5[mm^2]$ 이상의 연동선을 사용하고, 이를 합성수지관 공사·금속관 공사·금속 몰드 공사·금속 덕트 공사·플로어 덕트 공사 또는 셀룰러 덕트 공사에 의하여 시설하는 경우
  - 전광표시장치, 기타 이와 유사한 장치 또는 제어회로 등의 배선에 단면적 $0.75[mm^2]$ 이상인 다심 케이블 또는 다심 캡타이어 케이블을 사용하고, 과전류가 생겼을 때 자동적으로 전로에서 차단하는 장치를 시설하는 경우

(6) 나전선의 사용 제한

옥내에 시설하는 저압전선은 다음의 경우를 제외하고 나전선을 사용해서는 안 된다.

① 애자 사용 공사에 의하여 전개된 곳에 시설하는 경우
- 전기로용 전선
- 전선의 피복 절연물이 부식하는 장소에 시설하는 전선
- 취급자 이외의 자가 출입할 수 없도록 설비한 장소에 시설하는 전선

② 버스 덕트 공사에 의하여 시설하는 경우

③ 라이팅 덕트 공사에 의하여 시설하는 경우

④ 옥내에 시설하는 저압 접촉전선 배선에 의하여 시설하는 경우

⑤ 유희용 전차의 전원장치에 있어서 접촉전선이 3레일 방식에 의하여 시설하는 경우

(7) 옥내 전로의 대지전압의 제한

백열전등 또는 방전등에 전기를 공급하는 옥내 전로의 대지전압은 $300[V]$ 이하여야 한다.

(8) 저압 옥내 배선의 시설장소별 공사의 종류

저압 옥내 배선은 합성수지관 공사·금속관 공사·가요전선관 공사나 케이블 공사 또는 시설장소 및 사용전압의 구분에 따른 공사에 의하여 시설해야 한다.

(9) 애자 사용 공사

① 전선의 종류: 절연전선(단, 옥외용 비닐절연전선(OW) 및 인입용 비닐절연전선(DV) 제외)

② 이격거리

전압		전선과 조영재와의 이격거리		전선 상호 간격	전선 지지점 간의 거리	
					조영재의 상면 또는 측면	조영재에 따라 시설하지 않는 경우
저압	$400[V]$ 이하	$2.5[cm]$ 이상		$6[cm]$ 이상	$2[m]$ 이하	–
	$400[V]$ 초과	건조한 장소	$2.5[cm]$ 이상			$6[m]$ 이하
		기타 장소	$4.5[cm]$ 이상			

③ 전선이 조영재를 관통하는 경우에는 그 관통하는 부분의 전선을 전선마다 각각 별개의 난연성 및 내수성이 있는 절연관에 넣을 것. 단, 사용전압이 $150[V]$ 이하인 전선을 건조한 장소에 시설하는 경우로서 관통하는 부분의 전선에 내구성이 있는 절연 테이프를 감을 때는 제외한다.

④ 애자 사용 공사에 사용하는 애자는 절연성, 난연성 및 내수성의 것이어야 한다.

(10) 합성수지 몰드 공사

① 절연전선(OW 제외)을 몰드 안에 접속점이 없도록 시설할 것

② 몰드는 홈의 폭 깊이 $3.5[cm]$ 이하, 두께 $1.2[mm]$ 이상일 것. 단, 사람이 쉽게 접촉할 우려가 없도록 하는 경우는 폭을 $5[cm]$ 이하로 할 수 있다.

(11) 합성수지관 공사

① 전선은 절연전선(OW 제외)으로 연선일 것. 단, 짧고 가는 합성수지관에 넣은 것 또는 단면적 $10[mm^2]$(알루미늄선은 단면적 $16[mm^2]$) 이하의 것은 단선을 사용할 수 있다.

② 관 상호 및 관과 박스와는 관의 삽입하는 깊이를 관 외경의 1.2배(접착제를 사용하는 경우 0.8배) 이상으로 견고하게 접속할 것

③ 관의 지지점 간의 거리는 $1.5[m]$ 이하로 할 것

(12) 금속관 공사

① 전선은 절연전선(OW 제외)으로 연선일 것. 단, 짧고 가는 금속관에 넣은 것 또는 단면적 $10[mm^2]$(알루미늄선은 단면적 $16[mm^2]$) 이하의 것은 단선을 사용할 수 있다.

② 시공 방법
  • 금속관 안에는 전선에 접속점이 없도록 할 것
  • 방폭형 부속품의 경우 전선관과의 접속 부분의 나사는 5턱 이상 완전히 나사결합이 될 수 있는 길이일 것
  • 관 상호 간 및 관과 박스, 기타의 부속품과는 나사 접속, 기타 이와 동등 이상의 효력이 있는 방법에 의해 견고하고 전기적으로 완전하게 접속할 것
  • 관의 끝부분에는 전선의 피복이 손상되지 않도록 적당한 구조의 부싱을 사용할 것
  • 금속관 공사로부터 애자 사용 공사로 옮기는 경우 그 부분의 관의 끝부분에는 절연부싱 또는 이와 유사한 것을 사용할 것
  • 금속관에는 '접지시스템', '감전에 대한 보호'에 준하여 접지공사를 할 것. 다만, 사용전압이 $400[V]$ 이하로서 다음의 경우에는 생략할 수 있다.
    − 관의 길이(2개 이상의 관을 접속하여 사용하는 경우에는 그 전체의 길이를 말함)가 $4[m]$ 이하인 것을 건조한 장소에 시설하는 경우
    − 사용전압이 직류 $300[V]$ 또는 교류 대지 전압 $150[V]$ 이하인 경우에 그 전선을 넣는 관의 길이가 $8[m]$ 이하인 것을 사람이 쉽게 접촉할 우려가 없도록 시설하는 때 또는 건조한 장소에 시설하는 때

③ 전선관의 두께
  • 콘크리트에 매설: $1.2[mm]$ 이상
  • 매설 이외의 경우: $1[mm]$ 이상(단, 이음매가 없는 길이 $4[m]$ 이하인 것을 건조하고 전개된 곳에 시설하는 경우 $0.5[mm]$)

(13) 금속몰드 공사

① 전선은 절연전선(OW 제외)으로 몰드 안에서 접속점이 없도록 할 것

② 몰드는 폭 $5[cm]$ 이하, 두께 $0.5[mm]$ 이상일 것

③ 몰드는 '접지시스템', '감전에 대한 보호'에 준하여 접지공사를 할 것. 다만, 다음의 경우에는 접지공사를 생략할 수 있다.
  • 몰드의 길이가 $4[m]$ 이하인 것을 건조한 장소에 시설하는 경우
  • 사용전압이 직류 $300[V]$ 또는 교류 대지전압 $150[V]$ 이하인 경우에 그 전선을 넣은 몰드의 길이가 $8[m]$ 이하인 것을 사람이 쉽게 접촉할 우려가 없도록 시설하는 때 또는 건조한 장소에 시설하는 때

(14) 가요전선관 공사

① 전선은 절연전선(OW 제외)으로 연선이어야 하며(10[mm^2] 이하의 것은 단선 사용 가능) 관 안에서 접속점이 없도록 시설하고, 2종 금속제 가요전선관일 것
② 1종 금속제 가요전선관은 두께 0.8[mm] 이상으로 4[m]를 넘는 것은 2.5[mm^2] 이상의 나연동선을 전장에 걸쳐 삽입 또는 첨가하여 양단에서 관과 전기적으로 완전하게 접속해야 한다.

(15) 금속 덕트 공사

① 전선은 절연전선(OW 제외)으로 금속 덕트에 넣은 전선의 단면적(절연피복 포함)의 합계는 덕트 내부 단면적의 20[%](전광 표시 장치, 출퇴근 표시등, 제어 회로용 배선만을 넣는 경우는 50[%]) 이하일 것
② 금속 덕트 안에는 전선의 접속점이 없을 것(단, 전선을 분기하는 경우에 그 접속점을 쉽게 점검할 수 있는 경우에는 접속 가능)
③ 금속 덕트는 폭이 5[cm]를 넘고 두께가 1.2[mm] 이상일 것
④ 금속 덕트의 지지점 간 거리는 3[m] 이하일 것
⑤ 덕트는 '접지시스템', '감전에 대한 보호'에 준하여 접지공사를 할 것.

(16) 버스 덕트 공사

① 덕트 상호 및 전선 상호는 견고하고 전기적으로 완전하게 접속할 것
② 버스 덕트 지지점 간의 거리는 3[m] 이하일 것
③ 덕트는 '접지시스템', '감전에 대한 보호'에 준하여 접지공사를 할 것.

(17) 라이팅 덕트 공사

① 라이팅 덕트 지지점 간의 거리는 2[m] 이하일 것
② 라이팅 덕트는 조영재를 관통하여 시설하지 말 것

(18) 플로어 덕트 공사

① 전선은 절연전선(OW 제외)으로 연선일 것(10[mm^2] 이하의 것은 단선 사용 가능)
② 덕트 안에는 접속점이 없도록 하고 덕트 및 기타의 부속품은 2[mm] 이상의 강판으로 아연도금을 하거나 에나멜로 피복한 것일 것

(19) 셀룰러 덕트 공사

① 전선은 절연전선(OW 제외)으로 연선일 것(10[mm^2] 이하의 것은 단선 사용 가능)
② 덕트 안에는 전선의 접속점이 없어야 하나 쉽게 점검할 수 있는 경우에는 만들 수 있음

(20) 케이블 공사

① 전선은 케이블 및 캡타이어 케이블일 것
② 전선을 조영재의 아랫면 또는 옆면에 따라 붙이는 경우 전선의 지지점 간 거리는 케이블 2$[m]$ 이하, 캡타이어 케이블 1$[m]$ 이하일 것
③ 케이블 방호 장치 금속제 부분의 접지공사는 금속관 공사와 동일

(21) 케이블 트레이 공사

① 저압 옥내 배선은 다음에 의한다.
 • 전선은 연피 케이블, 알루미늄피 케이블 등 난연성 케이블 또는 금속관 혹은 합성수지관 등에 넣은 절연전선을 사용한다.
 • 케이블 트레이 내에서 전선을 접속하는 경우 그 부분을 절연 처리해야 한다.
 • 동일 케이블 트레이에 시설할 수 있는 다심 케이블은 다음에 따른다.
  − 케이블의 단면적이 120$[mm^2]$ 이상의 케이블인 경우 케이블의 지름의 합계는 케이블 트레이 내측 폭 이하로 하고, 단층으로 시설한다.
  − 내부 깊이 150$[mm]$ 이하의 사다리형 또는 펀칭형 케이블 트레이 내에 다심 제어용 케이블 또는 다심 신호용 케이블만을 넣거나 함께 넣는 경우 모든 케이블의 단면적의 합계는 케이블 트레이의 내부 단면적의 50$[\%]$ 이하로 해야 한다.
② 케이블 트레이는 다음에 적합하게 시설해야 한다.
 • 케이블 트레이의 안전율은 1.5 이상이어야 한다.
 • 전선의 피복 등을 손상시킬 수 있는 돌기 등이 없이 매끈해야 한다.
 • 금속제 케이블 트레이 계통은 기계적 또는 전기적으로 완전하게 접속해야 하며, 트레이는 '접지시스템', '감전에 대한 보호'에 준하여 접지공사를 할 것.

(22) 옥내 저압용 전구선의 시설

① 전구선: 전기사용장소에 시설하는 전선 중 조영물에 고정시키지 않는 백열전등에 이르는 전선
② 사용전압: 400$[V]$ 미만
③ 전선의 종류: 고무코드 또는 0.6/1$[kV]$ EP 고무 절연 클로로프렌 캡타이어 케이블로서 단면적 0.75$[mm^2]$ 이상인 것

(23) 옥내 저압용 이동전선의 시설

옥내에 시설하는 사용전압이 400$[V]$ 미만인 이동전선은 고무코드 또는 0.6/1$[kV]$ EP 고무 절연 클로로프렌 캡타이어 케이블로서 단면적 0.75$[mm^2]$ 이상일 것

(24) 먼지가 많은 장소에서의 저압의 시설

① 폭연성 분진[1], 화약류 분말이 존재하는 곳, 가연성의 가스 또는 인화성 물질의 증기가 새거나 체류하는 곳의 전기 공작물은 금속관 공사 또는 케이블 공사(캡타이어 케이블 제외)에 의해야 하며 금속관 공사를 하는 경우 관 상호 및 관과 박스 등은 5턱 이상의 나사 조임으로 접속해야 한다.

1) 폭연성 분진
마그네슘, 알루미늄, 티탄, 지르코늄 등의 먼지로 쌓인 상태에서 착화된 때에 폭발할 우려가 있는 것

② 가연성 분진[2], 성냥, 석유류, 셀룰로이드 등의 위험 물질을 제조하거나 저장하는 곳의 전기 공작물은 금속관 공사, 합성수지관 공사, 케이블 공사에 의해야 한다.

2) 가연성 분진

소백분, 전분, 유황, 기타 먼지가 공중에 떠다니는 상태에서 착화하여 폭발할 우려가 있는 것

(25) 화약류 저장소에서 전기설비의 시설

하약류 저장수 안에는 백열전등이나 형광등 또는 이에 전기를 공급하기 위한 공작물에 한해 다음과 같이 시설할 수 있다.

① 전로의 대지전압은 300$[V]$ 이하일 것

② 전기기계기구는 전폐형일 것

③ 전용의 개폐기 및 과전류 차단기를 화약류 저장소 이외의 곳에 취급자 이외의 자가 쉽게 조작할 수 없도록 시설하고 전로에 지지가 생길 때 자동적으로 전로를 차단하거나 경보하는 장치를 할 것

④ 전용의 개폐기 또는 과전류 차단기에서 화약류 저장소 인입구까지의 배선에는 케이블을 사용하여 지하에 시설할 것

(26) 흥행장의 저압 공사

상설의 극장, 영화관 등의 무대, 무대 마루 밑, 오케스트라박스, 영사실, 기타 사람이나 무대 도구가 접촉할 우려가 있는 곳 등의 배선은 400$[V]$ 이하로 전용의 개폐기 및 과전류 차단기를 시설할 것

(27) 진열장 안의 배선 공사

건조한 곳에 시설하고 내부를 건조한 상태로 사용하는 진열장 또는 진열장 안의 사용전압이 400$[V]$ 미만인 저압 옥내 배선은 외부에서 보기 쉬운 곳에 한해 단면적 0.75$[mm^2]$ 이상의 코드 또는 캡타이어 케이블을 1$[m]$ 이하마다 지지하여 시설할 수 있다.

7. 의료장소

(1) 적용 범위

의료장소는 의료용 전기기기의 장착부의 사용 방법에 따라 다음과 같이 구분한다.

① 그룹 0: 일반병실, 진찰실, 검사실, 처치실, 재활치료실 등 장착부를 사용하지 않는 의료장소

② 그룹 1: 분만실, MRI실, X선 검사실, 회복실, 구급처치, 인공투석실, 내시경실 등 장착부를 환자의 신체 외부 또는 내부(심장 부위 제외)에 삽입시켜 사용하는 의료장소

③ 그룹 2: 관상동맥질환 처치실(심장카테터실), 심혈관조영실, 중환자실(집중치료실), 마취실, 수술실, 회복실 등 장착부를 환자의 심장 부위에 삽입 또는 접촉시켜 사용하는 의료장소

(2) 의료장소별 계통접지

① 그룹 0: TT 계통 또는 TN 계통

② 그룹 1: TT 계통 또는 TN 계통

③ 그룹 2: 의료 IT 계통

(3) 의료장소의 안전을 위한 보호설비

① 그룹 1 및 그룹 2의 의료 IT 계통은 다음과 같이 시설할 것
- 비단락보증 절연 변압기의 2차 측 정격전압은 교류 250[V] 이하, 공급 방식은 단상 2선식, 정격출력은 10[kVA] 이하로 할 것
- 의료, IT 계통의 절연 상태를 지속적으로 계측·감시하는 절연감시장치를 설치하고, 절연저항이 50[$k\Omega$]까지 감소하면 표시 및 음향설비로 경보를 발할 것

② 그룹 1과 그룹 2의 의료장소에 무영등 등을 위한 특별저압(SELV 또는 PELV) 회로를 시설하는 경우 사용전압은 교류 실횻값 25[V] 또는 리플프리 직류 60[V] 이하로 할 것

(4) 의료장소 내의 접지설비

의료장소와 의료장소 내의 전기설비 및 의료용 전기기기의 노출도전부, 그리고 계통 외 도전부에 대하여 다음과 같이 접지설비를 시설해야 한다.
- 의료장소마다 그 내부 또는 근처에 등전위본딩 바를 설치할 것. 단, 인접하는 의료 장소와의 바닥 면적 합계가 50[m^2] 이하인 경우 등전위본딩 바를 공용할 수 있음

(5) 의료장소 내의 비상전원

① 절환시간 0.5초 이내에 비상전원을 공급하는 장치 또는 기기
- 0.5초 이내에 전력공급이 필요한 생명유지장치
- 그룹 1 또는 그룹 2 의료장소의 수술등, 내시경, 수술실 테이블, 기타 필수 조명

② 절환시간 15초 이내에 비상전원을 공급하는 장치 또는 기기
- 15초 이내에 전력공급이 필요한 생명유지장치
- 그룹 2의 의료장소에 최소 50%의 조명, 그룹 1의 의료장소에 최소 1개의 조명

③ 절환시간 15초를 초과하여 비상전원을 공급하는 장치 또는 기기
- 병원 기능을 유지하기 위한 기본 작업에 필요한 조명
- 그 밖의 병원 기능을 유지하는 데 중요한 기기 또는 설비

📋 **시험문제 미리보기!**

다음 저압전로의 보호도체 및 중성선의 접속 방식에 따른 계통접지의 종류 중 전원 측의 한 점을 직접접지하고 설비의 노출도전부를 보호도체로 접속시키는 방식은?

① TT   ② TN   ③ IT   ④ NT   ⑤ TI

정답   ②

해설   전원 측의 한 점을 직접접지하고 설비의 노출도전부를 보호도체로 접속시키는 방식은 TN 계통이다.

1. 고압 또는 특고압과 저압의 혼촉에 의한 위험방지 시설

① 고압전로 또는 특고압전로와 저압전로를 결합하는 변압기의 저압 측의 중성점에는 접지공사(사용전압이 $35[kV]$ 이하의 특고압전로로서 전로에 지락이 생겼을 때 1초 이내에 자동적으로 이를 차단하는 장치가 되어 있는 것 및 특고압 가공전선로의 전로 이외의 특고압전로와 저압전로를 결합하는 경우에 계산된 접지저항값이 $10[\Omega]$을 넘을 때는 접지저항값이 $10[\Omega]$ 이하인 것에 한함)를 해야 한다. 단, 저압전로의 사용전압이 $300[V]$ 이하인 경우에 그 접지공사를 변압기의 중성점에 하기 어려울 때는 저압 측의 1단자에 시행할 수 있다.

② ①의 접지공사는 변압기의 시설상소마다 시행해야 한다. 난, 토시의 상황에 의해 변압기의 시설장소에서 접지저항값을 얻기 어려운 경우, 인장강도 $5.26[kN]$ 이상 또는 지름 $4[mm]$ 이상의 가공 접지도체를 변압기의 시설장소로부터 $200[m]$까지 떼어 놓을 수 있다.

③ ①의 접지공사를 하는 경우에 토지의 상황에 의하여 ②의 규정에 의하기 어려울 때는 다음에 따라 가공공동지선을 설치하여 2 이상의 시설장소에 접지공사를 할 수 있다.

- 가공공동지선은 인장강도 $5.26[kN]$ 이상 또는 지름 $4[mm]$ 이상의 경동선을 사용하여 저압 가공전선에 관한 규정에 준하여 시설할 것
- 접지공사는 각 변압기를 중심으로 하는 지름 $400[m]$ 이내의 지역으로서 그 변압기에 접속되는 전선로 바로 아래의 부분에서 각 변압기의 양쪽에 있도록 할 것. 단, 그 시설장소에서 접지공사를 한 변압기는 제외한다.
- 가공공동지선과 대지 사이의 합성 전기저항값은 $1[km]$를 지름으로 하는 지역 안마다 접지저항값을 가지는 것으로 하고, 각 접지도체를 가공공동지선으로부터 분리하였을 경우의 각 접지도체와 대지 사이의 전기저항값은 $300[\Omega]$ 이하로 할 것

2. 혼촉방지판이 있는 변압기에 접속하는 저압 옥외 전선의 시설 등

고압전로 또는 특고압전로와 비접지식의 저압전로를 결합하는 변압기로서 그 고압권선 또는 특고압권선과 저압권선 간에 금속제의 혼촉방지판이 있고, 그 혼촉방지판에 접지 공사를 한 것에 접속하는 저압전선을 옥외에 시설할 때는 다음에 따라 시설해야 한다.

① 저압전선은 1구 내에만 시설할 것
② 저압 가공전선로 또는 저압 옥상전선로의 전선은 케이블일 것
③ 저압 가공전선과 고압 또는 특고압 가공전선을 동일 지지물에 시설하지 않을 것
  (단, 고압 또는 특고압 가공전선로의 전선이 케이블인 경우 제외)

3. 특고압과 고압의 혼촉 등에 의한 위험방지 시설

변압기에 의하여 특고압전로에 결합되는 고압전로에는 사용전압의 3배 이하인 전압이 가해진 경우에 방전하는 장치를 그 변입기의 단자에 가까운 1극에 설치해야 한다. 단, 사용전압의 3배 이하인 전압이 가해진 경우에 방전하는 피뢰기를 고압전로의 모선의 각

상에 시설하거나 특고압권선과 고압권선 간에 혼촉방지판을 시설하여 접지저항값이 10[Ω] 이하의 경우는 제외한다.

4. 전로의 중성점의 접지

전로의 보호장치의 확실한 동작의 확보, 이상전압의 억제 및 대지전압의 저하를 위해 특히 필요한 경우에 전로의 중성점에 접지공사를 할 경우에는 다음에 따라야 한다.
① 접지극은 고장 시 그 근처의 대지 사이에 생기는 전위차에 의하여 사람이나 가축 또는 다른 시설물에 위험을 줄 우려가 없도록 시설할 것
② 접지도체는 공칭 단면적 $16[mm^2]$ 이상의 연동선

5. 풍압하중의 종별과 적용

① 가공전선로에 사용하는 지지물의 강도 계산에 적용하는 풍압하중은 다음의 3종으로 한다.
  • 갑종 풍압하중: 구성재의 수직 투영면적 $1[m^2]$에 대한 풍압을 기초로 하여 계산한 것

풍압을 받는 구분				구성재의 수직 투영면적 $1[m^2]$에 대한 풍압
목주				$588[Pa]$
지지물	철주	원형의 것		$588[Pa]$
		삼각형 또는 마름모형의 것		$1,412[Pa]$
		강관에 의하여 구성되는 4각형의 것		$1,117[Pa]$
		기타의 것		복재가 전·후면에 겹치는 경우 $1,627[Pa]$, 기타의 경우 $1,784[Pa]$
	철근 콘크리트주	원형의 것		$588[Pa]$
		기타의 것		$882[Pa]$
	철탑	단주(완철류 제외)	원형의 것	$588[Pa]$
			기타의 것	$1,117[Pa]$
		강관으로 구성되는 것(단주 제외)		$1,255[Pa]$
		기타의 것		$2,157[Pa]$
전선 기타 가섭선	다도체(구성하는 전선이 2가닥마다 수평으로 배열되고, 그 전선 상호 간의 거리가 전선의 바깥지름의 20배 이하인 것에 한함. 이하 동일)를 구성하는 전선			$666[Pa]$
	기타의 것			$745[Pa]$
애자장치(특고압 전선용의 것에 한함)				$1,039[Pa]$
목주·철주(원형의 것에 한함) 및 철근 콘크리트주의 완금류 (특고압 전선로용의 것에 한함)				단일재로서 사용하는 경우 $1,196[Pa]$, 기타의 경우 $1,627[Pa]$

- 을종 풍압하중

  전선 기타의 가섭선 주위에 두께 6[mm], 비중 0.9의 빙설이 부착된 상태에서 수직 투영면적 372[Pa](다도체를 구성하는 전선은 333[Pa]), 그 이외의 것은 갑종의 2분의 1을 기초로 하여 계산한 것
- 병종 풍압하중: 갑종이 2분의 1을 기초로 하여 계산한 것

② ①의 풍압하중의 적용은 다음에 따른다.
- 빙설이 많은 지방 이외의 지방에서 고온계절에는 갑종 풍압하중, 저온계절에는 병종 풍압하중
- 빙설이 많은 지방(해안지방, 기타 저온계절에 최대 풍압이 생기는 지방 제외)에서 고온계절에는 갑종 풍압하중, 저온계절에는 을종 풍압하중
- 빙설이 많은 지방 중 해안지방, 기타 저온계절에 최대 풍압이 생기는 지방에서 고온계절에는 갑종 풍압하중, 저온계절에는 갑종 풍압하중과 을종 풍압하중 중 큰 것

③ 인가가 많이 연접되어 있는 장소에 시설하는 가공전선로의 구성재 중 다음의 풍압하중에 대하여는 갑종 또는 을종 풍압하중 대신에 병종 풍압하중을 적용할 수 있다.
- 저압 또는 고압 가공전선로의 지지물 또는 가섭선
- 사용전압 35[kV] 이하의 전선에 특고압 절연전선 또는 케이블을 사용하는 특고압 가공전선로의 지지물, 가섭선 및 특고압 가공전선을 지지하는 애자 장치 및 완금류

6. 가공전선로 지지물의 기초의 안전율

가공전선로의 지지물에 하중이 가해지는 경우에 그 하중을 받는 지지물의 기초의 안전율은 2(이상 시 상정하중이 가해지는 경우의 그 이상 시 상정하중에 대한 철탑의 기초에 대하여는 1.33) 이상이어야 한다.

설계하중 전장	6.8[kN] 이하	6.8[kN] 초과 9.8[kN] 이하	9.8[kN] 초과 14.72[kN] 이하
15[m] 이하	전장 × 1/6[m] 이상	전장 × 1/6 + 0.3[m] 이상	전장 × 1/6 + 0.5[m] 이상
15[m] 초과	2.5[m] 이상	2.8[m] 이상	–
16[m] 초과 20[m] 이하	2.8[m] 이상	–	–
15[m] 초과 18[m] 이하	–	–	3[m] 이상
18[m] 초과	–	–	3.2[m] 이상

7. 지선의 시설

① 가공전선로의 지지물로 사용하는 철탑은 지선을 사용하여 그 강도를 분담시켜서는 안 된다.

② 가공전선로의 지지물로 사용하는 철주 또는 철근 콘크리트주는 지선을 사용하지 않는 상태에서 2분의 1 이상의 풍압하중에 견디는 강도를 가지는 경우 이외에는 지선을 사용하여 그 강도를 분담시켜서는 안 된다.

③ 가공전선로의 지지물에 시설하는 지선은 다음에 따라야 한다.
- 지선의 안전율은 2.5 이상일 것. 이 경우에 허용 인장하중의 최저는 4.31[kN]으로 한다.
- 지선에 연선을 사용할 경우에는 다음에 의한다.
  - 소선 3가닥 이상의 연선일 것
  - 소선의 지름이 2.6[mm] 이상의 금속선을 사용한 것일 것(단, 소선의 지름이 2[mm] 이상인 아연도강연선으로서 소선의 인장강도가 0.68[kN/mm^2] 이상인 것을 사용하는 경우 적용하지 않음)
- 지중 부분 및 지표상 0.3[m]까지의 부분에는 내식성이 있는 것 또는 아연도금을 한 철봉을 사용하고 쉽게 부식되지 않는 근가에 견고하게 붙일 것(단, 목주에 시설하는 지선에 대해서는 적용하지 않음)
④ 도로를 횡단하여 시설하는 지선의 높이는 지표상 5[m] 이상으로 해야 한다. 단, 기술상 부득이한 경우로서 교통에 지장을 초래할 우려가 없는 경우에는 지표상 4.5[m] 이상, 보도의 경우에는 2.5[m] 이상으로 할 수 있다.

8. 구내인입선

(1) 고압 가공인입선의 시설

① 고압 가공인입선은 인장강도 8.01[kN] 이상의 고압·특고압 절연전선 또는 지름 5[mm] 이상의 경동선의 고압·특고압 절연전선을 시설해야 한다.
② 고압 가공인입선의 높이는 지표상 3.5[m]까지로 감할 수 있다. 이 경우에 그 고압 가공인입선이 케이블 이외의 것일 경우 그 전선의 아래쪽에 위험 표시를 해야 한다.
③ 고압 연접인입선은 시설해서는 안 된다.

(2) 특고압 가공인입선의 시설

변전소 또는 개폐소에 준하는 곳 이외의 곳에 인입하는 특고압 가공인입선은 사용전압이 100[kV] 이하이며 전선에 케이블을 사용하여 시설해야 한다.

9. 특고압 옥상전선로의 시설

특고압 옥상전선로(특고압의 인입선의 옥상 부분 제외)는 시설해서는 안 된다.

10. 가공약전류전선로의 유도장해 방지

① 저압 또는 고압 가공전선로와 기설 가공약전류전선로가 병행하는 경우 유도작용에 의해 통신상의 장해가 생기지 않도록 전선과 기설 약전류전선 간의 이격거리는 2[m] 이상이어야 한다. 단, 저압 또는 고압 가공전선이 케이블인 경우 적용하지 않는다.
② ①에 따라 시설하더라도 기설 가공약전류전선로에 장해를 줄 우려가 있는 경우에는 다음 중 한 가지 또는 두 가지 이상을 기준으로 하여 시설해야 한다.
- 가공전선과 가공약전류전선 간의 이격거리를 증가시킬 것
- 교류식 가공전선로의 경우에는 가공전선을 적당한 거리에서 연가할 것

- 가공전선과 가공약전류전선 사이에 인장강도 5.26[kN] 이상의 것 또는 지름 4[mm] 이상인 경동선의 금속선 2가닥 이상을 시설하고 접지시스템의 규정에 준하여 접지공사를 할 것

11. 가공 케이블의 시설

① 케이블을 사용하는 경우에는 다음에 따라 시설해야 한다.
- 케이블은 조가용선에 행거로 시설할 것. 이 경우에는 사용전압이 고압인 때는 행거의 간격은 0.5[m] 이하로 하는 것이 좋다.
- 조가용선은 인장강도 5.93[kN] 이상의 것 또는 단면적 22[mm^2] 이상인 아연도강연선일 것
② 조가용선의 케이블에 접촉시켜 그 위에 쉽게 부식하지 않는 금속 테이프 등을 0.2[m] 이하의 간격을 유지하며 나선상으로 감아 시설한다.

12. 고압 가공전선의 굵기 및 종류

고압 가공전선은 고압 절연전선, 특고압 절연전선 또는 케이블을 사용해야 한다.

13. 고압 가공전선의 안전율

고압 가공전선은 케이블인 경우 이외에는 그 안전율이 경동선 또는 내열 동합금선은 2.2 이상, 그 밖의 전선은 2.5 이상으로 시설해야 한다.

14. 고압 가공전선의 높이

① 도로를 횡단하는 경우: 지표상 6[m] 이상
② 철도 또는 궤도를 횡단하는 경우: 레일면상 6.5[m] 이상
③ 횡단보도교의 위에 시설하는 경우: 노면상 3.5[m] 이상
④ 이외의 경우: 지표상 5[m] 이상

15. 고압 가공전선로의 지지물의 강도

고압 가공전선로의 지지물로서 사용하는 목주는 다음에 따라 시설해야 한다.
① 풍압하중에 대한 안전율은 1.3 이상일 것
② 굵기는 말구 지름 0.12[m] 이상일 것

16. 고압 가공전선로 경간의 제한

① 고압 가공전선로의 경간은 다음의 값 이하여야 한다.

지지물의 종류	경간
목주·A종 철주 또는 A종 철근 콘크리트주	150[m]
B종 철주 또는 B종 철근 콘크리트주	250[m]
철탑	600[m]

② 고압 가공전선로의 경간이 100[m]를 초과하는 경우에는 그 부분의 전선로는 다음에 따라 시설해야 한다.
- 고압 가공전선은 인장강도 8.01[kN] 이상의 것 또는 지름 5[mm] 이상의 경동선의 것
- 목주의 풍압하중에 대한 안전율은 1.5 이상일 것

③ 고압 가공전선로의 전선에 인장강도 8.71[kN] 이상의 것 또는 단면적 22[mm^2] 이상의 경동연선의 것을 다음에 따라 지지물을 시설하는 때는 ①의 규정에 의하지 않을 수 있다. 이 경우에 그 전선로의 경간은 다음의 값 이하여야 한다.

지지물의 종류	경간
목주·A종 철주 또는 A종 철근 콘크리트주	300[m]
B종 철주 또는 B종 철근 콘크리트주	500[m]

17. 고압 보안공사

① 전선은 케이블인 경우 이외에는 인장강도 8.01[kN] 이상의 것 또는 지름 5[mm] 이상의 경동선일 것
② 목주의 풍압하중에 대한 안전율은 1.5 이상일 것
③ 고압 보안공사 경간은 다음의 값 이하여야 한다.

지지물의 종류	경간
목주·A종 철주 또는 A종 철근 콘크리트주	100[m]
B종 철주 또는 B종 철근 콘크리트주	150[m]
철탑	400[m]

18. 고압 가공전선과 건조물의 접근

(1) 저압 가공전선과 건조물의 조영재 사이의 이격거리

건조물 조영재의 구분	접근 형태	이격거리
상부 조영재	위쪽	2[m] (전선이 고압·특고압 절연전선 또는 케이블인 경우 1[m])
	옆쪽 또는 아래쪽	1.2[m] (전선에 사람이 쉽게 접촉할 우려가 없도록 시설한 경우 0.8[m], 고압·특고압 절연전선 또는 케이블인 경우 0.4[m])
기타의 조영재		1.2[m] (전선에 사람이 쉽게 접촉할 우려가 없도록 시설한 경우 0.8[m], 고압·특고압 절연전선 또는 케이블인 경우 0.4[m])

(2) 고압 가공전선과 건조물의 조영재 사이의 이격거리

건조물 조영재의 구분	접근 형태	이격거리
상부 조영재	위쪽	2[m] (전선이 케이블인 경우 1[m])
	옆쪽 또는 아래쪽	1.2[m] (전선에 사람이 쉽게 접촉할 우려가 없도록 시설한 경우 0.8[m], 케이블인 경우 0.4[m])
기타의 조영재		1.2[m] (전선에 사람이 쉽게 접촉할 우려가 없도록 시설한 경우 0.8[m], 케이블인 경우 0.4[m])

(3) 저고압 가공전선과 건조물 사이의 이격거리

가공전선의 종류	이격거리
저압 가공전선	0.6[m] (전선이 고압·특고압 절연전선 또는 케이블인 경우 0.3[m])
고압 가공전선	0.8[m] (전선이 케이블인 경우 0.4[m])

저고압 가공전선이 건조물과 접근하는 경우에 저고압 가공전선이 건조물의 아래쪽에 시설될 때는 저고압 가공전선과 건조물 사이의 이격거리는 표에서 정한 값 이상으로 하고, 위험의 우려가 없도록 시설해야 한다.

19. 고압 가공전선과 도로 등의 접근 또는 교차

저압 또는 고압 가공전선이 도로 · 횡단보도교 · 철도 · 궤도 · 삭도 또는 저압 전차선과 접근 상태로 시설되는 경우 다음에 따라야 한다.
① 고압 가공전선로는 고압 보안공사에 의할 것
② 저압 가공전선과 도로 등의 이격거리 1[m] 이상, 고압 가공전선과 도로 등의 이격거리 1.2[m] 이상인 경우 다음의 표를 따르지 않아도 된다.

도로 등의 구분	이격거리
도로 · 횡단보도교 · 철도 또는 궤도	3[m]
삭도나 그 지주 또는 저압 전차선	0.6[m] (전선이 고압 · 특고압 절연전선 또는 케이블인 경우 0.3[m])
저압 전차선로의 지지물	0.3[m]

20. 발전소, 변전소, 개폐소 또는 이에 준하는 곳의 시설

(1) 발전소 등의 울타리, 담 등의 시설

① 고압 또는 특고압의 기계, 기구, 모선 등을 옥외에 시설하는 발전소, 변전소, 개폐소 또는 이에 준하는 곳에 다음과 같이 출입을 제한하여 취급자 이외의 자가 출입할 수 없도록 해야 한다.
  • 울타리, 담 등을 시설할 것
  • 출입구에 출입금지 표시를 할 것
  • 출입구에 자물쇠, 기타 적당한 장치를 할 것
② 울타리, 담 등의 높이는 2[m] 이상으로 하고, 지표면과 울타리, 담 등의 하단 사이의 간격은 15[cm] 이하로 해야 한다. 그리고 발전소, 변전소 등의 울타리, 담 등의 높이와 울타리, 담 등으로부터 충전 부분까지의 거리의 합계는 다음의 값 이상으로 해야 한다.

사용전압의 구분	울타리, 담 등의 높이와 울타리, 담 등으로부터 충전 부분까지의 거리의 합계
35[kV] 이하	5[m]
35[kV] 초과 160[kV] 이하	6[m]
160[kV] 초과	• 거리 + 6 + 단수 × 0.12[m] • 단수 = $\dfrac{사용전압[kV] - 160}{10}$ (단, 단수 계산에서 소수점 이하는 절상함)

③ 고압 또는 특고압 가공전선과 금속제의 울타리, 담 등의 교차하는 경우에 금속제의 울타리, 담 등에는 교차점 좌우로 45[m] 이내의 개소에 제1종 접지공사를 해야 한다. 단, 토지의 상황에 의하여 제1종 접지저항값을 얻기 어려운 경우에는 제3종 접지공사에 의한다.

(2) 절연유의 구외 유출 방식

사용전압 100[kV] 이상의 변압기를 설치하는 곳에는 절연유의 구외 유출 및 지하 침투를 방지하기 위해 다음에 따라 절연유 유출 방지 설비를 해야 한다.
① 변압기 주변에 집유조 등을 설치할 것
② 절연유 유출 방지 설비의 용량은 변압기 탱크 내상유량의 50[%] 이상으로 할 것
③ 변압기 탱크가 2개 이상일 경우에는 공동의 집유조 등을 설치할 수 있으며 그 용량은 변압기 1개 탱크 내장유량이 최대인 것의 50[%] 이상일 것

(3) 특고압전로의 상 및 접속 상태의 표시

발전소, 변전소, 개폐소 등에 있어서는 보수의 편의를 도모하고 오조작·오접속을 방지하기 위해 특고압 전로에는 다음의 시설이 필요하다.
① 보기 쉬운 곳에 상별 표시를 한다.
② 접속 상태를 모의 모선 능으로 표시한다. 단, 단모선으로 회선 수가 2 이하의 간단한 것은 예외로 한다.

(4) 발전기 등의 보호장치

발전기에는 다음의 경우에 전로로부터 자동 차단하는 장치를 시설한다.
① 발전기에 과전류나 과전압이 생긴 경우
② 용량 500[kVA] 이상의 발전기를 구동하는 수차 압유장치의 유압이 현저하게 저하하는 경우
③ 용량 2,000[kVA] 이상의 수차 발전기의 스러스트 베어링 온도가 현저히 상승한 경우
④ 용량이 10,000[kW]를 넘는 발전기에 내부 고장이 생긴 경우
⑤ 정격출력 10,000[kW]를 넘는 증기터빈의 스러스트 베어링이 현저하게 마모되거나 온도가 현저히 상승한 경우
⑥ 용량 100[kVA] 이상의 발전기를 구동하는 풍차의 압유장치의 유압, 압축 공기장치의 공기압 또는 전동식 브레이드 제어장치의 전원전압이 현저히 저하한 경우

(5) 특고압용 변압기의 보호장치

특고압용의 변압기 내부에 고장이 생긴 경우 보호장치를 다음과 같이 시설해야 한다.

뱅크용량의 구분	동작 조건	장치의 종류
5,000[kVA] 이상 10,000[kVA] 미만	변압기 내부 고장	자동차단장치 또는 경보장치
10,000[kVA] 이상	변압기 내부 고장	자동차단장치
타냉식 변압기[3]	• 냉각장치에 고장이 생긴 경우 • 변압기의 온도가 현저히 상승한 경우	경보장치

3) 타냉식 변압기
변압기의 권선 및 철심을 직접 냉각시키기 위해 봉입한 냉매를 강제 순환시키는 냉각 방식

(6) 조상설비의 보호장치

조상설비 내부에 고장이 생긴 경우 보호장치를 다음과 같이 시설해야 한다.

설비 종별	뱅크용량의 구분	자동적으로 전로로부터 차단하는 장치
전력용 커패시터 및 분로리액터	500[kVA] 초과 15,000[kVA] 미만	• 내부에 고장이 생긴 경우 • 과전류가 생긴 경우
	15,000[kVA] 이상	• 내부에 고장이 생긴 경우 • 과전류가 생긴 경우 • 과전압이 생긴 경우
조상기	15,000[kVA] 이상	• 내부에 고장이 생긴 경우

21. 전력보안통신설비의 시설

(1) 전력보안통신설비의 시설 요구사항

① 전력보안통신설비의 시설장소는 다음에 따른다.
- 송전선로
  - 66[kV], 154[kV], 345[kV], 765[kV] 계통 송전선로 구간(가공, 지중, 해저) 및 안전상 특히 필요한 경우에 전선로의 적당한 곳
  - 고압 및 특고압 지중전선로가 시설되어 있는 전력구 내에서 안전상 특히 필요한 경우의 적당한 곳
  - 직류계통 송전선로 구간 및 안전상 특히 필요한 경우의 적당한 곳
  - 송변전 자동화 등 지능형 전력망 구현을 위해 필요한 구간
- 배전선로
  - 22.9[kV] 계통 배전선로 구간(가공, 지중, 해저)
  - 22.9[kV] 계통에 연결되는 분산전원형 발전소
  - 폐회로 배전 등 신 배전 방식 도입 개소
  - 배전자동화, 원격검침, 부하감시 등 지능형 전력망 구현을 위해 필요한 구간
- 발전소, 변전소 및 변환소
  - 원격감시제어가 되지 않는 발전소·변전소(이에 준하는 곳으로서 특고압의 전기를 변성하기 위한 곳 포함)·개폐소, 전선로 및 이를 운용하는 급전소 및 급전분소 간
  - 2개 이상의 급전소(분소) 상호 간과 이들을 통합 운용하는 급전소(분소) 간
  - 수력설비 중 필요한 곳, 수력설비의 안전상 필요한 양수소 및 강수량 관측소와 수력 발전소 간
  - 동일 수계에 속하고 안전상 긴급 연락의 필요가 있는 수력 발전소 상호 간
  - 동일 전력계통에 속하고 또한 안전상 긴급 연락의 필요가 있는 발전소·변전소(이에 준하는 곳으로서 특고압의 전기를 변성하기 위한 곳 포함) 및 개폐소 상호 간
  - 발전소·변전소 및 개폐소와 기술원 주재소 간
  - 발전소·변전소(이에 준하는 곳으로서 특고압의 전기를 변성하기 위한 곳 포함)·개폐소·급전소 및 기술원 주재소와 전기설비의 안전상 긴급 연락의 필요가 있는 기상대·측후소·소방서 및 방사선 감시계측 시설물 등의 사이

- 배전 주장치가 시설되어 있는 배전센터, 전력수급조절을 총괄하는 중앙급전사령실
- 전력보안통신 데이터를 중계하거나 교환장치가 설치된 정보통신실

② 전력보안통신 시설기준은 다음에 따른다.
  - 통신선의 종류는 광섬유 케이블, 동축 케이블 및 차폐용 실드 케이블(STP) 또는 이와 동등 이상일 것
  - 통신선은 다음과 같이 시공한다.
    – 가공통신선은 반드시 조가선에 시설할 것
    – 광섬유복합가공지선의 이도

$$D = \left(\frac{WS^2}{8T} + \frac{W^3S^4}{384T^3} \right) \times 0.8$$

(T: 전선의 수평장력$[kgf]$, W: 전선의 단위 길이당 중량$[kg/m]$,
S: 지지물 간 거리$[m]$, D: 전선의 이도$[m]$)

(2) 전력보안통신선의 시설 높이와 이격거리

① 전력 보안 가공통신선의 높이는 다음을 따른다.
  - 도로(차도와 인도의 구별이 있는 도로는 차도) 위에 시설하는 경우: 지표상 5$[m]$ 이상(단, 교통에 지장을 줄 우려가 없는 경우 지표상 4.5$[m]$까지로 감할 수 있음)
  - 철도 또는 궤도를 횡단하는 경우: 레일면상 6.5$[m]$ 이상
  - 횡단보도교 위에 시설하는 경우: 노면상 3$[m]$ 이상
  - 이외의 경우: 지표상 3.5$[m]$ 이상

② 가공전선로의 지지물에 시설하는 통신선 또는 이에 직접 접속하는 가공통신선의 높이는 다음을 따른다.
  - 도로를 횡단하는 경우: 지표상 6$[m]$ 이상(단, 저압이나 고압의 가공전선로의 지지물에 시설하는 통신선 또는 이에 직접 접속하는 가공통신선을 시설하는 경우에 교통에 지장을 줄 우려가 없을 때는 지표상 5$[m]$까지로 감할 수 있음)
  - 철도 또는 궤도를 횡단하는 경우: 레일면상 6.5$[m]$ 이상
  - 횡단보도교의 위에 시설하는 경우: 노면상 5$[m]$ 이상

③ 특고압 가공전선로의 지지물에 시설하는 통신선 또는 이에 직접 접속하는 통신선이 도로·횡단보도교·철도의 레일·삭도·가공전선·다른 가공약전류 전선 등 또는 교류 전차선 등과 교차하는 경우 다음에 따라 시설해야 한다.
  - 통신선이 도로·횡단보도교·철도의 레일 또는 삭도와 교차하는 경우에는 통신선은 연선의 경우 단면적 16$[mm^2]$(단선의 경우 지름 4$[mm]$)의 절연전선과 동등 이상의 절연 효력이 있는 것, 인장강도 8.01$[kN]$ 이상의 것 또는 연선의 경우 단면적 25$[mm^2]$(단선의 경우 지름 5$[mm]$)의 경동선일 것
  - 통신선과 삭도 또는 다른 가공약전류 전선 등 사이의 이격거리는 0.8$[m]$(통신선이 케이블 또는 광섬유 케이블일 때는 0.4$[m]$) 이상으로 할 것

(3) 조가선 시설기준

① 조가선은 단면적 38$[mm^2]$ 이상의 아연도강연선을 사용할 것

② 시설방향 및 시설기준
- 특고압주: 특고압 중성도체와 같은 방향
- 저압주: 저압선과 같은 방향
- 조가선은 설비 안전을 위해 전주와 전주 경간 중에 접속하지 말 것
- 조가선은 부식되지 않는 별도의 금구를 사용하고 조가선 끝단은 날카롭지 않게 할 것
- 말단 배전주와 말단 1경간 전에 있는 배전주에 시설하는 조가선은 장력에 견디는 형태로 시설할 것
- 조가선은 2조까지만 시설할 것
- 과도한 장력에 의한 전주 손상을 방지하기 위해 전주 경간 50$[m]$ 기준 0.4$[m]$ 정도의 이도를 반드시 유지하고, 지표상 시설 높이 기준을 준수하여 시공할 것

③ 조가선 2개가 시설될 경우 이격거리는 0.3$[m]$를 유지할 것

④ 조가선은 다음에 따라 접지할 것
- 조가선은 매 500$[m]$마다 또는 증폭기, 옥외형 광송 수신기 및 전력 공급기 등이 시설된 위치에서 단면적 16$[mm^2]$(단선의 경우 지름 4$[mm]$) 이상의 연동선과 접지선 서비스 커넥터 등을 이용하여 접지할 것
- 접지는 전력용 접지와 별도의 독립접지 시공을 원칙으로 할 것
- 접지선 몰딩은 육안 식별이 가능하도록 몰딩표면에 쉽게 지워지지 않는 방법으로 "통신용 접지선"임을 표시하고, 전력선용 접지선 몰드와는 반대 방향으로 전주의 외관을 따라 수직 방향으로 시설하며 2$[m]$ 간격으로 밴딩 처리할 것
- 접지극은 지표면에서 0.75$[m]$ 이상의 깊이에 타 접지극과 1$[m]$ 이상 이격하여 시설할 것

(4) 전력유도의 방지

전력보안통신설비는 가공전선로로부터의 정전유도작용 또는 전자유도작용에 의하여 사람에게 위험을 줄 우려가 없도록 시설해야 한다. 다음의 제한값을 초과하거나 초과할 우려가 있는 경우에는 이에 대한 방지조치를 해야 한다.
- 이상 시 유도위험전압: 650$[V]$ (단, 고장 시 전류제거시간이 0.1초 이상인 경우 430$[V]$)
- 상시 유도위험종전압: 60$[V]$
- 기기 오동작 유도종전압: 15$[V]$
- 잡음전압: 0.5$[mV]$

(5) 특고압 가공전선로 첨가설치 통신선의 시가지 인입 제한

① 특고압 가공전선로의 지지물에 첨가설치하는 통신선 또는 이에 직접 접속하는 통신선은 시가지에 시설하는 통신선에 접속하면 안 된다.
단, 특고압 가공전선로의 지지물에 첨가 설치하는 통신선 또는 이에 직접 접속하는 통신선과 시가지의 통신선과의 접속점에 적합한 특고압용 제1종 보안장치, 특고압용 제2종 보안장치 또는 이에 준하는 보안장치를 시설하고, 그 중계선류 또는 배류 중계선류의 2차 측에 시가지의 통신선을 접속하는 경우는 제외한다.

② 시가지에 시설하는 통신선은 특고압 가공전선로의 지지물에 시설하면 안 된다.

단, 통신선이 절연전선과 동등 이상의 절연 성능이 있고 인장강도 5.26[kN] 이상의 것, 또는 단면적 $16[mm^2]$(단선의 경우 지름 4[mm]) 이상의 절연전선 또는 광섬유 케이블인 경우는 제외한다.

(6) 통신기기류 시설

① 배전주에 시설되는 광전송장치, 동축장치(수동소자 포함) 등의 기기는 전주로부터 0.5[m] 이상(1.5[m] 이내) 이격하여 승주 작업에 장애가 되지 않도록 조가선에 견고하게 고정해야 한다.

② 조가선에 시설되는 모든 기기는 케이블의 추가 시설, 철거 및 이설 등에 장애가 되지 않도록 적당한 금구류를 사용하여 견고하게 시설해야 한다.

③ 전주 1본에 시설할 수 있는 기기 수량은 조가선 1조당 좌우 각각 1대(수동소자 제외)를 한도로 하되 불가피한 경우에는 예외로 시설할 수 있다.

(7) 전원공급기의 시설

① 전원공급기는 다음에 따라 시설해야 한다.
 • 지상에서 4[m] 이상 유지할 것
 • 누전차단기를 내장할 것
 • 시설 방향은 인도 측으로 시설하며 외함은 접지를 시행할 것

② 기기주, 변대주 및 분기주 등 설비 복잡개소에는 전원공급기를 시설할 수 없다. 단, 현장 여건상 부득이한 경우에는 예외적으로 전원공급기를 시설할 수 있다.

③ 전원공급기 시설 시 통신사업자는 기기 전면에 명판을 부착해야 한다.

(8) 전력선 반송통신용 결합장치의 보안장치

전력선 반송통신용 결합 커패시터(고장점 표점장치, 기타 이와 유사한 보호장치에 병용하는 것 제외)에 접속하는 회로에는 그림의 보안장치 또는 이에 준하는 보안장치를 시설해야 한다.

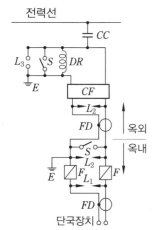

FD: 동축케이블
F: 정격전류 10[A] 이하의 포장퓨즈
DR: 전류용량 2[A] 이상의 배류선륜
L_1: 교류 300[V] 이하에서 동작하는 피뢰기
L_2: 동작전압이 교류 1.3[kV]를 초과하고 1.6[kV] 이하로 조정된 방전갭
L_3: 동작전압이 교류 2[kV]를 초과하고 3[kV] 이하로 조정된 구상 방전갭
S: 접지용 개폐기
CF: 결합 필터
CC: 결합 커패시터(결합 안테나 포함)
E: 접지

(9) 무선용 안테나 등을 지지하는 철탑 등의 시설

전력 보안통신 설비인 무선통신용 안테나 또는 반사판을 지지하는 목주, 철주, 철근 콘크리트주 또는 철탑은 다음에 따라 시설해야 한다.

① 목주의 안전율: 1.5 이상

② 철주, 철근 콘크리트주 또는 철탑의 기초 안전율: 1.5 이상

고압 또는 특고압의 기계기구, 모선 등을 옥외에 시설하는 발전소, 변전소, 개폐소 또는 이에 준하는 곳에 시설하는 울타리, 담 등의 높이는 (㉠)[m] 이상으로 하고, 지표면과 울타리, 담 등의 하단 사이의 간격은 (㉡)[m] 이하로 해야 할 때, ㉠, ㉡에 들어갈 숫자로 옳은 것은?

	㉠	㉡
①	3	0.15
②	2	0.15
③	3	0.25
④	2	0.25
⑤	3	0.35

정답 ②

해설 울타리, 담 등의 높이는 2[m] 이상으로 하고, 지표면과 울타리, 담 등의 하단 사이의 간격은 0.15[m] 이하로 해야 한다.

04 전기철도설비

출제빈도 ★★

1. 전기철도의 용어 정의

① 궤도: 레일·침목 및 도상과 이들의 부속품으로 구성된 시설
② 전차선: 전기철도차량의 집전장치와 접촉하여 전력을 공급하기 위한 전선
③ 급전선: 전기철도차량에 사용할 전기를 변전소로부터 전차선에 공급하는 전선
④ 급전 방식: 변전소에서 전기철도차량에 전력을 공급하는 방식으로 급전 방식에 따라 직류식, 교류식으로 분류
⑤ 장기 과전압: 지속 시간이 20[ms] 이상인 과전압

2. 전기방식의 일반사항

(1) 전력수급조건

다음의 공칭전압(수전전압)으로 선정해야 한다.

공칭전압(수전전압)[kV]	교류 3상 22.9, 154, 345

(2) 전차선로의 전압

전차선로의 전압은 전원 측 도체와 전류귀환도체 사이에서 측정된 집전장치의 전위로서 전원공급시스템이 정상 동작 상태에서의 값이며, 직류 방식과 교류 방식으로 구분된다.

① 직류 방식: 공칭전압 750[V], 1,500[V]

② 교류 방식: 공칭전압 25,000[V], 50,000[V]

3. 변전 방식의 일반사항

급전용 변압기는 직류 전기철도의 경우 3상 정류기용 변압기, 교류 전기철도의 경우 3상 스코트결선 변압기의 적용을 원칙으로 하고, 급전계통에 적합하게 선정해야 한다.

4. 전기철도의 전차선로

(1) 전차선 가선 방식

전차선의 가선 방식은 가공 방식, 강체 방식, 제3레일 방식을 표준으로 한다.

(2) 전차선로의 충전부와 건조물 간의 최소 절연이격거리

시스템 종류	공칭전압[V]	동적[mm]		정적[mm]	
		비오염	오염	비오염	오염
직류	750	25	25	25	25
	1,500	100	110	150	160
단상교류	25,000	170	220	270	320

(3) 전차선로의 충전부와 차량 간의 최소 절연이격거리

시스템 종류	공칭전압[V]	동적[mm]	정적[mm]
직류	750	25	25
	1,500	100	150
단상교류	25,000	170	270

(4) 전차선 및 급전선의 최소 높이

시스템 종류	공칭전압[V]	동적[mm]	정적[mm]
직류	750	4,800	4,400
	1,500	4,800	4,400
단상교류	25,000	4,800	4,570

(5) 전차선로 설비의 안전율

① 합금전차선: 2.0 이상

② 경동선: 2.2 이상

5. 전식 방지 대책

① 주행레일을 귀선으로 이용하는 경우 누설전류에 의하여 케이블, 금속제 지중관로 및 선로 구조물 등에 영향을 미치는 것을 방지하기 위한 적절한 시설을 해야 한다.

② 전기철도 측의 전식 방식 또는 전식 예방을 위해 다음의 방법을 고려해야 한다.
- 변전소 간 간격 축소
- 레일본드의 양호한 시공
- 장대레일 채택
- 절연도상 및 레일과 침목 사이에 절연층의 설치

③ 매설금속체 측의 누설전류에 의한 전식의 피해가 예상되는 곳은 다음의 방법을 고려해야 한다.
- 배류장치 설치
- 절연코팅
- 매설금속체 접속부 절연
- 저준위 금속체를 접속
- 궤도와의 이격거리 증대
- 금속판 등의 도체로 차폐

6. 누설전류 간섭에 대한 방지

① 직류 전기철도 시스템의 누설전류를 최소화하기 위해 귀선전류를 금속귀선로 내부로만 흐르도록 해야 한다.

② 심각한 누설전류의 영향이 예상되는 지역에서는 정상운전 시 단위 길이당 컨덕턴스 값은 다음의 값 이하로 유지될 수 있도록 해야 한다.

견인시스템	옥외[S/km]	터널[S/km]
철도선로(레일)	0.5	0.5
개방 구성에서의 대량수송시스템	0.5	0.1
폐쇄 구성에서의 대량수송시스템	2.5	–

③ 귀선시스템의 종 방향 전기저항을 낮추기 위해서는 레일 사이에 저저항 레일본드를 접합 또는 접속하여 전체 종 방향 저항이 5[%] 이상 증가하지 않도록 해야 한다.

④ 귀선시스템의 어떠한 부분도 대지와 절연되지 않은 설비, 부속물 또는 구조물과 접속되어서는 안 된다.

⑤ 직류 전기철도 시스템이 매설배관 또는 케이블과 인접할 경우 누설전류를 피하기 위해 최대한 이격시켜야 하며, 주행레일과 최소 1[m] 이상의 거리를 유지해야 한다.

05 분산형 전원설비

출제빈도 ★★

1. 분산형 전원설비

(1) 용어의 정의

① 풍력터빈: 바람의 운동에너지를 기계적 에너지로 변환하는 장치
② 풍력터빈을 지지하는 구조물: 타워와 기초로 구성된 풍력터빈의 일부분
③ 풍력 발전소: 단일 또는 복수의 풍력터빈을 원동기로 하는 발전기와 그 밖의 기계기구를 시설하여 전기를 발생시키는 곳
④ 자동정지: 풍력터빈의 설비보호를 위한 보호장치의 작동으로 인하여 자동적으로 풍력터빈을 정지시키는 것
⑤ MPPT: 태양광 발전이나 풍력 발전 등이 현재 조건에서 가능한 한 최대의 전력을 생산할 수 있도록 인버터 제어를 이용하여 해당 발전원의 전압이나 회전 속도를 조정하는 최대 출력 추종(MPPT, Maximum Power Point Tracking) 기능

(2) 분산형 전원계통 연계설비의 시설

① 계통 연계의 범위
분산형 전원설비 등을 전력계통에 연계하는 경우에 적용하며, 여기서 전력계통은 전기판매사업자의 계통, 구내계통 및 독립전원계통 모두를 말한다.

② 시설기준
• 전기 공급방식 등
  – 분산형 전원설비의 전기 공급방식은 전력계통과 연계되는 전기 공급방식과 동일할 것
  – 분산형 전원설비 사업자의 한 사업장의 설비용량 합계가 250[kVA] 이상일 경우, 송·배전계통과 연계 지점의 연결 상태를 감시 또는 유·무효전력 및 전압을 측정할 수 있는 장치를 시설할 것
• 저압계통 연계 시 직류유출방지 변압기의 시설
  분산형 전원설비를 인버터를 이용하여 전기판매사업자의 저압 전력계통에 연계하는 경우, 인버터로부터 직류가 계통으로 유출되는 것을 방지하기 위해 접속점(접속설비와 분산형 전원설비 설치자 측 전기설비의 접속점)과 인버터 사

이에 상용주파수 변압기(단권 변압기 제외)를 시설해야 한다. 단, 다음을 모두 충족하는 경우에는 예외로 한다.
  - 인버터의 직류 측 회로가 비접지인 경우 또는 고주파 변압기를 사용하는 경우
  - 인버터의 교류출력 측에 직류 검출기를 구비하고, 직류 검출 시에 교류출력을 정지하는 기능을 갖춘 경우
- 단락전류 제한장치의 시설
  전력계통의 단락용량이 다른 자의 차단기의 차단용량 또는 전선의 순시허용전류 등을 상회할 우려가 있을 때는 그 분산형 전원 설치자가 전류제한리액터 등 단락전류를 제한하는 장치를 시설해야 하며, 이러한 장치로도 대응할 수 없는 경우에는 그 밖에 단락전류를 제한하는 대책을 강구해야 한다.
- 계통 연계용 보호장치의 시설
  - 분산형 전원설비 또는 연계한 전력계통의 이상 또는 고장 발생 시, 단독운전 상태 시 자동적으로 분산형 전원설비를 전력계통으로부터 분리하는 장치 시설 및 해당 계통과의 보호협조를 실시해야 한다.
  - 단순 병렬운전 분산형 전원설비의 경우에는 역전력 계전기를 설치한다. 신·재생에너지를 이용하여 동일 전기사용장소에서 전기를 생산하는 합계 용량이 50$[kW]$ 이하의 소규모 분산형 전원으로서, 단독운전 방지 기능을 가진 것을 단순 병렬로 연계하는 경우에는 역전력 계전기 설치를 생략할 수 있다.
- 특고압 송전계통 연계 시 분산형 전원 운전제어장치의 시설
  계통안정화 또는 조류억제 등의 이유로 운전제어가 필요할 때는 그 분산형 전원설비에 필요한 운전제어장치를 시설해야 한다.
- 연계용 변압기 중성점의 접지
  연계용 변압기 중성점의 접지는 전력계통에 연결되어 있는 다른 전기설비의 정격을 초과하는 과전압을 유발하거나 전력계통의 지락고장 보호협조를 방해하지 않도록 시설해야 한다.

2. 전기저장장치

(1) 일반사항

① 시설장소의 요구사항
- 전기저장장치의 이차전지, 제어반, 배전반의 시설은 기기 등을 조작 또는 보수·점검할 수 있는 충분한 공간을 확보하고 조명설비를 설치해야 한다.
- 전기저장장치를 시설하는 장소는 폭발성 가스의 축적을 방지하기 위한 환기시설을 갖추고 제조사가 권장하는 온도·습도·수분·분진 등 적정 운영환경을 상시 유지해야 한다.
- 침수의 우려가 없도록 시설해야 한다.

② 설비의 안전 요구사항
- 충전 부분은 노출되지 않도록 시설해야 한다.
- 고장이나 외부 환경요인으로 인하여 비상상황 발생 또는 출력에 문제가 있을 경우 전기저장장치의 비상정지 스위치 등 안전하게 작동하기 위한 안전시스템이 있어야 한다.
- 모든 부품은 충분한 내열성을 확보해야 한다.

③ 옥내 전로의 대지전압 제한

주택의 전기저장장치의 축전지에 접속하는 부하 측 옥내 배선을 다음에 따라 시설하는 경우에 주택의 옥내 전로의 대지전압은 직류 $600[V]$까지 적용할 수 있다.
- 전로에 지락이 생겼을 때 자동적으로 전로를 차단하는 장치를 시설할 것
- 사람이 접촉할 우려가 없는 은폐된 장소에 합성수지관 배선, 금속관 배선 및 케이블 배선에 의하여 시설하거나, 사람이 접촉할 우려가 없도록 케이블 배선에 의하여 시설하고 전선에 적당한 방호장치를 시설할 것

(2) 전기저장장치의 시설

① 시설기준
- 전기배선
전선은 공칭 단면적 $2.5[mm^2]$ 이상의 연동선 또는 이와 동등 이상의 세기 및 굵기의 것
- 단자와 접속
  - 단자의 접속은 기계적 · 전기적 안전성을 확보하도록 해야 한다.
  - 단자를 체결하거나 잠글 때 너트나 나사는 풀림방지 기능이 있는 것을 사용해야 한다.
  - 외부터미널과 접속하기 위해 필요한 접점의 압력이 사용기간 동안 유지되어야 한다.
  - 단자는 도체에 손상을 주지 않고 금속표면과 안전하게 체결되어야 한다.
- 지지물의 시설
이차전지의 지지물은 부식성 가스 또는 용액에 의하여 부식되지 않도록 하고 적재하중 또는 지진, 기타 진동과 충격에 안전한 구조여야 한다.

② 제어 및 보호장치 등
- 충전 기능
  - 전기저장장치는 배터리의 SOC 특성(충전 상태, State of Charge)에 따라 제조자가 제시한 정격으로 충전할 수 있어야 한다.
  - 충전할 때는 전기저장장치의 충전 상태 또는 배터리 상태를 시각화하여 정보를 제공해야 한다.
- 방전 기능
  - 전기저장장치는 배터리의 SOC 특성에 따라 제조자가 제시한 정격으로 방전할 수 있어야 한다.
  - 방전할 때는 전기저장장치의 방전 상태 또는 배터리 상태를 시각화하여 정보를 제공해야 한다.
- 제어 및 보호장치
  - 전기저장장치가 비상용 예비전원 용도를 겸하는 경우 다음에 따라 시설해야 한다.
    - 가. 상용전원이 정전되었을 때 비상용 부하에 전기를 안정적으로 공급할 수 있는 시설을 갖출 것
    - 나. 관련 법령에서 정하는 전원유지시간 동안 비상용 부하에 전기를 공급할 수 있는 충전용량을 상시 보존하도록 시설할 것

- 전기저장장치의 접속점에는 쉽게 개폐할 수 있는 곳에 개방 상태를 육안으로 확인할 수 있는 전용의 개폐기를 시설해야 한다.
- 전기저장장치의 이차전지는 다음에 따라 자동으로 전로로부터 차단하는 장치를 시설해야 한다.
  가. 과전압 또는 과전류가 발생한 경우
  나. 제어장치에 이상이 발생한 경우
  다. 이차전지 모듈의 내부 온도가 급격히 상승할 경우
- 직류전로에 과전류 차단기를 설치하는 경우 직류 단락전류를 차단하는 능력을 가지는 것이어야 하고 "직류용" 표시를 해야 한다.
- 발전소 또는 변전소 혹은 이에 준하는 장소에 전기저장장치를 시설하는 경우 전로가 차단되었을 때 경보하는 장치를 시설해야 한다.

• 계측장치
전기저장장치를 시설하는 곳에는 다음의 사항을 계측하는 장치를 시설해야 한다.
- 축전지 출력 단자의 전압, 전류, 전력 및 충방전 상태
- 주요 변압기의 전압, 전류 및 전력

3. 태양광 발전설비

(1) 일반사항

① 설치장소의 요구사항
- 인버터, 제어반, 배전반 등의 시설은 기기 등을 조작 또는 보수·점검할 수 있는 충분한 공간을 확보하고 필요한 조명설비를 시설해야 한다.
- 인버터 등을 수납하는 공간에는 실내온도의 과열 상승을 방지하기 위한 환기시설을 갖춰야 하며 적정한 온도와 습도를 유지하도록 시설해야 한다.
- 배전반, 인버터, 접속장치 등을 옥외에 시설하는 경우 침수의 우려가 없도록 시설해야 한다.

② 설비의 안전 요구사항
- 태양전지모듈, 전선, 개폐기 및 기타 기구는 충전 부분이 노출되지 않도록 시설해야 한다.
- 모든 접속함에는 내부의 충전부가 인버터로부터 분리된 후에도 여전히 충전 상태일 수 있음을 나타내는 경고가 붙어 있어야 한다.
- 태양광 설비의 고장이나 외부 환경요인으로 인하여 계통 연계에 문제가 있을 경우 회로분리를 위한 안전시스템이 있어야 한다.

③ 옥내 전로의 대지전압 제한
주택의 태양전지모듈에 접속하는 부하 측 옥내 배선의 대지전압 직류는 $600[V]$ 이하여야 한다.

(2) 태양광설비의 시설

① 간선의 시설기준
- 전기배선
  - 모듈 및 기타 기구에 전선을 접속하는 경우는 나사로 조이고, 기타 이와 동등 이상의 효력이 있는 방법으로 기계적·전기적으로 안전하게 접속하고, 접속점에 장력이 가해지지 않도록 할 것
  - 배선시스템은 바람, 결빙, 온도, 태양방사와 같이 예상되는 외부 영향을 견디도록 시설할 것
  - 모듈의 출력배선은 극성별로 확인할 수 있도록 표시할 것

② 태양광설비의 시설기준
- 태양전지모듈의 시설
  - 모듈은 자중, 적설, 풍압, 지진 및 기타의 진동과 충격에 대하여 탈락하지 않도록 지지물에 의해 견고하게 설치할 것
  - 모듈의 각 직렬군은 동일한 단락전류를 가진 모듈로 구성해야 하며 1대의 인버터에 연결된 모듈 직렬군이 2병렬 이상일 경우 각 직렬군의 출력전압 및 출력전류가 동일하게 형성되도록 배열할 것
- 전력변환장치의 시설
  - 인버터는 실내·실외용을 구분할 것
  - 각 직렬군의 태양전지 개방전압은 인버터 입력전압 범위 이내일 것
  - 옥외에 시설하는 경우 방수 등급은 IPX4 이상일 것
- 모듈을 지지하는 구조물
  - 자중, 적재하중, 적설 또는 풍압, 지진 및 기타 진동과 충격에 안전한 구조일 것
  - 부식 환경에 의하여 부식되지 않도록 다음의 재질로 제작할 것
    - 가. 용융아연 또는 용융아연-알루미늄-마그네슘합금 도금된 형강
    - 나. 스테인리스 스틸(STS)
    - 다. 알루미늄합금
    - 라. 상기와 동등 이상의 성능(인장강도, 항복강도, 압축강도, 내구성 등)을 가지는 재질로서 KS제품 또는 동등 이상의 성능의 제품일 것
  - 모듈 지지대와 그 연결부재의 경우 용융아연 도금 처리 또는 녹방지 처리를 해야 하며, 절단가공 및 용접 부위는 방식 처리를 할 것

③ 제어 및 보호장치 등
- 어레이 출력 개폐기
  - 태양전지모듈에 접속하는 부하 측의 태양전지 어레이에서 전력변환장치에 이르는 전로(복수의 태양전지모듈을 시설한 경우 그 집합체에 접속하는 부하 측의 전로)에는 그 접속점에 근접하여 개폐기, 기타 이와 유사한 기구(부하전류를 개폐할 수 있는 것에 한함)를 시설할 것
  - 어레이 출력 개폐기는 점검이나 조작이 가능한 곳에 시설할 것

4. 풍력 발전설비

(1) 일반사항

① 발전용 풍력설비의 항공장애등 및 주간장애표지는 규정에 따라 시설해야 한다.

② 500[kW] 이상의 풍력터빈은 나셀 내부의 화재 발생 시 이를 자동으로 소화할 수 있는 화재방호설비를 시설해야 한다.

(2) 풍력설비의 시설

① 간선의 시설기준

풍력 발전기에서 출력배선에 쓰이는 전선은 CV선 또는 TFR-CV선을 사용하거나 동등 이상의 성능을 가진 제품을 사용해야 하며, 전선이 지면을 통과하는 경우에는 피복이 손상되지 않도록 별도의 조치를 취할 것

② 풍력설비의 시설기준

최대 풍압하중 및 운전 중의 회전력 등에 의한 풍력터빈의 강도 계산에는 다음의 조건을 고려해야 한다.

사용 조건	• 최대 풍속 • 최대 회전 수
강도 조건	• 하중 조건 • 강도 계산의 기준 • 피로하중

③ 제어 및 보호장치 등

풍력터빈에는 설비의 손상을 방지하기 위해 운전 상태를 계측하는 회전속도계, 나셀(Nacelle) 내의 진동을 감시하기 위한 진동계, 풍속계, 압력계, 온도계를 시설해야 한다.

5. 연료전지설비

(1) 일반사항

① 설치장소의 안전 요구사항

• 연료전지를 설치할 주위의 벽 등은 화재에 안전하게 시설해야 한다.

• 가연성 물질과 안전거리를 충분히 확보해야 한다.

• 침수 등의 우려가 없는 곳에 시설해야 한다.

② 연료 전지 발전실의 가스 누설 대책

연료가스 누설 시 위험을 방지하기 위한 적절한 조치란 다음에 열거하는 것을 말한다.

• 연료가스를 통하는 부분은 최고 사용압력에 대하여 기밀성을 가지는 것이어야 한다.

• 연료전지 설비를 설치하는 장소는 연료가스가 누설되었을 때 체류하지 않는 구조의 것이어야 한다.

• 연료전지 설비로부터 누설되는 가스가 체류할 우려가 있는 장소에 해당 가스의 누설을 감지하고 경보하기 위한 설비를 설치해야 한다.

(2) 연료전지설비의 시설

① 내압시험은 연료전지 설비의 내압 부분 중 최고 사용압력이 $0.1[MPa]$ 이상의 부분은 최고 사용압력의 1.5배의 수압(수압으로 시험을 실시하는 것이 곤란한 경우 최고 사용압력의 1.25배의 기압)까지 가압하여 압력이 안정된 후 최소 10분간 유지하는 시험을 실시하였을 때 이것에 견디고 누설이 없어야 한다.

② 연료전지 설비의 내압 부분 중 최고 사용압력이 $0.1[MPa]$ 이상의 부분(액체연료 또는 연료가스 혹은 이것을 포함한 가스를 통하는 부분에 한함)의 기밀시험은 최고 사용압력의 1.1배의 기압으로 시험을 실시하였을 때 누설이 없어야 한다.

📋 시험문제 미리보기!

다음 중 풍력 발전 계측장비의 시설에서 시설하지 않아도 되는 것은?

① 풍속계   ② 압력계   ③ 온도계
④ 회전속도계   ⑤ 전력량계

정답   ⑤

해설   풍력 발전 계측장비의 시설에서 전력량계는 시설하지 않아도 된다.
풍력터빈에는 설비의 손상을 방지하기 위해 운전 상태를 계측하는 회전속도계, 나셀(Nacelle) 내의 진동을 감시하기 위한 진동계, 풍속계, 압력계, 온도계를 시설해야 한다.

출제빈도: ★☆☆ 대표출제기업: 한국가스공사

01 다음 중 한 수용장소의 인입선에서 분기하여 지지물을 거치지 않고 다른 수용장소의 인입구에 이르는 부분의 전선은?

① 가공인입선　　　　　② 연접인입선　　　　　③ 이동전선
④ 옥측 배선　　　　　　⑤ 옥내 배선

출제빈도: ★★☆ 대표출제기업: 한국가스공사

02 저압의 전선로 중 절연 부분의 전선과 대지 사이의 절연저항은 사용전압에 대한 누설전류가 최대 공급 전류의 얼마를 넘지 않도록 해야 하는가?

① $\frac{1}{1,000}$　　　② $\frac{1}{2,000}$　　　③ $\frac{1}{3,000}$　　　④ $\frac{1}{4,000}$　　　⑤ $\frac{1}{5,000}$

출제빈도: ★★★ 대표출제기업: 한국가스공사, 한국동서발전

03 다음 중 전압에 대한 설명으로 옳지 않은 것은?

① 전압은 저압, 고압, 특고압의 3종으로 구분한다.
② 저압은 직류 600[V] 이하, 교류 750[V] 이하이다.
③ 저압은 직류 1,500[V] 이하, 교류 1,000[V] 이하이다.
④ 고압은 저압을 초과하고 7[kV] 이하이다.
⑤ 특고압은 7[kV]를 초과하는 것이다.

출제빈도: ★★★ 대표출제기업: 한국지역난방공사

04 다음 중 전선의 색상에 포함되지 않는 색은?

① 갈색   ② 흑색   ③ 회색   ④ 적색   ⑤ 녹색-노란색

정답 및 해설

01 ②

한 수용장소의 인입선에서 분기하여 지지물을 거치지 않고 다른 수용장소의 인입구에 이르는 부분의 전선은 연접인입선이다.

오답노트

① 가공전선로의 지지물로부터 다른 지지물을 거치지 않고 수용장소의 붙임점에 이르는 가공전선

③ 전기사용장소에 고정시키지 않는 전선

④ 옥외의 전기사용장소에서 전기 사용을 목적으로 고정시켜 시설하는 전선

⑤ 옥내의 전기사용장소에 고정시켜 시설하는 전선

02 ②

저압의 전선로 중 절연 부분의 전선과 대지 사이의 절연저항은 사용전압에 대한 누설전류가 최대 공급 전류의 $\frac{1}{2,000}$ 을 넘지 않도록 해야 한다.

03 ②

저압은 교류 1[kV] 이하, 직류 1.5[kV] 이하이다.

🔍 더 알아보기

전압의 구분

저압	교류는 1[kV] 이하, 직류는 1.5[kV] 이하인 것
고압	교류는 1[kV]를, 직류는 1.5[kV]를 초과하고, 7[kV] 이하인 것
특고압	7[kV]를 초과하는 것

04 ④

적색은 전선의 색상에 포함되지 않는다.

🔍 더 알아보기

전선의 색상은 다음의 표에 따른다.

L1	L2	L3	N	보호도체
갈색	흑색	회색	청색	녹색-노란색

전기설비기술기준

해커스공기업 실제 풀어보는 전기적 이론+기출응용문제

출제빈도: ★★☆ 대표출제기업: 한국가스공사

05 사용전압이 저압인 전로에서 정전이 어려운 경우 등 절연저항 측정이 곤란한 경우에 누설전류는 몇 [mA] 이하로 유지해야 하는가?

① 1　　　　　② 1.5　　　　　③ 2　　　　　④ 2.5　　　　　⑤ 3

출제빈도: ★★★ 대표출제기업: 한국전력공사

06 절연저항 측정 시 SELV 및 PELV는 DC 250[V] 시험 전압에서 몇 [$M\Omega$] 이상이어야 하는가?

① 0.1　　　　　② 0.2　　　　　③ 0.4　　　　　④ 0.5　　　　　⑤ 1

출제빈도: ★☆☆ 대표출제기업: 한국가스공사

07 고압 및 특고압의 전로에 절연내력 시험 시, 연속적으로 시험 전압을 가하는 시간은?

① 10초　　　　　② 1분　　　　　③ 5분　　　　　④ 10분　　　　　⑤ 15분

출제빈도: ★★☆ 대표출제기업: 한국동서발전

08 3상 4선식 22.9[kV] 중성점 다중 접지식 가공전선로의 전로와 대지 사이의 절연내력 시험 전압[V]은?

① 15,237   ② 16,488   ③ 21,068   ④ 22,900   ⑤ 28,625

출제빈도: ★★☆ 대표출제기업: 한국전력공사

09 다음 중 접지시스템의 시설 종류로 옳은 것은?

① 계통접지   ② 보호접지   ③ 피뢰접지   ④ 접지극   ⑤ 공통접지

정답 및 해설

05 ①
저압전로의 절연저항에서 정전이 어려운 경우 등 절연저항 측정이 곤란한 경우, 저항 성분의 누설전류가 1[mA] 이하이면 그 전로의 절연 성능은 적합한 것으로 본다.

06 ④
절연저항 측정 시 SELV 및 PELV는 DC 250[V] 시험 전압에서 0.5[$M\Omega$] 이상이어야 한다.

🔎 더 알아보기
절연 성능

전로의 사용전압[V]	DC 시험 전압[V]	절연저항[$M\Omega$]
SELV 및 PELV	250	0.5
FELV, 500[V] 이하	500	1.0
500[V] 초과	1,000	1.0

07 ④
고압 및 특고압의 전로는 시험 전압을 전로와 대지 사이에 연속하여 10분간 가하여 절연내력을 시험하였을 때 견뎌야 한다.

08 ③
7[kV] 초과 25[kV] 이하인 중성점 접지식 전로(중성선 다중 접지식)의 절연내력 시험 전압은 0.92배이므로 22,900 × 0.92 = 21,068[V]이다.

09 ⑤
접지시스템의 시설 종류에는 단독접지, 공통접지, 통합전지가 있다.

🔎 더 알아보기
접지시스템의 구분 및 종류

구분	계통접지, 보호접지, 피뢰시스템접지
종류	단독접지, 공통접지, 통합접지

전기설비기술기준

해커스공기업 쉽게 끝내는 전기직 이론 + 기출동형문제

기출동형문제

출제빈도: ★☆☆ 대표출제기업: 한국지역난방공사

10 구리선의 접지도체에 피뢰시스템이 접속되었을 때, 접지도체의 최소 단면적[mm^2]은?

① 6   ② 10   ③ 16   ④ 22   ⑤ 50

출제빈도: ★★☆ 대표출제기업: 한국전력공사

11 다음 중 외부피뢰시스템을 구성하는 요소인 수뢰부의 종류에 해당하지 않는 것은?

① 인하도선   ② 수평도체   ③ 돌침   ④ 메시도체   ⑤ 돌침 + 수평도체

출제빈도: ★★★ 대표출제기업: 한국전력공사, 한국동서발전

12 감전에 대한 보호를 위해 SELV와 PELV를 적용한 특별저압에 의한 보호에서 전압의 교류, 직류 전압값의 한도[V]는?

	교류	직류
①	50	50
②	50	120
③	120	50
④	100	100
⑤	100	150

출제빈도: ★★☆ 대표출제기업: 한국남부발전

13 다음 중 과부하 보호장치의 설치 위치로 옳은 것은?

① 전원 측   ② 중성점   ③ 부하 측   ④ 분기점   ⑤ 접지 측

출제빈도: ★★☆ 대표출제기업: 한국남부발전, 한국동서발전

14 다음 중 누전차단기를 시설해야 할 상황으로 옳은 것은?

① 금속제 외함을 가지는 사용전압이 $50[V]$를 초과하는 저압의 기계기구에 전기를 공급하는 경우

② 기계기구를 건조한 곳에 시설하는 경우

③ 기계기구를 발전소·변전소·개폐소 또는 이에 준하는 곳에 시설하는 경우

④ 전기용품 안전관리법의 적용을 받는 이중절연구조의 기계기구를 시설하는 경우

⑤ 기계기구가 고무·합성수지, 기타 절연물로 피복된 경우

정답 및 해설

10 ③
접지도체에 피뢰시스템이 접속되는 경우, 접지도체의 단면적은 구리 $16[mm^2]$ 이상으로 해야 한다.

11 ①
외부피뢰시스템은 수뢰부, 인하도선, 접지극으로 구성되어 있으며 이 중 수뢰부의 종류에는 돌침, 수평도체, 메시도체 중 한 가지 혹은 이를 조합한 형식이 해당한다.

12 ②
특별저압 계통의 전압 한계는 교류 $50[V]$, 직류 $120[V]$ 이하여야 한다.

13 ④
과부하 보호장치는 분기점에 설치해야 한다.

🔎 더 알아보기
분기점
분기점은 전로 중 도체의 단면적, 특성, 설치 방법, 구성의 변경으로 도체의 허용전류값이 줄어드는 곳이다.

14 ①
금속제 외함을 가지는 사용전압이 $50[V]$를 초과하는 저압의 기계기구에 전기를 공급하는 전로에 누전차단기를 설치해야 한다.

🔎 더 알아보기
누전차단기 설치를 생략할 수 있는 장소
• 기계기구를 발전소·변전소·개폐소 또는 이에 준하는 곳에 시설하는 경우
• 기계기구를 건조한 곳에 시설하는 경우
• 대지전압이 $150[V]$ 이하인 기계기구를 물기가 있는 곳 이외의 곳에 시설하는 경우
• 「전기용품 및 생활용품 안전관리법」의 적용을 받는 이중절연구조의 기계기구를 시설하는 경우
• 전로의 전원 측에 절연 변압기(2차 전압이 $300[V]$ 이하인 경우에 한함)를 시설하고 또한 그 절연 변압기의 부하 측의 전로에 접지하지 않는 경우
• 기계기구가 고무·합성수지, 기타 절연물로 피복된 경우
• 기계기구가 유도 전동기의 2차 측 전로에 접속되는 것일 경우
• 기계기구 내에 「전기용품 및 생활용품 안전관리법」의 적용을 받는 누전차단기를 설치하고 또한 기계기구의 전원 연결선이 손상을 받을 우려가 없도록 시설하는 경우

출제빈도: ★☆☆ 대표출제기업: 한국지역난방공사

15 다음 중 과부하 보호장치의 생략이 가능한 회로로 옳지 않은 것은?

① 회전기의 여자회로

② 전자석 크레인의 전원회로

③ 전류변성기의 2차 회로

④ 소방설비의 전원회로

⑤ 변압기의 여자회로

출제빈도: ★★☆ 대표출제기업: 한국가스공사

16 저압 옥내간선에서 분기하여 전기사용기계기구에 이르는 저압 옥내 전로에서 저압 옥내 간선과의 분기점에서 전선의 길이가 몇 [m] 이하인 곳에 과전류 차단기를 설치해야 하는가? (단, 단락의 위험과 화재 및 인체에 대한 위험성이 최소화 되도록 시설된 경우이다.)

① 3   ② 4   ③ 5   ④ 6   ⑤ 7

출제빈도: ★★☆ 대표출제기업: 한국전력공사

17 다음 중 저압 연접인입선의 시설 규정을 위반한 것은?

① 경간이 20[m]인 곳에 직경 2.0[mm] DV 전선을 사용하였다.

② 인입선에서 분기하는 점으로부터 100[m]를 넘지 않았다.

③ 폭 4.5[m]의 도로를 횡단하였다.

④ 옥내를 통과하지 않도록 했다.

⑤ 지지물을 거치지 않고 수용가로 가는 전로이다.

축제빈도: ★★★ 대표출제기업: 한국전력공사

18 다음 중 옥내에 시설하는 저압전선으로 나전선을 절대로 사용할 수 없는 경우는?

① 금속 덕트 공사에 의하여 시설하는 경우

② 버스 덕트 공사에 의하여 시설하는 경우

③ 애자 사용 공사에 의하여 전개된 곳에 전기로용 전선을 시설하는 경우

④ 유희용 전차에 전기를 공급하기 위하여 접촉전선을 사용하는 경우

⑤ 라이팅 덕트 공사에 의하여 시설하는 경우

정답 및 해설

15 ⑤
변압기의 여자회로는 과부하 보호장치의 생략이 불가능하다.

🔍 **더 알아보기**

안전을 위해 과부하 보호장치를 생략할 수 있는 경우
사용 중 예상치 못한 회로의 개방이 위험 또는 큰 손상을 초래할 수 있는 다음과 같은 부하에 전원을 공급하는 회로에 대해서는 과부하 보호장치를 생략할 수 있다.
- 회전기의 여자회로
- 전자석 크레인의 전원회로
- 전류변성기의 2차 회로
- 소방설비의 전원회로
- 안전설비(주거침입경보, 가스누출경보 등)의 전원회로

16 ①
저압 옥내 간선과의 분기점에서 전선의 길이가 3[m] 이하인 곳에 과전류 차단기를 설치해야 한다.

🔍 **더 알아보기**

분기회로(S_2)의 분기점(O)에서 3[m] 이내에 설치된 과부하 보호장치(P_2)

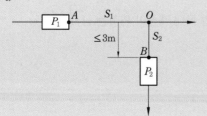

17 ①
저압 가공인입선은 전선이 케이블인 경우, 이외에는 인장강도 2.30[kN] 이상이거나 지름 2.6[mm] 이상의 인입용 비닐절연전선이어야 한다. 단, 경간이 15[m] 이하인 경우에 인장강도 1.25[kN] 이상의 것이거나 지름 2[mm] 이상의 인입용 비닐절연전선이어야 한다.

🔍 **더 알아보기**

연접인입선의 시설
저압 연접인입선은 다음에 따라 시설해야 한다.
- 인입선에서 분기하는 점으로부터 100[m]를 초과하는 지역에 미치지 않을 것
- 폭 5[m]를 초과하는 도로를 횡단하지 않을 것
- 옥내를 통과하지 않을 것

18 ①
옥내에 시설하는 저압전선은 다음의 경우를 제외하고 나전선을 사용해서는 안 된다.
- 애자 사용 공사에 의하여 전개된 곳에 시설하는 경우
  - 전기로용 전선
  - 전선의 피복 절연물이 부식하는 장소에 시설하는 전선
  - 취급자 이외의 자가 출입할 수 없도록 설비한 장소에 시설하는 전선
- 버스 덕트 공사에 의하여 시설하는 경우
- 라이팅 덕트 공사에 의하여 시설하는 경우
- 옥내에 시설하는 저압 접촉전선 배선에 의하여 시설하는 경우
- 유희용 전차의 전원장치에 있어서 접촉전선이 3레일 방식에 의하여 시설하는 경우

출제빈도: ★★☆ 대표출제기업: 한국동서발전

19 합성수지관 공사 시 관의 지지점 간 최대 거리[m]는?

① 1.0   ② 1.5   ③ 2.0   ④ 2.5   ⑤ 3.0

출제빈도: ★★☆ 대표출제기업: 한국가스공사

20 사용전압 220[V]의 애자 공사에서 전선을 조영재의 윗면에 따라 붙일 경우 전선 지지점 간의 최대 거리[m]는?

① 1.5   ② 2   ③ 2.5   ④ 3   ⑤ 3.5

출제빈도: ★★★ 대표출제기업: 한국가스공사

21 다음 중 폭연성 분진 또는 화약류의 분말이 존재하는 곳의 저압 옥내 배선이 의하는 공사는?

① 애자 공사 또는 금속제 가요전선관 공사

② 캡타이어 케이블 공사

③ 합성수지관 공사

④ 금속관 공사

⑤ 버스 덕트 공사

출제빈도· ★★☆ 대표출제기업· 한국전력공사

22 다음 중 의료장소의 안전을 위한 의료용 절연 변압기에 대한 설명으로 옳은 것은?

① 2차 측 정격전압은 교류 300[V] 이하이다.

② 2차 측 정격전압은 직류 250[V] 이하이다.

③ 정격출력은 5[kVA] 이하이다.

④ 정격출력은 10[kVA] 이하이다.

⑤ 공급 방식은 3상 4선식이다.

정답 및 해설

19 ②

합성수지관 공사 시 관의 지지점 간 거리는 1.5[m] 이하로 해야 하므로 관의 지지점 간 최대 거리는 1.5[m]이다.

🔎 **더 알아보기**

합성수지관 공사

- 전선은 절연전선(OW 제외)으로 연선일 것. 단, 짧고 가는 합성수지관에 넣은 것 또는 단면적 10[mm²](알루미늄선은 단면적 16[mm²]) 이하의 것은 단선을 사용할 수 있음
- 관 상호 및 관과 박스와는 관의 삽입하는 깊이를 관 외경의 1.2배(접착제를 사용하는 경우 0.8배) 이상으로 견고하게 접속할 것
- 관의 지지점 간 거리는 1.5[m] 이하로 할 것

20 ②

조영재의 상단에 전선을 붙일 경우 전선 지지점 간의 거리는 2[m] 이하여야 한다.

🔎 **더 알아보기**

애자 사용 공사

- 전선의 종류 : 절연전선(단, 옥외용 비닐절연전선(OW) 및 인입용 비닐절연전선(DV)은 제외)

• 이격거리

전압		전선과 조영재와의 이격거리	전선 상호 간격	전선 지지점 간의 거리	
				조영재의 상면 또는 측면	조영재에 따라 시설하지 않는 경우
저압	400[V] 미만	2.5[cm] 이상			–
	400[V] 이상	건조한 장소	2.5[cm] 이상	6[cm] 이상	2[m] 이하	
		기타 장소	4.5[cm] 이상			6[m] 이하

21 ④

폭연성 분진(마그네슘, 알루미늄, 티탄, 지르코늄 등의 먼지로 쌓인 상태에서 착화된 때 폭발할 우려가 있는 것), 화약류 분말이 존재하는 곳, 가연성의 가스 또는 인화성 물질의 증기가 새거나 체류하는 곳의 전기 공작물은 금속관 공사 또는 케이블 공사(캡타이어 케이블 제외)에 의하여야 하며 금속관 공사를 하는 경우 관 상호 및 관과 박스 등은 5턱 이상의 나사 조임으로 접속해야 한다.

22 ④

의료용 절연 변압기의 2차 측 정격전압은 교류 250[V] 이하, 공급 방식은 단상 2선식, 정격출력은 10[kVA] 이하여야 한다.

출제빈도: ★☆☆ 대표출제기업: 한국지역난방공사

23 제1의 접지공사는 변압기의 시설장소마다 시행해야 한다. 단, 토지의 상황에 의해 변압기의 시설장소에서 접지저항 값을 얻기 어려운 경우, 인장강도 5.26[kN] 이상 또는 지름 4[mm] 이상의 가공접지도체를 변압기의 시설장소로부터 떼어놓을 수 있는 최대 거리[m]는?

① 100 　　　　② 150 　　　　③ 200 　　　　④ 250 　　　　⑤ 300

출제빈도: ★★★ 대표출제기업: 한국가스공사, 한국동서발전

24 다음 중 전로의 중성점 접지와 관련 없는 것은?

① 보호장치의 확실한 동작의 확보
② 부하전류의 일부를 대지로 흐르게 함으로써 전선 절약
③ 이상전압의 억제
④ 대지전압의 저하
⑤ 중성점 접지 시 접지도체는 공칭 단면적 16[mm^2] 이상의 연동선 사용

출제빈도: ★★☆ 대표출제기업: 한국전력공사

25 특고압 전선로에 접속하는 배전용 변압기의 1차 전압은 몇 [V] 이하여야 하는가?

① 15,000 　　　　② 20,000 　　　　③ 25,000 　　　　④ 30,000 　　　　⑤ 35,000

출제빈도: ★★☆ 대표출제기업: 한국전력공사

26 다음 중 고압 인입선 등의 시설기준을 지키지 않은 것은?

① 고압 가공인입선 아래에 위험 표시를 하고 지표상 3.5[m] 높이에 설치하였다.
② 전선은 5.0[mm] 경동선과 동등한 세기의 고압 절연전선을 사용하였다.
③ 고압 인하용 절연전선을 애자 사용 공사로 시설하였다.
④ 10[m] 떨어진 다른 수용가에 고압 연접인입선을 시설하였다.
⑤ 가공케이블 규정에 의거하여 케이블을 시설하였다.

출제빈도: ★★☆ 대표출제기업: 한국지역난방공사

27 고압 가공전선이 경동선 또는 내열 동합금선일 때, 안전율의 최솟값은?

① 2.5　　　　　　② 2.2　　　　　　③ 1.5　　　　　　④ 1.33　　　　　　⑤ 1.25

정답 및 해설

23 ③

토지의 상황에 의해 변압기의 시설장소에서 접지저항값을 얻기 어려운 경우, 인장강도 5.26[kN] 이상 또는 지름 4[mm] 이상의 가공접지도체를 변압기의 시설장소로부터 200[m]까지 떼어놓을 수 있다.

24 ②

부하전류가 대지로 흐르게 되면 영상분 전류에 의해 유도장해가 발생한다.

> ○ 더 알아보기
>
> **전로의 중성점 접지**
> 전로의 보호장치의 확실한 동작의 확보, 이상전압의 억제 및 대지전압의 저하를 위해 특히 필요한 경우에 전로의 중성점에 접지 공사를 할 경우에는 다음에 따라야 한다.
> • 접지극은 고장 시 그 근처의 대지 사이에 생기는 전위차에 의해 사람이나 가축 또는 다른 시설물에 위험을 줄 우려가 없도록 시설할 것
> • 접지도체는 공칭 단면적 16[mm²] 이상의 연동선을 사용할 것

25 ⑤

특고압용 배전용 변압기의 1차 전압은 35,000[V] 이하여야 한다.

26 ④

고압 연접인입선은 시설해서는 안 된다.

> ○ 더 알아보기
>
> **고압 가공인입선의 시설**
> • 고압 가공인입선은 인장강도 8.01[kN] 이상의 고압·특고압 절연전선 또는 지름 5[mm] 이상의 경동선의 고압·특고압 절연전선을 시설해야 한다.
> • 고압 가공인입선의 높이는 지표상 3.5[m]까지 감할 수 있고, 그 고압 가공인입선이 케이블 이외의 것인 경우 그 전선의 아래쪽에 위험 표시를 해야 한다.
> • 고압 연접인입선은 시설해서는 안 된다.

27 ②

고압 가공전선은 케이블인 경우 이외에는 그 안전율이 경동선 또는 내열 동합금선은 2.2 이상, 그 밖의 전선은 2.5 이상으로 시설해야 한다.

출제빈도: ★★★ 대표출제기업: 한국가스공사

28 다음 중 특고압 가공전선로를 가공케이블로 시설하는 경우로 옳지 않은 것은?

① 조가용선에 행거의 간격은 0.5[m]로 시설하였다.

② 조가용선을 케이블의 외장에 견고하게 붙여 시설하였다.

③ 조가용선은 단면적 20[mm^2]의 아연도 강연선을 사용하였다.

④ 조가용선에 접촉시켜 금속 테이프를 20[cm] 이하의 간격을 유지시켜 나선형으로 감아 붙였다.

⑤ 조가용선은 인장강도 5.93[kN] 이상의 것을 사용하였다.

출제빈도: ★★☆ 대표출제기업: 한국동서발전

29 애자 사용 공사에 의한 고압 옥내 배선 등의 시설에서 사용되는 연동선의 최소 공칭 단면적[mm^2]은?

① 6   ② 10   ③ 16   ④ 22   ⑤ 38

출제빈도: ★★☆ 대표출제기업: 한국전력공사

30 수전전압 150[kV]인 수전 변전소의 주변압기에 울타리를 설치할 때, 울타리의 높이와 울타리로부터 충전부까지 거리의 합[m]은?

① 3   ② 4   ③ 5   ④ 6   ⑤ 6.25

출제빈도: ★★☆ 대표출제기업: 한국전력공사

31 발전기 내부 고장이 발생했을 때, 자동적으로 이를 전로로부터 차단하는 장치를 필요로 하는 발전기 용량의 최솟값[kW]은?

① 500　　　　　　② 1,000　　　　　　③ 2,000　　　　　　④ 5,000　　　　　　⑤ 10,000

정답 및 해설

28 ③
조가용선은 단면적 22[mm^2] 이상인 아연도 강연선을 사용해야 하므로 옳지 않다.

29 ①
애자 사용 공사에 의한 고압 옥내 배선의 전선 공칭 단면적은 6[mm^2] 이상의 연동선 또는 이와 동등 이상의 세기 및 굵기의 고압 절연전선이나 특고압 절연전선 또는 인하용 절연전선이어야 한다.

30 ④
수전전압 35[kV] 초과 160[kV] 이하인 수전 변전소의 주변압기에 울타리를 설치할 때, 울타리의 높이와 울타리로부터 충전부까지 거리의 합은 6[m]이다.

🔍 더 알아보기

발전소 등의 울타리·담 등의 시설 시 이격거리

사용전압의 구분	울타리·담 등의 높이와 울타리·담 등으로부터 충전 부분까지의 거리의 합계
35[kV] 이하	5[m]
35[kV] 초과 160[kV] 이하	6[m]
160[kV] 초과	• 거리 + 6 + 단수 × 0.12[m] • 단수 = $\dfrac{\text{사용전압}[kV] - 160}{10}$ (단, 단수 계산에서 소수점 이하는 절상함)

31 ⑤
용량이 10,000[kW]를 넘는 발전기에 내부 고장이 생긴 경우 발전기를 자동적으로 차단하는 장치를 시설한다.

🔍 더 알아보기

발전기 등의 보호장치
발전기에는 다음의 경우에 전로로부터 자동 차단하는 장치를 시설한다.
• 발전기에 과전류나 과전압이 생긴 경우
• 용량 500[kVA] 이상의 발전기를 구동하는 수차 압유장치의 유압이 현저하게 저하하는 경우
• 용량 2,000[kVA] 이상의 수차 발전기의 스러스트 베어링 온도가 현저히 상승한 경우
• 용량이 10,000[kW]를 넘는 발전기에 내부 고장이 생긴 경우
• 정격출력 10,000[kW]를 넘는 증기 터빈의 스러스트 베어링이 현저하게 마모되거나 온도가 현저히 상승한 경우
• 용량 100[kVA] 이상의 발전기를 구동하는 풍차의 압유장치의 유압, 압축 공기장치의 공기압 또는 전동식 브레이드 제어장치의 전원전압이 현저히 저하한 경우

출제빈도: ★★☆ 대표출제기업: 한국남부발전

32 조상기 내부에 고장이 발생했을 때, 자동적으로 이를 전로로부터 차단하는 장치를 필요로 하는 조상기 용량의 최솟값[kVA]은?

① 500   ② 1,000   ③ 5,000   ④ 10,000   ⑤ 15,000

출제빈도: ★★☆ 대표출제기업: 한국동서발전

33 가공전선로의 지지물에 시설하는 통신선과 고압 가공전선 사이의 최소 이격거리[m]는?

① 0.4   ② 0.5   ③ 0.6   ④ 0.7   ⑤ 0.8

출제빈도: ★☆☆ 대표출제기업: 한국전력공사

34 무선용 안테나 등을 지지하는 철탑의 기초 안전율의 최솟값은?

① 1.2   ② 1.5   ③ 2.0   ④ 2.2   ⑤ 2.5

출제빈도· ★★☆ 대표출제기업: 한국지역난방공사

35 합금전차선의 경우 전차선로 설비의 최소 안전율은?

① 1.0 ② 1.5 ③ 2.0 ④ 2.2 ⑤ 2.5

정답 및 해설

32 ⑤

용량이 15,000[kVA]를 넘는 조상기 내부에 고장이 생긴 경우 조상기를 자동적으로 차단하는 장치를 시설한다.

🔍 더 알아보기

조상설비의 보호장치

조상설비 내부에 고장이 생긴 경우 보호장치를 시설해야 한다.

설비 종별	뱅크용량의 구분	자동적으로 전로로부터 차단하는 장치
전력용 커패시터 및 분로리액터	500[kVA] 초과 15,000[kVA] 미만	• 내부에 고장이 생긴 경우 • 과전류가 생긴 경우
	15,000[kVA] 이상	• 내부에 고장이 생긴 경우 • 과전류가 생긴 경우 • 과전압이 생긴 경우
조상기	15,000[kVA] 이상	• 내부에 고장이 생긴 경우

33 ③

가공전선로의 지지물에 시설하는 통신선과 고압 가공전선 사이의 최소 이격거리는 0.6[m]이다.

34 ②

무선용 안테나 등을 지지하는 철탑의 기초 안전율은 1.5 이상이다.

🔍 더 알아보기

무선용 안테나 등을 지지하는 철탑 등의 시설

전력 보안통신 설비인 무선통신용 안테나 또는 반사판을 지지하는 목주, 철주, 철근 콘크리트주 또는 철탑은 다음에 따라 시설해야 한다.

• 목주의 안전율 : 1.5 이상
• 철주, 철근 콘크리트주 또는 철탑의 기초 안전율 : 1.5 이상

35 ③

합금전차선의 경우 전차선로 설비의 안전율은 2.0 이상이다.

🔍 더 알아보기

전차선로 설비의 안전율

• 합금전차선의 경우 2.0 이상
• 경동선의 경우 2.2 이상
• 조가선 및 조가선 장력을 지탱하는 부품에 대하여 2.5 이상
• 복합체 자재(고분자 애자 포함)에 대하여 2.5 이상
• 지지물 기초에 대하여 2.0 이상
• 장력조정장치 2.0 이상
• 빔 및 브래킷은 소재 허용응력에 대하여 1.0 이상
• 철주는 소재 허용응력에 대하여 1.0 이상
• 브래킷의 애자는 최대 만곡하중에 대하여 2.5 이상
• 지선은 선형일 경우 2.5 이상, 강봉형일 경우 소재 허용응력에 대하여 1.0 이상

출제빈도: ★☆☆ 대표출제기업: 한국동서발전

36 변전소의 용량의 급전구간별 정상적인 열차부하조건에서 기준으로 결정하는 최대 출력의 시간[h]은?

① 5   ② 4   ③ 3   ④ 2   ⑤ 1

출제빈도: ★☆☆ 대표출제기업: 한국동서발전

37 다음 중 급전용 변압기가 교류 전기철도에서 원칙으로 적용하는 변압기는?

① Y결선   ② Δ결선   ③ V결선
④ 스코트결선   ⑤ 포크결선

출제빈도: ★★☆ 대표출제기업: 한국전력공사

38 고정설비의 보호용 도체 간의 임피던스를 위험 전압이 발생하지 않도록 객차인 경우 적용전압이 50[V]를 초과하지 않는 곳에서 50[A]의 일정 전류로 측정했을 때, 최댓값[Ω]은?

① 0.01   ② 0.05   ③ 0.10   ④ 0.15   ⑤ 0.20

출제빈도: ★★☆ 대표출제기업: 한국전력공사

39 교류 1[kV] 또는 직류 1.5[kV] 이하인 공칭전압에서 공간거리를 유지할 수 없는 경우 충전부와의 직접 접촉에 대한 보호를 위해 장애물을 설치해야 한다. 충전부가 보행 표면과 동일한 높이에 또는 낮게 위치할 때, 장애물 높이가 장애물 상단으로부터 유지해야 하는 공간거리[m]는?

① 0.30   ② 0.75   ③ 1.35   ④ 1.50   ⑤ 3.15

출제빈도: ★☆☆ 대표출제기업: 한국서부발전

40 다음 중 전기철도차량이 회생제동의 사용을 중단해야 하는 경우는?

① 선로전압이 장기 과전압보다 낮은 경우
② 전차선로에서 전력을 받을 수 있는 경우
③ 전차선로에 단락사고가 발생한 경우
④ 전차선로에 단선이 발생한 경우
⑤ 전차선로에 지락이 발생한 경우

정답 및 해설

36 ⑤

변전소의 용량은 급전구간별 정상적인 열차부하조건에서 1시간 최대 출력 또는 순시 최대 출력을 기준으로 결정한다.

> 🔍 **더 알아보기**
>
> **변전소의 용량**
> • 변전소의 용량은 급전구간별 정상적인 열차부하조건에서 1시간 최대 출력 또는 순시 최대 출력을 기준으로 결정하고, 연장급전 등 부하의 증가를 고려해야 한다.
> • 변전소의 용량 산정 시 현재의 부하와 장래의 수송수요 및 고장 등을 고려하여 변압기 뱅크를 구성해야 한다.

37 ④

급전용 변압기는 직류 전기철도의 경우 3상 정류기용 변압기, 교류 전기철도의 경우 3상 스코트결선 변압기의 적용을 원칙으로 하고, 급전계통에 적합하게 선정해야 한다.

38 ④

차체와 주행 레일과 같은 고정설비의 보호용 도체 간의 임피던스는 이들 사이에 위험 전압이 발생하지 않도록 객차인 경우 적용전압이 $50[V]$를 초과하지 않는 곳에서 $50[A]$의 일정 전류로 측정했을 때 $0.15[\Omega]$ 이하여야 한다.

39 ③

공칭전압이 교류 $1[kV]$ 또는 직류 $1.5[kV]$ 이하이고, 공간거리를 유지할 수 없는 경우 충전부와의 직접 접촉에 대한 보호를 위해 장애물을 설치해야 한다. 충전부가 보행 표면과 동일한 높이에 또는 낮게 위치한 경우 장애물 높이는 장애물 상단으로부터 $1.35[m]$의 공간거리를 유지해야 하며, 장애물과 충전부 사이의 공간거리는 최소한 $0.3[m]$로 유지해야 한다.

40 ⑤

전기철도차량은 전차선로에 지락이 발생한 경우, 전차선로에서 전력을 받을 수 없는 경우, 선로전압이 장기 과전압보다 높은 경우에 회생제동의 사용을 중단해야 한다.

출제빈도: ★☆☆ 대표출제기업: 한국지역난방공사

41 다음 중 전기철도차량에서 교류-교류 절연 구간을 통과하는 방식은?

① 노치 오프 상태 방식   ② 역행 운전 방식

③ 자행 운전 방식   ④ 변압기 전부하 전류 방식

⑤ 전력을 소비하며 통과하는 방식

출제빈도: ★☆☆ 대표출제기업: 한국지역난방공사

42 다음 중 교류 전기철도 급전시스템에서 레일 전위의 접촉전압을 감소시키는 방법으로 옳지 않은 것은?

① 접지극 추가 사용

② 전압제한소자 적용

③ 전자기적 커플링을 고려한 귀선로의 강화

④ 단락전류를 중단시키는 데 필요한 트래핑 시간의 증가

⑤ 보행 표면의 절연

출제빈도: ★☆☆ 대표출제기업: 한국전력공사

43 전기철도차량이 전차선로와 접촉한 상태에서 견인력을 끄고 보조전력을 가동한 상태로 정지해 있는 경우와 가공 전차선로의 유효전력이 200[kW] 이상인 경우 총 역률의 최솟값은?

① 0.5   ② 0.6   ③ 0.7   ④ 0.8   ⑤ 1

출제빈도: ★☆☆ 대표출제기업: 한국가스공사

44 다음 중 매설금속체 측의 누설전류에 의한 전식의 피해가 예상되는 곳의 대처 방법으로 옳지 않은 것은?

① 배류장치 설치

② 장대레일 채택

③ 절연코팅

④ 매설금속체 접속부 절연

⑤ 저준위 금속체 접속

출제빈도: ★★☆ 대표출제기업: 한국동서발전

45 주택의 태양전지모듈에 접속하는 부하 측 옥내 배선의 최대 직류 대지전압[V]은?

① 150   ② 300   ③ 400   ④ 500   ⑤ 600

정답 및 해설

41 ②

전기철도차량의 교류-교류 절연 구간을 통과하는 방식에는 역행 운전 방식, 타행 운전 방식, 변압기 무부하 전류 방식, 전력 소비 없이 통과하는 방식이 있다.

> 🔍 **더 알아보기**
>
> **교류-직류(직류-교류) 절연 구간**
> 교류-직류(직류-교류) 절연 구간은 교류 구간과 직류 구간의 경계 지점에 시설한다. 이 구간에서 전기철도차량은 노치 오프(Notch off) 상태로 주행한다.

42 ④

레일 전위의 접촉전압을 감소시키기 위해서는 단락전류를 중단시키는 데 필요한 트래핑 시간을 감소시켜야 하므로 옳지 않다.

> 🔍 **더 알아보기**
>
> **레일 전위의 접촉전압 감소 방법**
> • 교류 전기철도 급전시스템
>   - 접지극 추가 사용

- 등전위 본딩
- 전자기적 커플링을 고려한 귀선로의 강화
- 전압제한소자 적용
- 보행 표면의 절연
- 단락전류를 중단시키는 데 필요한 트래핑 시간의 감소

43 ④

전기철도차량이 전차선로와 접촉한 상태에서 견인력을 끄고 보조전력을 가동한 상태로 정지해 있는 경우, 가공 전차선로의 유효전력이 200[kW] 이상일 경우 총 역률은 0.8보다 작아서는 안 된다.

44 ②

매설금속체 측의 누설전류에 의한 전식의 피해가 예상되는 곳은 배류장치 설치, 절연코팅, 매설금속체 접속부 절연, 저준위 금속체 접속, 궤도와의 이격거리 증대, 금속판 등의 도체로 차폐를 고려해야 한다.

45 ⑤

주택의 태양전지모듈에 접속하는 부하 측 옥내 배선의 대지전압 직류는 600[V] 이하여야 한다.

출제빈도: ★☆☆ 대표출제기업: 한국전력공사

46 다음 중 계통 연계하는 분산형 전원설비를 설치할 때, 자동적으로 분산형 전원설비를 전력계통으로부터 분리하기 위한 장치 시설 및 해당 계통과의 보호협조를 실시해야 하는 이상 또는 고장인 경우는?

① 계통에 지락사고가 발생했을 때
② 계통운전 상태
③ 분산형 전원설비의 이상 또는 고장
④ 연계용 변압기의 고장
⑤ 통합운전 상태

출제빈도: ★☆☆ 대표출제기업: 한국동서발전

47 전기저장장치 시설에서 사용하는 연동선의 최소 공칭 단면적$[mm^2]$은?

① 1.5   ② 2.0   ③ 2.2   ④ 2.5   ⑤ 4

출제빈도: ★★☆ 대표출제기업: 한국가스공사

48 송배전계통과 연계 지점의 연결 상태를 감시 또는 유효전력, 무효전력 및 전압을 측정할 수 있는 장치를 시설해야 하는 분산형 전원설비 사업자의 한 사업장의 최소 설비용량 합계$[kVA]$는?

① 150   ② 250   ③ 300   ④ 350   ⑤ 500

출제빈도: ★☆☆ 대표출제기업: 한국전력공사

49 다음 중 인버터를 이용하여 분산형 전원설비를 전기판매사업자의 저압 전력계통에 연계하는 경우, 인버터로부터 직류가 계통으로 유출되는 것을 방지하기 위해 접속점과 인버터 사이에 설치해야 하는 것은?

① 상용주파수 변압기   ② 컨버터
③ 단권 변압기   ④ 전력용 반도체소자
⑤ 유도전압 조정기

출제빈도: ★★☆ 대표출제기업: 한국전력공사

50 계통 연계용 보호장치의 시설에서 신·재생에너지를 이용하여 동일 전기사용장소에서 전기를 생산하는 합계 용량이 50[kW] 이하의 소규모 분산형 전원으로서 단독운전 방지 기능을 가진 것을 단순 병렬로 연계하는 경우, 설치를 생략할 수 있는 장치는?

① 과전압 계전기　　　　　　　　　② 역전력 계전기
③ 부족전압 계전기　　　　　　　　　④ 단권 변압기
⑤ 유도전압 조종기

출제빈도: ★★☆ 대표출제기업: 한국지역난방공사

51 다음 중 전기저장장치의 보호장치에서 직류전로에 과전류 차단기를 설치할 때 표시해야 하는 것은?

① 전압용　　　② 전류용　　　③ 전력용　　　④ 교류용　　　⑤ 직류용

정답 및 해설

46 ③
계통 연계하는 분산형 전원설비를 설치하는 경우 분산형 전원설비의 이상 또는 고장 시, 연계한 전력계통의 이상 또는 고장 시, 단독운전 상태 시 자동적으로 분산형 전원설비를 전력계통으로부터 분리하기 위한 장치 시설 및 해당 계통과의 보호협조를 실시해야 한다.

47 ④
전선은 공칭 단면적 2.5[mm^2] 이상의 연동선 또는 이와 동등 이상의 세기 및 굵기의 것이어야 한다.

48 ②
분산형 전원설비 사업자의 한 사업장의 설비용량 합계가 250[kVA] 이상일 경우 송배전계통과 연계 지점의 연결 상태를 감시 또는 유효전력, 무효전력 및 전압을 측정할 수 있는 장치를 시설해야 한다.

49 ①
인버터를 이용하여 분산형 전원설비를 전기판매사업자의 저압 전력계통에 연계하는 경우 인버터로부터 직류가 계통으로 유출되는 것을 방지하기 위해 접속점과 인버터 사이에 상용주파수 변압기를 설치해야 한다.

50 ②
신·재생에너지를 이용하여 동일 전기사용장소에서 전기를 생산하는 합계 용량이 50[kW] 이하의 소규모 분산형 전원으로서 단독운전 방지 기능을 가진 것을 단순 병렬로 연계하는 경우에는 역전력 계전기 설치를 생략할 수 있다.

51 ⑤
직류전로에 과전류 차단기를 설치하는 경우 직류 단락전류를 차단하는 능력을 가지는 것이어야 하고 '직류용' 표시를 해야 한다.

해커스공기업 쉽게 끝내는 전기직 이론+기출동형문제

공기업 취업의 모든 것, **해커스공기업**
public.Hackers.com

❗ 실전모의고사 5회독 가이드

① 해커스잡 애플리케이션의 모바일 타이머를 이용하여 1회분당 20문항을 30분 안에 풀어보세요.

② 문제를 풀 때는 문제지에 풀지 말고 교재 맨 뒤에 수록된 회독용 답안지를 절취하여 답안지에 정답을 체크하고 채점해보세요. 채점할 때는 p.456의 '바로 채점 및 성적 분석 서비스' QR코드를 스캔하여 응시인원 대비 본인의 성적 위치를 확인할 수 있습니다.

③ 채점 후에는 회독용 답안지의 각 회차에 대하여 정확하게 맞은 문제[O], 찍었는데 맞은 문제[△], 틀린 문제[X] 개수를 표시해보세요.

④ 찍었는데 맞았거나 틀린 문제는 해설의 출제포인트를 활용하여 이론을 복습하세요.

⑤ 이 과정을 3번 반복하면 공기업 전기직을 모두 내 것으로 만들 수 있습니다.

PART 2

실전모의고사

01 전체 도체 수는 200, 단중 중권이며 자극 수는 2, 자속 수는 극당 0.628[Wb]인 직류 분권 전동기에 부하를 걸어 전기자에 10[A]가 흐를 때, 토크[$N \cdot m$]는? (단, π = 3.14로 계산한다.)

① 50   ② 80   ③ 100

④ 150   ⑤ 200

02 비유전율 ε_s = 4인 등방 유전체의 한 점에서 전계의 세기가 E = $10^5[V/m]$일 때, 이 점의 분극률 χ [F/m]는?

① $\dfrac{10^{-9}}{4\pi}$ ② $\dfrac{10^{-9}}{12\pi}$ ③ $\dfrac{10^{-9}}{18\pi}$

④ $\dfrac{10^{-9}}{27\pi}$ ⑤ $\dfrac{10^{-9}}{36\pi}$

03 다음 중 10[kW] 정도의 농형 유도 전동기 기동에 가장 적합한 방법은?

① 기동 보상기에 의한 기동
② $Y - \Delta$ 기동
③ 저항 기동
④ 리액터 기동법
⑤ 전전압 기동

04 다음 중 수용가군 총합의 부하율에 대한 설명으로 옳은 것은?

① 수용률에 비례하고 부등률에 반비례한다.
② 부등률에 비례하고 수용률에 반비례한다.
③ 부등률에 비례하고 수용률에 비례한다.
④ 부등률에 반비례하고 수용률에 반비례한다.
⑤ 부등률은 수용률에 영향을 받지 않는다.

05 다음 중 전류가 흐르고 있는 도체에 자계를 가하면 도체 측면에 정, 부(+, −)의 전하가 나타나 두 면 간에 전위차가 발생하는 현상은?

① 톰슨 효과
② 제벡 효과
③ 홀 효과
④ 핀치 효과
⑤ 표피 효과

06 $R-L$ 직렬회로에서 $L = 10[mH]$, $R = 20[\Omega]$일 때 회로의 시정수[s]는?

① 5

② $\dfrac{1}{5}$

③ 5×10^{-3}

④ $\dfrac{1}{5} \times 10^{-3}$

⑤ 5×10^{-4}

07 다음 중 차단기의 고속도 재폐로의 목적으로 옳은 것은?

① 지락전류를 크게 하기 위해 사용한다.

② 고장전류를 억제하기 위해 사용한다.

③ 발전기의 입출력의 불평형을 최소화하기 위해 사용한다.

④ 선로의 회선 수를 감소시키기 위해 사용한다.

⑤ 안정도를 향상시키기 위해 사용한다.

08 정전용량 $10[\mu F]$인 콘덴서의 양단에 $100[V]$의 일정 전압을 인가하고 있다. 이 콘덴서의 극판거리를 $\dfrac{1}{10}$로 변화시키면 콘덴서에 충전되는 전하량은 거리를 변화시키기 전의 전하량에 비해 어떻게 되는가?

① 2배 증가

② 10배 증가

③ 100배증가

④ $\dfrac{1}{10}$배 감소

⑤ $\dfrac{1}{100}$배 감소

09 평형 3상 회로에서 임피던스를 Y결선에서 △결선으로 하면 소비전력은 몇 배가 되는가?

① 1배

② 3배

③ $\dfrac{1}{3}$배

④ $\sqrt{3}$배

⑤ $\dfrac{1}{\sqrt{3}}$배

10 제어시스템의 전달 함수가 다음과 같고, 입력이 단위 램프 함수일 때, 정상 상태 오차가 0.01이 되기 위한 K의 값은?

$$G(s)H(s) = \frac{2K(s+1)}{s(s+2)(2s+5)}$$

① 10

② 50

③ 100

④ 200

⑤ 500

11 다음 중 강자성체의 자속밀도 B와 자화의 세기 J의 관계로 옳은 것은?

① J는 B보다 크다.

② J는 B보다 약간 작다.

③ J는 B와 같다.

④ J는 B와 관계가 없다.

⑤ J는 B보다 약간 크다.

12 다음 중 주변 압기 등에서 발생하는 제5고조파를 줄이는 방법으로 옳은 것은?

① 변압기 2차 측에 병렬리액터 연결
② 전력용 콘덴서에 직렬리액터 연결
③ 전력용 콘덴서에 방전코일 연결
④ 모선에 한류리액터 설치
⑤ 중성선에 소호리액터 설치

13 다음 중 함수 $f(t) = te^{-at}$를 라플라스 변환한 것으로 옳은 것은?

① $F(s) = \dfrac{1}{(s+a)^2}$

② $F(s) = \dfrac{1}{(s-a)^2}$

③ $F(s) = \dfrac{1}{s(s+a)}$

④ $F(s) = \dfrac{1}{s(s-a)}$

⑤ $F(s) = \dfrac{1}{s(s+a)^2}$

14 다음 중 동기 발전기의 병렬운전 중 계자를 변화시켰을 때 일어나는 변화로 옳은 것은?

① 주파수가 변한다.
② 위상이 변한다.
③ 무효순환전류가 흐른다.
④ 유효순환전류가 흐른다.
⑤ 난조가 발생한다.

15 다음 중 송전계통의 절연협조에 있어서 절연 레벨이 가장 낮은 기기로 옳은 것은?

① 기기부싱   ② 차단기   ③ 변압기
④ 피뢰기   ⑤ 선로애자

16 다음 전기회로의 전달 함수는? (단, $e_i(t)$는 입력 전압, $e_0(t)$는 출력 전압이다.)

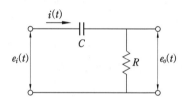

① $\dfrac{1+RC_s}{RC_s}$

② $\dfrac{RC_s+1}{R}$

③ $\dfrac{R}{RC_s+1}$

④ $\dfrac{RC_s}{RC_s+1}$

⑤ $\dfrac{1}{RC_s+1}$

17 분포정수선로에서 위상정수를 $\beta[rad/m]$라고 할 때, 파장은?

① $\dfrac{2\pi}{\beta}$ ② $\pi\beta$ ③ $2\pi\beta$

④ $\dfrac{\pi}{\beta}$ ⑤ $\dfrac{\beta}{\pi}$

18 1,000[kVA]의 단상 변압기 상용 3대(결선 △ - △), 예비 변압기 1대를 갖는 변전소가 있다. 부하의 증가에 대응하기 위하여 예비 변압기까지 동원해서 사용했을 때, 응할 수 있는 최대 부하의 크기는 약 몇 [kVA]인가?

① 1,730　　② 2,000　　③ 2,534

④ 3,464　　⑤ 4,000

19 $e(t) = 100\sqrt{2}\sin\omega t + 150\sqrt{2}\sin 3\omega t + 260\sqrt{2}\sin 5\omega t [V]$인 전압을 $R-L$ 직렬회로에 가할 때, 제5고조파 전류의 실횻값[A]은? (단, $R = 12[\Omega]$, $\omega L = 1[\Omega]$이다.)

① 10　　② 15　　③ 20

④ 25　　⑤ 30

20 선로의 부하가 균일하게 분포되어 있을 때 배전선로의 전력 손실은 이들의 전부하가 선로의 말단에 집중되어 있을 때에 비하여 어느 정도 되는가?

① $\dfrac{1}{2}$　　② $\dfrac{1}{3}$　　③ $\dfrac{1}{4}$

④ $\dfrac{1}{5}$　　⑤ $\dfrac{1}{6}$

01 송전선로에서 수전단을 단락한 경우 송전단에서 본 임피던스가 450[Ω]이고, 수전단을 개방한 경우 송전단에서 본 임피던스가 800[Ω]일 때, 이 선로의 특성 임피던스[Ω]는?

① 200 　　　② 300 　　　③ 400

④ 500 　　　⑤ 600

02 용량 12[kVA], 철손 120[W], 전부하 동손 220[W]인 단상 변압기 2대를 V결선하여 부하를 걸었을 때, 전부하 효율은 약 몇 [%]인가? (단, 부하의 역률은 0.8이다.)

① 99.53 　　　② 96.07 　　　③ 97.56

④ 96.54 　　　⑤ 95.23

03 임피던스 함수 $Z(s) = \dfrac{s + 120}{s^2 + 4s + 3}[\Omega]$으로 주어지는 2단자 회로망에 200[V]의 직류 전압을 가했을 때, 회로의 전류[A]는?

① 4 　　　② 5 　　　③ 6

④ 7 　　　⑤ 8

04 다음 중 수용가의 역률 개선을 통해 얻을 수 있는 효과로 옳지 않은 것은?

① 전압 강하 경감
② 전력 손실 경감
③ 고조파 제거
④ 설비용량의 여유분 증가
⑤ 전기 요금 감소

05 접지도체에 피뢰시스템이 접속되었을 때, 접지도체로 구리를 사용하는 경우 접지도체의 최소 단면적 $[mm^2]$은?

① 6 　　　② 10 　　　③ 16

④ 50 　　　⑤ 100

06 중성점 접지 방식 중 직접접지 방식에 대한 설명으로 옳지 않은 것은?

① 변압기 단절연이 가능하다.
② 송전계통의 과도 안정도가 좋다.
③ 통신선의 유도장해가 크다.
④ 계통의 절연 레벨을 낮출 수 있다.
⑤ 보호계전기의 동작이 확실하다.

07 어떤 정류회로의 부하 전압이 220[V], 맥동률이 4[%]일 때, 교류분[V]은?

① 4.4   ② 6.6   ③ 8.8

④ 11.0   ⑤ 13.2

08 다음 중 동작 전류가 커질수록 동작 시간이 짧아지는 특성을 가진 계전기는?

① 순한시 계전기
② 정한시 계전기
③ 반한시 계전기
④ 반한시성 정한시성 계전기
⑤ 부한시 계전기

09 $F(s) = \dfrac{s + 1}{s^2 + 2s}$의 역 라플라스 변환은?

① $\dfrac{1}{2}(1 + e^{-t})$ ② $\dfrac{1}{2}(1 + e^{-2t})$

③ $\dfrac{1}{2}(1 - e^{-t})$ ④ $\dfrac{1}{2}(1 - e^{-2t})$

⑤ $\dfrac{1}{2}(1 - e^{2t})$

10 수력 발전소의 유량 중 갈수량에 대한 설명으로 옳은 것은?

① 1년 365일 중 95일간 이보다 내려가지 않는 유량과 수위
② 1년 365일 중 185일간 이보다 내려가지 않는 유량과 수위
③ 1년 365일 중 275일간 이보다 내려가지 않는 유량과 수위
④ 1년 365일 중 355일간 이보다 내려가지 않는 유량과 수위
⑤ 3년 내지 4년에 한 번 생기는 유량

11 특별 저압(SELV 및 PELV) 전로에서의 절연저항 기준값은 얼마인가?

① 0.1[$M\Omega$]   ② 0.5[$M\Omega$]   ③ 0.8[$M\Omega$]

④ 1.0[$M\Omega$]   ⑤ 1.5[$M\Omega$]

12 다음 중 직류 발전기에서 전기자 반작용을 줄이고 양호한 정류를 얻기 위한 방법으로 옳은 것은?

① 접촉저항이 큰 브러시를 사용하고 정류 주기를 작게 한다.

② 보상 권선을 전기자에 병렬로 접속한다.

③ 보상 권선과 보극을 설치한다.

④ 리액턴스 전압을 최대한 크게 한다.

⑤ 계자저항을 증가시킨다.

13 개루프 전달 함수 $G(s)$가 다음과 같이 주어지는 단위 피드백계에서 단위 속도 입력에 대한 정상편차는?

$$G(s) = \frac{15}{s(s+1)(s+3)}$$

① $\frac{1}{5}$ ② $\frac{1}{4}$ ③ $\frac{1}{3}$

④ $\frac{1}{2}$ ⑤ 1

14 점전하에 의한 전위가 함수 $V = \frac{15}{x^2 + y^2}[V]$일 때, 점 (1, 2)에서의 전위 경도$[V/m]$는 얼마인가?

① $\frac{6}{5}(i + 2j)$ ② $-\frac{6}{5}(i - 2j)$

③ $-\frac{6}{5}(i + 2j)$ ④ $\frac{6}{5}(i - 2j)$

⑤ 0

15 $R-L$ 병렬회로의 양단에 $v(t) = V_m \sin(\omega t + \theta)[V]$의 전압이 가해졌을 때 소비되는 유효 전력$[W]$은?

① $\frac{V_m}{\sqrt{2}R}$ ② $\frac{V_m}{R}$ ③ $\frac{V_m^2}{\sqrt{2}R}$

④ $\frac{V_m}{2R}$ ⑤ $\frac{V_m^2}{2R}$

16 동심구가 있다. 내구의 반지름 $a = 15[cm]$, 외구의 내 반지름 $b = 25[cm]$, 외구의 외 반지름 $c = 35[cm]$일 때 동심구의 정전용량$[F]$은 얼마인가?

① 37.12×10^{-13} ② 51.61×10^{-11}

③ 28.14×10^{-10} ④ 41.73×10^{-12}

⑤ 62.17×10^{-9}

17 다음 중 동기 발전기의 자기 여자 현상에 대한 방지 대책으로 옳은 것은?

① 단락비가 작은 기계를 사용한다.

② 동기조상기를 과여자로 사용한다.

③ 병렬연결된 발전기를 분리하여 사용한다.

④ 수전단에 리액턴스가 큰 변압기를 사용한다.

⑤ 전기자 권선법으로 전절권을 사용한다.

18 자계의 세기가 $800[Wb/m]$이고, 자속밀도가 $0.04[Wb/m^2]$인 재질의 투자율$[H/m]$은 얼마인가?

① 1×10^{-5} ② 2×10^{-5}

③ 3×10^{-5} ④ 4×10^{-5}

⑤ 5×10^{-5}

20 다음 회로에서 $V_1(S)$를 입력, $V_2(S)$를 출력으로 한 전달 함수는?

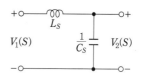

① $\dfrac{Cs}{s^2(s+LC)}$ ② $\dfrac{1}{LC+Cs}$

③ $\dfrac{1}{1+s^2LC}$ ④ $\dfrac{1}{\dfrac{1}{Ls}+Cs}$

⑤ $\dfrac{Cs}{1+s^2LC}$

19 $60[Hz]$, 8극, $200[V]$, $10[kW]$ 3상 유도 전동기가 $810[rpm]$으로 회전하고 있을 때의 2차 주파수는 얼마인가?

① $2.5[Hz]$ ② $5[Hz]$ ③ $6.6[Hz]$

④ $7.2[Hz]$ ⑤ $9.8[Hz]$

01 N회 감긴 환상 코일의 단면적이 $S[m^2]$이고 평균 길이가 $l[m]$이다. 이 코일의 권수를 반으로 줄였을 때, 인덕턴스를 일정하게 하려면 어떻게 해야 하는가?

① 권수를 2배로 한다.

② 전류의 세기를 4배로 한다.

③ 길이를 $\frac{1}{4}$배로 한다.

④ 단면적을 2배로 한다.

⑤ 단면적을 $\frac{1}{2}$배로 한다.

02 다음 중 저압 뱅킹 배전 방식에 대한 설명으로 옳지 않은 것은?

① 전압 강하 및 전력 손실이 경감된다.

② 변압기 용량 및 저압선 동량이 절감된다.

③ 고장 보호 방법이 적당할 때 공급 신뢰도가 향상되며, 플리커 현상이 경감된다.

④ 캐스케이딩 현상이 발생하므로 고장이 광범위하게 파급될 우려가 있다.

⑤ 농어촌지역에 적합한 방식이다.

03 $R-L-C$ 직렬회로에서 $R = 100[\Omega]$, $L = 10[mH]$, $C = 4[\mu F]$일 때, 이 회로는?

① 과제동이다.

② 무제동이다.

③ 임계제동이다.

④ 부족제동이다.

⑤ 무관계이다.

04 다음 중 송전선로의 이상전압에 대한 방지 대책과 관계가 없는 것은?

① 개폐 저항기   ② 가공지선

③ 스페이서   ④ 매설지선

⑤ 피뢰기

05 단상 2선식 교류 배전선로에 역률이 0.8(지상)인 부하 10[kW]를 연결했을 때, 전압 강하[V]는? (단, 부하의 전압은 200[V], 전선 한 줄의 저항은 0.04[Ω]이고, 리액턴스는 무시한다.)

① 10   ② 8   ③ 6

④ 4   ⑤ 2

06 지중전선로를 가공전선로와 비교하였을 때 인덕턴스와 정전용량은?

① 인덕턴스, 정전용량 모두 작다.
② 인덕턴스, 정전용량 모두 크다.
③ 인덕턴스는 작고, 정전용량은 크다.
④ 인덕턴스는 크고, 정전용량은 작다.
⑤ 인덕턴스와 정전용량에 영향을 받지 않는다.

07 전원측과 송전선로의 합성 $\%Z_s$가 50[MVA] 기준 용량으로 2[%]의 지점에 변전설비를 시설하고자 한다. 이 변전소에 정격용량 30[MVA]의 변압기를 설치할 때 변압기 2차 측의 단락용량[MVA]은? (단, 변압기 $\%Z_t$는 3.6[%]이다.)

① 825   ② 730   ③ 650
④ 625   ⑤ 550

08 2대의 3상 동기 발전기를 동일 부하로 병렬운전하고 있을 때 45°의 위상차가 있을 경우 한쪽 발전기에서 다른 쪽 발전기에 공급되는 1상당 전력은 약 몇 [kW]인가? (단, 각 발전기의 기전력(선간)은 3,600[V], 동기 리액턴스는 5[Ω]이고, 전기자 저항은 무시한다.)

① 290   ② 300   ③ 305
④ 315   ⑤ 320

09 공기 콘덴서의 극판 사이에 비유전율 ε_s의 유전체를 채운 경우, 동일 전위차에 대한 극판 간의 전하량은?

① $\frac{1}{\varepsilon_s}$로 감소   ② ε_s배로 증가
③ $\frac{1}{\pi \varepsilon_s}$로 감소   ④ ε_s배로 감소
⑤ 변하지 않음

10 다음 중 우리나라 화력 발전소에서 가장 많이 사용되고 있는 복수기는?

① 증발 복수기   ② 표면 복수기
③ 분사 복수기   ④ 방사 복수기
⑤ 이젝터 복수기

11 고·저압 혼촉 시 저압전로의 대지 전압이 150[V]를 넘는 경우로서 1초 초과 2초 이내에 변압기를 보호하기 위한 자동 차단 장치가 설치되어 있는 고압전로의 1선 지락전류가 25[A]인 경우, 이에 결합된 변압기 중성점의 접지저항값은 몇 [Ω] 이하로 유지해야 하는가?

① 12   ② 10   ③ 8
④ 6   ⑤ 5

12 L형 4단자 회로망에서 4단자 정수가 $B = \dfrac{5}{2}$, $C = 3$이고, 영상 임피던스 $Z_{01} = \dfrac{15}{2}[\Omega]$일 때, 영상 임피던스 Z_{02}의 값$[X]$은?

① $\dfrac{1}{9}$ ② $\dfrac{1}{5}$ ③ $\dfrac{5}{2}$

④ 5 ⑤ 9

13 다음 중 전선의 식별에 따른 색의 조합으로 옳지 않은 것은?

① L1 – 갈색
② L2 – 흑색
③ L3 – 회색
④ N – 적색
⑤ 보호도체 – 녹색, 노란색

14 선로용량 7,200[kVA]의 회로에 사용하는 7,200 ± 720[V]의 3상 유도 전압 조정기의 정격용량은 약 몇 [kVA]인가?

① 545.56 ② 600.84 ③ 654.54
④ 713.54 ⑤ 785.15

15 1,000[kVA], 66/22[kV]의 단상 변압기 두 대가 병렬운전하고 있다. 백분율 임피던스 강하가 각각 8[%], 9[%]일 때, 최대 허용 출력은 약 몇 [kVA]인가? (단, 변압기 저항과 리액턴스의 비는 두 대가 같다.)

① 1,888 ② 1,915 ③ 2,100
④ 2,218 ⑤ 2,300

16 철심의 단면적이 $0.04[cm^2]$인 변압기의 주파수 60[Hz], 1차 측 권수 600, 1차 전압 3,300[V]일 때 자속밀도는 약 몇 $[Wb/m^2]$인가?

① 5,000 ② 6,000 ③ 7,000
④ 8,500 ⑤ 10,000

17 3상 전원의 수전단에서 전압 3,100[V], 전류 600[A], 뒤진 역률 0.9의 전력을 받고 있을 때, 동기조상기로 역률을 개선하여 1.0으로 하고자 한다. 이때 필요한 동기조상기의 용량은 약 몇 [kVA]인가?

① 1,206 ② 1,404 ③ 1,267
④ 1,316 ⑤ 1,347

18 다음 중 영구자석의 재료로 사용되는 철에 요구되는 사항으로 옳은 것은?

① 잔류자기와 보자력 모두 작아야 한다.

② 잔류자기와 보자력 모두 커야 한다.

③ 잔류자기는 작고 보자력은 커야 한다.

④ 잔류자기는 크고 보자력은 작아야 한다.

⑤ 잔류자기와 보자력은 발생하지 않는다.

20 $G(s)H(s) = \dfrac{K(s + 1)}{s(s + 2)(s + 3)(s + 4)}$에서 점근선의 교차점은?

① -1 ② $\dfrac{1}{2}$ ③ 1

④ $-\dfrac{8}{3}$ ⑤ 2

19 지름 4[m]인 구도체의 표면전계가 10[kV/mm]일 때, 이 구도체의 표면에서의 전위[kV]는?

① 1×10^3 ② 2×10^3

③ 1×10^4 ④ 2×10^4

⑤ 5×10^3

01 단상 2선식 배전선의 전선 총량을 100[%]라고 할 때, 3상 3선식과 3상 4선식의 전선 총량은 각각 몇 [%]인가? (단, 선간 전압, 공급 전력, 전력 손실 및 배전 거리는 같으며, 중성선의 굵기는 외선과 같다.)

	3상 3선식	3상 4선식
①	75	75
②	37.5	75
③	75	33.33
④	37.5	33.33
⑤	33.33	37.5

02 접지 구도체와 점전하 간에 작용하는 힘은?

① 항상 반발력이 작용한다.

② 항상 흡인력이 작용한다.

③ 조건에 의한 반발력이 작용한다.

④ 조건에 의한 흡인력이 작용한다.

⑤ 아무런 현상도 생기지 않는다.

03 반파 및 전파정류의 경우 단상정류로 직류 전압 120[V]를 얻기 위해 권선 상전압[V]은 각각 약 얼마로 해야 하는가?

① 166.66, 111.11

② 314, 222

③ 266.67, 133.33

④ 222.22, 111.11

⑤ 233.33, 166.67

04 n차 선형 시불변 시스템의 상태방정식을 $\frac{d}{dt}X(t) = AX(t) + Bu(t)$로 표시할 때, 상태 천이행렬 $\Phi(t)$ ($n \times n$ 행렬)에 대한 설명으로 옳지 않은 것은?

① $\Phi(t) = \mathcal{L}^{-1}[(sI - A)^{-1}]$

② $\frac{d\Phi(t)}{dt} = A \cdot \Phi(t)$

③ $\Phi(t) = e^{At}$

④ $\Phi(t)$는 시스템의 정상 상태 응답을 나타낸다.

⑤ $\Phi(0) = I$ (I는 단위행렬)

05 다음 중 고압 교류 전압에 해당하는 전압 $E[V]$의 범위는?

① $600 < E \leq 7,000$

② $750 < E \leq 7,000$

③ $1,000 < E \leq 7,000$

④ $1,200 < E \leq 7,000$

⑤ $1,500 < E \leq 7,000$

06 다음 중 충전된 콘덴서의 에너지에 의해 트립되는 방식으로 정류기, 콘덴서 등으로 구성되어 있는 차단기의 트립 방식은?

① 직류 전압 트립 방식

② 콘덴서 트립 방식

③ 부족 전압 트립 방식

④ 과전류 트립 방식

⑤ 과전압 트립 방식

07 전기자 저항이 0.04[Ω]인 직류 분권 발전기가 있다. 회전 수가 1,200[rpm]이고, 단자 전압이 210[V]일 때 전기자 전류가 100[A]를 나타내었다. 이것을 전동기로 사용하여 그 단자 전압과 전기자 전류가 위의 값과 같을 때 회전 속도는 약 몇 [rpm]인가? (단, 전기자 반작용은 무시한다.)

① 1,044   ② 1,155   ③ 1,188

④ 1,233   ⑤ 1,322

08 $e = 120\sqrt{2}\sin\omega t + 100\sqrt{2}\sin 3\omega t + 50\sqrt{2}\sin 5\omega t$ [V]인 전압을 $R-L$ 직렬회로에 가할 때, 제3고조파 전류의 실횻값[A]은? (단, $R = 4[\Omega]$, $\omega L = 1[\Omega]$이다.)

① 15   ② $15\sqrt{2}$ ③ 20

④ $20\sqrt{2}$ ⑤ 25

09 다음 중 전력계통의 과도 안정도 향상 대책으로 옳지 않은 것은?

① 속응 여자 시스템을 사용한다.

② 병렬 송전선로를 추가 건설한다.

③ 계통에 충격을 적게 한다.

④ 전압 변동을 적게 한다.

⑤ 임피던스가 큰 변압기를 사용한다.

10 다음 단상 2선식 배선에서 인입구 A 점의 전압이 300[V]일 때, C 점의 전압[V]은? (단, 저항값은 1선의 값이며 AB 사이의 저항은 0.05[Ω], BC 사이의 저항은 0.1[Ω]이다.)

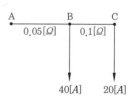

① 290   ② 292   ③ 294

④ 296   ⑤ 298

11 다음 중 시정수에 대한 설명으로 옳지 않은 것은?

① $R-L$ 직렬회로에서의 시정수는 $\frac{L}{R}[s]$이다.

② $R-C$ 직렬회로에서의 시정수는 $\frac{1}{RC}[s]$이다.

③ 시정수가 크면 과도 상태가 길어진다.

④ 시정수는 정상전류의 0.632에 도달할 때까지의 시간이다.

⑤ 시정수가 크면 정상 상태에 늦게 도달한다.

12 다음 중 그 값이 항상 1 이상인 것은?

① 부하율 ② 부등률
③ 전압 강하율 ④ 수용률
⑤ 전압 변동률

13 다음 중 보일러 급수 중에 포함되어 있는 산소 등에 의한 보일러 배관의 부식을 방지할 목적으로 사용되는 장치는?

① 탈기기 ② 공기 예열기
③ 절탄기 ④ 급수 가열기
⑤ 복수기

14 알루미늄을 제조하는 공장으로, 먼지가 쌓인 상태에서 착화된 때 폭발할 우려가 있는 곳에 저압 옥내 공사를 하려고 할 때, 공사 방법으로 가장 적절한 것은?

① 금속관 공사 또는 케이블 공사
② 합성수지관 또는 금속관 공사
③ 애자 사용 공사 또는 금속 몰드 공사
④ 케이블 공사 또는 가요 전선관 공사
⑤ 금속관 공사 또는 버스덕트 공사

15 3상 동기 발전기의 각 상의 유기 기전력 중에서 제3 고조파를 제거하기 위해 코일 간격을 극 간격 대비 약 몇 배로 해야 하는가?

① 0.42 ② 0.56 ③ 0.67
④ 0.8 ⑤ 1

16 6극 10[HP], 220[V], 60[Hz]의 3상 유도 전동기가 40[$kg \cdot m$]의 부하를 걸고 슬립 4[%]로 회전하고 있다. 여기에 같은 부하 토크로 1.3[Ω]의 저항 3개를 Y결선으로 하여 2차에 삽입해 1,032[rpm]이 되었을 때, 2차 권선의 저항[Ω]은?

① 0.27 ② 0.39 ③ 0.52
④ 0.64 ⑤ 0.79

17 유전체 중 흐르는 전도전류 i_σ와 변위전류 i_d를 같게 하는 임계 주파수 f_c, 임의의 주파수를 f라고 할 때, 유전 손실 $\tan\delta$는?

① $\dfrac{f}{f_c}$ ② $\dfrac{f_c}{f}$ ③ $\dfrac{f}{2f_c}$

④ $\dfrac{f_c}{2f}$ ⑤ $\dfrac{f}{3f_c}$

18 저항 48$[\Omega]$의 코일을 지나는 자속이 $0.8\cos600t$ $[Wb]$일 때, 코일에 흐르는 전류의 최댓값$[A]$은?

① 5   ② 10   ③ 15

④ 20   ⑤ 30

19 다음 중 맥스웰 방정식과 연관이 없는 것은?

① 가우스의 법칙
② 스토크스 법칙
③ 암페어의 주회적분 법칙
④ 쿨롱의 법칙
⑤ 패러데이의 법칙

20 $G(s)H(s) = \dfrac{20}{(s+1)(s+2)}$의 이득여유$[dB]$는?

① -40 ② -20 ③ 0

④ 20   ⑤ 40

01 정삼각형 배치의 선간거리가 10[m], 전선의 반지름이 10[cm]인 3상 가공송전선의 1선의 정전용량은 약 몇 [$\mu F/km$]인가?

① 0.01206　　② 0.16032　　③ 0.02413

④ 0.03216　　⑤ 0.04826

02 비접지 3상 Y회로에서 전류 I_a = 20 + j3[A], I_b = −25 − j11[A]일 때, C상의 전류 I_c[A]는?

① 5 + j12　　　　② 5 + j8

③ −5 + j12　　　④ −5 + j8

⑤ −5 − j8

03 다음 중 송전선로의 전선으로 복도체를 사용할 때에 대한 설명으로 옳지 않은 것은?

① 코로나 손실이 경감된다.

② 안정도가 향상되고 송전용량이 증가한다.

③ 전선의 인덕턴스는 감소하고 정전용량은 증가한다.

④ 소도체 사이에 반발력이 증가하여 전선의 진동이 심해진다.

⑤ 전선 표면의 전위 경도가 저감된다.

04 선간 전압이 $V[kV]$이고, 1상의 대지 정전용량이 $C[\mu F]$, 주파수가 $f[Hz]$인 3상 3선식 1회선 송전선의 소호리액터 접지방식에서 소호리액터의 용량 [kVA]은?

① $6\pi fCV^2 \times 10^{-3}$

② $3\pi fCV^2 \times 10^{-3}$

③ $2\pi fCV^2 \times 10^{-3}$

④ $\sqrt{3}\pi fCV^2 \times 10^{-3}$

⑤ $\sqrt{2}\pi fCV^2 \times 10^{-3}$

05 다음 회로의 공진 시 합성 어드미턴스는?

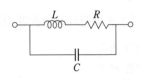

① $\dfrac{L}{RC}$　　② $\dfrac{R}{LC}$　　③ $\dfrac{RC}{L}$

④ $\dfrac{C}{LR}$　　⑤ $\dfrac{RL}{C}$

06 다음 중 배전선로에서 사용하는 전압을 조정하는 방법으로 옳지 않은 것은?

① 승압기 사용

② 병렬 콘덴서 사용

③ 정지형 전압 조정기 사용

④ 주상 변압기 탭 전환

⑤ 과전압 계전기 사용

07 송전선의 특성 임피던스를 Z_0, 전파 속도를 V라고 할 때, 이 송전선의 단위 길이에 대한 인덕턴스 L은?

① $L = \dfrac{Z_0^{\,2}}{V}$

② $L = \sqrt{Z_0}V$

③ $L = \dfrac{Z_0}{V}$

④ $L = \dfrac{\sqrt{Z_0}}{V}$

⑤ $L = \dfrac{V}{Z_0}$

08 다음 중 양수 발전의 주된 목적에 대한 설명으로 옳은 것은?

① 연간 수력 발전량을 늘리기 위해

② 연간 발전 비용을 줄이기 위해

③ 연간 손실 전력을 줄이기 위해

④ 연간 발전량을 늘리기 위해

⑤ 연간 유량을 늘리기 위해

09 사용전압 60$[kV]$를 초과하는 특고압 가공전선로에서 상시 정전 유도는 전화선로의 길이 40$[km]$마다 유도전류가 얼마를 넘지 않아야 하는가?

① $1[\mu A]$

② $2[\mu A]$

③ $3[\mu A]$

④ $4[\mu A]$

⑤ $5[\mu A]$

10 다음 회로의 제어 요소는 제어계의 어떤 요소인가?

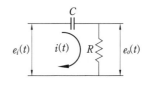

① 적분 요소

② 미분 요소

③ 1차 지연 요소

④ 1차 지연 미분 요소

⑤ 2차 지연 요소

11 송배전계통과 연계 지점의 연결 상태를 감시 또는 유·무효 전력 및 전압을 측정할 수 있는 장치를 시설할 때는 분산형 전원설비 사업자의 한 사업장의 설비용량 합계가 몇 $[kVA]$ 이상인 경우인가?

① 100

② 150

③ 200

④ 250

⑤ 300

12 상전압 220[V]의 3상 전파 정류 회로의 각 상에 SCR을 사용하여 위상 제어할 때 제어각이 30°라면 직류 전압[V]은?

① 180　　② 188　　③ 210

④ 234　　⑤ 257

15 220[V], 44[kW]의 분권 전동기가 있다. 계자저항 40[Ω], 전기자 저항 0.04[Ω], 회전 속도 1,640[rpm] 일 때 발생 토크는 약 몇 [N·m]인가?

① 210.5　　② 240.5　　③ 24.5

④ 35　　⑤ 280.6

13 50[Hz], 750[rpm]인 동기 전동기에 유도 전동기를 직결하여 동기 전동기를 기동할 때, 유도 전동기의 극수는?

① 4극　　② 6극　　③ 8극

④ 10극　　⑤ 12극

16 다음 중 직류 전동기의 속도 제어에 속하지 않는 것은?

① 워드레오너드 속도 제어 방식

② 게르게스법

③ 전압 제어법

④ 계자 제어법

⑤ 저항 제어법

14 전압 480[V]에서의 기동 토크가 전부하 토크의 222[%]인 3상 유도 전동기가 있다. 기동 토크가 100[%] 되는 부하에 대해서 기동 보상기로 공급해야 할 전압은 약 몇 [V]인가?

① 300　　② 322　　③ 344

④ 358　　⑤ 384

17 자극의 세기가 3×10^{-6}[Wb]이고, 길이가 25[cm] 인 막대자석을 150[AT/m] 평등자계 내에 자력선과 30°의 각도로 놓았다면 자석이 받는 회전력 [N·m]은?

① 2.2×10^{-5}　　② 3.7×10^{-5}

③ 5.6×10^{-5}　　④ 6.2×10^{-5}

⑤ 8.3×10^{-5}

18 다음 중 두 종류의 금속으로 된 회로에 전류를 통하면 각 접속점에서 열의 흡수 또는 발생이 일어나는 현상은?

① 톰슨 효과
② 제벡 효과
③ 펠티에 효과
④ 핀치 효과
⑤ 표피 효과

20 $R_1 = R_2 = 50[\Omega]$이며 $L_1 = 2[H]$인 회로에서의 시정수[sec]는?

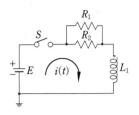

① 0.008　　② 0.02　　③ 0.04

④ 0.06　　⑤ 0.08

19 길이 1[m]인 철심($\mu_r = 1,000$) 자기회로에 1[mm]의 공극이 생겼을 때, 전체의 자기저항은 공극이 없을 때 자기저항의 몇 배인가? (단, 각부의 단면적은 일정하다.)

① 1.5　　② 2　　③ 2.5

④ 3　　⑤ 3.5

제1회 | 실전모의고사

p. 436

01	02	03	04	05	06	07	08	09	10
⑤	②	②	②	③	⑤	⑤	②	②	⑤
11	**12**	**13**	**14**	**15**	**16**	**17**	**18**	**19**	**20**
②	②	①	③	④	④	①	④	③	②

01 직류기   정답 ⑤

토크 $T = \dfrac{P}{W} = \dfrac{P}{2\pi n} = \dfrac{E \cdot I_a}{2\pi n}$임을 적용하여 구한다.

역기전력 $E = \dfrac{pZ}{a}\phi n$이고, 중권이므로 내부 회로 수 $a = p = 2$이다.

따라서 토크 $T = \dfrac{2 \times 200}{2 \times 3.14 \times 2} \times 0.628 \times 10 = 200[N \cdot m]$이다.

02 유전체   정답 ②

분극률 $\chi = \dfrac{P}{E}$임을 적용하여 구한다.

$E = 10^5[V/m]$, $\varepsilon_0 = \dfrac{1}{36\pi \times 10^9}$, 분극의 세기 $P = \varepsilon_0(\varepsilon_s - 1)E$이므로

분극률 $\chi = \dfrac{P}{E} = \dfrac{1}{36\pi \times 10^9} \times (4 - 1) = \dfrac{10^{-9}}{12\pi}[F/m]$이다.

03 유도기   정답 ②

$5 \sim 15[kW]$ 정도의 농형 유도 전동기 기동에 가장 적합한 방법은 $Y - \triangle$ 기동이다.

> **🔍 더 알아보기**
>
> **농형 유도 전동기의 기동법**
> - 전전압 기동: 전동기의 별도의 기동 장치를 사용하지 않고 직접 정격 전압을 인가하여 기동하는 방법으로 $5[kW]$ 이하의 소용량 농형 유도 전동기에 적용
> - $Y - \triangle$ 기동: 기동 시 Y로 접속하여 기동함으로써 기동 전류를 감소시킴. 운전 속도에 가까워지면 권선을 $\triangle$로 변경하여 운전하는 방식으로 $5 \sim 15[kW]$ 정도의 농형 유도 전동기 기동에 적용
> - 리액터 기동: 리액터를 설치하고 그 리액턴스의 값을 조정하여 전동기에 인가되는 전압을 제어함으로써 기동 전류를 제어하는 방식

> - 기동 보상 기법: 3상 단권 변압기를 이용하여 전동기에 인가되는 기동 전압을 감소시킴으로써 기동 전류를 감소시키는 기동 방식으로 $15[kW]$ 이상의 농형 유도 전동기 기동에 적용

04 배전계통   정답 ②

부등률은 최대 전력의 발생 시각 또는 발생 시기의 분산을 나타내는 지표로서 일반적으로 1보다 크고, 수용률은 어느 기간 중에서의 수용가의 최대 수요 전력$[kW]$과 그 수용가에 설치되어 있는 설비용량의 합계$[kW]$와의 비로서 1보다 작다.

부하율은 어느 일정 기간 중 부하 변동의 정도를 나타내는 지표로서

부하율 $= \dfrac{\text{평균 전력}}{\text{합성 최대 전력}} = \dfrac{\text{평균 전력} \times \text{부등률}}{\text{설비용량의 합계} \times \text{수용률}}$이므로

부하율은 부등률에 비례하고 수용률에는 반비례한다.

> **🔍 더 알아보기**
>
> **부등률/수용률**
> - 부등률 $= \dfrac{\text{각 부하의 최대 수요 전력의 합}[kW]}{\text{각 부하를 종합하였을 때의 최대 수요 전력}[kW]}$
> - 수용률 $= \dfrac{\text{최대 수요 전력}[kW]}{\text{부하설비 합계}[kW]} \times 100[\%]$

05 정자계   정답 ③

전류가 흐르고 있는 도체에 자계를 가하면 플레밍의 왼손 법칙에 의하여 도체 내부의 전하가 횡 방향으로 힘을 모아 도체 측면에 $(+)$, $(-)$의 전하가 나타나는 현상을 홀 효과라고 한다.

오답노트

① 톰슨 효과: 동일 종류의 금속이라도 그 도체 중의 두 점 간의 온도 차가 전류를 흘림으로써 열의 흡수 · 발생이 일어나는 현상

② 제벡 효과: 두 종류 금속 접속 면에 온도 차가 있으면 기전력이 발생하는 효과

④ 핀치 효과: DC 전압을 가하면 전류는 도선 중심 쪽으로 흐르려는 현상

⑤ 표피 효과: 전선의 중심으로 갈수록 전류의 밀도가 작아지는 현상

06 과도 현상   정답 ⑤

$R-L$ 직렬회로에서의 시정수 $\tau = \dfrac{L}{R}$ 임을 적용하여 구한다.

$\tau = \dfrac{10 \times 10^{-3}}{20} = 5 \times 10^{-4}[s]$ 이다.

07 안정도   정답 ⑤

고속도 재폐로 차단기는 고장전류를 신속하게 차단 및 투입함으로써 안정도를 증진시킨다.

> **🔍 더 알아보기**
>
> **안정도 향상 대책**
> - 계통의 리액턴스를 감소한다.
> - 전압 변동률을 작게 한다. (속응 여자 방식, 계통 연계)
> - 계통의 사고(=고장) 시 충격을 최소화한다. (소호리액터 접지, 고속 차단 방식, 재폐로 방식)
> - 발전기의 입출력의 불평형을 최소화한다.

08 도체계   정답 ②

정전용량 $C = \dfrac{\varepsilon S}{d}$ 이고, 전하량 $Q = CV = \dfrac{\varepsilon S}{d}V$ 이다.

전압이 일정하면 전하량은 극판 간의 거리에 반비례하므로 극판 간의 거리를 $\dfrac{1}{10}$ 로 변화시키면 전하량은 10배 증가한다.

09 다상교류   정답 ②

△결선은 $V = E$ 이므로 $P_\triangle = 3I^2 R = 3\left(\dfrac{V}{R}\right)^2 R = 3\dfrac{V^2}{R}$

Y결선은 $V = \sqrt{3}E$ 이므로 $P_Y = 3I^2 R = 3\left(\dfrac{\frac{V}{\sqrt{3}}}{2}\right)^2 R = \dfrac{V^2}{R}$

따라서 $\dfrac{P_\triangle}{P_Y} = \dfrac{3\dfrac{V^2}{R}}{\dfrac{V^2}{R}} = 3$ 배이다.

10 전달 함수   정답 ⑤

$e_s = \dfrac{1}{K_v}$, $K_v = \lim_{s \to 0} sG(s)H(s)$ 임을 적용하여 구한다.

$K_v = \lim_{s \to 0} s \cdot \dfrac{2K(s+1)}{s(s+2)(2s+5)} = \dfrac{K}{5}$, 오차 $e_s = 0.01$ 이므로

$e_s = 0.01 = \dfrac{1}{K_v} = \dfrac{1}{\frac{K}{5}} = \dfrac{5}{K} \to K = 500$

따라서 $K = 500$ 이다.

11 자기회로   정답 ②

자화의 세기 $J = \chi H = (\mu - \mu_0)H = \mu_0(\mu_s - 1)H[Wb/m^2]$ 임을 적용하여 구한다.

$J = \mu_0(\mu_s - 1)H = \dfrac{\mu_0(\mu_s - 1)B}{\mu} = \dfrac{\mu_s - 1}{\mu_s}B$ 이므로

자화의 세기 J 는 자속밀도 B 보다 약간 작다.

12 안정도   정답 ②

직렬리액터의 설치 목적은 제5고조파로부터 전력용 콘덴서 보호 및 파형 개선이다. 이론적으로는 콘덴서 용량의 4%, 실제로는 콘덴서 용량의 6% 정도이다.

분로리액터는 페란티 현상의 방지, 한류리액터는 단락전류의 제한, 소호리액터는 지락아크의 소호를 목적으로 사용된다.

13 라플라스 변환   정답 ①

함수 $f(t) = te^{-at}$ 를 라플라스 변환하면 $F(s) = \dfrac{1}{s^2}\Big|_{s=s+a \text{ 대입}} = \dfrac{1}{(s+a)^2}$ 이다.

14 동기기   정답 ③

동기 발전기의 유기 기전력 $E = 4.44f\phi wk_w[V]$ 이므로 계자전류(= 자속)를 변화시키면 기전력의 크기가 달라지면서 무효순환전류가 흐른다.

15 이상전압 및 개폐기   정답 ④

절연 레벨이 낮은 기기는 피뢰기 < 변압기 < 차단기 < 선로애자 순이다.

16 전달 함수   정답 ④

전달 함수 $\dfrac{E_o(s)}{E_i(s)} = \dfrac{R}{R + \dfrac{1}{C_s}}$ 분모, 분자에 C_s를 곱하면 $\dfrac{E_o(s)}{E_i(s)} = \dfrac{RC_s}{RC_s + 1}$

이다.

17 분포 정수 회로   정답 ①

전파 속도 $v = \lambda \cdot f = \dfrac{w}{\beta}$, $w = 2\pi f$이므로 파장 $\lambda = \dfrac{\dfrac{w}{\beta}}{f} = \dfrac{2\pi}{\beta}[m]$이다.

18 배전계통   정답 ④

변압기 4대의 V결선 두 회로로 병렬운전하면 변압기 2대의 $P_V = \sqrt{3} V I$
$[kVA]$이므로 $2 \times \sqrt{3} V I = 2 \times \sqrt{3} \times 1,000 = 3,464[kVA]$이다.

19 비정현파(왜형파) 교류   정답 ③

$I_5 = \dfrac{V_5}{Z_5}[A]$임을 적용하여 구한다.

$V_5 = \dfrac{260\sqrt{2}}{\sqrt{2}} = 260[V]$이고, $Z_5 = R + jX_5 = 12 + j5$이므로

$|Z_5| = \sqrt{12^2 + 5^2} = 13[\Omega]$이다.

따라서 실횻값 $I_5 = \dfrac{V_5}{Z_5}[A] = \dfrac{260}{13} = 20[A]$이다.

20 배전계통   정답 ②

선로의 부하가 균일하게 분포되어 있을 때의 전력 손실은 말단 집중 부하
때의 선력 손실의 $\dfrac{1}{3}$이다.

01	02	03	04	05	06	07	08	09	10
⑤	⑤	②	③	③	②	③	③	②	④

11	12	13	14	15	16	17	18	19	20
②	③	①	③	⑤	④	④	⑤	③	③

01 송전선로　　　　　　　　　　정답 ⑤

특성 임피던스 $Z_0 = \sqrt{\dfrac{Z}{Y}}[\Omega]$임을 적용하여 구한다.

수전단을 단락한 경우 송전단에서 본 임피던스 $Z = 450[\Omega]$이고,

수선난을 개방한 경우 어드미턴스 $Y = \dfrac{1}{800}[\mho]$이므로

특성 임피던스 $Z_0 = \sqrt{\dfrac{450}{\dfrac{1}{800}}} = \sqrt{360,000} = 600[\Omega]$이다.

🔎 더 알아보기

특성 임피던스 $Z_0 = \sqrt{\dfrac{B}{C}} = \sqrt{\dfrac{Z}{Y}} = \sqrt{Z_s \cdot Z_f}[\Omega]$임을 적용하여 구한다.

단락 시 임피던스 $Z_s = 450[\Omega]$, 개방 시 임피던스 $Z_f = 800[\Omega]$이므로
특성 임피던스 $Z_0 = \sqrt{450 \cdot 800} = 600[\Omega]$이다.

02 변압기　　　　　　　　　　정답 ⑤

효율 $\eta = \dfrac{P_V}{P_V + 2P_i + 2P_c} \times 100$임을 적용하여 구한다.

V결선의 출력 $P_V = \sqrt{3}V_2 I_2 \cos\theta = \sqrt{3} \times 12 \times 0.8 = 16.63[kW]$,
V결선의 철손 $2P_i = 2 \times 120 = 240[W]$, 동손 $2P_c = 2 \times 220 = 440$
$[W]$이고, 변압기가 V결선이므로 철손, 동손의 손실이 2배가 된다.

따라서 효율 $\eta = \dfrac{P_V}{P_V + 2P_i + 2P_c} \times 100 = \dfrac{16.63}{16.63 + 0.24 + 0.44} \times 100 ≒$
$96.07[\%]$이다.

03 2단자망　　　　　　　　　　정답 ②

전류 $I = \dfrac{E}{Z}$임을 적용하여 구한다.

직류 전압을 가했을 때, 주파수 $f = 0[Hz]$이고, $s = jw = j2\pi f = 0$이므로

임피던스 $Z(0) = \dfrac{s + 120}{s^2 + 4s + 3} = \dfrac{120}{3} = 40[\Omega]$이다.

따라서 전류 $I = \dfrac{E}{Z} = \dfrac{200}{40} = 5[A]$이다.

04 배전계통　　　　　　　　　　정답 ③

제3고조파는 △결선으로 제거하고, 직렬리액터를 통해 제5고조파를 제거
하므로 옳지 않다.

🔎 더 알아보기
역률 개선의 효과

- 전압 강하 경감 $\left(e = \dfrac{P}{V}(R + X\tan\theta)[V]\right)$

- 전력 손실 경감 $\left(P_l = \dfrac{P^2 R}{V^2 \cos\theta^2}\right)$

- 전기 요금 감소 $\left(P = VI, I = \dfrac{P}{V\cos\theta}\right)$

- 설비용량의 여유분 증가

직렬리액터 용량 $wL = \dfrac{1}{25} \times \dfrac{1}{wC} = 0.04 \times \dfrac{1}{wC}$로 용량 리액턴스의
$4[\%]$이지만 주파수 변동과 대지 정전용량을 고려하여 일반적으로
$5\sim6[\%]$ 정도의 직렬리액터를 설치한다.

05 총칙　　　　　　　　　　정답 ③

접지도체로 구리를 사용하는 경우 최소 단면적은 $16[mm^2]$이다.

🔎 더 알아보기
접지도체의 단면적

- 고장전류가 접지도체를 통해 흐르지 않을 경우 최소 단면적
  - 구리 $[6mm^2]$ 이상
  - 철 $[50mm^2]$ 이상
- 접지도체에 피뢰시스템이 접속되는 경우 최소 단면적
  - 구리 $[16mm^2]$ 이상
  - 철 $[50mm^2]$ 이상

06 중성점 접지 방식　　　　　　　　　　정답 ②

직접접지 방식은 지락고장전류가 대전류로 과도 안정도가 나쁘므로 옳지
않다.

더 알아보기
직접접지 방식의 장단점

장점	• 1선 지락사고 시 건전상의 대지 전압이 거의 상승하지 않아 절연 레벨을 낮출 수 있음 • 피뢰기 책무가 경감되고, 피뢰기 효과를 증진시킬 수 있음 • 중성점은 거의 영전위를 유지하여 변압기의 단절연이 가능함 • 보호계전기의 동작이 신속·확실함
단점	• 지락고장전류가 대전류이므로 과도 안정도가 나쁨 • 통신선의 유도장해가 큼 • 기계적 충격에 의한 손상을 줌 • 차단기가 큰 고장 전류를 자주 차단하게 되어 대용량의 차단기가 필요함

07 정류기   정답 ③

교류분 = $\dfrac{맥동률}{100}$ × 직류분임을 적용하여 구한다.

맥동률 4[%], 직류분 220[V]이므로

교류분 = $\dfrac{맥동률}{100}$ × 직류분 = $\dfrac{4}{100}$ × 220 = 8.8[V]이다.

08 이상전압 및 개폐기   정답 ③

동작 전류가 커질수록 동작 시간이 짧아지는 특성을 가진 계전기는 반한시 계전기이다.

더 알아보기
동작 시한에 의한 보호계전기의 특징
• 순한시 계전기: 최소 동작 전류 이상의 전류가 흐르면 즉시 동작
• 정한시 계전기: 동작 전류의 크기에 관계없이 일정한 시간에 동작
• 반한시 계전기: 동작 전류가 커질수록 동작 시간이 짧아짐
• 반한시성 정한시성 계전기: 동작 전류가 작은 동안에는 동작 전류가 커질수록 동작 시간이 짧아지고, 어떤 전류 이상이면 동작 전류의 크기에 관계없이 일정한 시간에 동작

09 라플라스 변환   정답 ②

$F(s) = \dfrac{s+1}{s^2+2s} = \dfrac{s+1}{s(s+2)} = \dfrac{k_1}{s} + \dfrac{k_2}{s+2}$이므로 부분분수 전개하면

$k_1 = \lim\limits_{s \to 0} \dfrac{s+1}{s+2} = \dfrac{1}{2}$, $k_2 = \lim\limits_{s \to -2} \dfrac{s+1}{s} = \dfrac{-2+1}{-2} = \dfrac{1}{2}$이다.

따라서 $F(s) = \dfrac{1}{2} \cdot \dfrac{1}{s} + \dfrac{1}{2} \cdot \dfrac{1}{s+2}$이므로 시간 함수 $f(t) = \dfrac{1}{2}(1 + e^{-2t})$이다.

10 수력 발전   정답 ④

갈수량은 1년 365일 중 355일간 이보다 내려가지 않는 유량과 수위이다.

더 알아보기
유량의 종류
• 저수량(저수위): 1년 365일 중 275일간 이보다 내려가지 않는 유량과 수위
• 평수량(평수위): 1년 365일 중 185일간 이보다 내려가지 않는 유량과 수위
• 풍수량(풍수위): 1년 365일 중 95일간 이보다 내려가지 않는 유량과 수위
• 고수량: 매년 1회 내지 2회 생기는 유량
• 홍수량: 3년 내지 5년에 한 번 생기는 유량

11 총칙   정답 ②

특별 저압 전로에서의 절연저항 기준값은 0.5[$M\Omega$]이다.

더 알아보기
저압 전로의 절연 성능(기술기준 52조)

전로의 사용 전압[V]	DC 시험 전압[V]	절연저항[$M\Omega$]
SELV 및 PELV	250	0.5
FELV, 500[V] 이하	500	1.0
500[V] 초과	1,000	1.0

12 직류기   정답 ③

직류 발전기에서 전기자 반작용을 줄이고 양호한 정류를 얻기 위해서는 보상 권선과 보극을 설치해야 하므로 옳은 내용이다.

더 알아보기

전기자 반작용 대책	양호한 정류를 얻는 방법

• 브러시를 중성점에 맞게 이동
  – 발전기: 회전 방향
  – 전동기: 회전 방향과 반대 방향
• 보상 권선 설치
  – 전기자 권선에 직렬로 연결
• 보극 설치
	• 리액턴스 전압 감소
	  – 인덕턴스 감소
	  – 정류 주기를 길게 함
	• 접촉저항이 큰 브러시 사용
	• 보극 설치

13 편차와 감도

단위 속도 입력에 대한 정상편차는

$$e_{ss} = \frac{1}{\lim_{s \to 0} sG(s)} = \frac{1}{\lim_{s \to 0} s \cdot \frac{15}{s(s+1)(s+3)}} = \frac{1}{\frac{15}{3}} = \frac{1}{5}$$ 이다.

🔍 **더 알아보기**

기준 입력 신호편차에 따른 정상편차

기준 시험 입력은 계단, 램프, 포물선의 3가지가 주로 사용된다.

입력	단위 계단 입력	단위 램프 입력	단위 포물선 입력
편차 상수	위치편차상수 $k_p = \lim_{s \to 0} G(s)$	속도편차상수 $k_v = \lim_{s \to 0} sG(s)$	가속도편차상수 $k_a = \lim_{s \to 0} s^2 G(s)$

14 진공 중의 정전계 정답 ③

전위 경도 $grad\ V = \nabla V = \left(\frac{\partial}{\partial x} i + \frac{\partial}{\partial y} j + \frac{\partial}{\partial z} k \right) V$

$\frac{\partial}{\partial x} \frac{15}{x^2 + y^2} i + \frac{\partial}{\partial y} \frac{15}{x^2 + y^2} j + \frac{\partial}{\partial z} \frac{15}{x^2 + y^2} k$

$= \frac{15 \times (-2x)}{(x^2 + y^2)^2} i + \frac{15 \times (-2y)}{(x^2 + y^2)^2} j$

점 (1, 2)이므로 $x = 1$, $y = 2$이면 $-\frac{30}{25} i - \frac{60}{25} j = -\frac{6}{5}(i + 2j)$이다.

15 교류전력 정답 ⑤

유효 전력 $P = VI\cos\theta = I^2 R = \frac{V^2}{R}[W]$이고,

병렬회로이므로 $P = \frac{V^2}{R} = \frac{\left(\frac{V_m}{\sqrt{2}} \right)^2}{R} = \frac{V_m^2}{2R}[W]$이다.

16 진공 중의 도체계 정답 ④

동심구 정전용량 $C = \frac{4\pi\varepsilon_0}{\frac{1}{a} - \frac{1}{b}} = \frac{4\pi \times 8.855 \times 10^{-12}}{\frac{1}{0.15} - \frac{1}{0.25}} = 41.73 \times 10^{-12}$
$[F]$이다.

17 동기기 정답 ④

동기 발전기에 콘덴서와 같은 용량성 부하를 접속시키면 진상 전류가 전기자 권선에 흐르게 되며, 이때 전기자 전류에 의한 전기자 반작용은 자화작용이 되므로 발전기에 직류 여자를 가하지 않아도 전기자 권선에 기전력이 유기된다.

진상 전류에 의해 전압이 점차 상승되어 정상 전압까지 확립되어 가는 현상을 동기 발전기의 자기 여자 현상이라고 한다.

🔍 **더 알아보기**

자기 여자 현상 방지 대책
- 수전단에 리액턴스가 큰 변압기 사용
- 발전기를 2대 이상 병렬운전
- 동기조상기를 부족 여자로 사용
- 단락비가 큰 기계 사용

18 자기회로 정답 ⑤

자속밀도 $B = \mu H[Wb/m^2]$에서 투자율 $\mu = \frac{B}{H}$이므로 $\mu = \frac{0.04}{800} = 5 \times 10^{-5}[H/m]$이다.

19 유도기 정답 ③

$f_2 = sf_1$이므로

슬립 $s = \frac{N_s - N}{N_s}$에서 $N_s = \frac{120f}{p} = \frac{120 \times 60}{8} = 900[rpm]$

$s = \frac{900 - 810}{810} = 0.11$

$f_s = sf_1 = 0.11 \times 60 = 6.6[Hz]$

20 전달 함수 정답 ③

입력 전압을 라플라스 하면 $V_1(s) = \left(Ls + \frac{1}{Cs} \right) I(s)$,

출력 전압을 라플라스 하면 $V_2(s) = \frac{1}{Cs} I(s)$이므로

전달 함수 $G(s) = \frac{V_2(s)}{V_1(s)} = \frac{\frac{1}{Cs}}{Ls + \frac{1}{Cs}} = \frac{1}{1 + s^2 LC}$이다.

01	02	03	04	05	06	07	08	09	10
③	⑤	③	③	④	③	④	③	②	②
11	12	13	14	15	16	17	18	19	20
①	①	④	③	①	①	②	②	④	④

01 인덕턴스 정답 ③

환상 코일의 자기 인덕턴스 $L = \dfrac{\mu SN^2}{l}[H]$임을 적용하여 구한다.

권수를 반으로 줄이면 $L \propto N^2$이므로 자기 인덕턴스는 $\left(\dfrac{1}{2}\right)^2 = \dfrac{1}{4}$배가

된다. 따라서 단면적 S를 4배 또는 길이 l을 $\dfrac{1}{4}$배로 하면 인덕턴스 L는

일정하게 된다.

02 배전계통 정답 ⑤

농어촌지역에 적합한 배전 방식은 수지식이므로 옳지 않다.

🔍 더 알아보기

저압 뱅킹 배전 방식
고압선에 접속한 두 대 이상의 변압기의 저압 측을 병렬접속하는 방식을
저압 뱅킹 배전 방식이라고 하며 부하가 밀집된 시가지에 적합하다.

03 과도 현상 정답 ③

진동 여부의 판별식 $R^2 = 4\dfrac{L}{C}$임을 적용하여 구한다.

저항 $R = 100[\Omega]$, 코일 $L = 10[mH]$, 커패시턴스 $C = 4[\mu f]$이고,

$R^2 = 4\dfrac{L}{C} \rightarrow 100^2 = 4 \times \dfrac{10 \times 10^{-3}}{4 \times 10^{-6}}$으로 값이 같은 임계제동이다.

🔍 더 알아보기

$R-L-C$ 과도 현상

진동(부족제동)	$R^2 < 4\dfrac{L}{C}$
비진동(과제동)	$R^2 > 4\dfrac{L}{C}$
임계진동	$R^2 = 4\dfrac{L}{C}$

04 이상전압 및 개폐기 정답 ③

스페이서는 송전선로의 전선 조합 방식으로 복도체를 주로 쓰기 때문에
소도체 사이에 흡인력이 발생하여 충돌 현상이 일어나 충돌 현상을 방지
하기 위해 쓰므로 관계가 없다.

🔍 더 알아보기

송전선로의 이상전압
송전선로의 개폐 조작 시에 생기는 전압을 개폐 서지라 하며 내부이상전
압의 원인이 된다. 그 방지 대책으로 개폐 저항기 또는 서지 억제 저항기
를 설치한다. 외부이상전압에 대한 방지 대책으로는 직격뢰, 유도뢰를 차
폐하는 가공지선, 철탑의 접지저항을 줄이기 위해 역섬락을 방지하기 위
한 매설지선, 기기보호를 하기 위한 피뢰기가 있다.

05 송전선로 정답 ④

전압 강하 $e = V_s - V_r = I(R\cos\theta + X\sin\theta)[V]$임을 적용하여 구한다.

부하전류 $I = \dfrac{P}{V\cos\theta} = \dfrac{10 \times 10^3}{200 \times 0.8} = 62.5[A]$, 저항 $R = 0.04[\Omega]$이므로

전압 강하 $e = 2 \times 62.5(0.04 \times 0.8 + 0) = 4[V]$이다.

또는, $e = \dfrac{P}{V}(R + X\tan\theta) = \dfrac{10 \times 10^3}{200} \times 0.04 = 2[V]$

단상 2선식이므로 $2[V] \times 2 = 4[V]$이다.

06 선로정수 및 코로나 정답 ③

송전선로의 인덕턴스 $L = 0.05 + 0.4605\log_{10}\dfrac{D}{r}[mH/km]$, 정전용량

$C = \dfrac{0.02413}{\log_{10}\dfrac{D}{r}}[\mu F/km]$임을 적용하여 구한다.

지중전선로는 가공전선로에 비해 선간거리가 매우 작으므로 지중전선로
의 인덕턴스는 작고 정전용량은 크다. 또한, 지중전선로의 정전용량이 크
기 때문에 페란티 현상이 훨씬 많이 생긴다.

07 고장 계산 정답 ④

단락용량 $P_s = \frac{100}{\%Z} P_n [MVA]$임을 적용하여 구한다.

전원 및 %임피던스 $\%Z_s = 2[\%]$, 변압기 %임피던스 $\%Z_t = 3.6[\%]$이므로 변압기의 %임피던스를 50$[MVA]$ 기준으로 환산하면 $\%Z_t' = \frac{50}{30} \times 3.6 = 6[\%]$이다.

전원부터 변압기 2차 측까지의 합성 임피던스는 $\%Z = \%Z_s + \%Z_t = 2 + 6 = 8[\%]$

따라서 단락용량 $P_s = \frac{100}{\%Z} P_n = \frac{100}{8} \times 50 = 625[MVA]$이다.

08 동기기 정답 ③

동기 발전기 병렬운전 중 위상차 발생 시 유효순환전류, 동기화 전류가 흐르며 한쪽에서 다른 쪽으로 공급되는 전력 $\frac{E^2}{2Z}\sin\theta[W]$임을 적용하여 구한다.

기전력 $E = 3,600[V]$, 동기 리액턴스 $Z = 5[\Omega]$, 위상차 $\theta = 45°$이므로

$\frac{\left(\frac{3,600}{\sqrt{3}}\right)^2}{2 \times 5} \times \sin45 \times 10^{-3} \fallingdotseq 305[kW]$이다.

09 유전체 정답 ②

콘덴서 $C = \frac{\varepsilon_0\varepsilon_s S}{d}[F]$, 전하량 $Q = CV$임을 적용하여 구한다.

정전용량과 유전율은 비례하고, 전하량은 정전용량과 비례한다. 따라서 정전용량은 유전율과 비례하므로 ε_s배로 증가한다.

🔎 더 알아보기
정전용량과 유전율과의 관계

구도체	$C = 4\pi\varepsilon_s\varepsilon_0 a[F]$
동심구	$C = \frac{4\pi\varepsilon_s\varepsilon_0}{\frac{1}{a}+\frac{1}{b}} = 4\pi\varepsilon_s\varepsilon_0\frac{ab}{b-a}[F]$
동축 케이블(원통)	$C = \frac{2\pi\varepsilon_s\varepsilon_0}{\ln\frac{b}{a}}[F/m]$
평행 왕복 도선	$C = \frac{\pi\varepsilon_s\varepsilon_0}{\ln\frac{d}{a}}[F/m]$
평행판 콘덴서	$C = \frac{\varepsilon_s\varepsilon_0 S}{d}[F]$

10 화력 발전 정답 ②

복수기는 증기의 보유 열량을 가능한 한 많이 이용하려고 하는 장치로 우리나라 화력 발전소에서는 표면 복수기가 가장 많이 쓰이고 있다.

11 총칙 정답 ①

변압기 중성점의 접지저항값은 $R = \frac{300}{25} = 12[\Omega]$ 이하로 유지해야 한다.

🔎 더 알아보기
변압기 중성점 접지저항값

- 일반적인 변압기 중성점 접지저항값은 $\frac{150}{I_g}[\Omega]$이다. 여기서, I_g는 고압·특고압 측 전로의 1선 지락전류값이다.
- 35$[kV]$ 이하 특고압 또는 고압전로가 저압측 전로와 혼촉하고 전압전로의 대지 전압이 150$[V]$를 초과하는 경우

구분	접지저항값
일반적인 경우	$\frac{150}{I_g}[\Omega]$ 이하
1초 초과 2초 이내에 고압·특고압 전로를 자동 차단하는 장치 설치 시	$\frac{300}{I_g}[\Omega]$ 이하
1초 이내에 고압·특고압 전로를 자동 차단하는 장치 설치 시	$\frac{600}{I_g}[\Omega]$ 이하

12 4단자망 정답 ①

입력단에서 본 영상 임피던스(1차 영상 임피던스) $Z_{01} = \sqrt{\frac{AB}{DC}}$,

출력단에서 본 영상 임피던스(2차 영상 임피던스) $Z_{02} = \sqrt{\frac{BD}{AC}}$에 따라

$Z_{02} = \frac{B}{C \times Z_{01}}$임을 적용하여 구한다.

$B = \frac{5}{2}, C = 3$, 영상 임피던스 $Z_{01} = \frac{15}{2}[\Omega]$이므로

$Z_{02} = \frac{B}{C \times Z_{01}} = \frac{\frac{5}{2}}{3 \times \frac{15}{2}} = \frac{1}{9}[\Omega]$이다.

13 총칙 정답 ④

전선의 색상은 아래의 표에 따른다.

상(문자)	L1	L2	L3	N	보호도체
색상	갈색	흑색	회색	청색	녹색 – 노란색

색상 식별이 종단 및 연결 지점에서만 이루어지는 나도체 등은 전선 종단부에 색상이 반영구적으로 유지될 수 있는 도색, 밴드, 색 테이프 등의 방법으로 표시해야 한다.

14 유도기

정격용량 $P = \sqrt{3}E_2I_2 \times 10^{-3}$임을 적용하여 구한다.
2차 전압 $V_2 = 7,200 + 720 = 7,920[V]$, 선로용량 $7,200 = \sqrt{3}V_2I_2 \times 10^{-3}$이므로

2차 전류 $I_2 = \dfrac{7,200}{\sqrt{3} \times 7,920 \times 10^{-3}} ≒ 524.86[A]$이다.

따라서 정격용량 $P = \sqrt{3}E_2I_2 \times 10^{-3} = \sqrt{3} \times 720 \times 524.86 \times 10^{-3} ≒ 654.54[kVA]$이다.

15 변압기 정답 ①

변압기 병렬운전 시 합성용량 $P = P_a + P_b$임을 적용하여 구한다.
$\dfrac{P_b}{P_a} = \dfrac{P_B}{P_A} \times \dfrac{\%Z_a}{\%Z_b}$에서 $\dfrac{P_b}{1,000} = \dfrac{1,000}{1,000} \times \dfrac{8}{9} ≒ 0.888$이므로 $P_b ≒ 888[kVA]$이다.

따라서 합성용량 $P = 1,000 + 888 ≒ 1,888[kVA]$이다.

16 변압기 정답 ①

자속밀도 $B = \dfrac{\phi}{S}$, 자속 $\phi = \dfrac{E}{4.44fN}$임을 적용하여 구한다.

주파수 $f = 60[Hz]$, 1차 전압 $E = 3,300[V]$, 권수 $N = 600$이므로
자속 $\phi = \dfrac{E}{4.44fN} = \dfrac{3,300}{4.44 \times 60 \times 600} ≒ 0.02[Wb]$이다.

따라서 자속밀도 $B = \dfrac{\phi}{S} = \dfrac{0.02}{0.04 \times 10^{-4}} ≒ 5,000[Wb/m^2]$이다.

17 배전계통 정답 ②

역률 개선을 위해 필요한 동기조상기(콘덴서)의 용량 $Q_c = P(\tan\theta_1 - \tan\theta_2)[kVA]$임을 적용하여 구한다.
전압 $V = 3,100[V]$, 전류 $I = 600[A]$이므로
유효 전력 $P = \sqrt{3} \times 3,100 \times 600 \times 0.9 \times 10^{-3} ≒ 2899.45[kVA]$이다.

따라서 $Q_c = 2899.45\left(\dfrac{\sin\theta_1}{\cos\theta_1} - \dfrac{\sin\theta_2}{\cos\theta_2}\right)[kVA]$

$= 2899.45 \times \left(\dfrac{\sqrt{1-0.9^2}}{0.9} - \dfrac{0}{1}\right) ≒ 1,404[kVA]$이다.

18 자기회로 정답 ②

영구자석의 재료는 보자력과 잔류자기 모두 커야 한다.

> 🔍 **더 알아보기**
>
> **잔류자기와 보자력**
> 잔류자기는 외부에서 가한 자계의 세기를 0으로 해도 자성체에 남는 자속밀도의 크기이며 보자력은 자화된 자성체 내부의 자속밀도를 0으로 하기 위해 외부에서 자화와 반대 방향으로 가하는 자계의 세기이다.

19 정전계 정답 ④

전위 $V = E \cdot r[V]$임을 적용하여 구한다.
지름 $2r = 4[m]$, 표면전계 $E = 10[kV/mm] = 10 \times 10^3 \times 10^3[V/m]$이므로

전위 $V = E \cdot r = 10 \times 10^3 \times 10^3[V/m] \times \dfrac{4}{2}[m] = 2 \times 10^7[V] = 2 \times 10^4[kV]$이다.

20 근궤적법 정답 ④

점근선의 교차점 $\sigma = \dfrac{\sum G(s)H(s)의\ 극 - \sum G(s)H(s)의\ 영점}{p - z}$임을 적용하여 구한다.

점근선의 교차점 $\sigma = \dfrac{(0-2-3-4)-(-1)}{4-1} = -\dfrac{8}{3}$이다.

> 🔍 **더 알아보기**
>
> **근궤적의 점근선**
> - 점근선은 실수축에서만 교차
> - 점근선 개수 = 극점 개수 - 영점 개수 = $p - z$
> - 교차점 $\sigma = \dfrac{\sum G(s)H(s)의\ 극 - \sum G(s)H(s)의\ 영점}{p - z}$
> - 점근선이 실수축과 이루는 각 $\sigma = \dfrac{(2K+1)\pi}{p-z}$ ($K = 0, 1, 2 \cdots$ 로서 $p - z - 1$)

제4회 | 실전모의고사

p. 448

01	02	03	04	05	06	07	08	09	10
③	②	③	④	③	②	②	③	⑤	①
11	12	13	14	15	16	17	18	19	20
②	②	①	①	③	③	②	②	④	②

01 배전계통   정답 ③

단상 2선식의 소요 전선량을 100[%]라고 할 때, 3상 3선식의 전선 총량은 $\frac{3}{4}$ = 75[%], 3상 4선식의 전선 총량은 $\frac{1}{3}$ ≒ 33.33[%]이다.

🔍 더 알아보기

전기 방식별 비교

종별	전력	손실	전선량	전선 중량비	1선당 공급 전력 비교
$1\phi2W$	$P = VI\cos\theta$	$2I^2R$	$2W$	1	100[%]
$1\phi3W$	$P = 2VI\cos\theta$	$2I^2R$	$3W$	3/8	133[%]
$3\phi3W$	$P = \sqrt{3}VI\cos\theta$	$3I^2R$	$3W$	3/4	115[%]
$3\phi4W$	$P = 3VI\cos\theta$	$3I^2R$	$4W$	4/12	150[%]

02 전기영상법   정답 ②

접지 구도체에는 항상 점전하와 반대 극성인 전하가 유지되므로 항상 흡인력이 작용한다.

🔍 더 알아보기

접지 도체구와 점전하

영상전하	$Q' = -\frac{a}{d}Q[C]$
영상전하의 위치	중심으로부터 $\frac{a^2}{d}$인 지점
도체구와 점전하 사이에 작용하는 힘	$F = \frac{QQ'}{4\pi\varepsilon_0 r^2} = -\frac{adQ^2}{4\pi\varepsilon_0(d^2-a^2)^2}[N]$

03 정류기   정답 ③

단상 반파 정류 회로의 직류 전압 E_d = 0.45E에서 120 = 0.45E이므로 교류 전압 $E = \frac{120}{0.45}$ ≒ 266.67[V], 단상 전파 정류 회로의 직류 전압 E_d = 0.9E에서 120 = 0.9E이므로 교류 전압 $E = \frac{120}{0.9}$ ≒ 133.33[V]로 해야 한다.

04 상태방정식   정답 ④

상태 천이행렬 $\Phi(t)$는 선형 시스템의 과도 응답을 나타내므로 옳지 않다.

🔍 더 알아보기

상태 천이행렬

$\Phi(t) = \mathcal{L}^{-1}[(sI-A)^{-1}]$이며 천이행렬은 다음과 같은 성질을 갖는다.
- $\Phi(0) = I$ (I는 단위행렬)
- $\Phi^{-1}(t) = \Phi(-t) = e^{-At}$
- $\Phi(t_2 - t_1)\Phi(t_1 - t_0) = \Phi(t_2 - t_0)$ (모든 값에 대하여)
- $[\Phi(t)]^K = \Phi(Kt)$ (K는 정수)

05 총칙   정답 ③

고압 교류 전압은 1[kV] 초과 7[kV] 이하인 전압을 의미한다.

🔍 더 알아보기

전압의 종류

전압은 다음과 같이 저압, 고압, 특고압의 세 종류로 구분한다.
- 저압: 교류는 1[kV] 이하, 직류는 1.5[kV] 이하인 것
- 고압: 저압을 초과하고 7[kV] 이하인 것
- 특고압: 7[kV]를 초과하는 것

06 개폐기
정답 ②

정류기, 콘덴서 등으로 구성된 트립 방식은 콘덴서(CTD) 트립 방식이다.

> **🔍 더 알아보기**
>
> **차단기의 트립 방식 종류**
> 차단기의 트립 방식에는 CT 2차 전류 트립 방식, 직류 전원 트립 방식, 콘덴서 트립 방식 등이 있다.

07 직류기
정답 ②

회전 속도 $N = k\dfrac{E}{\phi}[rpm]$임을 적용하여 구한다.

분권 발전기에서 기전력과 단자 전압의 관계는 $E = V + I_a R_a$이므로 회전 속도 $N = k\dfrac{V + I_a R_a}{\phi} = k\dfrac{210 + 100 \times 0.04}{\phi} = 1,200 \rightarrow \dfrac{k}{\phi} = \dfrac{1,200}{214}$이다. 분권 전동기에서 기전력과 단자 전압의 관계는 $E = V - I_a R_a$이므로 $N = k\dfrac{V - I_a R_a}{\phi} = \dfrac{k}{\phi} \times (V - I_a R_a) = \dfrac{1,200}{214} \times (210 - 100 \times 0.04) ≒ 1,155[rpm]$이다.

08 비정현파(왜형파) 교류
정답 ③

제3고조파의 전류의 실횻값 $I_3 = \dfrac{V_3}{Z_3}[A]$임을 적용하여 구한다.

제3고조파의 실효 전압 $V_3 = 100[V]$, 제3고조파에 대한 임피던스 $Z_3 = R + j3wL = 4 + j3 \cdot 1 = 4 + j3[\Omega]$이므로 $|Z_3| = \sqrt{4^2 + 3^2} = 5[\Omega]$이다.

따라서 실횻값 $I_3 = \dfrac{100}{5} = 20[A]$이다.

09 안정도
정답 ⑤

계통의 리액턴스를 감소시켜야 송전용량이 증가하여 안정도가 향상되지만 임피던스가 큰 변압기를 사용하면 리액턴스가 커지므로 옳지 않다.

> **🔍 더 알아보기**
>
> **안정도의 향상 대책**
> • 직렬 리액턴스를 작게 한다.
>   – 발전기나 변압기의 리액턴스를 작게 한다.
>   – 선로의 병행 회선수를 늘리거나 복도체 또는 다도체 방식을 사용한다.
>   – 직렬 콘덴서를 삽입하여 선로의 리액턴스를 보상한다.
> • 전압 변동을 작게 한다.
>   – 속응 여자 방식을 채용한다.
>   – 계통을 연계한다.
>   – 중간조상 방식을 채용한다.
> • 사고 또는 고장 시 고장 전류를 줄이고 고장 구간을 신속하게 차단한다.
>   – 적당한 중성점 접지 방식을 채용하여 지락전류를 줄인다.
>   – 고속도 계전기, 고속도 차단기를 채용한다.
> • 고장 시 발전기 입·출력의 불평형을 작게 한다.
>   – 조속기의 동작을 빠르게 한다.
>   – 고장 발생과 동시에 발전기 회로의 저항을 직렬 또는 병렬로 삽입하여 발전기 입·출력의 불평형을 작게 한다.

10 송전선로
정답 ①

단상 2선식의 전압 강하 $e = 2IR[V]$임을 적용하여 구한다.
B 점의 전압 $V_B = V_A - e = 300 - 2 \times (40 + 20) \times 0.05 = 294[V]$이므로 C 점의 전압 $V_c = V_B - 2I'R' = 294 - 2 \times 20 \times 0.1 = 290[V]$이다.

11 과도 현상
정답 ②

$R - C$ 직렬회로에서의 시정수 $\tau = RC[s]$이므로 옳지 않다.

> **🔍 더 알아보기**
>
> **시정수**
> • 시정수는 τ로 표시하고 단위는 $[sec]$이다.
> • 시정수는 정상전류의 63.2[%]에 도달할 때까지의 시간을 의미한다.
> • 시정수가 크면 과도 현상이 오래 지속되고 시정수가 작으면 과도 현상 지속이 짧아진다.
> • $R - L$ 직렬회로에서의 시정수 $\tau = \dfrac{L}{R}[s]$, $R - C$ 직렬회로에서의 시정수 $\tau = RC[s]$이다.

12 배전계통　　　　　　　　　　　　정답 ②

부등률은 최대 전력의 발생 시각 또는 발생 시기의 분산을 나타내는 지표로 항상 1 이상이다.

🔍 더 알아보기

부하율	• 어느 일정 기간 중 부하의 변동 상태의 정도를 나타내는 것 • 부하율 $= \dfrac{\text{평균 전력}}{\text{최대 전력}} \times 100 [\%]$
수용률	• 수용가의 최대 수요 전력과 그 수용가에 설치되어 있는 설비용량의 합계의 비 • 수용률 $= \dfrac{\text{최대 전력}}{\text{설비용량}} \times 100 [\%]$
부등률	• 최대 전력의 발생 시각 또는 발생 시기의 분산을 나타내는 지표 • 부등률 $= \dfrac{\text{각 개 최대 수용 전력의 합}}{\text{합성 최대 수용 전력}} = \dfrac{\sum(\text{설비용량} \times \text{수용률})}{\text{합성 최대 전력}}$
전압 강하율	$\varepsilon = \dfrac{V_s - V_r}{V_r} \times 100$ (V_s: 송전단 전압, V_r: 수전단 전압)
전압 변동률	$\delta = \dfrac{V_{ro} - V_r}{V_r} \times 100 [\%]$ (V_{ro}: 무부하 시 수전단 전압)

13 화력 발전　　　　　　　　　　　　정답 ①

증기계통, 급수계통 등을 부식시키는 급수 중에 용해되어 있는 산소를 분리하기 위해 탈기기를 사용한다.

오답노트

② 공기 예열기 : 절탄기 출구로부터의 열을 회수하여 연소용 공기를 예열한다.

③ 절탄기 : 연도에 설치, 급수를 가열하여 연료 소비를 절감한다.

⑤ 복수기 : 증기의 보유 열량을 가능한 한 많이 이용하려고 하는 장치로 표면 복수기가 가장 많이 쓰이고 있다.

14 저압 전기설비　　　　　　　　　　정답 ①

알루미늄 등의 폭연성 분진 위험 장소에서는 금속관 공사 또는 케이블 공사로 진행해야 한다.

🔍 더 알아보기

• **폭연성 분진 위험 장소**
  마그네슘, 알루미늄, 티탄, 지르코늄 등의 먼지가 많은 장소의 저압 옥내 배선은 금속관 공사 또는 케이블 공사에 의하여야 한다.

• **가연성 분진 위험 장소**
  소맥분, 전분, 유황과 같이 가연성의 먼지로 공중에 떠다니는 상태에서 착화 시 폭발 위험이 있는 곳의 저압 옥내 전기 설비는 합성수지관 공사, 금속관 공사, 케이블 공사에 준하여 한다.

15 동기기　　　　　　　　　　　　　정답 ③

$\beta = \dfrac{\text{코일 간격}}{\text{극 간격}}$ 임을 적용하여 구한다.

고조파를 제거하기 위해 단절권을 사용하며 제3고조파 단절권 계수가 0이 되어야 한다.

제3고조파 단절권 계수 $K = \sin\dfrac{3\beta\pi}{2} = 0$을 만족하는 $\beta = \dfrac{2}{3} = 0.67$이다.

16 유도기　　　　　　　　　　　　　정답 ③

동기 속도 $N_s = \dfrac{120f}{p} = \dfrac{120 \times 60}{6} = 1{,}200 [rpm]$이므로

2차 저항 삽입 후 슬립 $s' = \dfrac{1{,}200 - 1{,}032}{1{,}200} = 0.14$이다.

저항과 슬립의 비 $\dfrac{r_2}{s} = \dfrac{r_2 + R}{s'}$에서 $\dfrac{r_2}{0.04} = \dfrac{r_2 + 1.3}{0.04} \rightarrow 14r_2 = 4r_2 + 5.2$ 이므로 2차 권선의 저항 $r_2 = 0.52 [\Omega]$이다.

17 유전체　　　　　　　　　　　　　정답 ②

전도전류 $i_\sigma = \sigma E$, 변위전류 $i_d = w\varepsilon E$이므로

전도전류와 변위전류를 같게 하면 $\sigma E = w\varepsilon E$이고,

$\sigma E = 2\pi f\varepsilon E$에서 주파수 $f = \dfrac{\sigma}{2\pi\varepsilon} [Hz]$이다.

따라서 유전 손실 $\tan\delta = \dfrac{i_\sigma}{i_d} = \dfrac{\sigma E}{w\varepsilon E} = \dfrac{\sigma}{2\pi f\varepsilon} = \dfrac{f_c}{f}$이다.

18 정현파 교류   정답 ②

최대 전류 $I_m = \frac{E_m}{R}[A]$임을 적용하여 구한다.

저항은 $48[\Omega]$, 자속 $\phi = \phi_m \cos wt = 0.8\cos 600t[Wb]$일 때,

$e(t) = \frac{d\phi}{dt} = \frac{d}{dt}\phi_m \cos wt = -w\phi_m \sin wt$이고, $e = E_m \sin wt[V]$이므로 $w = 600[rad/sec]$, 최대 전압 $E_m = 600 \times 0.8 = 480[V]$이다.

따라서 최대 전류 $I_m = \frac{480}{48} = 10[A]$이다.

19 전자계   정답 ④

쿨롱의 법칙은 맥스웰 방정식과 연관이 없다.

> 🔍 **더 알아보기**
>
> **맥스웰 방정식**
> - $\mathrm{rot}\, H = \frac{\partial D}{\partial t} + i_c$ ($\frac{\partial D}{\partial t}$: 변위전류밀도$[A/m^2]$, i_c : 전도전류밀도 $[A/m^2]$)
>   - 전도전류와 변위전류는 회전하는 자계 발생
>   - 암페어의 주회적분 법칙, 스토크스 법칙
> - $\mathrm{rot}\, E = -\frac{\partial B}{\partial t}$
>   - 자계의 시간적 변화는 회전하는 전계 발생
>   - 패러데이의 법칙
> - $\mathrm{div}\, B = 0$(연속)
>   - 고립된 자하 없음
> - $\mathrm{div}\, D = \rho$(불연속)
>   - 전하에 의해 전속선 발산
>   - 가우스의 법칙

20 제어계의 안정도   정답 ②

이득여유 $GM = 20\log\frac{1}{|G(s)H(s)|}[dB]$임을 적용하여 구한다.

$G(s)H(s) = \frac{20}{(s+1)(s+2)}\Big|_{s\,=\,0일\,대입} = \frac{20}{2} = 10$이므로

$GM = 20\log\frac{1}{10}[dB] = -20[dB]$이다.

01	02	03	04	05	06	07	08	09	10
①	②	④	③	③	⑤	③	②	③	④

11	12	13	14	15	16	17	18	19	20
④	⑤	②	②	②	②	③	③	②	⑤

01 선로정수 및 코로나 정답 ①

정전용량 $C_s = \dfrac{0.02413}{\log_{10}\frac{D}{r}}$ 임을 적용하여 구한다.

등가선간거리가 정삼각형 배열이므로 $D_e = \sqrt[3]{10\cdot10\cdot10} = 10[m]$이다.

정전용량 $C_s = \dfrac{0.02413}{\log_{10}\frac{D}{r}} = \dfrac{0.02413}{\log_{10}\frac{10}{10\times10^{-2}}} \fallingdotseq 0.012065[\mu F/km]$

🔍 더 알아보기

D_e(= 등가선간거리)
인덕턴스의 계산식에는 산술적 평균값이 아니라 기하 평균 거리로 계산한다.

종류	수평배열	정삼각배열 ($D_1 = D_2 = D_3$)	4도체
그림			
등가 선간 거리	$D_e = \sqrt[3]{2}\cdot D$	$D_e = \sqrt[3]{D_1\cdot D_2\cdot D_3}$	$D_e = \sqrt[6]{2}S$

02 다상교류 정답 ②

비접지 Y결선 평형 3상 회로에서 $I_a + I_b + I_c = 0$임을 적용하여 구한다.
따라서 C상의 전류 $I_c = -(I_a + I_b) = -(20 + j3 - 25 - j11) = 5 + j8[A]$이다.

03 선로정수 및 코로나 정답 ④

복도체의 모든 소도체에는 동일 방향으로 전류가 흐르므로 흡인력이 생긴다. 소도체 간의 충동 우려가 있어 방지 대책으로 스페이서를 설치한다.

🔍 더 알아보기
복도체(= 다도체)의 장단점

장점	• 코로나 방지(코로나 임계 전압이 높아진다.) • 인덕턴스는 감소하고 정전용량은 증가한다. • 송전용량이 증가한다.
단점	• 페란티 현상이 증가한다. ※ 페란티 현상은 무부하의 경우 선로의 정전용량 때문에 전압보다 위상이 90° 앞선 충전전류의 영향이 커져서 선로의 흐르는 전류가 진상이 되어 수전단 전압이 송전단 전압보다 높아지는 현상을 말하며 페란티 현상 방지 대책으로 수전단에 분로리액터(= 병렬리액터)를 설치한다. • 단락 시 대전류가 흘러 소도체 사이에 흡인력 발생하며 이를 방지하기 위한 대책으로는 스페이서 설치가 있다.

04 중성점 접지 방식 정답 ③

3상 1회선의 소호리액터 용량 $P = 3EI_c = \sqrt{3}VI_c \times 10^{-3}[kVA]$임을 적용하여 구한다.

$I_c = \dfrac{E}{X_c} = 2\pi fCE = 2\pi fC \times \dfrac{V}{\sqrt{3}}[A]$이므로

소호리액터 용량 $P = \sqrt{3}VI_c \times 10^{-3} = \sqrt{3}V\cdot 2\pi fC\dfrac{V}{\sqrt{3}} \times 10^{-3}[kVA] = 2\pi fCV^2 \times 10^{-3}[kVA]$이다.

05 기본 교류 회로 정답 ③

주어진 회로에서 합성 어드미턴스를 구하면

$Y = Y_1 + Y_2 = \dfrac{1}{R+jwL} + jwC = \dfrac{R}{R^2+w^2L^2} + j\left(wC - \dfrac{wL}{R^2+w^2L^2}\right)$
$= \dfrac{R}{R^2+w^2L^2}$이 된다.

공진 시 합성 어드미턴스를 구하기 위해서는 합성 어드미턴스의 허수부가 0이므로

$wC - \dfrac{wL}{R^2+w^2L^2} = 0,\ wC = \dfrac{wL}{R^2+w^2L^2}$

$R^2 + w^2L^2 = \dfrac{L}{C}$이다.

합성 어드미턴스 $Y = \dfrac{R}{R^2 + w^2 L^2}$이므로 $R^2 + w^2 L^2 = \dfrac{L}{C}$을 대입하면

$Y = \dfrac{R}{R^2 + w^2 L^2} = \dfrac{R}{\dfrac{L}{C}} = \dfrac{RC}{L}[\mho]$이다.

06 배전계통   정답 ⑤

과전압 계전기는 일정값 이상의 전압이 걸렸을 때 동작한다. 일반적으로 발전기가 무부하로 되었을 경우의 과전압 보호용으로 쓰는 경우가 많다.

> **🔎 더 알아보기**
>
> 배전선로의 전압 조정 장치
> - 주변압기 1차 측의 무부하 시(탭 변환 장치), 부하 시(탭 절환 장치)
> - 정지형 전압 조정기(SVR)
> - 유도 전압 조정기
> - 병렬 콘덴서
>   - 일반적으로 병렬 콘덴서는 역률 개선용으로 사용되지만, 역률을 개선하여 부하전류를 감소시키기 때문에 전선로의 전압 강하가 줄어들어 전압 조정 효과도 있다.

07 송전선로   정답 ③

특성 임피던스 $Z_0 = \sqrt{\dfrac{L}{C}}[\Omega]$, 전파 속도 $V = \dfrac{1}{\sqrt{LC}}[m/s]$이므로

$\dfrac{Z_0}{V} = \sqrt{\dfrac{\dfrac{L}{C}}{\dfrac{1}{LC}}} = L$이다.

08 수력 발전   정답 ②

양수 발전은 심야 또는 경부하 시의 잉여 전력을 사용하여 낮은 곳에 있는 물을 높은 곳으로 퍼 올려두었다가 첨두부하 시에 이 양수된 물을 사용하여 발전하는 것으로 연간 발전 비용을 줄이는 데 목적이 있다.

09 고압·특고압 전기설비   정답 ③

사용전압이 $60[kV]$를 초과하는 경우에는 전화선로의 길이 $40[km]$마다 유도전류가 $3[\mu A]$를 넘지 않아야 하고, 사용전압이 $60[kV]$ 이하인 경우에는 전화선로의 길이 $12[km]$마다 유도전류가 $2[\mu A]$를 넘지 않아야 한다.

10 전달 함수   정답 ④

전달 함수 $G(s) = \dfrac{RC_s}{1 + RC_s}$이므로 1차 지연 요소를 포함한 미분 요소이다.

> **🔎 더 알아보기**
>
> 제어계의 요소 종류

요소의 종류	입력과 출력의 관계	전달 함수
비례 요소	$y(t) = Kx(t)$	$G(s) = \dfrac{Y(s)}{X(s)} = K$
적분 요소	$y(t) = K\int x(t)dt$	$G(s) = \dfrac{Y(s)}{X(s)} = \dfrac{K}{s}$
미분 요소	$y(t) = K\dfrac{d}{dt}x(t)$	$G(s) = \dfrac{Y(s)}{X(s)} = Ks$
1차 지연 요소	$b_1\dfrac{d}{dt}y(t) + b_0 y(t) = a_0 x(t)$	$G(s) = \dfrac{Y(s)}{X(s)} = \dfrac{a_0}{b_1 s + b_0}$ $= \dfrac{\dfrac{a_0}{b_0}}{\dfrac{b_1}{b_0}s + 1} = \dfrac{K}{Ts + 1}$
2차 지연 요소	$b_2\dfrac{d^2}{dt^2}y(t) + b_1\dfrac{d}{dt}y(t) + b_0 y(t) = a_0 x(t)$	$G(s) = \dfrac{Y(s)}{X(s)}$ $= \dfrac{Kw_n^2}{s^2 + 2\delta w_n s + w_n^2}$
부동작 시간 요소	$y(t) = Kx(t - L)$	$G(s) = \dfrac{Y(s)}{X(s)} = Ke^{-Ls}$

11 분산형 전원설비   정답 ④

분산형 전원설비 사업자의 한 사업장의 설비용량 합계가 $250[kVA]$ 이상일 경우에 송배전계통과 연계 지점의 연결 상태를 감시 또는 유효 전력, 무효 전력 및 전압을 측정할 수 있는 장치를 시설한다.

12 정류기   정답 ⑤

3상 전파 정류 회로 $E_d = 1.35E\cos\alpha$임을 적용하여 구한다.
상전압 $E = 220[V]$, 제어각 $\alpha = 30°$이므로
직류 전압 $E_d = 1.35E\cos\alpha = 1.35 \times 220 \times \cos 30 ≒ 257[V]$이다.

> **🔎 더 알아보기**
>
> 제어각 α의 SCR을 사용한 정류 회로

단상 반파	$E_d = 0.225E(1 + \cos\alpha)$
단상 전파	$E_d = 0.45E(1 + \cos\alpha)$
3상 반파	$E_d = 1.17E\cos\alpha$
3상 전파	$E_d = 1.35E\cos\alpha$

13 유도기

동기 전동기의 극수 $p = \dfrac{120f}{N_s} = \dfrac{120 \times 50}{750} = 8$극이다.

동기 전동기에 유도 전동기를 직결하여 기동하는 경우 유도 전동기의 극수는 동기 전동기의 극수보다 2극 적은 것을 사용하므로 8 - 2 = 6극을 사용한다.

14 유도기

유도 전동기 전부하 토크 $T = k\dfrac{sE_2{}^2 r_2}{r_2{}^2 + (sx_2)^2}[N \cdot m]$이므로 토크와 전압은 제곱에 비례한다.

$222T : 480^2 = 100T : V^2 \to V^2 = \dfrac{100}{222} \times 480^2 \to V = \sqrt{\dfrac{100}{222} \times 480^2}$ ≒ 322[V]이다.

15 직류기

발생 토크 $T = 0.975\dfrac{P}{N} \times 9.8$임을 적용하여 구한다.

부하전류 $I = \dfrac{44 \times 10^3}{220} = 200[A]$, 계자전류 $I_f = \dfrac{220}{40} = 5.5[A]$이므로 전기자 전류 $I_a = 200 - 5.5 = 194.5[A]$이며 분권 전동기 기전력 $E = V - I_a R_a = 220 - 194.5 \times 0.04 = 212.22[V]$이다.

따라서 발생 토크 $T = 0.975\dfrac{P}{N} \times 9.8 = 0.975 \times \dfrac{212.22 \times 194.5}{1,640} \times 9.8$ ≒ 240.5[N · m]이다.

16 직류기

게르게스법은 3상 권선형 유도 전동기의 2차 회로가 한 개 단선된 경우 $s = 50[\%]$ 부근에서 더 이상 가속되지 않은 현상을 기동법으로 이용한 것으로 직류 전동기의 속도 제어에 속하지 않는다.

> 🔍 **더 알아보기**
>
> **직류 전동기 속도 제어**
> 직류 전동기 속도 제어 $N = k\dfrac{V - I_a R_a}{\phi}$ 방식에는 저항 제어, 계자 제어, 전압 제어가 있으며 전압 제어법으로는 워드레오너드 방식, 일그너 방식, 직병렬 방식, 초퍼 방식이 있다.

17 정자계

회전력 $T = MH\sin\theta = mlH\sin\theta[N \cdot m]$임을 적용하여 구한다.

자극의 세기 $m = 3 \times 10^{-6}[Wb]$, 자계 $H = 150[AT/m]$, 길이 $l = 25[cm] = 25 \times 10^{-2}[m]$이므로

회전력 $T = 3 \times 10^{-6} \times 25 \times 10^{-2} \times 150 \times \sin 30° = 5.6 \times 10^{-5}[N \cdot m]$이다.

18 전류

두 종류의 금속으로 된 회로에 전류를 흘렸을 때, 각 접속점에서 열의 흡수 또는 발생이 일어나는 현상은 펠티에 효과이다.

오답노트

① 톰슨 효과: 동일 종류의 금속이라도 그 도체 중의 두 점 간의 온도 차가 전류를 흘림으로써 열의 흡수 · 발생이 일어나는 현상
② 제벡 효과: 두 종류 금속 접속 면에 온도 차가 있으면 기전력이 발생하는 효과
④ 핀치 효과: DC 전압을 가하면 전류는 도선 중심쪽으로 흐르려는 현상
⑤ 표피 효과: 전선의 중심으로 갈수록 전류의 밀도가 작아지는 현상

19 자기회로

공극이 없는 전부 철심인 경우 단면적을 S라고 할 때 자기저항 $R_m = \dfrac{l}{\mu S}$, 공극 l_0가 존재하는 경우 자기저항 $R_m{}' = \dfrac{l}{\mu S}\left(1 + \dfrac{\mu l_0}{\mu_0 l}\right)$이다.

따라서 공극이 생겼을 때 자기저항은 $\dfrac{R_m{}'}{R_m} = 1 + \dfrac{\mu l_0}{\mu_0 l}$이므로

$1 + \dfrac{l_0}{l}\mu_r = 1 + \dfrac{1,000 \times 1 \times 10^{-3}}{1} = 2$배이다.

20 과도 현상

$R - L$ 직렬회로에서의 시정수 $\tau = \dfrac{L}{R}[s]$임을 적용하여 구한다.

합성저항 $R = \dfrac{R_1 R_2}{R_1 + R_2} = \dfrac{50 \times 50}{50 + 50} = \dfrac{2,500}{100} = 25[\Omega]$이고, $L_1 = 2[H]$ 이므로 시정수 $\tau = \dfrac{L}{R} = \dfrac{2}{25} = 0.08[s]$이다.

회독용 답안지

회독 차수: 진행 날짜:

실전모의고사 1회

1 ① ② ③ ④ ⑤	6 ① ② ③ ④ ⑤	11 ① ② ③ ④ ⑤	16 ① ② ③ ④ ⑤
2 ① ② ③ ④ ⑤	7 ① ② ③ ④ ⑤	12 ① ② ③ ④ ⑤	17 ① ② ③ ④ ⑤
3 ① ② ③ ④ ⑤	8 ① ② ③ ④ ⑤	13 ① ② ③ ④ ⑤	18 ① ② ③ ④ ⑤
4 ① ② ③ ④ ⑤	9 ① ② ③ ④ ⑤	14 ① ② ③ ④ ⑤	19 ① ② ③ ④ ⑤
5 ① ② ③ ④ ⑤	10 ① ② ③ ④ ⑤	15 ① ② ③ ④ ⑤	20 ① ② ③ ④ ⑤

맞힌 개수 / 전체 개수 : _____ / 20   O: _____개, △: _____개, X: _____개

실전모의고사 2회

1 ① ② ③ ④ ⑤	6 ① ② ③ ④ ⑤	11 ① ② ③ ④ ⑤	16 ① ② ③ ④ ⑤
2 ① ② ③ ④ ⑤	7 ① ② ③ ④ ⑤	12 ① ② ③ ④ ⑤	17 ① ② ③ ④ ⑤
3 ① ② ③ ④ ⑤	8 ① ② ③ ④ ⑤	13 ① ② ③ ④ ⑤	18 ① ② ③ ④ ⑤
4 ① ② ③ ④ ⑤	9 ① ② ③ ④ ⑤	14 ① ② ③ ④ ⑤	19 ① ② ③ ④ ⑤
5 ① ② ③ ④ ⑤	10 ① ② ③ ④ ⑤	15 ① ② ③ ④ ⑤	20 ① ② ③ ④ ⑤

맞힌 개수 / 전체 개수 : _____ / 20   O: _____개, △: _____개, X: _____개

실전모의고사 3회

1 ① ② ③ ④ ⑤	6 ① ② ③ ④ ⑤	11 ① ② ③ ④ ⑤	16 ① ② ③ ④ ⑤
2 ① ② ③ ④ ⑤	7 ① ② ③ ④ ⑤	12 ① ② ③ ④ ⑤	17 ① ② ③ ④ ⑤
3 ① ② ③ ④ ⑤	8 ① ② ③ ④ ⑤	13 ① ② ③ ④ ⑤	18 ① ② ③ ④ ⑤
4 ① ② ③ ④ ⑤	9 ① ② ③ ④ ⑤	14 ① ② ③ ④ ⑤	19 ① ② ③ ④ ⑤
5 ① ② ③ ④ ⑤	10 ① ② ③ ④ ⑤	15 ① ② ③ ④ ⑤	20 ① ② ③ ④ ⑤

맞힌 개수 / 전체 개수 : _____ / 20   O: _____개, △: _____개, X: _____개

실전모의고사 4회

1 ① ② ③ ④ ⑤	6 ① ② ③ ④ ⑤	11 ① ② ③ ④ ⑤	16 ① ② ③ ④ ⑤
2 ① ② ③ ④ ⑤	7 ① ② ③ ④ ⑤	12 ① ② ③ ④ ⑤	17 ① ② ③ ④ ⑤
3 ① ② ③ ④ ⑤	8 ① ② ③ ④ ⑤	13 ① ② ③ ④ ⑤	18 ① ② ③ ④ ⑤
4 ① ② ③ ④ ⑤	9 ① ② ③ ④ ⑤	14 ① ② ③ ④ ⑤	19 ① ② ③ ④ ⑤
5 ① ② ③ ④ ⑤	10 ① ② ③ ④ ⑤	15 ① ② ③ ④ ⑤	20 ① ② ③ ④ ⑤

맞힌 개수 / 전체 개수 : _____ / 20   O: _____개, △: _____개, X: _____개

실전모의고사 5회

1 ① ② ③ ④ ⑤	6 ① ② ③ ④ ⑤	11 ① ② ③ ④ ⑤	16 ① ② ③ ④ ⑤
2 ① ② ③ ④ ⑤	7 ① ② ③ ④ ⑤	12 ① ② ③ ④ ⑤	17 ① ② ③ ④ ⑤
3 ① ② ③ ④ ⑤	8 ① ② ③ ④ ⑤	13 ① ② ③ ④ ⑤	18 ① ② ③ ④ ⑤
4 ① ② ③ ④ ⑤	9 ① ② ③ ④ ⑤	14 ① ② ③ ④ ⑤	19 ① ② ③ ④ ⑤
5 ① ② ③ ④ ⑤	10 ① ② ③ ④ ⑤	15 ① ② ③ ④ ⑤	20 ① ② ③ ④ ⑤

맞힌 개수 / 전체 개수 : _____ / 20   O: _____개, △: _____개, X: _____개

해커스공기업 쉽게 끝내는 전기직 이론+기출동형문제

회독용 답안지

회독 차수: 진행 날짜:

실전모의고사 1회

1	① ② ③ ④ ⑤	6	① ② ③ ④ ⑤	11	① ② ③ ④ ⑤	16	① ② ③ ④ ⑤
2	① ② ③ ④ ⑤	7	① ② ③ ④ ⑤	12	① ② ③ ④ ⑤	17	① ② ③ ④ ⑤
3	① ② ③ ④ ⑤	8	① ② ③ ④ ⑤	13	① ② ③ ④ ⑤	18	① ② ③ ④ ⑤
4	① ② ③ ④ ⑤	9	① ② ③ ④ ⑤	14	① ② ③ ④ ⑤	19	① ② ③ ④ ⑤
5	① ② ③ ④ ⑤	10	① ② ③ ④ ⑤	15	① ② ③ ④ ⑤	20	① ② ③ ④ ⑤

맞힌 개수 / 전체 개수 : _____ / 20   O: _____개,   △: _____개,   X: _____개

실전모의고사 2회

1	① ② ③ ④ ⑤	6	① ② ③ ④ ⑤	11	① ② ③ ④ ⑤	16	① ② ③ ④ ⑤
2	① ② ③ ④ ⑤	7	① ② ③ ④ ⑤	12	① ② ③ ④ ⑤	17	① ② ③ ④ ⑤
3	① ② ③ ④ ⑤	8	① ② ③ ④ ⑤	13	① ② ③ ④ ⑤	18	① ② ③ ④ ⑤
4	① ② ③ ④ ⑤	9	① ② ③ ④ ⑤	14	① ② ③ ④ ⑤	19	① ② ③ ④ ⑤
5	① ② ③ ④ ⑤	10	① ② ③ ④ ⑤	15	① ② ③ ④ ⑤	20	① ② ③ ④ ⑤

맞힌 개수 / 전체 개수 : _____ / 20   O: _____개,   △: _____개,   X: _____개

실전모의고사 3회

1	① ② ③ ④ ⑤	6	① ② ③ ④ ⑤	11	① ② ③ ④ ⑤	16	① ② ③ ④ ⑤
2	① ② ③ ④ ⑤	7	① ② ③ ④ ⑤	12	① ② ③ ④ ⑤	17	① ② ③ ④ ⑤
3	① ② ③ ④ ⑤	8	① ② ③ ④ ⑤	13	① ② ③ ④ ⑤	18	① ② ③ ④ ⑤
4	① ② ③ ④ ⑤	9	① ② ③ ④ ⑤	14	① ② ③ ④ ⑤	19	① ② ③ ④ ⑤
5	① ② ③ ④ ⑤	10	① ② ③ ④ ⑤	15	① ② ③ ④ ⑤	20	① ② ③ ④ ⑤

맞힌 개수 / 전체 개수 : _____ / 20   O: _____개,   △: _____개,   X: _____개

실전모의고사 4회

1	① ② ③ ④ ⑤	6	① ② ③ ④ ⑤	11	① ② ③ ④ ⑤	16	① ② ③ ④ ⑤
2	① ② ③ ④ ⑤	7	① ② ③ ④ ⑤	12	① ② ③ ④ ⑤	17	① ② ③ ④ ⑤
3	① ② ③ ④ ⑤	8	① ② ③ ④ ⑤	13	① ② ③ ④ ⑤	18	① ② ③ ④ ⑤
4	① ② ③ ④ ⑤	9	① ② ③ ④ ⑤	14	① ② ③ ④ ⑤	19	① ② ③ ④ ⑤
5	① ② ③ ④ ⑤	10	① ② ③ ④ ⑤	15	① ② ③ ④ ⑤	20	① ② ③ ④ ⑤

맞힌 개수 / 전체 개수 : _____ / 20   O: _____개,   △: _____개,   X: _____개

실전모의고사 5회

1	① ② ③ ④ ⑤	6	① ② ③ ④ ⑤	11	① ② ③ ④ ⑤	16	① ② ③ ④ ⑤
2	① ② ③ ④ ⑤	7	① ② ③ ④ ⑤	12	① ② ③ ④ ⑤	17	① ② ③ ④ ⑤
3	① ② ③ ④ ⑤	8	① ② ③ ④ ⑤	13	① ② ③ ④ ⑤	18	① ② ③ ④ ⑤
4	① ② ③ ④ ⑤	9	① ② ③ ④ ⑤	14	① ② ③ ④ ⑤	19	① ② ③ ④ ⑤
5	① ② ③ ④ ⑤	10	① ② ③ ④ ⑤	15	① ② ③ ④ ⑤	20	① ② ③ ④ ⑤

맞힌 개수 / 전체 개수 : _____ / 20   O: _____개,   △: _____개,   X: _____개

회독 차수: 진행 날짜:

실전모의고사 1회

1	① ② ③ ④ ⑤	6	① ② ③ ④ ⑤	11	① ② ③ ④ ⑤	16	① ② ③ ④ ⑤
2	① ② ③ ④ ⑤	7	① ② ③ ④ ⑤	12	① ② ③ ④ ⑤	17	① ② ③ ④ ⑤
3	① ② ③ ④ ⑤	8	① ② ③ ④ ⑤	13	① ② ③ ④ ⑤	18	① ② ③ ④ ⑤
4	① ② ③ ④ ⑤	9	① ② ③ ④ ⑤	14	① ② ③ ④ ⑤	19	① ② ③ ④ ⑤
5	① ② ③ ④ ⑤	10	① ② ③ ④ ⑤	15	① ② ③ ④ ⑤	20	① ② ③ ④ ⑤

맞힌 개수 / 전체 개수 : _____ / 20   O: _____개,   △: _____개,   X: _____개

실전모의고사 2회

1	① ② ③ ④ ⑤	6	① ② ③ ④ ⑤	11	① ② ③ ④ ⑤	16	① ② ③ ④ ⑤
2	① ② ③ ④ ⑤	7	① ② ③ ④ ⑤	12	① ② ③ ④ ⑤	17	① ② ③ ④ ⑤
3	① ② ③ ④ ⑤	8	① ② ③ ④ ⑤	13	① ② ③ ④ ⑤	18	① ② ③ ④ ⑤
4	① ② ③ ④ ⑤	9	① ② ③ ④ ⑤	14	① ② ③ ④ ⑤	19	① ② ③ ④ ⑤
5	① ② ③ ④ ⑤	10	① ② ③ ④ ⑤	15	① ② ③ ④ ⑤	20	① ② ③ ④ ⑤

맞힌 개수 / 전체 개수 : _____ / 20   O: _____개,   △: _____개,   X: _____개

실전모의고사 3회

1	① ② ③ ④ ⑤	6	① ② ③ ④ ⑤	11	① ② ③ ④ ⑤	16	① ② ③ ④ ⑤
2	① ② ③ ④ ⑤	7	① ② ③ ④ ⑤	12	① ② ③ ④ ⑤	17	① ② ③ ④ ⑤
3	① ② ③ ④ ⑤	8	① ② ③ ④ ⑤	13	① ② ③ ④ ⑤	18	① ② ③ ④ ⑤
4	① ② ③ ④ ⑤	9	① ② ③ ④ ⑤	14	① ② ③ ④ ⑤	19	① ② ③ ④ ⑤
5	① ② ③ ④ ⑤	10	① ② ③ ④ ⑤	15	① ② ③ ④ ⑤	20	① ② ③ ④ ⑤

맞힌 개수 / 전체 개수 : _____ / 20   O: _____개,   △: _____개,   X: _____개

실전모의고사 4회

1	① ② ③ ④ ⑤	6	① ② ③ ④ ⑤	11	① ② ③ ④ ⑤	16	① ② ③ ④ ⑤
2	① ② ③ ④ ⑤	7	① ② ③ ④ ⑤	12	① ② ③ ④ ⑤	17	① ② ③ ④ ⑤
3	① ② ③ ④ ⑤	8	① ② ③ ④ ⑤	13	① ② ③ ④ ⑤	18	① ② ③ ④ ⑤
4	① ② ③ ④ ⑤	9	① ② ③ ④ ⑤	14	① ② ③ ④ ⑤	19	① ② ③ ④ ⑤
5	① ② ③ ④ ⑤	10	① ② ③ ④ ⑤	15	① ② ③ ④ ⑤	20	① ② ③ ④ ⑤

맞힌 개수 / 전체 개수 : _____ / 20   O: _____개,   △: _____개,   X: _____개

실전모의고사 5회

1	① ② ③ ④ ⑤	6	① ② ③ ④ ⑤	11	① ② ③ ④ ⑤	16	① ② ③ ④ ⑤
2	① ② ③ ④ ⑤	7	① ② ③ ④ ⑤	12	① ② ③ ④ ⑤	17	① ② ③ ④ ⑤
3	① ② ③ ④ ⑤	8	① ② ③ ④ ⑤	13	① ② ③ ④ ⑤	18	① ② ③ ④ ⑤
4	① ② ③ ④ ⑤	9	① ② ③ ④ ⑤	14	① ② ③ ④ ⑤	19	① ② ③ ④ ⑤
5	① ② ③ ④ ⑤	10	① ② ③ ④ ⑤	15	① ② ③ ④ ⑤	20	① ② ③ ④ ⑤

맞힌 개수 / 전체 개수 : _____ / 20   O: _____개,   △: _____개,   X: _____개

해커스공기업

쉽게 끝내는

전기직

이론+기출동형문제

초판 3쇄 발행 2024년 4월 15일

초판 1쇄 발행 2021년 3월 18일

지은이	소홍섭
펴낸곳	㈜챔프스터디
펴낸이	챔프스터디 출판팀

주소	서울특별시 서초구 강남대로61길 23 ㈜챔프스터디
고객센터	02-537-5000
교재 관련 문의	publishing@hackers.com
	해커스공기업 사이트(public.Hackers.com) 교재 Q&A 게시판
학원 강의 및 동영상강의	public.Hackers.com

ISBN	978-89-6965-215-7 (13560)
Serial Number	01-03-01

공기업 취업의 모든 것,
해커스공기업(public.Hackers.com)

ⓗ 해커스공기업

- 시험 직전 최종 점검용 NCS 온라인 모의고사(교재 내 응시권 수록)
- 내 점수와 석차를 확인하는 **무료 바로 채점 및 성적 분석 서비스**
- 전기식 선문 스타강사의 **본 교재 인강**(교재 내 할인쿠폰 수록)

해커스공기업

쉽게 끝내는

전기직
이론+기출동형문제

시험장까지 가져가는

전기직 핵심 이론 정리 노트

해커스공기업

/ 핵심 이론 정리 노트

본책에 수록된 내용 중 핵심 이론을 Chapter별로 정리하였습니다. 빈칸 채우기 문제로 개념을 반복하여 학습하신 후, O/X 문제로 최종 마무리하시기 바랍니다.

Chapter 1 | 전기자기학

01 벡터

1. 백터 곱

01 (스칼라적)	1) $A \cdot B = AB\cos\theta = A_x B_x + A_y B_y + A_z B_z$ 2) $i \cdot i = j \cdot j = k \cdot k = 1$ 3) $i \cdot j = j \cdot k = k \cdot i = 0$
02 (벡터적)	1) $A \times B = AB\sin\theta = \begin{vmatrix} i & j & k \\ A_x & A_y & A_z \\ B_x & B_y & B_z \end{vmatrix}$ $= \begin{vmatrix} A_y & A_z \\ B_y & B_z \end{vmatrix} i + \begin{vmatrix} A_z & A_x \\ B_z & B_x \end{vmatrix} j + \begin{vmatrix} A_x & A_y \\ B_x & B_y \end{vmatrix} k$ 2) $i \times i = j \times j = k \times k = 0$ 3) $i \times j = k, j \times k = i, k \times i = j$

2. 벡터의 미분연산

미분연산자 (나블라 또는 델)	$\nabla = \frac{\partial}{\partial x} i + \frac{\partial}{\partial y} j + \frac{\partial}{\partial z} k$
03 (Gradient, 구배, 경도)	grad $V = \nabla V$ $= \frac{\partial V}{\partial x} i + \frac{\partial V}{\partial y} j + \frac{\partial V}{\partial z} k$
04 (Divergence)	div $E = \nabla \cdot E$ $= \frac{\partial E_x}{\partial x} + \frac{\partial E_y}{\partial y} + \frac{\partial E_z}{\partial z}$
회전(Rotation, Curl)	rot H = curl $H = \nabla \times H$

[빈칸 정답] **01** 내적 **02** 외적 **03** 기울기 **04** 발산

O/X 문제

01 길이, 온도, 체적, 질량 등은 크기와 방향으로 결정되는 양인 벡터에 해당하는 물리량이다. ☐ O ☐ X

02 벡터의 내적은 $A \cdot B$으로 표현하고 $A \cdot B = AB\cos\theta = A_x B_x + A_y B_y + A_z B_z$로 계산한다. ☐ O ☐ X

03 미분연산자 $\nabla = \frac{\partial}{\partial x} i + \frac{\partial}{\partial y} j + \frac{\partial}{\partial z} k$를 이용할 때 벡터의 발산 div $E = \nabla \cdot E = \frac{\partial E_x}{\partial x} + \frac{\partial E_y}{\partial y} + \frac{\partial E_z}{\partial z}$이다. ☐ O ☐ X

04 미분연산자 $\nabla = \frac{\partial}{\partial x} i + \frac{\partial}{\partial y} j + \frac{\partial}{\partial z} k$를 이용할 때 벡터의 회전 rot $H = \nabla \times H = \left(\frac{\partial H_z}{\partial y} - \frac{\partial H_y}{\partial z} \right) i$
$+ \left(\frac{\partial H_x}{\partial z} - \frac{\partial H_z}{\partial x} \right) j + \left(\frac{\partial H_y}{\partial x} - \frac{\partial H_x}{\partial y} \right) k$이다. ☐ O ☐ X

[O/X 정답]

01 X   **02** O   **03** O   **04** O

02 진공 중의 정전계

1. 쿨롱의 법칙

정의	두 전하 사이에 작용하는 힘
공식	$F = \dfrac{Q_1 Q_2}{4\pi\varepsilon_0 r^2} = 9 \times 10^9 \times \dfrac{Q_1 Q_2}{r^2}[N]$

2. 전계의 세기

정의	단위점전하(+1[C])와 전하 사이에 미치는 쿨롱의 힘
공식	$E = \dfrac{Q}{4\pi\varepsilon_0 r^2} = 9 \times 10^9 \times \dfrac{Q}{r^2}[V/m]$ $E = \dfrac{F}{Q}[V/m]$

3. 전기력선

전기력선의 성질	1) 전기력선은 01 에서 시작하여 02 에서 끝남 2) 전기력선의 접선 방향은 전계의 방향과 동일 3) 전기력선의 밀도는 전계의 세기와 동일 4) 전기력선 자신만으로 폐곡선을 이루지 않음(불연속성) 5) 전기력선은 전위가 03 에서 04 으로 향함 6) 도체의 표면, 등전위면과 수직으로 교차 7) 전하가 없는 곳에서 발생이나 소멸 없음 8) 전기력선은 서로 교차하지 않음

전기력선 수	$N = \int E \cdot ds = \dfrac{Q}{\varepsilon_0}$ (매질에 따라 달라짐)
전기력선 방정식	$\dfrac{dx}{E_x} = \dfrac{dy}{E_y} = \dfrac{dz}{E_z}$
전속밀도	$D = \dfrac{\Psi}{S} = \dfrac{Q}{S} = \varepsilon_0 E[C/m^2]$

4. 전위

전위	$V = -\int_\infty^r F \cdot dl = -\int_\infty^r E \cdot dl$
전위경도	$E = -\mathrm{grad}V = -\nabla V$

5. 전기력선의 발산

전계의 발사 정리	$\oint_s E \cdot ds = \int_v \mathrm{div}E \cdot dv$
가우스 법칙의 적분형	1) $\oint_s E \cdot ds = \dfrac{Q}{\varepsilon_0}$ 2) $\oint_s D \cdot ds = Q$
가우스 법칙의 미분형	1) $\mathrm{div}E = \dfrac{\rho}{\varepsilon_0}$ 2) $\mathrm{div}D = \rho$
푸아송 방정식	$\mathrm{div}E = \nabla \cdot E = \nabla \cdot (-\nabla V) = -\nabla^2 V$ $\therefore \nabla^2 V = -\dfrac{\rho}{\varepsilon_0}$
라플라스 방정식 ($\rho = 0$일 때)	$\nabla^2 V = 0$

[빈칸 정답] **01** 정전하(+) **02** 부전하(−) **03** 높은 곳 **04** 낮은 곳

O/X 문제

01 두 종류의 물체를 마찰하면 마찰에 의한 열에 의하여 표면에 가까운 자유 전자가 이동하여 마찰 전기가 발생한다. □ O □ X

02 두 점전하 사이에 작용하는 힘은 두 전하의 곱에 반비례하고, 두 전하의 거리의 제곱에 비례한다. □ O □ X

03 전기력선은 자신만으로 폐곡선을 이룰 수 있다. □ O □ X

04 무한 원점을 영전위로 하고 무한 원점에서 단위점전하를 어떤 임의의 점 P까지 이동시키는 데 필요한 일을 전위라고 한다. □ O □ X

05 가우스 정리에 의해 폐곡면에서 나오는 전기력선 수는 폐곡면 내에 있는 전하량의 $\dfrac{1}{\varepsilon_0}$배와 같다. □ O □ X

06 점전하 $+Q$, $-Q$ 가 미소거리 δ만큼 떨어져 있을 때 전위 $V = \dfrac{M}{4\pi\varepsilon_0 r^2}\cos\theta[V]$, 전계 $E = \dfrac{M}{4\pi\varepsilon_0 r^3}\sqrt{1 + \cos^2\theta}$ $[V/m]$이다. □ O □ X

07 반지름이 $r[m]$이고 $Q[C]$으로 대전된 원통도체의 내부 전계 $E = \dfrac{\lambda}{2\pi\varepsilon_0 r}[V/m]$이다. □ O □ X

[O/X 정답]

01 ○   **02** X   **03** X   **04** ○   **05** ○   **06** ○   **07** X

03 진공 중의 도체계

1. 정전용량

01	$C = 4\pi\varepsilon_0 a [F]$
동심구	$C = \dfrac{4\pi\varepsilon_0}{\dfrac{1}{a} - \dfrac{1}{b}} = 4\pi\varepsilon_0 \dfrac{ab}{b-a} [F]$
동축 케이블(원통)	$C = \dfrac{2\pi\varepsilon_0}{\ln\dfrac{b}{a}} [F/m]$
평행 왕복 도선	$C = \dfrac{\pi\varepsilon_0}{\ln\dfrac{d}{a}} [F/m]$
02	$C = \dfrac{\varepsilon_0 S}{d} [F]$

2. 도체계의 에너지

1개의 도체가 가진 에너지	$W = \dfrac{1}{2}QV = \dfrac{1}{2}CV^2 = \dfrac{Q^2}{2C} [J]$
단위 체적당 축적되는 정전에너지 (정전에너지 밀도)	$w = \dfrac{1}{2}ED = \dfrac{1}{2}\varepsilon_0 E^2 = \dfrac{D^2}{2\varepsilon_0} [J/m^3]$

04 유전체

1. 비유전율과의 관계

03	$F = \dfrac{1}{\varepsilon_s} F_0$
전계의 세기	$E = \dfrac{1}{\varepsilon_s} E_0$
전위	$V = \dfrac{1}{\varepsilon_s} V_0$
전기력선 수	$N = \dfrac{1}{\varepsilon_s} N_0$
전속밀도	$D = \varepsilon_s D_0$
정전용량	$C = \varepsilon_s C_0$

2. 분극의 세기(분극도)

분극의 세기 (분극도)	$P = D - \varepsilon_0 E = \varepsilon_0 \varepsilon_s E - \varepsilon_0 E$ $= \varepsilon_0(\varepsilon_s - 1)E = \chi E [C/m^2]$
04	$\chi = \varepsilon_0(\varepsilon_s - 1) [F/m]$
05	$\dfrac{\chi}{\varepsilon_0} = \varepsilon_s - 1$

3. 경계조건(경계면에 진전하가 없는 경우)

전계 상이, 전계의 수평(접선) 성분 동일	$E_1 = E_2$, $E_1\sin\theta_1 = E_2\sin\theta_2$
전속밀도 상이, 전속밀도의 수직(법선) 성분 동일	$D_1 = D_2$, $D_1\cos\theta_1 = D_2\cos\theta_2$
경계조건	$\dfrac{\tan\theta_1}{\tan\theta_2} = \dfrac{\varepsilon_1}{\varepsilon_2}$
수직으로 입사 ($\theta_1 = \theta_2 = 0$)	1) $E_1 \neq E_2$ 2) $D_1 = D_2$ 3) 경계면에 작용하는 힘 $f = f_2 - f_1 = \dfrac{D_2^2}{2\varepsilon_2} - \dfrac{D_1^2}{2\varepsilon_1}$ $= \dfrac{1}{2}\left(\dfrac{1}{\varepsilon_2} - \dfrac{1}{\varepsilon_1}\right)D^2$ 4) 힘의 방향: 유전율이 큰 쪽 → 작은 쪽
평형으로 입사 ($\theta_1 = \theta_2 = 90$)	1) $E_1 = E_2$ 2) $D_1 \neq D_2$ 3) 경계면에 작용하는 힘 $f = f_1 - f_2 = \dfrac{1}{2}\varepsilon_1 E_1^2 - \dfrac{1}{2}\varepsilon_2 E_2^2$ $= \dfrac{1}{2}(\varepsilon_1 - \varepsilon_2)E^2$ 4) 힘의 방향: 유전율이 큰 쪽 → 작은 쪽

O/X 문제

01 Q와 $-Q$로 대전된 두 도체 n와 r 사이의 전위를 전위계수로 표시할 때 전위계수의 특징은 $P_{nn} > 0$, $P_{nr} = P_{rn} \geq 0$, $P_{nn} \geq P_{nr}$이다. ☐ O ☐ X

02 진공 중에 놓인 두 도체에 $\pm Q$를 주었을 때 두 도체 사이의 전위차를 V라고 하면 두 도체 사이의 정전용량 $C = \dfrac{Q}{V}[F]$가 된다. ☐ O ☐ X

03 진공 중에 반지름이 $a[m]$인 평행 왕복 도선이 $d[m]$만큼 떨어져 있을 때 단위 길이당 정전용량은 $C = \dfrac{\pi \varepsilon_0}{\ln \dfrac{d}{a}}$

$[F/m]$이다. ☐ O ☐ X

04 동심 구형 콘덴서의 정전용량 $C = \dfrac{4\pi \varepsilon_0}{\dfrac{1}{a} - \dfrac{1}{b}}[F]$이다. ☐ O ☐ X

05 일래스턴스(Elastance)란 $\dfrac{전기량}{전위차}$이라고 한다. ☐ O ☐ X

06 동일 용량 $C[F]$의 콘덴서 n개를 병렬로 연결하면 합성 정전용량은 $nC[F]$가 된다. ☐ O ☐ X

07 콘덴서에 전하를 축적시키는 데 필요한 에너지를 구하는 공식은 $W = \dfrac{1}{2}QV = \dfrac{1}{2}CV^2 = \dfrac{Q^2}{2C}[J]$이다. ☐ O ☐ X

08 진공 중의 비유전율 $\varepsilon_s = 8.855 \times 10^{-12}$이다. ☐ O ☐ X

09 분극의 세기 $P = D - \varepsilon_0 E[C/m^2]$으로 하며, 분극률 $\chi = \varepsilon_0(\varepsilon_s - 1)$이라고 한다. ☐ O ☐ X

10 전기력선 수는 매질에 따라 그 값이 달라지나 전속은 매질에 관계없이 일정하다. ☐ O ☐ X

11 유전율이 다른 두 유전체의 경계면에 진전하가 없을 때 전계의 수평(접선)성분이 같다. ☐ O ☐ X

12 유전율이 다른 두 유전체($\varepsilon_1 > \varepsilon_2$)의 경계면에 전기력선이 수직으로 입사할 때 경계면에 작용하는 힘은 유전율이 작은 쪽에서 큰 쪽으로 향한다. ☐ O ☐ X

[O/X 정답]

01 O   **02** O   **03** O   **04** O   **05** X   **06** O   **07** O   **08** X   **09** O   **10** O   **11** O   **12** X

05 전기영상법

1. 평면 도체와 점전하(평면 도체로부터 $a[m]$인 곳에 점전하 $Q[C]$이 있는 경우)

영상전하	$Q' =$ 01
평면 도체와 점전하 사이에 작용하는 힘	$F = \dfrac{QQ'}{4\pi\varepsilon_0(2a)^2} = -\dfrac{Q^2}{16\pi\varepsilon_0 a^2}[N]$
평면 도체에 유도되는 최대 전하밀도	$\sigma_{max} = \dfrac{Q}{2\pi a^2}[C/m^2]$

2. 평면 도체와 선전하(평면 도체로부터 $h[m]$인 곳에 선전하 밀도 $\lambda[C/m]$를 갖는 평행한 무한장 직선 도체가 있는 경우)

직선 도체에서의 전계	$E = \dfrac{\lambda}{2\pi\varepsilon_0(2h)} = \dfrac{\lambda}{4\pi\varepsilon_0 h}[V/m]$
직선 도체가 단위 길이당 받는 힘	$F = \lambda E = \dfrac{\lambda^2}{4\pi\varepsilon_0 h}[N/m]$

3. 접지 도체구와 점전하

영상전하	$Q' = -\dfrac{a}{d}Q[C]$
영상전하의 위치	중심으로부터 02 인 지점
도체구와 점전하 사이에 작용하는 힘	$F = \dfrac{QQ'}{4\pi\varepsilon_0 r^2} = -\dfrac{adQ^2}{4\pi\varepsilon_0(d^2 - a^2)^2}[N]$

06 전류

1. 전류밀도

전류	$I = \dfrac{dQ}{dt} = nqSv = \rho Sv[A]$
전류밀도	$J = \dfrac{I}{S} = nqv = \rho v[A/m^2]$

2. 전기저항

전류	$I = \dfrac{dQ}{dt}[A]$
옴의 법칙	$I = \dfrac{V}{R}$ (V: 전압$[V]$, R: 저항$[\Omega]$)
전기저항	1) 전기저항 $R = \rho\dfrac{l}{A}[\Omega]$ 2) 온도와 저항 $R_T = R_t\{1 + \alpha(T - t)\}[\Omega]$
전기저항과 정전용량	$RC = \rho\varepsilon$, $\dfrac{C}{G} = \dfrac{\varepsilon}{k}$

3. 열전현상

효과	특성
03	다른 두 종류의 금속선으로 된 폐회로의 두 접합점의 온도를 달리하였을 때 열기전력이 발생하는 현상
04	두 종류의 금속선으로 폐회로를 만들어 전류를 흘리면 금속선의 접속점에서 열이 흡수(온도 강하)되거나 발생(온도 상승)하는 현상
톰슨 효과	같은 도선에 온도 차가 있을 때 전류를 흘리면 열이 흡수·발산되는 현상

O/X 문제

01 무한 평면 도체와 $Q[C]$의 점전하가 $a[m]$만큼 떨어져 있을 때 영상전하 $Q' = -Q[C]$이다.   □ O □ X

02 평면 도체와 점전하 사이에 작용하는 힘은 항상 반발력이다.   □ O □ X

03 무한 평면 도체로부터 $h[m]$만큼 떨어진 곳에 선전하밀도 $\lambda[C/m]$를 갖는 평행한 무한장 직선 도체가 있을 때
작용하는 힘의 크기는 거리와 반비례 관계에 있다.   □ O □ X

04 반지름이 $a[m]$인 접지 도체구 중심으로부터 $d[m](d > a)$만큼 떨어진 곳에 점전하 $Q[C]$이 있으면 구도체에
유기되는 영상전하 $Q' = -\frac{a}{d}Q[C]$이다.   □ O □ X

05 전류는 미소 시간 dt 사이에 그 단면을 통과한 전하량의 비로 정의하며 $I = \frac{dQ}{dt}[A]$로 나타낸다.   □ O □ X

06 전류밀도 $J[A/m^2]$에 대해 $\operatorname{div} J = \rho$이다.   □ O □ X

07 금속 도체의 전기저항은 온도가 상승하면 정비례하여 증가한다.   □ O □ X

08 도체의 저항은 단면적에 비례하고 길이에 반비례한다.   □ O □ X

09 20[℃]에서 100[Ω]인 도체가 있을 때 60[℃]에서의 저항값은 약 115[Ω]이다.   □ O □ X

10 고유저항이 $\rho[\Omega \cdot m]$이고 비유전율 ε_s인 액체 유전체를 포함한 콘덴서 $C[F]$에 $V[V]$의 전압을 가했을 경우에
흐르는 누설전류는 $I = \frac{VC}{\rho\varepsilon}$이다.   □ O □ X

11 톰슨 효과는 같은 도선에 온도 차가 있을 때 전류를 흘리면 열이 흡수·발산되는 현상이다.   □ O □ X

[O/X 정답]

01 ○   **02** X   **03** ○   **04** ○   **05** ○   **06** X   **07** ○   **08** X   **09** X   **10** ○   **11** ○

07 정자계

1. 자극에 의한 자계

쿨롱의 법칙	1) 두 자하 사이에 작용하는 힘 2) $F = \dfrac{m_1 m_2}{4\pi \mu_0 \mu_s r^2}$ $\quad = 6.33 \times 10^4 \times \dfrac{m_1 m_2}{\mu_s r^2}[N]$
자계의 세기	$H = \dfrac{F}{m} = \dfrac{m}{4\pi \mu r^2}[AT/m]$ $F = m \cdot H[N]$

자기력선	1) 자기력선의 성질
	  ① 01 에서 나와 02 에서 끝남
	  ② 자신만의 폐곡면을 만듦(비발산성)
	    $\mathrm{div}H = \nabla \cdot H = 0$
	  ③ 모든 재질(금속, 자성체 포함)을 관통
	2) 자기력선 수(재질에 따라 변화)
	  $N = \dfrac{m}{\mu} = \dfrac{m}{\mu_0 \mu_s}$
	3) 자속(재질에 무관)
	  $\Phi = $ 자하$m[Wb]$
	4) 자속밀도
	  $B = \dfrac{\Phi}{S} = \dfrac{m}{S} = \mu H[Wb/m^2]$

자위	$U = -\displaystyle\int_{\infty}^{r} H \cdot dr = \dfrac{m}{4\pi \mu r}[AT]$ $U = H \cdot r$

자기쌍극자	1) 자계의 세기
	  $H = \dfrac{M}{4\pi \mu r^3}\sqrt{1 + 3\cos^2\theta}[AT/m]$
	2) 자위
	  $U = \dfrac{M}{4\pi \mu r^2}\cos\theta[AT]$
	3) 쌍극자 모멘트
	  $M = m \cdot l[Wb \cdot m]$

판자석	1) 판자석의 세기
	  $M = \sigma \cdot l[Wb/m]$
	2) 자위
	  $U = \pm\dfrac{m}{4\pi \mu}\omega[AT]$

2. 전류에 의한 자계

03	1) 임의의 폐곡선에 대한 자계의 선적분은 이 폐곡선을 관통하는 전류와 동일 2) $\displaystyle\oint_c H \cdot dl = I$
04	1) 임의의 형상의 도선에서 전류와 자계의 세기 2) $dH = \dfrac{Idl\sin\theta}{4\pi r^2}$

자계의 세기	1) 유한장 직선 전류
	
	$H = \dfrac{I}{4\pi r}(\cos\theta_1 + \cos\theta_2)[AT/m]$
	
	$\quad = \dfrac{I}{4\pi r}(\sin\phi_1 + \sin\phi_2)[AT/m]$
	
	2) 무한장 직선 전류
	  $H = \dfrac{I}{2\pi r}[AT/m]$
	
	3) 무한장 원주형 전류에 의한 자계(전류가 균일하게 흐를 때)
	  ① 원주 외부$(r \geq a)$: $H = \dfrac{I}{2\pi r}[AT/m]$
	  ② 원주 내부$(r < a)$: $H = \dfrac{Ir}{2\pi a^2}[AT/m]$
	  (a: 원의 반지름$[m]$)
	
	4) 원형 전류
	
	  ① 중심축상의 자계
	    $H = \dfrac{Ia^2}{2(a^2 + x^2)^{\frac{3}{2}}}[AT/m]$
	  ② 중심에서의 자계
	    $H = \dfrac{I}{2a}[AT/m]$
	
	5) 05
	  ① 내부 평등자계, 외부의 자계 0
	  ② $H_{내부} = nI = \dfrac{N}{l}I[AT/m]$
	  (n: 단위 길이당 권수)
	
	6) 06
	  $H = \dfrac{NI}{l} = \dfrac{NI}{2\pi r}[AT/m]$
	  (r: 평균 반지름$[m]$)

[빈칸 정답] **01** N극   **02** S극   **03** 암페어의 주회적분 법칙   **04** 비오 – 사바르 법칙   **05** 무한장 솔레노이드   **06** 환상 솔레노이드

3. 작용력

자장 내의 전류가 흐르고 있는 도체가 받는 힘 (플레밍의 **07** 법칙)	$F = IBl\sin\theta [N]$ (I: 도체에 흐르는 전류$[A]$, B: 자속밀도$[Wb/m^2]$, l: 도체의 길이$[m]$, θ: 도체와 자속밀도가 이루는 각)
자장 내의 회전하는 도체가 만드는 유기기전력 (플레밍의 **08** 법칙)	$e = vBl\sin\theta [V]$ (v: 도체의 회전 속도$[m/s]$)
회전력(토크)	1) 자성체에 의한 토크 $\quad T = MH\sin\theta$ $\quad\quad = mlH\sin\theta [N\cdot m]$ (M: 자기모멘트, m: 자극의 세기 $[Wb]$, l: 자극의 길이$[m]$) 2) 도체의 회전에 의한 토크 $\quad T = NIBS\cos\theta$ $\quad\quad = NIBl_1l_2\cos\theta [N\cdot m]$ (N: 도체의 권수, l_1: 도체의 길이 $[m]$, l_2: 도체 간 거리$[m]$)
평행 도선 사이의 힘	$F = \dfrac{\mu I_1 I_2}{2\pi r} [N/m]$ (r: 두 도선의 거리$[m]$, I: 도선에 흐르는 전류$[A]$)
로렌츠의 힘	$F = F_e + F_m = eE + e(v \times B)$

[빈칸 정답] **07** 왼손 **08** 오른손

O/X 문제

01 영구자석에 의한 자계 및 정상전류에 의해 형성된 자계를 정자계라고 한다. □ O □ X

02 두 자하 사이에 작용하는 힘 $F = \dfrac{m_1 m_2}{4\pi\mu_0\mu_s r^2} = 6.33 \times 10^4 \times \dfrac{m_1 m_2}{\mu_s r^2}[N]$이다. □ O □ X

03 자기력선은 자신만으로 폐곡선을 만들 수 있으며 비발산성이라고 한다. □ O □ X

04 소자석의 자계의 세기 $H[AT/m]$는 떨어진 거리 $r[m]$에 r^3에 반비례한다. □ O □ X

05 암페어의 주회적분 법칙은 임의의 폐곡선에 대한 자계의 선적분은 이 폐곡선을 관통하는 전류와 같다는 것이고,
$\oint_c H \cdot dl = I$이다. □ O □ X

06 전류 $I[A]$, 평균 반지름 $r[m]$, 권선 수 N번인 환상 솔레노이드의 외부 자계 $H = \dfrac{NI}{2\pi r}[AT/m]$이다. □ O □ X

07 한 변의 길이가 $l[m]$인 정사각형 도체에 $I[A]$의 전류가 흐를 때 정사각형 중심에서의 자계 $H = \dfrac{2\sqrt{2}I}{\pi l}[AT/m]$
이다. □ O □ X

08 자속밀도가 $B[Wb/m^2]$인 자장 내에 $I[A]$의 전류가 흐르고 길이가 $l[m]$인 도체를 놓을 경우 도체가 받는
힘의 크기 $F = IBl\sin\theta [N]$이며 이들의 관계를 표현하는 방법으로는 플레밍의 왼손 법칙이 있다. □ O □ X

09 길이가 $l[m]$로 같고 동일한 전류 $I[A]$가 흐르는 평행 도선이 $r[m]$만큼 떨어져 있을 때 두 도선 사이에 작용하는
힘 $F = \dfrac{\mu I}{2\pi r}[N/m]$이다. □ O □ X

[O/X 정답]

01 O **02** O **03** O **04** O **05** O **06** X **07** O **08** O **09** X

08 자기회로

1. 자성체

자화의 세기	$J = \dfrac{dM}{dv} = B - \mu_0 H = \mu_0(\mu_s - 1)H\,[Wb/m^2]$
자화율	$J = \chi H\,[Wb/m^2]$ (χ: 자화율) 1) 자화율 $\chi = \mu_0(\mu_s - 1)$ 2) 비자화율 $\dfrac{\chi}{\mu_0} = \mu_s - 1$
자성체 경계면에서 경계 조건	1) 자계의 **01** 성분 일치 $H_1\sin\theta_1 = H_2\sin\theta_2$ 2) 자속밀도의 **02** 성분 일치 $B_1\cos\theta_1 = B_2\cos\theta_2$ 3) 경계 조건 $\dfrac{\tan\theta_1}{\tan\theta_2} = \dfrac{\mu_1}{\mu_2}$ 4) $\mu_1 > \mu_2$일 경우 $H_1 < H_2, B_1 > B_2, \theta_1 > \theta_2$

2. 자기회로

자기회로	1) 자계의 세기 $H = \dfrac{NI}{l}\,[AT/m]$ 2) **03** $B = \mu H = \dfrac{\mu NI}{l}\,[Wb/m^2]$ 3) 자기저항 $R_m = \dfrac{l}{\mu S}\,[AT/Wb]$ 4) 자속 $\Phi = BS = \dfrac{\mu SNI}{l} = \dfrac{NI}{\dfrac{l}{\mu S}} = \dfrac{NI}{R_m}\,[Wb]$
공극(Air gap)이 있는 경우	1) 합성 자기저항 $R_m = \dfrac{l}{\mu S} + \dfrac{l_0}{\mu_0 S}$ 2) 자속 $\Phi = \dfrac{NI}{\dfrac{l}{\mu S} + \dfrac{l_0}{\mu_0 S}}\,[Wb]$

3. 흡인력

자계의 에너지	$w = \dfrac{1}{2}BH = \dfrac{1}{2}\mu H^2 = \dfrac{B^2}{2\mu}\,[J/m^3]$
전자석의 흡인력	$F = \dfrac{B^2}{2\mu}\cdot S = \dfrac{1}{2}\mu H^2 \cdot S = \dfrac{\Phi^2}{2\mu S}\,[N]$

09 전자유도

1. 렌츠의 법칙

개념	기전력의 **04** 을 결정하고, 그 방향은 자속의 변화를 방해하는 방향으로 흐름

2. 패러데이의 법칙

개념	기전력의 **05** 결정
공식	$e = -\dfrac{d\Phi}{dt} = -N\dfrac{d\phi}{dt}\,[V]$

3. 전자유도법칙의 미분형과 적분형

06	$\mathrm{rot}\,E = -\dfrac{\partial B}{\partial t}$
07	$e = \oint E \cdot dl = -\dfrac{d}{dt}\int_s B \cdot dS = -\dfrac{d\phi}{dt}$

4. 도체 운동에 의한 기전력(플레밍의 오른손 법칙)

공식	$e = vBl\sin\theta\,[V]$

5. 표피 효과의 침투 깊이

공식	$\delta = \sqrt{\dfrac{2}{\omega\sigma\mu}} = \sqrt{\dfrac{1}{\pi f\sigma\mu}}$

01 물질은 자계 내에 놓았을 때 자성을 나타내는 것을 자화라 하며 자화되는 물질을 자성체라고 한다. ☐ O ☐ X

02 강자성체의 특징으로는 자구 존재, 히스테리시스 현상 존재, 자기 포화 특성 존재, 높은 투자율이 있다. ☐ O ☐ X

03 자화의 세기 $J = B - \mu_0 H = \mu_0(\mu_s - 1)B[Wb/m^2]$으로 나타낸다. ☐ O ☐ X

04 히스테리시스 곡선에서 외부에서 가한 자계의 세기를 0으로 해도 자성체에 남는 자속밀도를 잔류자기라고 하며, 잔류자기를 0으로 하기 위해 외부에서 자화의 반대 방향으로 가하는 자계의 세기를 보자력이라고 한다. ☐ O ☐ X

05 투자율이 다른 두 자성체의 경계면에서 자속은 투자율이 큰 쪽으로 밀집하고, 자기력선은 투자율이 작은 쪽으로 밀집한다. ☐ O ☐ X

06 전기회로와 자기회로 모두 I^2R만큼의 줄열이 발생하여 줄 손실(동손)이 생긴다. ☐ O ☐ X

07 전기회로의 저항 $R = \rho\dfrac{l}{S}$이고, 자기회로의 자기저항 $R_m = \dfrac{l}{\mu S}$이다. ☐ O ☐ X

08 단면적 $S[m^2]$, 비투자율 μ_s, 자로의 길이가 $l[m]$인 환상 철심에 $l_0[m]$만큼의 공극이 생겼을 때 합성저항의 비
$\dfrac{\text{공극이 생긴 후 합성저항}}{\text{공극이 생기기 전 저항}} = 1 + \dfrac{\mu_s l_0}{l}$이다. ☐ O ☐ X

09 비투자율 3,000인 철심의 자속밀도가 $4[Wb/m^2]$일 때 이 철심에 축적되는 에너지 밀도는 약 $2,100[J/m^3]$이다. ☐ O ☐ X

10 전자유도에 의해 발생하는 기전력은 자속 변화를 방해하는 방향으로 전류가 발생하는데, 이것을 렌츠의 법칙이라고 하고 기전력의 방향을 결정한다. ☐ O ☐ X

11 전자 유도 법칙에 의해 유도된 기전력 $e = -N\dfrac{d\phi}{dt}[V]$이다. ☐ O ☐ X

12 평등자계 $B[Wb/m^2]$에 수직으로 놓인 길이 $l[m]$의 전선이 속도 $v[m/s]$으로 이동하였다면, 이때 전선에 유기되는 기전력 $e = vBl\sin\theta[V]$이며, 플레밍의 오른손 법칙으로 그 관계를 나타낸다. ☐ O ☐ X

13 전류의 주파수가 증가하면 도체 내부의 전류밀도가 지수 함수적으로 감소되는 현상을 표피 효과라고 한다. ☐ O ☐ X

14 표피 두께는 주파수가 높을수록, 도전율이 높을수록, 투자율이 높을수록 증가하므로 표피 효과는 감소한다. ☐ O ☐ X

[O/X 정답]

01 O **02** O **03** X **04** O **05** O **06** X **07** O **08** O **09** O **10** O **11** O **12** O **13** O **14** X

10 인덕턴스

1. 자기 인덕턴스

공식	$e = -N\dfrac{d\phi}{dt} = -L\dfrac{di}{dt}[V]$ $LI = N\phi$

2. 상호 인덕턴스

공식	$e = -M\dfrac{di}{dt}[V]$ $M = k\sqrt{L_1 L_2}$ (M: 상호 인덕턴스$[H]$, k: 결합계수($0 \le k \le 1$) 1) $k = 0$: 자기적인 결합이 전혀 되지 않음($M = 0$) 2) $k = 1$: 완전한 자기 결합($M = \sqrt{L_1 L_2}$)

3. 인덕턴스의 연결

전류의 방향이 01 할 때	$L = L_1 + L_2 + 2M$
전류의 방향이 02 일 때	$L = L_1 + L_2 - 2M$

4. 인덕턴스의 계산

동축 케이블	$L = \dfrac{\mu}{2\pi}\ln\dfrac{b}{a}[H/m]$
03 솔레노이드	$L = \mu S n_0^2 [H/m]$
04 솔레노이드	$L = \dfrac{\mu S N^2}{l}$
원주 도체의 내부 자기 인덕턴스	$L = \dfrac{\mu}{8\pi}[H/m]$

5. 자기 에너지

공식	$W = \dfrac{1}{2}NI\phi = \dfrac{1}{2}LI^2[J]$

11 전자계

1. 변위전류

공식	$I_D = \dfrac{\partial D}{\partial t}S = \dfrac{\partial \varepsilon E}{\partial t}S = \varepsilon\dfrac{\partial V}{\partial t}\dfrac{S}{d}$ $\quad = \dfrac{\varepsilon S}{d}\cdot\dfrac{\partial}{\partial t}V_m\sin\omega t = \omega\dfrac{\varepsilon S}{d}V_m\cos\omega t$ $\quad = \omega C V_m\cos\omega t[A]$

2. 맥스웰 방정식

공식	1) $\operatorname{rot} H = \dfrac{\partial D}{\partial t} + i_c$
	     ($\dfrac{\partial D}{\partial t}$: 변위전류밀도$[A/m^2]$, i_c: 전도전류밀도
	     $[A/m^2]$)
	 2) $\operatorname{rot} E = -\dfrac{\partial B}{\partial t}$
	 3) $\operatorname{div} B = 0$(연속)
	 4) $\operatorname{div} D = \rho$(불연속)

3. 평면 전자파 방정식

파동(고유) 임피던스	$Z_0 = \dfrac{E}{H} = \sqrt{\dfrac{\mu}{\varepsilon}} = 120\pi\sqrt{\dfrac{\mu_s}{\varepsilon_s}} \fallingdotseq 377\sqrt{\dfrac{\mu_s}{\varepsilon_s}}[\Omega]$
전자파의 특징	1) 05 와 06 는 공존하면서 상호 직각 방향으로 진동 2) 진공 또는 완전 유전체에서 전계와 자계의 파동의 위상차 없음 3) 전자파 전달 방향은 $E \times H$ 방향 4) 전자파 전달 방향의 E, H 성분 없음 5) 전계와 자계의 비 $\dfrac{E}{H} = \sqrt{\dfrac{\mu}{\varepsilon}}$ 6) 자유 공간인 경우 동일 전원에서 나오는 전파는 자파보다 377배($E = 377H$)로 매우 크기 때문에 전자파를 간단히 07 라고 함
전파 속도	$v = f\lambda = \dfrac{1}{\sqrt{\mu\varepsilon}}[m/s]$ (f: 주파수$[Hz]$, λ: 전파의 파장$[m]$)
08	$P = E \times H[W/m^2]$

4. 특성 임피던스

전송 회로 특성 임피던스	$Z_0 = \dfrac{V}{I} = \sqrt{\dfrac{Z}{Y}} = \sqrt{\dfrac{R + j\omega L}{G + j\omega C}}[\Omega]$
동축 케이블의 특성 임피던스	$Z = \sqrt{\dfrac{\mu}{\varepsilon}}\cdot\dfrac{1}{2\pi}\ln\dfrac{b}{a} = 138\sqrt{\dfrac{\mu_s}{\varepsilon_s}}\log\dfrac{b}{a}[\Omega]$

O/X 문제

01 N회 감긴 코일에 $I[A]$의 전류가 흐를 때 발생하는 자속 $\phi[Wb]$의 관계를 자기 인덕턴스 $L = \frac{N\phi}{I}$ 로 나타내며

단위로 $[H]$를 사용한다. ☐ O ☐ X

02 자기 인덕턴스에 의해 유기되는 기전력 $e = -N\frac{d\phi}{dt} = -L\frac{dI}{dt}[V]$이다. ☐ O ☐ X

03 투자율 μ, 면적 S, 자로의 길이 l, 단위 길이당 권선 수 n회인 환상 솔레노이드의 인덕턴스 $L = \frac{\mu SN^2}{l}[H]$이다. ☐ O ☐ X

04 자기 인덕턴스가 각각 L_1, L_2인 두 코일이 누설자속이 없을 때 결합계수는 1이다. ☐ O ☐ X

05 두 자기 인덕턴스를 직렬로 연결하여 합성 인덕턴스를 측정하였을 때 $100[H]$가 되었다. 이때 한쪽 인덕턴스를

반대로 접속하여 측정하니 $20[H]$가 되었다면 두 코일의 상호 인덕턴스는 $20[H]$이다. ☐ O ☐ X

06 전자파의 전계와 자계는 공존하면서 상호 직각 방향으로 진동하고, 파동의 위상차는 없다. ☐ O ☐ X

07 맥스웰의 전계와 자계에 대한 방정식은 $\text{rot } H = \frac{\partial D}{\partial t} + i_c$, $\text{rot } E = -\frac{\partial B}{\partial t}$, $\text{div } B = 0$, $\text{div } D = \rho$이다. ☐ O ☐ X

08 변위전류밀도란 시간적으로 변화하는 전속밀도에 의한 전류밀도를 말하며 $i_d = \frac{\partial D}{\partial t}[A/m^2]$으로 표시하고

$v = V_m\cos\omega t[V]$의 전압을 가했을 때 $i_d = -\frac{\omega\varepsilon}{d}V_m\cos\omega t[A/m^2]$이 된다. ☐ O ☐ X

09 전자파의 속도 $v = \frac{1}{\sqrt{\mu\varepsilon}}[m/s]$이며, 진공 중의 전자파 속도 $v_0 = \frac{1}{\sqrt{\mu_0\varepsilon_0}} = 3 \times 10^8[m/s]$이며 빛의 속도(광속)

라고 한다. ☐ O ☐ X

10 자유 공간에서 고유 임피던스는 $314[\Omega]$이다. ☐ O ☐ X

[O/X 정답]

01 O **02** O **03** X **04** O **05** O **06** O **07** O **08** X **09** O **10** X

01 전선로

1. 전선

전선의 구비 조건	1) 도전율이 클 것 2) 기계적 강도가 충분할 것 3) 내부식성이 있을 것 4) 가공성(유연성)이 클 것 5) 비중이 작고 가격이 저렴할 것
01	전선의 중심부로 갈수록 전류밀도가 작아지는 현상으로, 전압이 높을수록 도선이 굵을수록 주파수가 높을수록 커짐
전선의 굵기 선정 시 고려사항	허용전류, 전압 강하, 기계적 강도, 코로나, 전력 손실 및 경제성 등 ※ 02 : 가장 경제적인 전선의 굵기 결정 시 적용
전선의 진동과 도약	1) 진동 억제(풍압): 댐퍼(Damper), 아머로드(Armor rod) 2) 전선 도약 방지: 오프셋(Offset)
03	$D = \frac{WS^2}{8T}[m]$
전선로의 합성하중	$W = \sqrt{(W_c + W_i)^2 + W_w^2}[kg/m]$

2. 애자

애자의 구비 조건	1) 절연내력이 클 것 2) 절연저항이 클 것(누설전류가 작을 것) 3) 기계적 강도가 높을 것 4) 전기적 및 기계적 특성의 열화가 적을 것 5) 정전용량이 작을 것 6) 온도의 급변에 견디고 습기를 흡수하지 않을 것 7) 가격이 저렴할 것
전압분담	1) 최대: 전선에 가장 가까운 애자 2) 최소: 철탑에서 1/3 또는 전선에서 2/3가 되는 지점의 애자
250[mm] 현수애자 1개의 절연내력 시험	1) 주수섬락시험: 50[kV] 2) 건조섬락시험: 80[kV] 3) 충격섬락시험: 125[kV] 4) 유중파괴시험: 140[kV]
애자 보호 대책	1) 초호환(소호환, 아킹링) 2) 초호각(소호각, 아킹혼)

3. 지지물

철탑의 종류	1) 직선형: 전선로의 직선 부분(수평각도 3° 이하)에 사용하는 것 2) 04 : 전선로 중 수평각도 3°를 넘는 곳에 사용하는 것 3) 인류형: 전가섭선을 인류하는 곳에 사용하는 것 4) 05 : 전선로 지지물의 양측이 경간의 차가 큰 곳에 사용하는 것

O/X 문제

01 전선에서 전류밀도가 도선의 중심으로 갈수록 작아지는 현상을 표피 효과라고 한다. ☐ O ☐ X
02 3상 수직 배치인 선로에서 단락사고를 일으키는 것을 방지하기 위하여 댐퍼를 사용한다. ☐ O ☐ X
03 경제적인 전선의 굵기를 결정하고자 할 때 적용하는 법칙을 스틸의 법칙이라고 한다. ☐ O ☐ X
04 이도가 작으면 전선의 장력이 크기 때문에 단선사고의 우려가 있다. ☐ O ☐ X
05 가공전선로에서 전선의 단위 길이당 중량과 경간이 일정하면 이도는 전선의 장력에 반비례한다. ☐ O ☐ X
06 애자는 선로전압에는 충분한 절연내력을 가지며, 누설전류가 많아야 한다. ☐ O ☐ X
07 애자련을 보호하고 애자련의 전압분담을 균일하게 하기 위해 아킹혼을 설치한다. ☐ O ☐ X
08 가공송전선에 사용하는 애자련 중에서 전압분담이 최소인 것은 전선에 가장 가까운 애자이다. ☐ O ☐ X
09 지중 케이블에 있어서 머레이 루프 시험기에 의한 방법으로 고장점을 찾는다. ☐ O ☐ X
10 전선로의 양쪽 경간의 차가 큰 곳에 사용하는 철탑을 내장형 철탑 또는 E형 철탑이라고 한다. ☐ O ☐ X
11 전선로의 지지물에 가해지는 하중에서 설계 시에 중요한 하중은 수평 횡하중이다. ☐ O ☐ X

[O/X 정답]
01 ○ **02** X **03** X **04** ○ **05** ○ **06** X **07** ○ **08** X **09** ○ **10** ○ **11** ○

1. 선로정수

저항	$R = \rho\dfrac{l}{A} = \dfrac{1}{58} \times \dfrac{100}{C} \times \dfrac{l}{A}[\Omega]$
인덕턴스 (L)	1) 단도체의 인덕턴스 $\quad L = 0.05 + 0.4605\log_{10}\dfrac{D}{r}[mH/lm]$ 2) 복도체의 인덕턴스 $\quad L_n = \dfrac{0.05}{n} + 0.4605\log_{10}\dfrac{D}{\sqrt[n]{rs^{n-1}}}[mH/km]$
정전용량 (C)	1) 단도체의 정전용량 $\quad C = \dfrac{0.02413}{\log_{10}\dfrac{D}{r}}[\mu F/km]$ 2) 복도체의 정전용량 $\quad C = \dfrac{0.02413}{\log_{10}\dfrac{D}{\sqrt[n]{rs^{n-1}}}}[\mu F/km]$
누설 컨덕턴스 (G)	1) 누설 컨덕턴스는 절연저항의 **01** 로 나타냄 2) $G = \dfrac{1}{절연저항[M\Omega]}$ 이므로 누설 컨덕턴스 자체값이 작기 때문에 선로에서 무시할 수 있음

2. 충전용량

전선의 충전전류	$I_c = \dfrac{E}{X_c} = 2\pi fCE = 2\pi fC \times \dfrac{V}{\sqrt{3}}[A]$
전선의 충전용량	$P_c = \sqrt{3}VI_c \times 10^{-3}$ $\quad = \sqrt{3}V \cdot 2\pi fC\dfrac{V}{\sqrt{3}} \times 10^{-3}$ $\quad = 2\pi fCV^2 \times 10^{-3}[kVA]$

3. 연가

연가의 효과	1) 선로정수 평형(각 상의 전압강하 동일) 2) 통신선 유도장해 경감 3) 소호리액터 접지 시 직렬공진에 의한 **02** 상승 방지 4) 임피던스 평형

4. 코로나

파열극한 전위경도	1) DC: 30$[kV/cm]$ 2) AC: 21$[kV/cm]$ (실횻값 $= \dfrac{V_m}{\sqrt{2}} = \dfrac{30}{\sqrt{2}} = 21.2[kV]$)
코로나 영향	1) 전력 손실: peek식으로 계산 $\quad P = \dfrac{241}{\delta}(f+25)\sqrt{\dfrac{d}{2D}}(E-E_0)^2 \times 10^{-5}$ $\quad [kW/km/선]$ 2) 코로나 잡음 3) 전선 부식(원인: **03**) 4) 통신선의 유도장해 5) 진행파의 파고값 감쇠(코로나의 장점) 6) 소호리액터의 소호 능력 저하
코로나 방지 대책	1) 기본적으로 코로나 임계전압 E_0를 크게 함 $\quad E_0 = 24.3m_0 m_1\delta d\log_{10}\dfrac{D}{r}[kV]$ 2) 전선의 지름을 크게 함 3) 중공연선 사용 4) 가선 금구 개량 5) 복도체(= 다도체) 사용

5. 복도체(= 다도체)의 장단점

장점	1) 코로나 방지(코로나 임계전압이 높아짐) 2) 인덕턴스 감소, 정전용량 증가 3) 송전용량 증가
단점	1) **04** 증가 • 방지 대책: 수전단에 분로리액터(= 병렬리액터) 설치 2) 단락 시 대전류가 흘러 소도체 사이에 흡인력 발생(소도체 충돌 현상 발생) • 방지 대책: **05** 설치

O/X 문제

01 전선로의 전선의 단면적이 2배 증가하면 전기저항은 2배로 증가한다.　　　　　　　　　　　　□ O □ X

02 송전선로의 선로정수는 저항, 인덕턴스, 정전용량, 누설 컨덕턴스이다.　　　　　　　　　　　□ O □ X

03 송전선로의 선로정수는 전선의 배치, 굵기, 종류 등에 따라 정해지고 전압, 전류, 역률, 주파수 등에는 좌우되지
않는다.　　　　　　　　　　　　　　　　　　　　　　　　　　　　　　　　　　　　　　　□ O □ X

04 3상 3선식 가공송전선로의 선간거리가 각각 D_1, D_2, D_3일 때 등가선간거리 $D_e = \dfrac{D_1 + D_2 + D_3}{3}$ 이다.　□ O □ X

05 송전선로의 정전용량은 등가선간거리 D가 감소하면 증가한다.　　　　　　　　　　　　　　□ O □ X

06 작용 정전용량의 계산은 송전선로의 상전압 평형 시 선로의 충전전류를 계산하는 데 사용한다.　　□ O □ X

07 선로정수를 평형시키고, 통신선의 유도장해를 방지하기 위하여 선로를 3배수로 등분하여 주기적으로 전선의
배치를 바꿔주는 것을 연가라고 한다.　　　　　　　　　　　　　　　　　　　　　　　　　　□ O □ X

08 345[kV]용에서 사용하는 복도체는 인덕턴스와 정전용량 모두 감소한다.　　　　　　　　　　□ O □ X

09 복도체는 단락 시 등의 대전류가 흐를 때 소도체 간의 흡인력이 발생하므로 소도체 간의 충돌을 방지하기 위해
스페이서를 설치한다.　　　　　　　　　　　　　　　　　　　　　　　　　　　　　　　　　□ O □ X

10 기압이 낮아지거나 온도가 높아지면 코로나 임계전압이 저하한다.　　　　　　　　　　　　　　□ O □ X

11 코로나 손실은 전원 주파수의 제곱에 비례한다.　　　　　　　　　　　　　　　　　　　　　　□ O □ X

12 지중전선로는 가공전선로에 비해 정전용량이 크기 때문에 페란티 현상이 훨씬 많이 발생한다.　　□ O □ X

[O/X 정답]

01 X　**02** O　**03** O　**04** X　**05** O　**06** O　**07** O　**08** X　**09** O　**10** O　**11** X　**12** O

1. 송전선로

단거리 송전선로 (수[km])	1) R, L만 고려(C, G 무시), 집중정수회로 취급 2) 전압 강하 $e_{단상} = V_s - V_r = I(R\cos\theta + X\sin\theta)[V]$ $e_{3상} = \sqrt{3}I(R\cos\theta + X\sin\theta)$ $\quad = \dfrac{P}{V_r}(R + X\tan\theta)[V]$ 3) **01** $\varepsilon = \dfrac{V_s - V_r}{V_r} \times 100 = \dfrac{e}{V_r} \times 100$ $\quad = \dfrac{P}{V_r^2}(R + X\tan\theta) \times 100[\%]$ 4) **02** $\delta = \dfrac{V_{ro} - V_r}{V_r} \times 100[\%]$ 5) 전력 손실 $P_l = 3I^2 R = 3\left(\dfrac{P}{\sqrt{3}V\cos\theta}\right)^2 R = \dfrac{P^2 R}{V^2\cos^2\theta}$ 6) 전력 손실률 $K = \dfrac{P_l}{P} \times 100 = \dfrac{PR}{V^2\cos^2\theta} \times 100[\%]$
중거리 송전선로 (수십[km])	1) R, L, C만 고려(G 무시), R, L, C로 구성된 T 회로 또는 π회로로 해석 $E_s = AE_r + BI_r$ $I_s = CE_r + DI_r$ 2) 송전선로의 4단자 정수는 $AD - BC = 1$이 성 립되어야 함. 송전선로의 4단자 정수 $A = D$ 대 칭회로임

중거리 송전선로 표:

4단자 정수		T형	π형
A (전압 비)	$\left.\dfrac{V_S}{V_R}\right\|_{I_R=0}$	$A = 1 + \dfrac{ZY}{2}$	$A = 1 + \dfrac{ZY}{2}$
B (임피 던스)	$\left.\dfrac{V_S}{I_R}\right\|_{V_R=0}$	$B = Z\left(1 + \dfrac{ZY}{4}\right)$	$B = Z$
C (어드 미턴 스)	$\left.\dfrac{I_S}{V_R}\right\|_{I_R=0}$	$C = Y$	$C = Y\left(1 + \dfrac{ZY}{4}\right)$
D (전류 비)	$\left.\dfrac{I_S}{I_R}\right\|_{V_R=0}$	$D = 1 + \dfrac{ZY}{2}$	$D = 1 + \dfrac{ZY}{2}$

3) 일반 회로 정수가 같은 평행 2회선에서의 4단자
정수는 1회선인 경우에 비해 임피던스는 $\dfrac{1}{2}$배가
되며 어드미턴스는 **03** 가 됨

장거리 송전선로 (수백[km])	1) R, L, C, G가 선로에 균일 분포, 분포 정수 회로 취급 2) 특성 임피던스 $Z_0 = \sqrt{\dfrac{Z}{Y}} = \sqrt{\dfrac{R + jwL}{G + jwC}} \fallingdotseq \sqrt{\dfrac{L}{C}}[\Omega]$ $(\because R = 0, G = 0)$ $L = 0.05 + 0.4605\log_{10}\dfrac{D}{r}[mH/km]$ $C = \dfrac{0.02413}{\log_{10}\dfrac{D}{r}}[\mu F/km]$ 이므로 $Z_0 = 138\log_{10}\dfrac{D}{r}[\Omega]$ 따라서 특성 임피던스는 선로 길이에 무관함 3) 전파정수 γ $\gamma = \sqrt{ZY} = \sqrt{(R + jwL)(G + jwC)}[rad]$ $\quad = \alpha + j\beta$

2. 송전용량

송전전력	$P = \dfrac{V_S V_r}{X}\sin\delta[MW]$
경제적인 송전전압의 결정 (**04**)	$V[kV] = 5.5\sqrt{0.6l[km] + \dfrac{P[kW]}{100}}$

3. 전력원선도

원선도	1) 가로축: **05** 2) 세로축: **06**
원선도 반지름	$\rho = \dfrac{V_s V_r}{X}$
전력 원선도 작업 시 필요한 것	1) 송전단전압 2) 수전단전압 3) 4단자 정수(A, B, C, D)
전력원선도에서 구할 수 없는 것	1) 과도 안정 극한 전력 2) 코로나 손실

[빈칸 정답] **01** 전압 강하율 **02** 전압 변동률 **03** 2배 **04** Still의 식 **05** 유효전력 **06** 무효전력

01 전압 강하율은 수전전압에 대한 전압 강하의 비를 백분율로 나타낸 것이며, 전압의 제곱에 반비례한다.	☐ O	☐ X
02 송전선의 단면적 $A[mm^2]$과 송전전압 $V[kV]$의 관계는 제곱에 반비례한다.	☐ O	☐ X
03 중거리 송전선로의 4단자 정수는 $AD - BC = 1$의 관계가 성립한다.	☐ O	☐ X
04 일반 회로 정수가 같은 평행 2회선에서 전압비, 전류비는 일정하다.	☐ O	☐ X
05 일반 회로 정수가 같은 평행 2회선에서 임피던스, 어드미턴스는 일정하다.	☐ O	☐ X
06 중거리 송전선로의 T형 회로에서 4단자 정수 D는 $1 + \dfrac{ZY}{2}$이다.	☐ O	☐ X
07 장거리 송전선로의 특성 임피던스는 선로의 길이가 길어질수록 값이 커진다.	☐ O	☐ X
08 송전선로의 특성 임피던스와 전파정수는 무부하 시험, 단락 시험을 통해서 구할 수 있다.	☐ O	☐ X
09 장거리 송전선로의 특성은 집중정수 회로로 다루는 것이 가장 좋다.	☐ O	☐ X
10 선로의 유도성 리액턴스가 커지면 송전 가능 전력이 커진다.	☐ O	☐ X
11 가장 경제적인 송전전압을 결정할 때 쓰이는 Still의 식 $= 5.5\sqrt{0.6l + \dfrac{P}{100}}\,[kV]$ (l: 송전 거리$[km]$, P: 송전전력$[kW]$)이다.	☐ O	☐ X
12 전력원선도의 가로축은 유효전력, 세로축은 무효전력을 나타낸다.	☐ O	☐ X

[O/X 정답]

01 O   **02** O   **03** O   **04** O   **05** X   **06** O   **07** X   **08** O   **09** X   **10** X   **11** O   **12** O

04 안정도

1. 안정도 향상 대책

안정도 향상 대책	1) 직렬 리액턴스를 작게 함
	  ① 발전기나 변압기의 리액턴스를 작게 함
	  ② 선로의 병행 회선 수를 늘리거나 복도체 또는 다도체 방식 사용
	  ③ 직렬콘덴서를 삽입하여 선로의 리액턴스 보상
	2) 전압 변동을 작게 함
	  ① 속응 여자 방식 채용
	  ② 계통 연계
	  ③ 중간 조상 방식 채용
	3) 사고 또는 고장 시 고장전류를 줄이고 고장 구간 신속 차단
	  ① 적당한 01 을 채용하여 지락전류를 줄임
	  ② 고속도 계전기, 고속도 차단기 채용
	4) 고장 시 발전기 입·출력의 불평형을 작게 함
	  ① 조속기의 동작을 빠르게 함
	  ② 고장 발생과 동시에 발전기 회로의 저항을 직렬 또는 병렬로 삽입하여 발전기 입·출력의 불평형을 작게 함

2. 조상설비

항목		전력용 콘덴서	분로 리액터	동기 조상기
조상설비의 비교	무효전력	02	지상	지상과 진상
	소성 방법	계단식	계단식	연속식
	가격	저가	03	04
	전력 손실	적음	적음	큼
	시송전	05	불가능	가능

콘덴서	1) 종류
	  ① 직렬콘덴서
	  ② 병렬콘덴서
	2) 목적
	  ① 전압 강하 부상
	  ② 역률 개선			

리액터	1) 종류
	  ① 06
	  ② 직렬리액터
	  ③ 분로리액터
	  ④ 소호리액터
	2) 목적
	  ① 단락전류 제한 → 차단기 용량 경감
	  ② 07 제거
	     (이론적: 콘덴서 용량의 4[%], 실제: 6[%])
	  ③ 페란티 현상 방지
	  ④ 지락아크의 소호			

[빈칸 정답] **01** 중성점 접지 방식 **02** 진상 **03** 저가 **04** 고가 **05** 불가능 **06** 한류리액터 **07** 제5고조파

O/X 문제

01 송전계통의 안정도를 높이기 위해 복도체 방식을 택하거나 직렬콘덴서 등을 설치한다. □ O □ X

02 송전선로의 안정도를 향상시키기 위해 전압 변동을 크게 한다. □ O □ X

03 전력계통의 안정도 향상을 위해 계통의 직렬 리액턴스를 크게 한다. □ O □ X

04 전압 조정을 위해 송전선로의 중간에 동기조상기를 연결하는 방식을 중간조상 방식이라고 한다. □ O □ X

05 부하가 급변하거나 갑작스런 사고가 났을 때의 최고 전력을 과도 안정 극한 전력이라고 한다. □ O □ X

06 충전전류에 의해 수전단 전압이 송전단 전압보다 높아지는 현상을 표피 효과라고 한다. □ O □ X

07 조상설비로는 동기조상기, 분로리액터, 전력용 콘덴서 등이 있다. □ O □ X

08 송전선로의 페란티 효과를 방지하는 데 효과적인 것은 직렬리액터이다. □ O □ X

09 송전계통의 안정도를 향상시키기 위해서 선로의 회선 수를 감소시킨다. □ O □ X

10 방전코일은 전원 개방 시 잔류 전하를 방전시켜 인체의 위험을 방지하기 위한 것이다. □ O □ X

11 제5고조파를 제거하기 위해 콘덴서 용량의 10[%] 정도의 직렬리액터를 설치한다. □ O □ X

12 조상설비가 있는 1차 변전소에서 주변압기로는 3권선 변압기를 사용한다. □ O □ X

[O/X 정답]

01 O   **02** X   **03** X   **04** O   **05** O   **06** X   **07** O   **08** X   **09** X   **10** O   **11** X   **12** O

방전코일의 설치 목적	1) 콘덴서에 축적된 잔류 전하를 방전하여 감전 사고 방지 2) 선로에 재투입 시 콘덴서에 걸리는 과전압 방지

05 고장 계산

1. 3상 단락고장

01	1) 단락전류 $I_s = \dfrac{E}{Z}[A][A]$ 2) 단락용량 $P_s = 3EI_s = \sqrt{3}VI_s[kVA]$
02	1) $\%Z = \dfrac{I_n[A] \cdot Z[\Omega]}{E[V]} \times 100[\%] = \dfrac{Z[\Omega] \cdot P[kVA]}{10V^2[kV]}[\%]$ 2) 단락전류 $I_s = \dfrac{100}{\%Z} \times I_n$ 3) 단락용량 $P_s = \dfrac{100}{\%Z} \times P_n$

2. 대칭 좌표법

	비대칭 3상 교류 = 영상분 + 정상분 + 역상분	
대칭 좌표법	**대칭분**	**각 상 전압**
	영상분 $V_0 = \dfrac{1}{3}(V_a + V_b + V_c)$	$V_a = (V_0 + V_1 + V_2)$
	정상분 $V_1 = \dfrac{1}{3}(V_a + aV_b + a^2V_c)$	$V_b = (V_0 + a^2V_1 + aV_2)$
	역상분 $V_2 = \dfrac{1}{3}(V_a + a^2V_b + aV_c)$	$V_c = (V_0 + aV_1 + a^2V_2)$
	※ 백터 연산자 $a = 1\angle 120° = -\dfrac{1}{2} + j\dfrac{\sqrt{3}}{2}$, $a + a^2 + 1 = 0$	

3. 사고별로 존재하는 대칭 성분

사고 종류	03	역상분	04
1선 지락	○	○	○
2선 단락	○	○	
3선 단락	○		

06 중성점 접지 방식

1. 접지 목적

접지 목적	1) 1선 지락사고 시 건전상의 대지전위상승 억제, 전선로 및 기기의 05 경감 2) 지락사고 시 06 의 확실한 동작 3) 뇌, 아크지락, 기타에 의한 이상전압 경감 및 억제

2. 중성점 접지방식 비교

구분	직접접지 (22.9, 154, 345[kV])	저항 접지	비접지 (3.3, 6.6[kV])	소호리 액터 접지 (66[kV])
다중 고장 발생 확률	07	보통	08	보통
보호계전기 동작	확실	↑	X	불확실
지락전류	최대	↑	↑	최소
고장 중 운전	X	X	가능	가능
전위 상승	1.3	$\sqrt{3}$	09	$\sqrt{3}$ 이상
과도 안정도	최소	↓	↓	최대
유도장해	최대	↑	↑	최소
특징	중성점 영전위, 단절연 가능	–	저전압 단거리에 적용	병렬공진, 고장전류 최소

O/X 문제

01 고장 계산의 주목적은 송전선에 지락이나 단락사고가 발생하면 얼마만큼의 지락전류, 단락전류가 흐를 것인가를 미리 조사하여 고장 시 대처할 수 있게 하는 것이다. ☐ O ☐ X

02 옴법은 전압을 임피던스로 나누어 단락전류를 구하는 방법이다. ☐ O ☐ X

03 %임피던스법은 임피던스의 크기를 옴값 대신에 %값으로 나타내어 계산하는 방법으로 $\%Z = \dfrac{I_n[A] \cdot Z[\Omega]}{E[V]}$

×100[%], 단락 전류 $I_s = \dfrac{100}{\%Z} \times I_n$이다. ☐ O ☐ X

04 고장점에서 구한 전 임피던스를 Z, 고장점의 성형전압을 E라고 하면 단락 전류는 $\dfrac{E}{Z}$이다. ☐ O ☐ X

05 차단기의 차단용량은 계통의 단락용량보다 크다. ☐ O ☐ X

06 대칭 좌표법이란 불평형 고장 발생 시 불평형 전압이나 불평형 전류를 영상분, 정상분, 역상분으로 나누어 계산하는 방법이다. ☐ O ☐ X

07 정상전류가 전동기에 흐르면 전동기에 제동력을 준다. ☐ O ☐ X

08 a, b 및 c상 전류를 각각 I_a, I_b, I_c라고 할 때 $I_x = \dfrac{1}{3}(I_a + aI_b + a^2 I_c)$, $a = -\dfrac{1}{2} + j\dfrac{\sqrt{3}}{2}$으로 표시되는 I_x는 역상전류이다. ☐ O ☐ X

09 송전선로의 고장 전류 계산에 있어서 영상 임피던스가 필요한 사고는 1선 지락사고이다. ☐ O ☐ X

10 3상 회로에 사용되는 변압기의 정상, 역상, 영상 임피던스를 Z_1, Z_2, Z_0라고 할 때 $Z_1 = Z_2 = Z_0$의 관계를 갖는다. ☐ O ☐ X

11 중성점 접지의 목적은 지락고장 시 건전상의 대지전위상승을 억제하고, 전선로 및 기기의 절연 레벨을 상승시키는 것이다. ☐ O ☐ X

12 접지 방식 중 1선 지락사고 시 지락전류가 큰 순서대로 나열하면 직접접지 > 고저항접지 > 비접지 > 소호리액터 접지이다. ☐ O ☐ X

13 소호리액터 접지 방식은 66[kV] 계통에서 사용된다. ☐ O ☐ X

14 송전계통에 있어서 지락 보호 계전기의 동작이 가장 확실한 방식은 소호리액터 접지 방식이다. ☐ O ☐ X

15 1선 지락사고 시 건전상의 전위상승이 상규 대지전압의 1.3배 이하가 되도록 하는 접지 방식을 유효접지라고 한다. ☐ O ☐ X

16 지락전류가 작은 저전압 단거리 선로에는 비접지 방식이 적합하다. ☐ O ☐ X

17 중성점 비접지 방식에서 가장 많이 사용되는 변압기의 결선 방법은 $Y-Y$결선이다. ☐ O ☐ X

18 직접접지 방식은 통신선에 유도장해를 크게 미친다. ☐ O ☐ X

19 선로의 대지 정전용량과 직렬 공진하는 리액터를 이용하여 중성점을 접지하는 방식을 소호리액터 접지 방식이라고 한다. ☐ O ☐ X

20 각 상의 대지 정전용량을 C_a, C_b, C_c라고 할 때 중성점의 잔류 전압은 $E_n = \dfrac{\sqrt{C_a(C_a - C_b) + C_b(C_b - C_c) + C_c(C_c - C_a)}}{C_a + C_b + C_c}$

$\times \dfrac{V}{\sqrt{3}}[V]$이고, 연가를 완벽하게 하면 잔류 전압은 0이 된다. ☐ O ☐ X

[O/X 정답]

01 O **02** O **03** O **04** O **05** O **06** O **07** X **08** X **09** O **10** O **11** X **12** O **13** O **14** X **15** O

16 O **17** X **18** O **19** X **20** O

07 유도장해

1. 유도장해 종류

종류	원인	공식	병행 길이 관계
01	영상전압, 상호 정전용량	$E_s = \dfrac{C_{ab}}{C_{ab} + C_0} E_0$	길이와 03
02	영상전류, 상호 인덕턴스	$E_m = jwMl3I_0$	길이에 04

2. 유도장해 방지 대책

전력선 측 대책	통신선 측 대책
1) 송전선로를 통신선으로부터 멀리 이격시킴 2) 충분한 연가 3) 소호리액터 접지 방식 → 지락 전류 소멸 4) 고속도 차단기 설치 5) 통신선과 교차 시 수직교차 6) 05 설치(30~50[%] 경감)	1) 연피 통신 케이블 사용 2) 절연 강화 3) 배류코일(중계코일) 설치 4) 피뢰기 시설

[빈칸 정답] **01** 정전유도장해 **02** 전자유도장해 **03** 무관 **04** 비례 **05** 차폐선

O/X 문제

01 정전유도전압과 전자유도전압은 고장 시뿐만 아니라 평상시에도 발생하며 주파수 및 양 선로의 평행 길이와는 관계없다. □ O □ X

02 전력선 a의 충전전압을 E, 통신선 b의 대지 정전용량을 C_b, ab 사이의 상호 정전용량을 C_{ab}라고 하면 통신선 b에는 $E_s = \dfrac{C_{ab}}{C_{ab} + C_b} E$만큼의 정전유도전압이 걸리게 된다. □ O □ X

03 송전선로에 근접한 통신선에 유도장해가 발생할 경우 정전유도의 원인은 영상전압이다. □ O □ X

04 송전선로에 근접한 통신선에 유도장해가 발생할 경우 전자유도의 원인은 영상전류이다. □ O □ X

05 유도장해 방지 대책으로 전력선은 통신선과 교차 시 비스듬히 교차해야 한다. □ O □ X

06 송전선로를 통신선로와 가깝게 두어야 유도장해를 방지할 수 있다. □ O □ X

07 유도장해 방지 대책으로 차폐선을 이용하면 유도전압을 30~50[%] 정도 줄일 수 있다. □ O □ X

08 유도장해로 인한 피해를 방지하기 위해 통신선 측에 피뢰기는 시설하지 않거나 최대한 멀리 시설해야 한다. □ O □ X

09 통신선의 도중에 중계코일 설치 시 병행 길이를 단축시켜 유도장해를 방지할 수 있다. □ O □ X

10 유도장해 경감 대책으로 전력선 측에 고속도 지락보호 계전기를 채택하여 고장 지속 시간을 단축한다. □ O □ X

[O/X 정답]

01 X **02** O **03** O **04** O **05** X **06** X **07** O **08** X **09** O **10** O

08 이상전압 및 개폐기

1. 이상전압의 종류

종류	1) 내부이상전압 2) 외부이상전압

2. 내부이상전압에 대한 방호 대책

내부이상전압 방호 대책	1) 개폐 저항기(= 서지 억제 저항기) 2) 중성점 접지(= 직접 접지) 3) 분로리액터

3. 외부이상전압에 대한 방호 대책

외부이상전압 방호 대책	1) 가공지선 　① 직격뢰 차폐(차폐각이 **01** 　　 차폐 　　효과 우수) 　② 보호각 35~40° 정도 　③ ACSR 전선 사용 2) 매설지선 　탑각 접지저항값의 감소 → 역섬락 방지 3) 아킹혼, 아킹링: 애자련 보호 4) 피뢰기: 기계 기구 보호

4. 뇌서지

충격 전압 시험시의 표준 충격 전압 파형	파두장 × 파미장 = 1.2 × 50[μsec] ※ 뇌서지와 개폐서지는 파두장과 파미장이 모두 다름

5. 피뢰기

	특성	① 뇌전류 방전 ② 속류 차단 ③ 선로 및 기기 보호
특징	정격	2,500[A], 5,000[A], 10,000[A]
	제한전압	충격파 전류가 흐르고 있을 때 단자전압
	정격전압	속류가 차단되는 교류 최고 전압
	구성	특성요소, 직렬갭, 쉴드링
	구비 조건	① 상용 주파 방전 개시 전압이 높을 것 ② 충격파 방전 개시 전압이 낮을 것 ③ 제한 전압이 낮을 것 ④ 속류 차단 능력이 클 것 ⑤ 방전내량이 클 것
정격전압		1) 속류의 차단이 되는 최고의 교류 전압 2) 피뢰기의 정격전압은 선로의 공칭 전압의 직접지 　0.8~1.0배 3) 저항 또는 소호리액터 접지 1.4~1.6배 선정
제한전압		충격파 진류가 흐르고 있을 때의 피뢰기 단자전압

6. 절연협조

개념	계통 내의 각 기기, 기구 및 애자 등의 상호 간에 적정한 절연강도를 지니게 함으로써 계통 설계를 합리적, 경제적 으로 할 수 있게 한 것

7. 차단기(CB)

	약호	명칭	소호 매질
종류	ABB	공기 차단기	**02**
	GCB	**03**	SF_6(육불화유황)
	OCB	유입 차단기	절연유
	MBB	자기 차단기	전자력
	04	진공 차단기	진공

※ SF_6가스이 특성
① 무색, 무취, 무독, 불연성가스
② 공기에 비해 소호 능력이 약 100배
③ 불활성 가스
④ 1기압하에서 절연 내력이 공기의 2~3배

정격차단 용량	정격차단용량[MVA] = $\sqrt{3}$ × 정격전압[kV] × 정격차단전류[kV] $\left(\text{정격전압} = \text{공칭전압} × \frac{1.2}{1.1}\right)$
정격차단 시간	트립코일 여자로부터 아크소호까지의 시간 (개극시간 + 아크소호시간)(3~8[Hz])

8. 차단기 및 단로기 조작 순서(인터록)

조작 순서	1) 투입 시: 단로기(DS) → 차단기(CB) 2) 차단 시: 차단기(CB) → 단로기(DS) ※ 단로기(DS): 소호 능력 없음

9. 보호계전기

종류 (동작상 분류)	1) 순한시 계전기: 정정된 최소 동작전류 이상의 　전류가 흐르면 즉시 동작 2) **05** 　　 : 정정된 값 이상의 전류가 　흐르면 항상 정해진 일정 시간에서 동작 3) **06** 　　 : 정정된 값 이상의 전류가 　흘러서 동작할 때 계전기 동작 시간과 전류는 　서로 반비례 4) 반한시성 정한시 계전기: 어느 전류 값까지는 　반한시성이지만 그 이상이 되면 정한시 특성을 　가짐

[빈칸 정답] **01** 작을수록　**02** 압축공기　**03** 가스 차단기　**04** VCB　**05** 정한시 계전기　**06** 반한시 계전기

10. 전력퓨즈

기능	1) 부하전류를 안전하게 통전함 2) [07]를 차단함
전력용 한류형 퓨즈 장점	1) 한류 특성을 가짐 2) 고속도 차단할 수 있음 3) 소형으로 큰 차단용량을 가짐 4) 소형, 경량
전력용 한류형 퓨즈 단점	1) 재투입 불가능 2) 결상을 일으킬 우려가 있음 3) 차단 시 [08] 발생 4) 용단되어도 차단되지 않는 전류의 범위가 있음
퓨즈의 특성	1) 용단 특성 2) 단시간 허용 특성 3) 전차단 특성

[빈칸 정답] **07** 단락전류   **08** 과전압

O/X 문제

01 송전계통에 나타나는 이상전압은 내부이상전압과 외부이상전압으로 나눌 수 있으며 외부이상전압의 원인으로는
직격뢰와 유도뢰가 있다. □ O □ X

02 내부이상전압에 대한 방호 장치로 개폐 저항기, 중성점 접지, 아킹혼, 피뢰기가 있다. □ O □ X

03 기기의 충격 전압 시험을 할 때 채용하는 우리나라의 표준 충격 전압파의 파두장 및 파미장은 $1.2 \times 50[\mu sec]$이다. □ O □ X

04 직격뢰를 차폐하기 위해 가공지선을 시설하며 차폐각이 클수록 보호율이 높다. □ O □ X

05 피뢰기 구비 조건에는 상용 주파 방전 개시 전압이 높을 것, 충격파 방전 개시 전압이 높을 것, 제한 전압이 낮을 것,
속류 차단 능력이 클 것, 방전내량이 클 것이 있다. □ O □ X

06 계통내의 각 기기, 기구 및 애자 등의 상호 간에 적정한 절연강도를 지니게 함으로서 계통설계를 합리적·
경제적으로 할 수 있게 한 것을 절연협조라고 하며, 피뢰기의 제한전압이 절연협조의 기준이다. □ O □ X

07 차단기별 소호 매질은 공기 차단기 - 압축공기, 가스 차단기 - SF_6, 유입 차단기 - 절연유, 자기 차단기 - 전자력,
진공 차단기 - 진공이다. □ O □ X

08 SF_6가스는 무색·무취·무독·불연성가스이며 절연 내력이 공기의 2~3배이지만 소호 능력이 공기에 비해 떨어
진다. □ O □ X

09 단로기는 소호할 수 있는 능력이 없는 개폐기로서 고장전류, 부하전류를 차단할 수 없다. □ O □ X

10 전력용 한류 퓨즈는 차단기와 비교하여 재투입이 가능하다는 장점이 있다. □ O □ X

[O/X 정답]

01 O   **02** O   **03** O   **04** X   **05** X   **06** O   **07** O   **08** X   **09** O   **10** X

09 배전계통

1. 배전 방식

01 (수지상식)	02 (네트워크)	03

1) 공사비가 저렴함
2) 농어촌에 적합함
3) 감전 사고 감소
4) 증설 용이
	1) 전압 변동이 적음
	2) 감전 사고의 증대
	3) 신뢰도가 가장 우수함(무정전 공급 가능)
	4) 네트워크 프로텍터
	  ① 저압용 차단기
	  ② 방향성 계전기
	  ③ 퓨즈로 구성
		1) 전압 변동이 적음
		2) 부하 증가에 대한 융통성 향상
		3) 플리커 경감
		4) 04 현상 발생

2. 전기 방식별 비교

종별	$1\phi 2W$	$1\phi 3W$	$3\phi 3W$	$3\phi 4W$
전력	$P = VI\cos\theta$	$P = 2VI\cos\theta$	$P = \sqrt{3}VI\cos\theta$	$P = 3VI\cos\theta$
손실	$2I^2R$	$2I^2R$	$3I^2R$	$3I^2R$
전선량	$2W$	$3W$	$3W$	$4W$
전선 중량비	1	3/8	3/4	4/12
1선당 공급 전력 비교	100[%]	133[%]	115[%]	150[%]

3. 부하 관계 용어

부하율	1) 어느 일정 기간 중 부하의 변동 상태의 정도를 나타내는 것 2) 부하율 $= \dfrac{평균\ 전력}{최대\ 전력} \times 100[\%]$
수용률	1) 수용가의 최대 수요 전력과 그 수용가에 설치되어 있는 설비용량의 합계의 비 2) 수용률 $= \dfrac{최대\ 전력}{설비용량} \times 100[\%]$
부등률	1) 최대 전력의 05 또는 06 의 분산을 나타내는 지표 2) 부등률 $= \dfrac{각\ 개\ 최대\ 수용전력의\ 합}{합성\ 최대\ 수용전력}$ $= \left(\dfrac{\sum(설비용량 \times 수용률)}{합성\ 최대\ 전력}\right)$

※ 부하율, 수용률 < 1, 부등률 > 1

4. 변압기 용량 산정

공식	변압기 용량 $P[kVA] \geq$ 합성 최대 전력 $= \dfrac{개별\ 최대\ 수용전력}{부등률}$ $= \dfrac{설비용량[kW] \times 수용률}{부등률 \times 역률}[kVA]$
$V-V$결선 변압기의 출력	1) $P_V = \sqrt{3}P_1[kVA]$ 2) 이용률 $= \dfrac{\sqrt{3}P_1}{2P_1} \fallingdotseq 0.866$ 3) 출력비 $= \dfrac{\sqrt{3}P_1}{3P_1} \fallingdotseq 0.577$

5. 손실계수와 부하율의 관계

손실계수 H	$H = \dfrac{어느\ 기간\ 중의\ 평균\ 전력\ 손실}{같은\ 기간\ 중의\ 최대\ 전력\ 손실} \times 100[\%]$
부하율 F와 손실계수 H와의 관계	① $1 \geq F \geq H \geq F^2 \geq 0$ ② $H = \alpha F + (1-\alpha)F^2$ (F: 부하율, H: 손실계수, α: 정수 - 보통 0.1~0.4)

6. 집중부하와 분산부하

구분	전력 손실	전압 강하
말단에 집중 부하	P_l	e
균등 분포 부하	$\dfrac{1}{3}P_l$	$\dfrac{1}{2}e$

7. 역률 개선용 콘덴서의 용량

부하전력이 일정할 때	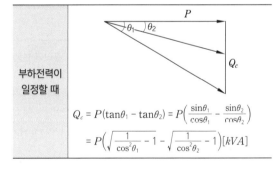 $Q_c = P(\tan\theta_1 - \tan\theta_2) = P\left(\dfrac{\sin\theta_1}{\cos\theta_1} - \dfrac{\sin\theta_2}{\cos\theta_2}\right)$ $= P\left(\sqrt{\dfrac{1}{\cos^2\theta_1} - 1} - \sqrt{\dfrac{1}{\cos^2\theta_2} - 1}\right)[kVA]$

8. 승압기

승압기	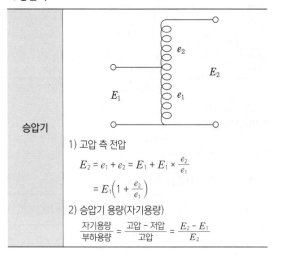 1) 고압 측 전압 $$E_2 = e_1 + e_2 = E_1 + E_1 \times \frac{e_2}{e_1}$$ $$= E_1\left(1 + \frac{e_2}{e_1}\right)$$ 2) 승압기 용량(자기용량) $$\frac{\text{자기용량}}{\text{부하용량}} = \frac{\text{고압} - \text{저압}}{\text{고압}} = \frac{E_2 - E_1}{E_2}$$

O/X 문제

01 저압 뱅킹 방식의 특징은 전압 변동이 작고, 플리커 현상이 경감되며, 부하의 증가에 대한 융통성이 좋고, 캐스케이딩 현상의 염려가 있다는 것이다. ☐ O ☐ X

02 3상 4선식 배전 방식이 부하 불평에 의한 손실 증가가 가장 많다. ☐ O ☐ X

03 교류 단상 3선식 배전 방식은 교류 단상 2선식에 비해 전압강하가 작고, 효율이 높다. ☐ O ☐ X

04 수용률은 어느 기간 중에서의 수용가의 최대 수요 전력$[kW]$과 그 수용가에 설치되어 있는 설비용량의 합계$[kW]$와의 비이며 항상 1보다 크다. ☐ O ☐ X

05 단상 변압기 3대를 Δ결선으로 운전하던 중 1대의 고장으로 V결선한 경우 V결선과 Δ결선의 출력비는 57.7[%]이다. ☐ O ☐ X

06 변압기 용량을 산정하는 식은 변압기 용량 $P[kVA] \geq$ 합성 최대 전력
$= \dfrac{\text{개별 최대 수용 전력}}{\text{수용률}} = \dfrac{\text{설비용량}[kW] \times \text{부등률}}{\text{수용률} \times \text{역률}}$이다. ☐ O ☐ X

07 부하전력이 일정할 때 역률 개선용 콘덴서 용량 $Q_c = P(\tan\theta_1 - \tan\theta_2) = P\left(\dfrac{\sin\theta_1}{\cos\theta_1} - \dfrac{\sin\theta_2}{\cos\theta_2}\right)[kVA]$
(P: 부하전력$[kW]$, $\cos\theta_1$: 개선 전 역률, $\cos\theta_2$: 개선 후 역률)이다. ☐ O ☐ X

08 역률은 부하와 직렬로 전력용 콘덴서를 설치하여 뒤진 전류를 보상함으로 역률을 개선하며, 역률 개선의 효과는 변압기와 배전선의 전력 손실 경감, 전압 강하 감소, 설비용량의 여유 증가, 전기 요금 감소이다. ☐ O ☐ X

09 승압기(단권 변압기)의 자기용량과 부하용량의 비는 $\dfrac{\text{자기용량}}{\text{부하용량}} = \dfrac{\text{고전압} - \text{저전압}}{\text{고전압}}$이다. ☐ O ☐ X

10 22.9$[kV - Y]$ 배전 선로 보호 협조 기기에는 인터럽터 스위치, 리클로저, 섹셔너라이저, 라인퓨즈가 있다. ☐ O ☐ X

[O/X 정답]

01 O **02** O **03** O **04** X **05** O **06** X **07** O **08** X **09** O **10** X

01 수력 발전

1. 수력 발전

수두	단위 무게[kg]당 물이 갖는 에너지 ① 위치 수두: $H[m]$ ② 압력 수두: $H = P/w[m] = P/1,000[m]$ ③ 속도 수두: $H = v^2/2g[m]$
01	$A_1 v_1 = A_2 v_2 = Q$(일정)
물의 이론 분출 속도	$v = \sqrt{2gH}[m/s]$
출력	1) 수차 출력: $P_t = 9.8QH\eta_t[kW]$ 2) 발전기 출력(발전소 출력) $\quad P_g = 9.8QH\eta_t\eta_g[kWh]$ 3) 발생 전력량 $\quad W = P_g \times t = 9.8QH\eta_t\eta_g t[kWh]$

2. 유량

유황곡선	발전 계획 수립에 이용
적산 유량 곡선	저수지 계획에 유용하게 사용
하천 유량의 크기	1) 02 : 1년 365일 중 355일은 이 보다 내려가지 않는 유량 2) 저수량: 1년 365일 중 275일은 이보다 내 려가지 않는 유량 3) 03 : 1년 365일 중 185일은 이 보다 내려가지 않는 유량

3. 수차

낙차에 따른 수차의 종류	고낙차 (350[m] 이상)	중낙차 (30~400[m])	저낙차 (45[m] 이하)
	펠톤 수차 (충동 수차) 위치 E → 운동 E	프란시스 수차 (반동 수차) 위치 E → 압력 E	프로펠러 수차 카플란 수차 (반동 수차)

수차의 특유 속도	1) 공식: $N_s = N\dfrac{\sqrt{P}}{H^{5/4}}$ 2) 수차 종류별 특유 속도: 04 < 프란시스 수차 < 카플란 수차 < 05 3) 특유 속도가 크다는 것은 수차의 실용 속도가 높다는 의미가 아니라 유수에 대한 수차 러너의 상대 속도가 빠름을 의미

4) 풍수량: 1년 365일 중 95일은 이보다 내
려가지 않는 유량

4. 조속기

정의	부하가 변하더라도 수차의 회전 수를 일정하게 유지하기 위해 수차의 유량 조정을 자동적으로 하면서 출력을 가감하기 위해 유량을 조절하는 장치
주요 부분	검출부, 복원 기구, 배압 밸브, 서보 모터, 압유 장치 등
동작 순서	평속기 → 06 → 서보 전동기 → 07

[빈칸 정답] **01** 연속의 정리 **02** 갈수량 **03** 평수량 **04** 펠톤 수차 **05** 프로펠러 수차 **06** 배압 밸브 **07** 복원 기구

O/X 문제

01 댐을 쌓아 인공적인 낙차를 이용하는 방식을 수로식이라고 한다. □ O □ X

02 심야 또는 경부하 시의 잉여 전력을 사용하여 낮은 곳에 있는 물을 높은 곳으로 퍼 올려서 첨두 부하 시에
이 양수된 물을 사용해서 발전하는 것을 양수 발전이라고 한다. □ O □ X

03 수력 발전소의 댐의 설계 및 저수지 용량 등을 결정하는 데 사용되는 것으로 적산 유량 곡선이 가장 적합하다. □ O □ X

04 1년 중 355일은 이보다 내려가지 않는 유량 또는 수위를 평수량이라고 한다. □ O □ X

05 취수구에 제수문을 설치하는 목적은 유량을 조절하기 위함이다. □ O □ X

06 수차의 특유 속도는 $N_s = \dfrac{nP^{\frac{1}{2}}}{H^{\frac{5}{4}}}[rpm]$이다. □ O □ X

07 특유 속도가 높다는 것은 유수에 대한 수차 러너의 상대 속도가 빠르다는 것이다. □ O □ X

08 특유 속도가 가장 높은 수차는 펠톤 수차이다. □ O □ X

09 흡출관을 사용하는 목적은 낙차를 유용하게 이용하는 것이다. □ O □ X

10 수차의 회전 수를 일정하게 유지하기 위하여 수차의 유량을 자동적으로 조정할 수 있는 장치를 조속기라고 한다. □ O □ X

11 조속기의 동작 순서는 평속기 → 서보 전동기 → 배압 밸브 → 복원 기구 순이다. □ O □ X

12 수차의 조속기가 너무 예민하면 전압 변동이 작아진다. □ O □ X

[O/X 정답]
01 X **02** O **03** O **04** X **05** O **06** O **07** O **08** X **09** O **10** O **11** X **12** X

02 화력 발전

1. 열역학

열량의 단위	$1[kWh] = 860[kcal]$, $1[kcal] ≒ 4.2[kJ]$
01	증기 또는 물이 보유하고 있는 전열량$[kcal/kg]$
02	기준 온도에서 어떤 온도 상태까지 이르는 사이에, 물체에 일어난 열량의 변화를 그때의 절대 온도로 나눈 것

2. 열 사이클 종류

03	가장 효율이 좋은 이상적인 사이클
04	증기를 작동 유체로 사용하는 가장 간단한 이론 사이클
재생 사이클	증기의 일부를 추기하여 보일러 급수를 가열함으로써 열손실을 회수하는 사이클
재열 사이클	증기를 다시 과열시켜, 과열 증기를 단열 팽창 시킴으로써 열효율을 향상시킨 사이클
재생 재열 사이클	재생 사이클과 재열 사이클을 겸용하여 전 사이클의 효율을 향상시킨 것으로, 화력 발전소에서 실현할 수 있는 가장 효율이 좋은 사이클

3. 화력 발전소의 열 효율

공식	$\eta = \dfrac{860W}{mH} \times 100 = $ 보일러 효율 × 터빈 효율

03 원자력 발전

1. 열중성자 원자로

구성	1) 05 : 고속중성자를 열중성자까지 속도를 낮추는 작용을 하며 중수, 경수, 산화 베릴륨, 흑연 등이 사용됨 2) 06 : 원자로 내에서 발생한 열에너지를 외부로 끄집어내는 역할 3) 제어봉: 원자로 내에서 핵분열의 연쇄 반응을 제어하며, 붕소(B), 카드뮴(Cd), 하프늄(Hf)와 같이 중성자 흡수 단면적이 큰 재료로 만들어짐 4) 반사체: 중성자를 외부에 누설되지 않도록 반사시키며 물, 베릴륨, 혹은 흑연 등이 사용됨 5) 07 : 원자로 내부의 방사선이 외부에 누출되는 것을 방지하기 위한 벽의 역할을 하며 콘크리트, 물, 납 등으로 만들어짐

2. 원자로의 종류

08 원자로 (BWR형)	1) 열교환기가 필요 없음(직접 열전달 방식) 2) 증기는 기수 분리, 급수는 양질의 것이어야 함 3) 출력 변동에 대한 출력 특성은 가압수형보다 못함 4) 펌프 동력이 적어도 됨 5) 방사능 누출에 대한 문제가 있어 우리나라에서는 채용되지 않음
09 경수로 (PWR형)	1) 방사능 누출에 대한 문제가 없어 우리나라에서 대부분 채용됨 2) 가압기와 증기 발생기 필수

[빈칸 정답] **01** 엔탈피　**02** 엔트로피　**03** 카르노 사이클　**04** 랭킨 사이클　**05** 감속재　**06** 냉각재　**07** 차폐재　**08** 비등수형　**09** 가압수형

O/X 문제

01 증기의 엔탈피는 각 온도에 있어 물 또는 증기의 보유 열량을 의미한다. □ O □ X

02 기력 발전소의 열 사이클 중 랭킨 사이클은 등압가열(보일러) – 단열팽창(터빈) – 등압냉각(복수기) – 단열압축 (급수펌프)의 루프 사이클이다. □ O □ X

03 가장 효율이 높은 이상적인 열 사이클은 랭킨 사이클이다. □ O □ X

04 기력 발전소에 쓰이는 기본 사이클은 급수 펌프 – 절탄기 – 보일러 – 과열기 – 터빈 – 복수기 – 급수펌프의 사이클 이다. □ O □ X

05 절탄기는 연도(굴뚝)에 설치하여 보일러 급수를 가열하기 위한 장치이다. □ O □ X

06 화력 발전소에서 발전 효율을 저하시키는 원인으로 가장 큰 손실은 터빈 및 발전기의 손실이다. □ O □ X

07 기력 발전소에서 가장 많이 쓰이고 있는 복수기는 표면 복수기이다. □ O □ X

08 화력 발전소에서 탈기기는 급수 중의 산소를 제거하는 목적으로 쓰인다. □ O □ X

09 화력 발전소의 위치 선정 시 바람이 불지 않도록 산으로 둘러싸여 있어야 한다. □ O □ X

10 화력 발전소의 열 효율 $\eta = \frac{860W}{mH} \times 100[\%]$이다. □ O □ X

11 중성자를 발생시키는 방법으로는 α 입자에 의한 방법, γ에 의한 방법, 양자 또는 중성자에 의한 방법이 있다. □ O □ X

12 중성자의 수명은 핵분열 시 생긴 중성자가 열중성자까지 감속하는 데 요하는 시간과 열중성자가 핵연료에 흡수되어 핵분열을 일으키기까지의 시간의 합, 즉 감속 시간과 확산 시간의 합이다. □ O □ X

13 감속재의 온도1[℃] 변화에 대한 반응도의 변화를 감속재의 온도 변화라고 한다. □ O □ X

14 감속재에는 경수, 중수, 아연, 질소가 있다. □ O □ X

15 가압수형 원자력 발전소에 사용하는 연료는 농축 우라늄이며 감속재, 냉각재는 경수이다, □ O □ X

16 비등수형 원자로(BWR)는 감속재로 헬륨 액체 금속을 사용한다. □ O □ X

17 원자로의 중성자 수를 적당히 유지하고 노의 출력을 제어하기 위한 제어재의 재료로 하프늄, 카드뮴, 붕소 등이 사용된다. □ O □ X

18 감속재란 원자로에서 핵분열로 발생한 고속중성자를 열중성자로 바꾸는 작용을 하는 것이다. □ O □ X

19 원자로의 냉각재는 열 용량이 적어야 한다. □ O □ X

20 핵연료의 종류에는 저농축 우라늄, 고농축 우라늄, 천연 우라늄, 플루토늄이 있다. □ O □ X

[O/X 정답]

01 O	02 O	03 X	04 O	05 O	06 X	07 O	08 O	09 X	10 O	11 O	12 O	13 O	14 X	15 O
16 X	17 O	18 O	19 X	20 O										

01 직류기

1. 직류 발전기

구조	계자, 전기자, 정류자, 브러시		
	고상권, 폐로권, 이층권(중권, 파권) 사용		
직류기 전기자 권선법	비교 항목	단중 중권	단중 파권
	전기자 병렬 회로 수	극수와 동일	항상 **01**
	브러시 수	극수와 동일	2개로 되지만 극수만큼 브러시를 둘 수도 있음
	용도	저전압, 대전류에 적합	고전압, 소전류에 적합
	균압접속	**02** 이상일 시 균압접속	균압접속 필요 없음
	슬롯 수와의 관계	• 슬롯 수에 관계없이 권선 가능 • 짝수 슬롯이 좋음	• 슬롯 수는 홀수 • 짝수가 될 시 놀림코일 발생
유기 기전력	$E = \frac{pZ}{60a}\phi N[V]$		
전기자 반작용	1) 전기자 반작용의 영향 ① 주자속의 감소 ② 전기적 중성축 이동 → 편자 작용(발전기: 회전 방향, 전동기: 회전 방향과 반대) ③ 정류자 편과 브러시 사이에 불꽃(섬락) 발생 → 정류 불량 2) 방지책 ① 보극 설치 ② 보상권선 설치 ③ 브러시를 중성점으로 이동(발전기: 회전 방향, 전동기: 회전 방향과 반대)		
양호한 정류를 얻는 조건	1) 평균 리액턴스 전압을 작게 함$\left(e = L\frac{2I_c}{T_c}\right)$ 2) 정류 주기를 길게 함 3) 코일의 자기 인덕턴스를 줄임(단절권 채용) 4) 전압정류: 보극 설치 5) 저항정류: 접촉저항이 큰 **03** 설치		

직류 발전기의 종류 및 특성	1) 타여자 발전기 ① 잔류 자기가 없어도 발전 가능 ② 운전 중 회전 방향 반대: 극성이 반대로 되어 발전 가능 ③ $E = V + I_aR_a + e_a + e_b[V]$, $I_a = I[A]$ 2) 분권 발전기 ① 계자 권선과 전기자 권선 병렬연결 ② 잔류 자기가 없으면 발전 불가능 ③ 운전 중 회전 방향 반대: 발전 불가능 ④ 운전 중 서서히 단락: 소전류 발생 ⑤ $E = V + I_aR_a + e_a + e_b[V]$, $I_a = I + I_f[A]$ 3) 직권 발전기 ① 계자 권선과 전기자 권선 직렬연결 ② 운전 중 회전 방향 반대: 발전 불가능 ③ 무부하 시 자기 여자로 전압 확립 불가능 ④ $E = V + I_a(R_a + R_f) + e_a + e_b[V]$, $I = I_a = I_f[A]$ 4) 복권 발전기 ① 분권 발전기 사용: 직권 계자 권선 단락 ② 직권 발전기 사용: 분권 계자 권선 단선 5) 특성 곡선

구분	횡축	종축	조건
무부하 포화 곡선	I_f	$V(=E)$	$I = 0$
외부 특성 곡선	I	V	$R_f =$ 일정
내부 특성 곡선	I	E	$R_f =$ 일정
부하 특성 곡선	I_f	V	$I =$ 일정
계자 조정 곡선	I	I_f	$V =$ 일정

직류 발전기의 병렬운전	병렬운전을 안정하게 하기 위하여 직권·복권 발전기는 균압 모선 설치 1) 병렬운전 조건 ① 정격전압과 극성이 같을 것 ② 외부 특성 곡선이 어느 정도 수하 특성일 것 ③ 용량이 다른 경우 [%]부하전류로 나타낸 외부 특성 곡선이 일치할 것 ④ 용량이 같으면 각 발전기의 외부 특성 곡선이 같을 것 2) 부하분담 ① 저항이 같으면 유기 기전력이 큰 쪽이 부하 분담을 많이 가짐 ② 부하전류는 전기자 저항에 **04** (용량이 같은 경우) ③ 부하전류는 용량에 **05** (전기자 저항이 같은 경우)

2. 직류 전동기

역기전력	1) $E = \frac{pZ}{60a}\phi N[V]$
	
	2) 타여자 전동기
	   ① 극성을 반대로 하면 회전 방향이 반대가 됨
	   ② 정속도 전동기
	
	3) 분권 전동기
	   정속도 전동기
	   ① 위험 상태: 정격 전압, 무여자 상태
	   ② 극성을 반대로 하면 회전 방향 불변
	   ③ $E = V - I_a R_a$
	
	4) 직권 전동기
	   ① 변속도 전동기
	   ② 부하에 따라 속도가 심하게 변함
	   ③ 극성을 반대로 하면 회전 방향 불변
	   ④ 위험 상태: 정격 전압, 무부하 상태
	   ⑤ $E = V - I_a(R_a + R_f)$

06	1) $T = \frac{P}{\omega} = \frac{EI_a}{2\pi n} = \frac{pZ}{2\pi a}\phi I_a[N \cdot m]$ 2) $T = \frac{1}{9.8} \times \frac{P}{\omega} = 0.975\frac{P}{N}[kg \cdot m]$

속도 제어	1) $N = k\frac{E}{\phi} = k\frac{V - R_a I_a}{\phi}[rpm]$
	
	2) 전압 제어
	   ① 광범위한 속도 제어
	   ② **07** (부하가 급변하는 곳에 적합)
	   ③ 워드레어너드 방식
	   ④ 정토크 제어
	   ⑤ 직병렬 제어
	
	3) 계자 제어: 정출력 구동 방식
	4) 저항 제어
	5) 속도 변동률
	   $\varepsilon = \frac{N_0 - N_n}{N_n} \times 100[\%]$

직류 전동기 제동	1) 발전 제동 2) 회생 제동 3) 역전 제동

손실과
효율
	1) 손실의 종류
	   ① 무부하손: 철손, 기계손
	   ② 부하손: 동손, 표유부하손
	
	2) 최대 효율 조건: 무부하손 = 부하손
	3) 규약 효율
	   ① **08** : $\eta = \frac{출력}{출력 + 손실} \times 100[\%]$
	   ② **09** : $\eta = \frac{입력 - 손실}{입력} \times 100[\%]$

[빈칸 정답] **06** 토크 **07** 일그너 방식 **08** 발전기 **09** 전동기

O/X 문제

01 전기 기계에 있어서 철손을 감소시키기 위하여 철심을 규소강판 성층구조로 한다.   ☐ O ☐ X

02 직류기의 전기자 권선법에는 환상권, 개로권, 단층권이 사용된다.   ☐ O ☐ X

03 양호한 정류를 얻기 위한 방법으로는 보극 설치와 탄소 브러시 사용이 있다.   ☐ O ☐ X

04 80[kW], 200[V] 분권 발전기에서 전기자 저항 0.04[Ω], 계자저항 40[Ω]이다. 이 발전기가 정격 전압 전부하에서
   운전할 때 유기 전압은 216[V]이다.   ☐ O ☐ X

05 직류기에서 전압 변동률이 (-)값으로 표시되는 발전기는 평복권 발전기이다.   ☐ O ☐ X

06 직류 발전기의 병렬운전에서 계자 전류를 증가시키면 부하 분담이 증가한다.   ☐ O ☐ X

07 직권 전동기에서 위험 속도에 도달하는 것을 방지하기 위해서 벨트(Belt)를 걸고 운전한다.   ☐ O ☐ X

08 직류 전동기의 토크를 구하는 식은 $T = \frac{pZ}{2\pi a}\phi I_a[N \cdot m]$, $T = 0.975\frac{P}{N}[kg \cdot m]$이다.   ☐ O ☐ X

09 직류 전동기 중 분권 전동기가 직권 전동기보다 속도 변동률이 크다.   ☐ O ☐ X

10 전기 기계의 규약 효율을 구하는 공식은 발전기가 $\eta = \frac{출력}{출력 + 손실} \times 100[\%]$, 전동기가 $\eta = \frac{입력 - 손실}{입력} \times 100[\%]$
이다.   ☐ O ☐ X

[O/X 정답]

01 ○ **02** X **03** ○ **04** ○ **05** X **06** ○ **07** X **08** ○ **09** X **10** ○

02 동기기

1. 동기 발전기

<table>
<tr><td rowspan="4">동기
발전기의
구조 및
원리</td><td>

1) 동기 속도

$$N_s = \frac{120f}{p}[rpm]$$

2) 유도 기전력

$E = 4.44f\,\phi\omega K\omega[V]$

3) 회전 계자형: 회전자는 계자, 고정자는 전기자로 구성된 형태
   ① 계자는 기계적으로 튼튼함
   ② 계자의 소요 전력이 적음
   ③ 절연 용이
   ④ 전기자는 Y결선으로 복잡함

4) 수소 냉각 방식의 특징
   ① 풍손이 공기의 1/10로 경감
   ② 열전도도가 좋고 비열이 커서 냉각 효과가 큼
   ③ 절연물의 산화가 없어 절연물의 수명이 길어짐
   ④ 소음이 적고 [01] 발생이 적음
   ⑤ 수소는 공기와의 혼입으로 폭발할 우려가 있음

</td></tr>
</table>

<table>
<tr><td rowspan="1">전기자
권선법</td><td>

1) 목적: 고조파를 제거·감소하여 파형을 개선하기 위함

2) 분포권

분포권 계수: K_d(기본파) $= \dfrac{\sin\frac{\pi}{2m}}{q\sin\frac{\pi}{2mq}}$,

K_{dn}(n차 고조파) $= \dfrac{\sin\frac{n\pi}{2m}}{q\sin\frac{n\pi}{2mq}}$

3) 단절권

단절권 계수: K_P(기본파) $= \sin\frac{\beta\pi}{2}$,

K_{Pn}(n차 고조파) $= \sin\frac{n\beta\pi}{2}$

</td></tr>
</table>

<table>
<tr><td rowspan="4">전기자
반작용</td><td colspan="3">부하의 역률에 따라 작용이 다름</td></tr>
<tr><td>전압/전류 관계</td><td>발전기</td><td>전동기</td></tr>
<tr><td>I와 E가 동상</td><td>[02]</td><td>교차자화작용</td></tr>
<tr><td>I가 E보다 $\pi/2$ 뒤짐</td><td>감자작용</td><td>증자작용</td></tr>
<tr><td>I가 E보다 $\pi/2$ 앞섬</td><td>[03]</td><td>[04]</td></tr>
</table>

<table>
<tr><td rowspan="1">단락
현상</td><td>

정상 운전 중인 3상 동기 발전기를 갑자기 단락하면 이때의 단락전류는 처음은 큰 전류(돌발단락전류)이나 점차 감소하며, 이러한 돌발 단락 전류는 누설 리액턴스에 의해 제한됨

1) 단락 전류
   ① 돌발 단락 전류

   $$I_s = \frac{E}{r_a + jx_l}$$

   ② 영구 단락 전류

   $$I_s = \frac{E}{r_a + jx_s} = \frac{E}{r_a + j(x_a + x_l)} \fallingdotseq \frac{E}{jx_s}$$

2) 단락비

$K_s = \dfrac{\text{무부하에서 정격전압을 유지하는 데 필요한 계자전류}}{\text{정격전류와 같은 단락전류를 흘리는 데 필요한 계자전류}}$

$= \dfrac{1}{\%Z_s} \times 100$

$= \dfrac{I_s}{I_n}$

3) 단락비가 큰 기계
   ① 철 기계, 수차 발전기
   ② 동기 임피던스가 작음
   ③ 반작용 리액턴스 x_a가 적음
   ④ 계자 기자력이 큼
   ⑤ 기계의 중량이 큼
   ⑥ 과부하 내량이 증대되고, 송전선의 충전용량이 큰 여유가 있는 기계. 반면에 기계의 가격 상승

</td></tr>
</table>

<table>
<tr><td rowspan="1">특성 및
출력</td><td>

1) 자기 여자 현상
   발전기 단자에 장거리 선로가 연결되어 있을 때 무부하 시 선로의 충전전류에 의해 단자 전압이 상승하여 절연이 파괴되는 현상

2) 자기 여자 현상 방지 대책
   ① 수전단에 리액턴스가 큰 변압기 사용
   ② 발전기를 2대 이상 [05]
   ③ 동기 조상기를 부족여자로 사용
   ④ 단락비가 큰 기계 사용

</td></tr>
</table>

<table>
<tr><td rowspan="6">동기
발전기의
병렬운전</td><td>조건</td><td>다르면</td></tr>
<tr><td>기전력의 [06]가 같을 것</td><td>$I_c = \dfrac{E_1 - E_2}{2Z_s}[A]$의 무효순환 전류가 흐름</td></tr>
<tr><td>기전력의 위상이 같을 것</td><td>위상이 앞선 G_1은 위상이 뒤진 G_2에 $P = \dfrac{E^2}{2Z_s}\cos\delta$에 해당하는 동기화 전류가 흐름</td></tr>
<tr><td>기전력의 [07]가 같을 것</td><td>동기화 전류가 주기적으로 흘러 난조의 원인이 됨</td></tr>
<tr><td>기전력의 파형이 같을 것</td><td>고조파 무효순환전류가 흐름</td></tr>
<tr><td>상회전이 같을 것</td><td>–</td></tr>
</table>

2. 동기 전동기

위상특성곡선 (V곡선)	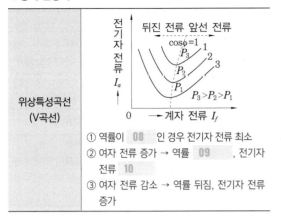 ① 역률이 08 인 경우 전기자 전류 최소 ② 여자 전류 증가 → 역률 09 , 전기자 전류 10 ③ 여자 전류 감소 → 역률 뒤짐, 전기자 전류 증가

[빈칸 정답] **08** 1 **09** 앞섬 **10** 증가

O/X 문제

01 동기 발전기는 회전자는 전기자, 고정자는 계자인 회전 전기자형을 주로 사용한다. ☐ **0** ☐ **X**

02 동기 발전기는 고조파를 제거하여 파형을 좋게 하기 위해 분포권, 단절권을 사용한다. ☐ **0** ☐ **X**

03 I가 E보다 $\pi/2$ 앞설 때 발전기의 전기자 반작용은 증자작용, 전동기의 전기자 반작용은 감자작용이다. ☐ **0** ☐ **X**

04 동기기에서 동기 임피던스 값은 실용상 전기자 저항과 같은 값으로 한다. ☐ **0** ☐ **X**

05 단락비가 큰 기계를 철기계라고 하며, 철기계는 부피가 크고 값이 비싸며 고정손이 커서 효율은 나빠지나 전압 변동률이 작고, 안정도 및 선로 충전용량이 커지는 이점이 있다. ☐ **0** ☐ **X**

06 비돌극형 동기 발전기의 3상 출력은 $3\dfrac{EV}{x_s}\sin\theta$로서 최대 출력은 $\theta = 90°$에서 발생한다. ☐ **0** ☐ **X**

07 동기 발전기의 병렬운전 시 용량은 반드시 같아야 한다. ☐ **0** ☐ **X**

08 3상 동기 전동기의 제동 권선은 난조를 방지한다. ☐ **0** ☐ **X**

09 동기기의 안정도 향상 대책으로는 단락비를 크게 할 것, 영상 임피던스와 역상 임피던스를 크게 할 것, 속응 여자 방식을 채용할 것이 있다. ☐ **0** ☐ **X**

10 동기 전동기의 전기자 전류가 최소일 때 역률은 1이다. ☐ **0** ☐ **X**

[O/X 정답]

01 X   **02** ○   **03** ○   **04** X   **05** ○   **06** ○   **07** X   **08** ○   **09** ○   **10** ○

03 변압기

1. 변압기의 유기 기전력과 권수비

유기 기전력	① 1차 기전력 $E_1 = 4.44fN_1\phi[V]$ ② 2차 기전력 $E_2 = 4.44fN_2\phi[V]$
권수비	$a = \dfrac{N_1}{N_2} = \dfrac{E_1}{E_2} = \dfrac{I_2}{I_1} = \sqrt{\dfrac{Z_1}{Z_2}}$

2. 변압기유

구비 조건	1) 절연내력이 클 것 2) 점도가 적고 비열이 커서 냉각 효과가 클 것 3) 인화점은 높고, 응고점은 낮을 것 4) 고온에서 산화하지 않고, 침전물이 생기지 않을 것

호흡 작용	1) 열화 작용: 호흡 작용으로 인해 절연내력이 저하하고 냉각 효과가 감소하는 작용
	2) 열화 작용 방지 대책
	  ① 질소 봉입
	  ② 흡착제 방식
	  ③ `01` 설치

3. %전압 강하

%저항 강하	$\%R = p = \dfrac{I_{1n}r_{21}}{V_{1n}} \times 100 = \dfrac{I_{1n}r_{21}}{V_{1n}} \times \dfrac{I_{1n}}{I_{1n}} \times 100$ $= \dfrac{I_{1n}^{2}r_{21}}{V_{1n}I_{1n}} \times 100 = \dfrac{P_c}{P_n} \times 100$
%리액턴스 강하	$\%X = q = \dfrac{I_{1n}x_{21}}{V_{1n}} \times 100[\%]$
%임피던스 강하	1) $\%Z = \dfrac{I_{1n}Z_{21}}{V_{1n}} \times 100 = \dfrac{V_s}{V_{1n}} \times 100$ $= \dfrac{P_n Z_{21}}{V_{1n}^{2}} \times 100 = \dfrac{I_n}{I_s} \times 100[\%]$ (P_n: 변압기 용량, I_s: 단락전류, I_n: 정격전류, V_s: 임피던스 전압) 2) 임피던스 전압: 정격전류가 흐를 때 변압기 내 전압 강하 3) 임피던스 와트: 임피던스 전압일 때 입력

4. 전압 변동률

전압 변동률	1) $\varepsilon = \dfrac{V_{20} - V_{2n}}{V_{2n}} \times 100[\%]$
	2) $\varepsilon = p\cos\theta \pm q\sin\theta$
	  ① `02` : $\varepsilon = p\cos\theta + q\sin\theta$
	  ② `03` : $\varepsilon = p\cos\theta - q\sin\theta$

5. 변압기의 결선법

결선법	V_l	I_l	출력		비고
Y결선	$\sqrt{3}V_p$	I_p	$\sqrt{3}V_lI_l$	$3V_pI_p$	중성점 접지 가능
Δ결선	V_p	$\sqrt{3}I_p$	$\sqrt{3}V_lI_l$	$3V_pI_p$	제3고조파 제거
V결선	V_p	I_p	$\sqrt{3}V_lI_l$	$\sqrt{3}V_pI_p$	출력비: 57.7[%] 이용률: 86.6[%]

※ V_l: 선간 전압, I_l: 선전류, V_p: 상전압, I_p: 상전류

$\Delta - \Delta$결선	1) 1대 고장 시 $V - V$결선으로 변경 2) 이상전압 상승이 크고 제3고조파에 의한 순환전류가 흘러 정현파 기전력을 유기하고 유도 장해가 없음 3) $V_l = V_p$
$Y - Y$결선	1) 중성점 접지 가능: 이상전압 방지, 제3고조파에 의한 유도장해 발생 2) 보호계전기 동작이 신속 3) 절연이 $\dfrac{1}{\sqrt{3}}$배 용이 4) $V_l = \sqrt{3}V_p$
$\Delta - Y$, $Y - \Delta$결선	1) Y결선으로 중성점 접지 가능 2) Δ결선으로 제3고조파가 생기지 않음 3) $\Delta - Y$는 송전단에, $Y - \Delta$는 수전단에 설치 4) 1차와 2차의 전압 사이에 30°의 위상차가 생김
$V - V$결선	1) 출력 $P_V = \sqrt{3}P_1$ 2) 4대의 경우 출력 $P_V = 2\sqrt{3}P_1$ 3) 이용률 : $\dfrac{\sqrt{3}P_1}{2P_1} ≒ 0.866$ 4) 출력비 : $\dfrac{\sqrt{3}P_1}{3P_1} ≒ 0.577$

6. 상수의 변환

3상 → `04` 변환	1) 스코트 결선(T결선): T좌 변압기의 $\dfrac{\sqrt{3}}{2} = 0.866$이 되는 점에서 전원 공급 2) 메이어 결선 3) 우드 브리지 결선
3상 → `05` 변환	1) 포크 결선 2) 2중 성형 결선 3) 대각 결선 4) 2중 3각 결선 5) 환상 결선

7. 변압기의 병렬운전

병렬운전 조건	1) 변압기의 극성이 같을 것 2) 변압기의 권수가 같고 정격 전압이 같을 것 3) %임피던스 강하가 같을 것 4) 내부저항과 누설 리액턴스의 비가 같을 것

결선 조합	병렬운전 가능	병렬운전 불가능
	$\Delta - \Delta$ 와 $\Delta - \Delta$ $Y - \Delta$ 와 $Y - \Delta$ $Y - Y$ 와 $Y - Y$ $\Delta - Y$ 와 $\Delta - Y$ $\Delta - \Delta$ 와 $Y - Y$ $\Delta - Y$ 와 $Y - \Delta$	$\Delta - \Delta$ 와 $\Delta - Y$ $\Delta - Y$ 와 $Y - Y$ $Y - \Delta$ 와 $\Delta - \Delta$ $\Delta - \Delta$ 와 $\Delta - Y$

부하분담	1) 분담전류는 <u>06</u> 에 비례하고, <u>07</u> 에 반비례 2) $\dfrac{I_a}{I_b} = \dfrac{I_A}{I_B} \times \dfrac{\%Z_b}{\%Z_a}$

8. 변압기 손실 및 효율

손실	1) 무부하손(고정손): 철손 = 히스테리시스손 + 와류손 2) 부하손(가변손): 동손
전부하 시	1) 효율 $\eta = \dfrac{출력}{출력 + 손실} \times 100$ $= \dfrac{V_2 I_2 \cos\theta}{V_2 I_2 \cos\theta + P_i + P_c} \times 100[\%]$ 2) 최대 효율 조건: <u>08</u>
$\dfrac{1}{m}$ 부하 시 효율	1) 효율 $\eta = \dfrac{\frac{1}{m} V_2 I_2 \cos\theta}{\frac{1}{m} V_2 I_2 \cos\theta + P_i + \left(\frac{1}{m}\right)^2 P_c} \times 100[\%]$ 2) 최대 효율 조건: $P_i = \left(\dfrac{1}{m}\right)^2 P_c$
전일 효율 (T시간)	1) 효율 $\eta = \dfrac{T\frac{1}{m} V_2 I_2 \cos\theta}{T\frac{1}{m} V_2 I_2 \cos\theta + 24P_i + T\left(\frac{1}{m}\right)^2 P_c} \times 100[\%]$ 2) 최대 효율 조건: $24P_i = T\left(\dfrac{1}{m}\right)^2 P_c$

[빈칸 정답] **06** 정격전류 **07** 누설 임피던스 **08** $P_i = P_c$

O/X 문제

01 변압기의 철심에는 자기 포화 및 히스테리시스 현상이 있으므로 변압기 여자 전류에는 제3고조파가 가장 많이 포함되어 있다. □ O □ X

02 변압기의 권수비 $a = \dfrac{N_1}{N_2} = \dfrac{V_1}{V_2} = \dfrac{I_2}{I_1} = \sqrt{\dfrac{Z_1}{Z_2}}$이다. □ O □ X

03 변압기의 열화 작용 방지 대책으로는 수소 봉입, 흡착제 방식, 콘서베이터 설치가 있다. □ O □ X

04 변압기의 등가회로를 작성하기 위한 시험에는 권선의 저항 측정 시험, 무부하 시험, 단락 시험이 있다. □ O □ X

05 임피던스 강하가 5[%]일 때 변압기가 단락되었다면 단락전류/정격전류의 비는 25이다. □ O □ X

06 진상 부하일 시 변압기의 전압변동률은 $\varepsilon = p\cos\theta - q\sin\theta$ [%]이다. □ O □ X

07 3상 변압기 결선 시 제3고조파에 의한 장해를 감소시키기 위해 Y결선을 사용한다. □ O □ X

08 3상 결선을 이용해 2상의 전원을 얻는 방법으로 스코트 결선, 메이어 결선, 우드 브리지 결선이 있다. □ O □ X

09 변압기의 병렬운전이 가능한 결선의 조합에 $Y - \Delta$와 $Y - \Delta$, $\Delta - Y$와 $Y - Y$가 있다. □ O □ X

10 $\dfrac{1}{m}$ 부하 시 변압기의 효율 구하는 공식은 $\eta = \dfrac{\frac{1}{m} V_2 I_2 \cos\theta}{\frac{1}{m} V_2 I_2 \cos\theta + P_i + \left(\frac{1}{m}\right)^2 P_c} \times 100[\%]$이며, 최대 효율 조건은 $P_i = \left(\dfrac{1}{m}\right)^2 P_c$이다. □ O □ X

11 1개의 권선을 이용해 전압을 변성시키는 변압기를 단권 변압기라고 하며, $\dfrac{자기용량}{부하용량} = \dfrac{V_h - V_l}{V_h}$이다. □ O □ X

12 변압기의 단락 시험을 통해 동손, 임피던스 전압, 임피던스 와트를 구할 수 있다. □ O □ X

[O/X 정답]
01 O **02** O **03** X **04** O **05** X **06** O **07** X **08** O **09** X **10** O **11** O **12** O

04 유도기

1. 3상 유도 전동기

종류	1) 01 ① 구조 간단, 보수 용이 ② 효율이 좋음 ③ 속도 조정이 곤란함 ④ 기동 토크가 작아 대형이 되면 기동이 곤란함 2) 02 ① 중형과 대형에 많이 사용됨 ② 기동이 쉽고 속도 조정 용이
슬립	전부하 시 전동기 속도 감소의 동기 속도에 대한 비율 슬립 $s = \dfrac{N_s - N}{N_s} \times 100[\%]$, $N = (1-s)N_s$ (N_s: 동기 속도$[rpm]$, N: 전동기 회전 속도$[rpm]$) ① 유도 전동기: $0 < s < 1$ ② 유도 발전기: $s < 0$ ③ 유도 제동기: $1 < s < 2$
슬립 s로 운전 시 특징	1) 2차 주파수 $f_{2s} = sf_1[Hz]$ 2) 2차 유기 기전력 $E_{2s} = 4.44K_{w2}w_2f_{2s}\phi = 4.44K_{w2}w_2sf_1\phi$ $\quad = sE_2[V]$
유도 전동기 전력 변환	1) 전력 변환 관계식 $P_2 : P_{c2} : P_0 = 1 : s : (1-s)$ ① $P_{c2} = sP_2$ ② $P_0 = (1-s)P_2$ 2) 2차 효율 $\eta = \dfrac{P_0}{P_2} = 1 - s = \dfrac{N}{N_s}$
유도 전동기 토크	1) 토크 $T = \dfrac{P_0}{\omega} = 0.975\dfrac{P_0}{N} = 0.975\dfrac{(1-s)P_2}{(1-s)N_s}$ $\quad = 0.975\dfrac{P_2}{N_s}[kg \cdot m]$ 2) 토크 $T = KE_2I_2\cos\theta_2 = K\dfrac{sE_2{}^2r_2}{r_2{}^2 + (sx_2)^2}$ ① $T \propto V^2$ ② $s \propto \dfrac{1}{V^2}$ 3) 최대 토크 ① 최대 토크를 발생하는 슬립 $s_m = \dfrac{r_2}{x_2}$ ② 최대 토크 $T_m = K\dfrac{E_2{}^2}{2x_2}$

비례 추이	(1) 비례 추이의 특징 ① 최대 토크는 불변, 최대 토크를 발생하는 슬립만 변함 ② r_2를 크게 하면, s_m도 커짐 ③ r_2를 크게 하면 기동 전류는 감소하고, 기동 토크는 증가 2) 비례 추이 할 수 없는 것 ① 출력 ② 2차 효율 ③ 03 3) 2차 외부 저항 $\dfrac{r_2}{s_m} = \dfrac{r_2 + R}{s_t}$
기동법	1) 농형 ① 전전압 기동(직입기동): 5$[HP]$ 이하(3.7$[kW]$) ② Y−△ 기동법: 5~15$[kW]$, 기동 전류 $\dfrac{1}{3}$배, 기동 전압 $\dfrac{1}{\sqrt{3}}$배 ③ 기동 보상기법: 단권 변압기를 사용한 감전압 기동, 15$[kW]$ 초과 ④ 리액터 기동법 ⑤ 콘도르파법 2) 권선형 ① 2차 저항 기동법: 비례 추이 이용 ② 게르게스법
속도제어	1) 농형 ① 04 : 인견공업, 선박의 전기 추진기에 사용, $N_s = \dfrac{120f}{p}$ ② 05 : 비교적 효율이 좋고 단계적인 속도 제어 방법 ③ 전압 제어법 2) 권선형 ① 2차 저항법 • 비례 추이를 이용 • 2차 회로에 저항을 삽입하여 토크에 대한 슬립 s를 바꾸어 속도 제어 ② 2차 여자법 • 회전자 기전력과 같은 주파수 전압을 인가하여 속도 제어 ③ 종속 접속법 • 직렬 종속법: $N = \dfrac{120f}{p_1 + p_2}[rpm]$ • 차동 종속법: $N = \dfrac{120f}{p_1 - p_2}[rpm]$ • 병렬 종속법: $N = \dfrac{2 \times 120f}{p_1 + p_2}[rpm]$

2. 단상 유도 전동기

종류	기동 토크가 큰 순서 1) 06 2) 반발 유도형 3) 콘덴서 기동형 4) 분상 기동형 5) 07

05 정류기

1. 반도체 정류기

구분	08	단상 전파	3상 반파	09
다이오드	$E_d =$ $0.45E$	$E_d =$ $0.9E$	$E_d =$ $1.17E$	$E_d =$ $1.35E$
SCR	$0.225E$ $(1 + \cos\alpha)$	$0.45E$ $(1 + \cos\alpha)$	$1.17E$ $\cos\alpha$	$1.35E$ $\cos\alpha$
효율	40.6[%]	81.2[%]	96.5[%]	99.8[%]
맥동률	121[%]	48[%]	17[%]	4[%]
맥동주파수	f	$2f$	$3f$	$6f$

[빈칸 정답] **06** 반발 기동형　**07** 셰이딩 코일형　**08** 단상 반파　**09** 3상 전파

O/X 문제

01 유도 전동기로 동기 전동기를 기동하는 경우, 유도 전동기의 극수는 동기 전동기보다 2극 적은 것을 사용한다.　□ O □ X

02 50[Hz], 6극의 유도 전동기의 슬립이 3[%]일 때의 매분 회전 수는 970[rpm]이다.　□ O □ X

03 유도 전동기의 전력 변환 관계식 $P_{c2} = sP_2$, $P_0 = (1 - s)P_2$이고 효율 $\eta = s$이다.　□ O □ X

04 3상 유도 전동기를 불평형 전압으로 운전하면 전류는 증가하나 토크는 감소한다.　□ O □ X

05 최대 토크를 구하는 공식은 $T_m = K \dfrac{E_2^2}{2x_2}$이며, 2차 저항을 변화시켜도 최대 토크는 변함이 없다.　□ O □ X

06 3상 권선형 유도 전동기는 2차 회로에 저항을 삽입하여 속도, 기동 토크, 기동 전류를 제어한다.　□ O □ X

07 원선도 작성에 필요한 시험으로는 무부하 포화 특성 시험, 부하 포화 특성 시험, 외부 특성 시험이 있다.　□ O □ X

08 농형 유도 전동기의 기동법에는 2차 저항 기동법, 게르게스법이 있다.　□ O □ X

09 단상 유도 전동기는 기동 토크가 큰 순서대로 반발 기동형, 반발 유도형, 콘덴서 기동형, 분상 기동형, 셰이딩 코일형
이다.　□ O □ X

10 단상 유도 전압 조정기는 교번 자계, 3상 유도 전압 조정기는 회전 자계에 의한 유도 작용으로 동작한다.　□ O □ X

11 분로 권선 및 직렬 권선 1상에 유도되는 기전력을 각각 E_1, $E_2[V]$라고 할 때 회전자를 0°에서 180°까지 돌릴 때
단상 유도 전압 조정기 출력 측 선간 전압의 조정 범위는 $E_1 \pm E_2$이다.　□ O □ X

12 회전 변류기의 난조에 대한 대책으로 제동 권선을 설치할 것, 전기자 저항에 비해 리액턴스를 크게 할 것, 전기각도와
기하각도의 차를 작게 할 것이 있다.　□ O □ X

13 회전 변류기의 전압비를 구하는 공식은 $\dfrac{E_a}{E_d} = \dfrac{1}{\sqrt{2}} \sin \dfrac{\pi}{m}$이다.　□ O □ X

14 수은 변류기에서 음극에 대하여 부전위로 있는 양극에 어떠한 원인에 의해 음극점이 형성되어 정류기의 밸브 작용이
상실되는 현상을 역호라고 한다.　□ O □ X

15 반도체 정류회로 단상 반파, 단상 전파, 3상 반파, 3상 전파 중 단상 반파의 효율이 가장 좋다.　□ O □ X

16 역내 전압이 크며, 효율이 가장 좋은 정류기는 실리콘 정류기이다.　□ O □ X

17 전원 전압 150[V]인 단상 전파 정류에서 직류 평균 전압은 135[V]이다.　□ O □ X

18 단상 정류 회로의 첨두 역전압은 단상 반파 PIV = $\sqrt{2}E$, 단상 전파 PIV = $2\sqrt{2}E$이다.　□ O □ X

[O/X 정답]

01 O　**02** O　**03** X　**04** O　**05** O　**06** O　**07** X　**08** X　**09** O　**10** O　**11** O　**12** O　**13** O　**14** O　**15** X

16 O　**17** O　**18** O

01 직류회로

1. 직류회로

전하	$Q = [A \cdot \sec] = [C], q = \int i(t)dt[C]$
01	$I = \dfrac{Q}{t}[A]$
전압	$V = \dfrac{W}{Q}[V]$
02	$R = \rho\dfrac{l}{A}[\Omega]$

2. 전류 분배 법칙

전류 분배 법칙	1) $I_1 = \dfrac{R_2}{R_1 + R_2} \cdot I[A]$
	2) $I_2 = \dfrac{R_1}{R_1 + R_2} \cdot I[A]$

3. 전압 분배 법칙

전압 분압 법칙	1) $E_1 = \dfrac{R_1}{R_1 + R_2} \cdot E[V]$
	2) $E_2 = \dfrac{R_2}{R_1 + R_2} \cdot E[V]$

4. 전력

전력	$P = \dfrac{W}{t} = \dfrac{QE}{t} = EI = I^2R = \dfrac{E^2}{R}[W]([J/\sec])$
	※ $1[HP] = 746[W]$

5. 전력량

전력량	$W = P \cdot t = VI \cdot t = I^2R \cdot t = \dfrac{V^2}{R} \cdot t[W \cdot \sec]$
	※ $1[J] = 0.24[cal], 1[kWh] = 860[kcal]$

6. 분류기와 배율기

03	배율 $m = \dfrac{I}{I_a} = 1 + \dfrac{r_a}{R_s}$
04	배율 $m = \dfrac{V}{V_v} = 1 + \dfrac{R_m}{r_v}$

02 정현파 교류

1. 파형의 종류에 따른 특성값

구분	실횻값	평균값	파형률	파고율
정현파	05	$\dfrac{2V_m}{\pi}$	1.11	1.41
삼각파	$\dfrac{V_m}{\sqrt{3}}$	$\dfrac{V_m}{2}$	1.15	06
반파정현파	$\dfrac{V_m}{2}$	07	1.57	2
반파구형파	$\dfrac{V_m}{\sqrt{2}}$	$\dfrac{V_m}{2}$	1.41	1.41
구형파	08	V_m	1	1

2. 파고율과 파형률

파고율	파고율 = 09
파형률	파형률 = 10

O/X 문제

01 어떤 도체의 단면을 2분 동안에 720[C]의 전기량이 통과하였다면 전류의 크기는 $I = \frac{Q}{t} = \frac{720}{2 \times 60} = 6[A]$이다. ☐ O ☐ X

02 어느 두 점 사이를 20[C]의 전하량이 이동하여 720[J]의 일을 하였다면 두 점 사이의 전위차 $V = \frac{W}{Q} = \frac{720}{20} =$ 36[V]이다. ☐ O ☐ X

03 220[V]의 전압에서 3[A]의 전류가 흐르는 전열기를 10시간 사용하였다면 사용한 총 전력량 $W = P \cdot t = VI \cdot t =$ 220×3×10 = 6.6[kWh]이다. ☐ O ☐ X

04 옴의 법칙은 전류는 저항에 비례하고 전압에 반비례한다는 것이다. ☐ O ☐ X

05 전압 강하에 의해 전류의 흐름을 감소시키는 소자를 저항이라고 하면 $R = \frac{l}{\rho A}[\Omega]$($R$: 저항, A: 단면적, ρ: 고유저항, l: 길이)이다. ☐ O ☐ X

06 전압 분배 법칙은 각 저항에 걸리는 전압은 저항에 반비례하고, 전류 분배 법칙은 각 저항에 흐르는 전류는 저항에 비례한다는 것이다. ☐ O ☐ X

07 전압계의 측정 범위를 확대하기 위해 내부저항 $r_a[\Omega]$인 전압계를 직렬로 접속하는 저항을 배율기라고 하며 배율 $m = \frac{V}{V_v} = 1 + \frac{R_m}{r_v}$으로 표현한다. ☐ O ☐ X

08 키르히호프의 전압 법칙, 전류 법칙은 회로소자의 선형, 비선형, 시변, 시불변성에 구애받는다. ☐ O ☐ X

09 브리지 회로의 평형 조건은 서로 마주 보는 변의 저항값의 곱이 서로 같을 때이다. ☐ O ☐ X

10 주파수 $f = 60[Hz]$인 파형의 주기 $T[s] = \frac{1}{60}[s]$, 각속도 $w = 2\pi f = 120\pi = 377[rad/sec]$이다. ☐ O ☐ X

11 $v(t) = V_m \sin wt[V]$에 대한 전압의 평균값은 $\frac{2}{\pi}V_m$이다. ☐ O ☐ X

12 정현파 교류의 평균값에 $\frac{\pi}{\sqrt{2}}$를 곱하면 실횻값을 얻을 수 있다. ☐ O ☐ X

13 구형파는 정현파의 실횻값의 2배의 실횻값을 가지는 파이다. ☐ O ☐ X

14 구형파를 기준으로 할 때 비정현적인 파형이 일그러진 정도를 나타내는 척도로 왜형률을 사용한다. ☐ O ☐ X

15 파형률 = $\frac{실횻값}{평균값}$이다. ☐ O ☐ X

16 삼각파의 파고율은 $\sqrt{2}$이다. ☐ O ☐ X

17 파고율이 2가 되는 파는 반파 정류파이다. ☐ O ☐ X

18 $v(t) = 100\sqrt{2}\sin\left(wt + \frac{3}{\pi}\right)[V]$를 복소수로 표시하면 $50 + j50\sqrt{3}[V]$이다. ☐ O ☐ X

19 삼각 함수에 대한 오일러의 정리는 $e^{\pm j\theta} = \cos\theta \pm j\sin\theta$로 정의한다. ☐ O ☐ X

[O/X 정답]

01 ○ **02** ○ **03** ○ **04** X **05** X **06** X **07** ○ **08** X **09** ○ **10** ○ **11** ○ **12** X **13** X **14** X **15** ○
16 X **17** ○ **18** ○ **19** ○

03 기본 교류회로

1. R, L, C 단일 소자(인가 전압 $v = V_m \sin wt$인 경우)

구분	R (저항)	L (인덕턴스)	C (커패시턴스)
전류	$i = I_m \sin wt$	$i = I_m \sin\left(wt - \frac{\pi}{2}\right)$	$i = I_m \sin\left(wt + \frac{\pi}{2}\right)$
위상차	$\theta = 0$ (전압, 전류 동위상)	$\theta = \frac{\pi}{2}$ (전류가 전압보다 위상이 90° [01])	$\theta = \frac{\pi}{2}$ (전류가 전압보다 위상이 90° [02])
전압과 전류의 관계	$I = \frac{V}{R}$	$I = \frac{V}{wL} = \frac{V}{X_L}$ $X_L = jwL$ ([03] 리액턴스)	$I = wCV = \frac{V}{X_C}$ $X_C = \frac{1}{jwC}$ ([04] 리액턴스)
역률	$\cos\theta = 1$ $\sin\theta = 0$	$\cos\theta = 0$ $\sin\theta = 1$	$\cos\theta = 0$ $\sin\theta = 1$

2. $R-L-C$ 직렬회로

구분	$R-L$	$R-C$	$R-L-C$
임피던스	$\sqrt{R^2 + (\omega L)^2}$	$\sqrt{R^2 + \left(\frac{1}{\omega C}\right)^2}$	$\sqrt{R^2 + \left(\omega L - \frac{1}{\omega C}\right)^2}$
위상각	$\tan^{-1}\frac{\omega L}{R}$	$\tan^{-1}\frac{1}{\omega C R}$	$\tan^{-1}\frac{\omega L - \frac{1}{\omega C}}{R}$
실효전류	$\frac{V}{\sqrt{R^2 + (\omega L)^2}}$	$\frac{V}{\sqrt{R^2 + \left(\frac{1}{\omega C}\right)^2}}$	$\frac{V}{\sqrt{R^2 + \left(\omega L - \frac{1}{\omega C}\right)^2}}$
위상	전류가 뒤짐	전류가 앞섬	L이 크면 전류가 뒤지고, C가 크면 전류가 앞섬

3. $R-L-C$ 병렬회로

구분	$R-L$	$R-C$	$R-L-C$
어드미턴스	$\sqrt{\left(\frac{1}{R}\right)^2 + \left(\frac{1}{\omega L}\right)^2}$	$\sqrt{\left(\frac{1}{R}\right)^2 + (\omega C)^2}$	$\sqrt{\left(\frac{1}{R}\right)^2 + \left(\frac{1}{\omega L} - wC\right)^2}$
위상각	$\tan^{-1}\frac{R}{\omega L}$	$\tan^{-1}\omega C R$	$\tan^{-1}\frac{\frac{1}{\omega L} - wC}{\frac{1}{R}}$
실효전류	$\sqrt{\left(\frac{1}{R}\right)^2 + \left(\frac{1}{\omega L}\right)^2}V$	$\sqrt{\left(\frac{1}{R}\right)^2 + (\omega C)^2}V$	$\sqrt{\left(\frac{1}{R}\right)^2 + \left(\frac{1}{\omega L} - \omega C\right)^2}$
위상	전류가 뒤짐	전류가 앞섬	L이 크면 전류가 뒤지고, C가 크면 전류가 앞섬

4. R-L-C 공진회로

구분	직렬공진	병렬공진
회로		
회로의 Z, Y	$Z = R + j\left(wL - \frac{1}{wC}\right)$	$Y = \frac{1}{R} + j\left(wC - \frac{1}{wL}\right)$
공진 조건	$w_\gamma L = \frac{1}{w_\gamma C}$	$w_\gamma C = \frac{1}{w_\gamma L}$
공진 각주파수	$w_\gamma = \frac{1}{\sqrt{LC}}$	$w_\gamma = \frac{1}{\sqrt{LC}}$
공진 주파수	$f_\gamma = \frac{1}{2\pi\sqrt{LC}}$	$f_\gamma = \frac{1}{2\pi\sqrt{LC}}$
공진 시 Z_γ, Y_γ	$Z_\gamma = R$(최소)	$Y_\gamma = \frac{1}{R}$(최소)
공진전류	$I_\gamma = \frac{E}{Z_\gamma} = \frac{E}{R}$(최대)	$I_\gamma = Y_\gamma E = \frac{E}{R}$(최소)
선택도	[05]	[06]

[빈칸 정답] **01** 뒤짐 **02** 앞섬 **03** 유도성 **04** 용량성 **05** $Q = \frac{1}{R}\sqrt{\frac{C}{L}}$ **06** $R\sqrt{\frac{C}{L}}$

40 공기업 취업의 모든 것, 해커스공기업 public.Hackers.com

O/X 문제

01 저항은 전압과 전류가 동위상이다.		□ O □ X
02 유도성 리액턴스 $X_L[\Omega]$은 전류가 전압보다 위상이 90° 빠르다.		□ O □ X
03 용량성 리액턴스 $X_C[\Omega]$는 전류가 전압보다 위상이 90° 느리다.		□ O □ X
04 코일에서 전류가 급격히 변화하면 v_L이 ∞가 되는 모순이 생긴다.		□ O □ X
05 콘덴서는 전압이 급격하게 변화하면 i_c가 ∞가 되는 모순이 생긴다.		□ O □ X
06 직렬 공진회로에서 임피던스가 최소가 되어 전류는 최대 전류가 흐른다.		□ O □ X
07 직렬 공진회로에서 저항값을 변화시키면 공진 주파수는 변화한다.		□ O □ X
08 직렬 공진회로에서의 선택도 $Q = \dfrac{1}{R}\sqrt{\dfrac{L}{C}}$이다.		□ O □ X
09 직렬 공진회로의 선택도는 공진 곡선의 첨예도를 의미할 뿐만 아니라 공진 시 전압 확대 비, 공진 시 저항에 대한 리액턴스 비를 의미한다.		□ O □ X
10 어떤 $R-L-C$ 병렬회로에서 병렬공진되었을 때는 합성전류가 최대가 된다.		□ O □ X

[O/X 정답]

01 ○　　**02** X　　**03** X　　**04** ○　　**05** ○　　**06** ○　　**07** X　　**08** ○　　**09** ○　　**10** X

04 교류전력

1. 교류전력

종류	직렬회로	병렬회로	복소전력
피상 전력	$P_a = VI = I^2Z$ $= \dfrac{V^2Z}{R^2+X^2}$	$P_a = VI = YV^2$ $= \dfrac{I^2Y}{G^2+B^2}$	1) 유도성 $\quad P_a = \dot{V}\bar{I} = P + jP_r$ 2) 용량성 $\quad P_a = \dot{V}\bar{I} = P - jP_r$
01	$P = VI\cos\theta$ $= I^2R$ $= \dfrac{V^2R}{R^2+X^2}$	$P = VI\cos\theta$ $= GV^2$ $= \dfrac{I^2G}{G^2+B^2}$	
02	$P_r = VI\sin\theta$ $= I^2X$ $= \dfrac{V^2X}{R^2+X^2}$	$P_r = VI\sin\theta$ $= BV^2$ $= \dfrac{I^2B}{G^2+B^2}$	–

2. 최대 전력

최대 전력	$P_{\max} =$ 03

05 상호 유도

1. 결합계수

결합계수	$k = \dfrac{M}{\sqrt{L_1L_2}}\ (0 \le k \le 1)$

2. 인덕턴스의 접속

04	$L_0 = L_1 + L_2 \pm 2M[H]$
05	$L_0 = \dfrac{L_1L_2 - M^2}{L_1 + L_2 \mp 2M}[H]$

[빈칸 정답] **01** 유효전력 **02** 무효전력 **03** $\dfrac{V^2}{4R_r}[W]$ **04** 직렬접속 **05** 병렬접속

O/X 문제

01 유효전력은 실제로 에너지를 소비하는 전력을 말하며 $P = VI\cos\theta = I^2R = \dfrac{V^2}{R} = \dfrac{V^2R}{R^2+X^2}[W]$로 계산한다. □ O □ X

02 어느 회로의 유효전력 $P = 60[W]$, 무효전력 $P_r = 80[Var]$이다. 이 회로의 역률 $\cos\theta = 0.8$이다. □ O □ X

03 $R - L$ 병렬회로의 양단에 $e = E_m\sin(wt + \theta)[V]$의 전압이 가해졌을 때 소비되는 유효전력은 $\dfrac{E_m^2}{2R}[W]$이다. □ O □ X

04 정격 $1{,}000[W]$ 전열기에 정격 전압의 $60[\%]$를 인가하면 전력은 $360[W]$이다. □ O □ X

05 $R = 4[\Omega]$과 $X_c = 3[\Omega]$이 직렬로 접속된 회로에 $10[A]$의 전류를 통할 때의 교류전력은 유효 $400[W]$, 무효 $300[Var]$이다. □ O □ X

06 어떤 회로의 전압 V, 전류 I일 때 $P_a = V^\cdot I = P + jQ$에서 $Q > 0$이다. 이 회로는 유도성 부하이다. □ O □ X

07 역률이 $80[\%]$인 부하에 전압 $100[V]$를 가해서 전류 $7[A]$가 흘렀다. 이 부하의 피상전력은 $700[VA]$이다. □ O □ X

08 내부저항 $r[\Omega]$인 전원이 있다. 부하 R에 최대 전력을 공급하기 위해서는 부하저항 R과 내부저항 r이 같아야 한다. □ O □ X

09 상호 인덕턴스 $M = 100[mH]$인 회로의 1차 코일에 $5[A]$의 전류가 0.5초 동안에 $20[A]$로 변화할 때 2차 유기 기전력 $v_2 = M\dfrac{di_1}{dt} = 100 \times 10^{-3} \times \dfrac{20 - 5}{0.5} = 3[V]$이다. □ O □ X

10 결합계수는 두 코일간의 유도결합 정도를 나타내는 양으로 $k = \dfrac{M}{\sqrt{L_1L_2}}$으로 정의한다. □ O □ X

11 결합계수 k의 범위는 $0 \le k \le 1$이다. □ O □ X

12 인덕턴스가 식렬로 가동접속되었을 때 합성 인덕턴스 $L_0 = L_1 + L_2 - 2M[H]$이다 □ O □ X

13 인덕턴스가 병렬로 가동접속되었을 때 합성 인덕턴스 $L_0 = \dfrac{L_1L_2 - M^2}{L_1 + L_2 - 2M}[H]$이다. □ O □ X

[O/X 정답]

01 O   **02** X   **03** O   **04** O   **05** O   **06** X   **07** O   **08** O   **09** O   **10** O   **11** O   **12** X   **13** O

06 선형회로망

1. 키르히호프의 법칙

제1법칙 (01)	$\sum\limits_{k=1}^{n} I_k = 0$
제2법칙 (02)	$\sum\limits_{k=1}^{n} V_k = \sum\limits_{k=1}^{n} I_k Z_k$

2. 중첩의 원리

개념	회로망 내에 다수의 기전력이 동시에 존재할 때 회로 전류는 각 기전력이 각각 단독으로 그 위치에 존재할 때 흐르는 전류의 합. 이때 제거하는 03 은 단락하고 04 은 개방함

3. 테브난의 정리

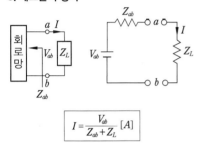

$$I = \frac{V_{ab}}{Z_{ab} + Z_L}\,[A]$$

4. 노튼의 정리

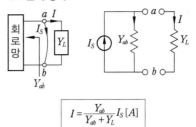

$$I = \frac{Y_{ab}}{Y_{ab} + Y_L}\,I_S\,[A]$$

5. 밀만의 정리

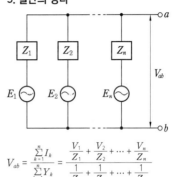

$$V_{ab} = \frac{\sum\limits_{k=1}^{n} I_k}{\sum\limits_{k=1}^{n} Y_k} = \frac{\dfrac{V_1}{Z_1} + \dfrac{V_2}{Z_2} + \cdots + \dfrac{V_n}{Z_n}}{\dfrac{1}{Z_1} + \dfrac{1}{Z_2} + \cdots + \dfrac{1}{Z_n}}$$

[빈칸 정답] **01** 전류법칙　**02** 전압법칙　**03** 전압원　**04** 전류원

O/X 문제

01 이상적인 전압원은 내부저항이 클수록 좋다. □ O □ X

02 이상적인 전류원은 내부저항이 클수록 좋다. □ O □ X

03 R, L, C, G 등 회로소자가 전압, 전류에 따라 그 본래 값이 변화하지 않는 것을 능동소자라고 한다. □ O □ X

04 여러 개의 기전력을 포함하는 선형회로망 내의 전류 분포는 각 기전력이 단독으로 그 위치에 있을 때 흐르는 전류 분포의 합과 같으며, 이것을 중첩의 원리라고 한다. □ O □ X

05 전류가 전압에 비례함을 가장 잘 나타낸 것은 중첩의 정리이다. □ O □ X

06 중첩의 정리는 선형회로인 경우에만 적용된다. □ O □ X

07 테브난의 정리와 쌍대의 관계가 있는 것은 노튼의 정리이다. □ O □ X

08 다수의 전압원이 병렬로 접속된 회로를 간단하게 전압원의 등가회로로 대치시키는 방법을 가역의 정리라고 한다. □ O □ X

09 전원이 포함된 능동회로망은 하나의 전류원과 하나의 저항이 병렬로 접속된 회로로 대치할 수 있는 회로망을 노튼의 정리라고 한다. □ O □ X

10 여하한 구조를 갖는 능동회로망도 그 임의의 두 단자 a, b 외측에 대해서는 등가적으로 하나의 전원 전압원과 하나의 저항이 직렬로 연결된 회로로 대치할 수 있는데, 이러한 회로를 테브난의 회로라고 한다. □ O □ X

[O/X 정답]

01 X　**02** O　**03** X　**04** O　**05** X　**06** O　**07** O　**08** X　**09** O　**10** O

07 다상교류

1. 임피던스의 $\Delta - Y$ 등가 변환

01 로 변환	$Z_a = \dfrac{Z_{ca} \cdot Z_{ab}}{Z_{ab} + Z_{bc} + Z_{ca}}$ $Z_b = \dfrac{Z_{ab} \cdot Z_{bc}}{Z_{ab} + Z_{bc} + Z_{ca}}$ $Z_c = \dfrac{Z_{bc} \cdot Z_{ca}}{Z_{ab} + Z_{bc} + Z_{ca}}$	
02 로 변환	$Z_{ab} = \dfrac{Z_a Z_b + Z_b Z_c + Z_c Z_a}{Z_c}$ $Z_{bc} = \dfrac{Z_a Z_b + Z_b Z_c + Z_c Z_a}{Z_a}$ $Z_{ca} = \dfrac{Z_a Z_b + Z_b Z_c + Z_c Z_a}{Z_b}$	

2. 선과 상의 전압 전류

결선 종류	3상	n상	6상
Y결선	$I_l = I_p$		
	$V_l = \sqrt{3}V_p \angle 30$	$V_l = 2\sin\dfrac{\pi}{n}V_p$ $\angle\left(\dfrac{\pi}{2} - \dfrac{\pi}{n}\right)$	$V_l = V_p \angle 60$
Δ결선	$I_l = \sqrt{3}I_p$ $\angle -30$	$I_l = 2\sin\dfrac{\pi}{n}I_p$ $\angle -\left(\dfrac{\pi}{2} - \dfrac{\pi}{n}\right)$	$I_l = I_p \angle -60$
	$V_l = V_p$		

3. 다상회로의 전력

3상회로	1) 유효전력 $P = 3V_p I_p \cos\theta = \sqrt{3}V_l I_l \cos\theta$ $\quad = 3I_p^2 R = 3\dfrac{V_p^2}{R}[W]$ 2) 무효전력 $P_r = 3V_p I_p \sin\theta = \sqrt{3}V_l I_l \sin\theta$ $\quad = 3I_p^2 X = 3\dfrac{V_p^2}{X}[Var]$ 3) 피상전력 $P_a = 3V_p I_p = \sqrt{3}V_l I_l = \sqrt{P^2 + P_r^2}$ $\quad = 3I_p^2 Z = 3\dfrac{V_p^2}{Z}[VA]$
n상 회로의 유효전력	$P = nV_p I_p \cos\theta = \dfrac{n}{2\sin\dfrac{\pi}{n}}V_l I_l \cos\theta[W]$

4. V결선

출력	$P = \sqrt{3}VI[kVA]$
변압기 이용률	$\dfrac{\sqrt{3}VI}{2VI} = \dfrac{\sqrt{3}}{2} \fallingdotseq 0.866$
출력비	$\dfrac{P_V}{P_\Delta} = \dfrac{\sqrt{3}VI}{3VI} = \dfrac{1}{\sqrt{3}} \fallingdotseq 0.577$

08 대칭 좌표법

1. 비대칭분 전압과 대칭분 전압

03	04
영상분 $V_0 = \dfrac{1}{3}(V_a + V_b + V_c)$	$V_a = (V_0 + V_1 + V_2)$
정상분 $V_1 = \dfrac{1}{3}(V_a + aV_b + a^2 V_c)$	$V_b = (V_0 + a^2 V_1 + aV_2)$
역상분 $V_2 = \dfrac{1}{3}(V_a + a^2 V_b + aV_c)$	$V_c = (V_0 + aV_1 + a^2 V_2)$

2. 불평형률

공식	불평형률 = 05 × 100[%]

O/X 문제

01 대칭 3상 교류에서 순시값의 벡터 합은 0이다. ☐ O ☐ X

02 평형 3상 교류에서 Y결선의 상전압은 선간전압과 같다. ☐ O ☐ X

03 평형 3상 교류에서 Δ결선의 상전류는 선전류의 $\frac{1}{\sqrt{3}}$과 같다. ☐ O ☐ X

04 대칭 3상 교류에 의한 회전 자계는 원형 회전 자계이다. ☐ O ☐ X

05 3개의 저항을 같은 전원에 Δ결선으로 접속시켰을 때와 Y결선으로 접속시킬 때 선전류는 $\frac{1}{3}$배 줄어든다. ☐ O ☐ X

06 대칭 n상에서 선전류는 상전류보다 $\frac{\pi}{2}\left(1 - \frac{2}{n}\right)[rad]$만큼 위상이 앞선다. ☐ O ☐ X

07 비대칭 다상 교류가 만드는 회전 자계는 타원 회전 자계를 만든다. ☐ O ☐ X

08 대칭 n상의 유효전력은 $P = \dfrac{1}{2\sin\frac{\pi}{n}}V_l I_l \cos\theta [W]$이다. ☐ O ☐ X

09 Y결선된 부하를 Δ결선으로 바꾸면 소비전력은 3배로 증가한다. ☐ O ☐ X

10 V결선 변압기의 이용률은 57.7[%]이다. ☐ O ☐ X

11 대칭 좌표법에서 사용되는 용어 중 3상의 공통 성분은 정상분이다. ☐ O ☐ X

12 3상 3선식에서는 회로의 평형, 불평형 또는 부하의 Y, Δ에 불구하고 세 선전류의 합은 0이므로 선전류의 영상분은 0이 된다. ☐ O ☐ X

13 대칭 3상 전압에서 V_a, $V_b = a^2 V_a$, $V_c = aV_a$일 때 a상을 기준으로 한 대칭분은 영상분, 정상분, 역상분이 모두 존재한다. ☐ O ☐ X

14 Y결선의 3상 4선식은 중성점을 접지하므로 영상분이 존재한다. ☐ O ☐ X

15 3상 불평형 전압의 정상분은 $V_1 = \frac{1}{3}(V_a + aV_b + a^2 V_c)[V]$이다. ☐ O ☐ X

16 3상 불평형 전압에서 불평형률은 정상분에 대한 영상분의 백분율이다. ☐ O ☐ X

17 1선 지락사고 시에는 영상분, 정상분, 역상분이 모두 존재한다. ☐ O ☐ X

18 3상 불평형 시 역상분은 상순이 $a - c - b$로 120°의 위상차를 갖는 전압이다. ☐ O ☐ X

[O/X 정답]

01 O   **02** X   **03** O   **04** O   **05** X   **06** X   **07** O   **08** X   **09** O   **10** X   **11** X   **12** O   **13** X   **14** O   **15** O

16 X   **17** O   **18** O

09 비정현파(왜형파) 교류

1. 비정현파의 푸리에 급수에 의한 전개

공식	$f(t) = a_0 + \sum\limits_{n=1}^{\infty} a_n \cos nwt + \sum\limits_{n=1}^{\infty} b_n \sin nwt$

2. 대칭성

분류	01	02	03
예	기함수 예 $\sin wt$	우함수 예 $\cos wt$	sin, cos 구형파, 삼각파
특성식	$f(t) = -f(-t)$	$f(t) = f(-t)$	$f(t) = -f(t+\pi)$
특징	04 대칭	05 대칭	반주기마다 파형이 교대로 +, − 값을 가짐
존재하는 항	sin항	cos항, 상수항	기수항(홀수항)
존재하지 않는 항	상수항, cos항	sin항	짝수항, 상수항

3. 실횻값

공식	$I = \sqrt{I_0^2 + I_1^2 + I_2^2 + \cdots + I_n^2}[A]$

4. 왜형률

공식	$D = \dfrac{\text{전 고조파의 실횻값}}{\text{기본파의 실횻값}}$

5. 전력

유효전력	$P = V_0 I_0 + \sum\limits_{n=1}^{\infty} V_n I_n \cos\theta_n [W]$
무효전력	$P_\gamma = \sum\limits_{n=1}^{\infty} V_n I_n \sin\theta_n [Var]$
피상전력	$\begin{aligned} P_a &= VI \\ &= \sqrt{V_0^2 + V_1^2 + V_2^2 + \cdots + V_n^2} \\ &\times \sqrt{I_0^2 + I_1^2 + I_2^2 + \cdots + I_n^2}[VA] \end{aligned}$
등가역률	$\cos\theta = \dfrac{P}{P_a} = \dfrac{P}{VI}$ $= \dfrac{V_0 I_0 + V_1 I_1 \cos\theta_1 + V_2 I_2 \cos\theta_2 + \cdots + V_n I_n \cos\theta_n}{\sqrt{V_0^2 + V_1^2 + V_2^2 + \cdots + V_n^2} \times \sqrt{I_0^2 + I_1^2 + I_2^2 + \cdots + I_n^2}}$

10 2단자망

1. 구동점 임피던스: $Z(s) = \dfrac{\text{분자}}{\text{분모}}$

임피던스 함수	임피던스를 구할 때 $jw = s$로 치환하여 계산	• $R \to R$ • $L \to X_L = jwL = sL$ • $C \to X_C = \dfrac{1}{jwC} = \dfrac{1}{sC}$
06	$Z(s) = 0$이 되는 s의 근	회로의 단락 상태
07	$Z(s) = \infty$가 되는 s의 근	회로의 개방 상태

2. 정저항 회로

정저항 회로	1) 08 에 무관한 회로 2) $R^2 = Z_1 Z_2 = \dfrac{L}{C}$ 3) $R = \sqrt{Z_1 Z_2} = \sqrt{\dfrac{L}{C}}[\Omega]$ $\left(Z_1 = jwL, Z_2 = \dfrac{1}{jwC} \right)$

3. 역회로

공식	$\dfrac{L_1}{C_1} = \dfrac{L_2}{C_2} = K^2$

[빈칸 정답] **01** 정현대칭 **02** 여현대칭 **03** 반파대칭 **04** 원점 **05** y축 **06** 영점 **07** 극점 **08** 주파수

O/X 문제

01 비정현파는 주파수와 진폭을 달리하는 무수히 많은 성분을 갖는 정현항과 여현항의 합으로 표현한다. ☐ O ☐ X

02 푸리에 급수에 따른 대칭성에는 정현대칭, 여현대칭만이 존재한다. ☐ O ☐ X

03 기함수는 $f(t) = -f(-t)$로 표현한다. ☐ O ☐ X

04 비정현파 교류의 실횻값은 직류분, 기본파 및 고조파의 제곱의 합의 제곱근으로 나타낸다. ☐ O ☐ X

05 기본파의 40[%]인 제3고조파와 기본파의 30[%]인 제5고조파를 포함하는 전압파의 왜형률은 0.44이다. ☐ O ☐ X

06 비정현파에서 기본파에 대한 고조파 성분이 포함된 정도를 나타내는 지표를 왜형률이라고 하며,

왜형률 $= \dfrac{\text{고조파 실횻값의 합}}{\text{기본파의 실횻값}}$으로 구한다. ☐ O ☐ X

07 비정현파 주기파 중 고조파의 감소율이 가장 적은 것은 구형파이다. ☐ O ☐ X

08 $R-L-C$ 직렬 회로에서 공진 시 제n고조파의 공진 주파수 $f_n = \dfrac{1}{2\pi n\sqrt{LC}}[Hz]$이다. ☐ O ☐ X

09 일반적으로 교류 발전기에 포함되는 고조파는 가수 고조파이므로 n은 짝수이며 $(3n + 1)$ 고조파는 상회전이 기본파와 반대 방향이다. ☐ O ☐ X

10 비정현파의 교류진력은 직류분과 각 고조파 전력의 합으로 나다난다. ☐ O ☐ X

11 구동점 임피던스를 $Z(s)$라고 표현하고 L과 C의 임피던스를 $\dfrac{1}{sL}$, Cs로 표시한다. ☐ O ☐ X

12 구동점 임피던스 $Z(s) = 0$이 되는 s의 값을 영점이라고 하며 회로의 단락 상태를 나타낸다. ☐ O ☐ X

13 어떤 2단자 회로망의 임피던스가 $Z(s) = \dfrac{s + 1}{s^2 + 3s + 2}$일 때 극점 $s = -1, -2$이다. ☐ O ☐ X

14 주파수에 관계없이 항상 일정한 순저항으로 될 때의 회로를 임피던스 회로라고 한다. ☐ O ☐ X

15 구동점 임피던스에 있어서 극점은 회로를 개방한 것과 같다. ☐ O ☐ X

16 정저항 회로의 조건은 $R = \sqrt{\dfrac{L}{C}}[\Omega]$이다. ☐ O ☐ X

17 2단자 임피던스의 허수부가 어떤 주파수에 대해서도 언제나 0이 되고, 실수부도 주파수에 무관하게 항상 일정한 회로를 정저항 회로라고 한다. ☐ O ☐ X

18 임피던스 함수 $Z(s) = \dfrac{s + 120}{s^2 + 5s + 6}[\Omega]$으로 주어지는 2단자 회로망에 직류 100[$V$]의 전압을 가하면 회로에는 2[$A$]의 전류가 흐른다. ☐ O ☐ X

[O/X 정답]

01 ○ **02** X **03** ○ **04** ○ **05** X **06** ○ **07** ○ **08** ○ **09** X **10** ○ **11** X **12** ○ **13** ○ **14** X **15** ○

16 ○ **17** ○ **18** X

11 4단자망

1. 4단자망 회로

01 파라미터	 $V_1 = Z_{11}I_1 + Z_{12}I_2$ $V_2 = Z_{21}I_1 + Z_{22}I_2$
	$Z_{11} = Z_1 + Z_3$ $Z_{12} = Z_3$ $Z_{21} = Z_3$ $Z_{22} = Z_2 + Z_3$
02 파라미터	 $I_1 = Y_{11}V_1 + Y_{12}V_2$ $I_2 = Y_{21}V_1 + Y_{22}V_2$
	$Y_{11} = Y_a + Y_b$ $Y_{12} = -Y_b$ $Y_{21} = -Y_b$ $Y_{22} = Y_b + Y_c$
ABCD 파라미터	$V_1 = AV_2 + BI_2$ $I_1 = CV_2 + DI_2$ $\begin{bmatrix} V_1 \\ I_1 \end{bmatrix} = \begin{bmatrix} A & B \\ C & D \end{bmatrix}\begin{bmatrix} V_2 \\ I_2 \end{bmatrix}$ $A = \dfrac{V_1}{V_2}\Big\|_{I_2=0}$ 전압비, $B = \dfrac{V_1}{I_2}\Big\|_{V_2=0}$ 임피던스$[\varOmega]$, $C = \dfrac{I_1}{V_2}\Big\|_{I_2=0}$ 어드미턴스$[\mho]$, $D = \dfrac{I_1}{I_2}\Big\|_{V_2=0}$ 전류비 $AD - BC = 1$, $A = D$ 대칭회로

2. 영상 파라미터

03 에서 본 영상 임피던스 (1차 영상 임피던스)	$Z_{01} = \sqrt{\dfrac{AB}{DC}}$
04 에서 본 영상 임피던스 (2차 영상 임피던스)	$Z_{02} = \sqrt{\dfrac{BD}{AC}}$
영상전달정수	$\theta = \log_e(\sqrt{AD} + \sqrt{BC})$ $= \cosh^{-1}\sqrt{AD}$ $= \sinh^{-1}\sqrt{BC}$
좌우 대칭인 경우 A = D이므로	$Z_{01} = Z_{02} = Z_0 = \sqrt{\dfrac{L}{C}}$

12 분포 정수 회로

1. 특성 임피던스와 전파정수

특성 임피던스	$Z_0 = \sqrt{\dfrac{Z}{Y}} = \sqrt{\dfrac{R+jwL}{G+jwC}} = \sqrt{\dfrac{L}{C}}[\varOmega]$
전파정수	$\gamma = \sqrt{ZY} = \sqrt{(R+jwL)(G+jwC)} = \alpha + j\beta$ (α: **05** , β: **06**)

2. 무손실 선로 및 무왜형 선로

구분	**07**	**08**
조건	$R = 0, G = 0$	$RC = LG$
특성 임피던스	$Z_0 = \sqrt{\dfrac{L}{C}}$	$Z_0 = \sqrt{\dfrac{L}{C}}$
전파정수	$\gamma = jw\sqrt{LC}(\alpha = 0)$	$\gamma = \sqrt{RG} + jw\sqrt{LC}$
파장	$\lambda = \dfrac{2\pi}{\beta} = \dfrac{2\pi}{w\sqrt{LC}} = \dfrac{1}{f\sqrt{LC}}$	
전파 속도	$v = f\lambda = \dfrac{2\pi f}{\beta} = \dfrac{w}{\beta} = \dfrac{1}{\sqrt{LC}} = 3 \times 10^8 [m/s]$	

O/X 문제

01 임피던스 파라미터의 선형회로망에서는 상반 정리가 성립하므로 $Z_{12} = Z_{21}$이 성립한다. ☐ O ☐ X

02 4단자 정수 A, B, C, D로 출력 측을 개방시켰을 때 입력 측에서 본 구동점 임피던스 $Z_{11}\left(= \frac{V_1}{I_1}\Big|_{I_2=0}\right)$은 $\frac{A}{C}$이다. ☐ O ☐ X

03 4단자 정수 A, B, C, D의 회로망이 성립하기 위해서는 $AD - BC = 0$이어야 한다. ☐ O ☐ X

04 4단자 정수 A, B, C, D 중에서 어드미턴스의 차원을 가진 정수는 B이다. ☐ O ☐ X

05 영상 임피던스 $Z_{01} = \sqrt{\frac{AB}{DC}}\,[\Omega]$이다. ☐ O ☐ X

06 영상 임피던스의 $Z_{01} \cdot Z_{02} = \frac{B}{C}$이다. ☐ O ☐ X

07 어떤 4단자망의 입력 단자 사이의 영상 임피던스 Z_{01}과 출력단자 사이의 영상 임피던스 Z_{02}가 같아지려면 4단자 정수 사이에 $AD - BC = 1$이 성립해야 한다. ☐ O ☐ X

08 4단자 회로에서 전달정수 $\theta = \log_e(\sqrt{AB} + \sqrt{CD})$이다. ☐ O ☐ X

09 분포 정수 회로에서의 특성 임피던스는 $Z_0 = \sqrt{\frac{Z}{Y}}\,[\Omega]$이다. ☐ O ☐ X

10 분포 정수 회로에서의 전파정수 $\gamma = \sqrt{ZY}$이다. ☐ O ☐ X

11 무손실 선로의 분포 정수 회로에서의 조건은 $RC = LG$가 만족되어야 한다. ☐ O ☐ X

12 무손실 선로에서의 감쇠정수 $\alpha = 0$이다. ☐ O ☐ X

13 무손실 회로, 무왜형 선로에서의 위상 속도 $v = \frac{1}{\sqrt{LC}}$이다. ☐ O ☐ X

14 $R = G = 0$인 회로를 무왜형 회로라고 한다. ☐ O ☐ X

15 분포 정수 회로에서 위상정수를 β라고 할 때 파장 $\lambda = \frac{2\pi}{\beta}$이다. ☐ O ☐ X

16 분포 정수 회로의 4단자 정수에서 $A = D = Z_0 \sinh\gamma l$이다. ☐ O ☐ X

17 진행파의 전파 속도 v, 특성 임피던스 Z_0는 주파수와 관계없다. ☐ O ☐ X

18 분포 정수 회로에서 선로의 특성 임피던스를 Z_0, 전파정수를 γ라고 할 때 선로의 직렬 임피던스는 $Z_0 \cdot \gamma$를 통해서 구할 수 있다. ☐ O ☐ X

[O/X 정답]

01 O **02** O **03** X **04** X **05** O **06** O **07** X **08** X **09** O **10** O **11** X **12** O **13** O **14** X **15** O
16 X **17** O **18** O

13 과도 현상

1. 직류전압 인가 시 회로별 특성

항목	01	02
$t=0$ 초기 상태	개방 상태	단락 상태
$t=\infty$ 정상 상태	단락 상태	개방 상태
전원 투입 시 흐르는 전류	$i = \dfrac{E}{R}\left(1 - e^{-\frac{R}{L}t}\right)$	$i = \dfrac{dq}{dt} = \dfrac{E}{R}e^{-\frac{1}{RC}t}$
전원 개방 시 흐르는 전류	$i = \dfrac{E}{R}e^{-\frac{R}{L}t}$	$i = -\dfrac{E}{R}e^{-\frac{1}{RC}t}$
전원 투입 시 충전되는 전하	–	$q = CE\left(1 - e^{-\frac{1}{RC}t}\right)[C]$
전원 투입 시 L 및 C 양단의 전압	$V_L = L\dfrac{di}{dt} = Ee^{-\frac{R}{L}t}$	$V_c = \dfrac{q}{C} = E\left(1 - e^{-\frac{1}{RC}t}\right)$
시정수	$\tau = \dfrac{L}{R}$	$\tau = RC$
특성근	$-\dfrac{R}{L}$	$-\dfrac{1}{RC}$

RLC 과도 현상	진동 (부족제동)	$R^2 < 4\dfrac{L}{C}$
	비진동 (과제동)	$R^2 > 4\dfrac{L}{C}$
	임계진동	$R^2 = 4\dfrac{L}{C}$
과도 상태가 나타나지 않는 위상각		$\theta = \tan^{-1}\dfrac{X}{R}$
과도 상태가 나타나지 않는 R값		$R = \sqrt{\dfrac{L}{C}}$
$L-C$ 과도 현상	전류	• $i(t) = \sqrt{\dfrac{C}{L}}E\sin\dfrac{1}{\sqrt{LC}}t[A]$ • 불변의 진동 전류
	전압	e_c의 최대치가 $2E$까지 될 수 있음

※ 1) 과도 현상은 시정수가 03 ____ 오래 지속됨
2) 시정수는 04 ____ 의 절댓값의 역과 같음. 즉, e^{-1}로 되는 데 t의 값

O/X 문제

01 시정수가 크면 과도 현상이 오래 지속된다. □ O □ X

02 시정수가 작으면 과도 현상이 길어진다. □ O □ X

03 시정수는 정상전류의 63.2[%]에 도달할 때까지의 시간을 의미한다. □ O □ X

04 $R-L$ 직렬회로에서의 전류 $i(t) = \dfrac{E}{R}\left(1 - e^{-\frac{R}{L}t}\right)[A]$이다. □ O □ X

05 $R-L$ 직렬회로에 직류 전압원을 갑자기 연결하였을 때 $t=0$인 순간, 이 회로에는 전류가 $\dfrac{V}{R}$만큼 흐른다. □ O □ X

06 $R-L$ 직렬회로에서 과도 기간에 있어서 인덕턴스 L의 단자전압은 $v_L(t) = Ee^{-\frac{L}{R}t}[V]$이다. □ O □ X

07 $R-C$ 직렬회로에서 전류 $i(t) = \dfrac{E}{R}e^{-\frac{1}{RC}t}[A]$가 흐른다. □ O □ X

08 $R-L-C$ 직렬회로에서 $R^2 - 4\dfrac{L}{C} > 0$ 진동적이다. □ O □ X

09 $L-C$ 직렬회로에서는 저항 성분이 없어 에너지가 소모되지 않으므로 불변의 진동 전류가 흐른다. □ O □ X

10 $L-C$ 직렬 회로에서 V_c의 최대치 전압은 $2[V]$까지 될 수 있다. □ O □ X

01 자동 제어계의 요소와 구성

1. 제어계의 분류

제어량의 종류에 의한 분류		
종류	성질	제어의 예
프로세스 제어	플랜트, 생산 공정 중의 상태량을 제어(외란 억제가 주목적)	온도, 유량, 압력, 액위, 농도, 밀도
01	기계적 변위를 제어량으로 해서 목푯값의 변화에 추종하는 제어	위치, 방위, 자세
자동 조정 제어	전기적, 기계적 양을 제어하는 것으로 응답 속도가 매우 빠름	전압, 전류, 주파수, 회전 속도, 힘

조절부 동작에 의한 분류			
	종류	동작	특징
연속 제어	02	P 동작	구조가 간단함, 잔류 편차가 생김
	03	PI 동작	잔류 편차를 소멸, 진동적으로 될 수 있음
	비례 미분 제어	PD 동작	속응성 개선
	비례 적분 미분 제어	04	잔류 편차 제거, 속응성 향상, 가장 안정한 제어

불연속 제어	온-오프 제어 (위치 제어)	On-off 동작	불연속 동작의 대표
	샘플링 제어	샘플링 주기	PID 제어보다 시간 낭비 감소

목푯값 종류에 따른 분류		
종류	목푯값	제어의 예
정치 제어	목푯값이 시간에 관계없이 일정	• 프로세스 제어 • 자동 조정 제어 등
추종 제어	목푯값의 임의 시간적 변화	• 미사일 추적 장치 • 대공포 포신 제어
05	목푯값의 미리 정해진 시간적 변화	• 엘리베이터 자동 제어 • 자판기
비율 제어	입력이 변화해도 그것과 항상 일정한 비례 관계 유지	• 재료의 일정 혼합 • 비율 유지

[빈칸 정답] **01** 서보 제어 **02** 비례 제어 **03** 비례 적분 제어 **04** PID 동작 **05** 프로그램 제어

O/X 문제

01 피드백 제어계에는 입력과 출력을 비교하는 장치가 필수적이다. ☐ O ☐ X

02 제어 요소는 동작 신호를 조작량으로 변환하는 요소이고, 조절부와 조작부로 이루어진다. ☐ O ☐ X

03 추치제어란 목푯값이 시간에 대하여 변화하지 않는 제어로 프로세스 제어, 자동 조정 제어가 있다. ☐ O ☐ X

04 온도, 유량, 압력, 액위, 농도, 밀도 등의 제어량의 제어계를 서보 기구라고 한다. ☐ O ☐ X

05 연료의 유량과 공기의 유량과의 사이의 비율을 연소에 적합한 것으로 유지하고자 하는 제어를 비율제어라고 한다. ☐ O ☐ X

06 PI 제어 동작은 잔류편차를 제거하여 정상 특성을 개선하기 위해 쓰인다. ☐ O ☐ X

07 정상 특성과 응답 속응성을 동시에 개선시키려면 PD 제어를 사용해야 한다. ☐ O ☐ X

08 불연속 제어계는 On-off 제어이다. ☐ O ☐ X

09 진동이 일어나는 장치의 진동을 억제시키는 데 가장 효과적인 제어는 미분 동작이다. ☐ O ☐ X

10 제어 장치가 제어 대상에 가하는 제어 신호로, 제어 장치의 출력인 동시에 제어 대상의 입력인 신호는 제어량이다. ☐ O ☐ X

11 제어량의 종류에는 프로세스 제어, 서보 제어, 자동 조정 제어가 있다. ☐ O ☐ X

12 서보 기구에서 직접 제어되는 제어량에는 위치, 자세, 각도 등이 있다. ☐ O ☐ X

[O/X 정답]

01 ○ **02** ○ **03** X **04** X **05** ○ **06** ○ **07** X **08** ○ **09** ○ **10** X **11** ○ **12** ○

02 라플라스 변환

1. 시간함수 $f(t)$의 라플라스 변환

공식	$\mathcal{L}[f(t)] = F(s) = \int_0^\infty f(t)e^{-st}dt$	
구분	$f(t)$	$F(s)$
01	$\delta(t)$	1
단위 계단 함수	$u(t), 1$	$\dfrac{1}{s}$
단위 램프 함수	t	$\dfrac{1}{s^2}$
n차 램프 함수	t^n	$\dfrac{n!}{s^{n+1}}$
정현파 함수 02		$\dfrac{w}{s^2+w^2}$
정현파 함수 03		$\dfrac{s}{s^2+w^2}$
지수 감쇠 함수	e^{-at}	$\dfrac{1}{s+a}$

※ 종류: 01, 단위 계단 함수, 단위 램프 함수, n차 램프 함수, 정현파 함수, 지수 감쇠 함수

2. 라플라스 변환의 주요 공식 정리

선형성의 정리	$\mathcal{L}[af(t) \pm bg(t)] = a\mathcal{L}[f(t)] \pm b\mathcal{L}[g(t)]$
시간 추이 정리	$\mathcal{L}[f(t-a)] = e^{-as}F(s)$
복소 추이 정리	$\mathcal{L}[e^{\pm at}f(t)] = F(s \mp a)$
복소 미분 정리	$\mathcal{L}[t^n f(t)] = (-1)^n \dfrac{d^n}{ds^n}F(s)$
미분 정리	$\mathcal{L}\left[\dfrac{d}{dt}f(t)\right] = sF(s) - f(0)$
적분 정리	$\mathcal{L}\left[\int_0^t f(t)dt\right] = \dfrac{1}{s}F(s)$
04	$f(0^+) = \lim\limits_{t \to 0}f(t) = \lim\limits_{s \to \infty}sF(s)$
05	$f(\infty) = \lim\limits_{t \to \infty}f(t) = \lim\limits_{s \to 0}sF(s)$

[빈칸 정답] **01** 임펄스 함수 **02** $\sin wt$ **03** $\cos wt$ **04** 초깃값 정리 **05** 최종값 정리

O/X 문제

01 라플라스 변환은 $\mathcal{L}[f(t)] = F(s) = \int_0^\infty f(t)e^{st}dt$ 값이다. ☐ O ☐ X

02 단위 계단 함수 $u(t)$를 라플라스 변환한 값은 $\dfrac{1}{s}$이다. ☐ O ☐ X

03 자동 제어계에서 중량 함수라고 불리는 것은 인디셜 응답이다. ☐ O ☐ X

04 $\cos wt$를 라플라스 변환하면 $\dfrac{s}{s^2+w^2}$이다. ☐ O ☐ X

05 단위 계단 함수가 시간 이동하는 경우 $u(t-T)$를 라플라스 변환하면 $\dfrac{1}{s}e^{-Ts}$이다. ☐ O ☐ X

06 $f(t) = \sin t \cos t$를 라플라스 변환하면 $\dfrac{1}{s^2+4}$이다. ☐ O ☐ X

07 임의의 함수 $f(t)$에 대한 라플라스 변환의 최종값 정리는 $f(0^+) = \lim\limits_{t \to 0}f(t) = \lim\limits_{s \to \infty}sF(s)$이다. ☐ O ☐ X

08 임의의 함수 $f(\infty) = \lim\limits_{t \to \infty}f(t) = \lim\limits_{s \to 0}sF(s)$를 최종값 정리라고 한다. ☐ O ☐ X

09 $f(t) = e^{jwt}$의 라플라스 변환은 $\dfrac{1}{s - jw}$이다. ☐ O ☐ X

10 어떤 함수 $f(t)$에 대하여 시간 t가 0에 가까워지는 경우 $f(t)$의 극한값을 초깃값이라고 한다. ☐ O ☐ X

[O/X 정답]

01 X   **02** O   **03** X   **04** O   **05** O   **06** O   **07** X   **08** O   **09** O   **10** O

03 전달 함수

1. 각종 요소의 전달 함수

개념	전달 함수는 모든 초기 조건을 0으로 하였을 때 출력 신호의 라플라스 변환과 **01** 의 라플라스 변환의 비
공식	$$G(s) = \frac{\mathcal{L}[y(t)]}{\mathcal{L}[x(t)]} = \frac{Y(s)}{X(s)}$$

구분			
요소의 종류	입력과 출력의 관계	전달 함수	비고
비례 요소	$y(t) = Kx(t)$	$G(s) = \dfrac{Y(s)}{X(s)} = K$	K: 비례감도 또는 이득정수
02	$y(t) = K\int x(t)dt$	$G(s) = \dfrac{Y(s)}{X(s)} = \dfrac{K}{s}$	–
03	$y(t) = K\dfrac{d}{dt}x(t)$	$G(s) = \dfrac{Y(s)}{X(s)} = Ks$	–
1차 지연 요소	$b_1\dfrac{d}{dt}y(t) + b_0y(t)$ $= a_0x(t)$	$G(s) = \dfrac{Y(s)}{X(s)}$ $= \dfrac{a_0}{b_1s + b_0}$ $= \dfrac{\frac{a_0}{b_0}}{\frac{b_1}{b_0}s + 1} = \dfrac{K}{Ts + 1}$	$K = \dfrac{a_0}{b_0}$ $T = \dfrac{b_1}{b_0}$ $(T = \tau$: 시정수$)$
2차 지연 요소	$b_2\dfrac{d^2}{dt^2}y(t)$ $+ b_1\dfrac{d}{dt}y(t) + b_0y(t)$ $= a_0x(t)$	$G(s) = \dfrac{Y(s)}{X(s)}$ $= \dfrac{Kw_n^2}{s^2 + 2\delta w_ns + w_n^2}$	δ: 감쇠계수 또는 제동비 w_n: 고유 각 주파수
부동작 시간 요소	$y(t) = Kx(t-L)$	$G(s) = \dfrac{Y(s)}{X(s)}$ $= Ke^{-Ls}$	L: 부동작 시간

2. 보상기

진상보상기	1) 위상특성이 빠른 요소, 제어계의 안정도, 속응성 및 과도 특성 개선 2) $G(s) = \dfrac{s+b}{s+a}$, $a > b$이면 분자의 허수부가 $+$가 되어 진상보상
지상보상기	1) 위상특성이 늦은 요소, 보상 요소를 삽입한 후 이득을 재조정하여 정상편차 개선 2) $G(s) = \dfrac{s+b}{s+a}$, $a < b$이면 분자의 허수부가 $-$가 되어 지상보상
진상·지상 보상기	속응성과 안정도 및 정상편차를 동시에 개선

3. 물리계와 전기계의 대응 관계

전기계	직선 운동	회전 운동
전위, 전압(v)	힘(f)	회전력(T)
전하(q)	거리(x)	각변위(θ)
전류$\left(i = \dfrac{dq}{dt}\right)$	속도$\left(v = \dfrac{dx}{dt}\right)$	각속도$\left(w = \dfrac{d\theta}{dt}\right)$
저항(R) $v = Ri$	마찰계수(B) $f = Bv$	회전마찰계수(B) $T = Bw$
인덕턴스(L) $v = L\dfrac{di}{dt}$	질량(M) $f = M\dfrac{dv}{dt} = M\dfrac{d^2x}{dt^2}$	관성 모멘트(J) $T = J\dfrac{dw}{dt} = J\dfrac{d^2\theta}{dt^2}$
정전용량(C) $v = \dfrac{q}{C} = \dfrac{1}{C}\int idt$	스프링후크 상수(K) $f = Kx = K\int vdt$	비틀림 상수(K) $T = K\theta = K\int wdt$

[빈칸 정답] **01** 입력 신호   **02** 적분 요소   **03** 미분 요소

O/X 문제

01 초깃값을 0으로 했을 때 출력신호에 대한 라플라스 변환과 입력신호의 라플라스 변환의 값을 전달 함수라고 한다.   □ O □ X

02 어떤 계의 전달 함수는 그 계에 대한 임펄스 응답의 라플라스 변환과 같다.   □ O □ X

03 어떤 계의 전달 함수의 분모를 0으로 놓으면 이것이 곧 미분방정식이다.   □ O □ X

04 미분 요소의 전달 함수는 $\dfrac{K}{s}$이다.   □ O □ X

05 1차 지연 요소의 전달 함수는 $\dfrac{K}{Ts+1}$이다.   □ O □ X

06 부동작 시간 요소의 전달 함수는 $\dfrac{K}{e^{Ls}}$이다.   □ O □ X

07 PD 제어기는 제어계의 과도 특성 개선을 위해 흔히 사용되며, 이것에 대응하는 보상기는 진상보상기이다.   □ O □ X

08 회전 운동계의 각속도를 전기적 요소로 변환하면 전압이다.   □ O □ X

09 직선 운동계의 속도, 변위를 전기적 요소로 변환하면 전류, 전하이다.   □ O □ X

10 전달 함수 $G(s) = \dfrac{s+b}{s+a}$에서 $b > a$이면 지상보상 조건이 된다.   □ O □ X

[O/X 정답]

01 ○   **02** ○   **03** X   **04** X   **05** ○   **06** ○   **07** ○   **08** X   **09** ○   **10** ○

04 블록선도와 신호흐름선도

1. 블록선도와 신호흐름선도의 등가 변환

항목	01	02
종속접속 $c = G_1 \cdot G_2 \cdot a$		
병렬접속 $d = (G_1 \pm G_2)a$		
피드백접속 $d = \dfrac{G}{1 \mp GH} \cdot a$		

2. 블록선도의 전달 함수

공식	$\dfrac{C(s)}{R(s)} = \dfrac{\sum \text{전향경로이득}}{1 - \sum \text{피드백}}$

3. 신호흐름선도 일반 이득 공식(03 의 정리)

공식	전달 함수 $G = \dfrac{\sum G_k \triangle_k}{\triangle}$

05 자동 제어계의 과도 응답

1. 과도 해석에 사용되는 시험기준 입력

기준 입력 종류	1) 계단 입력 $R(s) = \dfrac{1}{s}$ 2) 등속 입력 $R(s) = \dfrac{1}{s^2}$ 3) 등가속 입력 $R(s) = \dfrac{1}{s^3}$
시간 응답 특성	1) 04 : 과도 상태 중 응답이 목푯값을 넘어간 편차 백분율 오버슈트 = $\dfrac{\text{최대 오버슈트}}{\text{최종 목푯값}} \times 100[\%]$ 2) 지연 시간: 응답이 최종값의 50[%]에 도달하는 시간 3) 상승 시간: 응답이 최종값의 10[%]에서 90[%]에 도달하는 시간 4) 05 : 응답이 목푯값의 5[%] 이내 편차(95~105[%])로 안정되기까지 요하는 시간 5) 감쇠비: 과도 응답이 소멸되는 속도 감쇠비 = $\dfrac{\text{제2오버슈트}}{\text{최대 오버슈트}}$

2. 자동 제어계의 과도 응답

특성방정식	폐회로 전달 함수 $\dfrac{C(s)}{R(s)} = \dfrac{G(s)}{1 + G(s)H(s)}$에서 분모를 0으로 놓은 식. 즉, $1 + G(s)H(s) = 0$을 자동 제어계의 특성방정식이라고 함
특성방정식의 근의 위치와 응답	1) 정상 상태에 빨리 도달하려면 시정수 값이 06 함 2) 근이 s 평면의 좌반부에서 j축과 많이 떨어져 있을수록 정상값에 빨리 도달함 3) 근이 s 평면의 07 에 존재하면 시정수가 −가 되어 진동이 점점 커짐
2차 제어계의 전달 함수	$G(s) = \dfrac{w_n^2}{s^2 + 2\delta w_n s + w_n^2}$ 1) 특성방정식 $s^2 + 2\delta w_n s + w_n^2 = 0$ (δ: 제동비, 감쇠계수, w_n: 고유 주파수) 2) 근 $s = -\delta w_n \pm j w_n \sqrt{1 - \delta^2}$ ① $\delta < 1$ 경우: 부족제동(감쇠진동) ② $\delta = 1$ 경우: 08 ③ $\delta > 1$ 경우: 과제동(비진동) ④ $\delta = 0$ 경우: 09

[빈칸 정답] 01 블록선도 02 신호흐름선도 03 메이슨 04 오버슈트 05 정정 시간 06 작아야 07 우반부 08 임계제동 09 무제동

O/X 문제

01 단위 피드백계에서 입력과 출력이 같다면 전향 전달 함수의 |G| = ∞이어야 한다. □ O □ X

02 블록선도의 전달 함수 $\frac{C(s)}{R(s)} = \frac{\sum 전향경로이득}{1 - \sum 피드백}$이다. □ O □ X

03 메이슨의 정리에 의해 전달 함수 $G = \frac{\sum G_k \triangle_k}{\triangle}$이다. □ O □ X

04 연산 증폭기는 입력 임피던스가 작다. □ O □ X

05 연산 증폭기의 적분기의 출력은 $e_o = -\frac{1}{RC}\int e_i dt$이다. □ O □ X

06 어떤 제어계의 입력으로 단위 임펄스가 가해졌을 때 출력이 te^{-3t}이면 이 제어계의 전달 함수는 $\frac{1}{(s+3)^2}$이다. □ O □ X

07 전달 함수 $G(s) = \frac{1}{s+1}$인 제어계의 인디셜 응답은 $1 + e^{-t}$이다. □ O □ X

08 응답이 최종값의 10[%]에서 90[%]까지 되는데 요하는 시간은 상승 시간이다. □ O □ X

09 지연 시간은 응답이 최초로 목푯값의 50[%]가 되는 데 요하는 시간이다. □ O □ X

10 감쇠비 = $\frac{최대 오버슈트}{최종 희망값}$ 를 의미한다. □ O □ X

11 입력 신호를 가하고 난 후 출력 신호가 정상 상태에 도달할 때까지의 응답을 과도 응답이라고 한다. □ O □ X

12 어떤 계의 계단 응답이 지수 함수적으로 증가하고 일정값으로 된 경우 이 계를 2차 뒤진 요소라고 한다. □ O □ X

13 s 평면에서의 극점의 배치가 우반면상에 존재하면 진동이 점점 커진다. □ O □ X

14 s 평면에서의 극점의 배치가 좌반면상에 존재하면 진동이 점점 커진다. □ O □ X

15 2차 제어계의 제동비가 1보다 작을 경우 부족 제동한다. □ O □ X

16 제동계수의 값이 1일 때 임계 제동되었다고 한다. □ O □ X

17 폐회로 전달 함수의 분모 1 + $G(s)H(s)$ = 0을 선형 자동 제어계의 특성방정식이라고 한다. □ O □ X

18 시간 영역에서 자동 제어계를 해석할 때 기본 시험 입력에 보통 정현파 입력이 사용된다. □ O □ X

[O/X 정답]

01 O   02 O   03 O   04 X   05 O   06 O   07 X   08 O   09 O   10 X   11 O   12 X   13 O   14 X   15 O

16 O   17 O   18 X

06 편차와 감도

1. 형에 의한 피드백계의 분류

개념	루프이득 $G(s)H(s) = \dfrac{ks^a(s+b_1)(s+b_2)(s+b_3)+\cdots}{s^b(s+a_1)(s+a_2)(s+a_3)+\cdots}$ 또한, $b \geq a$인 시스템만 다루며 $n = b - a$라고 놓으면 분모의 s항만의 차수 n에 따라서 0형, 1형, 2형 제어 시스템으로 나뉨

2. 기준 입력 신호 편차에 따른 정상편차

항목	정상 위치편차	정상 속도편차	정상 가속도편차
입력	단위 계단 입력	단위 램프 입력	단위 포물선 입력
편차 상수	위치편차상수 $k_p = \lim\limits_{s \to 0} G(s)$	속도편차상수 $k_v = \lim\limits_{s \to 0} sG(s)$	가속도편차상수 $k_a = \lim\limits_{s \to 0} s^2 G(s)$
형	01	02	03

※ 기준 시험 입력은 계단, 램프, 포물선의 3가지가 주로 사용된다.

3. 감도

공식	$S_K^T = \dfrac{dT/T}{dK/K} = \dfrac{K}{T} \cdot \dfrac{dT}{dK}$

07 주파수 응답

1. 주파수 전달 함수

개념	각주파수가 w인 정현파의 신호를 가할 때 입출력의 진폭비 전달 함수를 주파수 전달 함수 $G(s)$라고 함
공식	$[G(s)]_{s=jw} = G(jw) = |G(jw)| \angle G(jw)$

2. 보드선도

이득선도	횡축에 주파수, 종축에 이득값(데시벨)으로 그린 그림		
위상선도	1) 횡축에 주파수, 종축에 위상값(°)으로 그린 그림 2) 이득 $g = 20\log_{10}|G(jw)|[dB]$ 3)		
	$G(s) = s$의 보드선도	+20$[dB/dec]$의 경사를 가지며	위상각은 04
	$G(s) = s^2$의 보드선도	+40$[dB/dec]$의 경사를 가지며	위상각은 05
	$G(s) = s^3$의 보드선도	+60$[dB/dec]$의 경사를 가지며	위상각은 06
07	1) 개념: 보드 선도가 경사를 이루는 실수부와 허수부가 같아지는 주파수 2) 공식: $w = \dfrac{1}{T}$		
보드선도의 안정 판정	1) 이득곡선이 0$[dB]$인 점을 지날 때의 주파수에서 위상여유가 양(+)이고, 위상곡선이 −180°를 지날 때 이득여유가 양(+)이면 시스템은 안정 2) 보드선도는 극점과 영점이 08 에 존재하는 경우 판정 불가능		

O/X 문제

01 정상 오차에 대한 기준 시험 입력은 계단, 램프 포물선의 3가지가 주로 사용된다. □ O □ X

02 표준 궤환 시스템의 전달 함수 $G(s)H(s) = \dfrac{2}{s^2(s+1)}$, 제어계는 1형 제어계이다. □ O □ X

03 $G(s)H(s) = \dfrac{K}{Ts+1}$ 일 때 이 계통은 1형 시스템이다. □ O □ X

04 제어시스템의 정상 상태 오차에서 단위 계단 입력에 의한 정상 상태 오차를 구하기 위해 $k_p = \lim\limits_{s \to 0} G(s)$로 표현되며,

이때 k_p를 위치편차상수라고 한다. □ O □ X

05 속도편차상수 $k_a = \lim\limits_{s \to 0} s^2 G(s)$이다. □ O □ X

06 주어진 요소 K의 특성에 대한 계의 폐루프 전달 함수 T의 미분감도 $S_K^T = \dfrac{dT/T}{dK/K} = \dfrac{K}{T} \cdot \dfrac{dT}{dK}$로 정의한다. □ O □ X

07 주파수 전달 함수의 입력으로 정현파 신호를 가한다. □ O □ X

08 진폭비 $= G(jw)$의 길이 $= |G(jw)| = \sqrt{\text{실수부}^2 + \text{허수부}^2}$로 표현한다. □ O □ X

09 주파수 응답의 도시 방법에는 보통 벡터 궤적, 보드선도, s 평면이 있다. □ O □ X

10 ω가 0에서 ∞까지 변화하였을 때의 $G(jw)$의 크기와 위상각의 변화를 극좌표에 그린 것을 벡터 궤적이라고 한다. □ O □ X

11 보드선도에서 이득 $g = 20\log_{10}|G(jw)|[dB]$로 표현한다. □ O □ X

12 $G(s) = \dfrac{1}{1+Ts}$ 인 제어계에서 절점 주파수의 이득은 $-3[dB]$이다. □ O □ X

13 대역폭이 넓을수록 응답 속도가 느리다. □ O □ X

14 2차 시스템에서의 공진 주파수 $w_p = w_n\sqrt{1-2\delta^2}$이다. □ O □ X

15 벡터 궤적의 임계점 $(-1, j0)$에 대응하는 보드선도상의 점은 이득이 $0[dB]$, 위상이 $-180°$가 되는 점이다. □ O □ X

16 $G(s) = s$의 보드선도는 $20[dB/dec]$의 경사를 가지며 위상각은 $90°$이다. □ O □ X

[O/X 정답]

01 ○   **02** X   **03** X   **04** ○   **05** X   **06** ○   **07** ○   **08** ○   **09** X   **10** ○   **11** ○   **12** ○   **13** X   **14** ○   **15** ○

16 ○

08 제어계의 안정도

1. 루드 – 후르비츠의 안정 판별법

조건	1) 모든 계수의 부호가 같을 것 2) 계수 중 어느 하나라도 0이 아닐 것 3) 루드 수열의 **01** 이 부호가 같을 것
루드 – 후르 비츠 표	루드 – 후르비츠 표에서 1열 요소의 부호 변환 횟수 = 불안정근의 개수 = 우반면에 존재하는 근의 개수

2. 나이퀴스트 안정 판별법

나이퀴스트 판별법	1) 계의 주파수 응답에 관한 정보를 줌 2) 계의 안정을 개선하는 방법에 대한 정보를 줌 3) 안정성을 판별하는 동시에 안정도를 지시함 4) 안정 조건: $(-1, j0)$인 점을 좌측에 두고 회전해야 함 5) 이득여유$(GM) = 20\log\dfrac{1}{\|GH\|}[dB]$ 6) 제어계가 안정하기 위한 여유 범위 $GM = 4 \sim 12[dB]$, $PM = 30 \sim 60°$

3. 보드선도에서 안정계의 조건

조건	1) **02** $\Phi_m > 0$ 2) **03** $g_m > 0$ 3) 위상교점 주파수 < 이득교점 주파수

09 근궤적법

1. 근궤적

개념	개루프 전달 함수의 이득정수 K를 0에서 ∞까지 변화시 킬 때 폐루프 전달 함수의 특성근의 변화를 **04** 상에 그린 그림

2. 용도

용도	1) 시간 영역 해석 가능 2) 주파수 응답에 관한 해석

3. 근궤적 작도법

근궤적
작도법
	1) 근궤적의 출발점$(K = 0)$: $G(s)H(s)$의 극으로부터 출발
	2) 근궤적의 종착점$(K = \infty)$: $G(s)H(s)$의 영점에서 끝남
	3) 근궤적 개수(N): $z > p$이면 $N = z$, $z < p$이면 $N = p$
	  ① z: $G(s)H(s)$의 **05** 의 개수
	  ② p: $G(s)H(s)$의 **06** 의 개수
	4) 근궤적의 대칭성: 실수축$(X축)$에 대해 대칭
	5) 근궤적의 점근선
	  ① 점근선은 실수축에서만 교차
	  ② 점근선 개수 = 극점 개수 – 영점 개수 = $p - z$
	  ③ 교차점: $\sigma = \dfrac{\sum G(s)H(s)의 극 - \sum G(s)H(s)의 영점}{p - z}$
	  ④ 점근선이 실수축과 이루는 각: $\sigma = \dfrac{(2K + 1)\pi}{p - z}$
	    $(K = 0, 1, 2 \cdots$ 로서, $p - z - 1)$
	6) 근궤적과 허수축의 교차: 근궤적이 허수축(jw)과 교차할 때는 특성근의 실수부 크기가 0이며 이때는 임계 안정(임계 상태)

[빈칸 정답] **01** 제1열   **02** 위상여유   **03** 이득여유   **04** 복소평면   **05** 유한영점   **06** 유한극점

O/X 문제

01 루드 – 후르비츠의 안정 판별법은 특성방정식의 근을 구하지 않고 특성방정식의 계수 수열에서 안정 판별을 하는 것이다. □ O □ X

02 루드 – 후르비츠의 안정 판별법에서 특성방정식의 모든 근이 s 평면의 좌반부에 있어야만 제어계는 안정하다고 할 수 있다. □ O □ X

03 루드 – 후르비츠의 특성방정식의 모든 계수의 부호가 같아야 하고, 계수 중 어느 하나라도 0이 되어서는 안 되며, 루드 수열의 제1열의 원소 부호가 같아야지만 +의 실수부를 갖는 조건이 된다. □ O □ X

04 나이퀴스트 안정 판별법은 시스템의 안정도를 개선할 수 있는 방법을 제시한다. □ O □ X

05 나이퀴스트 안정 판별법은 시스템의 주파수 영역 응답에 대한 정보를 제공한다. □ O □ X

06 계의 특성상 감쇠계수가 크면 위상여유가 크고 감쇠성이 강하여 응답성은 좋으나 안정도는 나쁘다. □ O □ X

07 안정계에 요구되는 이득여유는 4~12[dB]이다. □ O □ X

08 안정계에 요구되는 위상여유는 30~60°이다. □ O □ X

09 주파수 응답에서 안정도의 척도는 위상여유, 이득여유, 공진치, 고유 주파수와 관계가 있다. □ O □ X

10 보드선도는 극점과 영점이 우반 평면에 존재하는 경우 판정이 가능하다. □ O □ X

11 근궤적은 극으로부터 출발하여 영점에서 끝난다. □ O □ X

12 근궤적의 개수는 영점의 개수와 극점의 개수 중 큰 것과 일치한다. □ O □ X

13 근궤적은 허수축에 대하여 대칭이다 □ O □ X

14 근궤적의 점근선의 각도는 $\sigma = \dfrac{(2K+1)\pi}{p-z}$($K$ = 0, 1, 2 … 로서, $p - z - 1$)이다. □ O □ X

15 시간 영역에서의 제어계를 해석 · 설계하는 데 유용한 방법은 보드선도법이다. □ O □ X

16 근궤적이 s 평면의 jw축과 교차할 때 특성근의 실수부 크기가 0일 때와 같다. 실수부가 0이면 임계 안정이다. □ O □ X

17 근궤적이 K의 변화에 따라 허수축을 지나 s 평면의 우반평면으로 들어가는 순간은 계의 안정성이 파괴되는 임계점에 해당한다. 이 점에 대응하는 K의 값과 w는 루드 – 후르비츠의 판별법으로 구할 수 있다. □ O □ X

18 $G(s)H(s) = \dfrac{k(s-2)(s-3)}{s^2(s+1)(s+2)(s+4)}$에서 점근선의 교차점은 4이다. □ O □ X

19 $G(s)H(s)$의 실수축과 실영점으로부터 실수축이 분할될 때 어느 구간에서 오른쪽으로 실수축상의 극과 영점을 헤아려 갈 때 총수가 홀수이면 그 구간에 근궤적이 존재하고, 짝수이면 존재하지 않는다. □ O □ X

20 근궤적상의 분지점은 K를 s에 관하여 미분하고, 이것을 0으로 놓아 얻는 방정식의 근으로 분지점은
$\dfrac{dK}{ds} = \dfrac{df(s)}{ds} = 0$이다. □ O □ X

[O/X 정답]

01 O　02 O　03 X　04 O　05 O　06 X　07 O　08 O　09 X　10 X　11 O　12 O　13 X　14 O　15 X
16 O　17 O　18 X　19 O　20 O

10 상태방정식

1. 천이 행렬

공식	$\Phi(t) = \mathcal{L}^{-1}[(sI - A)^{-1}]$
성질	1) $\Phi(0) = I$ (I는 단위행렬) 2) $\Phi^{-1}(t) = \Phi(-t) = e^{-At}$ 3) $\Phi(t_2 - t_1)\,\Phi(t_1 - t_0) = \Phi(t_2 - t_0)$ (모든 값에 대하여) 4) $[\Phi(t)]^K = \Phi(Kt)$ (K는 정수)

2. n차 선형 시불변 시스템의 상태방정식

공식	$\dfrac{d}{dx}x(t) = Ax(t) + By(t)$일 때 제어계의 특성방정식은 01

3. z 변환법

z 변환법	1) 라플라스 변환 함수의 s 대신 $\dfrac{1}{T}lnz$를 대입해야 함 2) s 평면의 허축은 z 평면상에서는 원점을 중심으로 하는 반경 1인 원에 사상 3) s 평면의 우반평면은 z 평면상에서는 이 원의 02 에 사상 4) s 평면의 좌반평면의 z 평면상에서는 이 원의 03 에 사상

4. 라플라스 변환 및 z 변환

$f(t)$	$F(s)$	$F(z)$
$\delta(t)$	1	1
$u(t)$	$\dfrac{1}{s}$	$\dfrac{z}{z-1}$
t	$\dfrac{1}{s^2}$	$\dfrac{Tz}{(z-1)^2}$
e^{-at}	$\dfrac{1}{s+a}$	$\dfrac{z}{z-e^{-at}}$

5. z 변환의 초깃값 정리 및 최종값 정리

초깃값 정리	$\lim\limits_{t \to 0}f(t) = \lim\limits_{s \to \infty}sF(s) =$ 04
최종값 정리	$\lim\limits_{t \to \infty}f(t) = \lim\limits_{s \to 0}sF(s) = \lim\limits_{z \to 1}(1 - z^{-1})F(z)$

11 시퀀스 제어

1. 논리회로

회로	논리회로	회로	논리회로
AND 회로 (직렬)	$X = A \cdot B$	05	$X = \overline{A \cdot B}$
OR 회로 (병렬)	$X = A + B$	NOR 회로	$X = \overline{A + B}$
06	$X = \overline{A}$	Exclusive -OR 회로 (배타적 논리합)	$X = \overline{A} \cdot B + A \cdot \overline{B}$ $= A \oplus B$

2. 드모르간의 법칙

드모르간의 법칙	1) $\overline{A \cdot B \cdot C \cdot D} = \overline{A} + \overline{B} + \overline{C} + \overline{D}$ 2) $\overline{A + B + C + D} = \overline{A} \cdot \overline{B} \cdot \overline{C} \cdot \overline{D}$

3. 논리대수

$A \cdot A = A$	$A + A =$ 07
$A \cdot 1 = A$	$A + 1 = 1$
$A \cdot 0 =$ 08	$A + 0 = A$
$1 \cdot 1 = 1$	$1 + 1 = 1$

12 제어기기

1. 변환 요소

변화량	변환 요소
압력 → 변위	벨로우즈, 다이어프램, 스프링
09 → 압력	노즐 플래퍼, 유압 분사관, 스프링
변위 → 임피던스	10 , 용량형 변환기
변위 → 전압	퍼텐쇼미터, 차동 변압기, 전위차계
전압 → 변위	전자석, 전자코일
광 → 임피던스	광전관, 광전도 셀, 광전 트랜지스터
광 → 전압	광전지, 광전 다이오드
방사선 → 임피던스	GM 관, 전리함
온도 → 11	측온저항(열선, 서미스터, 백금, 니켈)
온도 → 전압	열전대

[빈칸 정답] **01** $|sI - A| = 0$ **02** 외부   **03** 내부   **04** $\lim\limits_{z \to \infty}F(z)$ **05** NAND 회로   **06** NOT 회로   **07** A **08** 0   **09** 변위   **10** 가변 저항기   **11** 임피던스

O/X 문제

01 상태 천이행렬 $\Phi(t) = \mathcal{L}^{-1}[(sI - A)^{-1}]$이다. □ O □ X

02 상태 천이행렬 $\Phi(t)$는 시스템의 정상 상태 응답을 나타낸다. □ O □ X

03 상태 변위행렬식 $\Phi(t) = e^{At}$에서 $t = 0$일 때의 값은 단위행렬 I이다. □ O □ X

04 n차 선형 시불변 시스템의 상태 방정식은 $\frac{d}{dx}x(t) = Ax(t) + By(t)$일 때 제어계의 특성방정식은 $|sI - A| = 0$ 이다. □ O □ X

05 $\frac{d^2c(t)}{dt^2} + 3\frac{dc(t)}{dt} + 2c(t) = r(t)$의 미분방정식의 계수행렬 A는 $\begin{bmatrix} 0 & 1 \\ -3 & -2 \end{bmatrix}$이다. □ O □ X

06 T를 샘플 주기라고 할 때 z 변환은 라플라스 변환 함수의 s대신 $\frac{1}{T}lnz$를 대입한다. □ O □ X

07 단위 계단 함수 $u(t)$의 z 변환은 $\frac{Tz}{(z-1)^2}$이다. □ O □ X

08 지수 함수 e^{-at}의 z 변환은 $\frac{z}{z - e^{-at}}$ 이다. □ O □ X

09 이산 시스템에서 특성방정식의 모든 근이 z 평면의 단위원 내부에 있으면 안정하다. □ O □ X

10 z 변환의 최종값 정리 $\lim_{t \to \infty}f(t) = \lim_{s \to 0}sF(s) = \lim_{z \to 1}(1 - z^{-1})F(z)$이다. □ O □ X

11 AND 회로는 입력 신호 A, B의 값이 모두 1일 때에만 출력 신호 X값이 1이 되는 신호로 논리식은 $X = A \cdot B$로 표시한다. □ O □ X

12 디지털 신호를 시간적으로 차례로 조합하여 만든 신호를 조합 신호라고 한다. □ O □ X

13 출력 신호 $Y = A\overline{B} + \overline{A}B$는 배타적 논리 합, Exclusive OR 회로이다. □ O □ X

14 논리식 $X + \overline{X}Y$를 간단히 하면 $X + Y$이다. □ O □ X

15 논리식 $XY + X\overline{Y}$를 간단히 하면 Y이디. □ O □ X

16 드모르간의 정리 $\overline{A \cdot B \cdot C \cdot D} = \overline{A} + \overline{B} + \overline{C} + \overline{D}$이다. □ O □ X

17 논리대수 $A + 1 = 1$이다. □ O □ X

18 $A(\overline{A} + B) = A\overline{B} + AB = 0 + AB = AB$이다. □ O □ X

19 $\overline{A} + \overline{B} \cdot \overline{C} = \overline{A} + \overline{(B + C)} = \overline{ABC}$이다. □ O □ X

20 NOR 회로는 OR 회로의 부정 회로로, 논리식은 $X = \overline{A + B}$로 표시한다. □ O □ X

21 압력 → 변위 변환 장치는 다이어프램이다. □ O □ X

22 변위 → 전압 변환 장치는 차동 변압기이다. □ O □ X

23 온도를 전압으로 변환시키는 요소는 측온저항이다. □ O □ X

24 바리스터는 회로의 이상전압(서지전압)에 대하여 회로 보호용으로 쓰인다. □ O □ X

25 열전대의 종류에는 백금 – 백금로듐, 철 – 콘스탄탄, 구리 – 콘스탄탄, 크로멜 – 알루멜이 있다. □ O □ X

26 SCR을 사용할 경우 A(에노드)에 – 를 가하고, K(캐소드)에 + 를 가한 다음 G(게이트)에 트리거 펄스를 가하면 SCR은 도통 상태가 된다. □ O □ X

[O/X 정답]

01 O	02 X	03 O	04 O	05 X	06 O	07 X	08 O	09 O	10 O	11 O	12 X	13 O	14 O	15 X
16 O	17 O	18 O	19 X	20 O	21 O	22 O	23 X	24 O	25 O	26 X				

01 총칙

1. 용어 정리

용어	1) 전압의 구분 　① 저압: 교류 1[kV] 이하, 직류 1.5[kV] 이하 　② 고압: 교류 1[kV] 초과 7[kV] 이하, 직류 1.5 　　[kV] 초과 7[kV] 이하 　③ 특고압: 7[kV] 초과 2) **01**　　　　: 가공전선로의 지지물로부터 다른 　지지물을 거치지 아니하고 수용장소의 붙임점에 이 　르는 가공전선 3) 관등회로: 방전등용 안정기 또는 방전등용 변압기로 　부터 방전관까지의 전로 5) **02**　　　: 교류를 직류로 변환할 때 리플성 　분의 실횻값이 10[%] 이하로 포함된 직류 4) 서지 보호 장치(SPD, Surge Protective Device): 　과도 과전압을 제한하고 서지전류를 분류하기 위한 　장치 5) 스트레스 전압(Stress Voltage): 지락고장 중에 접 　지 부분 또는 기기나 장치의 외함과 기기나 장치의 　다른 부분 사이에 나타나는 전압

2. 전선

전선의 식별	상(문자)	색상
	$L1$	갈색
	$L2$	**03**
	$L3$	회색
	N	청색
	보호도체	녹색 – **04**

색상 식별이 종단 및 연결 지점에서만 이루어지는 나도
체 등은 전선 종단부에 색상이 반영구적으로 유지될 수
있는 도색, 밴드, 색 테이프 등의 방법으로 표시해야 함

전로의 절연저항 및 절연내력	1) 저압 전로의 절연저항 　절연저항 측정이 곤란한 경우 지향 성분의 누설진류 　가 1[mA] 이하이면 절연성능 적합 판정 2) 절연성능 　특별저압(2차 전압이 AC 50[V], DC 120[V] 이하) 　으로 SELV(비접지회로 구성) 및 PELV(접지회로 구 　성)는 1차와 2차가 전기적으로 절연된 회로. FELV 　는 1차와 2차가 전기적으로 절연되지 않은 회로

전로의 사용전압 [V]	DC 시험 전압 [V]	절연저항 [$M\Omega$]
SELV 및 PELV	250	0.5
FELV, 500[V] 이하	500	1.0
500[V] 초과	1000	1.0

절연내력	고압 및 특고압의 전로는 다음의 시험전압을 전로와 대 지 사이에 연속하여 10분간 가하여 절연내력 시험 시 이에 견뎌야 함

최대 사용전압	시험전압	최저 시험전압
7[kV] 이하	1.5배	**05**　　[V]*
7[kV] 초과 25[kV] 이하 중성점 다중접지 방식	0.92배	–
7[kV] 초과 비접지식 모든 전압	1.25배	10,500[V]
60[kV] 초과 중성점 접지식	1.1배	75[kV]
60[kV] 초과 중성점 직접 접지식	0.72배	–
170[kV] 초과 중성점 직접 접지식 구내에만 적용	0.64배	–

* 전로의 절연저항 및 절연내력에는 적용하지 않음
※ 전로에 케이블 사용 시 직류로 시험 가능, 시험전압
　은 교류의 경우에 2배가 됨

[빈칸 정답] **01** 가공인입선　**02** 리플프리 직류　**03** 흑색　**04** 노란색　**05** 500

3. 접지시스템

구분 및 종류	1) 구분: 계통접지, 보호접지, **06** 등 2) 시설 종류: 단독접지, 공통접지, 통합접지
접지극 매설 기준	1) 지하 0.75[m] 이상 깊이 매설 2) 지중에서 그 금속체로부터 1[m] 이상 떼어 매설

접지도체	1) 접지도체의 선정
	  ① 단면적: 구리 6[mm²] 이상, 철제 50[mm²] 이상
	  ② 접지도체에 피뢰시스템이 접속되는 경우 단면적: 구리 16[mm²] 또는 철 50[mm²] 이상
	2) 접지도체는 지하 0.75[m]부터 지표상 2[m]까지의 부분은 합성수지관 또는 이와 동등 이상의 절연효과와 강도를 가지는 몰드로 덮어야 함

보호도체	1) 최소 단면적

선도체의 단면적 S ([mm²], 구리)	보호도체의 최소 단면적 ([mm²], 구리)	
	보호도체의 재질	
	선도체와 같은 경우	선도체와 다른 경우
$S \leq 16$	S	$(k_1/k_2) \times S$
$16 < S \leq 35$	$16(a)$	$(k_1/k_2) \times 16$
$S > 35$	$S(a)/2$	$(k_1/k_2) \times (S/2)$

2) 계산식(차단 시간 **07** 이하인 경우에만 적용)

$$S = \frac{\sqrt{I^2 t}}{k}$$

4. 전기수용가 접지

저압수용가
인입구 접지
	1) 수용장소 인입구에 추가로 접지공사 가능
	  ① 지중에 매설되어 있고 대지와의 전기저항값이 3[Ω] 이하의 값을 유지하고 있는 금속제 수도관로
	  ② 대지 사이의 전기저항값이 3[Ω] 이하인 값을 유지하는 건물의 철골
	2) 접지도체는 공칭 단면적 6[mm²] 이상의 연동선

5. 변압기 중성점 접지

저항값	1) 변압기의 고압·특고압 측 전로 1선 지락전류로 150을 나눈 값과 같은 저항값 이하
	2) 변압기의 고압·특고압 측 전로 또는 사용전압 35[kV] 이하의 특고압 전로가 저압측 전로와 혼촉하고 저압선로의 대지전압이 150[V]를 초과하는 경우 다음을 따름
	  ① 1초 초과 2초 이내에 고압·특고압 전로를 자동으로 차단하는 장치 설치 시 300을 나눈 값 이하
	  ② 1초 이내에 고압·특고압 전로를 자동으로 차단하는 장치 설치 시 600을 나눈 값 이하

6. 등전위본딩 도체

보호등전위
본딩 도체
	주접지단자에 접속하기 위한 등선위본딩 도체는 설비 내 가장 큰 보호접지도체 단면적의 1/2 이상의 단면적을 가져야 하고 다음의 단면적 이상이어야 함
	  ① 구리도체 6[mm²]
	  ② 알루미늄도체 **08** [mm²]
	  ③ 강철도체 50[mm²]

7. 피뢰시스템

적용 범위	1) 전기전자설비가 설치된 건축물·구조물로서 낙뢰로부터 보호가 필요한 것 또는 지상으로부터 높이가 20[m] 이상인 것 2) 전기설비 및 전자설비 중 낙뢰로부터 보호가 필요한 설비

외부피뢰
시스템
	1) 수뢰부시스템
	  돌침, 수평도체, 메시도체의 요소 중에 한 가지 또는 이를 조합한 형식으로 시설
	2) **09**
	  수뢰부시스템과 접지시스템을 전기적으로 연결하는 것
	3) 접지극시스템
	  뇌전류를 대지로 방류시키기 위한 접지극시스템

내부피뢰
시스템
	1) 피뢰구역 경계 부분에서는 접지 또는 본딩을 해야 함(단, 직접본딩이 불가능한 경우 **10** 설치)
	2) 전기전자설비를 보호하기 위한 접지와 피뢰등전위본딩은 다음에 따름
	  ① 뇌서지 전류를 대지로 방류시키기 위한 접지 시설
	  ② 전위차를 해소하고 자계를 감소시키기 위한 본딩 구성

O/X 문제

01 '2차 접근 상태'란 가공전선이 다른 시설물과 접근하는 경우에 그 가공전선이 다른 시설물의 위쪽 또는 옆쪽에서
   수평 거리로 3[m] 이상인 곳에 시설되는 상태이다. □ O □ X

02 직류 1.5[kV] 이하, 교류 1[kV] 이하를 저압이라고 한다. □ O □ X

03 리플프리 직류란 교류를 직류로 변환할 때 리플 성분의 실횻값이 7[%] 이하로 포함된 직류를 말한다. □ O □ X

04 보호도체의 식별 가능한 색상은 녹색 – 노란색이다. □ O □ X

05 전기욕기, 전기로 등은 대지로부터 절연해야 한다. □ O □ X

06 특별저압(SELV 및 PELV) 전로에서의 절연저항의 기준값은 0.5[MΩ]이다. □ O □ X

07 전압의 전선로 중 대지 간의 절연저항은 사용 전압에 대한 누설전류가 최대 공급 전류의 1/2,000을 넘지 않도록
   유지해야 한다. □ O □ X

08 접지시스템은 계통접지, 보호접지, 피뢰시스템접지 등으로 구분한다. □ O □ X

09 외부피뢰시스템은 수뢰부, 인하도선, 서지 보호 장치로 구성되어 있다. □ O □ X

10 상도체의 단면적이 16[mm²]인 경우 보호도체와 싱도세의 재질이 같을 때 보호도체의 단면적은 16[mm²]이다. □ O □ X

11 보호도체와 중성선의 겸용선은 PEL이다. □ O □ X

12 접지극 매설 시 매설 깊이는 지표면으로부터 0.5[m] 이상으로 정해야 한다. □ O □ X

[O/X 정답]

01 X   02 O   03 X   04 O   05 X   06 O   07 O   08 X   09 X   10 O   11 X   12 X

02 저압 전기설비

1. 적용 범위

적용 범위	교류 1[kV] 또는 직류 1.5[kV] 이하인 저압의 전기를 공급하거나 사용하는 전기설비에 적용

2. 배전방식

01	1) 3상 4선식의 중성선 또는 PEN 도체는 충전도체는 아니지만 운전전류를 흘리는 도체 2) 3상 4선식에서 파생되는 단상 2선식 배전방식의 경우 두 도체 모두가 선도체이거나 하나의 선도체와 중성선 또는 하나의 선도체와 PEN 도체 3) 모든 부하가 선간에 접속된 전기설비에서는 중성선의 설치가 필요하지 않을 수 있음
02	PEL과 PEM 도체는 충전도체는 아니지만 운전전류를 흘리는 도체. 2선식 배전방식이나 3선식 배전방식 적용 **2선식** ── L⁺, Ⓖ, L⁻ 또는 PEL **3선식** ── L⁺, Ⓖ, M 또는 PEM, Ⓖ, L⁻

3. 계통접지의 방식

구성	1) 분류 ① TN 계통 ② TT 계통 ③ IT 계통 2) 문자의 정의 ① 제1문자 – 전원계통과 대지의 관계 • T: 한 점을 대지에 직접접속 • I: 모든 충전부를 대지아 절연시키거나 높은 임피던스를 통해 한 점을 대지에 직접접속 ② 제2문자 – 전기설비의 노출도전부와 대지의 관계 • T: 노출도전부를 대지로 직접접속. 전원계통의 접지와는 무관 • N: 노출도전부를 전원계통의 접지점(교류 계통에서는 통상적으로 중성점, 중성점이 없을 경우는 선도체)에 직접접속 ③ 그다음 문자(문자가 있을 경우)는 중성선과 보호도체의 배치 • S: 중성선 또는 접지된 선도체 외에 별도의 도체에 의해 제공되는 보호 기능 • C: 중성선과 보호 기능을 한 개의 도체로 겸용 (PEN 도체)

3) 각 계통에서 나타내는 그림의 기호

──╱	중성선(N), 중간도체(M)
──┬	보호도체(PE)
──┬╱	중성선과 보호도체겸용(PEN)

TN 계통	1) 정의: 전원 측의 한 점을 직접접지하고 설비의 노출도전부를 보호도체로 접속시키는 방식 2) 중성선 및 보호도체(PE 도체)의 배치 및 접속방식에 따른 분류 ① TN‒S 계통: 계통 전체에 대해 별도의 중성선 또는 PE 도체 사용. 배전계통에서 PE 도체의 추가 접지 가능 ② TN‒C 계통: 계통 전체에 대해 중성선과 보호도체이 기능을 동일도체로 겸용한 PEN 도체 사용. 배전계통에서 PEN 도체의 추가 접지 가능 ③ TN‒C‒S 계통: 계통의 일부분에서 PEN 도체를 사용하거나, 중성선과 별도의 PE 도체를 사용하는 방식이 있음. 배전계통에서 PEN 도체와 PE 도체의 추가 접지 가능
03	전원의 한 점을 직접 접지하고 설비의 노출도전부는 전원의 접지전극과 전기적으로 독립적인 접지극에 접속시킴. 배전계통에서 PE 도체의 추가 접지 가능
04	1) 충전부 전체를 대지로부터 절연시키거나, 한 점을 임피던스를 통해 대지에 접속시킴. 전기설비의 노출도전부를 단독 또는 일괄적으로 계통의 PE 도체에 접속시킴. 배전계통에서 추가 접지 가능 2) 계통은 충분히 높은 임피던스를 통해 접지 가능. 이 접속은 중성점, 인위적 중성점, 선도체 등에서 할 수 있음. 중성선은 배선할 수도 있고, 배선하지 않을 수도 있음

4. 감전에 대한 보호

누전차단기의 시설	**1) 대상** 금속제 외함을 가지는 사용전압이 50[V]를 초과하는 저압의 기계기구로서 사람이 쉽게 접촉할 우려가 있는 곳에 시설하는 것에 전기를 공급하는 전로 **2) 예외** ① 기계기구를 발전소·변전소·개폐소 또는 이에 준하는 곳에 시설하는 경우 ② 기계기구를 　05　 에 시설하는 경우 ③ 대지전압이 150[V] 이하인 기계기구를 물기가 있는 곳 이외의 곳에 시설하는 경우 ④ 「전기용품 및 생활용품 안전관리법」의 적용을 받는 이중절연구조의 기계기구를 시설하는 경우 ⑤ 그 전로의 전원 측에 절연 변압기(2차 전압이 300[V] 이하인 경우 한정)를 시설하고 또한 그 절연 변압기의 부하 측의 전로에 접지하지 않는 경우 ⑥ 기계기구가 고무·합성수지 기타 절연물로 피복된 경우 ⑦ 기계기구가 유도전동기의 2차 측 전로에 접속되는 경우
SELV와 PELV를 적용한 특별저압에 의한 보호	**1) 특별저압 계통에 의한 보호대책** ① SELV(Safety Extra – Low Voltage) ② PELV(Protective Extra – Low Voltage) **2) 보호대책의 요구사항** ① 특별저압 계통의 전압 한계: 교류 50[V] 이하, 직류 120[V] 이하 ② 특별저압 회로를 제외한 모든 회로로부터 특별저압 계통 보호 분리, 특별저압 계통과 다른 특별저압 계통 간 기본절연 ③ SELV 계통과 대지 간 기본절연

5. 과전류에 대한 보호

정격전류의 구분	시간	정격전류의 배수	
		불용단전류	용단전류
4[A] 이하	60분	1.5배	2.1배
4[A] 초과 16[A] 미만	60분	1.5배	06
16[A] 이상 63[A] 이하	60분	1.25배	1.6배
63[A] 초과 160[A] 이하	07	1.25배	1.6배
160[A] 초과 400[A] 이하	180분	1.25배	1.6배
400[A] 초과	240분	1.25배	1.6배

6. 전선로

구내인입선	**1) 저압 가공인입선 시설 기준** ① 전선은 절연전선 또는 케이블일 것 ② 전선이 케이블인 경우 이외에는 인장강도 2.30[kN] 이상의 것 또는 지름 2.6[mm] 이상의 인입용 비닐절연전선일 것 (단, 경간이 15[m] 이하인 경우 인장강도 1.25[kN] 이상의 것 또는 지름 2[mm] 이상의 인입용 비닐 절연전선일 것) ③ 전선이 옥외용 비닐절연전선이거나 그 이외의 절연전선인 경우 사람이 쉽게 접촉할 우려가 없도록 시설할 것 ④ 전선의 높이 • 도로(차도와 보도의 구별이 있는 도로인 경우에는 차도)를 횡단하는 경우 노면상 5[m](기술상 부득이한 경우 교통에 지장이 없을 때는 3[m]) 이상 • 철도 또는 궤도를 횡단하는 경우 레일면상 6.5[m] 이상 • 횡단보도교의 위에 시설하는 경우 노면상 3[m] 이상 • 이외의 경우 지표상 4[m](기술상 부득이한 경우 교통에 지장이 없을 때는 2.5[m]) 이상

시설물의 구분		이격거리
조영물의 상부 조영재	위쪽	2[m] (전선이 옥외용 비닐절연전선 이외의 저압 절연전선인 경우 1.0[m], 고압·특고압 절연전선 또는 케이블인 경우 0.5[m])
	옆쪽 또는 아래쪽	0.3[m] (전선이 고압·특고압 절연전선 또는 케이블인 경우 0.15[m])
조영물의 상부 조영재 이외의 부분 또는 조영물 이외의 시설물		0.3[m] (전선이 고압·특고압 절연전선 또는 케이블인 경우 0.15[m])

2) 저압 연접인입선 시설 기준
① 인입선에서 분기하는 점으로부터 100[m]를 초과하는 지역에 미치지 않을 것
② 폭 5[m]를 초과하는 도로를 횡단하지 않을 것
③ 　08　 를 통과하지 않을 것

저압 가공전선의 굵기 및 종류	1) 나전선, 절연전선, 다심형 전선 또는 케이블을 사용할 것 2) 사용전압이 400[V] 이하인 저압 가공전선은 케이블인 경우를 제외하고는 인장강도 3.43[kN] 이상의 것 또는 지름 3.2[mm](절연전선인 경우는 인장강도 2.3[kN] 이상의 것 또는 지름 2.6[mm] 이상의 경동선) 이상일 것 3) 사용전압이 400[V] 초과인 저압 가공전선은 케이블인 경우 이외에는 시가지에 시설하는 것은 인장강도 8.01[kN] 이상의 것 또는 지름 5[mm] 이상의 경동선, 시가지 외에 시설하는 것은 인장강도 5.26[kN] 이상의 것 또는 지름 4[mm] 이상의 경동선일 것	옥내전로의 대지전압의 제한	백열전등 또는 방전등에 전기를 공급하는 옥내전로의 대지전압은 300[V] 이하일 것
		저압 옥내배선의 시설장소별 공사 종류	합성수지관·금속관·가요전선관 공사나 케이블 공사 또는 시설장소 및 사용전압의 구분에 따른 공사에 의하여 시설할 것
저압 가공전선의 높이	1) 도로(농로 기타 교통이 번잡하지 않은 도로 및 횡단보도교)를 횡단하는 경우 지표상 6[m] 이상 2) 철도 또는 궤도를 횡단하는 경우 레일면상 6.5[m] 이상 3) 횡단보도교의 위에 시설하는 경우 노면상 3.5[m] 4) 이외의 경우 지표상 5[m] 이상(단, 교통에 지장이 없도록 시설하는 경우 지표상 4[m]까지로 감할 수 있음)	저압 옥내배선 공사 요약	1) 전선의 종류: 절연전선(단, 옥외용 비닐절연전선(OW) 및 인입용 비닐절연전선(DV)은 제외) 2) 단선을 사용할 수 있는 전선의 굵기: 10[mm^2] (12 은 16[mm^2]) 이하 3) 전선에 접속점을 만들지 않을 것 4) 접지공사 ① 400[V] 미만: 제3종 접지공사 ② 400[V] 이상의 저압: 특별 제3종 접지공사 5) 지지점 간의 거리 ① 애자 사용 공사: 2[m] 이하(조영재의 상면 또는 측면에 따라 시설하는 경우) ② 합성수지관 공사: 1.5[m] 이하 ③ 금속 덕트 공사: 3[m] 이하(수직으로 붙이는 경우에는 6[m] 이하) ④ 버스 덕트 공사: 3[m] 이하(수직으로 붙이는 경우에는 6[m] 이하) ⑤ 라이팅 덕트 공사: 2[m] 이하 ⑥ 케이블 공사: 2[m] 이하(수직으로 붙이는 경우 6[m] 이하)
저압 옥내배선의 사용전선	1) 단면적 2.5[mm^2] 이상의 연동선 또는 이와 동등 이상의 강도 및 굵기의 것 2) 옥내배선의 사용전압이 400[V] 이하인 경우로 다음 중 어느 하나에 해당하는 경우 1)을 적용하지 않음 ① 전광표시장치, 기타 이와 유사한 장치 또는 제어 회로 등에 사용하는 배선에 단면적 1.5[mm^2] 이상의 연동선을 사용하고 이를 합성수지관·금속관·금속 몰드·금속 덕트·플로어 덕트 공사 또는 셀룰러 덕트 공사에 의하여 시설하는 경우 ② 전광표시장치, 기타 이와 유사한 장치 또는 제어회로 등의 배선에 단면적 0.75[mm^2] 이상인 다심 케이블 또는 다심 캡타이어 케이블을 사용하고 또한 과전류가 생겼을 때 자동적으로 전로에서 차단하는 장치를 시설하는 경우	옥내 저압용 전구선의 시설	1) 전구선: 전기사용장소에 시설하는 전선 중 조영물에 고정시키지 않는 백열전등에 이르는 전선 2) 사용전압: 400[V] 미만 3) 전선의 종류: 고무코드 또는 0.6/1[kV] EP 고무 절연 클로로프렌 캡타이어 케이블로서 단면적이 0.75[mm^2] 이상인 것
		옥내 저압용 이동 전선의 시설	옥내에 시설하는 사용전압이 400[V] 미만인 이동전선은 고무코드 또는 0.6/1[kV] EP 고무 절연 클로로프렌 캡타이어 케이블로서 단면적이 0.75[mm^2] 이상일 것
나전선의 사용 제한	옥내에 시설하는 저압전선에 나전선 사용 불가. 단, 다음 중 어느 하나에 해당하는 경우 예외 ① 09 에 의하여 전개된 곳에 다음의 전선을 시설하는 경우 • 전기로용 전선 • 전선의 피복 절연물이 부식하는 장소에 시설하는 전선 • 취급자 이외의 자가 출입할 수 없도록 설비한 장소에 시설하는 전선 ② 10 에 의하여 시설하는 경우 ③ 11 에 의하여 시설하는 경우	먼지가 많은 장소에서의 저압의 시설	1) 13 분진, 화약류 분말이 존재하는 곳, 가연성의 가스 또는 인화성 물질의 증기가 새거나 체류하는 곳의 전기 공작물은 금속관 공사, 또는 케이블 공사(캡타이어 케이블 제외)에 의하여야 하며 금속관 공사를 하는 경우 관 상호 및 관과 박스 등은 5턱 이상의 나사 조임으로 접속할 것 2) 14 분진, 성냥, 석유류, 셀룰로이드 등의 위험 물질을 제조·저장하는 곳의 전기 공작물은 금속관 공사, 합성수지관 공사, 케이블 공사에 의할 것

[빈칸 정답] **09** 애자 사용 공사 **10** 버스 덕트 공사 **11** 라이팅 덕트 공사 **12** 알루미늄 **13** 폭연성 **14** 가연성

핵심 이론 정리 노트 **67**

			7. 의료장소	
화약류 저장소에서 전기설비의 시설	화약류 저장소 안에는 백열전등이나 형광등 또는 이에 전기를 공급하기 위한 공작물에 한해 다음과 같이 시설할 수 있음 ① 전로의 대지 전압은 300[V] 이하일 것 ② 전기 기계 기구는 전폐형일 것 ③ 전용의 개폐기 및 과전류 차단기를 화약류 서상 소 이외의 곳에 취급자 이외의 자가 쉽게 조작할 수 없도록 시설하고 전로에 지기가 생길 때 자동 적으로 전로를 차단하거나 경보하는 장치를 할 것 ④ 전용의 개폐기 또는 과전류 차단기에서 화약류 저장소 인입구까지의 배선에는 케이블을 사용하 여 지하에 시설할 것
흥행장의 저압 공사	상설의 극장, 영화관 등의 무대, 무대 마루 밑, 오케 스트라박스, 영사실, 기타 사람이나 무대 도구가 접 촉할 우려가 있는 곳 등의 배선은 400[V] 이하로 전용의 개폐기 및 과전류 차단기를 시설할 것
진열장 안의 배선 공사	건조한 곳에 시설하고 내부를 건조한 상태로 사용 하는 진열장 또는 진열장 안의 사용전압이 400[V] 미만인 저압 옥내배선은 외부에서 보기 쉬운 곳에 한해 단면적 0.75[mm^2] 이상의 코드 또는 캡타이 어 케이블을 1[m] 이하마다 지지하여 시설할 것

7. 의료장소

적용 범위	의료용 전기기기의 장착부의 사용방법에 따른 구분 ① 그룹 0: 일반병실, 진찰실, 검사실, 처치실, 재활 치료실 등 장착부를 사용하지 않는 의료장소 ② 그룹 1: 분만실, MRI실, X선 검사실, 회복실, 구 급처치실, 인공투석실, 내시경실 등 장착부를 환 자의 신체 외부 또는 내부(심장 부위 제외)에 삽 입시켜 사용하는 의료장소 ③ 그룹 2: 관상동맥질환 처치실(심장카테터실), 심 혈관조영실, 중환자실(집중치료실), 마취실, 수술 실, 회복실 등 장착부를 환자의 심장 부위에 삽입 또는 접촉시켜 사용하는 의료장소
의료장소별 계통접지	1) 그룹 0: 15 또는 TN 계통 2) 그룹 1: TT 계통 또는 16 3) 그룹 2: 의료 IT 계통
의료장소의 안전을 위한 보호 설비	비단락보증 절연변압기 설치 기준 ① 2차 측 정격전압: 교류 250[V] 이하 ② 공급방식: 17 ③ 정격출력: 10[kVA] 이하

[빈칸 정답] **15** TT 계통   **16** TN 계통   **17** 단상 2선식

O/X 문제

01 저압 전로의 보호도체 및 중성선의 접속 방식에는 TT, TN, IT 계통접지 방식이 있다.   □ O □ X

02 금속제 외함을 가지는 사용전압 50[V] 이하의 저압의 기계기구에 전기를 공급하는 전로에는 누전차단기를
시설해야 한다.   □ O □ X

03 특별저압 계통의 전압 한계는 교류 50[V] 이하, 직류 120[V] 이하이어야 한다.   □ O □ X

04 과부하 보호장치는 전원 측에 설치해야 한다.   □ O □ X

05 옥내에 시설하는 정격출력이 0.2[kW] 이하인 전동기는 과전류 차단기 설치를 생략할 수 있다.   □ O □ X

06 옥내전로에서 나전선을 사용할 수 있는 배선 공사는 애자 사용 공사, 버스 덕트 공사, 라이팅 덕트 공사이다.   □ O □ X

07 애자 사용 공사에 의한 저압 옥내배선 시설 시 전선 상호 간의 간격은 8[cm] 이상이어야 한다.   □ O □ X

08 케이블 트레이 공사에 사용하는 케이블 트레이의 안전율은 1.5 이상으로 해야 한다.   □ O □ X

09 목장에서 가축의 탈출을 방지하기 위하여 전기 울타리를 시설하는 경우 지름 2[mm] 이상의 경동선을 사용
해야 한다.   □ O □ X

10 발열선에 전기를 공급하는 전로의 대지전압은 400[V] 이하이어야 한다.   □ O □ X

11 폭연성 분진이 많은 장소에 적합한 배선 공사는 금속관 공사, 케이블 공사이다.   □ O □ X

12 의료용 절연 변압기의 2차 측 정격전압은 교류 250[V] 이하, 공급 방식은 단상 2선식, 정격 출력은 7.5[kVA]
이하로 해야 한다.   □ O □ X

[O/X 정답]

01 O   **02** X   **03** O   **04** X   **05** O   **06** O   **07** X   **08** O   **09** O   **10** X   **11** O   **12** X

03 고압·특고압 전기설비

1. 고압 또는 특고압과 저압의 혼촉에 의한 위험방지 시설

기준	1) 고압전로 또는 특고압전로와 저압전로를 결합하는 변압기의 저압 측의 중성점에는 접지공사를 해야 함 (단, 저압전로의 사용전압이 300[V] 이하인 경우 그 접지공사를 변압기의 중성점에 하기 어려울 때는 저압 측의 1단자에 시행 가능) 2) 1)의 접지공사는 변압기의 시설장소마다 시행해야 함 (단, 토지의 상황에 의해 변압기의 시설장소에서 접지저항값을 얻기 어려운 경우 인장강도 5.26[kN] 이상 또는 지름 4[mm] 이상의 가공 접지도체를 변압기의 시설장소로부터 200[m]까지 떼어놓을 수 있음) 3) 1)의 접지공사를 하는 경우에 토지의 상황에 의해 2)의 규정에 의하기 어려울 때는 다음에 따라 가공공동지선을 설치하여 2 이상이 시설장소에 접지공사 가능 ① 가공공동지선은 인장강도 5.26[kN] 이상 또는 지름 4[mm] 이상의 경동선을 사용하여 저압가공전선에 관한 규정에 준하여 시설할 것 ② 접지공사는 각 변압기를 중심으로 하는 지름 400[m] 이내의 지역으로서 그 변압기에 접속되는 전선로 바로 아래의 부분에서 각 변압기의 양쪽에 있도록 할 것 (단, 그 시설장소에서 접지공사를 한 변압기는 예외) ③ 가공공동지선과 대지 사이의 합성 전기저항값은 1[km]를 지름으로 하는 지역 안마다 접지저항값을 가지는 것으로 하고, 각 접지도체를 가공공동지선으로부터 분리하였을 경우의 각 접지도체와 대지 사이의 전기저항값은 $\boxed{01}$ 이하로 할 것

2. 혼촉방지판이 있는 변압기에 접속하는 저압 옥외전선의 시설 등

기준	1) 저압전선은 $\boxed{02}$ 내에만 시설할 것 2) 저압 가공전신로 또는 지압 옥상전선로의 전선은 케이블일 것 3) 저압 가공전선과 고압 또는 특고압의 가공전선을 동일 지지물에 시설하지 않을 것 (단, 고압 가공전선로 또는 특고압 가공전선로의 전선이 케이블인 경우 예외)

3. 특고압과 고압의 혼촉 등에 의한 위험방지 시설

기준	변압기에 의해 특고압전로에 결합되는 고압전로에는 사용전압의 3배 이하인 전압이 가해진 경우 방전하는 장치를 그 변압기의 단자에 가까운 1극에 설치해야 함 (단, 사용전압의 3배 이하인 전압이 가해진 경우에 방전하는 피뢰기를 고압전로의 모선의 각상에 시설하거나 특고압권선과 고압권선 간에 혼촉방지판을 시설하여 접지저항값이 10[Ω] 이하의 경우 예외)

4. 전로의 중성점의 접지

기준	1) 접지극: 고장 시 그 근처의 대지 사이에 생기는 전위차에 의하여 사람이나 가축 또는 다른 시설물에 위험을 줄 우려가 없도록 시설할 것 2) 접지도체: 공칭 단면적 16[mm^2] 이상의 연동선

5. 풍압 하중의 종별과 적용

갑종 풍압하중	구성재의 수직 투영면적 1[m^2]에 대한 풍압을 기초로 하여 계산한 것
을종 풍압하중	전선 기타의 가섭선 주위에 두께 6[mm], 비중 0.9의 빙설이 부착된 상태에서 수직 투영면적 372[Pa](다도체를 구성하는 전선은 333[Pa]), 그 이외의 것은 갑종의 2분의 1을 기초로 하여 계산한 것
병종 풍압하중	1) 갑종의 $\boxed{03}$ 을 기초로 하여 계산한 것 2) 인가가 많이 연접되어 있는 장소에 시설하는 가공전선로의 구성재 중 다음의 풍압하중에 대하여는 갑종·을종 풍압하중 대신 병종 풍압하중 적용 가능 ① 저압 또는 고압 가공전선로의 지지물 또는 가섭선 ② 사용전압이 35[kV] 이하의 전선에 특고압 절연전선 또는 케이블을 사용하는 특고압 가공전선로의 지지물, 가섭선 및 특고압 가공전선을 지지하는 애자장치 및 완금류

6. 가공전선로의 지지물의 기초의 안전율

가공전선로의 지지물에 하중이 가해지는 경우 그 하중을 받는 지지물의 기초의 안전율은 $\boxed{04}$ (이상 시 상정하중이 가해지는 경우의 그 이상 시 상정하중에 대한 철탑의 기초에 대하여는 1.33) 이상이어야 함

	설계하중 전장	6.8[kN] 이하	6.8[kN] 초과 9.8[kN] 이하	9.8[kN] 초과 14.72[kN] 이하
기준	15[m] 이하	전장 × 1/6[m] 이상	전장 × 1/6 +0.3[m] 이상	전장 × 1/6 +0.5[m] 이상
	15[m] 초과	2.5[m] 이상	2.8[m] 이상	–
	16[m] 초과 20[m] 이하	2.8[m] 이상	–	–
	15[m] 초과 18[m] 이하	–	–	3[m] 이상
	18[m] 초과	–	–	3.2[m] 이상

[빈칸 정답] **01** 300[Ω] **02** 1구 **03** 2분의 1 **04** 2

7. 지선의 시설

기준	1) 가공전선로의 지지물로 사용하는 철탑은 지선을 사용하여 강도 분담 불가 2) 가공전선로의 지지물로 사용하는 철주 또는 철근 콘크리트주는 지선을 사용하지 않는 상태에서 1/2 이상의 풍압하중에 견디는 강도를 가지는 경우 이외에는 지선을 사용하여 강도 분담 불가 3) 가공전선로의 지지물에 시설하는 지선은 다음에 따라야 함 　① 지선의 안전율이 05 이상일 경우 허용 인장하중의 최저는 4.31[kN] 　② 지선에 연선을 사용할 경우 다음에 의함 　　• 소선 3가닥 이상의 연선일 것 　　• 소선의 지름이 2.6[mm] 이상의 금속선을 사용한 것일 것 　　(단, 소선의 지름이 2[mm] 이상인 아연도강연선으로서 소선의 인장강도가 0.68[kN/mm^2] 이상인 것을 사용하는 경우 적용하지 않음) 　③ 지중 부분 및 지표상 0.3[m]까지의 부분에는 내식성이 있는 것 또는 아연도금을 한 철봉을 사용하고 쉽게 부식되지 않는 근가에 견고하게 붙일 것 　　(단, 목주에 시설하는 지선에 대해서는 적용하지 않음) 4) 도로를 횡단하여 시설하는 지선의 높이: 지표상 5[m] 이상(단, 기술상 부득이한 경우로서 교통에 지장을 초래할 우려가 없는 경우 지표상 4.5[m] 이상, 보도의 경우 2.5[m] 이상 가능)

8. 구내인입선

고압 가공 인입선 시설	1) 인장강도 8.01[kN] 이상의 고압·특고압 절연전선 또는 지름 5[mm] 이상의 경동선의 고압·특고압 절연전선을 시설할 것 2) 지표상 3.5[m]까지로 높이를 감할 수 있음 　(단, 고압가공인입선이 케이블 이외의 것일 경우 전선 아래쪽에 위험 표시를 해야 함) 3) 06 은 시설 불가
특고압 가공인입선 시설	변전소 또는 개폐소에 준하는 곳 이외의 곳에 인입할 경우 사용전압이 100[kV] 이하이어야 하고 전선에 케이블을 사용하여 시설해야 함

9. 특고압 옥상전선로의 시설

기준	특고압 옥상전선로(특고압의 인입선의 옥상 부분 제외)는 시설 불가

10. 가공약전류전선로의 유도장해 방지

기준	1) 저압 또는 고압 가공전선로와 기설 가공약전류전선로가 병행하는 경우 유도작용에 의해 통신상의 장해가 생기지 않도록 전선과 기설 약전류전선 간의 이격거리는 07 [m] 이상 (단, 저압 또는 고압의 가공전선이 케이블인 경우 적용하지 않음) 2) 1)에 따라 시설하더라도 기설 가공약전류전선로에 장해를 줄 우려가 있는 경우 다음 중 한 가지 또는 두 가지 이상을 기준으로 하여 시설해야 함 　① 가공전선과 가공약전류전선 간의 이격거리를 증가시킬 것 　② 교류식 가공전선로의 경우에는 가공전선을 적당한 거리에서 연가할 것 　③ 가공전선과 가공약전류전선 사이에 인장강도 5.26[kN] 이상의 것 또는 지름 4[mm] 이상인 경동선의 금속선 2가닥 이상을 시설하고 접지시스템의 규정에 준하여 접지공사를 할 것

11. 가공케이블의 시설

기준	1) 케이블을 사용하는 경우 다음에 따라 시설할 것 　① 케이블은 조가용선에 행거로 시설할 것. 사용전압이 고압일 경우 행거의 간격 0.5[m] 이하 　② 조가용선은 인장강도 5.93[kN] 이상의 것 또는 단면적 22[mm^2] 이상인 08 일 것 2) 조가용선의 케이블에 접촉시켜 그 위에 쉽게 부식하지 않는 금속 테이프 등을 0.2[m] 이하의 간격을 유지하며 나선상으로 감아 시설할 것

12. 고압 가공전선의 종류, 안전율, 높이

기준	고압·특고압 절연전선 또는 케이블을 사용할 것
안전율	케이블인 경우 이외 안전율이 경동선 또는 내열 동합금선은 2.2 이상, 그 밖의 전선은 2.5 이상으로 시설할 것
높이	1) 도로를 횡단하는 경우 지표상 6[m] 이상 2) 철도 또는 궤도를 횡단하는 경우 레일면상 6.5[m] 이상 3) 횡단보도교의 위에 시설하는 경우 노면상 3.5[m] 이상 4) 이외의 경우 지표상 5[m] 이상

13. 고압 가공전선로 경간의 제한

지지물의 종류	경간
목주·A종 철주 또는 A종 철근 콘크리트주	150[m] 이하
B종 철주 또는 B종 철근 콘크리트주	250[m] 이하
철탑	09 [m] 이하

14. 발전소, 변전소, 개폐소 또는 이에 준하는 곳의 시설

발전소 등의 울타리, 담 등의 시설	1) 울타리, 담 등의 높이 2[m] 이상 2) 지표면과 울타리, 담 등의 하단 사이의 간격 15[cm] 이하 3) 발전소, 변전소 등이 울타리, 담 등의 높이와 울타리, 담 등으로부터 충전 부분까지의 거리의 합계는 다음 값 이상

사용전압의 구분	울타리, 담 등의 높이와 울타리, 담 등으로부터 충전 부분까지의 거리의 합계
35[kV] 이하	10 [m]
35[kV] 초과 160[kV] 이하	11 [m]
160[kV] 초과	• 거리 + 6 + 단수 × 0.12[m] • 단수 = $\dfrac{\text{사용전압}[kV] - 160}{10}$ (단, 단수 계산에서 소수점 이하 절상)

4) 고압 또는 특고압 가공전선과 금속제의 울타리, 담 등이 교차하는 경우 금속제의 울타리, 담 등에는 교차점 좌우로 45[m] 이내의 개소에 제1종 접지공사를 해야 함
(단, 토지의 상황에 의하여 제1종 접지 저항값을 얻기 어려운 경우 제3종 접지공사에 의함)

절연유의 구외유출 방식	1) 변압기 주변에 집유조 등을 설치할 것 2) 절연유 유출방지설비의 용량은 변압기 탱크 내 장유량의 50[%] 이상으로 할 것 3) 변압기 탱크가 2개 이상일 경우에는 공동의 집유조 등을 설치할 수 있으며 그 용량은 변압기 1 탱크 내장유량이 최대인 것의 50[%] 이상일 것
특고압전로의 상 및 접속 상태의 표시	1) 보기 쉬운 곳에 상별 표시를 함 2) 접속 상태를 모의 모선 등으로 표시함 (단, 단모선으로 회선 수가 2 이하인 간단한 것은 예외)
발전기 등의 보호장치	발전기에는 다음의 경우에 전로로부터 자동 차단하는 장치를 시설함 ① 발전기에 과전류나 과전압이 생긴 경우 ② 용량 500[kVA] 이상의 발전기를 구동하는 수차 압유 장치의 유압이 현저하게 저하하는 경우 ③ 용량 2000[kVA] 이상의 수차 발전기의 12 온도가 현저히 상승한 경우 ④ 용량이 10,000[kW]를 넘는 발전기에 내부 고장이 생긴 경우 ⑤ 정격 출력이 10,000[kW]를 넘는 증기 터빈의 스러스트 베어링이 현저하게 마모되거나 온도가 현저히 상승한 경우 ⑥ 용량 100[kVA] 이상의 발전기를 구동하는 풍차의 압유장치의 유압, 압축 공기장치의 공기압 또는 전동식 브레이드 제어장치의 선원전압이 현저히 저하한 경우

특고압용 변압기의 보호장치	뱅크용량의 구분	동작 조건	장치의 종류
	5,000[kVA] 이상 10,000[kVA] 미만	변압기 내부 고장	자동차단장치 또는 경보장치
	10,000[kVA] 이상	변압기 내부 고장	13
	타냉식 변압기	냉각장치에 고장이 생긴 경우 또는 변압기의 온도가 현저히 상승한 경우	14

조상설비의 보호장치	설비 종별	뱅크용량의 구분	자동적으로 전로로부터 차단하는 장치
	전력용 커패시터 및 분로 리액터	500[kVA] 초과 15,000[kVA] 미만	• 내부에 고장이 생긴 경우 • 과전류가 생긴 경우
		15,000[kVA] 이상	• 내부에 고장이 생긴 경우 • 과전류가 생긴 경우 • 과전압이 생긴 경우
	15	15,000[kVA] 이상	• 내부에 고장이 생긴 경우

15. 전력보안통신설비의 시설

요구사항	1) 시설장소 ① 발전소, 변전소 및 변환소 ② 배전 주장치가 시설되어 있는 배전센터, 전력 수급조절을 총괄하는 중앙급전사령실 ③ 전력보안통신 데이터를 중계하거나, 교환장치가 설치된 정보통신실섬유 2) 시설기준 ① 통신선의 종류는 광 케이블, 동축 케이블 및 차폐용 실드 케이블(STP) 또는 이와 동등 이상일 것 ② 통신선은 다음과 같이 시공할 것 • 가공통신선은 반드시 16 에 시설할 것 • 광섬유복합가공지선의 이도는 다음 식에 따를 것 $$D = \left(\frac{WS^2}{8T} + \frac{W^3S^4}{384T^3} \right) \times 0.8$$ (T: 전선의 수평장력[kgf], W: 전선의 단위 길이당 중량[kg/m], S: 지지물 간 거리[m], D: 전선의 이도[m])

전력보안 통신선의 시설 높이와 이격거리	1) 전력보안가공통신선의 높이 　① 도로(차도와 인도의 구별이 있는 도로는 차도) 　위에 시설하는 경우 지표상 5[m] 이상 　(단, 교통에 지장을 줄 우려가 없는 경우 지표 　상 4.5[m]까지로 감할 수 있음) 　② 철도 또는 궤도를 횡단하는 경우 레일면상 　6.5[m] 이상 　③ 횡단보도교 위에 시설하는 경우 노면상 3[m] 　이상 　④ 이외의 경우 지표상 3.5[m] 이상 2) 가공전선로의 지지물에 시설하는 통신선 또는 이 에 직접 접속하는 가공통신선의 높이 　① 도로를 횡단하는 경우 지표상 6[m] 이상 　(단, 저압이나 고압의 가공전선로의 지지물에 　시설하는 통신선 또는 이에 직접 접속하는 가 　공통신선을 시설하는 경우에 교통에 지장을 　줄 우려가 없을 때는 지표상 5[m]까지로 감할 　수 있음) 　② 철도 또는 궤도를 횡단하는 경우 레일면상 　6.5[m] 이상 　③ 횡단보도교의 위에 시설하는 경우 노면상 　5[m] 이상 3) 특고압 가공전선로의 지지물에 시설하는 통신선 또는 이에 직접 접속하는 통신선이 교차하는 경우 　① 통신선이 도로 · 횡단보도교 · 철도의 레일 또 　는 삭도와 교차하는 경우 통신선은 연선의 경 　우 단면적 ▨17▨ [mm^2](단선의 경우 지름 　4[mm])의 절연전선과 동등 이상의 절연 효 　력이 있는 것, 인장강도 8.01[kN] 이상의 것 　또는 연선의 경우 단면적 25[mm^2](단선의 경 　우 지름 5[mm])의 경동선일 것 　② 통신선과 삭도 또는 다른 가공약전류 전선 등 　사이의 이격거리는 ▨18▨ [m](통신선이 　케이블 또는 광섬유 케이블일 때는 0.4[m]) 　이상으로 할 것	조가선 시설기준	1) 조가선은 단면적 38[mm^2] 이상의 아연도강연선 을 사용할 것 2) 시설방향 및 시설기준 　① 특고압주: 특고압 중성도체와 같은 방향 　② 저압주: 저압선과 같은 방향 　③ 설비 안전을 위하여 전주와 전주 경간 중에 접 　속하지 말 것 　④ 부식되지 않는 별도의 금구를 사용하고 조가 　선 끝단은 날카롭지 않게 할 것 　⑤ 말단 배전주와 말단 1경간 전에 있는 배전주에 　시설하는 조가선은 장력에 견디는 형태로 시 　설할 것 　⑥ 2조까지만 시설할 것 　⑦ 과도한 장력에 의한 전주 손상을 방지하기 위 　해 전주 경간 50[m] 기준 0.4[m] 정도의 이 　도를 반드시 유지하고, 지표상 시설 높이 기준 　을 준수하여 시공할 것 3) 조가선 ▨19▨ 가 시설될 경우에 조가선 간 이 격거리는 ▨20▨ [m]를 유지할 것
		전력유도의 방지	다음의 제한값을 초과하거나 초과할 우려가 있는 경 우 이에 대한 방지조치를 해야 함 　① 이상 시 유도위험전압: ▨21▨ [V] (단, 고장 　시 전류제거시간이 0.1초 이상인 경우 430[V]) 　② 상시 유도위험종전압: 60[V] 　③ 기기 오동작 유도종전압: 15[V] 　④ 잡음전압: 0.5[mV]
		무선용 안테나 등을 지지하는 철탑 등의 시설	1) 목주의 안전율: 1.5 이상 2) 철주, 철근 콘크리트주 또는 철탑의 기초 안전율: 1.5 이상

O/X 문제

01 토지의 상황에 의하여 변압기의 시설상소에서 접지저항값을 얻기 어려운 경우, 인장강도 5.25[kN] 이상 또는
지름 4[mm] 이상의 가공 접지도체를 변압기의 시설장소로부터 200[m]까지 떼어놓을 수 있다.　　　□ O □ X

02 특고압용 배전용 변압기의 1차 전압은 50,000[V] 이하이어야 한다.　　　□ O □ X

03 특고압용 배전용 변압기의 특고압 측에는 개폐기 및 과전류 차단기가 반드시 있어야 한다.　　　□ O □ X

04 고주파 이용 설비에서 다른 고주파 이용 설비에 누설되는 고주파 전류의 허용 한도는 고주파 측정 장치로 2회
이상 연속하여 10분간 측정하였을 때 각각 측정치의 최대치의 평균치가 −30[dB]이다.　　　□ O □ X

05 고압 전로에 사용하는 포장 퓨즈는 정격전류의 1.25배에 견디고 2배의 전류에 120분 안에 용단되어야 한다.　　　□ O □ X

06 고압 옥내배선 공사는 애자 사용 공사, 케이블 공사, 케이블 트레이 공사, 금속관 공사에 한하여 시설할 수 있다.　　　□ O □ X

07 특고압 옥내 전기설비를 시설할 때 특고압 옥내배선의 사용전압은 100[kV] 이하이어야 한다　　　□ O □ X

08 발전기 용량이 10,000[kVA]를 넘는 발전기의 내부 고장이 발생하면 전로로부터 자동적으로 차단하는 장치를 시설
해야 한다.　　　□ O □ X

09 변전소의 주요 변압기에 전압, 전류, 전력, 역률을 계측하는 장치를 시설해야 한다.　　　□ O □ X

10 수소 냉각식의 조상기를 시설하는 변전소는 그 조상기의 수소의 순도가 85[%] 이하로 저하한 경우에 그 조상기를
전로로부터 자동적으로 차단하는 장치를 시설해야 한다.　　　□ O □ X

[O/X 정답]

01 ○　　**02** X　　**03** ○　　**04** ○　　**05** X　　**06** X　　**07** ○　　**08** ○　　**09** X　　**10** ○

04 전기철도설비

1. 전기철도의 용어 정의

용어	1) **01** : 레일·침목 및 도상과 이들의 부속품으로 구성된 시설 2) 전차선: 전기철도차량의 집전장치와 접촉하여 전력을 공급하기 위한 전선 3) **02** : 전기철도차량에 사용할 전기를 변전소로부터 전차선에 공급하는 전선 4) 급전 방식: 변전소에서 전기철도차량에 전력을 공급하는 방식으로 급전방식에 따라 직류식, 교류식으로 분류 5) 장기 과전압: 지속 시간이 20[ms] 이상인 과전압

2. 전기방식의 일반사항

전력수급 조건	공칭전압(수전전압)[kV]: 교류 3상 22.9, 154, 345
전차선로의 전압	1) 전원 측 도체와 전류귀환도체 사이에서 측정된 집전장치의 전위로서 전원공급시스템이 정상 동작 상태에서의 값 2) 구분 ① 직류방식: 공칭전압 750[V], 1500[V] ② 교류방식: 공칭전압 25,000[V], 50,000[V]

3. 변전방식의 일반사항

내용	급전용 변압기는 직류 전기철도의 경우 3상 정류기용 변압기, 교류 전기철도의 경우 3상 **03** 변압기의 적용을 원칙으로 하고, 급전계통에 적합하게 선정함

4. 전기철도의 전차선로

전차선 가선방식	가공방식, **04** , 제3레일방식

전차선로의 충전부와 건조물 간의 최소 절연이격거리	시스템 종류		직류	단상교류
	공칭전압[V]		750	25,000
			1,500	
	동적 [mm]	비오염	25	170
			100	
		오염	25	220
			110	
	정적 [mm]	비오염	25	270
			150	
		오염	25	320
			160	

전차선로의 충전부와 차량 간의 최소 절연이격거리	시스템 종류	직류	단상교류
	공칭전압[V]	750	25,000
		1,500	
	동적[mm]	25	1/0
		100	
	정적[mm]	25	270
		150	

전차선 및 급전선의 최소 높이	시스템 종류	직류	단상교류
	공칭전압[V]	750	25,000
		1,500	
	동적[mm]	4,800	4,800
		4,800	
	정적[mm]	4,400	4,570
		4,400	

전차선로 설비의 안전율	1) 합금전차선: 2.0 이상 2) 경동선: 2.2 이상

5. 전식 방지 대책

내용	1) 주행레일을 귀선으로 이용하는 경우 누설전류에 의해 케이블, 금속제 지중관로 및 선로 구조물 등에 영향을 미치는 것을 방지하기 위한 적절한 시설을 해야 함 2) 전기철도 측의 전식방식 또는 전식 예방을 위해 다음 방법을 고려해야 함 ① 변전소 간 간격 축소 ② 레일본드의 양호한 시공 ③ **05** 채택 ④ 절연도상 및 레일과 침목 사이에 절연층 설치 ⑤ 기타 3) 매설금속체 측의 누설전류에 의한 전식의 피해가 예상되는 곳은 다음 방법을 고려해야 함 ① **06** 설치 ② 절연코팅 ③ 매설금속체 접속부 절연 ④ 저준위 금속체를 접속 ⑤ 궤도와의 이격거리 증대 ⑥ 금속판 등의 도체로 차폐

O/X 문제

01 전기철도의 전기방식 중 직류방식은 급전 전압의 종류가 공칭전압 750[V], 1,500[V]이다. ☐ **O** ☐ **X**

02 변전소의 용량은 급전 구간별 정상적인 열차 부하조건에서 2시간 최대 출력 또는 순시 최대 전력을 기준으로 하고
있다. ☐ **O** ☐ **X**

03 전차선의 가선방식은 열차의 속도 및 노반의 형태, 부하전류 특성에 따라 적합한 방식을 채택해야 하며 가공방식,
강체가선방식, 3궤조방식을 표준으로 한다. ☐ **O** ☐ **X**

04 전기철도차량은 지락 발생 시 전차선로에서 전력을 받을 수 없는 경우에는 회생제동의 사용을 중단해야 한다. ☐ **O** ☐ **X**

05 전기철도차량이 전차선로와 접촉한 상태에서 견인력을 끄고 보조전력을 가동한 상태로 정지해 있을 때, 가공 전차
선로의 유효전력이 200[kW] 이상일 경우 총역률은 0.8보다 작아서는 안 된다. ☐ **O** ☐ **X**

[O/X 정답]

01 ○   **02** X   **03** ○   **04** ○   **05** ○

05 분산형 전원설비

1. 분산형 전원설비

용어의 정의	1) <u>01</u> : 바람의 운동에너지를 기계적 에너지로 변환하는 장치 2) 풍력터빈을 지지하는 구조물: 타워와 기초로 구성된 풍력터빈의 일부분 3) 풍력 발전소: 단일 또는 복수의 풍력터빈을 원동기로 하는 발전기와 그 밖의 기계기구를 시설하여 전기를 발생시키는 곳 4) 자동정지: 풍력터빈의 설비보호를 위한 보호장치의 작동으로 인하여 자동적으로 풍력터빈을 정지시키는 것 5) MPPT: 태양광 발전이나 풍력 발전 등이 현재 조건에서 가능한 최대의 전력을 생산할 수 있도록 인버터 제어를 이용하여 해당 발전원의 전압이나 회전속도를 조정하는 최대출력추종(MPPT, Maximum Power Point Tracking) 기능
분산형전원 계통 연계설비의 시설	1) 계통 연계의 범위 분산형 전원설비 등을 전력계통에 연계하는 경우에 적용함. 여기서 전력계통은 전기판매사업자의 계통, 구내계통 및 독립전원계통 모두를 말함 2) 시설기준 ① 전기 공급방식 등 • 분산형 전원설비의 전기 공급방식은 전력계통과 연계되는 전기 공급방식과 동일할 것 • 분산형 전원설비 사업자의 한 사업장의 설비 용량 합계가 250[kVA] 이상일 경우 송·배전계통과 연계지점의 연결 상태 감시 또는 유·무효전력 및 전압 측정 장치를 시설할 것 ② 저압계통 연계 시 직류유출방지 변압기 시설: 분산형 전원설비를 인버터를 이용하여 전기판매사업자의 저압 전력계통에 연계하는 경우 인버터로부터 직류가 계통으로 유출되는 것을 방지하기 위해 접속점(접속설비와 분산형전원설비 설치자 측 전기설비의 접속점)과 인버터 사이에 <u>02</u> (단권 변압기 제외) 시설함. 단, 다음을 모두 충족하는 경우 예외로 함 • 인버터의 직류 측 회로가 비접지인 경우 또는 고주파 변압기를 사용하는 경우 • 인버터의 교류출력 측에 직류 검출기를 구비하고, 직류 검출 시에 교류출력을 정지하는 기능을 갖춘 경우 ③ 단락전류 제한장치의 시설 전력계통의 단락용량이 다른 자의 차단기의 차단용량 또는 전선의 순시허용전류 등을 상회할 우려가 있을 때 그 분산형 전원 설치자가 전류제한 리액터 등 단락전류를 제한하는 장치 시설

④ 계통 연계용 보호장치의 시설
• 분산형 전원설비·연계한 전력계통의 이상 또는 고장 시, 단독운전 상태 시 자동적으로 분산형 전원설비를 전력계통으로부터 분리하는 장치 시설 및 해당 계통과의 보호협조 실시
• 단순 병렬운전 분산형 전원설비의 경우 역전력 계전기 설치
(단, 신·재생에너지를 이용하여 동일 전기사용장소에서 전기를 생산하는 합계 용량이 50[kW] 이하의 소규모 분산형 전원으로서 단독운전 방지 기능을 가진 것을 단순 병렬로 연계하는 경우 역전력 계전기 설치 생략 가능)
⑤ 특고압 송전계통 연계 시 분산형 전원 운전제어장치의 시설
계통 안정화 또는 조류 억제 등의 이유로 운전제어가 필요할 때 그 분산형 전원설비에 필요한 운전제어장치 시설
⑥ 연계용 변압기 중성점의 접지
전력계통에 연결되어 있는 다른 전기설비의 정격을 초과하는 과전압을 유발하거나 전력계통의 지락고장 보호협조를 방해하지 않도록 시설

2. 전기저장장치

일반사항	1) 시설장소의 요구사항 ① 기기 등을 조작 또는 보수·점검할 수 있는 충분한 공간 확보 및 조명설비 설치 ② 폭발성 가스의 축적을 방지하기 위한 환기시설을 갖추고 제조사가 권장하는 온도·습도·수분·분진 등 적정 운영환경 상시 유지 ③ <u>03</u> 의 우려가 없도록 시설 2) 설비의 안전 요구사항 ① 충전 부분이 노출되지 않도록 시설 ② 고장이나 외부 환경요인으로 인해 비상상황 발생 또는 출력에 문제가 있을 경우 전기저장장치의 비상정지 스위치 등 안전하게 작동하기 위한 안전시스템이 있어야 함 ③ 모든 부품은 충분한 내열성을 확보해야 함 3) 옥내전로의 대지전압 제한 주택의 전기저장장치의 축전지에 접속하는 부하 측 옥내배선을 다음에 따라 시설하는 경우에 주택의 옥내전로의 대지전압은 직류 <u>04</u> [V]까지 적용 가능 ① 전로에 지락이 생겼을 때 자동적으로 전로를 차단하는 장치를 시설할 것 ② 사람이 접촉할 우려가 없는 은폐된 장소에 합성수지관배선, 금속관배선 및 케이블배선에 의해 시설하거나, 사람이 접촉할 우려가 없도록 케이블배선에 의해 시설하고 전선에 적당한 방호장치를 시설할 것

전기 저장장치의 시설	1) 시설기준 ① 전기배선: 전선은 공칭단면적 [05] $[mm^2]$ 이상의 연동선 또는 이와 동등 이상의 세기 및 굵기의 것 ② 단자와 접속: 단자의 접속은 기계적·전기적 안전성을 확보해야 함 • 단자를 체결 또는 잠글 때 풀림방지 기능이 있는 너트나 나사 사용 • 외부터미널과 접속하기 위해 필요한 접점의 압력을 사용기간 동안 유지 • 단자는 도체에 손상을 주지 않고 금속표면과 안전하게 체결되어야 함 ③ 지지물의 시설: 이차전지의 지지물은 부식성 가스 또는 용액에 의하여 부식되지 않도록 하고 적재하중 또는 지진, 기타 진동과 충격에 안전한 구조일 것 2) 제어 및 보호장치 등 ① 충전기능 • 전기저장장치는 배터리의 SOC 특성(충전상태, State of Charge)에 따라 제조자가 제시한 정격으로 충전할 수 있어야 함 • 충전할 때 전기저장장치의 충전 상태 또는 배터리 상태를 시각화하여 정보를 제공해야 함 ② 방전기능 • 전기저장장치는 배터리의 SOC 특성에 따라 제조자가 제시한 정격으로 방전할 수 있어야 함 • 방전할 때 전기저장장치의 방전 상태 또는 배터리 상태를 시각화하여 정보를 제공해야 함 ③ 제어 및 보호장치 • 전기저장장치가 비상용 예비전원 용도를 겸하는 경우 다음에 따라 시설해야 함 – 상용전원이 정전되었을 때 비상용 부하에 전기를 안정적으로 공급할 수 있는 시설을 갖출 것 – 관련 법령에서 정하는 전원유지시간 동안 비상용 부하에 전기를 공급할 수 있는 충전용량을 상시 보존하도록 시설할 것 – 전기저장장치의 접속점에는 쉽게 개폐할 수 있는 곳에 개방 상태를 육안으로 확인할 수 있는 전용의 개폐기를 시설할 것 • 전기저장장치의 이차전지는 다음에 따라 자동으로 전로로부터 차단하는 장치를 시설해야 함 – 과전압 또는 과전류가 발생한 경우 – 제어장치에 이상이 발생한 경우 – 이차전지 모듈의 내부 온도가 급격히 상승할 경우 • 직류 전로에 과전류 차단기를 설치하는 경우 직류 단락전류를 차단하는 능력을 가지는 것이어야 하고 " [06] " 표시를 해야 함
일반사항	• 발전소 또는 변전소 혹은 이에 준하는 장소에 전기저장장치를 시설하는 경우 전로가 차단되었을 때 경보하는 장치를 시설해야 함 ④ 계측장치 전기저장장치를 시설하는 곳에는 다음의 사항을 계측하는 장치를 시설해야 함 • 축전지 출력 단자의 전압, 전류, 전력 및 충방전 상태 • 주요 변압기의 전압, 전류 및 전력 **3. 태양광발전설비** 1) 설치장소의 요구사항 ① 인버터, 제어반, 배전반 등의 시설은 기기 등을 조작 또는 보수·점검할 수 있는 충분한 공간을 확보하고, 필요한 [07] 를 시설해야 함 ② 인버터 등을 수납하는 공간에는 실내온도의 과열 상승을 방지하기 위한 [08] 을 갖춰야 하며 적절한 온도와 습도를 유지하도록 시설해야 함 • 배전반, 인버터, 접속장치 등을 옥외에 시설하는 경우 침수의 우려가 없도록 시설해야 함 2) 설비의 안전 요구사항 ① 태양전지 모듈, 전선, 개폐기 및 기타 기구는 충전 부분이 노출되지 않도록 시설해야 함 ② 모든 접속함에는 내부의 충전부가 인버터로부터 분리된 후에도 여전히 충전 상태일 수 있음을 나타내는 경고가 붙어 있어야 함 ③ 태양광설비의 고장이나 외부 환경요인으로 인하여 계통연계에 문제가 있을 경우 회로분리를 위한 안전시스템 필요 3) 옥내전로의 대지전압 제한 주택의 태양전지모듈에 접속하는 부하 측 옥내배선의 대지전압 직류 600[V] 이하
태양광 설비의 시설	1) 간선의 시설기준 – 전기배선 ① 모듈 및 기타 기구에 전선을 접속하는 경우 나사로 조이고, 기타 이와 동등 이상의 효력이 있는 방법으로 기계적·전기적으로 안전하게 접속하고, 접속점에 장력이 가해지지 않도록 할 것 ② 배선시스템은 바람, 결빙, 온도, 태양방사 등 외부 영향을 견디도록 시설할 것 ③ 모듈의 출력배선은 극성별로 확인할 수 있도록 표시할 것 2) 태양광설비의 시설기준 ① 태양전지 모듈의 시설 • 자중, 적설, 풍압, 지진 및 기타 진동과 충격에 탈락하지 않도록 지지물에 의해 견고하게 설치할 것

- 모듈의 각 직렬군은 동일한 단락전류를 가진 모듈로 구성해야 하며 1대의 인버터에 연결된 모듈 직렬군이 2병렬 이상일 경우 각 직렬군의 출력전압 및 출력전류가 동일하게 형성되도록 배열할 것
② 전력변환장치의 시설
- 인버터는 실내·실외용을 구분할 것
- 각 직렬군의 태양전지 개방전압은 인버터 입력전압 범위 이내일 것
- 옥외에 시설하는 경우 방수 등급은 09 이상일 것
③ 모듈을 지지하는 구조물
- 자중, 적재하중, 적설 또는 풍압, 지진 및 기타 진동과 충격에 안전한 구조일 것
- 부식환경에 의하여 부식되지 않도록 다음의 재질로 제작할 것
  - 용융아연 또는 용융아연 – 알루미늄 – 마그네슘합금 도금된 형강
  - 10 (STS)
  - 알루미늄합금
  - 상기와 동등 이상의 성능(인장강도, 항복강도, 압축강도, 내구성 등)을 가지는 재질로서 KS제품 또는 동등 이상의 성능의 제품일 것
- 모듈 지지대와 그 연결부재의 경우 용융아연 도금 처리 또는 녹방지 처리. 절단가공 및 용접 부위는 방식 처리
3) 제어 및 보호장치 등 – 어레이 출력 개폐기
① 태양전지 모듈에 접속하는 부하 측의 태양전지 어레이에서 전력변환장치에 이르는 전로(복수의 태양전지 모듈을 시설한 경우 그 집합체에 접속하는 부하 측의 전로)에는 그 접속점에 근접하여 개폐기 기타 이와 유사한 기구(부하전류를 개폐할 수 있는 것에 한함)를 시설할 것
② 어레이 출력 개폐기는 점검이나 조작이 가능한 곳에 시설할 것

4. 풍력 발전설비

일반사항	1) 항공장애 표시등 시설 규정에 따라 발전용 풍력설비의 항공장애등 및 주간장애표지 시설 2) 화재방호설비 시설 500[kW] 이상의 풍력터빈은 나셀 내부의 화재 발생 시 이를 자동으로 소화할 수 있는 화재방호설비 시설
풍력설비의 시설	1) 간선의 시설기준 풍력 발전기에서 출력배선에 쓰이는 전선은 11 또는 12 을 사용하거나 동등 이상의 성능을 가진 제품을 사용해야 하며, 전선이 지면을 통과하는 경우 피복이 손상되지 않도록 별도의 조치를 취할 것 2) 풍력설비의 시설기준 최대 풍압하중 및 운전 중의 회전력 등에 의한 풍력터빈의 강도 계산에는 다음의 조건을 고려해야 함

사용 조건	• 최대 풍속 • 최대 회전 수
강도 조건	• 하중 조건 • 강도 계산의 기준 • 피로하중

3) 계측장치의 시설
풍력터빈에는 설비의 손상을 방지하기 위하여 운전 상태를 계측하는 계측장치(회전속도계, 13 내의 진동을 감시하기 위한 진동계, 풍속계, 압력계, 온도계) 시설

5. 연료전지설비

일반사항	1) 설치장소의 안전 요구사항 ① 연료전지를 설치할 주위의 벽 등은 화재에 안전하게 시설해야 함 ② 가연성물질과 안전거리를 충분히 확보해야 함 ③ 침수 등의 우려가 없는 곳에 시설해야 함 2) 연료전지 발전실의 가스 누설 대책 ① 연료가스를 통하는 부분은 최고 사용압력에 대하여 기밀성을 가지는 것이어야 함 ② 연료전지 설비를 설치하는 장소는 연료가스가 누설되었을 때 체류하지 않는 구조이어야 함 ③ 연료전지 설비로부터 누설되는 가스가 체류할 우려가 있는 장소에 해당 가스의 누설 감지 및 경보 설비를 설치해야 함
연료전지 설비의 시설	1) __14__ 은 연료선시 설비의 내압 부분 중 최고 사용압력이 0.1[MPa] 이상의 부분은 최고 사용압력의 1.5배의 수압(수압으로 시험을 실시하는 것이 곤란한 경우 최고 사용압력의 1.25배의 기압)까지 가압하여 압력이 안정된 후 최소 10분간 유지하는 시험을 실시하였을 때 이것에 견디고 누설이 없어야 함 2) 연료전지 설비의 내압 부분 중 최고 사용압력이 0.1[MPa] 이상의 부분(액체 연료 또는 연료가스 혹은 이것을 포함한 가스를 통하는 부분에 한정)의 __15__ 은 최고 사용압력의 1.1배의 기압으로 시험을 실시하였을 때 누설이 없어야 함

[빈칸 정답] **14** 내압시험 **15** 기밀시험

O/X 문제

01 분산형 전원의 계통 연계의 범위는 분산형 전원설비 등을 전력계통에 연계하는 경우에 적용하며, 여기서 전력계통은 전기사업자의 계통, 구내계통 및 독립전원 계통 모두를 말한다. □ **O** □ **X**

02 분산형 전원설비 사업자의 한 사업장의 설비용량 합계가 150[kVA] 이상일 경우에는 송배전계통과 연계 지점의 연결 상태 감시 또는 유·무효전력 및 전압 측정 장치를 시설해야 한다. □ **O** □ **X**

03 분산형 전원설비를 인버터를 이용하여 전력판매사업자의 저압 전력계통에 연계하는 경우 인버터로부터 직류가 계통으로 유출되는 것을 방지하기 위하여 접속과 인버터 사이에 상용주파수 변압기를 시설해야 한다. □ **O** □ **X**

04 주택의 전기저장장치의 축전지에 접속하는 부하 측 옥내배선을 시설하는 경우 주택의 옥내전로의 대지전압은 직류 60[V] 이하이어야 한다. □ **O** □ **X**

05 전기저장장치 시설에서 전선은 공칭 단면적 2.5[mm^2] 이상의 연동선이어야 한다. □ **O** □ **X**

[O/X 정답]

01 ○   **02** X   **03** ○   **04** X   **05** ○